Kurt Thinius

Alterung der Plastwerkstoffe

Stabilisierung und Alterung von Plastwerkstoffen

Band II Alterung der Plastwerkstoffe

von

Prof. Dr. sc. nat. Kurt Thinius

Leipzig

Mit 95 Abbildungen und 119 Tabellen

AKADEMIE-VERLAG · BERLIN

1970

Erschienen im Akademie-Verlag GmbH, 108 Berlin, Leipziger Straße 3—4

Lizenznummer: 202 · 100/498/70
Umschlag und Einband: Hans Kurzhahn
Typographie: Willi Bellert
Gesamtherstellung: VEB Druckhaus „Maxim Gorki", 74 Altenburg
Bestellnummer: 5708/II · ES 18 C 5/20 M 6
EDV-Nummer: 761349 1

Inhalt

Band II

Alterung von Plastwerkstoffen

1. **Zur Definition der als Alterung gekennzeichneten Veränderungen der Plastformstoffe und der sie auslösenden Faktoren** 9

Literatur 17

2. **Vorrichtungen und Methoden zur Durchführung der Alterung** 18

Literatur 46

3. **Methoden zum Erkennen und Bestimmen der Alterungsvorgänge** 49

3.1. Phänomenologische Methoden 53
3.2. Chemisch-analytische Methoden 56
3.3. Physikalisch-chemische Methoden 58
3.4. Physikalisch-technologische Meßmethoden 63
Literatur 69

4. **Ergebnisse der Alterung von Plastformstoffen unter natürlichen Bedingungen** 72

4.1. Alterung unter den Bedingungen der Beanspruchung in geschlossenen Räumen 72
Literatur 82
4.2. Alterung unter den Bedingungen einer Freiluftbewitterung . . . 82
4.2.0. Allgemein gültige Ergebnisse 82
4.2.1. Phänomenologisch erkennbare Ergebnisse 89
4.2.2. Ergebnisse der Volumen- und Strukturalterung 116
4.2.2.1. Chemisch-analytische und physikalisch-chemische Ergebnisse . . 116
4.2.2.2. Physikalisch-technologische Ergebnisse 152
Literatur 208

4.2.3. Auswirkung von Zusatzstoffen auf die Ergebnisse der Freiluftbewitterung . . . 210
4.2.3.1. Einfluß der Weichmacher (WM) . . . 211
4.2.3.2. Einfluß der Stabilisatoren . . . 215
4.2.3.3. Einfluß von Pigmenten oder Füllstoffen . . . 231
4.2.3.4. Einfluß von Plasthilfsstoff-Kombinationen . . . 246
Literatur . . . 248

4.3. Ergebnisse der Alterung unter speziellen natürlichen Beanspruchungen . . . 250
4.3.1. Alterung unter Ausschluß von Licht und Sauerstoff . . . 250
4.3.2. Durch biologische Eingriffe ausgelöste Alterungen . . . 258
4.3.2.1. Schädigungen durch Insekten und Nagetiere . . . 259
4.3.2.2. Schädigungen durch Pilze . . . 262
4.3.2.3. Schädigungen durch Bakterien . . . 274
Literatur . . . 279

4.3.3. Durch energiereiche Strahlung ausgelöste Alterungen . . . 281
Literatur . . . 302

4.4. Alterung von speziellen Nutzungsformen der Plastformstoffe unter natürlichen Bedingungen . . . 303
4.4.1. Plastschaumstoffe . . . 303
4.4.2. Plastkombinationen und Verbunde aus Plastformstoffen . . . 307
4.4.3. Klebstoff-Filme . . . 321
Literatur . . . 332

4.4.4. Verstärkte Plastformstoffe (Laminate) . . . 334
4.4.4.1. Organische Verstärkungsstoffe . . . 335
4.4.4.2. Anorganische Verstärkungsstoffe . . . 336
Literatur . . . 355

5. Ergebnisse der Alterung von Plastformstoffen unter Wetter- oder Wetterelemente nachahmenden Bedingungen . . . 357

5.1. Ergebnisse der Bestrahlung mit künstlichen Lichtquellen . . . 358
5.1.1. Glühbirnen- und Kohlenbogenlampenlicht . . . 359
5.1.2. Quecksilber-Dampf-Lampenlicht . . . 372
5.1.3. Xenon-Lampenlicht . . . 397
5.1.4. Kombination mehrerer Lichtquellen . . . 401
5.2. Ergebnisse von Einlagerungen der Plastformstoffe in Wasser . . . 405
5.3. Ergebnisse der Beanspruchung durch Kälte . . . 415
Literatur . . . 416

5.4. Ergebnisse einer Wärmeeinwirkung auf Plastformstoffe . . . 419
5.4.1. Wärmeeinwirkung im Temperaturgebiet von 20···100 °C . . . 421
5.4.2. Wärmeeinwirkung im Temperaturgebiet oberhalb 100 °C bis ca. 200 °C . . . 430
5.4.3. Kombination der Wärmeeinwirkung mit weiteren Wetterfaktoren . . . 436
Literatur . . . 437

5.5. Ergebnisse der Alterung von Plastformstoffen bei Kombination mehrerer Wetterelemente, vornehmlich in Bewitterungsgeräten . 438

5.5.1. Ergebnisse der Beanspruchung der Plastformstoffe im Weatherometer 440

5.5.2. Ergebnisse der Beanspruchung von Plastformstoffen im Xenontestgerät 445

Literatur 446

6. Relation der Ergebnisse aus den Alterungen unter natürlichen und experimentellen Bedingungen 448

Literatur 458

7. Experimentelle Aussagen und theoretische Vorstellungen zum Mechanismus der Alterungsvorgänge 460

Literatur 479

8. Register 482

8.1. Autorenregister 482

8.2. Sachregister 490

1 Zur Definition der als Alterung gekennzeichneten Veränderungen der Plastformstoffe und der sie auslösenden Faktoren

In technohistorischer Betrachtung der Bedeutung hochpolymerer Stoffe sei es als Papier, als Lackschicht oder auch im modernen Sinne der Nutzung als Plastformstoff ist die Auffassung nicht abwegig, daß das Problem des Schutzes dieser hochmolekularen Substanzen in ihrer Funktion eines Werkstoffes für die menschliche Technik gegen die Zerstörung durch Luftsauerstoff, Licht- und Temperatureinflüsse mit unseren modernen Polymeren — Polymerisations- wie auch Polykondensationsstoffen wie auch veredelten natürlichen Polymeren — nur eine Renaissance erlebt.

Die hohe Widerstandsfähigkeit von oft mehrere Jahrhundert alten Lackschichten stellt uns heute auch noch die Frage, ob die Ursache hierfür im Aufbau des auch in ihnen enthaltenen Polymeren selbst, seiner Verarbeitungstechnologie oder gar in irgendwelchen uns noch unbekannt gebliebenen Zusätzen begründet ist.

Wenn auch eine Beantwortung einer solchen Frage wohl mehr im kulturgeschichtlichen Interesse der Menschheitsentwicklung liegen dürfte als unmittelbare Folgen für die moderne Technologie der Hochpolymeren auszulösen, so gibt sie doch zumindest Veranlassung dafür, unter den vielfältigen, technisch wie wirtschaftlich bedeutsamen Eigenschaften der Plastformstoffe die Lebensdauer und die diese beeinflussenden Faktoren einer umfassenden Betrachtung zu unterziehen. Nur eine möglichst vielseitige Einsicht in diese auch als Alterung kurz bezeichnete Eigenart der als Formstoff in vielfältiger Gestaltung und Zweckbestimmung in der modernen Technologie verwendeten hochpolymeren Werkstoffe kann einerseits die Grenzen ihrer Einsatzfähigkeit wie aber auch andererseits die Möglichkeiten zur Weiterentwicklung der modernen Technologie aufzeigen. Eine Mißachtung oder auch nur Unterschätzung dieser Dauerhaftigkeit wird Mißverständnisse, unökonomische Dispositionen und auch nicht berechtigte Erwartungen zur Folge haben.

Die Erfahrung lehrt, daß die Lebensdauer pflanzlicher und tierischer Organismen sowie des Menschen begrenzt ist und daß sich hierbei Vorgänge abspielen, die wir kurz als „Altern" zusammenfassen. Gemeinhin verbinden wir hiermit die Vorstellung, daß diese in ihrer Auswirkung als irreversibel angesehenen Vorgänge sich als eine natürliche Äußerung des Lebens dieser Organismen darstellen.

Für die Vorgänge bei den hochpolymeren Werkstoffen, für die sich im Sprachgebrauch ebenfalls der Begriff „Alterung" eingeführt hat, ist diese Voraussetzung sicher nicht gegeben.

Es sei in Ergänzung an die oben (1. Band, S. 16) bereits kurz umrissene Definition der „Alterung“ noch einmal betont, daß es sich hierbei also stets um irreversible Vorgänge handelt. Schädigungen von außen werden in einer Koppelung mit intramolekularen Veränderungen eine Beschleunigung der Ausbildung dieses irreversiblen Endzustandes herbeiführen.

Für die auf der Oberfläche und ihr unmittelbar folgenden Schichten sich abspielenden Vorgänge benutzen wir gewöhnlich den Begriff der Korrosion. Sie stellt sich also letztlich nur als ein Teilgebiet der Alterung unserer Plastformstoffe dar.

Und es kann dann berechtigt durchaus die Frage nach der Zulässigkeit der Verwendung von polymeren Substanzen zum Korrosionsschutz der Metalle, des Holzes oder anorganischer Oberflächen entstehen. In ihrer aus der Praxis heraus abgeleiteten Bejahung werden die als Alterung definierten Veränderungen sogleich die Grenzen der Anwendbarkeit setzen.

Jedoch werden die Möglichkeiten der gezielten Synthese in den chemischen Operationen in Verbindung mit einer Analyse der Werkstoffeigenschaften, auch in Richtung einer molekular-strukturellen Diagnostik, mit dazu beitragen, daß der organische oder gemischt organisch-anorganische Aufbau dieser Werkstoffe alle solche Belastungen aus dem Korrosionsschutz in graduell verschiedener Vollkommenheit erfüllen kann. Dieser erreichbare Korrosionsschutz durch Plaste bedeutet keineswegs einen Widerspruch zum Prozeß der Alterung der hochpolymeren Werkstoffe.

Alterungsvorgänge spielen sich in jeder Umgebung eines Plastformstoffes ab. Wir beobachten und messen sie bei einer Lagerung oder beim Gebrauch unter den Normalbedingungen, d. h. in unseren geographischen Breiten im Temperaturgebiet zwischen $-20\,°C$ und $+30\,°C$ und bei entsprechender Feuchtigkeit. Der Plast kann sich hierbei in geschlossenen Räumen konstanter bzw. nur geringfügig schwankender Temperaturen ohne weitere korrodierende Medien in irgendeinem Aggregatzustand befinden, oder er kann z. B. in der Umwelt einer chemischen Fabrik seine bestimmungsgemäße Funktion erfüllen.

Nach wie vor bildet die natürliche Bewitterung an mehreren Orten verschiedener Klimata eine unerläßliche Prüfung auf die Gebrauchstüchtigkeit der Plastformstoffe. Wir kennen noch nicht mit genügender Sicherheit im einzelnen die Rolle, die Wasserdampf, Wasser, Frost, Staubteilchen und Ruß mit und ohne gleichzeitige Lichteinwirkung spielen. Zu der primär zerstörend wirkenden Energie des UV-Lichts tritt wahrscheinlich noch eine synergetische Wirkung des sichtbaren Teils des Lichtes.

Die jahreszeitlichen Wechsel des Wetters, die Unmöglichkeit, die natürlichen Energien in einer Folge von Jahren zu beherrschen, machen es einmal mehr notwendig, eine statistische Betrachtung durchzuführen, und damit wird zwangsläufig eine genügend große Anzahl von Prüfobjekten, wenn irgend möglich in verschiedenen Klimazonen der Erde, eine unabdingbare Voraussetzung für das Ziel, rasche und verläßliche Kenntnisse über die Alterungsbeständigkeit der Plastwerkstoffe zu erhalten.

Übereinstimmend wird auf die Bedeutung einer Vielzahl von Faktoren bei der natürlichen Alterung hingewiesen, die die während des Alterns sich abspielenden Veränderungen auslösen. Und es ist B. Doležel [1] beizustimmen, daß bei der natürlichen Bewitterung die Wirkung eines einzelnen Faktors zurücktritt.

Eine Variation, vielleicht sogar eine Steuerung der bei der Bewitterung sich abspielenden Vorgänge erscheint auf Grund der Auswertung der Prüfstände in verschiedenen Klimazonen innerhalb gewisser Grenzen durch Ausrichtung der Prüflinge — am besten Folien — nach den verschiedenen Himmelsrichtungen möglich. Diese Variation wird nicht nur bei der Ermittlung physikalischer Kennzahlen erkenntlich, sie wirkt sich z. B. auch nach den Feststellungen von St. I. Buckman und W. D. Stitt [2] in dem Befall von Oberflächen hochpolymerer Substanzen — hier Polyvinylacetat-Anstrichoberflächen — mit Schimmelpilzen aus (geringer Befall auf den nach Süden unter 45° gelagerten Anstrichschichten).

Diese Faktoren dürfen bei der Analyse des Alterungsablaufes nicht übersehen werden und erst recht nicht zu einem vorschnellen Urteil über die Eignung eines Plastformstoffes führen.

Auch der Zeitpunkt des Beginns einer Beanspruchung eines Plastformstoffs durch die Faktoren seiner Umwelt im Vergleich zu seiner Fertigung selbst ist von nicht zu unterschätzender Bedeutung für den Verlauf des Alterns.

Bei unserem großen Versuchsmaterial von Weich–PVC-Folien hat sich ziemlich eindeutig das Ergebnis herausgeschält, daß eine sofort nach der Anlieferung auf den Prüfstand von uns ausgelegte Folie auf die Bewitterung anders anspricht als eine Folie, die erst mehrere Monate im Zimmer lag und dann am gleichen Ort bewittert wurde.

Auch wenn nur 5% der UV-Strahlung im Wellenlängenbereich von 2900 bis 3400 Å die Erdatmosphäre durchdringt, so reicht ihre Energie aus, um Hauptvalenzbindungen in den Makromolekülen mit Bindungsenergien bis ca. 110 Kcal/Mol vornehmlich in Gegenwart von Luftsauerstoff und Feuchtigkeit zu spalten.

Eine irgendwie in der „Vorgeschichte“ eines Formstoffes ausgelöste Abbaureaktion trägt zur Beschleunigung der Lichtalterung bei, da die zur Dissoziation von Molekülteilen mit polyenischer Struktur aufzuwendenden Energien merklich geringer sind.

Transparent farblose Plastformstoffe können als im wesentlichen strahlungsdurchlässig zwischen 3000···7500 Å angesehen werden. Das Absorptions- und Reflexionsvermögen der übrigen Plastformstoffe wird durch die mit verarbeiteten Füllstoffe und Pigmente bestimmt.

Atmosphärische Verunreinigungen kommen auf Plastformstoffe als Gas, Flüssigkeit oder Feststoff zur Einwirkung.

In einer Industrie-Luft ist von den Gasen SO_2, NH_3, H_2S, HCl die schweflige Säure in einer Konzentration von $1 \cdots 0{,}2 \cdot 10^{-6}$ am schädlichsten. Die Rauchkonzentration liegt zwischen 5···15 mg/100 m^3 im Sommer und 20···100 mg/100 m^3 im Winter. Daneben sind Stickoxyde, Aldehyde, Kohlenwasserstoffe und Staub vorhanden. Oft ist die Abscheidung einer sehr dünnen Schicht von Ammonsulfat auf dem Plastformstoff zu beobachten. Die Feststoff-Anheftung geschieht durch mechanischen Aufprall, thermische Niederschlagung und elektrostatische Aufladung.

Strahlung und Feuchtigkeit sind die Hauptursachen für die Alterungsvorgänge im Tropenklima.

Aus der Analyse der einzelnen Elemente, der natürlichen Bewitterung — Temperatur, Luftsauerstoff, Feuchtigkeit, Licht, Strahlungswärme, mechanische Beanspruchungen beim Handhaben oder durch Wind, Hagel, dynamische Energie der Wassertropfen, Sand, die Einflüsse der Industriegase, der Radioaktivität, eines evtl. Schädlingsbefalls, die biochemische Beanspruchung durch Saprophyten, Bakterien, Pilze u. a. — wird die Schwierigkeit besonders deutlich, Bewitterungsvorgänge im Labor nachstellen zu wollen.

Bei einer künstlichen Alterung durch Wärme, die relativ leicht reproduzierbar ist, wird das ganze Prüfmuster gleichmäßig beansprucht. Bei Einwirkung künstlichen Lichtes wird nur eine sehr dünne Schicht getroffen. UV-Licht oder Wärme lösen andere Einflüsse und Vorgänge aus als bei natürlichen Beanspruchungen. Die bei Polyamiden sich abspielenden irreversiblen Eigenschaftsänderungen infolge langdauernder Einwirkung höherer Temperatur verändern neben der Struktur des Formstoffes auch die chemische Zusammensetzung. Andererseits sind solche künstlichen Alterungen bei erhöhter Temperatur für die Eigenschaftsstudien der Plastformstoffe oft auch unentbehrlich. Dies gilt beispielsweise für die Alterung des Polyoxymethylens unter Sauerstoff-Einfluß, die erst ab 170°C verläuft.

Bei der beschleunigten Alterung bei 140°C spielt sich die größte Zerstörung in den ersten 2 Tagen ab. Erst in der letzten Beanspruchungsperiode wird eine thermische Oxydation einsetzen. Kleine Kristallite im Gefüge der Polyamidformstoffe sind bei den Alterungstemperaturen thermodynamisch unstabil und verschwinden also. Der sich zurückbildende amorphe Zustand verursacht größere mechanische Zerbrechlichkeit [8].

Es finden sich aber auch häufig z. B. in der Cellulose-Chemie bemerkenswerte Parallelen zwischen 3 Jahre natürlich gealtertem und bei 100° warmgelagertem Zellstoff.

Wir müssen uns also stets darüber im Klaren sein, daß bei allen solchen Vorhaben einer künstlichen Alterung, die ja fast ausschließlich unter dem ökonomisch durchaus verständlichem Gesichtspunkt der Zeitraffung durchgeführt werden, *ein* Faktor dominiert, der dann durch zusätzliche Beanspruchungen oder Bewertungen ergänzt werden muß, um zu einer dem technologischen Gebrauch entsprechenden Beurteilung der Funktionstüchtigkeit des im Plastformstoff vorliegenden Makromoleküls zu kommen.

Seine chemische Struktur bedingt ja letzthin die Brauchbarkeit als Plastformstoff und seine Lebensdauer ist eine ihm schon während seiner Herstellung eingebaute Eigenschaft.

Die den Oberflächenschichten aus Polyvinylfluorid konstitutionell „*angeborene*" ausgezeichnete Wetterresistenz, Abrieb- und Korrosionsfestigkeit wird sich mit dem Polyvinylchlorid entsprechend seiner heute großtechnisch überwiegend geübten Technologie der Substanz-, Emulsions- oder Suspensionspolymerisation nicht erreichen lassen.

Befinden sich jedoch in einer Hauptkette eines fluorierten Polymeren H-Atome an tertiären C-Atomen, so ist eine beträchtliche Abnahme der thermischen und chemischen Stabilität des Polymeren zu erwarten als Folge der Abspaltung von H_2F_2 nach thermischen oder chemischen Einwirkungen. Werden jedoch CH-Bindungen enthaltende C-Atome in Mischpolymerisaten, die im wesentlichen aus einer perfluorierten Hauptkette und Seitengruppen bestehen, statistisch verteilt eingebaut, so werden thermische Stabilität und Alterungsfestigkeit des Polymeren nicht beeinträchtigt.

Die Lichtechtheit von Polyurethan-Formstoffen oder auch -Oberflächenschutzschichten ist durchaus bereits beim Ablauf der Polyaddition durch die Verwendung aliphatischer Polyisocyanate verbesserungsfähig, wobei dahingestellt sei, welche anderen die Lebensdauer bestimmenden Eigenschaften hierbei gemindert werden können.

Eine geringe Anzahl restlicher C = C-Bindungen im Makromolekül bietet eine gewisse Gewähr dafür, daß solche Plastformstoffe gegen die Einwirkung des Sonnenlichtes in natürlicher Atmosphäre widerstandsfähiger, bei weitgehend vernetzten Formstoffen oft unangreifbar werden.

Weitere die Alterung beeinflussende Faktoren sind das Molgewicht, die Polymerenverteilung, die Taktizität und die Kristallinität, sowie die Ausbildung von Verzweigungen.

Die Beurteilungen der Alterungseigenschaften eines Plastformstoffes können eigentlich nur dann unanfechtbar werden, wenn alle diese Variablen der Herstellung des Plastwerkstoffs und seiner Verarbeitungstechnologie zum Plastformstoff bekannt sind.

In der Nichtbeachtung dieser Grundregel, vielleicht aber auch in der Unmöglichkeit ihrer kompromißlosen Anwendung mögen die Ursachen für oft so widersprechende Urteile über die Alterung eines hochpolymeren Werkstoffs liegen.

Für den überaus komplexen Mechanismus des Alterns sind über den konstitutionellen Einfluß des Makromoleküls hinaus noch folgende Ursachen von Bedeutung:

1. akzessorische Verunreinigungen der Ausgangsstoffe,
2. während der Verarbeitung neu hinzukommende Verunreinigungen,
3. Inhomogenität des Stoffgefüges (Lockerstellen als inter- und intramolekulare Zwischenräume, submikroskopische Kapillaren und Hohlräume, makroskopische bis mikroskopische Risse, Poren, Kanäle),
4. schließlich die umgebungs- und funktionsbedingten Einflüsse physikalischer und chemischer Art.

Beispielsweise sind Weich-PVC-Massen besonders empfindlich in ihrer Gebrauchsstabilität gegen noch vorhandene Reste von Polymerisationskatalysatoren; daraus erklärt sich auch das so häufig beobachtete Schwanken in der Zn-Verträglichkeit.

Das normalerweise hergestellte P.M.M.A. hat eine Extinction bei 2900 Å und eine nur mäßige Beständigkeit gegen Sonnenlicht. Wird die Polymerisation in

Gegenwart von Woodschem Metall durchgeführt, so werden die schädigenden Verunreinigungen entfernt. Die Expositionsfestigkeit ist besser geworden [3].

Es sei ferner in diesem Zusammenhang auf die oft sehr stark abbaubeschleunigend wirkenden Fe-Verbindungen hingewiesen (siehe auch 1. Bd., S. 162).

Auch bei der Dauerbeanspruchung durch die Umwelteinflüsse und der darauf sich aufbauenden Beurteilung eines Plastformstoffes und des ihm zugrunde liegenden Makromoleküls müssen wir die fundamentale Regel beachten: Je höher ein Plast in einer Richtung gezüchtet ist, um so mehr weicht er in seinen übrigen Eigenschaften von denen des idealen Werkstoffs für den jeweiligen Anwendungszweck ab.

Und dieser wird ja auch in den weitaus meisten Fällen noch eine Funktion der zur Verarbeitung erforderlichen Hilfsstoffe oder Gerüststoffe sein. Füllstoffe und Pigmente dienen nicht nur zur Regulierung des ökonomischen Nutzens der Finalprodukte, sondern sollen doch in erster Linie bestimmte physikalisch-mechanische oder dielektrische, optische Eigenschaften einstellen und auch hierdurch den Ablauf des Alterns steuern helfen.

Die Wetterfestigkeit der gleichzeitig Pigmente und Füllstoffe enthaltenden Formstoffe ist durchaus von deren Verhältnis zueinander beeinflußbar, wobei weitere Varianten bei den verschiedenen Polymeren selbst liegen.

In der Dosierung und Anpassung der sonstigen das Finalprodukt kennzeichnenden Plasthilfsstoffe wird das gleiche Ziel verfolgt. Es sei z. B. daran erinnert, daß bereits 1% Phenylsalicylat in mit Diäthylphthalat verarbeiteten Formstoffen aus Celluloseacetat eine so erhebliche Verlängerung ihrer Lebensdauer mit sich bringt, daß der Auffassung amerikanischer Autoren durchaus zugestimmt werden kann, daß das Leistungsvermögen dieser Celluloseplaste nur an mit Stabilisatoren verarbeiteten Formstoffen richtig beurteilt werden kann. Hierbei soll aber auch die Flüchtigkeit solcher Stabilisatoren z. B. Antioxydantien aus Polypropylen nach bestimmten Alterungszeiträumen nicht übersehen werden.

Sicher sind für den Verlauf der Alterung der Plastformstoffe Konstitution des Makromoleküls, der Plasthilfsstoffe, der Füllstoffe und Pigmente, ihre physikalische Textur und ihr Verteilungsgrad im entstehenden Formstoff von erheblicher Bedeutung, aber ebenso wenig ist es berechtigt, hierbei die Wahrheit des alten Satzes: „*Ein Plast ist so gut wie man ihn verarbeitet*" außer acht zu lassen.

Berücksichtigt man, daß sich das Sortiment der heutigen Plastformstoffe aus amorphen wie teilkristallinen Thermoplasten, aus Polyadditions- und härtbaren Polykondensaten u. a. zusammensetzt, so ist die oft als „Vorgeschichte" [12] eines Formstoffes in seiner Funktion als Halbzeug oder Finalprodukt zusammengefaßte Durchführung seiner Verarbeitungstechnologie von eminenter Bedeutung für den Mechanismus des Alterungsablaufes. So wird verständlich, daß beispielsweise von uns recht drastische Unterschiede im Bewitterungsverhalten transparent-farbloser Polyäthylenfolien, hergestellt nach dem Walz- und Orientierungsverfahren, und von allseitig durch Druckluft orientierten Schlauchfolien beobachtet sind.

I. P. Forsman u. a. [10] beobachteten, daß ein Spritzgußformstoff aus Polypropylen etwa doppelt so lang eine bestimmte Belastung aushält wie ein unter Preßdruck hergestelltes Probenstück.

Auch bei gleicher Verarbeitungstechnologie ein- und desselben Plastwerkstoffes, vornehmlich bei solchen mit partiell-kristalliner Struktur, wird die Oberflächenbeschaffenheit, wie sie durch Licht- oder elektronenmikroskopische Betrachtungen ausgewiesen wird, sehr stark von dem einzelnen Verarbeitungsaggregat z. B. in seiner Temperaturführung, Regelmöglichkeit des Druckes, Oberflächengüte seines Mundstückes beeinflußt.

Die Alterungsvorgänge haben aber ihren Ausgangspunkt an der Oberfläche des Formstoffes. Für kristalline Polymere ist der Prozeß der Kristallisation während des Spritzgußes bzw. der Extrusion einmal von erheblicher Bedeutung für stets aus ökonomischen Gesichtspunkten angestrebte hohe Produktionsgeschwindigkeit und die gleichzeitig zu erzielende hohe Qualität.

In diesem komplexen Vorgang sind es die Phänomene des Kristallisationsgrades, des Polymorphismus, und der superkristallinen morphologischen Struktur (der Textur), die ein unmittelbares Interesse für den Verarbeiter zum Formstoff, aber auch für den Anwender dieses Formstoffes bezüglich seiner Gebrauchsdauer beanspruchen.

Bei amorphen Plastformstoffen konnten wir die vielfach gesicherte Erkenntnis gewinnen, daß ein unter äußeren Witterungseinflüssen gealtertes Material im Vergleich zum Ausgangsmaterial chemisch wie physikalisch inhomogen geworden ist. Die Inhomogenitäten treten sowohl über den Folienquerschnitt wie auch vornehmlich bei Kalanderfolien aus Hart-PVC auch über die Folienfläche auf. Die Beurteilung der Bewitterungsauswirkung wird bei derartigen Materialien jedoch dadurch eingeschränkt, daß bereits verarbeitungsbedingte Inhomogenitäten vorhanden sind, die sich u. a. schon im Farbton und in der Flexibilität andeuten und auch in der $C = C$-Zahl (als mg Br/g Subst.) sowie in der mit hoher Präzision durchführbaren Viskositätsmessung erkennbar werden.

Die in den Verarbeitungsaggregaten auf das Makromolekül ausgeübten Scherkräfte führen zum Zerreißen der Hauptvalenzketten. Die sich hierbei einstellende abgewandelte Verteilung des Molekulargewichts in bezug auf das zur Verarbeitung gekommene Material bietet andere, meist verschlechterte Ansätze für das Alterungsverhalten.

Gelingt es, technisch zu nutzende Plastformstoffe unter Ausschaltung eines gesonderten Herstellungsverfahrens des Polymeren direkt aus dem Monomeren in den Werkzeugen für den Formstoff herzustellen, wie dies u. a. O. Wichterle, J. Kraliček und I. Sebenda [4] mit der alkalischen Schnellpolymerisation des Caprolactams gelöst haben, so lassen sich erhebliche Verbesserungen in der Alterungsfestigkeit der Finalerzeugnisse infolge einer sehr viel regelmäßigeren physikalischen Struktur erreichen.

Bei duroplastischen Formstoffen tragen Vernachlässigung der Grundregeln werkstoffgerechter Konstruktion des Preßwerkzeuges sowie fehlerhaftes Arbeiten der Presser durch Nichteinhaltung der Preßzeiten, d. h. also falschen oder ungenügend langen Ablauf der chemischen Reaktion während der „Härtung“ zu vorzeitigem Unbrauchbarwerden, oft schon zu einer Alterung unter den an sich harmlosen Umweltsbedingungen einer Lagerung bei Raumtemperatur bei [9].

Eine nicht immer kontrollierbare Veränderung der physikalischen Struktur können wir bei der technisch im großen Umfang durchgeführten Secundärverformung von Halbzeugen zu dem endgültigen Finalprodukt für den Letztverbraucher nicht ganz ausschließen. Ohne daß hierbei die Stabilität des Makromoleküls beeinflußt wird, können doch häufig ganz anders geartete Abläufe des Alterungsgeschehens am Finalprodukt beobachtet werden.

Eine spanabhebende Verformung zwecks Gestaltung eines Finalproduktes erfordert eine besondere Sorgfalt, wenn letzteres auch schlagartig beansprucht werden kann. Auch die geometrische Form des Gebrauchsgegenstandes beeinflußt hierbei die mechanischen Eigenschaften und kann zu einer nicht zutreffenden Beurteilung der Gebrauchsdauer führen [13].

Die wachsende Bedeutung plastbeschichteter Metallflächen in der Bauindustrie als wetterbeanspruchtes Bauelement erfordert eine Beachtung der Erfahrungen aus der Anstrichmittelforschung dahingehend, daß es durchaus nicht ungewöhnlich ist, daß eine Bewitterung von Prüftafeln und Anstrichschichten auf Häusern aus dem gleichen Anstrichmittel unter gleicher klimatischer Umgebung zu beträchtlichen Unterschieden in der Bewertung der Dauerstandsfestigkeit führt.

Hier ist also auch die Oberfläche gegen die vorhandene Unterlage für die Widerstandsfähigkeit und evtl. auch Reaktionsfähigkeit nicht zu vernachlässigen. Adhäsionsphänomene sind weiterhin in ihrer Auswirkung für die Alterungsfestigkeit zu überprüfen.

Für Schichten aus Mischpolymerisaten des Vinylchlorids und Vinylacetats (15%) bzw. teilweise verseiftem Vinylacetat tragen phosphatische Metall-Untergründe merklich zur Verbesserung der Wetterfestigkeit bei. Polymethacrylat-Schichten auf Aluminium-Oberflächen mit chemischer oder — optimal — anodischer Vorbehandlung behalten ihre Resistenz und ihr gutes Aussehen auch unter den atmosphärischen Bedingungen eines Industriegebietes für beachtlich lange Zeiträume [5].

Nach Ruth Zenker [7] beeinflussen die Vorbehandlung und das Alter des Holzes die Haltbarkeit der Schutzschichten. Natürlich getrocknetes Holz mit 20···22% Feuchtigkeit ergab die beste Haltbarkeit.

Alterungsvorgänge an Plastformstoffen, die sich gegebenenfalls auch auf irgendeinem Untergrund befinden können, sind chemische und bzw. oder physikalische Veränderungen im festen Aggregatzustand, überwiegend ausgelöst durch äußere Einflüsse.

Wenn hierbei einmal ein Abbau, eine Zerstörung eingesetzt hat, so läßt sie sich nicht wieder abstoppen, auch wenn intermediär neue Eigenschaftsniveaus sich ausbilden.

Lebensdauerkurven können also nur für einen wohl definierten Plastformstoff und für einen bestimmten Anwendungszweck in genau festgelegter Umwelt aufgestellt werden.

Begriffe wie Halbwertszeit in der Bedeutung einer für den Konstrukteur etwa ausnutzbaren tabellierten Werkstoffkenngröße sind nicht möglich [6].

Bei etwaigen Versuchen, die natürliche Lebensdauer eines Formstoffes aus bei erhöhten Temperaturen durchgeführten thermooxydativen Beanspruchungen berechnen zu wollen, sei mit Nachdruck die Beachtung der erheblichen Unterschiede im Reaktionsablauf bei Raumtemperatur — auch wenn es sich nach A. Rieche [11] um eine Oxygenierung handelt — empfohlen.

Ob es sinnvoll ist, für die Alterung der Plastformstoffe unter statischer oder dynamischer Beanspruchung, die meist unterhalb des Bruchwertes der jeweiligen Prüfmethode liegt und die als ein „Prozeß gradueller Desorientierung" sich offenbart, nun noch den Begriff der „Ermüdung" zu verwenden, sei dahingestellt [14]. Sicher tritt doch nach Aufhören der Beanspruchung nur in sehr bestimmten Sonderfällen eine „Erholung" ein, die dem aus dem biologischen Geschehen abgeleiteten Begriffsinhalt der Ermüdung entsprechen würde.

Literatur

[1] B. Doležel u. D. Cermatrova: Korose Ochrana Mater. 1962, 73
[2] St. I. Buckman u. W. D. Stitt: Americ. Paint J. 1957, Nr. 40, S. 89 (17. 6. 57)
[3] E. B. Fitzgerald u. P. P. Stehle: Ind. Engng. Chem. Products Res. Development **1** (1962), 254
[4] Tschech. P. 97333, O. Wichterle u. a.
I. Kraliček u. a.: Chem Průmysl. **11** (1961), 377
E. Neuhäusl: Plastické hmoty a Kaučuk **2** (1965), 165
[5] R. D. Guminski u. a.: Trans. Inst. Metal-Finishing **40** (1963), 35, 127
[6] W. Bauer: Kunststoffe **51** (1961), 133
[7] Ruth Zenker: Plaste u. Kautschuk **12** (1965), 560
[8] M. N. Epstein u. C. M. Hamilton: Modern Plastics, Aug. 1961, S. 112
[9] E. Blank: Plaste u. Kautschuk **7** (1960), 418
[10] I. P. Forsman u. a.: Polymer Engng. Sci. **6** (1966), 145
[11] A. Rieche: Kunststoffe **54** (1964), 428
[12] zum Inhalt des Begriffs „*Vorgeschichte*" siehe auch F. Horst Müller: Kunststoffe **51** (1961), 488
[13] I. R. Thomas u. R. S. Hagan: S P E Journal **22** (1966), 51
[14] F. Lebek u. a.: Kunststoffe **55** (1965), 922

2 Vorrichtungen und Methoden zur Durchführung der Alterung

Wenn es auch gelungen ist, dem einen Plastformstoff hauptsächlich aufbauenden Makromolekül eine für diese Verwendung ausreichende chemisch-strukturelle Stabilität zu verleihen, so schließt dies doch nicht die Berechtigung der Frage aus, was ein solcher Plastformstoff in seiner bestimmungsgemäßen Verwendung leisten kann und — vielleicht noch wichtiger — nicht leisten kann.

Der Durchschnittsverbraucher hat wohl kaum noch eine Vorstellung, welche langwierigen chemischen, physikalischen und physico-chemischen Untersuchungen notwendig sind, um einen einigermaßen gesicherten Einblick in den komplexen Mechanismus der Alterung der Plastformstoffe unter den verschiedenartigsten Umweltbedingungen zu erhalten.

Es sind fast ausnahmslos äußere Einflüsse, die diese als Alterung zusammengefaßten Veränderungen auslösen.

Von ihnen haben erfahrungsgemäß die als Bewitterung zusammengefaßten Einflüsse die größte Aussagekraft über die Lebensdauer der Plastformstoffe, soweit nicht eine ganz bestimmte Chemikalienresistenz verlangt wird.

Die einzelnen Elemente des Wetters — Sonnenlicht, Feuchtigkeit, Regen, Wind, Sauerstoff evtl. auch Ozongehalt, Staub und andere atmosphärische Verunreinigungen — lösen einzeln und in den verschiedensten Kombinationen untereinander die verschiedenartigsten Reaktionen im Plastformstoff aus. Es ist nicht zu erwarten daß ihre Geschwindigkeit und die Intensitäten der einzelnen Wetterelemente in den Klimazonen des Erdballs gleichartig sein werden und auch innerhalb eines Klimagebietes sind viele Schwankungen möglich. Demgemäß werden die oft widersprechenden Urteile über das Alterungsverhalten eines Plastformstoffs allein schon daraus verständlich. Es kommt aber noch hinzu, daß die zur Bewitterung gekommenen Plastformstoffe auch bei chemisch identischer Zusammensetzung des Makromoleküls doch recht breite Variationen erlauben. Ebenso bleiben die experimentellen Bedingungen zur Durchführung systematischer Alterungsuntersuchungen nicht ohne Einfluß auf dieses Urteil.

Es liegt im Wesen einer natürlichen Bewitterung, daß sie in ihren Elementen und in deren Gesamtheit nicht reproduzierbar sein kann und daß sie andererseits einen erheblichen Zeitaufwand erfordert.

Die deshalb stets angestrebten Steigerungen der Intensität der Beanspruchungen haben zwar das Ziel, in wesentlich kürzeren Zeiträumen den gleichen Alterungszustand herbeizuführen, jedoch haben all diese „künstlichen Alterungen“ — wie vorwegnehmend bemerkt sei — sich keineswegs als ein Substitut für Außenbewitterungen erwiesen.

Sie sind jedoch wohl unentbehrlich als Auswahltest bei Entwicklungsarbeiten. In weit erhöhtem Maße setzen aber diese „künstlichen Bewitterungen" eine gut vergleichbare Prüftechnik unter weitgehender Einbeziehung der Normung voraus.

Die Auswahl des Untersuchungsmaterials wird unabhängig von der Art der Alterung unter den gleichen Gesichtspunkten erfolgen. Als Variable gehen hierbei ein:

1. die Bedingungen und Hilfsstoffe der Polymerisation oder Polykondensation und der Aufarbeitungsphasen,
2. die Verarbeitungstechnologien nach ihrer prinzipiellen Gestaltung und den im einzelnen Verarbeitungsaggregat möglichen Parametern, wobei von besonderer Bedeutung die hierbei notwendigen und evtl. zu erprobenden Verarbeitungshilfsstoffe sind,
3. die evtl. weitere Umformung der Halbzeuge in die Gebrauchsform des Finalprodukts.

Die Auswahl eines für Alterungsuntersuchungen mit den korrespondierenden Kontroll- und Vergleichungsuntersuchungen unter Beachtung dieser Möglichkeiten gleich gut geeigneten Formstoffs stellt erhebliche Anforderungen.

Für die Durchführung von Alterungsuntersuchungen bieten sich vornehmlich die Halbzeuge in Form von Flächengebilden an. Dem Ziel entsprechend werden hier Folien oder Platten bevorzugt, wobei letztere in einer solchen Dicke eingesetzt werden sollten, die noch nicht eine Kaschierung aus dünneren Tafeln voraussetzt. Eine überwiegend gewählte Größe von ca. 30 × 30 bis 35 × 45 cm gewährleistet in entsprechender Aufteilung eine relativ große Anzahl der zur Feststellung der Alterung notwendigen physikalischen, chemischen oder physiko-chemischen Untersuchungen. Sollen gleichzeitig Parameter der Verarbeitungstechnologie des Spritzgußes in ihrer Auswirkung auf die Alterung erfaßt werden, so wird man selbstverständlich die Prüfkörperform des Normstabes für die beabsichtigten physikalisch-technologischen Kennwerte der Alterung unterwerfen.

Es versteht sich wohl auch von selbst, daß die Anzahl der zur Alterung kommenden Proben genügend groß sein muß, um ein einigermaßen sicheres Urteil aus dem Verlauf für die Gebrauchseigenschaften des Plastformstoffs zu ziehen.

Hierbei sollte auch darauf geachtet werden, daß Prüfungen, die unter Zerstörung des Prüfkörpers vorgenommen werden, es mit sich bringen, daß niemals ein und dieselbe Probe einer Kontrolluntersuchung unterzogen werden kann. Da es ferner nicht möglich ist, den Alterungsablauf an dem gleichen Stück eines Flächengebildes oder eines Prüfkörpers zu verfolgen, das als Nullpunkt diente, sondern nur an einem gleichartigen, ist also die Anzahl der Prüfkörper nicht zu klein zu wählen.

Wir müssen hierbei auch von der Erfahrung ausgehen, daß auch Fabrikationsprodukte, die nach gleichbleibender fabrikatorischer Verarbeitungstechnologie hergestellt sind, durchaus nicht immer gleichmäßig ausfallen. Die Schwierigkeit wird noch größer, wenn den Alterungsstudien überwiegend Versuchsprodukte zu Grunde liegen [1].

Nicht in jedem Fall wird das im Labor zur Verfügung stehende Verarbeitungsaggregat unter den gleichen Bedingungen den Plastwerkstoff energetisch so belasten und eine solche physikalische Struktur dem Formstoff geben wie ein Produktionsaggregat.

Diese Regeln sind in besonderem Maße in all den Fällen zu beachten, wo keine Flächengebilde gealtert werden können, d. h. also vornehmlich bei der Erprobung von Rohren, Schläuchen, Kabeln oder gar Hohlkörpern, wie sie als Verpackungs- und Transportmittel verwendet werden.

In einer nicht kleinen Zahl von Gestaltungen eines solchen Finalproduktes wird die Möglichkeit genutzt werden können, parallel zu ihrer Alterung auch einfache Formlinge z. B. Preßplatten, die sich unter den gleichen technologischen Parametern herstellen lassen, diesen Prüfungen auszusetzen, um so Rückschlüsse über die Zweckmäßigkeit und werkstoffgerechte Konstruktion des Werkzeuges für das Finalprodukt zu ziehen und evtl. besonders durch die Alterung gefährdete Stellen zu erkennen.

Unter diesen Gesichtspunkten wird man die Durchführung von Alterungen beispielsweise an Bauelementen, die im Tiefziehverfahren aus Platten endgültig geformt werden, nicht allein als eine Bestätigung des Alterungsvorganges des Makromoleküls in seiner ersten Gestaltgebung als Halbzeug betrachten können.

Bestimmte Dimensionen der Prüfkörper machen einen zusätzlichen Schutz von Materialstirnseiten notwendig. Es ist hierbei darauf zu achten, daß diese Schutzmittel nicht zusätzlich die Randpartien des Prüfkörpers angreifen und zu einem abnormalen Alterungsverlauf führen. Man sollte also nur bereits gut bekannte Materialien für diese Schutzmittel einsetzen. Dies gilt sinngemäß für die Vorhaben, die eine Abdeckung einer Fläche des Prüfkörpers während der Alterung erfordern.

Bei einer speziell auf die Alterung durch Lichtstrahlen ausgerichteten Versuchsanordnung haben wir recht gute Erfahrungen mit der Verwendung von aus Lösungen vergossenen Filmen in einer Dicke von 30···40 nm gemacht.

Untersuchungen zur Alterung von Plastformstoffen sind selbst bei Einschränkung der oben angeführten 3 Variablen stets materialaufwendig. Hierbei sollte auch nicht übersehen werden, daß die vor Beginn einer Auslage der Versuchsobjekte im Freien festgestellten Nullwerte der physikalischen und chemischen Kennziffern lediglich e i n e n Bezugswert darstellen können.

Die Bewertung dieser Veränderung dieser Kennziffern durch die Wetterelemente setzt voraus, daß eine Aufbewahrung einer genügenden Anzahl von Prüfkörpern in geschlossenen Räumen bzw. ohne Kontakt mit etwa als korrosiv zu bewertenden Chemikalien nötig wird.

Diese kurz als *Zimmerlagerung* zusammengefaßte Untersuchung der Alterung der Plastformstoffe enthält wiederum eine Anzahl von Versuchsvariablen. In den weitaus meisten Fällen kann man die Aufbewahrung ohne zusätzliche Belastung der Formstoffe mit oder ohne Ausschluß von Licht vornehmen. Bedeutet aber eine solche zusätzliche Belastung ein gravierendes Element im zweckentsprechenden Gebrauch, so wird eine entsprechende Vorrichtung notwendig.

Solche Belastung kann gegebenenfalls auch in einem Füllgut bestehen. Bei einer thermischen Belastung möchte man nicht übersehen, daß nach unseren Feststellungen [2] die Maximaltemperaturen von Plastformstoffen bei der Freiluftbewitterung zwar jahreszeitlich abweichend sind, aber nicht ca. 65 °C überschreiten. Eine darüber hinausgehende Warmlagerung eignet sich nur mit sehr viel Vorsicht als etwaige Vergleichsbasis für die Freiluftalterung.

Eine Beurteilung der Auswirkung von Kälte-Temperaturen wird darauf Rücksicht nehmen müssen, daß die freiluftbewitterten Prüfkörper dem Wechselspiel von Niederschlag und Verdunstung, Quellung und Entquellung bis Austrocknung unterliegen. Unter weiterer Beachtung der Hydrophilie des Plastformstoffs als System aus Makromolekül, Herstellungs- und Verarbeitungshilfsstoffen wird die Aufbewahrung im Kälteschrank nicht ausschließlich die Beurteilungsbasis abgeben können.

Wenn mit Metalluntergrund fest verbundene Plastschichten den Prüfkörper bilden, kann auch bei sehr kältefesten Plasten der unterschiedliche Ausdehnungskoeffizient vor allem bei sehr niedrigen Kältetemperaturen (unterhalb −80 °C) zu Spannungen und Ablösungen eines solchen Verbundes führen.

Die Zimmerlagerung bedeutet in gewissem Umfang eine Abschwächung des Alterungsverlaufes durch die Abfilterung des UV-Anteils des Sonnenlichtes durch das Fensterglas. Normales Fensterglas wird erst ab $\lambda = 300$ nm für UV-Licht undurchlässig, so daß der als schädlich für die Polymeren angegebene Bereich von $\lambda = 370 \cdots 310$ nm noch diffus einwirken kann (siehe auch 1. Bd., S. 455*).

Entsprechend dem Vorbild von P. G. Kelleher und R. I. Miner [3] kann eine Lagerung in einem Fenster nach Südost mit selektiver UV-Durchlässigkeit der Glasscheiben die spezifische Empfindlichkeit eines Plastformstoffs gegenüber bestimmten Wellenlängenbereichen zu ermitteln helfen. Im Gegensatz zu Proben, die ohne Veränderung des Isolationswertes im Dunkeln bei Zimmertemperatur gelagert haben, fällt im Laufe von 18 Monaten bei einer solchen Fensterlagerung der Isolationswert eines Polyacetals von $>10^6$ Megohm auf 15 Megohm ab.

Eine zeitweilige oder laufende Kontrolle der Raumtemperatur, der Feuchtigkeit sowie etwaiger direkter Sonnenbestrahlung ist angebracht.

Von wesentlicher Bedeutung für die Einschätzung eines Werkstoffes mit makromolekularem Aufbau ist die als *natürliche Alterung oder Freiluftbewitterung* bezeichnete Auswirkung der Witterung in ihrer Abhängigkeit von den klimatischen Bedingungen und der Energiebilanz der Sonnenstrahlung des jeweiligen Gebrauchs- oder Prüfortes. Demgemäß ist eine unabdingbare Voraussetzung, derartige Alterungsuntersuchungen ein- und desselben Plastformstoffs unter möglichst vielen, dem einzelnen Bearbeiter zugänglichen, klimatischen Bedingungen durchzuführen, wobei natürlich die für sein Land charakteristischen in der möglichen Variabilität im Vordergrund stehen.

---

* Über die Lichtdurchlässigkeit des Fensterglases von seiner Zusammensetzung siehe J. D.' Ans u. E. Lax: „*Taschenbuch für Physiker und Chemiker*", 2. Aufl., S. 1358, Springer Verlag 1949

Für unsere Bewitterungsstudien standen uns im Laufe der letzten 20 Jahre Prüfstationen innerhalb der Breitengrade 41,5° und 54,3° auf dem europäischen Festland und innerhalb 19° und 31,2° im Gebiet der Volksrepublik China zur Verfügung. Die Meereshöhe lag zwischen ~10 m und ~2600 m. Wir hatten damit die Möglichkeit, typische Klimazonen, die bei der praktischen Anwendung auf die Plastformstoffe einwirken, zu erproben: Industrieklima, Seeklima an der Ostsee, am adriatischen und am Schwarzen Meer, Mittelgebirgs- und Hochgebirgsklima, sowie ein subtropisches Klima.

Im Global-Maßstab gesehen, gelten die klimatischen Beanspruchungen bei den Breitengraden von 25° 47′ bzw. 40° 34′ etwa als Extrembeanspruchungen.

Dem gemäßigten Klima mit viel Sonneneinstrahlung (ca. 1500 Std. Sonneneinstrahlung), viel Feuchtigkeit als Tau oder Regen und Lufttemperaturen über 30 °C im Schatten steht das nördliche Klima mit 4 etwa gleich langen Jahreszeiten, mit sehr veränderlichem Wetter und starker Schwankung zwischen Sommer- und Wintertemperatur (ca. 1000 Std. Sonneneinstrahlung) und einem nicht hohen Regenfall, der über das ganze Jahr verteilt ist, gegenüber.

Prüfungen im trockenen, heißen Wüstenklima erlauben die Abschätzung einer hohen Lufttemperatur und starker Sonnenbestrahlung und eines relativ krassen Temperaturunterschiedes zwischen Tag und Nacht.

Das brasilianische Küstenklima ist sehr heiß und hat über das ganze Jahr verteilt etwa die vierfache Regenmenge wie in unseren Breiten. Beim Monsun-Klima z. B. in Indonesien drängt sich die Regenperiode auf wenige Monate zusammen mit täglichen ungewöhnlichen gewaltigen Gewittern. In der trockenen Zeit wirkt eine starke Sonneneinstrahlung.

Für das Festlandsklima Nord-Europas gibt K. Sittenfeld [48] neben einer sehr intensiven Sonneneinstrahlung im April bis September recht beträchtliche Temperaturunterschiede am Übergang der Jahreszeiten und im Winter dicke Schneeschichten als charakteristisch an. Die Tageslichtstunden während der „*hellen Monate*“ sind merklich höher als in den Breitengraden der DDR.

Das Industrieklima ist durch seine zusätzlichen Verunreinigungen gekennzeichnet.

Eine Charakterisierung der Bewitterungsfaktoren in unseren Prüfstationen erfolgte nach der Globalstrahlung, der maximalen Durchschnittstemperatur sowie der größten Regenmenge, die wir für Zeiträume von einem bis sieben Jahren auf Grund der Angaben benachbarter meteorologischer Stationen auswerten können. Sie wird durch die Angabe der Sonnenscheinstunden gemäß *Abb. 1* ergänzt.

Im allgemeinen kann einer hohen Globalstrahlung auch eine größere Sonnenscheinstundenzahl zugeordnet werden. Die geographische Breite des Prüfortes spielt hinsichtlich der Auswirkung auf die Plastformstoffe natürlich noch eine wichtige Rolle. So hat z. B. Kanton ($\varphi \sim 23°$) nicht wesentlich mehr Sonnenscheinstunden als unser Prüfort an der Ostseeküste. Die Globalstrahlung ist wegen des dort gegebenen höheren Sonnenstandes — z. Z. der Sonnenwende im Zenit — viel größer.

Der Prüfort Leipzig ist gegenüber dem Prüfort an der Ostseeküste mit gleichen

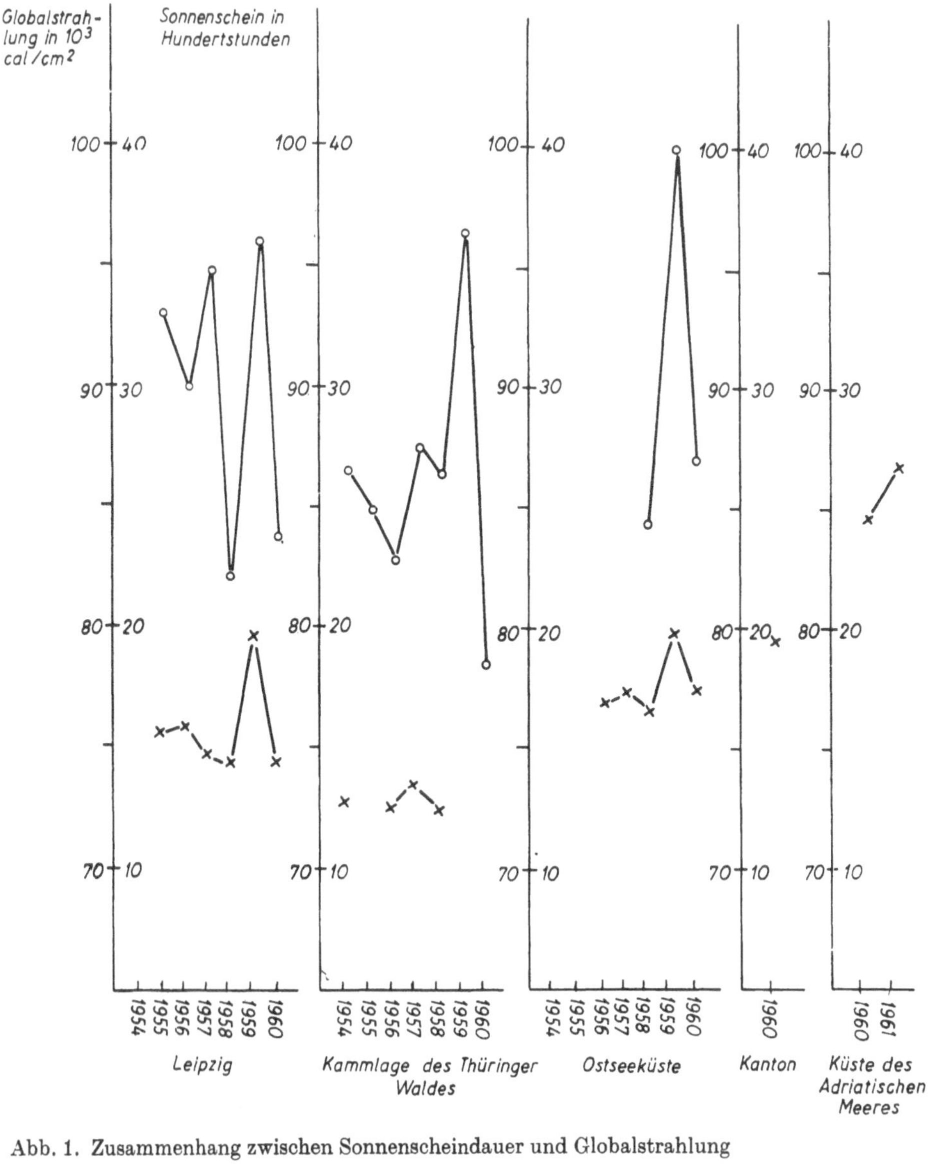

Abb. 1. Zusammenhang zwischen Sonnenscheindauer und Globalstrahlung

○ Globalstrahlung
× Sonnenschein

Tabelle 1
Meteorologische Kennzeichnung der Prüfstationen

	durchschnittl. Globalstrahlung	größte Sonnen-schein-Std. Zahl	maxim. Temp.	maxim. Regenmenge
in Leipzig	90100 gcal/cm²	1965	+9,3°C	763 mm
Kammlage des Thür. Waldes	86000	1349	+6,7°C	1457 mm
an der Ostseeküste	90400	1992	+9,2°C	912 mm
am Balaton (VR Ungarn)	115000	—	+11,1°C	827 mm
im Hochgebirge der ČSSR	112000	—	—	—
in Kanton (VR China)	111000	1396 (für Juni—Dez. 1959)	+28,0°C	1411 mm
am adriatischen Meer	—	2689	+16,8°C	1475 mm

meteorologischen Daten ein Vertreter eines Industrieklimas (staubförmige Verunreinigungen).

Auf die veränderten Bedingungen einer verunreinigten Großstadtatmosphäre gegenüber Bewitterungsstationen in reiner Atmosphäre an Hand der Globalstrahlung weisen auch Ludmila Adamirova und B. Doležel [4] hin.

Leider wird gerade der Faktor-Staubfreiheit der Luft und sonstige Verunreinigungen der Atmosphäre durch keine meteorologischen Angaben erfaßt.

In der Gegend des Nordpols beträgt die Globalstrahlung* 60000 gcal/cm² und steigt in den südlichen Gebieten der Erde auf 160000 gcal/cm².

Auf den für die Bewitterungsfolgen besonders wichtigen UV-Anteil entfallen nur 4···5%, d. h. etwa 6000···9000 Ly in den gemäßigten Klimazonen.

Durch die Bewölkung kann die ca. 600 Ly betragende tägliche Einstrahlung bis weniger als 100 Ly zurückgehen. Es ist üblich geworden, eine UV-Stunde mit 64 Ly zu berechnen.

Für unseren Prüfstand in Leipzig sind in den *Abb. 2···5* für die Jahre 1961 bis 1967 dargestellt

in *Abb. 2* die Sonnenscheinstunden
in *Abb. 3* die durchschnittlichen Lufttemperaturen
in *Abb. 4* die Monatsmittel der Niederschlagsmengen
in *Abb. 5* die durch die Globalstrahlung auf die Erdoberfläche wirkende Energiemenge (nach Angaben der meteorologischen Meßstelle in Wahnsdorf bei Dresden).

* Die Energiemenge von 1 cal/cm² wird als 1 Langley (Ly) bezeichnet.

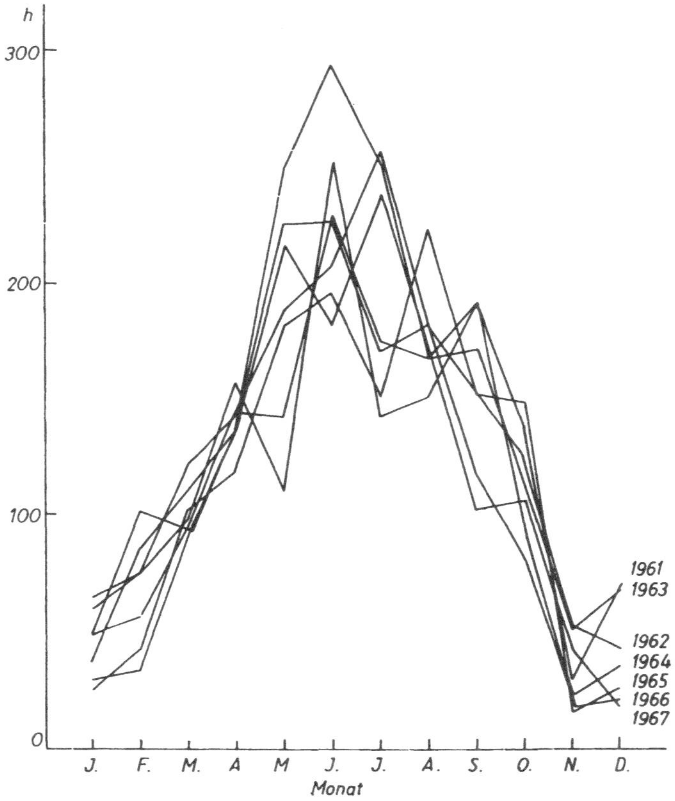

Abb. 2. Sonnenscheinstunden 1961···1967

Monatssumme in Stunden (Leipzig)

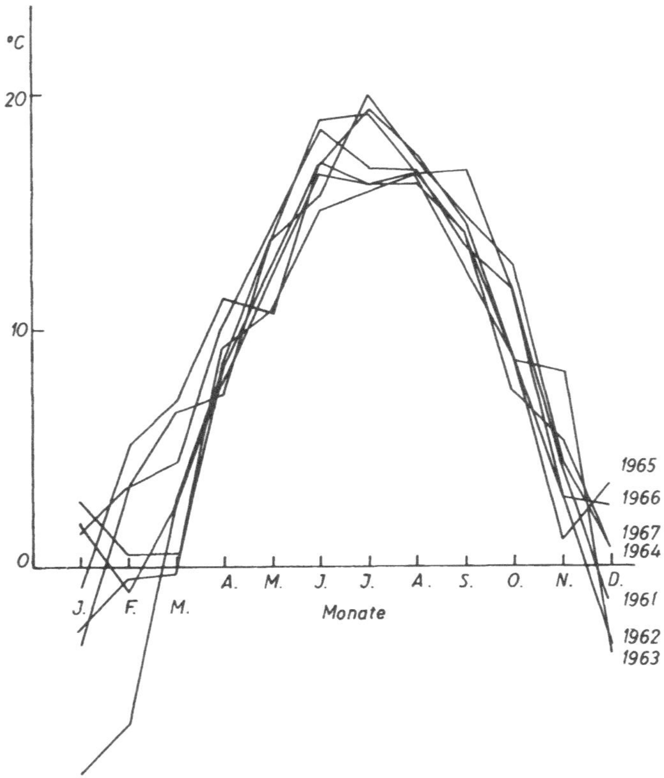

Abb. 3. Lufttemperatur in °C 1961···1967

(Monatsmittel der Lufttemperatur in Leipzig)

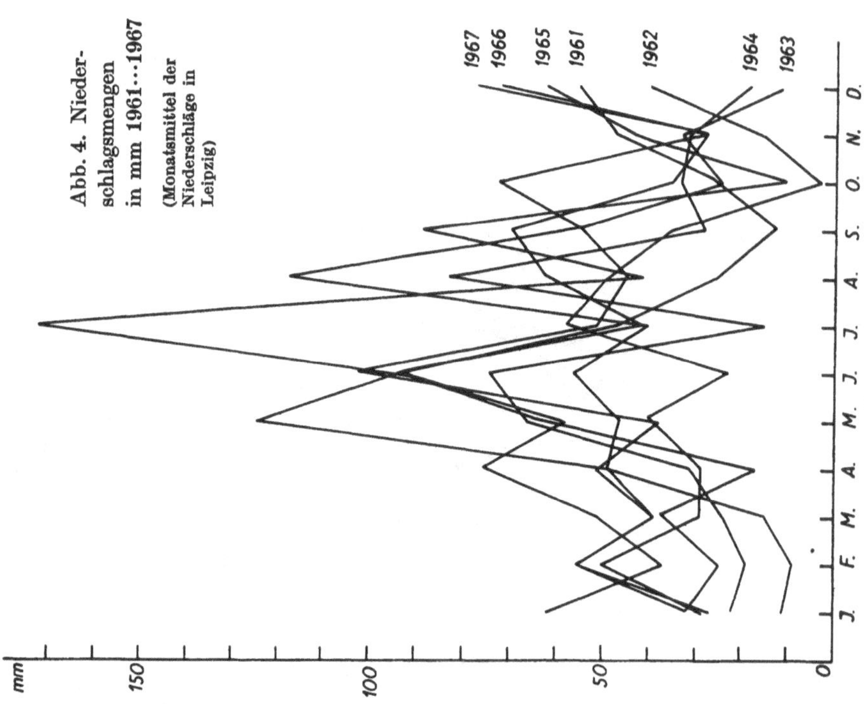

Abb. 4. Niederschlagsmengen in mm 1961···1967

(Monatsmittel der Niederschläge in Leipzig)

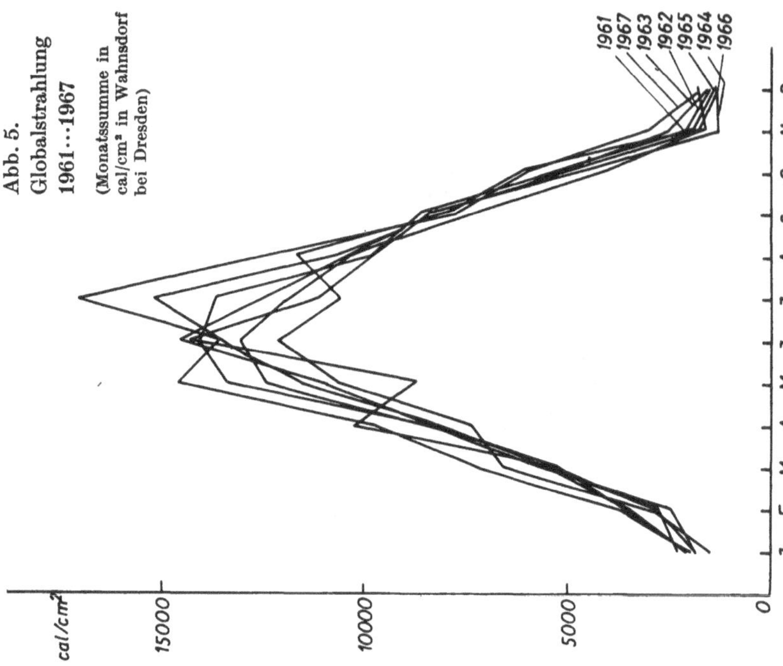

Abb. 5. Globalstrahlung 1961···1967

(Monatssumme in cal/cm² in Wahnsdorf bei Dresden)

Die maximalen Schwankungen der Lufttemperatur machen auf den Einfluß eines ein- oder mehrmaligen Wechsels zwischen Vereisung und Auftauen aufmerksam.

Für unsere Prüfstation an der Ostseeküste liegt nach Angaben der meteorologischen Ämter die Jahresdurchschnittstemperatur für die uns besonders interessierende Expositionsperiode von 1956···1962 bei 8,6 °C, die korrespondierende Niederschlagsmenge betrug 620 mm und die mittlere jährliche Sonnenscheindauer 1790 Std. Unter Berücksichtigung der Strahlungsabsorption durch Wolken, Dunst, Staub (ca. 35···50% der Gesamtstrahlung) kann man praktisch mit tages- und jahreszeitlicher asymmetrischer Strahlungsverteilung rechnen.

Von den uns zur Verfügung stehenden Prüfstationen in Europa hat der Prüfstand in Albanien die höchsten Jahresdurchschnittstemperatur und die größte Jahresniederschlagsmenge, nämlich ca. 170% mehr als Leipzig, und auch die größte Sonnenscheinstundenzahl. Am Schwarzen-Meer-Prüfstand hatten wir eine mittlere Jahrestemperatur von 12,1 °C, wobei im 3. Vierteljahr etwa 20,0° mittlere Temperatur herrscht. Die jährliche Niederschlagsmenge lag im Mittel bei 339 mm.

Für ein größeres Gebiet Mitteleuropas ergeben sich für die Jahre 1947 bis 1955 die in *Tab. 2* zusammengefaßten Charakterisierungen des Klimas nach Gesamtsonnenscheinstunden, Niederschlagsmengen und Temperaturgrenzen. In dieser Zeit schwankte die relative Luftfeuchtigkeit zwischen 64 und 71% als Minimalwert jeweils in den Monaten April bis Juni und 85 und 90% als Maximalwert jeweils in den Monaten November bis Januar.

Tabelle 2

Klima-Charakterisierung der Jahre 1947···1955

Jahr	1947	1948	1949	1950	1951	1952	1954	1959
Gesamtniederschlag in mm	482	626	691	511	571	552	639	695
Gesamt-Sonnescheinstunden	1374	1799	2091	2083	2022	1707	1905	1674

Temperaturgrenzen							
in °C im Januar	1947:	+4°;	−11°	im April	1947:	+17°;	+3°
	1948:	+5°;	+1°		1948:	+17°;	+5°
	1949:	+3°;	+3°		1949:	+17°;	+4°
	1950:	+1°;	+8°		1950;	+15°;	+4°
	1951:	+4°;	+1°		1951:	+16°;	+3°
	1952:	+2°;	+3°		1952:	+19°;	+5°
	1954:	+15°;	−18°		1954:	+9°;	+2°
	1955:	0°;	+6°		1955:	+11°;	+0,7°
im Juli	1947:	+27°;	+14°	im Okt.	1947:	+14°;	+0,8°
	1948:	+23°;	+12°		1948:	+15°;	+5°
	1949:	+24°;	+13°		1949:	+17°;	+4°
	1950:	+27°;	+14°		1950:	+11°;	+3°
	1951:	+25°;	+12°		1951:	+15°;	+0,5°
	1952:	+27°;	+12°		1952:	+12°;	+3°
	1954:	+22°;	+12°		1954:	+14°;	+4°
	1955:	+24°;	+13°		1955:	+13°;	+4°

Diese Angaben werden durch H. D. Otto [5] noch durch die Windgeschwindigkeiten aus den Messungen der Jahre 1959 bis 1962 ergänzt. Sie sind selbstverständlich auch von der geographischen Lage der Prüfstation abhängig und bewegen sich für Hiddensee zwischen 6,1 und 12,4 m/s, und für Zinnwald zwischen 2,3 und 7,3 m/s.

Für die in den USA bevorzugten Prüfstationen in Florida [8] schwankten die totalen jährlichen Sonnenstunden in den Jahren 1957···1959 zwischen 1298 und 1448 Std. Die Temperaturmaxima lagen bei 30···32 °C, die Minima um 13 °C. Die relative Luftfeuchtigkeit lag zwischen 62 und 79% und der jährliche Regenfall betrug 1420···2131 mm. Eine Sonnenstunde ist hier definiert durch einen Energieinhalt von mehr als 0,823 cal/cm² bei 45° Neigung gegen Süden.

Auf einer Gebäudeaußenoberfläche können die Temperaturdifferenzen innerhalb 24 Std. bis zu 50° betragen.

Es ist also klar, daß die durch eine Lichteinwirkung irgendwie eingeleitete und ablaufende Alterung durch das Klima beeinflußt werden muß.

Danach erscheint es sinnvoll, bei der Beurteilung der Alterungsresistenz eines Plastformstoffes neben der Expositionszeit auch zu versuchen, die Menge der gesamten aufgenommenen Energie zu messen und entsprechend zu verwerten.

Hier kann der Hinweis von P. Dubois und Mitarb. [54] nützlich sein, daß japanische meteorologische Stationen, die eingestrahlte Energie für die Wellenbereiche des UV, sichtbaren und I.R. registrieren und kartographisch auswerten.

Weiterhin existieren Angaben im Observatorium von Davos über Globalstrahlungen auf den verschiedenen Punkten der Erde als Funktion der Breite und der täglichen Stunden.

Unter Beachtung der geographischen Breite haben wir zwecks Erfüllung der Forderung nach einer senkrechten Einstrahlung des Sonnenlichts auf das Versuchsobjekt die Gestelle zur Aufnahme des Versuchsmaterials in unseren Prüfstationen ca. 45° gegen die Vertikale geneigt mit ihrer Ebene nach Süden ausgerichtet. Bei einer geographischen Breite von 52° beträgt der Einstrahlwinkel der Sonne zur Mittagszeit in der Zeit vom 20. April bis 30. Juli ca. 94°···ca. 106°. Diese an sich große Winkeldifferenz wird jedoch durch die im Hochsommer verstärkte Strahlungsintensität der Sonne ausgeglichen.

Dieser Neigungswinkel und die Südrichtung haben sich offenbar auch in anderen Breitengraden bewährt, so daß F. B. Stieg jr. [6] beide zur Charakterisierung der „Florida"-Exposition verwendet. In Florida ist am 21. Juni mit 88° über dem Horizont praktisch die senkrechte Einstrahlung erreicht. Die maximale Abbauwirkung pro Sonnenstunde erfolgt hier.

Nach K. Hoffmann [18] ist in unseren Breiten die maximale Einstrahlung auf eine unter 45° nach Süden gerichtete Prüfkörperoberfläche 85000 Lux. In den Sommermonaten werden im Durchschnitt 60% und im Dezember nur 15 bis 20% dieser Menge eingestrahlt. Die Lichtsumme läßt sich etwa abschätzen für

Juni $0{,}62 \cdot 10^6$ Luxstunde je Tag
Sept. $0{,}28 \cdot 10^6$ Luxstunde je Tag
Dez. $0{,}04 \cdot 10^6$ Luxstunde je Tag

Die Strahlungsenergie des Sonnenlichtes liegt an den beiden Grenzen der sichtbaren Strahlen zwischen 35,7 und 71, 5 Einstein. Im UV-Gebiet zwischen $\lambda = 300$ bis 200 nm ist sie 95···143 Einstein, und in dem sehr kurzwelligen der Höhenstrahlung steigt sie bis 286 Einstein für $\lambda = 100$ nm an.

Daneben finden sich auch Vorschläge zur Ausrichtung der Versuchsobjekte unter einer Neigung von 5° oder auch eine senkrechte Aufstellung; diese soll sich vornehmlich in terrestischem Klima bewährt haben.

G. C. Newland und Mitarb. [7] empfehlen einen Winkel von 30°, um die bei höherem Sonnenstand im Sommer mögliche stärkere UV-Einwirkung auszunutzen.

Nach I. B. Darby und P. R. Graham [8] führt eine horizontale Lagerung der zu bewitternden Proben — PVC-W-Folien — zu einer sich stärker auswirkenden Folge der Bewitterung. Es möge jedoch daran erinnert werden, daß die kürzeren Wellenlängen im Licht nahe dem Horizont abgeschnitten sind.

A. Matting und K. Wagener [55] verwenden kippbare Gestelle, so daß bei einer Drehung um 90° beide Oberflächen nahezu gleichmäßig im wöchentlichen Turnus gealtert werden können.

Im allgemeinen befinden sich mehrere Reihen von Untersuchungsmustern auf den Prüfstellen, wobei es sich empfiehlt, wenigstens 50 cm vom Erdboden entfernt die untere Reihe beginnen zu lassen. Einer besonderen Sorgfalt bedarf die Befestigung der Prüfkörper. Für Folien oder Platten haben sich Al-Rahmen bewährt, die auf Holzlatten so aufgebracht werden, daß die obere und untere Oberfläche von der Luft umspült werden kann. Zwischen Prüfkörper und Windschutzplatte liegt ein ca. 5 cm dicker freier Luftraum.

Jedoch sollte eine solche Größe und Anbringung von Folien auf den Gestellen vermieden werden, die im Laufe der Bewitterung den kalten Fluß auslösen — also „*durchhängen*" — und auch zu zusätzlichen Zerstörungen durch den unter einem zu großen Folienstück sich fangenden Wind führen.

Ein Kontakt des Prüfkörpers mit der Holz- oder Metallfläche des Gestells sollte peinlich vermieden werden, um nicht secundäre Reaktionen auszulösen oder den photochemischen Abbau zu katalysieren. Die Gefahr besteht auch bei Verwendung von Nägeln oder Schrauben zum Befestigen von entsprechend dimensionierten Prüfkörpern. Hierbei ist weiterhin zu beachten, daß nach K. Theile [47] die Sporen bestimmter Pilzarten im Holz nur die Polymeren zerstören und nicht das Holz. Es ist zweckmäßig, nur mit Pentachlorphenol getränktes Holz zu verwenden.

Die Abb. *6···8* zeigen einige von uns verwendete Auslegearten und Anordnungen im Gelände.

Abb. 9 und *10* demonstrierten die vom Kunststoff-Institut Budapest der V. R. Ungarn uns zur Verfügung gestellten Auslegegestelle am Balaton.

Bei der Anlage der Prüfstationen ist eine sorgfältige Auswahl des Geländes vorzunehmen. Vegetation oder Gebäude unterscheiden sich merklich in der Absorption und Reflexion des Sonnenlichtes und der Wärmestrahlung. Art und Menge des mit dem Wind getragenen Staubs hängen von der Höhe über dem Erdboden ab, der auch Dauer und Ausdehnung von Feuchtigkeitsfilmen und Temperaturniveau auf den Prüfkörpern beeinflußt.

Abb. 6. Prüfstand im Deutschen Mittelgebirge mit unpraktischer Auslegeart

Abb. 7. Prüfstand im Hochgebirge (2600 m) mit bewährter Auslegeart

Abb. 8. Prüfstand im Hochgebirge (1700 m) mit sehr hoher Schneedecke

Abb. 9

Abb. 10

H. Macskasy und A. Szabo [9] bestätigen uns die Förderung des Alterungsablaufs von PVC-W-Folien durch einen schwarzen Untergrund.

Eine auf den Prüfstationen meist erforderliche Unterkunfts- oder Arbeitshütte bietet vielfache Gelegenheit zur Anbringung von Prüfkörpern als Wandverkleidung, Dachhaut, Fenster, Regenrinne, Regenfallrohr usw.

Damit ergibt sich ferner die Möglichkeit, die verschiedenen Himmelsrichtungen in ihrer Wirksamkeit auf den Alterungsverlauf zu testen. Hierbei werden auch andere Neigungswinkel oder die senkrechte Befestigung erprobt werden können.

Für die Prüfung von Hart-PVC-Platten bzw. Hart-PVC-Schaumstoffplatten benutzten wir [49] die aus *Abb. 11* ersichtlichen Anordnungen.

Für spezielle Prüfkörper-Gestaltungen, u. a. für Finalprodukte z. B. Wasserhähne, Bedienteile oder Verpackungsbehälter ergeben sich die entsprechenden Aufgaben der Befestigungs- und Auslegeart [10].

Im wesentlichen werden sich die Prüfkörper in Ruhe befinden, so daß sich also der Einfallwinkel des Sonnenlichtes mit der Tageszeit ändert. Durch den motorgetriebenen Heliostat wird ein ständig senkrechter Einfall der Sonne möglich. 5 Interferenzfilter in einem solchen Heliostat bestehen aus 2 parallelen Glasplatten, die im bestimmten Abstand durch ein Naturharz gehalten und deren innere Flächen leicht versilbert sind. Ein schmales Lichtband mit einem exakten Wellenlängen-Berg, der durch die Entfernung zwischen den Silberschichten bestimmt

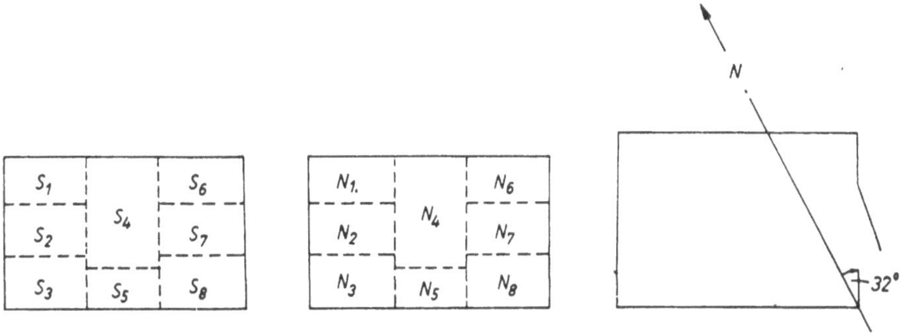

Abb. 11*a*) Verteilung der Platten an Nord- und Südwand der Hütte an der Ostseeküste

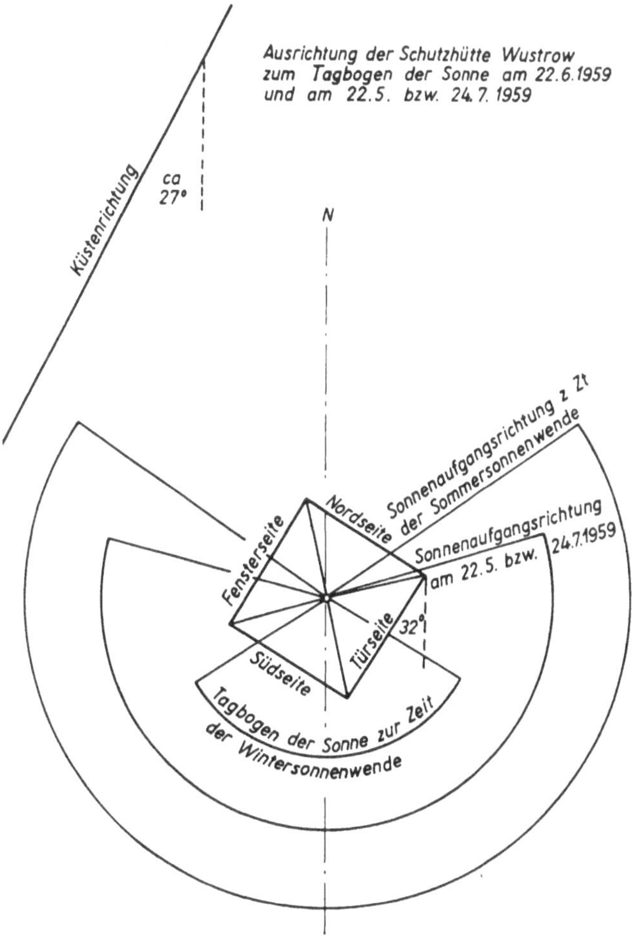

Abb. 11*b*) Ausrichtung der Schutzhütte zur Küste bzw. zu den Himmelsrichtungen

wird, führt zu einer Intensivierung der Lichteinwirkung auf einer 5 × 5 cm² Filmfläche. Die Durchlässigkeit der Interferenzfilter liegt für Wellenlängen von 300···400 nm bei 25···20% und für $\lambda = 425$ nm bei 20%. Hinzugeschaltete Glasfilter nehmen das sichtbare Gebiet heraus.

Eine 2···21/2 monatige Expositionsdauer in Florida entspricht nach W. C. Warner und Mitarb. [11] der Wirksamkeit von 195···260 UV-Sonnenstunden.

Durch Spiegelreflektoren erreicht man eine weitere Intensitätsverstärkung der Sonnenstrahlen [13] bis auf das 8···10fache der in Äquatorbreite ausnutzbaren. Diese Vorrichtungen lassen sich auch mit Sprüheinrichtungen für destilliertes Wasser versehen, das 7mal pro Tag jeweils 10 Min. einwirken kann.

Die Erprobung solcher Geräte durch B. L. Garner und P. I. Papillo [50] bestätigt zunächst ein relativ geringfügiges Nachlassen der Reflexion in dem interessierenden UV-Bereich. Durch das Gerät wird die natürliche Energieverteilung des Sonnenlichtes am Tage und im Jahresverlauf nicht geändert, aber merklich verstärkt, — 900% der Langleys gegenüber dem Bezugswert bei 45° S Exposition —. Die Erwärmung der Prüfkörper ist etwas höher im Gerät als bei einer Exposition unter 45° nach Süden. An extrem heißen Tagen kann die Temperatur der schwarzen Proben im Gerät bis 76 °C steigen gegenüber 71 °C bei der 45° Exposition. (Lufttemperatur ca. 43 °C).

Um andere atmosphärische Einflüsse auszuschalten, wird die Prüfung auf Lichtschädigung unter Abdecken mit Glasscheiben unter Beibehaltung des Expositionswinkels von 45° vorgenommen. Die Glasdicke ist variabel, zweckmäßig ca. 3 mm. Die Befestigung soll so gewählt werden, daß kein Wärmestau und keine Windzerstörung an den Prüfkörpern auftritt.

Nach F. C. Clark [12] hat Glas im allgemeinen folgende UV-Durchlässigkeit:

zwischen λ = 300···320 nm ca. 0···10%
300···340 nm ca. 60%
300···360 nm ca. 80%
300···400 nm ca. 90%

Wir verwendeten für unsere Versuche Glasfilterscheiben, die nur u. v. oder nur u. r. Licht oder u. v. zusammen mit sichtbarem Tageslicht durchlassen*.

I. A. Melchore [17] benutzt eine Serie Glasfilter mit jeweils verschiedenem Ausschnitt im UV-Gebiet, um so die schädliche Wellenlänge für jedes Polymere bzw. mit ihm gestalteten Plastformstoff festzulegen.

Zwecks Erfassung des Luftsauerstoff-Einflusses in Verbindung mit dem UV-Anteil des eingestrahlten Sonnenlichts haben wir Glasampullen aus dem sehr wenig u. v. durchlässigen Thüringer Glas, dem Jenaer Geräteglas D 20 mit mittlerer Durchlässigkeit und dem gut u. v. durchlässigen Rasothermglas verwendet. Die Ampullen sind mit Luft oder Sauerstoff oder Stickstoff gefüllt dann exponiert.

Für den Fall, daß keine meteorologischen Daten von den entsprechenden Einrichtungen regelmäßig für die Prüfstation zu erhalten sind, ist ein Selbstaufbau

* Glasfilterscheiben UG 2, UG 6 und BG 19 des VEB Optik Jenaer Glaswerke Schott u. Gen.

einer solchen Station mit Meßgeräten für Sonnenscheindauer, Regenmenge, Temperatur und Feuchtigkeit, Windgeschwindigkeit und -Richtung, Registrierung der UV-Einstrahlung, evtl. des Ozon-Gehalts, Trocken- und Feuchttemperaturen nötig. Nach F. C. Clark [12] und Marianne L. Ellinger [46] ist das Pyrheliometer geeignet, um die totale Strahlung auf der Filmoberfläche zu messen. Es ist für alle Strahlenbereiche im Sonnenlicht empfindlich. I. B. Kuznezova und Mitarb. [14] empfehlen das Pyranometer nach Janischewsky.

R. Sattelmeyer und K. H. Reichert [15] vermessen die Intensität des Sonnenlichts unter Einsatz zwei verschiedenartiger Luxmeter und eines Uranyloxalat-Actinometers und zeigen zugleich auf, daß die Genauigkeit der Strahlungsmessung in starkem Maße von der Meßanordnung abhängt.

Neben der Kenntnis der im Beobachtungszeitraum eingestrahlten Energie und der Lufttemperatur ist es notwendig, die im Inneren der Prüfkörper herrschenden Temperaturen zu bestimmen.

In der von uns gewählten Versuchsanordnung hatte M. Helmstedt [16] die 10 mm dicken, 100 × 100 mm großen Plastplatten so in ausgesparten Öffnungen einer Holzunterlage befestigt, daß eine Wärmeableitung praktisch unterdrückt wurde.

Die Platten enthielten für die Dauerregistrierung der Massetemperaturen zentrale Bohrungen von 2 mm ∅, in die die zur Messung verwendeten Thermistoren TNM 10 K des VEB Keramische Werke Hermsdorf eingekittet waren. Die Signale wurden über eine Anzahl einfacher Brückenschaltungen registriert, die von Trokkenelementen gespeist waren, an einem Zwölffach-Kompensationsbandschreiber des VEB MAW Magdeburg. Jeder Meßkreis wurde wegen der unterschiedlichen Widerstandscharakteristik der Thermistoren getrennt geeicht und mit Hilfe geeigneter Potentiometer annähernd abgeglichen. Die Anordnung hat den Vorteil, daß wegen der hohen Widerstände der Meßfühler die Leitungswiderstände selbst meterlanger Zuleitungen, die unterschiedlich erwärmt werden können, die Messungen nicht fehlerhaft beeinflussen, da sie vernachlässigbar sind. Die Lufttemperaturen wurden stets mit aufgezeichnet. Die Registrierung erfolgte oft über Wochen hinweg ohne Unterbrechnung.

H. Haldenwanger und S. Purucker-Nens [25] führen die Messung der Oberflächentemperatur mit direkt auf die Fläche gelegten Reinnickeldrähten durch.

T. Simionescu und Mitarb. [56] fanden an einer Prüfstation in 117 m Entfernung vom Schwarzen Meer einen Aerosol-Gehalt von 9···30 mg Cl/m² und Tag.

Für Untersuchungen über den Einfluß des Meerwassers auf den Alterungsablauf der Plastformstoffe empfiehlt M. L. Ellinger [46] die Prüfgestelle entweder direkt im Wasser oder so aufzustellen, daß die intermittierende Einwirkung der Gezeiten erforscht werden kann.

Als Auslegetermine für die Prüfkörper sollte man wenigstens 2 um einige Monate voneinander getrennte Zeitpunkte wählen, etwa die Frühjahrs- und Herbstmonate. Hierbei ist auch die am Auslegungstag herrschende Witterung von Bedeutung.

Ein allerdings charakteristischer Nachteil der Alterung unter natürlichen Bedingungen ist der erhebliche Zeitaufwand.

Bei dem daraus sich ergebenden Bestreben, in kürzerer Zeit wenigstens die Richtung zu erkennen, in der sich unter Erhöhung der Intensität der Einwirkungsfaktoren die Gebrauchseigenschaften und die Zeitspanne bis zum Unterschreiten eines Grenzwertes ändern werden, kommt den *Methoden und Vorrichtungen zur künstlichen Alterung* eine erhebliche wissenschaftliche wie technologische Bedeutung zu.

Es muß jedoch sogleich an dieser Stelle festgehalten werden, daß trotz aller hierauf gerichteten Bemühungen noch keines der Prüfgeräte die Bedingungen der natürlichen Alterung genau reproduzieren kann. Leider kommt auch noch hinzu, daß die von 2 Strahlenquellen abgegebene Energie sich um 50% und mehr unterscheiden kann.

Eine solche Anlage zur künstlichen Alterung soll annähernd die spektrale Lichtverteilung der des Sonnenlichts anpassen und eine genügend hohe Beleuchtungsstärke haben. Die Temperatur und Feuchtigkeit sollen in etwa den normalen Bedingungen entsprechen.

K. Hoffmann [18] gibt für einige Lichtquellen folgenden angenäherten Überblick über die spectrale Lichtverteilung im sichtbaren Bereich, jeweils bezogen auf Blau = 100

Spectralbereich	blau	grün	rot
Spectralbereich	400···520	480···600	600···700 nm
Tageslicht	100	71,5	60
Sonne	100	89	150
Glühlampe	100	140	300
Hg-Lampe	100	70	4
Hg-Höchstdruckl.	100	73	15
Xenon 160 W.	100	83	60
Atlas Belichtungsgerät	100	33	52
Hoechster Belichtungsgerät	100	142	240

Meist gehen die Bestrebungen bei den künstlichen Belichtungseinrichtungen dahin, den Rot- und Ultrarot-Anteil der Strahlung möglichst auszuschneiden.

Dies ist im Extrem bei den Quecksilberdampflampen in Quarzrohren geschehen. Die Erfahrung hat jedoch gelehrt, daß Belichtungsergebnisse mit derartigen Lampen von denen der Exposition im Sonnenlicht sehr wesentlich abweichen. Sie senden die im Sonnenlicht nicht vorkommenden Wellenlängen zwischen 210 und 290 nm aus. Trotzdem werden bis in die letzte Zeit hinein — so u. a. von L. Adamirova und B. Doležel [4] — Untersuchungen mit derartigen Lampen unter bestimmter Zielstellung der Einschätzung der Wirkungsweise dieses Spectralbereiches auf bestimmte meßbare Größen des Plastformstoffes durchgeführt.

A. Widmann [23] macht darauf aufmerksam, daß im Hochgebirge UV-Licht von $\lambda = 220$ nm und in solchen Höhen, die Flugzeuge erreichen, solches mit $\lambda = 150 \cdots 180$ nm anzutreffen ist.

Für die Bewertung der Leistung derartiger Brenner zur Prognose und Diagnose der Veränderungen durch die Alterung des Plastformstoffes ist die mit der Entfernung der Lampe vom Prüfkörper sich ändernde Strahlendichte zu beachten. Die Entfernung kann zwischen 20 und 70 cm schwanken, sie wird überwiegend auf 30 cm eingestellt. Für den Hg-Lampen-Brenner Tesla THK 700 gibt L. Huslik [19] die Abhängigkeit der Strahlendichte von der Entfernung gemäß folgender Aufstellung:

Entfernung in cm	Strahlendichte $cal/cm^2 \cdot min$
20	0,6215
30	0,2761
40	0,1594
50	0,1052
60	0,0780
70	0,0527

Es empfiehlt sich außerdem, über das Prüfobjekt einen Luftstrom zu blasen, um lokale Temperaturerhöhungen über 30 °C zu unterdrücken.

Eine weitere Variation besteht darin, daß 12 Hg-Lampen auf das alte Fadeometer-Gestell montiert sind und anstelle des Ortes der alten Lampe befindet sich ein Metallzylinder mit den Prüfkörpern. Er rotiert in einer Entfernung von 22,5 mm von den Lampen [57].

Durch Filter läßt sich das für derartige Lampen charakteristische Linienspectrum des Hg dem Untersuchungsziel entsprechend verändern. Um es dem lückenlosen Sonnenlichtspectrum anzunähern, sind Wolfram-Heizdrähte im Entladungsrohr der Hg-Höchstdrucklampen.

K. Hoffmann [18] erreicht eine solche Angleichung an natürliches Licht durch eine Mischung von Hg-Dampflicht mit Glühlampenlicht und Ausschneiden der Wärmestrahlen sowie des kurzwelligen UV-Anteils.

Diese sogenannte Hoechster Belichtungsanlage wird hauptsächlich zur Beurteilung der Ausbleicheffekte von Farbstoffen in hochmolekularen Trägern herangezogen.

P. F. Moore [51] verwendet eine Vorrichtung, in der das Licht einer luftgekühlten Hochdruck-Quecksilberdampfanlage von 1 kW Leistung zu ca. 9 cm breiten Lichtstrahlen fokussiert ist. Es ist eine Photozelle zur Messung der totalen Lichtenergie angeschlossen. Auswechselbare Lichtfilter ermöglichen die Selection der einzelnen Wellenlängen. Die Prüfkörper befanden sich in Quarzglasbehältern oder in Metallzellen mit planen Quarzfenstern.

Global gesehen haben unter den künstlichen Lichtquellen die *Kohlenbogenlampen* die größte Bedeutung gefunden. Die verschiedenen handelsüblichen Typen unterscheiden sich durch die Zusammensetzung der Kohlen, die elektrischen Betriebsdaten, z. B. 135 V, 16 Amp oder 50 V und 60 Amp., die Menge der den Bogen umgebenden Luft und Brenndauer 24 Std. oder 10 Std. und die Zusammensetzung der ihn einschließenden Glasglocken. Charakteristisch für diese Kohlenbogenlampen ist eine ziemlich intensive Emission bei $\lambda = 380 \cdots 390$ nm, die im Sonnenlicht fehlt und so gut wie keine Emission mit $\lambda < 350$ nm. Der Rotanteil ist im Vergleich zum Sonnenspectrum wesentlich schwächer.

Der Emission bei $\eta = 380 \cdots 390$ nm kommt eine Energie von 2560 Microwatt/cm² zu; das Sonnenlicht hat in diesem Wellenbereich nur $\sim$ 1500 Microwatt/cm². Im Wellenbereich von $\eta = 260 \cdots 360$ nm liegt ungefähr eine Übereinstimmung im Microwattbereich (320···800) vor. Der maximale Microwattbetrag von ca. 2000 Microwatt/cm² liegt im Sonnenlicht bei 460 nm [52].

Es kann also das Urteil von J. P. Forsman [20] nicht abgestritten werden, daß „*auch in den letzten 12 Jahren keine befriedigende Relation zwischen diesen beiden Prüfarten gefunden sei.*"

Auch B. S. Cooper und F. S. Hawkins [22] kommen bei ihren Untersuchungen über die spectrale Charakteristik der Lichtquellen zwecks Prüfung der Lichtechtheit von Werkstoffen zu dem Schluß, daß keine der verschiedenen künstlichen Lichtquellen der Spectralverteilung im Sonnenlicht entsprechen. Bei der geschlossenen Bogenlampe entspricht nur der Wellenlängenbereich von 3000···4300 Å dem Mittags-Sonnenlicht.

Andererseits sind aber Schichten aus hochpolymeren Substanzen bekannt, die einer mindestens 15jährigen Außenbewitterung standgehalten haben. Damit werden aussagekräftige Kurzprüfungen besonders aktuell.

Die spectrale Zusammensetzung des auf den Prüfkörper fallenden Lichtes wird durch variable Lichtfilter dem Untersuchungsziel angepaßt. Hierbei ist zu beachten, daß nach einer Gebrauchsdauer von 1000···1500 Stunden die UV-Durchlässigkeit der Glasglocken um den Kohlenbogen fast auf Null zurückgegangen ist.

Man kann fernerhin das Licht der Kohlenbogenlampe mit den Emissionen anderer Lichtenergiequellen kombinieren, wie dies auch bereits in handelsüblichen Ausführungen, beispielsweise in der Fluorescent-Sunlamp-blacklamp, üblich geworden ist. Darunter befinden sich auch Kombinationen von 4···2 Bogenlampen mit einer oder mehreren Hg-Lampen [21].

Wesentlich für die Leistung solcher *künstlichen Bewitterungsapparaturen* ist neben der spectralen Strahlungsenergie — die effektive bzw. minimale Lichtintensität wird mit 0,82 bzw. 0,7 kalcm$^{-2} \cdot$ min^{-1} angegeben — die auf den Prüfkörperoberflächen sich einstellende Temperatur. Je nach Konstruktion werden hierbei 30°···90 °C natürlich in Abhängigkeit von dem Farbton und damit dem Reflexionsvermögen der Oberfläche des Plastformstoffes gemessen, wobei die Entfernung von der Lichtquelle auch bei den einzelnen Apparatetypen in den Grenzen zwischen 25 und 70 cm schwankt.

Die Temperatur der beschleunigten Bewitterung beeinflußt stark das Resultat und vor allem dessen Reproduzierbarkeit. Durch zusätzliches Lufteinblasen von bestimmter Temperatur reguliert man ebenfalls die Oberflächentemperatur.

Die zwischen 40···120 Stck. betragenden Prüfkörper befinden sich in diesen Apparaten sowohl in horizontaler wie in vertikaler Lage zu den Bogenlampen. Es sind auch Anordnungen mit einer annähernd rechtwinkligen Befestigung der Prüfkörper zu den Maxima der Lichtstromintensität bekannt. Als eine nahezu vollkommene Lösung wird die Möglichkeit angesehen, daß sich jeder Prüfkörper im Verlaufe von 4 Umdrehungen eines walzenförmigen Trägers in allen Zonen mit verschiedener Lichtintensität befindet. Die Probenbefestigung muß eine ungestörte Luftzirkulation gewährleisten, wodurch eine an der unteren Grenze liegende Temperatur erreicht werden soll. Die Prüfkörper drehen sich in ca. 1 Min. um die Bogenlampe, die noch zusätzlich mit Filtern versehen werden kann.

Diese als *Fadeometer* bekannten Apparaturen werden ergänzt durch Vorrichtungen, in denen Wasser und Feuchtigkeit mit auf die Prüfkörper einwirken können, wobei nicht nur die Auswirkung eines Regenfalls ohne dessen dynamische Energie allerdings, sondern auch das Betauen des Plastformstoffes während einer Dunkelperiode nachgeahmt werden soll.

Der Rhythmus dieser Wassereinwirkungen in den *Weatherometern* ist recht unterschiedlich. Neben periodischen Bewässerungen sind auch Konstruktionen mit nur gelegentlichen Wasserberieselungen üblich.

Beträgt beispielsweise die Umdrehungszeit eines Prüfkörpers 120 Min., dann setzt die Wasserbesprühung nach 18 Min. ein und nach 102 Min. schaltet sie ab.

Übrigens ist es durchaus nicht gleichgültig, ob Leitungs- oder destilliertes oder entsalztes Wasser aus welchem Rohrleitungssystem entnommen, da bereits Spuren von Metallen katalytisch die Abbauprozesse beeinflußen können.

Andererseits sind Salzsprühteste mit 3%iger Kochsalzlösung notwendige Kurzprüfungen.

Die mit den handelsüblichen Bewitterungsgeräten [24] durchführbaren Beanspruchungen können noch durch zusätzliche außerhalb des Geräts ablaufende Prüfungen, z. B. auch eine Aufbewahrung bei $-30\,^\circ C$ in einer Kältetruhe, ergänzt werden. Derartige Prüfungen lassen sich periodisch in die Cyclen des Geräts einordnen, wobei nicht selten eine sehr schnelle Aufwärmung auf die Betriebstemperatur eines Weatherometers eintritt.

Um die Intensivierung der Abbaureaktionen durch UV-Strahlen, die ja nur auf die Oberfläche wirken, auch in das Innere des Formstoffes zu drücken, arbeitet P. J. Gay [26] unter O_2-Druck.

Die Weiterentwicklung der künstlichen Bewitterungsgeräte führte dann zu den Xenonlampen, deren Leistungsaufnahme von anfangs 1500 Watt vor ca. 14 Jahren jetzt auf 4500···8000 Watt gesteigert werden konnte. Die Lichtstrahlung dieser Lampen mit $\lambda = 300\cdots700$ nm ist auch hinsichtlich der spektralen Energieverteilungskurven der Globalstrahlung am ähnlichsten.

K. Weinmann [27] sieht eine unwesentliche Abweichung in den Wellenlängen zwischen $\lambda = 450$ und 500 nm und $\lambda = 800\cdots1000$ nm. Der UV-Anteil beträgt etwa 76 bis 88% der im sichtbaren Gebiet emittierten Energie. G. Riedel [29] bestätigt die gute Eignung zur Prüfung pigmentierter Plastformstoffe.

Die mit ihnen ausgestatteten Bewitterungsgeräte ermöglichen eine Regulierung der Temperatur, der Luftfeuchtigkeit, Bewässerung. Ein Drehen der Prüfkörper in der Bestrahlungskammer setzt diese zeitweise der Dunkelheit aus, so daß eine gewisse Nachahmung des Tag-Nachtwechsels erreicht wird. Jedoch kann die mit diesem Wechselspiel in der Regel verbundene Temperaturänderung nicht erreicht werden. Die Auswirkung des Taus oder einer Eisbildung ist also nicht erkennbar. Es kommt ferner noch hinzu, daß unter natürlichen Bedingungen die Bestrahlung nicht wie beim Gerät sofort in voller Stärke einsetzt, sondern einer zeitlich relativ langsamen Steigerung bis zur Mittagsstunde sich eine Abnahme bis zum Sonnenuntergang anschließt. Es sind aber Fälle bekannt geworden, wo gerade diese Umstände für die Alterung bedeutsam sind.

Auch bei Anwendung von Bewitterungsgeräten mit Hg-dotierter Xenonlampe läßt sich eine Temperatur von ca. 30 °C im Prüfraum aufrechterhalten, wobei die relative Luftfeuchtigkeit zwischen 20% und 90% eingestellt werden kann. Es ist nicht ausgeschlossen, daß die Kombination dieser Brenner mit der hohen Luftfeuchtigkeit einen gesteigerten Abbau an der Oberfläche der Plastformstoffe ausübt [28].

All diese Bewitterungsgeräte müssen der Bedingung genügen, daß in unseren geographischen Breiten fast 7 Monate ein Wetter mit Kälte-Feuchtigkeit-Kombination, aber auch Sommermonate mit ausgesprochener UV-Wirkung herrschen. Ein Gerät [44] mit 2 Klimakammern, die je nach Prüfbedingungen vollautomatisch kombinierbar und regulierbar sind und ein Hindurchtransportieren der Prüfkörper in gewünschter Zeit ermöglichen, wird mit dazu beitragen, daß die Gefahr beseitigt wird, aus zu kleinen Prüfmustern zu weitgehende Folgerungen auf den Alterungsablauf zu ziehen.

Charakteristisch für all diese Bewitterungsgeräte ist ihre stete Betriebsbereitschaft, so daß man bei besserer Temperaturführung für eine zuverlässige und stets gleichmäßige Bestrahlung der Prüfkörper sorgen kann. Ein Strahlungsausfall wie unter vielen klimatischen Bedingungen ist also nicht zu befürchten.

Die eigentlich für die Untersuchung der Umwelteinflüsse auf Pflanzen geschaffenen Apparate mit bis zu 3 m^3 Nutzraum sollten sich auch für die Alterungsvorgänge an Plastformstoffen nutzen lassen. Sie geben die Möglichkeit zur Nachbildung von Tag- und Nacht-Übergängen, lassen Regulierungen der Luftgeschwindigkeit, deren Beladung mit Feuchtigkeit oder anderen Gasen zu und ermöglichen Beregnungen mit verschiedener Wassertemperatur. Das überstreichbare Temperaturbereich liegt zwischen $-90° \cdots +125$ °C bei einer Bestrahlungsstärke von 80000 Lux, wobei auch diffuse Strahlung ausnutzbar wird.

Derartige Klimaschränke werden auch Beanspruchungen von Plastformstoffen unter Last ermöglichen.

Auch auf die Weiterentwicklung des aus der Anstrichstoff-Forschung kommenden „*Cold-Check Testes*" für die Alterungsprüfung der Plastformstoffe sei aufmerksam gemacht. Moderne Geräte ermöglichen einen sehr raschen Temperaturwechsel von $+50°$ auf -20°C und umgekehrt.

Die sehr vielseitige Anwendungsbreite der Plastformstoffe macht noch eine große Anzahl von *Prüfungen unter speziellen Beanspruchungen* im Hinblick auf das Alterungsverhalten hierbei notwendig.

H. Stäger [30] hat mit dem Begriff „*Technoklima*" all die Umweltfaktoren zusammengefaßt, die sich auf den Plastformstoff beim bestimmungsgemäßen Gebrauch kollektivfunktionell oder auch als dominierendes Einzelelement auswirken. In der Regel werden hierbei die Plastformstoffe mechanisch beansprucht. Bei dauernd wirksamen Kräften kann es dann zu Schädigungen kommen, die den weiteren Alterungsablauf in eine andere Richtung oder in ein anderes Geschwindigkeitsniveau drängen.

Die Vorrichtungen zur Verfolgung derartiger Schäden werden sich ziemlich weitgehend an solche, wie sie zur Prüfung von Zugfestigkeiten, Biegefestigkeiten, Druckfertigkeiten. Berstfestigkeiten u. a. üblich sind, anlehnen. Hierbei ist die Bedeutung der richtigen Gestaltung des Prüfkörpers und die Zulässigkeit der Übertragbakeit dieser Ergebnisse auf andere Gebrauchsformen besonders zu beachten.

G. Menges und H. Schmidt [43] bedienen sich spanabhebend aus Platten hergestellter Prüfkörper, die je nach Plastart bei Raumtemperatur oder bei 60 °C geprüft wurden.

Nicht immer werden sich derartige mechanische Beanspruchungen ermöglichende Vorrichtungen in gewöhnlicher Luftatmosphäre befinden, sondern auch beispielsweise in der Atmosphäre der chemischen Industrie. Sie werden eine Anpassung an solche Beanspruchungsarten erfahren müssen, die einen unmittelbaren Kontakt einer Chemikalie mit dem unter Last stehenden Plastformstoff erfordern. Die richtige konstruktive Gestaltung wird sich hierbei nicht nach allgemeinen Regeln richten können, sondern im Einzelfall festgelegt werden müssen.

P. Bauer [42] benutzt sowohl spritzgegossene Becher wie auch Flaschen, aber auch die für Festigkeitsmessungen genormten Schulterstäbe und als Chemikalie eine 5%ige Netzmittellösung. Die Prüfungsvorrichtung soll zu Aussagen über die Spannungsrißkorrosion führen.

L. Skupin [58] empfiehlt eine Spannvorrichtung für bandförmige Plastformstoffe, die eine Erprobung in aggressiven Medien unter Anlegen einer variablen Maximalspannung ermöglichen. Der Plastformstoff soll hierbei unter einer Spannung bis ungefähr $^1/_4$ der Kurzzeit-Festigkeit stehen.

Elektrotechnische Beanspruchungen der Gruppe der dielektrischen Isolierstoffe aus den hochpolymeren Werkstoffen werden in nicht kleinem Umfang bei erhöhter Betriebstemperatur durchgeführt, so daß also nicht nur der allgegenwärtige Luftsauerstoff, sondern auch eine erhöhte Temperatur als zusätzliches Beanspruchungselement für die Alterung sich auswirken wird. Die hierzu erforderlichen Wärmeschränke [31] sollen nicht nur trockene Wärme bei Temperaturen oberhalb 60 °C mit kontrollierbarem Luftaustausch zur Verfügung stellen, sondern auch dielektrische oder auch gleichzeitig oder selektiv mechanische Belastungen ermöglichen. In Spezialfällen wird eine zusätzliche UV-Strahlung erwünscht sein.

Eine Anpassung an die Baustoffe für derartige Wärmeschränke wird bei Studien über den Alterungsablauf der Plastformstoffe in korrodierende Agenzien enthaltender Luft notwendig. Das von W. K. Wilson und B. W. Forshee [32] für Untersuchungen an Celluloseacetatfilmen in NO_2- bzw. HCl-haltiger Luft von 20 bis 180 °C verwendete Glasgefäß ist für ähnliche Untersuchungen allgemein verwendbar. Ein Vorteil ist die Temperaturmessung in unmittelbarer Nähe der Prüfkörperoberfläche.

Für Beanspruchungen der Plastformstoffe durch niedrige Temperaturen ist es erforderlich, die Bedingungen so zu wählen, daß der Prüfkörper nur mit kalter Luft oder mit einer abgekühlten Flüssigkeit in Berührung kommt. Infolge von Quellvorgängen können hierbei durchaus unterschiedliche Ergebnisse erzielt werden. Mit Kohlensäureschnee erreicht man in wenigen Minuten −50 °C in einer um eine senkrechte Achse rotierenden Apparatur [33].

Die Prüfung auf Auswirkungen des Wassers von verschiedenen Temperaturen auf die Alterung bietet hinsichtlich der Vorrichtungen nur dann Besonderheiten, wenn gleichzeitig hydrodynamische Beanspruchungen über die Erosion der Oberfläche des Plastformstoffes seine Alterung beschleunigen könnten. Hier sollten die Erfahrungen über die Prüfung von Schiffsanstrichen, wie sie H. Benninghoff [34] vermittelt, genutzt werden. Die Bewegung eines Formstoffes in entsprechender Gestaltung ist vorzuziehen.

In Auswertung der durch Regentropfen hoher Geschwindigkeit hervorgerufenen starken Schädigungen von Werkstoffen aller Art haben G. Hoff und G. Langbein [41] eine Vorrichtung erprobt, bei der ein rotierender Arm mit seiner maximalen Umfangsgeschwindigkeit von 470 m/s eine Zentrifugalbeschleunigung von 18750 g auf den Prüfkörper ausübt. Auf diesen trifft aus einer Regenanlage ein ebener Tropfenfächer von 2,4 cm Breite. Die unter Normbedingungen auftreffende Regenstärke liegt mit 4,5 cm/h bei einem Tropfendurchmesser von 1,2 mm praktisch bei der Grenzgeschwindigkeit des natürlichen Regens (= 5 cm/h). Eine Regentemperatur von 20 °C führt zu einer sich einstellenden Temperatur von 40 °C des Prüfkörpers, dessen Oberfläche 1,72 cm^2 beträgt.

Die Nutzung von PVC-Weichfolien als Abdichtungsfolien im Straßenbau stellte uns die Aufgabe, für ihre Alterungsprüfung einen Prüfstand zu entwickeln. In ihm wurden Betonplatten mit derartigen Folien unter Benutzung von PVC-Klebstoffen bzw. Bitumen-Klebmasse versehen und entweder mit einer weiteren Betonplatte oder mit Metallblechen abgedeckt der natürlichen Bewitterung unterworfen. Die Versuchsanordnung ist ohne weiteres aus den *Abb. 12a* und *b* zu erfahren.

Um Erfahrungen über die Auswirkungen sehr starker Luftbewegungen bei gleichzeitigem Gehalt an SO_2, Ruß und Staub in der Luft auf den Alterungsablauf zu sammeln, dienten uns geeignete Tunnel der Deutschen Reichsbahn als Prüforte.

Eine Schnellmethode zur Prüfung auf SO_2-Resistenz der Plastformstoff-Oberflächen führten M. J. Karjakina und Mitarb. [37] so durch, daß sie Schwefel in einer mit Wasser bedeckten Kammer verbrennen und die Prüfkörper jeweils 7 Std. bei 50°···55 °C und anschließend 16 Std. bei 20···23 °C exponieren unter täglicher Prüfung auf Zerstörung.

Ausschluß von Licht unter gleichzeitigen Einwirkungen von Bodenchemikalien, Stoffwechselprodukten der Pflanzen- und Insektenwelt, Auswirkungen von Kleinlebewesen auf die Alterungsbeständigkeit der Plastformstoffe prüften wir durch Einbetten der Folien in verschiedene Böden der DDR.

Adelheid Schwartz [35] hat sehr differenziert Testmethoden zur Prüfung der Korrosionsanfälligkeit von Plastformstoffen mit Pilzen, Bakterien, Hefen und

Abb. 12*a*) und *b*)

Actinomyceten entwickelt. Sie geht hierbei von dem Grundsatz aus, daß der Plastformstoff auch Eigenkeime mitbringt, so daß außer dem Pilzgemisch auch eine Versuchsreihe mit Eigenkeimen und Pilzgemisch ablaufen sollte. Bei den Bakterien wird die Methode der Reihenversuche und die manometrische nach Warburg angewendet. Um zu einem sicheren Urteil über die Beeinflussung der Alterung von Plastformstoffen durch diese Kleinlebewesen zu kommen, werden 60···150 Tage erforderlich. Einer etwas einfacheren Arbeitsweise bedienen sich A. Merz und B. Doležel [36] bei der Prüfung der Resistenz von Weich-PVC gegenüber Fungus-Arten.

H. Kühlwein und F. Demmer [39] sind hinsichtlich der Eignung der Mikroorganismen auf der Grundlage der Erfahrungen bei Holz für die Prüfung der Widerstandsfähigkeit der Plastformstoffe etwas skeptisch und empfehlen auch aus den Eigenkeimen die Test-Organismen zu entwickeln. F. Demmer [67] hat den Pilz Nigrospora sphaerica als besonders aggressiv bei seinen Untersuchungen an PVC-W-Folien erkannt. Daneben empfiehlt er aus seinen eigenen Prüfpilzen Aspergillus niger, Fusarium culmorum, Penicillium funiculosum, Phoma suecica.

In der ASTMD 1924—63 sind weitere Prüfpilze vorgeschlagen. Demmer ist bezüglich der Benutzung von Mischkulturen auch zwecks Erkenntnis evtl. vorhandener synergetischer Effekte etwas vorsichtig und bevorzugt Einzelpilze.

Aus den von W. Hazeu [68] mitgeteilten Ergebnissen eines internationalen Rundversuches über die Beständigkeit von PVC-W-Folien gegenüber einer Reihe von Pilzen verschiedener Züchtungsorte ergaben sich recht befriedigende Übereinstimmungen der Beurteilungen.

Die von Gerda Theden und G. Becker [40] angegebenen Arbeitsmethoden für Pilze und Bakterien unterscheiden sich kaum von der Arbeitsweise von A. Schwartz.

In den internationalen Normungsarbeiten [45] ist zuletzt die Verwendung einer Nährlösung aus $NaNO_3$, KH_2PO_4, $MgSO_4 \cdot 7H_2O$, KCl, $FeSO_4$ (2:1:0,5:0,5:0,1 g) Glucose 10 g, Agar-Agar 20 g in 1 *l* destilliertem Wasser für die Erprobung von 8 verschiedenen Pilzstämmen vorgeschlagen. Die Prüfkörper werden auf Agarmedien in Petrischalen gelegt und mit einer Sporen-Suspension in der Nährlösung geimpft.

Diese Arbeitsweise wird auch von D. Sweitser [59] für die Prüfung der Leistungsfähigkeit von Microbiociden überhaupt und im Zusammenhang mit der Ermittlung der Lebensdauer der Plastformstoffe angewendet. F. Demmer [67] verwendet neben der Methode der Flüssigkeitskulturen noch die der feuchten Kammer und arbeitet auch auf festen Nährmedien und ergänzt diese durch Eingrabungen der Prüfkörper in Erde oder Schlamm.

R. Burgess und A. E. Darby [60] machen darauf aufmerksam, daß ein im Laborversuch sich als bakterienfest und schimmelbeständig erwiesener Plastfilm durchaus bei einer Exposition im Boden zerstört werden kann. Der Eingrabungstest gilt als zuverlässiger als ein Test mit Mischkulturen auf Agar, wenn eine physikalische Zerstörung verfolgt werden soll. Auf den Einfluß der Dicke der Prüfkörper sei aufmerksam gemacht.

Für die Zusammensetzung der Böden empfiehlt sich die Beachtung der entsprechenden Normvorschläge in verschiedenen Ländern, die B. DOLEŽEL [61] im Rahmen der internationalen Normungsarbeiten vergleichend beurteilt. Ihr Ziel ist 3 Methoden für die Beurteilung der Resistenz der Plastformstoffe gegen mikrobielle Korrosion zu finden, um

a) die visuelle Bewertung mit bloßem Auge oder mit 50facher Vergrößerung

b) die Bestimmung der mechanischen und dielektrischen Kennwerte durchzuführen.

Bezüglich der einzusetzenden Mikroorganismen lenken O. Verona und P. GAMBOGI [62] die Aufmerksamkeit auf die Schizomyceten.

Die Autoren [40] vermitteln weiterhin ihre Erfahrungen über die Prüfungsmethoden für die Schädigungen der Plastformstoffe durch Insekten und Wirbeltiere. Sie betonen die Ergänzung dieser biologischen Prüfungen auch unter Einsatz bereits klimatisch irgendwie beanspruchter Formstoffe.

Schließlich mögen noch die Kurzprüfzyklen erwähnt werden, die in einer Reihe von nacheinander anzuwendenden Beanspruchungen des Plastformstoffes bestehen. Hierbei werden z. B. in dem als „*Tropenbehandlung*" gekennzeichneten Test die Prüfkörper dem Regen bei 50 °C ausgesetzt, sodann die gleiche Zeitdauer bei —40 °C, dann bei 50 °C im trockenen Luftstrom unter Bestrahlung und schließlich noch 24 Std. in 40 °C warmer mit Feuchtigkeit gesättigter Luft gelagert. Die ersten Beanspruchungen dauern jeweils $2^3/_4$ Std. und die Übergänge zu den neuen Beanspruchungen sollen nicht länger als 15 Min. betragen [33].

Die Bedeutung derartiger Kurzprüfungen, vornehmlich über die voraussichtliche Widerstandsfähigkeit in dem feuchtwarmen Klima der Tropen, hat bereits zur Normung der Prüfbedingungen geführt. Nach K. WEINMANN [27] besteht dies im Aufbewahren über 8 Std. bei 40 ± 3 °C bei 100% relativer Feuchtigkeit und 16 Std. bei Raumtemperatur und weniger als 75% Feuchtigkeit. Entsprechende Geräte sind auch handelsüblich. Die Anzahl des 24-Stunden-Zyklus ist dann die Güteskala der Plastformstoffe.

Eine Nachahmung des Seeklimas will man durch die Salzsprühteste allein oder in Kombination mit anderen Prüfungen — Belichtung, auch mit Mischlicht aus UV- und IR-Strahlen, Lagerung bei Raumtemperatur und in Kältebädern, Verwendung anderer Sprühflüssigkeiten — erreichen.

Hierbei sind diese Prüfungen oft auch nur als Vorstufe für die Beanspruchung im Fadeometer oder Weatherometer gedacht [38].

Hierzu müssen auch die von Hildegard MENDRZYK [53] diskutierten genormten Prüfverfahren über die Alterungsbeständigkeit bei erhöhten Temperaturen oder bei einseitiger Beanspruchung durch Chemikalien erwähnt werden.

Kürzlich hat das National Bureau of Standards in den USA lichtempfindliche transparente Platten in 2 verschiedenen Dicken für die Eichung der Wetterprüf- und Belichtungsgeräte entwickelt.

Dazu gehören dann auch standardisierte Geräte, vornehmlich Belichtungslampen und die Durchführung der Beanspruchung nach genau festgelegten Bedingungen sowie die Auswertung nach einer statistischen Analyse [63].

Für das Studium der Alterung der Plastformstoffe unter den Bedingungen des Weltenraumes werden Vorrichtungen zur Erzeugung eines Hochvakuums von $10^{-6} \cdots 10^{-12}$ Torr nötig, möglichst unter gleichzeitiger Benutzung einer Strahlungsquelle für Ultraviolett-Strahlung mit Wellenlängen von $\lambda = 3800 \cdots 1000$ Å.

R. G. Schmitt und R. C. Hirt [64] benutzen eine wassergekühlte Hochdruck-Hg-Bogenlampe für ihre Studien im Bereich von 2000 ··· 4000 Å. Sie ist mit einer Einrichtung zur Vakuumerzeugung gekuppelt, die während der Prüfung je nach dem Ausgasungsverhalten der Prüfkörper Druck bis 10^{-5} Torr aufrecht zu erhalten ermöglicht. Die Prüfkörper sind etwa 15 cm von der Lichtquelle entfernt.

Apparaturen zur Ermittlung des Ausgasungsverhaltens der Plastformstoffe sind auch von D. Drechsel [65] angegeben.

Die Vielfältigkeit der Prüfungsmöglichkeiten mit energiereicher elektromagnetischer und Korpuscularstrahlen läßt die Innehaltung genormter Prüfverfahren sinnvoll erscheinen. Ein erster Vorschlag hierzu liegt im Normblattentwurf DIN 53 750 vom Januar 68 vor. Neben der eigentlichen Bestrahlung unter normalen und speziellen Bedingungen wird hier auch berechtigt auf die Beachtung der Nachbehandlungen der bestrahlten Prüfkörper Wert gelegt.

L. Wuckel [66] betrachtet die Bestrahlung mit γ-Strahlen als Schnellmethode bei sehr starker Reduktion der Zeit. Er wertet die von ihm speziell am PVC erhaltenen Veränderungen über die IR und ESR-Spectrometrie aus.

Literatur

[1] K. Thinius u. J. Schreiber: Plaste und Kautschuk **3** (1956), 198
[2] M. Helmstedt: Plaste und Kautschuk **14** (1967), 403
[3] P. G. Kelleher u. R. J. Miner: Modern Plastics **43** (Dez. 1965), 139
[4] L. Adamirova u. B. Doležel: Plaste und Kautschuk **15** (1968), 179
[5] H.-D. Otto: Plaste und Kautschuk **11** (1964), 119
[6] F. B. Stieg jr.: Journal of Paint Technology **38**, Nr. **429** (1966), 29
[7] G. C. Newland u. a.: Mater. Res. Standards **3** (1963), 487
[8] I. R. Darby u. P. R. Graham: Modern Plastics **39**, Nr. **5** (1962), 145
[9] Institut für Kunststoffe, Budapest (VR Ungarn) mündl. Mitteilg.
[10] S. Schienbein u. H. J. Bachmann: Plaste u. Kautschuk **13** (1965), 214
Otto Hahmann u. P. Potthoff: Kunststoffe 55 (1965), 468
[11] W. C. Warner u. E. E. Gruber: Ind. Engng. Chem. Product Res. Development **5** (1966), 219
[12] F. C. Clark: Ind. Engng. Chem. **44** (1952), 2697
[13] M. L. Ellinger: Paint Technology **31/1** (Januar 67), S. 21
C. R. Caryl u. a.: Paint Technology **27/12** (1963), S. 31
[14] I. B. Kusnezova u. a.: Plastische Massen (UdSSR) 1963, Nr. **3**, S. 54
[15] R. Sattelmeyer u. K. H. Reichert: Deutsche Farbenzeitschrift **22** (1968), 137
[16] M. Helmstedt: Dissertation Karl-Marx-Universität 1967
[17] I. A. Melchore: Ind. Engng. Chem. Product Res. Develop. **1** (1962), 232
Revue belge mat. plastiques **5** (1964), 29

[18] K. Hoffmann: Melliands Textilber. **33** (1952), 1041, 1121
[19] L. Huslik: Kaučuk a plastické Hmoty **5** (1963), 150
[20] P. Forsman: J. Appl. Polymer Sci. **9** (1965), 2511
[21] G. O. Tatewosjan: Plastische Massen (UdSSR) 1962, Nr. **3**, S. 44
[22] C. S. Cooper u. F. S. Hawkins: J. Soc. Dyers Colourists **65** (1949), 586
[23] A. Widmann: Deutsche Farbenzeitschrift **14** (1960), 279
[24] siehe u. a. G. Jangy u. W. Spund: Farbe u. Lack **61** (1955), 561
H. H. Frey: Kunststoffe **52** (1962), 667
G. Riedel: Farbe u. Lack **74** (1968), 331
P. Dubois: Kunststoffe **49** (1959), 632
[25] H. Haldenwanger u. Mitarb.: Kunststoffe **46** (1956), 407
[26] P. J. Gay: J. Oil Colour Chemists Assoc. **34** (1951), 43
[27] K. Weinmann: Deutsche Farbenzeitschrift **22** (1968), 53
[28] W. Elser u. W. Funke: Deutsche Farbenzeitschrift **22** (1968), 91
[29] G. Riedel: Farbe u. Lack **74** (1968), 327
[30] H. Stäger: Kunststoffe **49** (1959), 589
[31] J. Lacombe u. a.: Ind. plast. modernes **15/1** (1963), 25
Deutsche Farbenzeitschrift 22 (1968), 207
[32] W. K. Wilson u. B. W. Forshee: SPE Journal 1959, 146
[33] P. Dubois: Kunststoffe **49** (1959), 632
Ind. plast. mod. **11/11** (Dez. 1959), 13 und **12/1** (Januar 1960), 7
[34] H. Benninghoff: Farbe u. Lacke **66** (1960), 583
[35] Adelheid Schwartz: Abhandlung der DAdW zu Berlin, Klasse für Chemie, Geologie und Biologie 1963, Nr. **5**, S. 15 Akademie Verlag, 1963
[36] A. Merz u. B. Doležel: Kunststoffe **57** (1967), 726
[37] M. J. Karjakina u. a.: Lacke-Farbe-Anwendung (UdSSR) 1961, Nr. **3**, S. 58
[38] K. Buser: Deutsche Farbenzeitschrift 8 (1954), 471
K. Weinmann: Deutsche Farbenzeitschrift **22** (1968), 53
Ruth Hörmann: Plaste u. Kautschuk **14** (1967), 764
M. Tarbouriech: Peintures, Pigments, Vernis **32** (1956), 506
[39] H. Kühlwein u. Mitarb.: Kunststoffe **57** (1967), 183
[40] Gerda Theden u. G. Becker: in Nitsche/Wolf: „*Praktische Kunststoffprüfung*", Bd. 2, S. 376, Springer-Verlag, 1961
[41] G. Hoff u. G. Langbein: Kunststoffe **56** (1966), 2
[42] P. Bauer: Kunststoffe **57** (1967), 881
[43] G. Menges u. H. Schmidt: Kunststoffe **57** (1967), 885
[44] W. Hennige u. W. Lamprecht: Farbe u. Lack **71** (1965), 562
[45] Elž. Cserwinska u. a.: Acta Microbiologica Polononica 1963/**12**, S. 69
– Polymer 1963, S. 130
[46] Marianne L. Ellinger: Paint Technology **27/12** (1963), 40
[47] K. Theile: Schweiz. Arch. angew. Wiss. Techn. **22** (1956), 10
[48] K. Sittenfeld: Beckacite Nachrichten **19** (1960), 121
[49] J. Schreiber: Bauzeitung 1965, S. 349
[50] B. L. Garner u. P. I. Papillo: Ind. Engng. Chem. Prod. Res. and Development **1** (1962), 249
[51] P. F. Moore: Polymer **4** (1963), 493
[52] G. Gottfried u. M. I. Dutzer: J. applied Polymer Sci. **5** (1961), 612
[53] Hildegard Mendrzyk: Werkstoffe und Korrsosion **18** (1967), 385

[54] P. Dubois u. a.: Cebedeau (Aug. Sept. 1961) Nr. 128/129, S. 211
[55] A. Matting: Kunststoff Rdschr. **11** (1964), 253
[56] T. Simionescu: Materiale Plastice **5** (1968), 307
[57] G. A. Nisbet u. a.: S.P.E. Techn. Paper, 19th Annual Techn. Conference 9, 1
[58] L. Skupin: Plastverarbeiter **17** (1966), 352
[59] D. Sweitser: Rubber Plastics Age **49** (1968), 429
[60] Burgess u. A. E. Darby: British Plastics **38** (1965) British Plastics **37** (1964), 165 British Plastics **32**
[61] B. Doležel: British Plastics **40** (1967), 105
[62] O. Verona u. P. Gambogi: Materie plastiche ed Elastomeri **32** (1966), 265
[63] – Modern Plastics **44** (1967), 164
[64] R. G. Schmitt u. R. C. Hirt: J. Polymer Sci **61** (1962), 361
[65] D. Drechsel: Chem. Ing. Techn. **37** (1965), 138
[66] L. Wuckel: Plaste und Kautschuk **9** (1962), 278
[67] F. Demmer: Material u. Organismen **3** (1968), 19
[68] W. Hazeu: Intern. Biodeterioration Bull. **3** (1967), 15

3 Methoden zum Erkennen und Bestimmen der Alterungsvorgänge

Da der Idealfall der Bewertung der Plastformstoffe hinsichtlich ihrer Dauerhaftigkeit auf Grund von standardisierten Prüfbedingungen durch die Vielfalt der Bewitterungsvorgänge und die anderen Möglichkeiten der Schädigungen im Technoklima wie auch durch die Mannigfaltigkeit der Plastformstoffe selbst auch annäherungsweise kaum erreichbar ist, bleibt nur der Weg, bei der Festlegung von Methoden zum Erkennen und quantitativen Bestimmen der unter dieser verwirrenden Vielfalt abgelaufenen Alterung sich so viel wie möglich genormter Untersuchungsmethoden zu bedienen.

Hierbei wird man sich bemühen unter Benutzung der für die laufende Gütekontrolle oder zur sonstigen Charakterisierung eines Plastformstoffes in der Gestaltung als Halbzeug oder Finalprodukt bereits bestehenden Standards spezifische Eigenschaften, deren Beeinflussung durch die Alterung erkannt werden sollen, möglichst zahlenmäßig festzulegen. Neben solchen, die wissenschaftlich einwandfrei und unkompliziert definiert werden können, müssen auch solche herangezogen werden, bei denen eine gewisse Empirie und subjektive Beurteilungsmomente nicht ausgeschlossen werden können. Selbstverständlich wird es auch hierbei das Ziel sein müssen, Methoden mit vom jeweiligen Benutzer doch etwas abhängigen Resultaten allmählich ganz zu verlassen.

Bei allen Untersuchungsmethoden muß angestrebt werden, daß sich zwischen den Prüflaboratorien und den einzelnen Beobachtern keine Veränderlichen einschleichen können. Auch bei den noch recht beliebten coloristischen Methoden dürfen sich keine Verschiedenheiten der Lichtbedingungen und schwankende Konditionierungen der Augen auswirken. Es muß gewährleistet werden, daß eine Permanenz der Bewertung möglich ist.

Bei der Auswertung derartiger Messungen zur Beurteilung der Alterungsvorgänge wird man nicht außer Betracht lassen, daß der Deformationsmechanismus sowohl temperatur- wie geschwindigkeitsabhängig ist [1] und außerdem Hysterese-Verluste zeigt. Dies kompliziert nicht nur Theorie wie Praxis des Prüfwesens der Plastformstoffe, sondern erfordert auch, daß ebenso Relationen der einen Meßgröße zu einer oder mehreren anderen herangezogen werden, um ein sicheres Urteil über den Alterungsvorgang und damit auch — technisch wie ökonomisch sehr weitgehend — über die Eignung eines Plastformstoffes für ein bestimmtes Anwendungsgebiet geben zu können. Dabei kann es notwendig werden, sich nicht nur meßtechnisch leicht erfaßbarer Charakteristika zu bedienen.

Es ist weiterhin bekannt, daß Schwankungen des Meßklimas in den praxisnahen Bereichen die Meßergebnisse erheblich und über die methodischen Schwankungen hinausgehend beeinflussen.

Die internationalen Normungsbestrebungen über *ein* einheitliches Meßklima haben zwischen den aus den Klimagürteln der Erde und den Arbeitsbedingungen bisher 3 diskutierten „*Normalklimaten*" — 20 °C 65% relat. Feuchtigkeit, 23 °C 50% relat. Feuchtigkeit, 27 °C 65% relat. Feuchtigkeit — noch nicht zu einer Einigung für eines dieser Klimata geführt [2].

Es ist nicht ausgeschlossen, daß der von W. FUNKE [3] für die Anstrichschichtenbeurteilung geäußerte Vorschlag, der Durchführung von Messungen „*bei stufenweiser Variation der Klimabedingungen über größere Bereiche*" auch bei den Plastformstoffen zu einer Möglichkeit der Beurteilung ihres Verhaltens bei Klimaschwankungen führt.

Einer besonderen Bedeutung kommt die Festlegung der als Nullpunkt der Alterung zu bewertenden Meßwerte unter dem Gesichtspunkt zu, daß ein Plastformstoff, auch wenn er sich auf einer Unterlage festverbunden — Verbundsystem — befindet, sofort nach seiner Fertigstellung Struktur und Eigenschaften ändert.

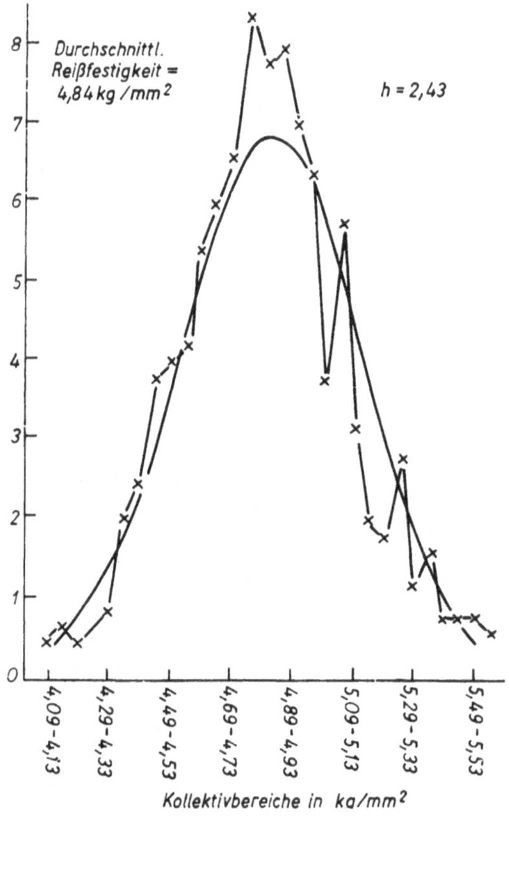

Abb. 13*a*)
Streuung der Reißfestigkeit

Im Vordergrund stehen im allgemeinen Meßmethoden, die unter Zerstörung des Prüfkörpers vorgenommen werden. Es ist also nicht möglich, den Alterungsablauf an dem gleichen Prüfkörper, sondern nur an einem gleichartigen zu verfolgen. Wir können hierbei die Erfahrung nicht ausschalten, daß selbst Fabrikationsprodukte auch nicht immer gleichartig ausfallen. Für die Aussagekraft der Messungen an gealterten Plastformstoffen ist also eine genaue Kenntnis nicht nur der Leistungsgrenzen der Meßgeräte, Streubereiche der Messungen in Abhängigkeit von den verschiedenen geometrischen Bedingungen, sondern auch der fabrikationsbedingten Qualitätsschwankungen notwendig.

Systematische Untersuchungen von J. SCHREIBER [4] hierzu an PVC-H- und -W-Folien, Polycaprolactam-Folien und Cellulosetriacetatfilmen führten zu dem Ergebnis, daß es sich bei den Schwankungen der Meßwerte der Reißfestigkeit um zufällige Einflüsse handelt. Jedoch scheint dies nicht mehr für die Werte der Reißdehnung zu gelten. Die ausgewerteten 500 Einzelwerte ergeben Kollektivkurven, die von der GAUSSschen Glockenform doch recht häufig beachtliche Abweichungen der Einzelwerte vom Mittelwert darlegen. Ohne hier den Grund dafür im einzelnen zu erörtern, unterliegt wohl auch das innere Gefüge der Folie Zufälligkeiten in der übermolekularen Anordnung (*Abb. 13a* und *b*).

Hierbei muß auch die Antisotropie der mechanischen Eigenschaften vornehmlich in ihrer Bedeutung als Nullwert beachtet werden. Verarbeitungsbedingte Inhomogenitäten an PVC-H-Folien, die visuell als Farbtonunterschiede erkennbar sind, konnte G. v. HINTZENSTERN [5] auch durch mit hoher Präzision ausführbare Viscositätsmessungen nachweisen.

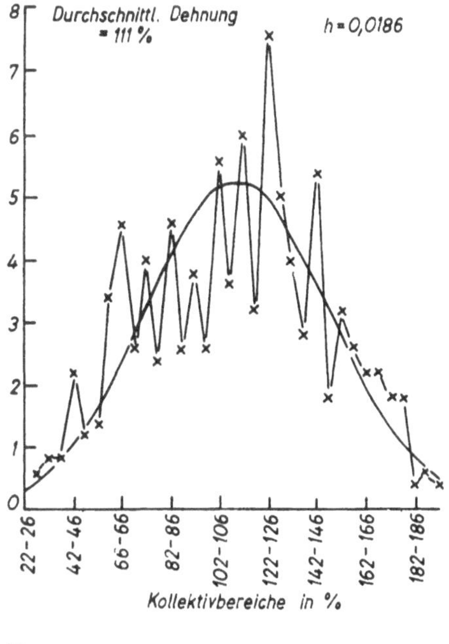

Abb. 13b)
Streuung der Reißdehnung

Sie ermöglichten eine korrekte Einschätzung der Unstetigkeiten und Schwankungen korrespondierender Meßergebnisse an zeitlich verschieden lang bewitterten Folienflächen, die evtl. einer weiteren handwerklichen thermoplastischen Umformung vor der Bewitterung unterzogen waren.

Andererseits zeigten diese Untersuchungen auf, daß andere Meßkriterien, beispielsweise der Chlorgehalt, die Eigenstabilität, die Doppelbindungszahl und die Acetonlösbarkeit nicht für die visuell so deutlich abweichenden Farbtonunterschiede zur Charakterisierung benutzt werden können.

Die verarbeitungsbedingten Inhomogenitäten erschweren verständlicherweise die Rückschluß-Möglichkeiten aus den Meßergebnissen an den einfach gestalteten Prüfkörpern auf das Verhalten von Fertigteilen. Andererseits bringen sie häufig Schwierigkeiten bei der Herstellung von Prüfkörpern in standardisierten Dimensionen aus bewitterten Gebrauchsgegenständen. Es ist unerläßlich in derartigen Fällen, bezüglich der Aussage der Meßwerte auch die Eigenschaften und die Form des Fertigteils zu beachten.

Wir sind nicht der Auffassung, daß die Meßergebnisse an standardisierten Prüfkörpern für technische Zwecke nun auf Finalprodukte jeder beliebigen Form bezogen werden können, da wohl nur in wenigen Beanspruchungsfällen der Alterung die gesamte Masse des Fertigteils gleichmäßig beansprucht wird. In der Regel werden auch im Querschnitt Inhomogenitäten auftreten, die differenzierte Untersuchungsmethoden erfordern.

Auch hierfür wird die peinliche Einhaltung der gegebenenfalls standardisierten Vorschriften [6] zur Herstellung der Prüfkörper mit ihren genau festgelegten Dimensionen eine unabdingbare Voraussetzung sein, um Alterungsvorgänge zu erkennen und bezüglich der Leistungsfähigkeit der Formstoffe zu bewerten.

I. Dasch [7] konnte anläßlich der Festigkeitsuntersuchungen an Thermoplasten darlegen, daß der Normkleinstab keineswegs die ideale Form des Prüfkörpers ist und Rundplättchen oder quadratische Plättchen eine materialgerechtere Prüfung bei bestimmten Problemstellungen ermöglichen.

Ziemlich unabhängig von der Prüfkörperform sind als allgemein anwendbare Meßmethoden für die Alterungsvorgänge gegenüber natürlicher wie auch künstlicher Bewitterung Messungen des Gewichtsverlustes, Dimensionsänderungen der Dichte, des Schmelzindex, der Kristallinität, der Löslichkeit und Lösbarkeit, sowie des IR- und UV-Spectrums.

Für die Bewertung der Alterung ist es unerläßlich, das Datum und die Bedingungen der Herstellung des zur Exposition kommenden Plastformstoffes sowie das Datum der Exposition genau festzulegen und darüber hinaus auch zu vermerken unter welchen Bedingungen in dem evtl. Zwischenzeitraum der Formstoff aufbewahrt wurde.

Ebenso wird das Datum der Abnahme des Prüfkörpers vom Prüfstand, die Dauer des evtl. Versandzeitraumes und das Datum der eigentlichen qualitativen und quantitativen Beurteilung zu notieren sein.

Als Mindestprüfdauer wird der Zeitraum zu definieren sein, in dem sich eine oder einige der Eigenschaften so ändern, daß eine Verwendung für den vorgesehenen

Hauptzweck nicht mehr sinnvoll ist. Dieser untere Grenzwert ist nicht ohne Einfluß auf die Anzahl der Prüfkörper und die Häufigkeit der Beurteilungen der Exponate.

Die zum Erkennen und quantitativem Bestimmen der Alterungsvorgänge anzuwendenden Methoden lassen sich gliedern in

1. phänomenologische
2. chemisch-analytische
3. physikalisch-chemische
4. physikalisch-technologische

Untersuchungen.

3.1. Phänomenologische Methoden

Die auch unter zeitraffenden Bedingungen einer künstlichen Bewitterung, aber noch vielmehr bei der natürlichen Bewitterung aufzuwendenden Zeiträume lassen es ratsam erscheinen, Makro- wie Mikrophotographien des zur Exposition kommenden Materials neben den sogenannten Nullwerten, die bei Raumtemperatur im klimakonstanten Raum unter Lichtabschluß aufzubewahren sind, anzufertigen.

Die Überprüfung des visuell erkennbaren Zustandes der Oberfläche der Prüfkörper empfiehlt sich zu Beginn der Auslegung, möglichst häufig in Abständen von 1 oder 2 Tagen durchzuführen. Hierbei lassen sich diese Veränderungen auch photographisch demonstrieren. Die subjektiv wahrnehmbaren Veränderungen des Glanzverlustes — wie ihn beispielsweise R. Thater [14] für Duroplastformstoffe beschrieben hat — oder der Klarheit und der Farbtonveränderungen der Formstoffe werden durch objektiv registrierende Meßmethoden ergänzt.

Die Glanzabnahme wird hauptsächlich an den unter einem Winkel von 45° exponierten Prüfkörpern bestimmt, wobei die Erfahrungen der Bewertung der Anstrichschichten genutzt werden können.

Die Abnahme der Transparenz ist vornehmlich bei solchen Plastformstoffen kritisch, die gerade wegen ihrer Fähigkeit der Lichtdurchlässigkeit ausgedehnt verwendet werden. Eine zahlenmäßig auswertbare Wertminderung durch die Alterung gewinnt man durch die üblichen optischen Methoden.

Eine Ursache für diese Minderung kann in der Ausbildung von Rissen an oder unmittelbar unter der Oberfläche liegen. Eine mikroskopische Untersuchung zweckmäßig unter Anfertigung von Mikrophotographien wird nähere Aufschlüsse über die Ursache der Bildung, ihr Wachstum im weiteren Alterungsverlauf geben. Farbtonänderungen kennzeichnen sich je nach dem ursprünglichen Farbton sehr verschiedenartig, wobei Vergilbungen oder Ausbleichen vor dem Nachdunkeln überwiegen. Es wird sich empfehlen, die Farbtonänderungen sowohl an der ungereinigten wie auch an der abgewaschenen Oberfläche zu beobachten.

M. Giesen [9] empfiehlt eine fotographische Reproduktion wie auch ein Ausmessen der Durchlässigkeit bei geeigneten Wellenlängen, wobei verständlicherweise bei $\lambda = 460$ nm die Vergilbungen am deutlichsten im Vergleich zum unbelichteten Film erkennbar wurden.

Nach W. C. Hunt und R. P. Baumann [15] wird die relative Vergilbung von Platten konventionell durch Messung der Absorption bei 500 und 750 nm durchgeführt. Dieses Ergebnis gilt als Maß für die „Dunkelheit" der Platte. Ein Maß für die Klarheit erhält man durch Umrechnung in prozentuale Durchlässigkeit vor und nach der Bewitterung.

K. Thinius [10] machte schon vor ca. 35 Jahren die Erfahrung, daß auch in den Fällen, wo bei normalem Licht noch keinerlei Verfärbung eines Plastformstoffes durch die Bewitterung erkennbar ist, die Analysen-Quarzlampe ein vorzügliches Hilfsmittel zur Erkennung einer beginnenden photochemischen Schädigung ist.

M. Helmstedt [8] hat die Auflicht-Untersuchungen mit Auflicht-Mikroskop „Neophot" des VEB Carl Zeiss Jena in direkter Betrachtung der Oberflächen durchgeführt. Mikrophotos ermöglichte die eingebaute Kamera unter Einschaltung eines Grünfilters. Die Mikroskopie im Durchlicht ermöglichte auch die Untersuchung von Mikrotomschnitten, die in Immersionsöl eingebettet waren. Das verwendete Forschungsmikroskop ermöglichte ferner polarisationsmikroskopische Untersuchungen und ihre mikrophotographische Dokumentation.

Durch Mikrophotographien von Dünnschichten konnte M. Helmstedt ferner sehr instruktiv die Eindringtiefe des photochemischen Abbaus wie auch die Dicke der oberflächlich abgelagerten Schicht aus atmosphärischen Verunreinigungen nachweisen.

Das Zweistrahleninterferenzmikroskop verwenden W. L. Grube und S. R. Rouze [11] zur Messung der Erosion und Schrumpfung von Schichten aus hochpolymeren Werkstoffen. Das oft als Vorstufe der Erosion zu beobachtende Abkreiden läßt sich eindeutig durch Abreiben mit einem weißen oder schwarzen Tuch erkennen und an Hand von photographischen Standards lassen sich hierbei nach C. R. Edwards und Mitarb. [12] auch 4 verschiedene Schadensgrade festhalten. In fortgeschrittenem Stadium sind als Folge dieser photochemisch ausgelösten Abkreidung auch wieder Rißbildung zu beobachten.

Die Erosion als Ergebnis der Auswirkung von Wasser, Wind und Staub wird im Auftreten von Blasen und Aufspaltungen vornehmlich weiterhin bei Schichtpreßstoffen erkennbar werden.

Mikroskopische Untersuchungen geben ferner Aufschluß über das Auftreten von Schimmelpilzen, Farbstoff-Wanderungen und evtl. Ausschwitzen von Plasthilfsstoffen (Weichmachern, Gleitmittel u. a.).

Bekanntlich läßt sich die in der Lichtmikroskopie übliche Auflichtmethode bei Elektronenstrahlen nicht anwenden. Es muß für die Ausnutzung des Auflösevermögens des Elektronenmikroskops zur Bewertung von Alterungsphänomenen die Technik des Oberflächenabdrucks gewählt werden.

Hierzu dienen u. a. wäßrige Lösungen von Polyvinylalkohol oder in der Arbeitsweise von M. Helmstedt [8] Nitrocellulosefolien oder Lösungen. Die so erhaltene Negativmatrize wird dann mit Kohle im Hochvakuum senkrecht bedampft und schließlich mit Platin und Kohle beschattet.

Diese kurz skizzierte Präparation hat sich für die Oberflächen von PE-Formteilen bewährt. Für andere bewitterte Plastformstoffe, z. B. PVC-W-Folie oder Polystyrol-TiO_2-Schichten sind andere Arbeitsweisen [13] erforderlich.

Ob der Arbeitsaufwand elektronenmikroskopischer Aufnahmen immer durch die Bildaussage zur Beurteilung von Alterungsphänomenen ausgeglichen wird, sei zumindest in Zweifel gezogen.

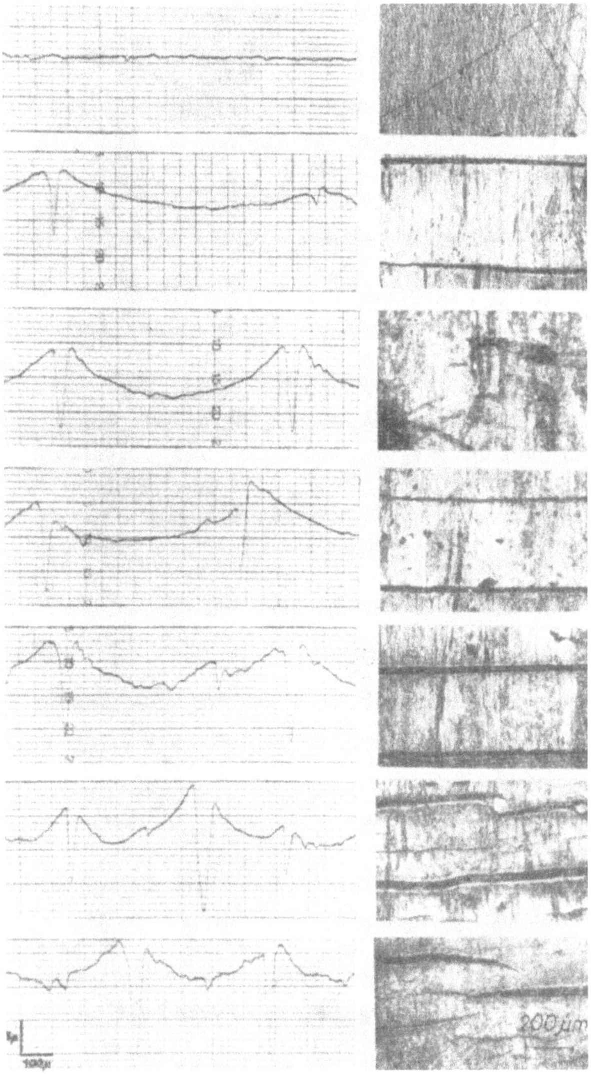

1: ungealtert

2: 11 Monate in Wustrow (Ostseeküste) gealtert

3: 15 Monate in Wustrow gealtert

4: 19 Monate in Wustrow gealtert

5: 23 Monate in Oberhof (Thüringen) gealtert

6: 27 Monate in Oberhof gealtert

7: 35 Monate in Oberhof gealtert

Abb. 14. Gegenüberstellung der Oberflächen-Profilaufnahmen und der Auflicht-Mikrofotos verschiedener Proben (große Normstäbe) aus Niederdruck-Polyäthylen, 4 mm stark (Überhöhung der Profilaufnahmen 20fach; Vergrößerung der Mikrophotos 35fach)

Die von H. Gilch und U. Zoril [13] hiermit ermittelten Rauhigkeitsänderungen der Oberflächen von polymeren Substanzen während der Alterung hat M. Helmstedt [8] nach der Methode der Tastschnittaufnahmen mittels Oberflächenprofil-Analysatoren gemessen. Es lassen sich damit Welligkeit und Rauhigkeit von beliebig geformten Prüfkörpern getrennt, aber auch als Summe messen und aufzeichnen. Neben diesen Oberflächendiagrammen kann man bei dieser Untersuchungsmethode den arithmetischen Mittenrauhwert und Rauhtiefe zur Charakterisierung der Oberflächenphänomene der Alterung verwenden.

Diese Tastschnittenmethode übertrifft die Interferenzmikroskopie an Instruktivität wegen der sehr anschaulichen Aufzeichnungen der angenäherten Darstellung des Oberflächenprofils. *Abb. 14* veranschaulicht die Leistungsfähigkeit der Methode am Beispiel eines bis zu 3 Jahren bewitterten PE-Formstoffs.

Zu den phänomenologischen Methoden müssen auch diejenigen gerechnet werden, bei denen eine mechanische Prüfung von Hand den Zustand der Oberflächenhärte, der Weichheit oder der eingetretenen Versprödung oder auch die Adhäsion der einzelnen Schichten eines Verbundes aus Plasten oder Plasten mit Metallen oder das Auftreten von Biegerissen meist im rechten Winkel zur Dehnungsrichtung ermittelt.

Hierbei sind auch Kombinationen mit einer Chemikalienbehandlung möglich, etwa in der Weise wie sie E. Schwartz und I. C. Hartley [16] zur Ermittlung von inneren Spannungen in Formstoffen aus ABS-Harzen angeben. Die Prüfkörper werden evtl. auch unter Anlegung einer Spannung 3 Minuten lang in Eisessig gebadet und dann die Oberfläche mikroskopisch untersucht. Sind starke innere Spannungen vorhanden, so erscheint die Oberfläche stark mattiert, sonst bleibt sie praktisch unverändert.

Die Dauerhaftigkeit von Verbunden aus Plasten, beispielsweise von kaschierten PVC-H-Platten, während der Alterung haben wie durch Eintauchen in Weichmachern und Erwärmen auf Temperaturen von 10···50° unterhalb der kritischen Lösetemperatur des Weichmachers recht instruktiv hinsichtlich ihrer Zeitdauer prüfen können.

3.2. Chemisch-analytische Methoden

Eine Verknüpfung der phänomenologischen Untersuchung mit chemisch-analytischen Methoden stellt die von V. E. Gray und I. R. Wright [17] angegebene Möglichkeit dar, die photooxydativen Reaktionsprodukte auf der Oberfläche von U.P.-Platten durch eine Farbreaktion mit N,N'-Dimethyl-p-phenylendiamin (= DM PDA) sichtbar zu machen. Die Schädigung läßt sich so auch kolorimetrisch bestimmen. Die Autoren konnten diese Arbeitsweise für andere Plaste erweitern, sowie die quantitative Bestimmung durch Messung der Absorption des genannten Amins direkt vornehmen. Schließlich wird die Methode noch durch Hinzunahme der o, m, p-Phenylendiamine und der Anpassung der Lösungsmittel ausbaufähig.

Für UP-Formstoffe wird der exponierte und unbelichtete Prüfkörper in eine

1,0 mg/m*l* enthaltende Lösung von DM PDA in Benzol und Methanol 1:1 für 2 Std. getaucht, mit Methanol gewaschen und getrocknet. Die Nullprobe bleibt praktisch unverändert, die belichtete Probe ist gelb bis braun.

Die zur Anfärbung benutzte Lösung wird mit Benzoylperoxyd versetzt und die gelbliche Reaktionslösung absorptionsspektrometrisch vermessen. Durch Differenzbildung zur Ausgangslösung erhält man den reagierenden Betrag als Maß für den UP-Abbau. Exponiertes PVC reagiert in gleicher Weise. Die quantitative Bestimmung muß über die relative Absorption der gelben Produkte in der Lösung geschehen, die sich gleichzeitig auf der gelbbraunen Oberfläche des PVC ausbilden.

Im Absorptionsspektrum zeigt diese DM PDA-Lösung einen Berg bei $\lambda = 410$ nm. Die Farbe des PVC-Prüfkörpers wird über das Reflexionsvermögen ermittelt.

Für Polymethylmethacrylate und für Celluloseacetobutyrate wird Eisessig bei R. T. als Lösungsmittel und Phenylendiamin als Reagenz benutzt. Die Lösung mit 1,25 g/100 m*l* Plast und 2,40 m-molar an Diamin wird 30 Min. bei 62 °C erwärmt. Die Lösung des exponierten Plastes entwickelt sehr ausgesprochene Farben. Man vermißt im Spektrophotometer bei 300···700 nm gegen eine Vergleichslösung des Plasts ohne Diamin. Die Platten selbst können an Hand der Reflexionswerte in einem Differential-Colorimeter vermessen werden, wobei die Grün-, Rot- und Blaureflexionen mit Weißglasstandard von 90% Reflexionsvermögen gemessen werden. Diese Methode ist nur für nicht angequollene Plaste anwendbar.

Die gesamte Untersuchungsmethode hat sich bei Plastformstoffen nach 2 Jahren Außenbewitterung und auch nach 3200 Std. Belichtung durch den Lichtbogen des Weatherometers bewährt.

Die Auswahl der weiteren chemisch-analytischen Untersuchungsmethoden für die Alterungsvorgänge wird sich nach der Konstitution des Plastwerkstoffes richten und so getroffen werden müssen, daß sowohl die durch die Alterung entstehenden Abbauprodukte wie auch das zurückbleibende Makromolekül zusammen mit den zur Verarbeitung benötigten Plasthilfsstoffen charakterisiert werden können.

Soweit wie irgendmöglich, wird man sich auch hier standardisierter Untersuchungsvorschriften bedienen und im übrigen die bewährten Methoden der Plastanalytik heranziehen [18], die gegebenenfalls dem bereits eingetretenen Abbau angepaßt werden müssen.

Ein Beispiel für die anzuwendende Untersuchungsmethodik bei der integralen Prüfung von gealterten Polystyrolplatten und ähnlichem gibt v. Hintzenstern [64], wobei er gleichzeitig auf die Notwendigkeit der differentiellen Untersuchung durch schichtweises Abtragen, wobei sich das Abfräsen bestens bewährt hat, hinweist. Er widmet auch der für die Erkennung der Alterungsvorgänge besonders wichtigen Reproduzierbarkeit der Einzelmessung und ihrer Fehlergrenze die gebührende Aufmerksamkeit. Die für Polystyrol neben der Abnahme der Grenzviskosität noch interessante Veränderungen der Lösbarkeit in Äther oder Methanol sind beispielsweise mit einer Streuung von 7% bzw. 4% behaftet.

Die Abbauprodukte werden durch Extraktion mit Wasser oder organischen Lösungsmitteln aus dem Formstoff isoliert werden. Ihre Konstitution wird unter Benutzung der Fraktionierung mit papierchromatographischen oder äquivalenten Verfahren — evtl. eignen sich auch Ionenaustauscher — und unter Heranziehung der IR- und UV-Spektrographie aufgeklärt werden können.

Beispielsweise lassen sich die Carbonylgruppen im abgebauten PVC quantitativ mit p-Nitrophenylhydrazin oder 2,4-Dinitrophenylhydrazin zu den Azomethinen umsetzen, deren UV-Absorption dann gemessen wird [21].

J. G. Hendrickson [65] verwendet die rasch ausführbare und gut reproduzierbare Methode der Gelpermeationschromatographie zur Verfolgung der Veränderung der Polymerenverteilung infolge Abbaus von Polystyrol oder Polymethacrylat durch beschleunigte Alterung für 2000 Std.

In vielen Fällen wird die Veränderung der thermischen und photochemischen Stabilität während des Alterungsprozesses von besonderem Interesse sein. Für derartige Untersuchungen reichen die Aussagen der bisher im internationalen Maßstabe erarbeiteten Normvorschriften nicht immer aus und sollten durch Methoden zur Verfolgung der Zersetzungskinetik ergänzt werden [19].

Bezüglich der Untersuchungsmethoden für die in den Plastformstoffen vorhandenen Verarbeitungshilfsstoffe werden die Erfahrungen der allgemeinen organischen oder auch anorganischen Analytik anwendbar*.

Um schnell zu ermitteln, inwieweit ein UV-Absorber beispielsweise während der Alterung noch im Plastformstoff wirksam vorhanden ist, bringt ihn W. Berger [20] auf einem weißen Schreibpapier unter die UV-Analysen-Quarzlampe. Je nach dem Gehalt an UV-Absorber entsteht durch den Formstoff ein schwarzer oder nur noch mehr oder weniger grauer Schatten.

In einem speziellen Untersuchungsvorhaben brachte uns die Verwendung eines radioaktiv durch 32_P markierten Trikresylphosphats eine beschleunigte Abschätzung der Auswaschbarkeit dieses Weichmachers aus PVC-Folien durch Wasser, wobei die Bestimmung mit dem Flüssigkeitszählrohr durchgeführt wurde [22].

3.3. Physikalisch-chemische Methoden

Eine der grundlegenden Messungen zur Charakterisierung des Alterungsablaufes ist die in regelmäßigen Zeitabständen durchgeführte Verfolgung der Gewichtsveränderungen des Prüfkörpers durch Wägung. Sie können durch Massenverluste infolge Verflüchtigungen von Plasthilfsstoffen oder als Folge der Abrasion oder Erosion des Plastformstoffes ausgelöst sein. Sie können aber auch in Masse zunahme durch Schmutzablagerungen und ähnliches oder durch Feuchtigkeitsaufnahme bedingt sein.

Die Änderung der Dichte während der Alterung kann auf Veränderungen der chemischen Struktur oder des Ordnungsgrades beruhen; sie kann auch durch

* siehe auch 1. Bd., Kap. 7, S. 674
sowie K. Thinius: „*Chemie, Physik und Technologie der Weichmacher*", 2. Aufl., S. 202

Spannungsrelaxationen entstehen. M. HELMSTEDT [8] führt Dichtemessungen nach der Schwebemethode als Dichtetitration durch. Hierbei wurden Mischungen zweier Flüssigkeiten benutzt, die gegenüber den zu untersuchenden Plastformstoffen inert sind. Beispielsweise hat sich für Polyolefine eine Mischung aus n-Propanol und Wasser, für Polycaprolactam eine solche aus Tetrachlorkohlenstoff und Toluol bewährt. Die spezifisch leichtere Flüssigkeit wurde thermokonstant vorgelegt und die schwerere so lange hinzutitriert, bis der Prüfköroer schwebte. Nach der letzten Zugabe sollte man etwa 60 Min. warten, bis zur Dichtebestimmung der Flüssigkeit, in der die Probe schwebte.

Die vielfältige Auswirkung der Wasser- oder Feuchtigkeitsaufnahme auf die Lebensdauer und Veränderung der Gebrauchseigenschaften der Plastformstoffe veranlaßte F. BLANK [23], die Feuchtigkeitsaufnahme vorauszuberechnen. Er findet die Beziehung

$$p = p_m(1 - e^{-at})$$

worin p den Wassergehalt in Gew.- oder Vol.-prozenten bedeutet und wenn der Plastformstoff anfangs völlig trocken war. Er leitet ferner aus theoretischen Überlegungen die Gleichung

$$N = C_F \cdot p_a\left(1 - e^{-\frac{1}{W_F \cdot C_F}}\right)$$

ab. Hierin bedeuten

N = aufgenommene Wassermenge
p_a = äußeren Dampfdruck
C_F = Sorptionskapazität
W_F = Feuchtewiderstand

Diese Beziehung gilt auch für die Quellung eines Stoffes während der Alterung durch Feuchtigkeitsaufnahme. Der Proportionalitätsfaktor wird ähnlich wie der Wärmeausdehnungskoeffizient sich mit dem Plastformstoff ändern.

In einem anderen Zusammenhang bestätigt W. FUNKE [25], daß sich die Wasseraufnahme an freien Filmen exakt gravimetrisch gut reproduzierbar bestimmen läßt. Für auf Unterlagen befestigte Filme wird die Quellung dagegen nicht im Gleichgewichtszustand bestimmt.

Gemäß der von B. ROSEN [26] getroffenen Feststellung, daß die Wasseraufnahme von Novolaken stark von inneren Spannungen und von Oberflächenrissen abhängt, bietet die Bestimmung der Wasserabsorption eine gute Methode zum Erkennen von Gefüge-Änderungen während des Alterns vor allem an transparenten Gegenständen aus Novolaken. Die Nachprüfung der Gültigkeit der FICKschen Gesetze vermittelt weitere Einblicke.

Weiterhin vermag eine Kochung der gealterten Prüfkörper aus Duroplasten, vor allem, wenn diese noch viel Füllstoffe etc. aufweisen, in Wasser bei Temperaturen zwischen 100···140 °C und bis zu 8 Std. Dauer noch Aufschlüsse auf Gefügeänderungen während des Alterungsvorganges zu geben.

An Hand von Wasserkochtesten der mit Glasfaser verstärkten Polyester-Platten (30% Glas), die mit Benzoylperoxid bei 100 °C gehärtet sind, weist R. HOLTMANN [69] den Einfluß der Dimensionen der Prüfkörper auf die Wasseraufnahme und den Harzverlust nach. Die relativen Werte werden bei kleineren Prüfkörpern größer.

Die von Br. DOLEŽEL [40] benutzte Methode der mikroskopischen Verfolgung der Diffusion wässeriger Säuren oder Basen in Polycaprolactam besteht im Messen der Farbänderung des mit Methylrot oder Bromkresolgrün für Säuren und mit alkoholischer Bordeaux-R-Lösung für Alkalien gefärbten PA.

B. ALT [70] verwendet die Anfärbung der bewitterten Prüfkörper, insbesondere aus GFP-Formstoffen mit wasserlöslichen Farbstoffen (0,5%), vornehmlich Methylenblau zu Beurteilungen über Alterungsvorgänge. Hierbei gibt die Beobachtung mit der Lupe oder mit dem Stereo-Mikroskop Aufschluß über Eindringtiefe und Weg der Farbstofflösung und damit über den physikalisch-strukturellen Alterungsmechanismus.

Wenn fluorescierende Farbstoffe verwendet werden, wird eine UV-Lampe noch weitere interessante Einblicke geben.

Während der Alterung ändert sich auch die Porigkeit der Oberfläche und oberflächennahen Schichten. Bei einem Vergleich der Leistungsfähigkeit chemischer und elektrochemischer Methoden stellt K. WEINMANN [41] fest, daß die Methode der Elektrolytdurchlässigkeit, die Messung der Stromstärke am System filmbedecktes Fe(—)/Kochsalz Phenolphthalein/Meßelektrode (+), sowie das $CuSO_4$-Verfahren genauso gut reproduzierbare Werte ergeben. Es wäre von Interesse nachzuprüfen, inwieweit die von ihm bestätigte Unabhängigkeit der Wasserdampfdurchlässigkeit oder der Quellung der frischen Filme von der Porigkeit auch in gealterten Filmen besteht.

Da auch die Wasserdampfdurchlässigkeit eines Plastformstoffes als Kriterium für Alterungsvorgänge dienen kann, haben wir von den 3 Möglichkeiten der gravimetrischen, titrimetrischen oder manometrischen Bestimmung der hindurchdiffundierten Wassermenge die erstere in der standardisierten Ausführungsform [24] benutzt.

V. LINOWITZKI und W. HOFFMANN [66] verkürzen die Meßzeit durch Anwendung tritiumhaltigen Wassers, indem sie in den unteren Teil der Permeationszelle eine übersättigte KCl-Lösung mit einer Mischung aus „*H_2O und HTO als Lösungsmittel*", deren spezifische Aktivität bekannt ist, einfüllen. Die mit Wachs luftdicht vergossene Folie bildet den Abschluß des unteren Teils. Trockenes Methangas führt den durchgetretenen Wasserdampf zum Zählrohr. Die gemessene Aktivität wird in die Wasserdampfdurchlässigkeit g in g/m² und Tag umgerechnet (siehe Original).

Bei Folien wird die Feuchtigkeit und auch Gasdurchlässigkeit unter der Voraussetzung einer gleichmäßigen Dicke ausgedrückt in g H_2Odampf/m² und Tag.

Da bei Gegenständen des Gebrauchs diese Voraussetzung nicht in jedem Fall erfüllt sein kann — bei Behältern (Bechern oder Flaschen) nimmt die Wanddicke von oben nach unten ab — gibt P. DE LANGE [27] eine aus den verschiedensten

Plasten herstellbare Standardbecherform an und verwendet hierbei folgende Methode zur Messung der Wasserdampfdurchlässigkeit und ihrer Änderung während des Alterns.

Der Becher wird zu $^1/_3$ mit einem stark hygroskopischen Gemisch aus Korkpulver und $CaCl_2$ gefüllt, mit einer gleichdicken Folie verschweißt. Die tägliche Gewichtszunahme wird innerhalb 10 Tagen bei 25° und 95% Feuchtigkeit verfolgt und in Beziehung gesetzt zum ungealterten Formstoff.

Diese standardisierten Becher oder auch Flaschen eignen sich weiterhin gut, um Auskunft über die Änderung der Gasdurchlässigkeit der Plastformstoffe während der Alterung zu bekommen. Man bewahrt die mit CO_2 gefüllten Behälter bei 25° in einem regelmäßig mit Preßluft gefüllten Gefäß auf und untersucht den Behälterinhalt auf CO_2, N_2 und O_2.

Aus der Studie von I. PHILLIPS und D. V. BARTLETT [67] über die Gas- und Dampfdurchlässigkeit von Plastfolien aller Art sind Einzelheiten über die apparative Gestaltung der Diffusionszelle für permanente Gase und die davon abweichende und sehr viel einfachere Möglichkeit für die Diffusion von Dämpfen organischer Flüssigkeiten zu entnehmen. Die Gaspermeabilität hängt außer von der molekularen Struktur der Polymeren auch von dem Verhältnis der kristallinen zur amorphen Phase, der Größe der Einzelkristallite und schließlich von der Löslichkeit des Gases oder Dampfes im Polymeren ab. All diese Faktoren können durch die Alterung merklich verändert werden, so daß also die Gaspermeation ein brauchbares analytisches Merkmal werden kann.

Die von R. NAUMANN [39] angegebene Anordnung zur Messung der Sauerstoffdurchlässigkeit von Schläuchen ermöglicht ebenfalls die Bestimmung des Permeationskoeffizienten und dessen Temperaturabhängigkeit, sowie deren Änderung durch die Alterung.

Es wäre noch zu prüfen, in welchem Umfange die Messung der Oberflächenspannung noch Rückschlüsse auf den Alterungsablauf ermöglicht. Es ist jetzt schon mehrfach beobachtet, daß bewitterte Oberflächen von Plastformstoffen sich leichter durch Wasser benetzen lassen als ungealterte.

Wie M. HELMSTEDT [8] nachweisen konnte, ist die Differentialthermoanalyse durchaus geeignet, um Änderungen des Ordnungszustandes und Stabilitätsunterschiede der gealterten und ungealterten Plastformstoffe nachzuweisen. Es wurde mit dem von ungarischen Autoren [28] entwickelten „*Derivatograph*" gearbeitet, der es gestattet, in weiten Grenzen den zu messenden Effekten die Empfindlichkeit der Wiedergabe der DTA-, DTG- und TG-Kurven anzupassen.

Für die Beurteilung der photooxydativen, photochemischen oder thermischen Abbauvorgänge während der Alterung stehen die viskosimetrischen und osmometrischen Untersuchungsmethoden im Vordergrund. Sie werden nach den hier üblichen teilweise auch standardisierten Arbeitsweisen mit hoher Präzision die gewünschten Rückschlüsse auf die Ausbildung unlöslicher Anteile, auf die partielle Vernetzung, die Änderung der Polymerenverteilung und den Reaktionsmechanismus ermöglichen.

Elisabeth SCHRÖDER [29] hat die Methode der Trübungstitration angewendet für die Beurteilung des Bewitterungsverhaltens von Polycaprolactam, wobei ein Agfa-Trübungstitrationsphotometer benutzt wurde. Für die Prüfung des bewitterten Polycaprolactams erwies sich eine Lösungskonzentration von 0,006% am günstigsten.

Ein nomographisches Auswertschema [30] ermöglicht die Aufstellung der Massenverteilungsfunktion aus den Trübungskurven. Es ist eine recht gute Übereinstimmung der hieraus ableitbaren Abbaugrade mit denen aus der Viskosimetrie erzielt worden.

P. Kratochvil [31] nutzt die Messung der Winkelabhängigkeit der Streulichtintensität aus, um dadurch die Bildung von Mikrogelen in den Anfangsstadien der Alterungsvorgänge nachzuweisen.

Er hat an PVC-Fraktionen die Unabhängigkeit der Streulicht-Intensität vom Winkel — also das ausschließliche Vorhandensein von Teilchen, die klein sind im Vergleich zur Wellenlänge des Lichts — nachgewiesen, sowie die starke Krümmung der Streucharakteristik bei solchen Proben, die nach einem oxydativen Abbau bei 50 °C, nun große Mikrogele enthalten. Extrapolation zum Winkel Null ergibt dann das Molekulargewicht, das in diesem Fall um ca. 60% ansteigt. Es ist zu beachten, daß sich die Viskositätszahl $[\eta]$ dagegen nur relativ geringfügig ändert.

Zu den gebräuchlichsten Analysenmethoden des photooxydativen Abbaus gehört die I.R.-Spektrophotometrie unter Benutzung der einschlägigen handelsüblichen Spectrophotometer. Es ist

$$A = \log \frac{P_0}{P} = a \cdot b \cdot c$$

Hierin bedeuten

A = Absorptionsvermögen
P_0 = anfängliche Strahlungsintensität
P = veränderte Strahlungsintensität
a = Absorptivität (Absorptionsfähigkeit)
b = Dicke
c = Konzentration

Im logarithmischen System ist die Absorptionsfähigkeit der Konzentration direkt proportional, weil das Produkt $a \cdot b$ für eine Dicke und ein Material konstant ist.

Ein Vergleich zwischen den Änderungen in der Konzentration der molekularen Gruppen kann durch Höhenvergleich der Absorptionsberge im logarithmischen System erfolgen [32].

I.R.-Spektren der Oberflächen der Plastformstoffe werden am besten in der Form aufgenommen, daß man sie mit KBr-Pulver bestreut und poliert. Das mit dem abgeriebenen Oberflächenmaterial vermischte Pulver wird zu Scheiben verpreßt und der IR-Analyse unterworfen. So läßt sich auch das an der Oberfläche absorbierte Wasser neben den Folgen der Wetterbeständigkeit ermitteln [33].

Ermittlung des UV-Abbaus von Polycarbonat nimmt Th. J. Gedemer [34] IR-spektroskopisch mittels verminderter totaler Reflexion vornehmlich des Intensitätsverhältnisses der CO-Bande bei 1770 cm^{-1} zu den Banden bei 1600 bzw. 760 cm^{-1} vor.

Neben der Änderung der Intensitätsverhältnisse der CO-Bande — bei 5,85 μ — bei fast allen Plastformstoffen dient auch das Auftreten der Hydroperoxid-Schwingungen bei 2,81 μ zur Charakterisierung der Alterung und der Leistungsfähigkeit von Stabilisatoren.

Inwieweit die Information des fernen Infrarots auch für die Problematik der Alterungsvorgänge der Plastformstoffe genutzt werden kann, bleibt noch abzuwarten [35]. Sie werden sicher Auskunft geben können über Veränderung des physikalischen Zustandes und der molekularen Anordnung.

Zur Aufklärung des Reaktionsmechanismus der Strahlungseinwirkung auf Polymere verwenden K. H. Hellwege und Mitarb. [36] ESR-Messungen.

Während des Alterns können die Formstoffe die in ihnen vorhandenen Spannungen abbauen oder für den Fall eines bestimmungsgemäßen Gebrauchs unter Last auch erst entwickeln. Falls solche Formstoffe mit inneren Spannungen mit flüssigen, festen oder gasförmigen Medien in Kontakt kommen, kommt es zu spontaner Rißbildung. Diese als Spannungs-Rißkorrosion bekannte Erscheinung kann mit dazu benutzt werden, die Kinetik des Spannungsabbaus bei der Alterung analytisch zu verfolgen. Als Reagenz dient eine Netzmittellösung [37] (Alkylarylglycol). In diese wird der Prüfkörper eingesetzt, der mit einer Einkerbung versehen und dann gebogen wird. Man bewertet die Bruchzeit, nach welcher 50% der eingesetzten Prüfkörper an der Kerbstelle parallel zu dieser aufgerissen ist.

Eine andere zur Standardisierung reife Methode der Prüfung der Anfälligkeit auf Spannungsrißkorrosion beruht darauf, durch Eindrücke von Übermaßkugeln in den Prüfkörper etwa vorhandene Fehlstellen im Gefüge zu Ausgangsstellen von Spannungsrissen zu erweitern. Dies kann mit Lösungsmittel-Anwendung kombiniert werden [38].

3.4. Physikalisch-technologische Meßmethoden

Die bereits visuell erkennbaren Veränderungen der Oberflächen der Plastformstoffe während des Alterns werden ergänzt werden durch Messungen der Oberflächenhärte und der Veränderung des Abriebwiderstandes. Zu der Problematik der Härteprüfung nach der Methode des Eindrückens einer Kugel hat sich R. Thater [42] geäußert.

A. M. Nikolskoj und Mitarb. [57] benutzen die Methode des Eindrückens einer Stahlkugel von 1···5 mm Durchmesser unter gleichbleibender Belastung zur Beurteilung der Veränderung des Kriechens während der Alterung. Sie hat den Vorzug unmittelbar unter den Anwendungsbedingungen des Plastformstoffes angewendet werden zu können.

Die Weiterentwicklung der Meßmethoden in Richtung der Anwendung des Prinzips der konstanten Eindruckskraft bzw. der konstanten Eindringtiefe kann durch statische und dynamische praktisch zerstörungsfreie Messungen über

Festigkeit, Relaxations- und Retardationsverhaltens der Oberflächen und ihre Veränderungen durch die Alterung Auskunft geben.

Die Messung der Oberflächenhärte nach dem Prinzip der Pendeldämpfung nach König gibt zugleich Aufschluß über die Abhängigkeit der Werte von den Klimabedingungen bei der Messung und erlaubt damit auch Rückschlüsse auf den Alterungsablauf während klimabedingter Umweltänderungen.

Der Abrieb erfolgt durch Gleiten, Rollen und durch Abrasion. Die bisherigen unter Einsatz der Abriebprüfmaschine nach Amsler erhaltenen Ergebnisse sind nach Auffassung von M. Ezran [43] wenig klar und oft widersprechend.

Es reiben sich hier 2 Scheiben aus Plastformstoff oder Plast und Stahl gegeneinander, wobei als Variable der Scheibendurchmesser, die Geschwindigkeit im Kontaktpunkt eingehen. Der Durchmesser (Dicke) der Scheiben vor und nach dem Abrieb wird möglichst an 3 Punkten, die etwa 120° entfernt sind, gemessen. Diese mechanische Meßmethode läßt sich kuppeln mit der Messung der Abnahme der künstlichen Radioaktivität des als Verunreinigung in den Plastformstoff eingebrachten ^{24}Na. Hier erhält man schon nach etwa 5 Min. ein Ergebnis, während die Messung des Durchmessers mindestens 6 Std. Versuchszeit erfordert.

Die Leistungsfähigkeit dieser Methode für die Beurteilung von Alterungsschäden der Oberfläche bzw. der unmittelbar folgenden Schichten (= Eindringtiefe) sollte erprobt werden.

S. B. Ratner und Mitarb. [44] bemühen sich um Zusammenhänge zwischen den Vorgängen der Abrieb- und Materialverschleißvorgänge und den Festigkeits- und Dehnungswerten beim Zerreißen. Sie leiten die Näherungsformel

$$V \sim \frac{\mu}{H \cdot \sigma \cdot \varepsilon}$$

ab.

(V = Abrieb; μ = Reibungskoeffizient; H = Härte; σ = Reißfestigkeit; ε = Reißdehnung).

Die Bestimmung der Veränderung der *mechanischen Festigkeiten* während des Alterns steht im Mittelpunkt all dieser physikalisch-technologischen Untersuchungen.

Zur Bestimmung der Zug- und Reißfestigkeit eines Plastformstoffes ist theoretisch am einfachsten das Zerreißen eines stabförmigen Probekörpers. Die in den verschiedenen internationalen wie nationalen Normvorschriften zur Versuchsdurchführung festgelegten Vorschriften berücksichtigen dies. Nicht immer sind aber solche Probekörper auch geeignet für Bewitterungen. Hier ist die Folie oder Platte das bevorzugte Material, so daß Anpassungen und Angaben über die Untersuchungsmethoden zur Bewertung der Meßergebnisse notwendig sind.

Der Einfluß der Kristallinität als Folge der Verarbeitungsbedingungen und deren Auswirkung auf den Alterungsverlauf ist am besten bei dünnen Filmen zu sehen. Bei dickeren gespritzten Stäben ist die Veränderung der Kristallinität nur ca. $\pm 3\%$. Die Auswirkung wird am deutlichsten im Meßwert der Reißdehnung.

Zusammen mit der Reißdehnung vermittelt die Reißfestigkeit ein ausreichendes Bild über die mechanischen Abbauverhältnisse. In festigkeitsanisotropen Formstoffen werden aus dem Kraftdehnungsdiagramm noch weitere charakteristische Punkte zu entnehmen sein, die eine Analyse der Alterung vertiefen [45].

Die Entnahme des E-Moduls aus diesem Diagramm stößt auf praktische Schwierigkeiten. Es empfiehlt sich deshalb aus Torsionsschwingungen den ihm äquivalenten Torsionsmodul zu errechnen. Es ist bei seiner Bewertung zu beachten, daß bei bewitterten Plastformstoffen eine Inhomogenität durch schichtweisen Abbau entstanden ist und jede dieser Schichten ihre eigenen elastischen Kenngrößen besitzt. Eine Veränderung dieser Meßgröße kann als Hinweis auf einen vorhergehenden chemischen Abbau gewertet werden.

Bei völlig elastischen Materialien ist die Biegeprüfung noch relativ durchsichtig. Der Biegetest ist aber unbefriedigend, wenn das nicht völlig elastische Material vor dem Bruch noch plastisch fließt. Neben dem Biegeversuch ist die Schlagzähigkeit bei plattenförmigen Plastformstoffen üblich. Die beiden Oberflächen der Platten werden verschiedenartig einmal auf Zug, die andere auf Druck beansprucht. Diese Festigkeitskontrolle wird also für den Verlauf der Alterung eines solchen dickeren Formstoffes besonders aufschlußreich. Sie ermöglicht, den unterschiedlichen Abbauzustand der bei der Bewitterung oben oder unten gelegenen Prüfkörperoberflächen zu charakterisieren.

Hierzu eignet sich auch die von L. Skupin [71] angegebene einfache Vorrichtung, bei der in einer verschiebbaren Auflagevorrichtung dem Prüfkörper eine unterschiedliche Maximalspannung gegeben werden kann. Sie ist auch geeignet, die Veränderung der Korrosionsfestigkeit gealterter Formstoffe festzustellen.

W. C. Warner und E. E. Gruber [46] entwickeln eine einfache Meßmethode für den Alterungseffekt durch die sogenannte Freiträgermethode gemäß *Abb. 15*.

Sie errechnen daraus die Steifheit $E = \frac{1{,}5 \cdot 10^6 \cdot d \cdot l^4}{b^2 y}$ *psi*. Hierin ist

d = Dichte (lb/cu ft)
l = Länge (inch)
b = Dicke (miles)
y = Durchbiegung (inch)

Die Abnahme der *Schlagfestigkeit* von Platten während der Bewitterung wird von R. C. Neuman [47] mit einem aus einstellbarer Höhe fallenden Gewicht bestimmt. Empfindlichkeit und Reproduzierbarkeit sowie Genauigkeit übertreffen die Schlagfestigkeitsbestimmung nach Izod.

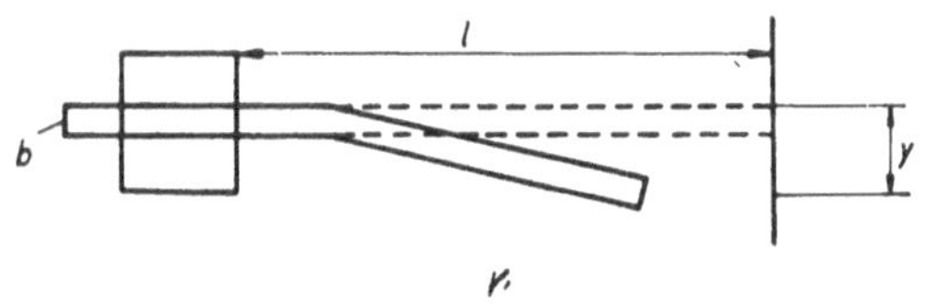

Abb. 15

W. Späth [48] hat ein Schlagwerk entwickelt, das neben der Messung der Schlagarbeit auch die beim Schlag auftretende Höchstlast erfaßt. Es ist durchaus zur Verfolgung der Alterung an Plastformstoffen geeignet. Je nach der Sprödigkeit des Formstoffes lassen sich verschiedenartige Zusammenhänge zwischen der Schlagarbeit, der Bruchlast und der Bruchverformung als typisch für sehr viele Werkstoffe klassifizieren.

So kann infolge der Alterung die Bruchlast allmählich abnehmen, womit eine quadratische Abnahme der Schlagarbeit einhergeht. Oder es nehmen Bruchverformung und Höchstlast durch die Alterung ab; damit verbunden ist ein linearer Abfall der Schlagarbeit. Ein 4. typischer Fall ist ein Alterungsvorgang, bei dem die Erhöhung der einen Komponente durch eine Erniedrigung der anderen ausgeglichen wird. Dies deutet auf grundlegende Änderungen im Prüfkörper hin; die Schlagarbeit bleibt in diesem Fall unverändert.

Die Schlagzähigkeitsmessungen werden durch die Kerbschlagzähigkeitswerte ergänzt. Für ihre Ausführung sind standardisierte Methoden unumgänglich [51].

Unter Beachtung der grundsätzlichen Darlegungen von J. Schreiber [49], zur *Berstfestigkeit* von Folien haben wir diese ebenfalls zur Beurteilung der Alterung herangezogen. Neben den Meßwerten geben die Berstbilder noch gute Aufschlüsse über die Gefügeänderungen.

Bei allen Untersuchungen unter Anwendung mechanischer Prüfmethoden sollte man sich grundsätzlich nicht mit einer einzigen nach vorgegebener Zeitdauer der Alterung durchgeführten Messungen einer Meßgröße begnügen. Um ein so mehr oder weniger zufälliges Ergebnis zu sichern, sind mehrere in bestimmmten zeitlichen Abständen erneut durchgeführte gleichartige Messungen mit mindestens zwei verschiedenen Meßgrößen nötig.

In speziellen Beanspruchungsfällen des Plastformstoffes wird es erforderlich sein, die Reißfestigkeiten nicht nur bei Raumtemperatur zu messen. So gibt J. Hertz [50] Messungen der Reißfestigkeit vor und nach der „Alterung" bei Temperaturen von —252 °C bzw. —196 °C und —73 °C an, wobei natürlich auch die Einspannvorrichtungen angepaßt sein müssen.

Die bisher üblichen Methoden der Prüfung auf Versprödung bei tiefen Temperaturen (= *Kältefestigkeit*) sind noch nicht frei von Bedenken. Ihre Reproduzierbarkeit ist oft nicht einwandfrei. Es erscheint auch bei bewitterten Proben richtiger, den Verlauf der Änderung mechanischer und auch dielektrischer Eigenschaften durch eine Temperatursenkung kennenzulernen [52].

Bei der Prüfung der mechanischen Eigenschaften an Finalprodukten wird eine Beurteilung der Gebrauchs- oder auch Funktionstüchtigkeit nach dem Vorschlag von G. Binder [53) auch noch der praktischen Beanspruchung der Finalprodukte angepaßter Prüfmethoden bedürfen, um die zeitliche Gebrauchsdauer aus der Alterung zu ermitteln.

Hierzu kann auch die Gitterschnittmethode für plastbeschichtete Metalle gerechnet werden, um Anhaltspunkte für die Veränderung der Haftfestigkeit zu bekommen. Variationen des Meßklimas bringen weitere Beurteilungsmöglichkeiten hierbei. Die Sprengwirkung des in Kapillaren eingedrungenen Wassers gibt aufschlußreiche Ergebnisse über die Veränderung der Plastschicht während des Alterns.

An die Bemühungen zur Beschaffung von genormten Prüfmethoden für die Prüfung von Rohren aus Plasten sei erinnert. Ihre Anwendung auf gealterte Rohre ist gegeben [54].

M. A. Kinna und St. P. Prosen [55] haben speziell für die Prüfung von faserverstärkten Plasten ein Gerät entwickelt, mit dem ein Prüfkörper in Form eines Ringsegments einer cyklischen multiaxialen Beanspruchung unter kontrollierbaren Umgebungsbedingungen unterworfen wird. Die Gestaltung des Prüfkörpers ist hierbei so getroffen, daß die maximale Beanspruchung im Mittelpunkt der Länge stattfindet und somit die Aussage über Dauerhaftigkeit des Materials nicht durch die Einspannklemmen beeinflußt wird. Das Gerät wird mit 4···200 Cyklen pro min. betrieben. Diese niedrigen Geschwindigkeiten schalten das Problem der Eigenerwärmung der Proben aus, und die Prüfung kann auch bei erhöhter Temperatur oder unter Kontakt des Prüfkörpers mit einer Flüssigkeit erfolgen.

Zur Einschätzung der Lebensdauer von Formstoffen hat Robert W. Hefty [56] das Prinzip der Temperatur-Zeit-Überlagerung angewendet.

Am Beispiel von Epoxyharzformstoffen, die isotherm bei 3 verschiedenen Temperaturen — 23 °C bzw. 49 °C bzw. 60 °C — und jeweils 100% Feuchtigkeit gelagert sind und deren mechanische Eigenschaften bei —37 °C gemessen werden, wird aufgezeigt, daß jede einzelne isotherme Kurve über die Veränderung der Meßzahl mit der Zeit nicht das Verhältnis zwischen der Eigenschaft und der Alterungszeit eindeutig aufzeigt. Es empfiehlt sich vielmehr, eine Temperatur als Bezugstemperatur zu wählen und die Daten für alle anderen Temperatur-Zeit-Verhältnisse den Zeiten der Bezugstemperatur zuzuordnen.

Hierzu ist es erforderlich, für eine bestimmte Änderung einer Meßzahl z. B. die Abnahme der Zugfestigkeit von 740 kp/cm^2 auf 630 kp/cm^2, die erforderliche Alterungszeit für eine bestimmte Versuchstemperatur festzulegen und diese dann mit der erforderlichen Alterungszeit bei einer anderen Temperatur in Beziehung zu setzen.

Schließlich sollte geprüft werden, in welchem Umfange der von Oberbach [72] diskutierte Dauerschwingversuch der Plastformstoffe für die Beurteilung ihrer Alterung auch in Ergänzung der aus den Zugfestigkeiten erhaltenen Aussagen anwendbar werden kann.

Die mechanischen Prüfungen werden ergänzt durch die Ermittlung des spezifischen elektrischen Oberflächen- und Durchgangswiderstandes, des tan δ und der elektrischen Durchschlagsfestigkeit. Die Durchführung derartiger Messungen geschieht ebenfalls nach den standardisierten Vorschriften [58].

K. Edelmann und H. Wyden [73] machen auf den Einfluß der Feuchtigkeit auf die dielektrischen Meßwerte von heißgehärteten Epoxyharzen aufmerksam, sowie die Feuchtigkeit 70···100% beträgt. Hier kann sich der tan δ und der Oberflächenwiderstand um Größenordnungen ändern.

Messungen sollten also stets unter Norm-Klima-Bedingungen ausgeführt werden.

P. G. KELLEHER und R. J. MINER [59] versehen die Prüfkörper mit Elektroden und lagern über gesättigte K_2SO_4-Lösung (= 95% rel. Feuchtigkeit) bei 60 °C und messen dann den Isolationswiderstand der gealterten Formstoffe aus „*Acetal-Harzen*".

Die Wirksamkeit einer Plastschicht auf einem Metall nach Altern oder nach längeren Korrosionsversuchen ermittelt R. DESAHNE [60] durch Messung der EMK. Die Metallplatte ist ein Pol, in darüber befindlichem zirkulierendem Wasser ist eine Pt-Platte der andere Pol. Metalle mit vollkommen undurchlässigen Schutzschichten bilden hierbei kein Potential.

Optische Methoden [63] werden benötigt zur Kontrolle und quantitativen Erfassung der mit dem Auge erkennbaren Veränderungen. Nach B. L. GARNER und P. I. PAPILLO [61] entspricht der mit einem Differential-Colorimeter zu messende Weißheitsgrad $W = L - b$ der mit dem Auge gesehenen Vergilbungsstufe. Hierin ist L = Helligkeit und b = gelb-blau-Anteil. Die Beziehung $W = L - 3b$ paßt für weißkaschierte Formstoffe nicht und gibt auch bei dunklen Prüfkörpern fehlerhafte Vergleichsstufen.

Die vom Auge wahrgenommene Vergilbung kann meßtechnisch erfaßt werden durch die Bestimmung des „Vergilbungsfaktors" (VF) definiert gemäß

$$VF = 100 \times \frac{(T_{420} - T'_{420}) - (T_{680} - T'_{680})}{T_{560}}$$

Hierin bedeuten T_{420}; T_{670} und T_{560} die Durchlässigkeit der unbewitterten Proben bei den genannten Wellenlängen und die T'-Werte die der bewitterten Proben.

Erfahrungsgemäß stimmt dieser Faktor nicht mit den optischen Wahrnehmungen des Auges in allen Fällen überein. S. SEASE [68] berichtet über Normungsbestrebungen, den „Vergilbungsindex" (VI) zu verwenden, der definiert ist gemäß

$$VI = \frac{1{,}28 x_{CJE} - 1{,}06 z_{CJE}}{y_{CJE}}$$

worin die x_{CJE}, z_{CJE} und y_{CJE} die Farbwerte bedeuten, die die Farbe der Probe definieren, wie sie durch ein General Electric Recording Spectrophotometer gemessen werden.

Der Fortschritt in der Verwendung des „VI" besteht darin, daß an *einer* Probe ein absoluter Wert gemessen wird.

K. DEMMLER [74] kommt bei seinen Untersuchungen über die zahlenmäßige Erfassung des Vergilbens ungesättigter Polyesterformstoffe zu dem Schluß, daß dieser Index allein für den gesamten Bereich des Vergilbens „vernünftig ist".

Zur Bestimmung der Widerstandsfähigkeit gegenüber Haarrißbildung wird die optimale Lichtdurchlässigkeit einer unter Biegespannung stehenden Probe vor und nach einer $^1/_2$stündigen Behandlung mit Acetondampf gemessen. Die durch Lichtbogen-Abtastung festgestellte Änderung der Lichtdurchlässigkeit wird mit Photovervielfacher registriert [62].

Zum Nachweis der Veränderungen kristalliner Strukturen wird die Polarisationsoptik, sowie die Anwendung der Röntgenstrahlen zweckmäßig sein. Inwieweit Prüfungen mit Ultraschall in der Alterungsforschung der Plastformstoffe neue Einblicke erwarten lassen, bleibt noch abzuwarten.

Literatur

[1] Zum Problem der Zerstörung fester Plastformstoffe und des Mechanismus des Zerstörungsprozesses bei verschiedenen Temperaturen-Intervallen siehe auch I. W. Rasumowskaja und B. N. Narsullajew: Plaste u. Kautschuk **13** (1968), 247
[2] H. Hofmeier, C. Bräutigam, G. Ehlers: DIN-Mitteilungen **46** (1967), 406
[3] W. Funke: Farbe u. Lack **69** (1953), 80
[4] K. Thinius u. J. Schreiber: Plaste u. Kautschuk **3** (1956), 198
[5] G. V. Hintzenstern: Arbeiten im Institut für organische Hochpolymere
[6] siehe auch Anneliese Krause in Nitsche/Wolf: „*Praktische Kunststoffprüfung*“, Bd. II, S. 24, Springer Verlag, 1961
[7] I. Dasch: Kunststoffe **57** (1967), 117
[8] M. Helmstedt: Dissertation Karl-Marx-Universität Leipzig, 1967 und Plaste u. Kautschuk **13** (1966), 394
[9] M. Giesen: Fette, Seifen, Anstrichmittel **61** (1959), 1245
[10] K. Thinius: Farbe u. Lack **56** (1950), 3, 55
[11] W. L. Grube u. S. R. Rouze: Journal opt. Soc. America **44**, 851
[12] C. R. Edwards u. a.: Paint Manufacture **26** (1956), 367, 411
[13] E. Fischer u. K. Hamann: Farbe u. Lack **63** (1957) 209
H. Gilch u. U. Zoril: Farbe u. Lack **66** (1960), 495
[14] R. Thater: Plaste u. Kautschuk **10** (1963), 660
[15] W. C. Hunt u. R. P. Baumann: Modern Plastics **32**, Nr. 2, (1954), 156
[16] E. Schwartz u. I. C. Hartley: SPE Journal **23** (1967), 110
[17] V. E. Gray u. I. R. Wright: J. appl. Polymer Sci. **7** (1963), 2161, **8** (1964), 1505
[18] siehe u. a. K. Thinius: „*Analytische Chemie der Plaste*“, Springer-Verlag 1952, Berlin
D. Hummel: „*Kunststoff-Lack- und Gummi-Analyse, chemische und i.r.-spectroscopische Methoden*“ 2 Bände, 1. Aufl. München, 1953
W. Toeldte u. F. Weber: „*Chemische Prüfung*“ in Nitsche-Wolf: „*Praktische Kunststoffprüfung*“ Springer Verlag Bd 2, S. 48 (1961)
I. Haslam u. H. A. Willis: „*Identification and analysis of plastics*“, London, Iliffe Books 1965
Gordon M. Kline: „*Analytical Chemistry of Polymers*“ Interscience Publisher: 1959
C. P. A. Kappelmeier: „*Chemical Analysis of resin based Coating Materials*“, Interscience Publisher New York 1959
[19] Z. Vymazal, H. Doležel u. I. Stepek: Kunststoffe **56** (1966) 86
[20] W. Berger: Farbe u. Lack **72** (1966), 525
[21] T. Morikawa: Chem. High. Polymers **24**/269 (1967), 592
[22] gemeinsam mit dem Institut für angewandte Radioaktivität der DAdW
[23] F. Blank: Plaste u. Kautschuk **5** (1958), 348
[24] TGL 053122
P. Nowak in Nitsche-Wolf „*Praktische Kunststoffprüfung*“, Bd 2, 299 Springer-Verlag, 1961

[25] W. Funke: Fette, Seifen, Anstrichmittel **64** (1961), 714
[26] B. Rosen: J. Polymer Sci., **49** (1961), 177
[27] P. de Lange: Plastica (Delft) **14** (1961), 590
[28] F. Paulik, I. Paulik u. L. Erdey: Z. analyt. Chem. **160** (1958), 214
siehe auch K. Jobst: Plaste u. Kautschuk **14** (1967), 15
[29] Elisabeth Schröder: unveröffentlichte Arbeiten im Institut für organische Hochpolymere im Jahre 1965
[30] Elisabeth Schröder: Plaste u. Kautschuk **9** (1962), 395
[31] P. Kratochvil: Kolloid Z. u. Z. für Polymere **198** (1964), 95
[32] D. A. Hilliard u. a.: Official Digest Sept. 1961, S. 1132
[33] W. T. M. Johnson: Americ. Paint J. 52, Nr. 9 S. 11, 86 Farbe u. Lack **74**, 265
[34] Th. J. Gedemer: Appl. Spectroscopy **19** (1965), 141
[35] D. Hummel: Kunststoffe **55** (1965), 102
[36] K. H. Hellwege u. Mitarb.: Kolloid Z. u. Z. für Polymere **195** (1961), 129
[37] K. A. Kaufman: Modern Plastics **36** (März 1959), 146
U. Pelagetti u. G. Beretta: Modern Plastics **36** (Juni 1959), 140
John B. Howard: SPE Journal 1959, S. 397
[38] E. Buchholz u. I. Pohrt: Kunststoffe **54** (1964), 635; **55** (1965), 241
[39] R. Naumann: Chem. Techn. **18** (1966), 751
[40] Br. Doležel: Chem. Průmysl **7** (32) (1957), 447
[41] K. Weinmann: Deutsche Farbenzeitschrift **12** (1958), 97, 136
Fette, Seifen, Anstrichmittel **58** (1956), 507
[42] K. Thinius u. R. Thater: Plaste u. Kautschuk **9** (1962), 270
R. Thater: Plaste u. Kautschuk **12** (1965), 133; **14** (1967), 239
[43] M. Ezran: Ind. Plast mod **4** Nr. 9 (Nov. 1952), 45; **5** Nr. 1 (Januar 1953), 29
[44] S. B. Ratner: Plast. Massen (UdSSR) 1963, Nr. 7, S. 38
[45] J. Schreiber: Plaste u. Kautschuk **8** (1961), 454
[46] W. C. Warner u. E. E. Gruber: Ind. Engng. Chem. Product Res. and Develop. **5** (1966), 219
[47] R. C. Neuman: Polymer Engng. Sci. **6** (1966), 124
[48] W. Späth: Gummi u. Asbest **9** (1956), 62, 249, **10** (1957), 118, 394
[49] J. Schreiber: Plaste u. Kautschuk **6** (1959), 71
[50] J. Hertz: SPE Journal **21** (1965), 181
[51] J. Pohrt: Kunststoffe **57** (1967), 825
[52] K. Thinius: „*Chemie, Physik und Technologie der Weichmacher*", 2. Aufl., Leipzig 1963, VEB Deutscher Verlag für Grundstoffindustrie, S. 124
[53] G. Binder: VDI-Bildungswerk 556
[54] siehe u. a. G. Diedrich u. a.: Kunststoffe **56** (1966), 228
[55] M. A. Kinna u. St. P. Prosen: SPE Journal **22**, Nr. 12, (1966), 38
[56] R. W. Hefty: Modern Plastics **43**, Nr. 8 (1966), 163
[57] A. M. Nikolskoj u. a.: Plast Massen (UdSSR) 1965, Nr. 1 S. 52
[58] siehe u. a. H. Suhr: in Nitsche-Wolf: „*Praktische Kunststoffprüfung*", S. 348, Berlin, Springer-Verlag 1961
[59] P. G. Kelleher u. R. I. Miner: Modern Plastics **43** (Dez. 1965), 139
[60] R. Desahne: C. R. hebd. Seánces Acad. Sci **229** (1949), 873
[61] B. L. Garner u. P. I. Papillo: Ind. Engng. Chem. Prod. Res. and Develop. **1** (1962), 249
[62] S. Leghissa u. Os. Salvatore: Polymer Engng. Sci. **6** (1966), 127

[63] siehe auch H. BULLINGER u. M. RICHTER in NITSCHE-WOLF „*Praktische Kunststoff-Prüfung*", S. 263 u. 272, Springer-Verlag, 1961
[64] J. SCHREIBER u. G. V. HINTZENSTERN: Plaste u. Kautschuk **10** (1963), 408
[65] I. G. HENDRICKSON: J. appl. Polymer Sci **11** (1967), 1419
[66] V. LINOWITZKI u. W. HOFFMANN: Kunststoffe **55** (1965), 765
[67] I. PHILLIPS u. D. V. BARTLETT: British Plastics **34** (1961), 533
[68] S. SEASE: Modern Plastics **43** (Mai 1966), 271
[69] R. HOLTMANN: Materie plastiche **28** (1962), 525
[70] B. ALT: Kunststoffe **51** (1961), 397
[71] L. SKUPIN: Plastverarbeiter **17** (1966), 352
[72] OBERBACH: Plastverarbeiter **16** (1965), 519
[75] K. EDELMANN, u. H. WYDEN: Kunststoffe **59** (1969), 43
[74] K. DEMMLER: Kunststoffe **56** (1966), 872

4 Ergebnisse der Alterung von Plastformstoffen unter natürlichen Bedingungen

4.1. Alterung unter den Bedingungen der Beanspruchung in geschlossenen Räumen

Erwartungen an die Wirtschaftlichkeit wie an die Güte eines Plastformstoffes lösen zwangsläufig Untersuchungen darüber aus, inwieweit die Erhaltung einer bestimmten Eigenschaft durch die Lagerung unter den schlechthin als Normalbedingungen aufgefaßten klimatischen Bedingungen eines Wohn- oder Arbeitsraumes gegeben ist.

Da die technischen Voraussetzungen und Einwirkungen, die zu einer Begrenzung der Lebensdauer eines Plastformstoffes, vornehmlich einer Neuentwicklung, in der Regel sehr komplex und auch nicht immer völlig vorhersagbar sind, kommt den Ergebnissen einer ausgedehnten Zimmerlagerung auch insoweit eine erhebliche Bedeutung bei, daß sie die Grenzen der Leistungsdauer, die durchaus nicht mit der Lebensdauer übereinstimmen muß, mit einiger Sicherheit abzustecken erlaubt.

Unter nochmaligem Hinweis auf die Abhängigkeit des Zimmerklimas von der geographischen Lage des Beobachtungsortes sei noch auf die Bedeutung eines raschen Wechsels der es hauptsächlich bestimmenden Temperatur und des Feuchtigkeitsgehaltes der Luft, wie sie die modernen Verkehrs- und Transportmittel ermöglichen, in seiner Auswirkung auf die Plastformstoffe aufmerksam gemacht.

Es ist ja bekannt, daß die absolute Feuchtigkeit in den Tropen außerordentlich zunimmt. Bei ca. 20 g/m^3 Luftraum werden die Gegenstände feucht.

Die Beanspruchung oder Lagerung der Plastformstoffe in geschlossenen Räumen ermöglicht gleichzeitig die Ausschaltung oder Reduzierung des Lichtes. Und es ist bemerkenswert, daß eine Lagerung von Acetylcellulose oder Filmen daraus im Dunkeln bei Temperaturen von $25° \pm 3\,°C$ keine Viskositätsabnahme bewirkt, während unter gleichen Bedingungen gelagertes Cellulosenitrat einen Abbau von 18% erfährt [1].

G. R. Rugger [2] bestätigt, daß eine dreijährige Lagerung von Celluloidplatten in einer Laboratmosphäre im Dunkeln nur eine geringfügige Abnahme der mechanischen Festigkeiten verursacht hat. Eine Lagerung bei 71 °C unter Lichtausschluß dagegen bis zu 2 Jahren bringt schließlich einen Festigkeitsabfall auf $^1/_3$ des Ausgangswertes. Es ist beachtenswert, daß weder die meßbare Lichtdurchlässigkeit noch die prozentuale Schleierbildung den eingetretenen Abbau erkennen lassen.

Wir konnten schon an anderer Stelle darauf hinweisen, daß Gegenstände aus normalem, pigmentiertem Handelscelluloid eine mehr als 30jährige Benutzbarkeit unter den üblichen Bedingungen eines Haushaltes erreichten.

Andererseits zeigte ein vor ca. 38 Jahren für die damalige photographische Industrie produzierter Nitrocellulosefilm in der Laboratmosphäre nach Ablauf von ca. 5 Jahren sehr deutlich Alterungserscheinungen. Sie werden zunächst nur geruchlich als Stickoxide wahrnehmbar; dann trat im Laufe der „*Lagerung*" eine Versprödung des Filmes bis zum pulverigen Zerfall der ganzen, wohl 10 m umfassenden Rohfilmrolle in Produktionsbreite ein.

Die hauptsächlich unter dem Einfluß von Licht und Wärme in Sauerstoff-Gegenwart eintretende Zersetzung des CN rechtfertigt die Vorschriften zur Lagerung von älteren Kinofilmen und anderen photographischen Dokumenten unter Lichtabschluß und unter geringstmöglichem Luftzutritt bei möglichst niedriger konstanter Temperatur.

Des weiteren haben unsere Untersuchungen über die Lagerung von Wiedergabeschallplatten, die aus den 4 Plastwerkstoffen Nitrocellulose, Schellak, PVC und Polyester hergestellt waren, ergeben, daß diese Werkstoffe und die angewendeten Verarbeitungstechnologien vom Gesichtspunkt der Archivierung nicht optimal waren.

In Auswertung unserer auf mindestens 3 Jahre Zimmerlagerung unter Lichtabschluß und beschränktem Luftzutritt beruhenden Erfahrungswerte — gemessen an gespritzten Normstäben — ergibt sich bei speziellen Chargen von ND-Polyäthylen, die mehr oder weniger unter optimalen Spritzbedingungen verarbeitet waren, eine eindeutige Abhängigkeit von der „Vorgeschichte".

Nach 40 Monaten änderten sich im wesentlichen die Reißfestigkeit und Reißdehnung nicht. Ebensowenig brach der Spritzformstoff beim Schlag oder beim Biegen nach dieser Alterung. Die Grenzbiegespannung nahm um etwa 10% zu.

Eine andere Charge ND-Polyäthylen erlitt gegen Ende ihrer 67 Monate währenden Aufbewahrung eine so starke Versprödung, daß sie beim Schlag und Biegen brach und die Reißdehnung stark zurückging. Eine Abänderung der Spritzbedingungen führte bei der gleichen Charge zu einer Verbesserung der Alterung beurteilt an den nach 46 Monaten noch erhalten gebliebenen Dehnungswerten. Innerhalb der ersten 2 Jahre waren auch keine Abnahmen der Werte bei den Schlag- und Biegeprüfungen erkennbar.

Im Zusammenhang mit Untersuchungen von J. Schreiber [8] über den Einfluß der Vorschubgeschwindigkeit auf die Festigkeitseigenschaften ergab sich die Auswirkung einer bis zu 24 Monaten ausgedehnten Zimmerlagerung von Spritzguß-Normstäben gemäß den in nachstehender Tabelle zusammengefaßten Beispielen für die Vorschubgeschwindigkeiten von 40 und 60 mm/min:

Das 40 Monate zimmergelagerte HD-Polyäthylen hat seine mechanischen Eigenschaften nicht geändert.

N. A. Melichova u. a. [13] machen darauf aufmerksam, daß bei Lagerung von PE-Folien im diffusen Sonnenlicht des Zimmers nach 2···3 Wochen die Verschweißbarkeit verloren geht. Man sollte die Folien dunkel lagern und die Schweißarbeit ohne direkte Sonneneinstrahlung im Raum durchführen. Wir [21] beobachteten bei einer solchen Lagerung keine Bildung unlöslicher Anteile in Polyäthylen-Folien.

Tabelle 3

Reißfestigkeit von unbewittertem und im Raum gelagertem Niederdruck-Polyäthylen (gespritzter Normstab)

Vorschub mm/min	Alterung Monate	Reißfestigkeit kp/cm²	Dehnung %
40	0	155	67
60	0	125	57
60	2	87 ± 13	64
60	2,5	116 ± 35	65
40	13	103 ± 20	85
40	16	70 ± 34	62
40	24	88 ± 18	60

Anzahl der bewitterten und gemessenen Normstäbe 9···14.

B. S. Biggs und W. L. Hawkins [22] stellten auch nach 10jähriger Raumlagerung im Dunkeln einen Versprödungspunkt des Polyäthylens unterhalb −76 °C fest. Ein bei 250 °C zu Folien verarbeitetes unstabilisiertes Polypropylen [24] baut bei anschließender Lagerung bei 25 °C im Dunkeln sein Molekulargewicht von $2{,}7 \cdot 10^5$ auf $1{,}3 \cdot 10^5$ ab. Wird das P.P. vorher 12 Std. bei 75 °C mit Sauerstoff belastet, wobei das Molgewicht auf $2{,}1 \cdot 10^5$ erniedrigt wird, so ist der Abbau durch das 10monatige Lagern bei Raumtemperatur größer und $M = 0{,}7 \cdot 10^5$. Es liegen noch weitere Beobachtungen vor, daß einige P.P. Produkte nach 2jährigem Aufbewahren im Dunkeln beim Biegen von Hand brechen. Die Viscosität ist hierbei um 10 Einheiten zurückgegangen.

Nach W. Hild [3] sind die in den ersten Jahren der Polystyrol-Produktion an Spritzgußformstoffen beobachteten Änderungen ihres glasklaren Aussehens in Richtung einer immer mehr sich vertiefenden Trübung — als Alterung bezeichnet — auf eine Veränderung des PS selbst zurückzuführen. Das Restmonomere polymerisierte während der Lagerung und verursachte Rißbildung, die ihrerseits die Trübungserscheinung auslöste.

Die heutige Qualität des Polystyrols zeigt unter normalen Raumbedingungen eine gute Beständigkeit seiner physikalischen Eigenschaften. Nach 44 bzw. 67 Monaten Lagerung fanden wir die gleichen Werte der Zugfestigkeiten und eine etwas verbesserte Biegefestigkeit bei Blockpolymerisaten. An 4 mm dicken Platten aus Suspensionspolymerisat blieb die Zugfestigkeit über 3 Jahre ebenfalls unverändert, jedoch nahmen, wie J. Scheirber und G. v. Hintzenstern [4] aufzeigten, Schlagzähigkeit und Biegefestigkeit stark ab. Hierzu als Beispiel *Tab. 4.*

In Ergänzung dazu an 51 Monate unter praktischem Lichtausschluß bei Raumtemperatur im Schrank gelagerten Polystyrol-Platten durchgeführte Messungen der Grenzviscositätszahl an mehreren abgefrästen Schichten der 4 bzw. 8 mm dicken Platten führten zu der Auffassung, daß die unter den genannten Bedingungen mögliche Alterung als vernachlässigbar klein anzusehen ist.

Tabelle 4

Änderung einiger mechanischer Eigenschaften von Polystyrol bei Raumlagerung über mehr als 3 Jahren

	Emulsions-(Em) Polymerisat			Suspensions-(Sp-) Polymerisat		
	Ausgang	Ende	% Abnahme	Ausgang	Ende	% Abnahme
Zugfestigkeit kp/cm²	330	270	18	445	420	5,6
Biegefestigkeit kp/cm²	540	440	18,6	1090	675	38,0
Durchbiegung	5,3	3,5	34,0	11,5	7,2	37,5
Schlagzähigkeit kpcm/cm²	6,9	3,6	46,5	16,0	3,3	80,0

Zu dieser Auffassung kommt auch A. V. Šelion [23], der die gefundene Verringerung der Kerbschlagzähigkeit und Biegefestigkeit als innerhalb der Fehlergrenze liegend betrachtet. Innerhalb der Versuchsdauer von 10 Jahren ist auch keine Vergilbung beim Lagern im diffusen Tageslicht oder Dunkeln zu beobachten.

Die charakteristischen Eigenschaften eines schlagfesten Polystyrols, nach der Compoundierungstechnologie hergestellt, blieben in den 44 Monaten Zimmerlagerung erhalten.

B. A. Roždestvenskij [5] gibt für Röhrchen aus Weich-PVC, die sich 13 Jahre im lichtgeschützten Raum befanden, an, daß sie „*nicht merklich an Elastizität verloren*".

An einer langfristig als Buchhülle benutzten Weich-PVC-Folie konnten wir an dem daraus nach 10 Jahren isolierten PVC noch den *K*-Wert von 74 (nach Fikentscher) messen. Den allgemeinen Erfahrungen nach ist also in Übereinstimmung mit dem sonstigen Zustand der Folie kein Abbau bei dem bestimmungsgemäßen Gebrauch eingetreten.

Die Auswertung unserer bei Raumtemperatur im Labor (meist in Schränken) bis zu 6 Jahren durchgeführten Alterung von transparent farblosen Weich-PVC-Folien mit den handelsüblichen Weichmachern zeigt überwiegend einen Ausgleich der von der Folienherstellung herrührenden Festigkeits-Anisotropie. Jedoch folgt dieser Ausgleich, beurteilt nach den Meßwerten der Dehnung bzw. Reißfestigkeit, offenbar nicht einer Gesetzmäßigkeit. Bei den dickeren Folien (0,2⋯0,5 mm) erscheint die Änderung der Reißfestigkeit als Zunahme wie auch als Abnahme. Den absoluten Beträgen nach ist diese Abnahme jedoch so klein, daß in Beachtung der Tatsache, daß man nur gleichartige Folien messen kann, die Folien als mechanisch unverändert angesehen werden können.

In Übereinstimmung mit den Erfahrungen am Gießfilm auf CN-Basis und bei Celluloid sprechen auch bei den Weich-PVC-Folien die Messungen der Dehnung wesentlich empfindlicher auf jede Veränderung des Gefüges der Folien an als die der Reißfestigkeit. Eine langsame Abnahme der Dehnungswerte ist wohl ohne weiteres verständlich. Jedoch bereiten Zunahmen kurz nach der Anlieferung aus der Fabrikationsstätte und Abnahmen einige Zeit später der Deutung erhebliche Schwierigkeiten, falls man nicht normale Meßwertstreuungen darin sehen will.

Die Meßwerte der Berstfestigkeit an dem gleichen Folienmaterial, bei der sich jede noch so kleine Fehlstelle in der Folienfläche sofort im Meßwert empfindlich ausdrückt, decken sich bezüglich ihrer Aussage nur teilweise oder gar nicht mit denen der Reißfestigkeit.

An pigmentierten PVC-Folien sind diese Ergebnisse bestätigt, wobei die Art des Pigmentes und seine Dosierung ohne Einfluß blieben.

Im Gegensatz dazu hat die Einwirkung des Sonnenlichtes auf eine mehrere Jahre als Gardine benutzte PVC-Weich-Folie zu erheblichen Zersetzungen geführt. Die HCl-Abspaltung aus dem PVC war so stark, daß im gealterten weichmacherfreien PVC der Chlorgehalt nur noch 46···47% betrug und sich in Weichmacherextrakt 5% HCl fanden. Das PVC war so stark vernetzt, daß 12,4% unlösliche Anteile in Cyclohexan gefunden wurden und der löslich gebliebene Anteil in der Viscosität vom ursprünglichen K-Wert (nach FIKENTSCHER) $K = 69$ auf $K = 43$ erniedrigt war. Die Untersuchungsbefunde des im Schatten hängenden Teils der Gardine bestätigen eindeutig die Photolyse.

Als Beispiel für die Alterungsfestigkeit von Hart-PVC diene der Befund, daß ein 19 Jahre in einer 10 KV-Schaltanlage eines Kraftwerkes benutztes PVC-Rohr weder an der Oberfläche noch im Querschnitt keine macroskopisch erkennbare morphologische Veränderungen aufweist. Der K-Wert, integral wie auch differentiell an abgetragenen Schichten bestimmt, liegt mit $K = 63$ unverändert in der Größenordnung der gegen Kriegsende üblichen Einstellung der Type PVC R.

An PVC-H transparent farblosen wie pigmentierten Fabrikationsfolien verschiedener Herstellungsorte haben wir nach 27···66 Monaten Lagerung im Raum weder eine Abnahme der Reißfestigkeiten und Reißdehnungen in Längs- und Querrichtung festgestellt.

In einigen Fällen führt eine langzeitige Raumlagerung einen Ausgleich der inneren Orientierungsspannungen herbei. Für 2 PVC-Feinfolien aus verschiedenen Produktionsstätten fanden wir die aus *Tab. 5* ersichtlichen eindeutigen Zunahmen der Zug- und Reißfestigkeiten nach 78 bzw. 99 Monaten Raumlagerung.

Tabelle 5

Mechanische Eigenschaften von PVC-Feinfolien nach Raumlagerung

Folie	Lagerung Monate	Zugfestigkeit kp/cm² längs	Zugfestigkeit kp/cm² quer	Reißfestigkeit kp/cm² längs	Reißfestigkeit kp/cm² quer	Reißdehnung in % längs	Reißdehnung in % quer
A.	0	510		495	427	18	10
	78	635	651	523	585	27	8
B.	0	485		420	375	100	65
	99	535	520	510	425	160	90

Von besonderer Bedeutung ist die erstmalig wohl von F. G. CLARK [9] mitgeteilte Beobachtung, daß belichtete oder bewitterte PVC-Weich-Folien noch eine Zeitlang im Dunkeln sich weiter zersetzen. Wir haben an einer von der Deutschen Akademie der Landwirtschaftswissenschaften, Forschungsstelle für Getreidezüchtung, zur Verfügung gestellten PVC-Weich-Folie (32% MW.), die als Isolierfolie für Pflanzenzuchtmaterial ohne Zersetzungserscheinungen bis zum Spätsommer verwendet wurde, ebenfalls beobachtet, daß in den anschließenden Wintermonaten ziemlich scharf lokalisiert eine schwarzbraune Verfärbung unter Versprödung auftrat. Die relative Viscosität des praktisch unverändert gebliebenen Teils lag bei 2,2 die des stark verfärbten bei 1,7. In den Weichmacherextrakten sind 1,0···3,8% Cl gefunden.

PVC-W 70/30-Folien mit Phthalsäureestern mit basischem Bleisulfat und Pb-stearat verarbeitet werden nach einer vorhergegangenen 6monatigen Bewitterung im Klima der Ostseeküste durch eine nur 7tägige Nachlagerung im Zimmer erheblich dunkler und nach 22 Tagen noch stärker. Die Ursache hierfür kann in der Anwesenheit von Pb-Stabilisatoren liegen. Die Nachdunkelung kann aber auch trotz der verwendeten Pb-Stabilisatoren nicht verhindert sein.

Diese Tatsachen sollten bei der Beurteilung zimmergelagerter Folien nicht unbeachtet bleiben. Es liegen bei uns auch einige Anzeichen dafür vor, daß die Kältebruchfestigkeit von PVC-Weich-Folien durch die Zimmerlagerung auch ohne vorhergegangene Bewitterung etwas zurückgeht.

Für die Auswirkung der verschiedenen Raumklimata auf die Maßhaltigkeit von PVC-Spezialfolien innerhalb einer Prüfzeit von 39 Monaten gilt nach unseren Untersuchungen, daß die geringsten Änderungen im normalen Raumklima erfolgten.

Ein wenig größere Abweichungen ergaben sich bei der Lagerung im Klima der Lebensmittel-Kühlhäuser oder im Institutskeller; und die größten Abweichungen verursachte das Klima des Terrariums des Zoologischen Gartens. Die gemessenen durchschnittlichen Abweichungen betrugen im Maximum nach 39 Monaten + 19/1000 mm und im Minimum 1/1000 mm ohne Berücksichtigung der offenbar noch vorliegenden minimalen inneren Spannungen der Folien.

Obwohl sich Polyvinylbutyralfolien als Zwischenschicht im Sicherheitsglas seit Jahren bewährt haben, zeigen nach unseren Prüfungen [8] Polyvinylbutyralstränge bei ihrer Anwendung als Abstandshalter in den sogenannten Thermoscheiben des Bauwesens als Folge der photochemischen Beanspruchung zwischen zwei Fensterscheiben in Gegenwart einer beschränkten Menge Luft bzw. im Vakuum zunächst ein oberflächliches Erweichen bis zur Formänderung. Damit verbunden ist ein Ausschwitzen des Weichmachers und ein photolytischer Abbau von $K = 77$ im Ausgangsmaterial auf $K = 63$ nach mehrmonatigem Einsatz. Die Leistungsdauer dieser Polyvinylbutyral-Stränge kann durch Anwendung eines Butyrals mit relativ hohem Rest-OH-Gehalt offenbar verlängert werden.

Eine bis zu 3 Jahren ausgedehnte Zimmerlagerung unter Lichtabschluß von handelsüblicher Polycarbonatfolie schädigt diese, soweit dies aus den mechanischen Festigkeiten ersichtlich ist, nicht.

Nachstehende Tabelle gibt die Durchschnittswerte der jeweils n Messungen nach dem jeweiligen Alterungszeitraum an (s. *Tab. 6*)

Nach 18 Monaten Zimmerlagerung blieb der K-Wert unverändert.

Bei Folien und Platten aus Polycaprolactam änderten sich innerhalb einer 39 Monate langen Aufbewahrung im Zimmer die Reißfestigkeiten und Festigkeiten

Tabelle 6

Mechanische Eigenschaften von 3 Jahre bei Raumlagerung aufbewahrter Folie aus Polycarbonat

Lagerungszeit (Mon.)	Reißfestigkeit kp/cm²			Reißdehnung %		Torsion dyn/cm² · 10⁷			Berstfestigk. kp/cm²		Berst-dehnung %
	n	*l*	*q*	*l*	*q*	*n*	*l*	*q*	*n*		
1	25	580 ± 88	595 ± 74	105 ± 16	135 ± 42	20	925 ± 40	960 ± 73	8	1030	125
18	9	570 ± 30	545 ± 92	105 ± 22	95 ± 38	4	920	890	7	920	110
33	27	585 ± 80	600 ± 8	80 ± 21	85 ± 20				10	890	105
35	21	630 ± 6	565 ± 38	100 ± 10	90 ± 12	4	920	920	10	1070	115

l = längs *q* = quer zur Fabrikationsrichtung

gegen Schlag- und Biegebeanspruchung nicht. Die Grenzbiegespannung nahm um 20% zu. Der *K*-Wert blieb auch bei differentieller Betrachtung unverändert.

I. DELORME [20] findet an GFP-Platten, die ein Jahr lang völlig im Dunkeln bei Raumtemperatur aufbewahrt sind, keine Veränderung der Festigkeitseigenschaften.

Aus den Untersuchungen von E. GWINNER [10] über die Gewichts- und Längenänderungen von Phenolharz-, Harnstoff- bzw. Melaminharz-Prüfstäben bei bis über 2 Jahre ausgedehnten Lagerungen „*offen im Raum*" ist eine prozentuale Längenverringerung in Abhängigkeit von der Zusammensetzung, den Preßbedingungen und anschließenden Nachbehandlungen erkennbar.

Sie beträgt bei

Phenolharz + Holzmehl:	– 0,04···–0,26%
Harnstoffharz + Cellulose:	– 0,19···–1,07%
Melaminharz + Holzmehl:	– 0,27···–1,90%
dto. + Holzmehl + Asbest:	– 0,03···–1,97%
dto. + Glasgewebeschnitzel:	– 0,04···–0,17%

Die 200stündige Nachbehandlung in Wasser führt in jedem Fall bei der Zimmerlagerung zu Längenzunahmen, die bei Harnstoffharz-Prüfstäben (4 mm Dicke) mit 0,71% den Maximalwert der Versuchsreihe erreicht.

Die maximale Längenschwankung ist relativ unabhängig von den thermischen Nachbehandlungen:

beim Phenolharz	0,11···0,17%
beim Harnstoffharz	0,26···0,90%
beim Melamin + Holzmehl	0,36···0,50%
nach Asbestzusatz	0,08···0,30%
und mit Glasgewebeschnitzel	0,13···0,17%

Die von G. ZIESCHANK [11] weitergeführten Untersuchungen über die Maßveränderungen der Aminoplast-Typen 130···157 bei 3jähriger Lagerung bei Raumtemperatur unter dem Einfluß einer relativen Luftfeuchte von 23%···93% zeigen, daß nur in sehr trockener Atmosphäre mit einer Nachschwindung, in den anderen Klimaten jedoch mit einer Quellung zu rechnen sein wird. Diese Maßänderungen erfolgen erst im Laufe einiger Jahre, bis sich ein Feuchtigkeitsgleichgewicht zwischen Preßstoff und Umgebung eingestellt hat.

Bei den Melaminharz-Formstoffen ist eine nahezu lineare Abhängigkeit der Maßänderungen von der Luftfeuchtigkeit gegeben.

Die hydrophileren Harnstoffharze quellen in sehr feuchter Atmosphäre stärker als der Linearität entspricht.

E. E. HALLS [12] hatte schon im Jahre 1952 die Gewichts- und Formbeständigkeit der gesteinsmehlgefüllten Melaminharzformstoffe festgestellt unabhängig vom Feuchtigkeitsgehalt der Luft. Bei Papier als Füllstoff ist die Formbeständigkeit in feuchter Atmosphäre gegeben.

E. PÂRLIGRAS und E. STANESCU [6] führen eine Lagerung von Phenolharz-Formstoffen in einem geschlossenen Raum, der unter dem Einfluß des Meeresklimas des Schwarzen Meeres steht, mit dem Ergebnis durch, daß der Abfall des an ihnen gemessenen Durchgangswiderstandes nur als Folge der Wasserabsorption aus der Atmosphäre und des beginnenden Harzabbaus nach ca. 670 Tagen eintritt.

Nach 22 Monaten beginnt die Alterung im geschlossenen Raum und nach $2^1/_2$ Jahren ist das Aussehen der Prüfkörper unverändert. Bei den Phenolharz-Schichtpreßstoffen beginnt die Alterung nach etwa 500 Tagen. Die Feuchtigkeit wird nur allmählich von den Schichtpreßstoffen absorbiert. Die dielektrischen Eigenschaften zeigen im Laufe der Alterung eine langsam fallende Tendenz. Der organische Füllstoff — Papier oder Baumwollgewebe — ist dem anorganischen bezüglich der Alterungsfestigkeit des Endproduktes unterlegen.

Aus der Bestimmung der Feuchtigkeitsaufnahme von gehärteten Epoxydharzen ergibt sich nach R. W. Hefty [7] auf Grund der bei $-37°$ gemessenen Reißfestigkeiten, daß eine Beanspruchung dieser Formstoffe bei 15 °C und 100% Feuchtigkeit etwa 10 Jahre möglich ist. Der G-Modul erfährt unter den gleichen Bedingungen während vieler Jahre keine Änderung.

Die Beanspruchung in geschlossenen Räumen zwecks Nutzung der Werkstoffeigentümlichkeiten der Plastformstoffe erfolgt in beträchtlichem Umfang unter Einwirkung irgendeiner mechanischen Spannung. Es ist das Verdienst von W. Buchmann [14] bereits in der Frühzeit der Hart-PVC-Nutzung auf die Notwendigkeit von Langzeit-Dauerstandsversuchen hingewiesen zu haben. Aus seinen bis zu 2 Jahren bei Raumtemperatur ausgedehnten Untersuchungen ist ersichtlich, daß der Festigkeitsabfall vom Ausgangswert von ca. 520 kp/cm² nach ca. 80 Tagen aufhört und sich nun ein neues Festigkeitsniveau ausgebildet hat, das sich bis Versuchsende in der gleichen Höhe von 190 kp/cm² praktisch nicht mehr verändert.

Neuere Untersuchungen deuten jedoch daraufhin, daß bei stärkerer Meßpunktdichte der Festigkeitsabfall noch über diese 80 Tage hinausgeht. Die Konsequenz ist bei der Standardisierung der PVC-Rohre durch die Festlegung von 2 Festigkeitsniveaus 100 kp/cm² und 60 kp/cm³ bei 20 °C gezogen.

Diese unter Beachtung des „*kalten Flusses*" der Plastformstoffe ermittelten zeitabhängigen Festigkeitskriterien sind besser zur Beurteilung der Gebrauchsdauer eines Plastformstoffes geeignet als die üblicherweise ermittelten Festigkeitswerte.

K. Richard und G. Diedrich [15] machen nochmals darauf aufmerksam, daß dieses nicht zum Stillstand kommende Dehnen unter dem Einfluß innerer oder äußerer Kräfte von den Prüfbedingungen abhängig ist, aber auch den Plast selbst charakterisiert.

Alterungsvorgänge unter Last können also durchaus auch bei Beanspruchungen unterhalb der im üblichen Prüfverfahren ermittelten Reißfestigkeit zu einem Unbrauchbarwerden des Plastformstoffes führen. Am Beispiel des P.E. haben amerikanische Autoren „*die Abhängigkeit der Kriechbeträge von der Belastung*" nachgewiesen.

Um den Einfluß der konstruktiven Gestaltung und der ihr gemäßen Beanspruchung auf das „*Zeitstandverhalten*" — also das Altern im Gebrauch — zu erkennen, sind Prüfungen an Plast-Rohren in den Vordergrund getreten. Die so mögliche mehrachsige Beanspruchung durch inneren Flüssigkeitsdruck führt natürlich zu einer Abschwächung des kalten Flusses und damit zu einer höheren Belastbarkeit als bei einem einachsig beanspruchten Formstoff.

Derartige Untersuchungen des Alterungsverhaltens als Folge des zeitlichen Festigkeitsabfalles durch den kalten Fluß sind besonders für lasttragende-Konstruktionen von Bedeutung. Aus diesbezüglichen umfangreichen Arbeiten u. a. von G. Menges und R. Taprogge [16], ergibt sich, daß die Alterung der transparenten PVC-Sp- oder Em- sowie von Polypropylen-Formstoffen durch Mikrorisse erkennbar wird.

Nach den Ergebnissen von S. B. Newman und I. Wolock [17] sind die bei Belastung von PMMA-Platten an der Oberfläche auftretenden Risse 2···10 μ lang, 0,1···0,25 μ breit und 0,05···0,15 μ tief. Nach mehrmonatigem Lagern solcher gedehnter Proben bei 20° gehen die Risse fast völlig zurück.

Beim PS bilden sich außerdem noch Risse im Materialinneren. Soweit diese von während der Verarbeitung zum Formstoff entstandenen Eigenspannungen herrühren, werden sie im Laufe des Alterns durch Relaxation verschwinden.

Die stets in gleichem Betrage wirksam bleibenden äußeren Lastspannungen bestimmen also den Verlauf der Alterung.

Die Festigkeit σ_m frisch hergestellter Polymer-Filme ist von der Dicke h unabhängig; sie wird es aber beim Altern gemäß

$$\sigma_m = A_0 \cdot h^{-n} \qquad (A_0 \text{ und } n = \text{konst}].$$

Als Folge der Einwirkung der inneren Spannungen nimmt die Dauertestigkeit der Filme in den ersten 40···50 Stunden am stärksten ab. Infolge der leichten Relaxation der inneren Spannung tritt bei elastischen Übergängen selten eine Zerstörung ein, bei spröden Filmen dagegen schon nach relativ kurzer Zeit, vornehmlich wenn eine kritische Dicke überschritten wird [18].

Für die Beurteilung der Dauerstandsfestigkeit ist zu beachten, daß nach F. H. Müller [19] bei PVC-H-Bändern bei Kaltverstreckung 2 Phasen — jedoch nicht im thermodynamischen Gleichgewicht — koexistieren: Der verstreckte und der noch unverstreckte Anteil. Es ist der notwendige beabsichtigte Platzwechsel also erzwungen worden.

Das Absinken der Zeitstandsfestigkeit ist für alle Thermoplaste charakteristisch. Soweit bis jetzt erkennbar, wirken sich auf den Kurvenverlauf — stetige Abnahme oder Ausbildung von Zwischenniveaus und Änderung der Kurvenneigung — auch das Molekulargewicht und die Polymerenverteilung wie auch die Dichte bei kristallinen Plasten aus, wobei höher molekulare Polymere bei sachgemäßer korrekter Verarbeitung eine bessere Zeitstandsfestigkeit, ein besseres Alterungsverhalten unter Last und in Luft als Umgebungsmedium bei Raumtemperatur erwarten lassen.

Die große Variationsbreite in der Gruppe der Verbunde aus Glasfasern und Polymeren läßt zwangsläufig z. Z. nur einen vorläufigen Überblick über die Alterung bei Raumtemperatur unter ruhender Last zu.

Bei Polyester-Glasfaser-Kombinationen, wobei sowohl Glasmatten wie auch hochfestes Gewebe verwendet wurden, sind nach ca. 400 Tagen Bruchbeanspruchungen in der Größenordnung von ca. 350 kp/cm² bzw. ca. 1800 kp/cm² gemessen. Ein aus Epoxyharz und Glasfasersträngen aufgebauter Verbund mit ca. 40% Harzgehalt weist eine Bruchspannung von ca. 5500 kp/cm² auf.

Literatur

[1] T. L. Lawton u. H. K. Nason: Ind. Engng. Chem. **36** (1944), 1128
[2] G. R. Rugger: SPE Journal Juli 1958, 29
[3] W. Hild: Chemische Technik **4** (1952), 275
[4] J. Schreiber u. G. v. Hintzenstern: Plaste u. Kautschuk **10** (1963), 408
[5] V. A. Roždestvenskij: Chem. Industrie (UdSSR) 1954, Nr. 6, S. 30
[6] E. Pârligras u. E. Stanescu: Materiale Plastice **2** (1965), 214
[7] R. W. Hefty: Modern Plastics **43**, Nr. 8, (April 1966), 163
[8] nach Arbeiten im Institut für organische Hochpolymere in den Jahren 1964/66
[9] F. G. Clark: Ind. Engng. Chem. **44** (1952), 2697
[10] E. Gwinner: Kunststoffe **46** (1956), 467
[11] G. Zieschank: Kunststoffe **53** (1963), 100
[12] E. E. Halls: Plastics **17** (1952), 287
[13] N. A. Melichova u. a.: Plast. Massen (UdSSR) 1965, Nr. 4, S. 36
[14] W. Buchmann: Z. VDI. **84**, (1940), 425
[15] K. Richard u. G. Diedrich: Kunststoffe **45** (1955), 429
[16] G. Menges u. R. Taprogge: Plastverarbeiter **18** (1967), 247
R. Taprogge: Dissertation, Aachen 1967
[17] S. B. Newman u. I. Wolock: J. Res. nat. Bur. Standards **58** (1957), 339
[18] A. T. Ssansharowski: Doklady Akad. Nauk SSSR, **157** (1964), 1345
[19] F. H. Müller: Kolloid Z. **126** (1952), 65
[20] I. Delorme: Rev. de Plasticos modernos **86** (1963), 627
[21] D. Weichert u. A. Kraus: Plaste u. Kautschuk **15** (1968), 96
[22] B. S. Biggs u. W. L. Hawkins: Modern Plastics 31 (Sept. 1953), 121
[23] A. V. Selion: Plast. Massen (UdSSR) 1963, Nr. 5, S. 49
[24] H. I. Oswald u. E. Turi: Polymer Engng. Sci. **5** (1965), 152

4.2. Alterung unter den Bedingungen einer Freiluftbewitterung

4.2.0. Allgemein gültige Ergebnisse

Die Erforschung des Alterungsverhaltens der Plastformstoffe unter den Bedingungen einer Freiluftbewitterung hat eine enge Gemeinschaftsarbeit mehrerer naturwissenschaftlicher Disziplinen zur Voraussetzung.

Es handelt sich um die Beschreibung, Deutung und Ausnutzung der visuell oder mit optischen Hilfsmitteln feststellbaren Oberflächenalterung sowie um die mit irgendwelchen Meßmethoden zu erfassende Volumen- und Strukturalterung. Hinzu kommt weiterhin das Erkennen und Beurteilen der durch Lebewesen verursachten Veränderungen unter Anwendung biologischer Untersuchungsmethoden.

Die Ergebnisse der integralen, den Gesamtquerschnitt des Plastformstoffes erfassenden Prüfungen werden durch die einer differentiellen Untersuchungsmethodik ergänzt.

Für die Bewertung ihrer Ergebnisse ist es notwendig, nochmal auf viele experimentelle Schwierigkeiten aufmerksam zu machen, da sie eine sehr präzise flächenparallele Aufteilung des bewitterten Plastformstoffes zur Voraussetzung hat.

Mit größeren Bewitterungseffekten ist nach den bisherigen Erfahrungen nur in den äußersten Schichten eines Formstoffes zu rechnen. Die günstigsten experimentellen Voraussetzungen für die Außenbewitterung bieten also dünnwandige Formstoffe, am besten Filme oder Folien, die aber ihrerseits eine zeitliche Beschränkung der Bewitterung von vornherein einschließen.

Alterungsresultate können auch bei identischen Probekörpern und gleichen Untersuchungsverfahren durchaus voneinander abweichen, da die Frequenzen der natürlichen Bewitterungselemente in den erforderlichen Zeiträumen immer variieren werden.

Es ist wohl eine allgemeine Erfahrung, daß Prüfkörper ohne Unterlage zu verschiedenen Jahreszeiten ausgelegt sehr verschiedene Geschwindigkeiten der beispielsweise durch Verfärbungen oder Ausbleichen erkennbar werdenden Zersetzungen zeigen. Wir wiesen bereits darauf hin, daß nach unseren Beobachtungen sich diese auch dann ändern kann, wenn die Plastformstoffe zunächst eine längere Zeit (Wochen oder Monate) im Zimmer gelagert haben und dann zur Bewitterung gelangen.

Nach F. G. Clark [1] zersetzen sich beispielsweise die Plaste im südlichen Klima beginnend mit der Auslage im Mai in der Zeit bis Ende Oktober am schnellsten.

Über den Einfluß des Befestigungshintergrundes auf die Alterungsgeschwindigkeit sind die Beobachtungen nicht einheitlich (siehe auch oben S. 29). Übereinstimmung besteht darin, daß bei Glasabdeckung ohne Hintergrund die Zersetzungs- und Verfärbungsgeschwindigkeit so verringert ist, daß etwa 40···50% mehr Sonnenstunden für die bei Freiluftbewitterung erzielbaren Effekte nötig sind.

Die Bewitterung kann ja auch entweder kontinuierlich durchgeführt werden oder man kann einen Schwellenwert der einwirkenden Energien festlegen und nun oberhalb oder unterhalb davon die Probekörper vor ihrem Einwirken schützen. Am einfachsten läßt sich dies für die Strahlungsenergie erkennen. Bei Bewitterungen unterhalb eines Schwellenwertes von 0,823 gcal cm^{-2} min^{-1} treten nach F. G. Clark [1] praktisch keine Veränderungen mehr auf, so daß auch eine Abdeckung einer schon bewitterten Folie bei niedrigeren Werten keinen Einfluß auf das Gesamtergebnis hat. An wolkigen Tagen, am frühen Morgen und am Spätnachmittag ist der Zerstörungsanteil klein, soweit es sich um Auswirkungen der Sonnenstrahlen und anderer irdischer Wetterelemente handelt. Nach den Untersuchungen von I. Delorme [4] führen auch die nachts vorhandenen kosmischen Strahlungen zu erheblichem Abbau der mechanischen Eigenschaften von Celluloid

Celluloseacetaten, Polyäthylen, Polystyrol und GFP (siehe auch unten S. 165 ff. und Kap. „*Durch energiereiche Strahlung ausgelöste Alterung*").

Aus unseren Arbeiten [17] zur Kenntnis der im Inneren eines der Witterung ausgesetzten Plastformstoffes herrschenden Temperaturen im Vergleich zur Oberflächentemperatur und der Umgebungstemperatur ergibt sich, daß sich die Einstellung des stationären Zustandes zwischen Einstrahlung und Wärmeabgabe und das Temperaturprofil innerhalb des Formteils durch Schwankungen der Einstrahlung oder der Windgeschwindigkeit ständig, oft sehr rasch, ändert.

Der Temperaturverlauf im Inneren des Formteils hängt im wesentlichen von vier Faktoren ab:

a) von der Absorption der eingestrahlten Energie, damit von der Einfärbung bzw. Pigmentierung,
b) von der Wärmeleitfähigkeit des Plastformteils,
c) von den Temperaturdifferenzen zwischen den beiden Oberflächen des Formteils und der umgebenden Luft, die die Stärke der Abstrahlung bestimmen,
d) von der Geschwindigkeit der Luftbewegung.

Jedoch ist unter unseren Bedingungen in jedem Fall eine von der bestrahlten Seite zur unbestrahlten Seite hin (abgesehen von schmalen Randzonen) annähernd lineare Temperaturabnahme zu erwarten, wie WENDISCH [18] in Modellversuchen ohne Berücksichtigung der Faktoren *c*) und *d*) zeigen konnte.

Tabelle 7

Maximaltemperaturen von Plastformteilen (100 · 100 · 10 mm) bei Auslage im Freien an ausgewählten Tagen der Jahre 1965 und 1966 in Leipzig, gemessen 5 mm unter der Oberfläche

Tag	maximale Lufttemperatur (Schatten) [°C]	Maximaltemperaturen [°C]						Differenz zwischen Temperatur der Prüfkörper und Lufttemperatur (Schatten) [grd]					
		1	*2*	*3*	*4*	*5*	*6*	*1*	*2*	*3*	*4*	*5*	*6*
17. 6. 66	31	—	—	53	59	57	62	—	—	22	28	26	31
19. 8. 65	26	34	37	38	43	40	50	8	11	12	17	14	24
18. 8. 65	24	—	41	41	46	43	52	—	17	17	22	19	28
2. 5. 66	24	35	—	—	—	41	50	11	—	—	—	17	26
13. 8. 65	20	35	41	42	46	49	55	15	21	22	26	29	35
25. 8. 65	17	23	25	27	28	28	30	6	8	10	11	11	13
5. 4. 66	12	22	—	25	39	36	44	10	—	13	27	24	32
7. 3. 66	9	14	—	14	14	17	16	5	—	5	5	8	7
19. 3. 66	5	16	—	—	29	26	25	11	—	—	24	21	30

1: Polymethylmethakrylat, *2*: Celluloid, *3*: Polyamid *6*, *4*: Phenolharzschaum, *5*: PVC (rot), *6*: PVC (schwarz).

Wegen der komplexen Einwirkung der Witterungselemente und der wechselnden Eigenfarbe der Plastformstoffe kann eine Berechnung des durchschnittlichen Temperaturprofils nur wenig aussagekräftig sein.

In der vorstehenden *Tab. 7* haben wir die Messungen der Maximaltemperaturen verschiedener in Leipzig exponierter Plastformstoffe im Vergleich zur Lufttemperatur zusammengefaßt.

Diese Werte werden ergänzt durch den an einem Tage sich abspielenden Temperaturverlauf an einem fast windstillen diesig-schwülen Sommertag (*Abb. 16*) und an einem kühlen Sommertag mit wechselnder Bewölkung und zeitweisen Regenschauern (*Abb. 17*). Für unsere geographischen Breiten sind die letzteren Kurventypen häufiger.

H. Haldenwanger und S. Purucker-Nens [102] hatten unter den Bedingungen eines extremen Wärmestaus an einem Frühlingstag Oberflächentemperaturen der weiß bis schwarz eingefärbten Prüfkörper von 53···77 °C gemessen.

Unter der Voraussetzung eines annähernd linearen Temperaturgefälles haben wir die Temperaturdifferenzen im Inneren der Plastplatten zwischen Ober- und Unterseite gemessen, um so die maximale Oberflächentemperatur abzuschätzen.

In *Tab. 8* ist das Temperaturprofil der Prüfkörper verzeichnet.

Tabelle 8

Temperaturprofil innerhalb der Prüfkörper

	max. Temperaturdifferenz zwischen 2 Meßfühlern im Innern der Probe, 2 und 8 mm unter der Oberfläche (grd)	max. mögliche Temperaturdiffer. zw. Probenmitte und Probenoberfl. (berechn. aus Sp. 2) (grd)
PVC (schwarz)	9,6	8
PVC (rot)	4,9	4
Polyamid 6 (Naturfarbe)	3,3	2
Polymethylmethakrylat	1,6	1

Dieser Temperaturunterschied tritt aber nur bei starker Sonneneinstrahlung und gleichzeitiger Wärmeabfuhr durch starken Wind (bis 35 km/h), aber nicht an schwülheißen Tagen auf.

Unter den Auslegebedingungen der Vermeidung eines Wärmestaus werden die Oberflächentemperaturen bei transparent-farblosen Formstoffen kaum über 40 °C und bei schwarzen nicht über 65 °C steigen. An Hart-PVC-Platten, die wir als Außenwandverkleidung an einer Schutzhütte auf einer Prüfstation einer jahrelangen Bewitterung aussetzten, haben wir an der SO-Wand maximal 40 °C gemessen, die Lufttemperatur betrug 18 °C.

Wir haben experimentell nochmals nachgeprüft, daß unter den Bedingungen des Wärmestaus die Probentemperatur im wesentlichen von der Lufttemperatur des geschlossenen Raumes oder bei Auflage auf eine wärmestauende, dunkle Unter-

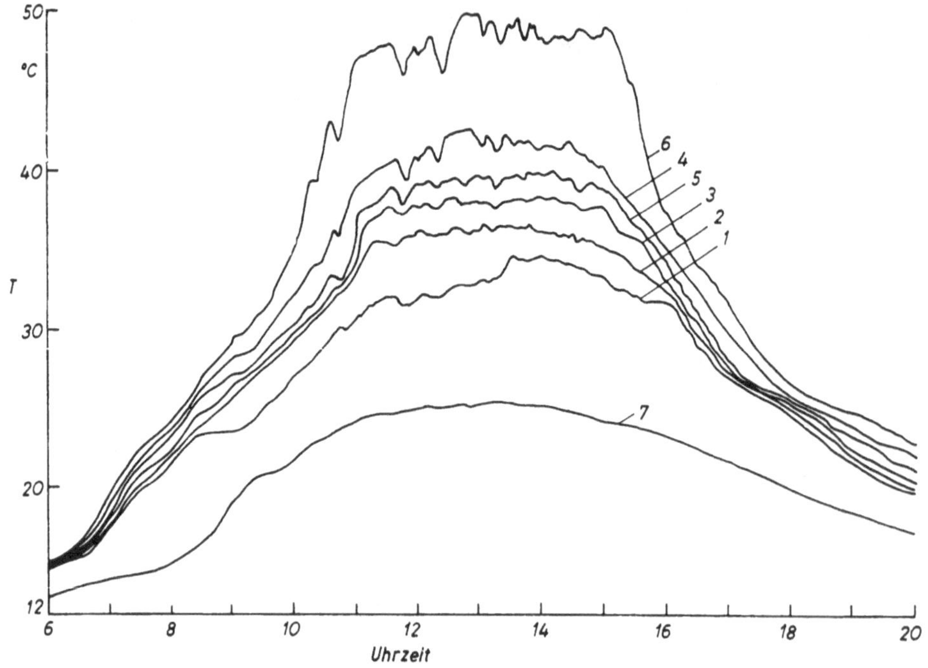

Abb. 16. Verlauf der Massetemperaturen und der Lufttemperatur (Schatten) bei Auslage unter 45° gegen die Horizontale, Richtung Süden an einem dunstigen, schwülen Sommertag. Meßort Leipzig, gemessen 5 mm unter der Oberfläche der Prüfkörper (*1* Polymethylmethakrylat, *2* Celluloid, *3* Polyamid 6, *4* Phenolharzschaum, *5* PVC [rot], *6* PVC [schwarz], *7* Luft [Schatten])

lage von deren Temperatur abhängt. So erwärmte sich ein dunkelgrün eingefärbtes Nitrocellulose-Kunstleder, das auf einem schwarzen Teerdach unter 45° gegen Süden bewittert wurde, bis zu 72°···80 °C Oberflächentemperatur.

Aus *Tab. 8* ist außerdem zu ersehen, daß die Oberfläche der der Strahlung zugewandten Seite des Prüfkörpers neben der ungleich stärkeren Intensität der UV-Strahlung auch teilweise wesentlich höhereren Temperaturen ausgesetzt sein kann. Eine Vergrößerung der photochemischen Reaktionsgeschwindigkeit in Form topochemischer Abbauvorgänge ist also gegeben. Ebenso muß beachtet werden, daß die bei der natürlichen Bewitterung auftretenden häufigen krassen Temperatursprünge (bis zu 35 grd innerhalb weniger Minuten in der geographischen Breite Mitteleuropas), die meist infolge wechselnder Bewölkung mit sprunghaften Änderungen der UV-Intensität gekoppelt sind, einen zweifellos starken Einfluß auf die Ausbeute und den Ablauf von Abbaureaktionen haben. Dies kann über längere Zeiträume hinweg einer der Gründe für die unterschiedliche Wirksamkeit verschiedener Prüfstationen sein.

Nur bei dickeren Plastformstoffen wird sich die Wärmeleitfähigkeit hier noch zusätzlich auswirken. Wir beobachteten dies bei einem Phenolharzschaumstoff,

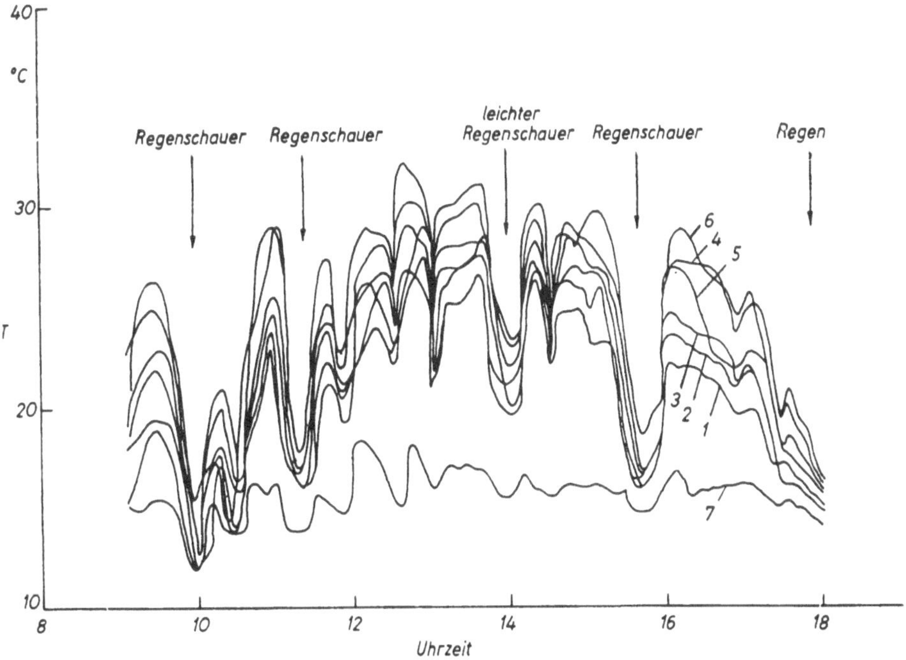

Abb. 17. Verlauf der Massetemperaturen und der Lufttemperatur (Schatten) bei Auslage unter 45° gegen die Horizontale, Richtung Süden an einem kühlen Sommertag mit stark wechselnder Bewölkung und kurzen Regenschauern; Meßort Ostseeküste gemessen 5 mm unter der Oberfläche der Prüfkörper (*1* bis *7* s. Bild 16)

dessen Wärmeleitfähigkeit fast um eine Größenordnung geringer ist als die eines farbtongleichen PVC-Formstoffes.

F. G. CLARK [1] hatte bei seinen Untersuchungen über die Auswirkung des schwarzen Hintergrundes bei glasbedeckten verschieden pigmentierten Prüfkörpern festgestellt, daß sich die Zersetzungsgeschwindigkeit um 40%, die Farbänderungsgeschwindigkeit aber nur um 10% erhöht.

Bei seinen Messungen der Temperatur der Prüfkörper hatte die Luft eine Temperatur von 26,7···27,8 °C bei 70···86% relativer Feuchtigkeit. Die Einstrahlung lag zwischen 1,10···1,34 gcal/m in/cm². Seine Meßwerte sind in umstehender *Tab. 9* wiedergegeben.

Anläßlich der Bewitterung von plastischen Massen aus Aethylcellulose in Arizona haben M. CHAMBERLAIN u. a. [50] in wöchentlichen Intervallen Temperaturablesungen während der Exposition in normalen Silicatgläsern und in schwarzgestrichenen Borsilicatgläsern durchgeführt. Für die im Schatten gemessene Lufttemperatur als Bezugspunkt ergaben sich in den schwarzen Röhren maximale Differenzen von 30···40°, wobei um 8^{00} die höchste Differenz und um 12^{00} h die höchsten Temperaturen von 48,9···60,6 °C gemessen wurden.

Tabelle 9

Temperatur der Prüfkörper in Abhängigkeit von der Reflexion — gemessen im Juli 1947 in Florida (USA)

Prüfkörper	Totalreflexion %	schwarzer Untergrund mit Glas °C	 ohne Glas °C
weiß	89	51,5/52,5	36/33
grau	45	59,5/62,5	41,5/41,0
grau	24	63,5/65,5	48,5/44,5
grau	15	65,5/70,0	50,0/47,0
schwarz	4,5	(60/63 unsicher)	50,0/49,0

Nach P. DUBOIS [12] kann die Temperatur von Gegenständen in Abhängigkeit von ihrer Größe und ihrer Farbe die in den trockenen Tropenklimaten auftretende Temperatur im Schatten um 30°···40 °C überschreiten.

Eine sich ausbildende Schmutzschicht wirkt als Schutzschicht und beeinflußt das Gesamtergebnis.

Weiterhin muß es als ein von der Konstitution des Makromoleküls unabhängiges Ergebnis gelten, daß beträchtliche Unterschiede im Bewitterungsverlauf auch auf ein und derselben Bewitterungsstation bei den einzelnen Arten der Plastformstoffe auftreten können, wenn sie bei verschiedenen Herstellern produziert wurden.

Als allgemein gültige Ergebnisse können ferner gelten:

1. Porosität und Fehler in der Oberfläche des Plastformstoffes fördern den Alterungsverlauf.
2. Die Gebrauchsdauer oder Lebensdauer ist von der Dicke des Formstoffes abhängig.

   Neuerdings gibt P. H. MASSEY [2] hierzu an, daß 1 mm dicke Polyäthylen-Folien bei der Bewitterung am Mississipi nach 113 Tagen, andere Proben nach 437 Tagen, versagen. Bei Vinylpolymeren sind die korrespondierenden Werte 260 und 951 Tage. Für UV-stabilisiertes Polyäthylen ist unabhängig von der geographischen Lage der Prüfstation folgende Dickenabhängigkeit gefunden worden:

1/2 mm Probe	11 Monate Gesamtlebensdauer
1 mm Probe	14,5 Monate Gesamtlebensdauer
1,5 mm Probe	19,5 Monate Gesamtlebensdauer

   Die durchschnittliche Lebensdauer der Vinylpolymeren von 1 mm Dicke betrug 18,5 Monate, und derjenigen von 1,5 mm Dicke betrug 26 Monate.
3. Der Bewitterungsverlauf ist vom Klima der Prüfstation abhängig. Beispielsweise wird für den gleichen Schädigungsgrad in den nördlichen Breiten im November 2···3mal mehr Zeit gebraucht als im Mai. Und Polyäthylen zersetzt sich im Juli 7mal schneller als im Dezember. Bei dem gravierenden Einfluß von Lichtenergie und Feuchtigkeit in Gegenwart von Luftsauerstoff aut die Alterungsreaktion

sind hohe Alterungsgeschwindigkeiten im tropischen Klima zu erwarten, etwa 2···3mal schneller als in unseren Breiten. Es ist ferner eine vielfältige Erfahrung, daß bei gegebener geographischer Breite Stadt- oder Industrieluft die Bewitterung von Oberflächen aus hochmolekularen Werkstoffen fördert und daß diese im Gebirgsklima am wenigsten korrodieren. Interessant auch die Feststellung von G. Lewin und A. Zaalberg [3], daß aus dem Meer gewonnenes Neuland ein aggressiveres Klima hat als die benachbarten Städte.

Hier gehen überall sowohl konstitutionelle Einflüsse wie auch Rezepturen und Verarbeitungsbedingungen für den Plastformstoff in das Ergebnis ein.

4. Bereits bei Beginn der Exposition werden Änderungen der mechanischen Eigenschaften des Plastformstoffes sichtbar, lange bevor eine chemische Schädigung des Makromoleküls nachweisbar ist. Eine solche oft sehr frühzeitig einsetzende „Versprödung" kann die Gebrauchstüchtigkeit, die Eignung und das Verhalten im praktischen Gebrauch relativ frühzeitig mindern. Dies ist besonders bei Plastformstoffen aus Polymeren mit weitgehend kristalliner Struktur beispielsweise bei Polyolefinen je nach Polymerisationsgrad nach 3···6 Monaten im tropischen Klima der Fall [16].

Für die Ermittlung der plastspezifischen Alterungsvorgänge eignen sich am besten transparent farblose Formstoffe, die ohne jeden Zusatz irgendwelcher Verarbeitungshilfsstoffe, soweit diese nicht unabdingbar sind, in einer genau bekannten Verarbeitungstechnologie hergestellt sind.

Wenn irgendmöglich sollen fabrikationsmäßig hergestellte Plastformstoffe die Prüfkörper bilden, um die Ungleichmäßigkeit von Laborproben auszuschalten. Demgemäß werden die nachfolgenden Diskussionen der Ergebnisse unter diesem Gesichtspunkt gegliedert.

4.2.1. Phänomenologisch erkennbare Ergebnisse

Die ohne Benutzung irgendwelcher Meßgeräte allein durch eine Sinneswahrnehmung erkennbaren Bewitterungsergebnisse konzentrieren sich im wesentlichen auf Veränderungen der Oberflächen des Plastformstoffes.

Wir sehen sie als Minderung des Oberflächenglanzes, der Transparenz, als Eintritt von Farbtonänderungen, wobei meist gelbe bis braune Verfärbungen in mannigfaltiger Nuancierung und Intensität und sogar auch Schwarzfärbungen auftreten. Wir nehmen die Bildung von Kapillarrissen oder auch von Rissen und Brüchen größerer Dimensionen mit fortschreitender Alterung wahr.

Wenn diese Veränderungen aus der Gesamtübersicht der Alterungsergebnisse als allgemeingültig und unabhängig von der Konstitution des den Plastformstoff aufbauenden Makromoleküls charakterisiert werden können, so gibt doch eine eingehendere Analyse dieser Erscheinungen eine Reihe von Anhaltspunkten, um diese und jene Veränderung als spezifisch für einen Plastformstoff nach seiner Konstitution wie auch hinsichtlich der Parameter seiner Verarbeitungstechnologie zu erkennen und sie auch zur Charakterisierung für sein Alterungsverhalten zu verwenden.

Weiterhin lassen sie auch Rückschlüsse auf die Art und Intensität der einzelnen Witterungselemente während der Alterungsreaktion eines Plastformstoffes zu.

Das Phänomen der von den Oberflächen des Plastformstoffes her erkennbaren oder in ihr localisierten Rißbildung hat sich als allgemeingültig, aber gleichzeitig auch zur Differenzierung des Alterungsvorganges der einzelnen Plaste als brauchbar erwiesen. Der Verlauf der Rißbildung ist bei mikroskopischer Betrachtung im Auflicht oder Durchlicht gut zu beurteilen.

M. Helmstedt [5] hat den so sich abzeichnenden Verlauf der Änderung der Oberflächenstruktur mittels Abtastung durch einen Profilanalysator registrierend verfolgen können.

Die allgemein bekannte starke Vergilbung des Celluloids ist mit Rißbildung verknüpft, die nach 4···5 Monaten Freibewitterung im Klima der Ostseeküste mit bloßem Auge an der 5 mm starken Platte sichtbar wurde, aber bereits durch Oberflächen-Profilaufnahmen nach ca. 3 Wochen nachgewiesen ist. Nach ca. 16 Monaten Bewitterung hat sich außerdem ein pflanzlicher, nicht näher identifizierter Bewuchs auf der Celluloid-Platte gebildet.

An gespritzten Normstäben aus Niederdruck-Polyäthylen treten im Laufe der Bewitterung vornehmlich an der den Wettereinflüssen ausgesetzten Oberfläche, aber auch an den Seitenflächen mit bloßem Auge wahrnehmbare Risse mit charakteristischem Verlauf auf. Wir konnten eindeutig feststellen, daß eine Ausrichtung der Rißbildung nach der Anspritzstelle hin erfolgt und durch Mikrofotographien und mittels der Oberflächenprofilaufnahmen (siehe *Abb. 14*) die Morphologie der Risse festlegen wie auch zu der Erkenntnis beitragen, daß sich im Spritzformstoff Schichten unterschiedlicher Dichte und Ordnung ausgebildet haben. Die gleichen erodierenden Wetterfaktoren stoßen also nach dem Abbau der äußersten Oberflächenschichten auf einen davon verschiedenen Widerstand.

Die Anwendung der Oberflächen-Profil-Analysatoren führte uns durch die kombinierte Messung der Glättungstiefe (R_p) und der Rauhtiefe (R_t) zur Einschätzung der tatsächlichen am Prüfkörper durch die Bewitterung aufgetretene Zerklüftung und Rauhigkeit der Oberfläche. Bei gleicher Rauhtiefe sind verschiedene Oberflächengestaltungen möglich, die besser durch die Glättungstiefe charakterisiert werden. Der noch vermessene Mittenrauhwert R_a als arithmetisches Mittel der Auslenkungen des Taststiftes an mehreren Punkten der Oberfläche ist weniger anschaulich.

Für Spritzguß-Normstäbe aus Hoch- bzw. Niederdruck-Polyäthylen sowie für eine Fabrikationsfolie aus Niederdruck-Polyäthylen lassen sich die Oberflächenveränderungen durch die Bewitterung an der Ostseeküste (ca. 54,3° n. Br.) und im Thüringer Wald (ca. 50,7° n. Br.) durch die genannten Größen gemäß *Tab. 10* wiedergeben.

Die maximale Rauhtiefe nimmt deutlich mit der Bewitterungsdauer zu; beim ND PE fast linear.

Tabelle 10

Rauhigkeitsdaten zur Charakterisierung der bewitterten Oberflächen von Polyäthylen-Formstoffen

Formstoff	Bewitterungsdauer	R_a µm	R_p µm	R_t µm
PE Hochdruck-Normstab	ungealtert	0,5	1,7	6,0
	an der Ostseeküste gealtert			
	0,7 Mon.	0,5	1,7	8,0
	2,7 Mon.	0,4	1,7	4,2
	4,8 Mon.	0,4	1,0	4,5
	7,3 Mon.	0,5	2,0	9,0
	18 Mon.	0,6	4,3	15,0
PE Niederdruck-Normstab	ungealtert	0,2	1,2	2,4
	an der Ostseeküste gealtert			
	7 Mon.	0,6	2,0	10,0
	11 Mon.	0,9	3,5	16,5
	15 Mon.	1,9	12,5	36,5
	19 Mon.	1,5	4,0	26,0
	23 Mon.	2,4	12,0	36,0
	im Thüringer Wald gealtert			
	23 Mon.	1,6	5,0	20,0
	27 Mon.	1,6	6,0	29,0
	35 Mon.	2,0	9,0	30,0
PE Niederdruck Folie	ungealtert	1,2	4,5	9,0
	an der Ostseeküste gealtert			
	0,7 Mon.	1,2	3,5	8,0
	2,7 Mon.	1,2	4,5	9,3
	4,8 Mon.	1,3	4,5	10,0
	7,3 Mon.	1,2	3,4	8,2
	12,3 Mon.	1,4	4,3	8,2

Eine Ausdeutung der Rauhigkeitsdaten sollte, wie in obiger Abbildung geschehen, zusammen mit den Mikrofotographien erfolgen.

Unter der Voraussetzung einer äquivalenten optimalen Herstellung der Spritzguß-Normstäbe kann bezüglich der Polymerisationsverfahren für Polyäthylen aus diesen Bewitterungsphänomenen entnommen werden, daß das höher-kristalline, steifere Niederdruck-PE auf eine Rißbildung durch Sprödbruch empfindlich reagiert. Bei dem stärker amorphen, flexibleren Hochdruck-PE verursacht erst eine längerdauernde Bewitterung eine abtastbare Oberflächenerosion, ohne daß es zu einer Rißbildung kommt.

Im anderen Zusammenhang haben wir [6] nachgewiesen, daß beim ND PE der Kettenabbau überwiegt und beim HD PE die Vernetzungsreaktion. Ein

Kettenabbau kann aber auch mit einem Abfall der mechanischen Eigenschaften verknüpft sein. Auf die Katalyse des Abbaus durch Spuren der Ziegler-Natta-Katalysatoren sei hingewiesen.

B. DOLEŽEL [88] beobachtet die erste Rißbildung bei verzweigtem Polyäthylen nach 434 Tagen auf der dem Sonnenlicht zugewandten Seite. Die Eindringtiefe der Risse wächst innerhalb von 2 Jahren auf 0,6···1,0 mm an. Die Folienrückseite ist rissefrei. Dies ist jedoch nicht der Fall bei Folien aus linearem PE, bei dem DOLEŽEL schon nach 244 Tagen die ersten Risse beobachtet. Die Risse verlaufen senkrecht zur Orientierungsrichtung der Makromoleküle.

Für die Beurteilung der Auswirkung des Klimas auf die Rißbildung ist die Beobachtung zu beachten, daß PE, mit Zusatz von 0,1% Antioxydans verarbeitet, auf 3 tropischen Prüfstationen ohne Rißbildung blieb, und nur die Prüfkörper am tropischen Meeresstrand erhebliche Risse aufwiesen [7].

Zusammenhänge zwischen der Konstitution des Makromoleküls und der Rißbildung bei der Alterung gibt es auch bei anderen Thermoplasten. Das eine starke UV-Eigenabsorption aufweisende Polystyrol weist nach einem Jahr Bewitterung die ersten Risse auf, die sich im Laufe eines weiteren Jahres zu einem Netzwerk feinster Risse vermehren.

Eine Abhängigkeit des zeitlichen Auftretens von Rissen beim Blockpolystyrol von dem Klima der Bewitterungsstation haben L. ADAMIROVÁ und B. DOLEŽEL [8] beobachtet. Nach einjähriger Bewitterung waren hier die ersten Risse zu sehen.

Nach C. H. ADAMS [15] und Mitarb. tritt in gemäßigtem und tropisch-feuchtem Klima die erste Rißbildung am PS nach 3 Monaten auf, wobei das Klima mit hohen Temperaturen und Trockenheit am aggressivsten war.

Das ebenfalls aromatische Strukturkomponenten aufweisende Polycarbonat erscheint anfangs etwas widerstandsfähiger; jedoch ergibt sich aus den Messungen mit dem Oberflächenprofil-Analysator bei den 50 Monate gealterten Proben eine Rißtiefe von 2···3 μm.

Auch die alternierende -C-O-C-O-Gruppierung des Polyoxymethylens erweist sich noch als relativ empfindlich gegenüber der Bewitterung, beurteilt nach der merklichen Rißbildung auf den Normstäben aus fabrikatorisch hergestelltem Polyformaldehyd, der wahrscheinlich sogar noch thermostabilisiert war [103].

Das in *reiner* Form keine UV-Strahlung absorbierende Polymethylmethacrylat zeigt erst nach 6 Jahren Bewitterung einige wenige Oberflächenrisse.

Es muß dahingestellt bleiben, ob sie als Indikator eines chemischen Abbaus oder einer Erosion zu deuten sind. Für letzteres spricht der in *Abb. 18* ausgewiesene Zustand einer als Oberlicht in einer Hütte unserer Prüfstation an der Ostseeküste verwendeten PMMA-Platte nach 71 Monaten Expositionszeit.

Der von W. A. PAWLOW und M. W. JAKUTOWITSCH [9] vertretenen Auffassung, daß Mikrorisse am PMMA stets nur unter der Einwirkung von Zugspannungen lediglich an der Oberfläche entstehen und sich bei Entlastung wieder schließen sollen, können wir uns nicht anschließen. An einer von uns 10 Jahre bewitterten PMMA-Platte haben wir keine Oberflächenrisse beobachtet, sondern lediglich einige im Platteninneren liegende Materialrisse, die nicht bis zur Oberfläche reißen.

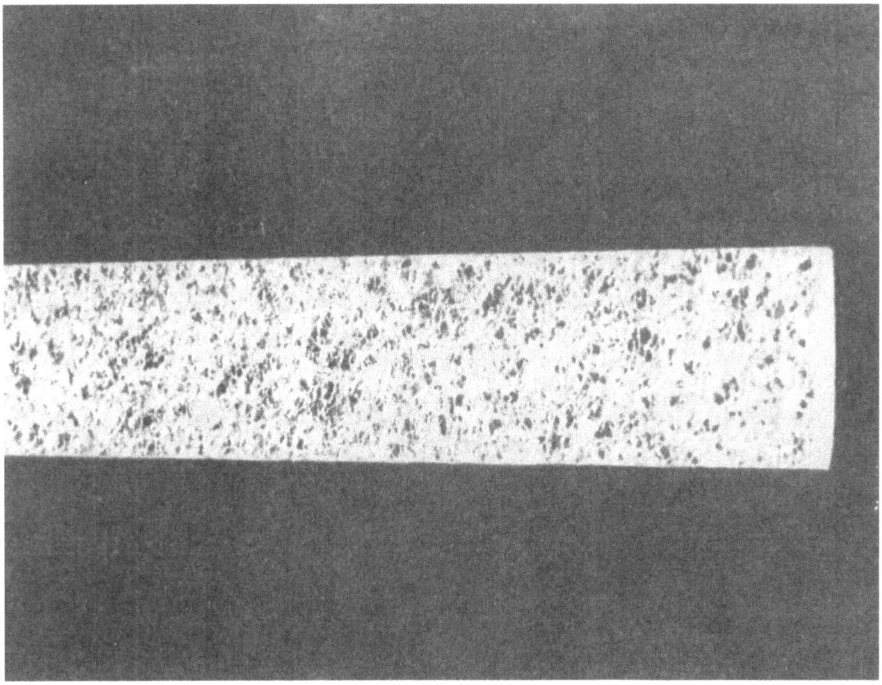

Abb. 18. Erosionsschäden an einer Oberfläche einer PMMA-Platte nach 71 Monaten Bewitterung an der Ostseeküste

G. A. Lebedew und J. W. Kuwschinski [10] halten die bei Deformationen von PMMA-Formstoffen auftretenden „*Silberrisse*“ für lokal scharf begrenzte Bereiche ausgefüllt mit abgebautem Polymeren und nicht für mit Luft gefüllte keilförmige Zerstörungszonen.

Bei der vom November 1951 bis Juli 1954 durchgeführten Bewitterung von Polymethacrylaten unter Last haben I. I. Gouza und W. F. Bartoe [35] Oberflächenrisse in Abhängigkeit von der Last (141 kg/m² bis 422 kp/cm²) und in Abhängigkeit von der nicht näher angegebenen chemischen Zusammensetzung nach 5···6 Tagen (422 kp/cm²) und nach $>$ 568 Tagen (bei allen Laststufen) beobachtet.

Von den durch Halogen-Eintritt polar gewordenen Thermoplasten absorbiert das Polyvinylchlorid bereits im ungealterten Zustand ultraviolette Wellenlängen. Trotz der an den ca. 1 mm dicken Platten erkennbaren Oberflächen-Verfärbung ist eine oberflächliche Versprödung nur in geringem Umfang wahrnehmbar und auch die Erosion während der Alterung der Hart-PVC-Platte ist nur gering, so daß es zu einer Ausbildung typischer Risse nicht kommt. Die Veränderung der Oberflächenrauhigkeit im Zusammenhang mit ihrem mikrophotographischen Befund ist in *Abb. 19* sowie aus *Tab. 11* erkennbar.

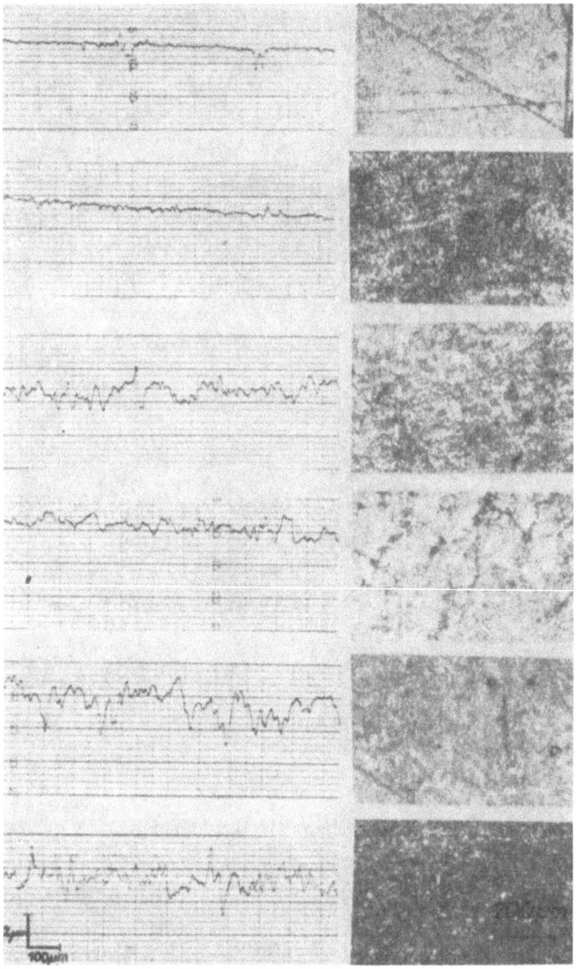

1: ungealtert

2: 3 Monate in Leipzig gealtert

3: 29 Monate in Oberhof gealtert

4: 36 Monate in Oberhof gealtert

5: 36 Monate in Wustrow gealtert

6: 37 Monate in Leipzig gealtert

Abb. 19. Gegenüberstellung der Oberflächen-Profilaufnahme in 50facher Überhöhung und von Auflicht-Mikrofotos von bewitterten Hart-PVC-Platten (0,35 mm)

Tabelle 11

Rauhigkeitsdaten zur Charakterisierung der bewitterten Oberflächen von Hart-PVC-Platten (1 mm dick)

Bewitterungs- ort und -dauer		R_a µm	R_p µm	R_t µm
	unbewittert	0,1	4,0	(6,7)
Leipzig	3 Mon.	0,1	2,4	4,0
Leipzig	37 Mon.	0,45	2,8	6,4
Ostseeküste	36 Mon.	0,63	2,6	5,8
Thüringen	29 Mon.	0,30	1,1	3,5
Thüringen	36 Mon.	0,38	1,2	5,0

Es ist nicht ausgeschlossen, daß die geringen Zunahmen der Rauhigkeit der PVC-Oberflächen mit einer beginnenden Vernetzung der Makromoleküle, wie wir sie unter einigen Bewitterungsbedingungen festgestellt haben, zusammenhängen.

Auch die von Fr. BAXMANN und K. KOPETZ [11] mitgeteilten Bewitterungsergebnisse von Hart-PVC-Platten, die maximal 6 Monate im mitteleuropäischen bzw. im tropischen Klima mit hoher Luftfeuchtigkeit bzw. im trockenen Wüstenklima mit insgesamt 50000 Langleys eingestrahlter Energie bewittert waren, enthalten keine Angaben über das Auftreten von Rissen. Eine 15 Jahre dem Wetter ausgesetzte Abdeckplatte aus Hart-PVC einer Brunnenanlage in einem Waldgartengrundstück zeigt bei den sonst erkennbaren Bewitterungscharakteristiken keine Risse oder Sprünge.

Jedoch konnten wir an 9 Jahre als Dachabdeckung eingesetzten Hart-PVC-Folien an einigen wenigen Stellen auf der bewitterten Fläche Systeme kleiner Risse, die von einem Zentrum stark verästelt sich ausdehnen, beobachten. Es sind Stellen merklicher Versprödung, wobei stets ein schollenförmiges Aufplatzen beobachtet wurde.

In den aus PVC und Weichmachern als unabdingbaren Bestandteilen hergestellten PVC-W-Formstoffen tritt zu der UV-Absorption des PVC auch noch die der Weichmacher. Eine relativ geringe Alterungsfestigkeit der Formstoffe ist also zu erwarten.

In weitgehender Unabhängigkeit von den Mischungsverhältnissen aus PVC und W.M. treten streng lokalisierte Zersetzungszentren, die sogenannten „*Stippen*“ auf. Wir beobachten sie sowohl bei den 80/20 wie auch 60/40 Folien bei Verwendung von Phthalaten, Paraffinsulfonsäureestern, Trikresylphosphat und ihren Gemischen untereinander. Sie bilden sich unter dem Einfluß der Sonneneinstrahlung in der Intensität der geographischen Breite unseres mitteleuropäischen Raumes, wie auch der Südeuropas oder Ostasiens.

Wie auch W. BIRNTHALER und G. FALK [20] ermittelten, ist der Einfluß der Meereshöhe auf diese Stippenbildung unbedeutend.

Der Zeitpunkt ihres Auftretens ist sehr verschieden und liegt zwischen 4 und 25 Monaten, ohne daß sich zuverlässige Angaben über die Abhängigkeit des Beginns der Stippenbildung von dem Lokalklima machen lassen.

Bei Sonnenausschaltung — sogenannte Schwitzhütte in Schanghai — sind sie nicht aufgetreten.

In der überwiegenden Anzahl handelt es sich um kleine etwa stecknadelkopfgroße Zersetzungen. Wir haben auch in vielen Fällen an Folien Stippen von merklich größerem Durchmesser beobachtet. Und sehr oft läßt sich erst bei mikroskopischer Betrachtung eine homogen erscheinende Zersetzungsverfärbung als Anhäufung einzelner Stippen erkennen.

Neben regelloser Verteilung der Stippen über die Folienfläche sind jedoch auch eine Reihe von gealterten PVC-W-Folien beobachtet worden, bei denen die Stippen streifenförmig angeordnet sind (vgl. *Abb. 20*). Wenn auch die an der bewitterten Oberfläche der PVC-W-Folien angereicherten Stippen als besonders farbkräftig erscheinen, so sind sie, wie M. HELMSTEDT [5] durch Dünnschnitte nachweisen

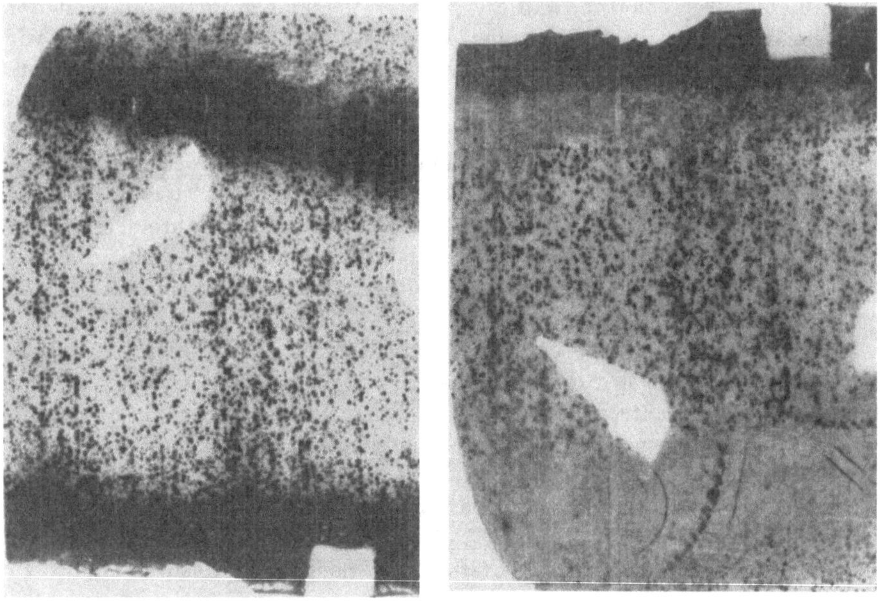

a *b*

Abb. 20. „Stippen" in einer 24 Monate gealterten 70/30 PVC + Paraffinsulfonsäureester-Folie; *a*) Rückseite, *b*) Vorderseite ($^1/_2$ natürl. Größe)

konnte, über den gesamten Querschnitt verteilt. Im Zentrum jeder Stippe sind bei entsprechender mikroskopischer Beobachtung ein oder mehrere bis zu 5 μm große Einschlüsse zu beobachten, die wir als Eisen identifiziert haben. Damit ist die von uns schon früher [19] geäußerte Auffassung nun jetzt exakt bewiesen. Die von I. B. De Coste und V. T. Wallder [21] publizierte Annahme, daß die Ursache für die Stippen in Folien, die von ihnen mit Pb-Salzen stabilisiert wurden, in einer ungenügenden Verteilung des Stabilisators liegt, trifft also nicht zu, da wir stabilisatorfreie Folien bewitterten. Das Eisen kann nicht erst bei der Bewitterung auf die Folie eingewirkt haben. Es wird angenommen werden können, daß das Eisen in den Folien metallisch oxydisch und auch als Ion vorliegt.

Stippen werden ja auch an Folien beobachtet, die noch mit dem bloßen Auge nicht erkennbar verfärbt sind.

Der eigentliche Zersetzungsherd ist oft von verwaschenen gefärbten Flecken umgeben, die von der Diffussion der farbigen Abbauprodukte der Weichmacher herrühren dürften.

Der Zersetzungsprozeß kann direkt an der Oberfläche erfolgen oder von innen her die Oberfläche erreichen. Das aufgelockerte abgebaute PVC wird durch die Erosion dann schließlich unter Bildung von Löchern und Spalten stark geschädigt. Diese Schädigung läßt sich durch eine starke Erhöhung der Oberflächenrauhigkeit nachweisen (*Tab. 12*).

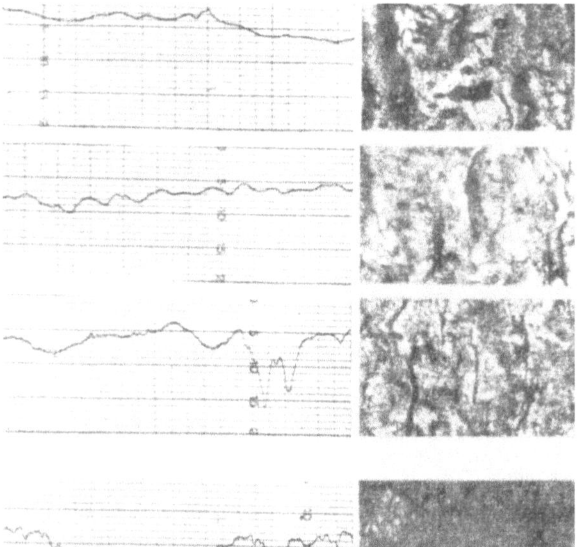

1: ungealtert

2: 23 Monate in Wustrow gealtert

3: 24 Monate in Oberhof gealtert

4: 35 Monate in Wustrow gealtert

5: 44 Monate in Oberhof gealtert

Abb. 21. Alterung von Weich-PVC-Folien. Gegenüberstellung von Oberflächenprofilaufnahmen (*A*), Durchlicht- (*B*) und Auflicht- (*C*) Mikrofotos und Mikrofoto von Dünnschnitten. Folie PVC/DOP 70/30; A = 10fach überhöht

In der *Abb. 21* ist in einer Gegenüberstellung von Oberflächenprofilaufnahmen und Mikrofotografien auch von Dünnschnitten versucht, den komplexen Verlauf der Abbauphänomene der Weich-PVC-Folien zu demonstrieren.

I. R. Darby und P. R. Graham [37] haben bei der Bewitterung von PVC aus amerikanischen Fabrikationsstätten festgestellt, daß diese dunkelbraunen Stippen

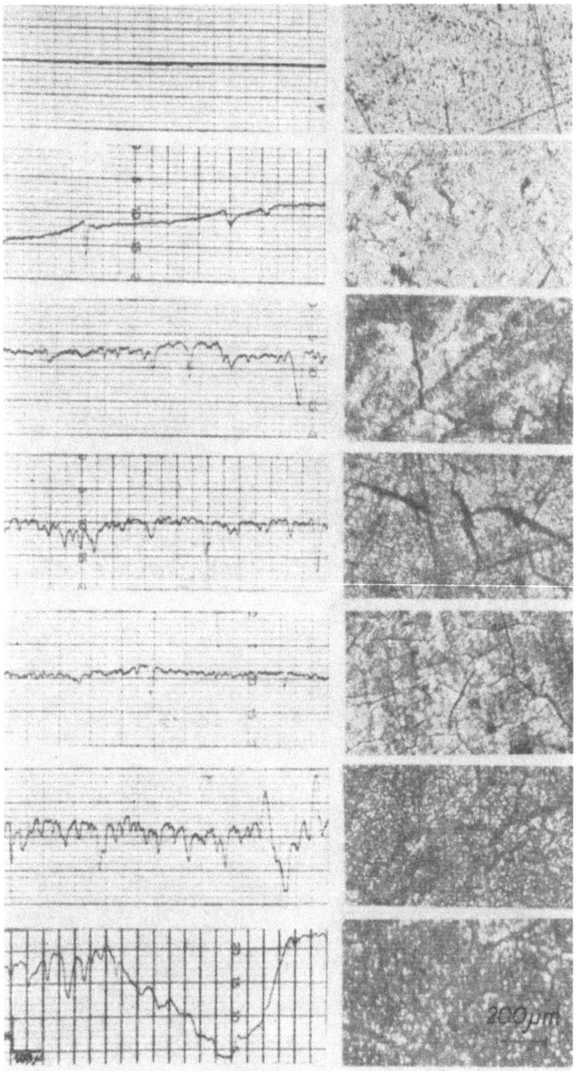

1: ungealtert

2: 4 Monate in Wustrow gealtert

3: 15 Monate in Wustrow gealtert

4: 24 Monate in Wustrow gealtert

5: 23 Monate in Oberhof gealtert

6: 25 Monate in Leipzig gealtert

7: 43 Monate in Wustrow gealtert

Abb. 22. Gegenüberstellung der Oberflächen-Profilaufnahmen in 20facher Überhöhung und von Auflicht-Mikrofotos in 53facher Vergrößerung von bewitterten Polycaprolactam-Spritzplatten (3 mm)

auch ohne völligen Verlust der mechanischen Eigenschaften auftreten können, vornehmlich an dicken Filmen mit einer hohen Konzentration an Weichmacher — 2-Aethylhexyl-di-phenyl-phosphat.

Beim Polycaprolactam haben wir an Spritzguß-Platten die Rißbildung infolge oberflächlicher Abbauerscheinungen schon nach vier Monaten beobachtet und

Tabelle 12

Rauhigkeitsdaten zur Charakterisierung der Alterung von PVC-W-Folien (70/30 Phthalat)

Bewitterungsort u. -dauer	R_a µm	R_p µm	R_t µm
ungealtert	0,8	1,5	5,0
Leipzig 10 Mon.	0,9	3,5	6,0
Thüringer Wald 9 Mon.	1,2	3,5	8,0
Thüringer Wald 44 Mon.	4,6	> 20	> 40
Ostseeküste 8 Mon.	0,75	3,0	6,0
Ostseeküste 23 Mon.	2,0	7	27
Ostseeküste 35 Mon.	4,6	> 20	> 40

über die Rauhtiefe vermessen. Aus *Tab. 13* ist nicht nur die Zeitabhängigkeit der Rißbildung unter dem Einfluß des Klimas der Ostseeküste zu entnehmen, sondern wir erhalten auch eine Vergleichsmöglichkheit der Wirksamkeit unserer 3 in der DDR gelegenen Prüfstationen. Bei etwa gleicher Bewitterungsdauer ist in Leipzig die stärkste Rißbildung zu beobachten. Die sich in der Industrieatmosphäre ausbildende Schmutzschicht wirkt hier offenbar nicht als Schutz, sondern sie fördert die Hydrophilie des Polycaprolactams und über den erleichterten Wassereintritt die Vertiefung der Risse. Die an der Ostseeküste und im Thüringer Wald bewitterten Prüfkörper sind sauberer, die Rißtiefe ist in dieser Reihenfolge kleiner.

In *Abb. 22* sind Oberflächen-Profilaufnahmen und Auflicht-Mikrofotos des Polycaprolactams gegenübergestellt. B. Doležel [88] beobachtete nach ca. 8 Monaten die ersten Risse auf Polycaprolactam-Formstoffen auf der Ober- und Unterseite.

Tabelle 13

Rauhigkeitsdaten zur Charakterisierung der bewitterten Oberflächen von Polycaprolactam-Spritzplatten

Bewitterungsort u. -dauer	R_a µm	R_p µm	R_t µm
ungealtert	0,08	0,4	0,6
an Ostseeküste gealtert			
1 Mon.	0,1	0,4	0,6
2 Mon.	0,1	0,3	0,8
4 Mon.	0,2	0,8	3,8
15 Mon.	0,5	1,3	8,2
23 Mon.	0,8	3,2	11,0
24 Mon.	1,4	3,5	16,5
43 Mon.	5,0	16,5	40,0
in Thüringen gealtert			
23 Mon.	1,1	1,7	4,7
in Leipzig gealtert			
25 Mon.	2,0	9,0	24,0

Nach den Untersuchungen von P. Dubois [12] können bei der Bewitterung von Duroplasten die jahreszeitliche und tägliche Temperaturschwankungen in Abhängigkeit von dem Farbton und der direkten Sonneneinstrahlung Werte bis zu 40° erreichen. Auch ohne spezielle Kenntnisse der Einwirkung der UV-Strahlung auf die Preßhäute der Duroplaste sind dennoch schon aus diesen Temperaturschwankungen bei 100 mm langen Formstoffen Längenveränderungen von 0,1 bis 0,3 mm zu erwarten, die bei schockartigen Temperaturunterschieden durchaus zu Rissen führen können. Gemeinsam mit R. Thater [13] und W. Nattermüller haben wir an den mit nachstehenden Herstellungsbedingungen erhaltenen Duroplast-Preßplatten nach 5 und 10 Jahren Bewitterung auf unseren 3 Prüfstationen neben der visuellen Beurteilung der Oberfläche die Rauhtiefen mit dem Oberflächenprüfgerät nach Schmaltz ermittelt.

Das zur Verpressung benutzte Werkzeug hatte verchromte, hochglanzpolierte Flächen, die allen Plattenoberflächen unabhängig von der Harzart Rauhtiefen < 1 µm übermittelten.

Die Rauhtiefen der bewitterten Platten als Durchschnittswerte von je 12 Einzelmessungen charakterisieren die Unebenheiten der neuen, unterhalb der zerstörten Preßhaut gebildeten Schichten aus dem jeweiligen Harz-Füllstoff-Gemisch. Der

Tabelle 14.
Rauhtiefenmessungen an bis zu 10 Jahren bewitterten Duroplast-Preßplatten

Formstoff	Füllstoff	Rauhtiefe in µm bewitterte Plattenseite		Plattenrückseite	
		5 Jahre	10 Jahre	5 Jahre	10 Jahre
Typ 30	Holzmehl				
	0,25 grob	52,7	52···76	4,7	8···12
Typ 31	dto.				
	0,20 mittelfein	30,2	34···48	1,7	8,5
Typ 31.89	dto.				
	0,16 fein	12,4	35···41	1,6	6,9
Dicyandiamid					
NN	Holzmehl	38,7	55···82	1,8	17···18
NNT	0,20 mittelfein	—	42···58	—	11···17
BIS		27,4	37	2,8	11
RX		29,0	41···49	2,3	10···12
Melaminharz 001 Typ 152	Zellstoff-Fasern	4,3	11···19	1,4	5···8
Melaminharz (Sonderharze)	Gesteinsmehl	10,6	—	< 1	
Phenolharz Hgw.		—	35		12
Phenolharz, kautschukmodifiziert		—	41		18

Vergleich der Rauhtiefen nach der 10jährigen Bewitterung mit den Werten nach 5 Jahren entspricht den Erwartungen. Durch ständig weiteres Herauslösen von Harzteilchen sowie durch zunehmende Rißbildung vergrößert sich die Oberflächenunebenheit.

In der Tab. *14* haben wir auch die Werte der Plattenrückseite, die also nur „*indirekt*" bewittert wurde, mit aufgenommen.

Füllstoff-Durchdringung, Oberflächengestalt der Füllstoff-Teilchen und die durch Bindemittelauswaschung entstehenden Lücken, von denen viele Mikrorisse ausgehen, bilden zusammen die Rauhigkeit.

Von der chemischen Zusammensetzung aus ist der Melamin-Harz-Formstoff Typ 152 weitaus am beständigsten; seine Rauhigkeit ist auch nach 10 Jahren Bewitterung noch immer geringer als die aller anderen Preßplatten nach 5 Jahren Bewitterung. Duroplast-Formstoffe mit rauheren Oberflächen erweisen sich als besonders anfällig.

Nach der Rauhtiefe beurteilt fällt die Beständigkeit der Oberfläche über die Phenolharz-Preßplatten, Dicyandiamid-Formstoffe zu den unbeständigsten kautschukmodifizierten Phenolharz-Platten ab.

Abb. 23 veranschaulicht die Veränderung der Oberflächen von Dicyandiamid-Preßplatte NN vor und nach 10jähriger Bewitterung.

H. Stäger [31] beobachtet die Bildung von Haarrissen bei Harnstoff + Thioharnstoff-Cellulosefaser-Formstoff nach 6···9jähriger Bewitterung. Bei gleichzeitiger Biegebeanspruchung bilden sie sich quer dazu aus.

Prüfplatten aus Epoxyharzen verschiedener Kondensationsführung und unter variierten Härtungsbedingungen hergestellt, zeigen nach 3 Jahren keine Rißbildung an der bewitterten Oberfläche, deren Glanz im allgemeinen bereits nach

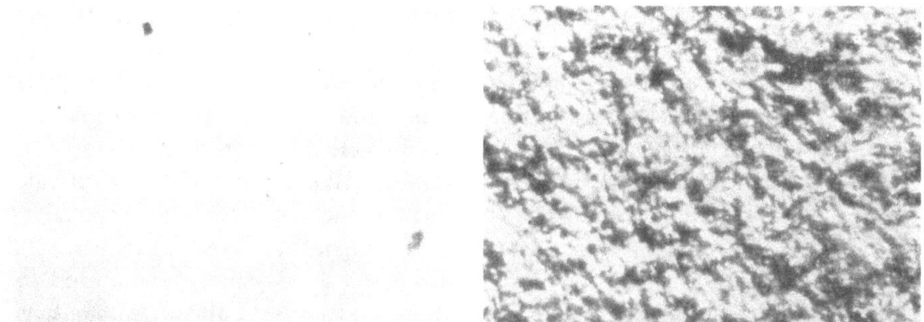

Abb. 23. Oberflächenansicht von Dicyandiamid-Preßplatten vor und nach 10jähriger Bewitterung

Tabelle 15

Herstellungsbedingungen der Duroplast-Preßplatten

Formstoff	Füllstoff	Verarbeitungsbedingungen Druck [kp/cm²]	Temp. [°C]	Preßzeit [min]	Bemerkungen
Phenolpast-preßmassen	Holzmehl	300	165	5	ohne Vorwärmung sowie mit
	Textil-schnitzel	450	165	5	Vorwärmung ($^1/_2$ h bei 80°C)
Dicyandiamid-preßmassen	Holzmehl oder Zellstoff	300	165	5	
Melaminharz-preßmassen	Zellstoff	300	155	5	

einigen Wochen verlorengegangen ist. Hierbei sind auch Verfärbungen und Kreidungserscheinungen verschiedentlich beobachtet worden.

Während die Bewitterungsfolge „*Rißbildung*" sofort mit dem Auge wahrnehmbar ist, handelt es sich bei der Erscheinung des „*Sprödbruches*" um latente Schäden an äußerlich, zwar oft im Farbton abweichenden, aber sonst durchaus intakt erscheinenden Stellen eines Plastformstoffes. Für ihn ist charakteristisch, daß diese Stelle beim *einmaligen* Anknicken von Hand bzw. beim Schneiden mit der Schere oder durch ähnliche mechanische Beanspruchung, beispielsweise durch Anlegen einer Leiter an eine PVC-Dachrinne, sofort splitternd bricht.

Abb. 24 veranschaulicht dies an einer 1,5 mm dicken kaschierten PVC-Platte nach 9jähriger Bewitterung als Dachabdeckung.
Es sprechen alle Erfahrungen dafür, daß diese Eigenschaft des Sprödbruches einen Regelfall bei PVC-Formstoffen weitgehend unabhängig von sekundärer Nachverformung z. B. einer Folie zur Dachrinne oder zum Regenfallrohr darstellt, wobei offenbar auch eine zusätzliche Stabilitätsverbesserung des sodahaltigen Em-PVC durch Harnstoffderivate sich nicht verzögernd auswirkt.

Sehr instruktiv konnten wir [14] den Einfluß der Exposition auf dem Prüfstand aus der Lage zur Himmelsrichtung, Inklination und den Montagebedingungen nachweisen. Die senkrecht montierten Regenfallrohre in N—NW—W- sogar in O—SO—S-Richtung zeigten den Sprödbruch nach 4···6 Jahren; die unter 45° nach Süden exponierten PVC-Platten, auf Holzgestellen über Luftpolster montiert, bereits nach 18 Monaten.

Der „*Sprödbruch*" läßt sich als Folge topochemischer Abbau-Reaktionen verstehen. Wir beobachten stets einen Übergang von noch vollständig erhaltener Flexibilität der 1 mm starken PVC-H-Folien zu einer totalen Sprödbrüchigkeit über ein Zwischenstadium des Nebeneinanderbestehens von flexiblen und sprödbrüchigen Bereichen. Bei etwas dickeren durch Kaschieren erhaltenen PVC-Platten zeigt sich der Sprödbruch als schollenförmiges Aufbrechen und charak-

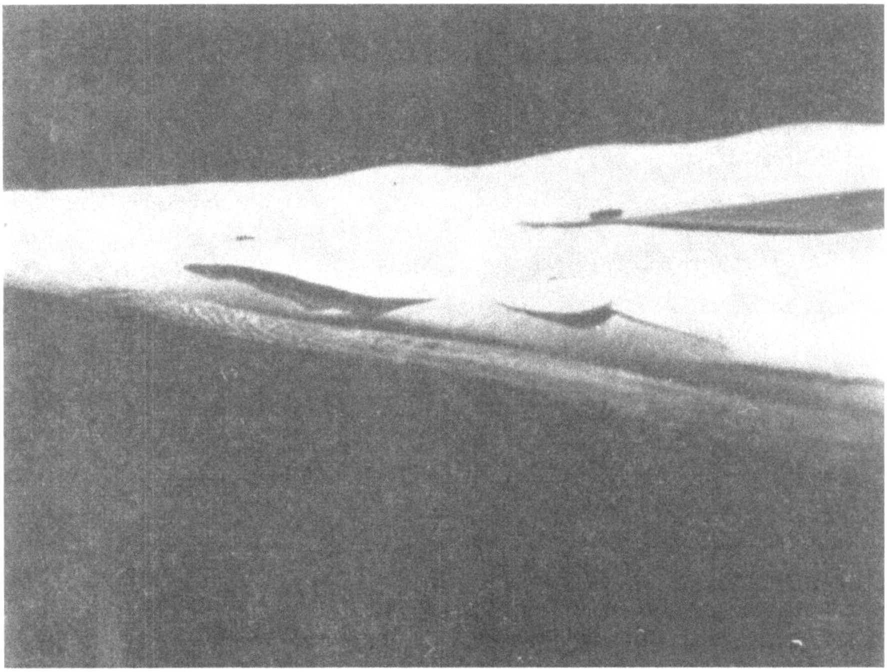

Abb. 24. Demonstration eines Sprödbruches an PVC-H-Platten nach 9jähriger Bewitterung als Dachabdeckung

terisiert lokale Unterschiede in der Güte der Kaschiertechnologie (siehe hierzu *Abb. 25*).

Ähnliche Erscheinungen werden auch bei schlechter Ausführung von Verklebungen von PVC-Formstoffen miteinander beobachtet (siehe später unten).

Der Beginn des durch den „*Sprödbruch*" phänomenologisch gekennzeichneten Zustandes der Alterung fällt etwa mit dem Ausbleiben der „*Zugfestigkeit*" in der Zug-Dehnungskurve zusammen. Er ist weiter durch eine Reihe anderer chemischer wie physikalisch-chemischer Analysendaten gekennzeichnet. Beispielsweise ist der Chlorgehalt solcher Zonen auf 51···50% Cl erniedrigt; die thermische Stabilität bei 180 °C beträgt nur noch $27{,}5 \pm 2{,}5$ min. gegenüber $38 \pm 2{,}8$ min. beim schrankgelagerten Vergleichsmaterial; die Lösungsviskosität ist $\eta = 0{,}905 \pm 0{,}006$ cp gegenüber $0{,}930 \pm 0{,}014$ cp bei der flexibel gebliebenen Nachbarzone. Der „*Sprödbruch*" ist immer in all den Fällen nicht beobachtet, wo eine direkte Sonnenbestahlung nicht erfolgen konnte, z. B. an der unteren PVC-Folie bei einer überlappt verlegten PVC-Folien-Dachhaut oder an dem im Erdboden (Sand) befindlichen Teil der Regenfallrohre.

Die Dynamik des Regenfalls bzw. der Hagelkörner ist oft so groß, daß transparente Polyamid- oder PVC-W-Folien verschiedenen Weichmachergehalts spontan unter Bildung von bis zu mehreren cm großen Löchern zerstört werden.

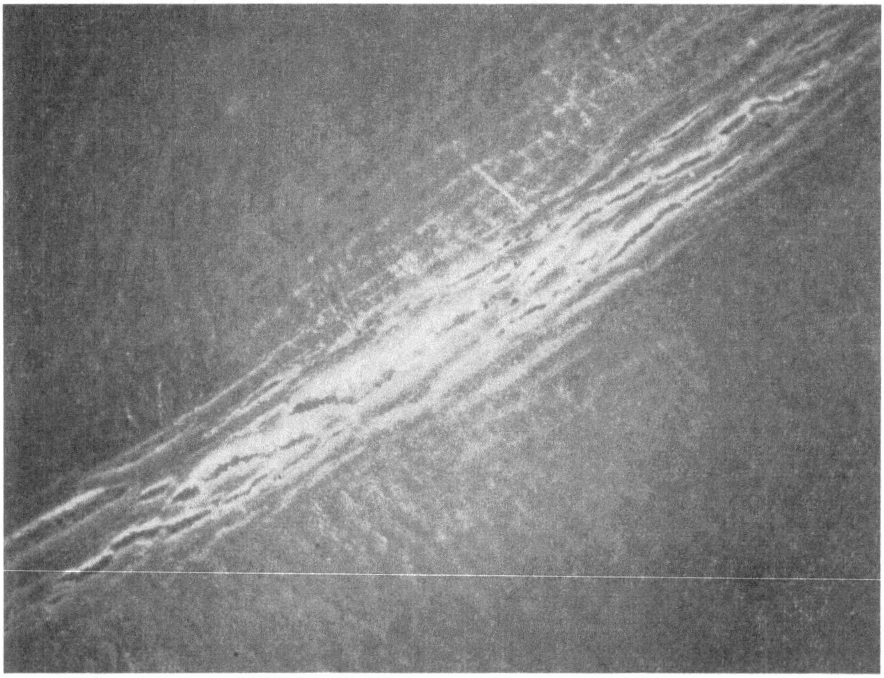

Abb. 25. Sprödbruch mit schollenförmigem Aufblättern von kaschierten Hart-PVC-Platten.

Die meist sofort wahrnehmbaren Veränderungen des Farbtones des bewitterten Plastformstoffes können nur als ein orientierendes Charakteristikum für den Alterungsvorgang bewertet werden. Die im einzelnen auftretenden Farbtöne folgen natürlich den allgemeinen optischen Gesetzen der Strahlenabsorption und der Komplementärfarben.

Nach L. B. Weisfeld und Mitarb. [22] ist die Verfärbung in großen Zügen den eingestrahlten Langleys proportional, d. h. also daß ein geringer Unterschied in der Farbtonentwicklung mit der geographischen Umgebung zu erwarten ist.

Das haben auch L. Adamirova und B. Doležel [8] neuerdings am Blockpolystyrol nachgewiesen. Der Vergilbungsindex steigt stärker auf der Prüfstation an, die die höhere Sonneneinstrahlung bei höherer Durchschnittstemperatur hat.

Die oft gleichzeitig mit der Farbton-Veränderung zu beachtende Opazität schließt die Einwirkung von Feuchtigkeit auf den Plastformstoff ein. Bei Celluloseacetat-Massen mit 20% Weichmacher ist auch im arktischen Klima die Eintrübung sehr stark [72]. Im allgemeinen kann die Farbton-Änderung als ein Indikator für tiefergehende Veränderungen anderer physikalischer wie chemischer Eigenschaften bewertet werden.

Während ein transparent farbloses Hart-PVC, mit Thermostabilisatoren und Gleitmitteln verwalzt, im Sonnenschatten auch nach 5 Jahren Expositionszeit seine Transparenz behält und keine merkliche Vergilbung zeigt, setzt diese nach den Beobachtungen von M. I. BOST [23] ohne diese Vorsichtsmaßnahme plötzlich nach 6 Mon. ein. Sie nimmt innerhalb des ersten Bewitterungsjahres nur wenig zu, aber nach 2 Jahren ist dann eine starke Bräunung sichtbar.

An einer Reihe von Gegenständen aus Hart-PVC, beispielsweise an Dachrinnen, Dachabdeckungen, Regenfallrohren, haben wir in deutlicher Abhängigkeit von der Himmelsrichtung der montierten Gegenstände und dem damit gegebenen optimalen Einfallswinkel der *Sonnenstrahlung* eine Reihe von Farbton-Abstufungen beobachtet. Neben den schon genannten Vergilbungen und ihren Intensivierungen treten hier auch deutliche Ausbleicheffekte auf. Letztere beobachteten wir an Stellen, die diffusem Licht bei der Mittagshöhe der Sonne oder einer Direktbestrahlung bei niedrigem Sonnenstand ausgesetzt sind.

Aus Remissionsmessungen an den einzelnen Folien eines 5schichtigen Folienpaketes (Hart-PVC) wissen wir [24], daß in erster Linie die „*Deckschichten*" sich verfärben. Wir sehen die Ursache hierfür in der recht erheblichen Absorption der UV-Strahlung bei $\lambda = 350$ nm.

Das meist als Film verwendete Polyvinylidenchlorid zeigt beim Altern unter Sonnenstrahlung nur eine leichte Tendenz zum Dunklerwerden.

Bisher sind keine Verfärbungen an Formstoffen aus reinem Polymethylmethacrylat auch nach jahrelanger Bewitterung beobachtet. Diese Eigenschaft bleibt auch bei Mischpolymerisaten des Methylmethacrylats z. B. mit α-Methyl-styrol (3:1 als Monomere) erhalten [25].

Die von E. W. RUSSELL [34] mitgeteilte Vergilbung des PMMA bei tropischen Beanspruchungen möchten wir auf Verunreinigungen im Polymethacrylat zurückführen.

S. E. YUSTIN u. a. [36] sahen eine „*sehr leichte Gelbfärbung*" bei Formstoffen im feucht-warmen Klima der mittleren Breitengrade mit Industrieatmosphäre. Ebenso zeigen die Allyl-Polymeren nach 12 Monaten Bewitterung keinen äußerlich auffallenden Befund.

Polycarbonat-Folien vergilben wegen ihrer Wirksamkeit als UV-Absorber sehr schnell im Sonnenlicht, die Oberfläche wird außerdem ständig matter.

Auch Spritzformstoffe aus Polyoxymethylen werden schnell gelb, matt und kreiden.

I. B. KUSNEZOWA [26] hat am Polyamidfilm eine Zerstörung eines anfangs vorhandenen gelben Farbtons im direkten Sonnenlicht beobachtet, während er sich im Schatten ca. 113 Tage hält. Sie betont die ausschließliche Alterung durch das Licht und bestätigt gleichzeitig die Plastifizierung durch die Feuchtigkeit.

Bei der Bewitterung von Polyestern unter solchen Bedingungen, daß lediglich die Sonnenstrahlen auf die in Sauerstoff oder Stickstoff-Atmosphäre befindlichen Prüfkörper treffen, beobachten V. E. GRAY und I. R. WRIGHT [104] eine erheblich stärkere Vergilbung der unter Stickstoff befindlichen Polyester. Die Photooxydation bleibt offenbar aus, wie das auch aus der Anwendung der Reaktion mit Dimethyl-p-Phenylen-Diamin hervorgeht. Hierbei werden für diese Prüfkörper (2×7 cm) nur 0,046 mg Diamin/Prüfkörper und für diejenigen unter Sauerstoff 0,433 mg verbraucht.

Die Vergilbung wird also nicht ausschließlich den Lichtabbau anzeigen.

UP-Formstoffe vergilben bei Benutzung von Styrol stets sogar im subarktischen wie arktischen Gebiet unabhängig von der verarbeiteten Dicarbonsäure.

In weitgehender Übereinstimmung der zahlreichen Beobachtungen an Aminoplasten kann die Verfärbung als eine allgemeine Folge der Bewitterung, vornehmlich unter tropischen Bedingungen, gelten.

Bei Epoxyharzen ist das Urteil noch nicht einheitlich. Die nach 6···12 Monaten auftretenden Verfärbungen gehen von einem leichten Dunkelwerden bis zu tiefdunklen Braunfärbungen. Neben Glanzverlusten sind hier oft auch Abkreidungen festzustellen.

Transparente Phenolharzformstoffe sind meist leicht gefärbt. Beim Bewittern werden sowohl Ausbleichungen wie Farbvertiefungen beobachtet. Die Verfärbung ist nach braungelb am stärksten im tropischen Klima, während im ariden Klima sie kaum von Yustin beobachtet wurde. Ausgangsmaterialien, Reaktionsführung und Qualität der Reaktionsgefäße kommen hierbei zur Auswirkung.

Fluorhaltige Polymere zeigen beim Bewittern auch nach 15 Jahren keine sichtbaren Farbton-Veränderungen.

Die Weichmacher als unabdingbaren Bestandteil enthaltenden Formstoffe aus Celluloseestern oder -äthern, sowie aus PVC verfärben sich beim Einwirken des Sonnenlichts in mit der Bestrahlungsdauer steigender Intensität.

Eine der sehr leicht visuell erkennbaren Bewitterungsfolgen von Em-PVC-H-Formstoffen ist das Auftreten eines relativ festhaftenden weißen Belages auf der bewitterten Oberfläche. Nach unseren Untersuchungen [27] bildet er sich als Folge der komplexen Einwirkung der UV-Einstrahlungsintensität mit dem Regenwasser. Die für diese Untersuchungen eingesetzten Folien oder Platten enthalten grundsätzlich keine Lichtstabilisatoren. Sie sind teilweise mit Thermostabilisatoren (Harnstoff (*H*), Monophenylharnstoff (*VH*) oder Gemisch aus Monophenylharnstoff und Diphenylharnstoff) verarbeitet.

Bezüglich der visuellen Beurteilung des Zeitpunktes der Belagsbildung konnte in der graphischen Darstellung (*Abb. 26*) nur die erste belagzeigende wie auch die letzte belagfreie Probe ausgewertet werden.

Auf der Prüfstation in Leipzig ist der Zeitpunkt des Belagseintritts etwas fraglich, da sich mit dem Belag auch gleichzeitig eine Schmutzschicht ablagert. Jedenfalls läßt sich aber ableiten, daß die Bewitterung auf dem Prüfstand an der Ostseeküste bezüglich der Charakterisierung der Belagsbildung am wirksamsten ist.

Er wird nur noch von der Prüfstation in Kanton übertroffen (Tab. 16). Nach den Angaben von G. Simon [71] tritt im Sauerland die erste Belagsbildung nach 8 Monaten und in Singapore nach etwa 3 Monaten ein. Sie verläuft im tropischen Klima dann mit etwa doppelter Geschwindigkeit weiter.

Einem zunächst zonenweisen Auftreten folgt mit wechselnder Geschwindigkeit schließlich eine Ausdehnung über die Gesamtfläche des Formstoffes. Bei der Untersuchung über die Belagbildung von den klimatischen Bedingungen ergab sich zunächst, daß die Gestalt des Formstoffs ohne Einfluß bleibt. Wir finden ihn

Abb. 26. Abhängigkeit des visuell erkennbaren Zeitpunktes der Belagbildung von der Foliencharge auf den Prüfstationen der DDR

	Dicke [mm]	Stabilisator	Farbton	PVC
naturell bzw. ungefärbt	0,6		braun	F
	0,6	M	gelb	F
	1		rotbraun	F
	1		rotbraun	F
	1		rotbraun	F
	0,3	M	gelblich	F
	0,3	M	gelblich	F
	0,3	M	orange	F
	0,3	M	orange	F
	0,6	M	gelblich	F
	1		braun	F
	1	H	orange	F
	1	H	orange	F
	1	VH	braun	F
	1	VH	braun	F
eingefärbt	0,6	H	gelblich	G
	0,6	VH	blau	G
	1	H	orange	F
	1	VH	braun	F
	0,6	VH	grün	F
	1	H	rot	G

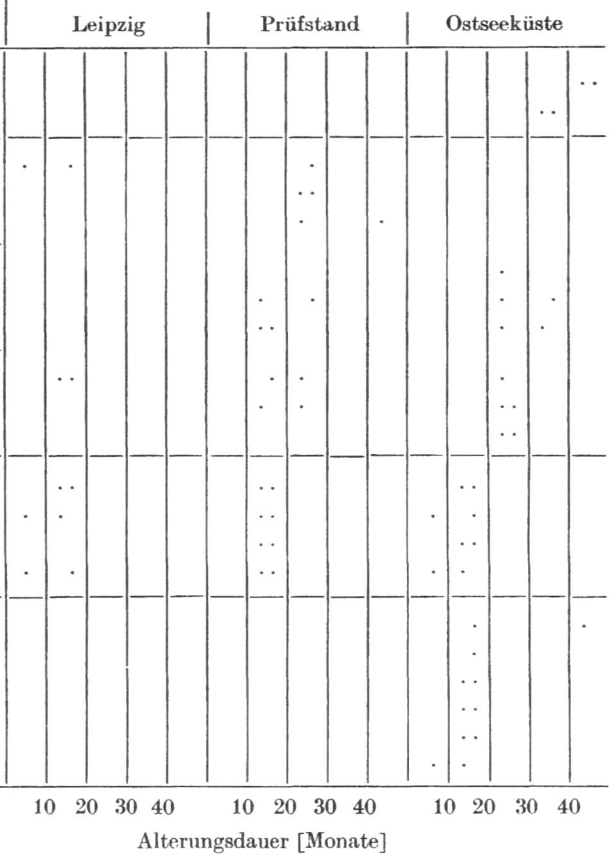

Tabelle 16
Belagbildung auf ausländischen Prüfständen

Prüfstand	Dicke [mm]	Stabilisator	Farbton	PVC	letzte belagfreie Probe [Monate]	letzte belagtragende Probe [Monate]
rumänische Karpaten	0,6	*HV*	grün	F	–	18
Schwarzmeerküste	0,6	*VH*	grün	F	–	26
Schanghai	1	*H*	orange	F	–	29
Adriatische	0,3	*Misch*	gelblich	F	8	24
Meer-Küste	1	*H*	orange	F	8	22
	0,6	*VH*	blau	F	10	22
	0,6	*VH*	grün	F	8	8
Kanton	0,6	*Misch*	gelblich	F	6	12
	0,3	*Misch*	orange	F	6	12
	1	*H*	orange	F	6	12
	1	*VH*	braun	F	6	12
	1	*VH*	braun	F	6	12
	1	*H*	rot	G	6	?
	0,6	*VH*	grün	F	6	?
Plattensee	1		dkl.-orange	F	?	21
	1,5		dkl.-orange	F	?	12
	3		dkl.-orange	F	?	12
	4		rotbraun	F	?	21

sowohl auf ebenen wie gewellten Platten, auf zu Rinnen sekundär thermoplastisch verformten Folien, sowie auf PVC-Leitungsrohren für Wasser. Hinsichtlich der Einordnung in die Himmelsrichtung hat sich sowohl bei den Rohren wie auch bei den als Außenwandverkleidung verwendeten PVC-H-Platten eine maximale Belagsstärke bei Ausrichtung gegen SO ergeben. Bei den in N—S-Richtung aufgestellten Rohren ist das nach Süden gerichtete Rohr am stärksten mit diesem Belag versehen. Er ist an den übrigen Rohren wesentlich weniger intensiv, wobei die 9 Einzelrohre auf ihrer Außenfläche auch verschieden stark „*verwittert*“ erscheinen. Der Belag findet sich auch auf der oberen Schnittkante und in dem dazu gehörenden Rohrmund, soweit eine Lichteinstrahlung möglich war. (*Abb. 27*).

Für die Abhängigkeit der Belagintensität und -häufigkeit auf den Außenwand-Verkleidungsplatten aus Hart-PVC von der Einwirkung der Witterungselemente hat G. v. Hintzenstern folgende Analyse erarbeitet (Tab. 17).

Zur Illustration dient die *Abb. 28*, auf der die Hüttenaußenwände mit der stärksten und der geringsten Belagsbildung aufgezeigt sind.

Der Einfluß der Einstrahlungslage wird auch bei den als Dachbelag verwendeten PVC-Platten, die in ca. 20° gegen die Horizontale geneigt mit dem First in Ost-

West-Richtung befestigt sind, bestätigt, indem die Belagbildung zuerst auf der südlichen Dachhälfte beginnt.

Der Unterschied der Belagsbildungsgeschwindigkeit zwischen der Montage auf der Süd- und Nordseite ist bei senkrechtem Einbau also erheblich.

Abb. 27. Belagsbildung auf Hart-PVC-Rohren aufgestellt in N-S-Richtung, Rohr 1 in S., mit maximalem Belag gegen SO

Tabelle 17

Analyse der Belagsintensität und -häufigkeit unter qualitativer Berücksichtigung der einwirkenden Wetterelemente

Wetterelement	Himmelsrichtung SO	SW Südwand	NW	NO Nordwand	Lufttemp. °C
Sonne	mäßig	viel	gering	meist diffus	—
Regen	wenig	viel	viel	kaum	
Wind	selten	mittel	viel	selten schwach	
Temp. °C	Belagzone 30°	—	—	—	18°
	ohne Belag	40°			
Dachschatten	am kleinsten	mittel	klein	breit	
Stärke des Belages	++++	+++	+ nur Nägel	++	
Häufigkeit	relativ gleichmäßig	ungleich-mäßig		gleich-mäßig	
Luftpolster in cm	3,8	8,6	6,5	8,6	

Wir konnten auch klarstellen, daß ausgesprochene Dämmstoffe (Holz, normales Luftkissen) bei optimaler Einstrahlung und Absorption im Extremfall durch Wärmestau im PVC die Alterungsgeschwindigkeit heraufsetzen, und es zu keinem Belag wohl aber zu tiefergreifenden Verfärbungen kommt. Bei direkter Metall-

Abb. 28. Belagsbildung auf Hart-PVC-Em-Platten bei ihrer Verwendung als Hüttenaußenwand-Verkleidung

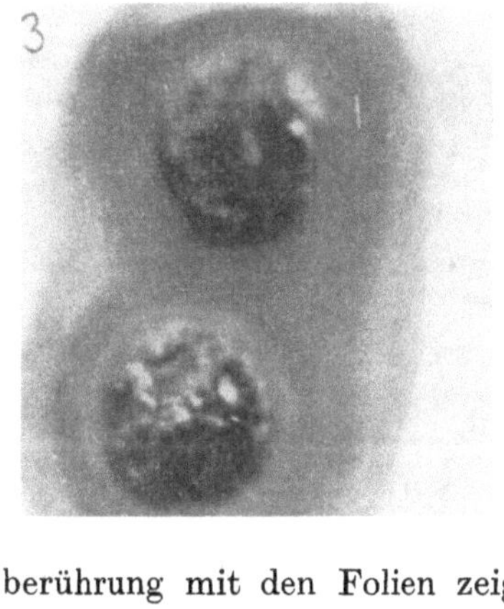

Abb. 29. Zersetzungszonen um Befestigungs-Nägelköpfe auf PVC-Hart-Platten. Bewitterungsrichtung SW, senkrechte Anordnung

berührung mit den Folien zeigen sich stärkere Belagbildungen. Insbesondere Eisen, in Form der Befestigungsnägel, beschleunigt die Belagsbildungen.

Um den Nagelkopf erkennt man ringförmige, verschiedenfarbige Zonen. Belagbildung ist in diesen Bereichen erst in einiger Entfernung vom Nagelkopf zu beobachten. In vielen Fällen zieht sich die oberhalb des Nagelkopfes ebenfalls kreisförmige Belagzone unterhalb desselben schweifartig in die Folienfläche hinein. *Abb. 29* illustriert dies; sie ist ein Ausschnitt aus einer nach SW orientierten Hart-PVC-Em-Platte.

Den weißlichen Belag konnte H. v. Hintzenstern [27] als hemikolloide PVC-Abbau-Produkte vom ungefähren Molgew. 10000 identifizieren. (Einzelheiten siehe unten S. 123).

Die Belagbildung charakterisiert ein mittleres Alterungsstadium des Em-Hart-PVC-Formstoffes; die Schädigung des PVC-Formstoffes schränkt seine normale Verwendung kaum ein.

Die Belagbildung kommt im Verlaufe der Bewitterung zum Stillstand; er wirkt in einem gewissen Umfange abschirmend, indem die wirksamen UV-Lichtstrahlen von ihm weitgehend absorbiert werden. Der Belag läßt sich abkratzen, die Bildungszeitdauer betrug hier 60 Monate. Innerhalb des nächsten Jahres ist er an der Kratzstelle nachgebildet. Die Nachbildungsneigung ist offenbar umso größer, je kleiner die Bildungsgeschwindigkeit für den Primärbelag ist, wobei natürlich auch der Zeitpunkt der Abkratzung und damit Freilegung des Untergrundes sich auswirkt.

Gelegentlich treten auch beim PVC-W solche Belagbildungen auf. In einem Fall konnten wir [28] den Belag als ausgeschwitztes Benztriazol identifizieren.

An einer Polycaprolactamfolie zeigte sich bei der Bewitterung an der Ostseeküste schon nach einigen Wochen ein weißer kristalliner Belag, der sich leicht abwaschen läßt und vom Regen ausgewaschen wird. Er besteht nach M. Helmstedt [5] aus monomerem und oligomerem Caprolactam.

Die Tatsache der Abkratzbarkeit des weißlichen Belages auf den Oberflächen der PVC-Formstoffe läßt die Frage nach der *Eindringtiefe* der Bewitterungsfolgen entstehen.

Aus visuell erkennbaren Veränderungen der bewitterten Prüfkörper, wie etwa das Verblassen (Ausbleichen) des ursprünglichen braunroten Farbtones der Em-PVC-Folie („Eigenfarbe") konnte die Eindringtiefe bei 3 mm PVC-Platten fotografisch zu 0,5 mm von uns bestimmt werden. Zu einer gleichen Größenordnung — 0,5···0,8 mm — kommen G. O. Tatewosjan und Mitarb. [29].

Aus der umgekehrten Erscheinung des Auftretens von Verfärbungen an praktisch farblosen PVC-H wie W-Folien, die in Lagen bis zu 5 Folien dicht übereinander gelagert 7 Monate an der Ostseeküste bewittert wurden, ergab sich, daß stets nur die oberste Folie nach hellbraun, starkbraun oder rötlich bzw. bei den W-Folien nach sehr dunkelbraun verfärbt waren, während bereits die 3. Folie überwiegend unverändert, bis höchstens leicht braun verfärbt war. Die Dicken der ersten Folien waren beim PVC-H zwischen 0,06···0,50 mm variiert, beim Weich-PVC betrugen sie 0,20···0,25 mm. Mit der Verfärbung geht parallel eine Versprödung, die auch sehr leicht erkennbar ist. Es sind also die „Deckschichten" Träger der recht erheblichen Absorption der UV-Strahlung bei $\lambda = 350$ nm und damit des Bewitterungsabbaus. Hiermit ist die Mitteilung von W. Birnthaler und G. Falk [20], „*daß die Verfärbung von der Oberfläche ausgehend sehr weit in das Fell vorgedrungen ist*" präzisiert.

Jedoch scheint diese Schlußfolgerung nicht in jedem Falle zutreffend zu sein. Wir haben an einer Reihe von verschiedenfarbig durch Pigmente eingefärbten PVC-W-Folien beobachtet, daß die an der bewitterten Oberfläche einsetzende fotochemische Reaktion sich durch den Gesamtquerschnitt ca. 0,29 mm fortsetzt und in einer Verfärbung der Rückseite erkennbar wird.

Beispielsweise ist eine ursprünglich blaue Folie nach dem 2jährigen Bewittern auf der Rückseite braun, eine weiße rötlich geworden.

Demgegenüber stellen E. I. Kirollowa und Mitarb. [30] wiederum fest, daß die Fotooxydation der Mischpolymerisate des Styrols mit anderen Kohlenwasserstoffen bei 27° als Film nur bis zu einer Tiefe von 20 nm erfolgt.

Eine Unterstützung des visuellen Befundes erhält man durch Anfertigung von Dünnschnitten und Mikrofotografien. Wir [5] konnten hierbei erkennen, daß schon nach einjähriger Bewitterung an der Küste des Adriatischen Meeres eine ca. 1 mm dicke kaschierte Hart-PVC-Platte eine etwa 20 μm dicke, tiefdunkelbraun verfärbte Oberschicht aufweist. Aus ähnlichen Prüfkörpern, die auf anderen Prüfstationen Mitteleuropas bewittert waren, ergibt sich, daß die Eindrintiefe der Bewitterungsfaktoren auf die oberste, etwa 120 μm dicke Schicht beschränkt ist. Aus der *Abb. 30* ist auch die Dicke des oben diskutierten weißlichen Belags zu 10···15 μm abzuschätzen.

Durch die Anfertigung von Dünnschnitten erhielten wir auch Klarheit über die Eindringtiefe der Stippen in Weich-PVC-Folien. Sie sind über den Gesamtquerschnitt der Folien verteilt.

Die Herstellung der Dünnschnitte selbst mittels Mikrotoms bietet weiterhin nach den Erfahrungen von M. Helmstedt [5] eine Möglichkeit zur Abschätzung der Eindringtiefe. Beim Schneiden einer bewitterten Polycarbonatfolie war erkannt, daß nach 50 Monaten die Schädigung so stark war, daß die Folie bis etwa 100 μm Tiefe beim Schneiden einriß. Diese sekundäre Ausbildung von Rissen und Spalten geben also einen Anhaltspunkt für die Eindringtiefe. Jedoch ist es nicht berechtigt, die Rißtiefe von der Oberfläche her als ein direktes Maß für die Eindringtiefe der Bewitterung zu betrachten. Die Rißtiefe der PE-Prüfkörper von 30 μm ist sicher geringer als die Eindringtiefe.

Bei Formstoffen aus den klassischen Duroplasten kann bezüglich der Eindringtiefe der Bewitterung aus unseren 10jährigen Versuchsreihen nur die Schlußfolgerung gezogen werden, daß die Bewitterungsschäden auf die unmittelbar der Oberfläche angrenzende Schicht sich beschränkt. Unterhalb der Füllstoffteilchen in diesen Schichten befindliches Polykondensat liegt weitgehend schon in so geschützter Lage, daß visuell oder mit einfachen Handproben keine Lockerung des festen Zusammenhanges erkennbar wird. Zu der gleichen Auffassung kam H. Stäger [31], der eine größere Empfindlichkeit der Carbamidharz-Formstoffe gegenüber den Thermoplasten aus diesen mikroskopisch erkennbaren Oberflächenschäden ableitete.

Formstoffe aus Epoxyharzen zeigen nach einer 5jährigen Bewitterung bei mikroskopischer Beobachtung Netzwerke von Rissen als Folge der Erosion der exponierten Oberfläche. Hierbei bestätigt sich die auch mit anderen Meßmethoden

Abb. 30. Dünnschnitte durch 0,8 mm dicke kaschierte PVC-H-Em-Platten

a) 12 Monate am Adriatischen Meer bewitterte
b) 36 Monate am Plattensee bewitterte
c) 48 Monate im Thüringer Wald bewitterte
d) 49 Monate in Leipzig bewitterte
Vergrößerung 60fach
e = 640fach

gemachte Erfahrung, daß heißgehärtete Systeme viel widerstandsfähiger sind als bei Raumtemperatur gehärtete. Die Epoxyharz-Formstoffe mit der höchsten Verformungstemperatur sind am widerstandsfähigsten [108].

Seit dem Jahre **1944** etwa wird das Elektronenmikroskop zur Untersuchung von Anstrichfilm-Oberflächen und ihrer Veränderung durch die Bewitterung herangezogen [32].

Nach elektronenmikroskopischen Untersuchungen von S. B. TWISS und Mitarb. [33] ist eine frische Polymerenoberfläche glatt, die in Oberflächennähe befindlichen Pigmente sind vom Polymerenfilm bedeckt. Sie werden infolge Zerstörung dieses Filmes durch UV-Bestrahlung allmählich bloßgelegt.

Die in Ergänzung unserer visuellen und lichtmikroskopischen Beobachtungen gemachten elektronenmikroskopischen Aufnahmen von bewitterten Polyäthylen-Spritzstäben zeigen eine starke Feinerosion der Oberfläche auf. Sie wird mit bloßem Auge als zunehmende Mattierung der glatten Oberfläche erkennbar.

a) Auflicht 220fach vergrößert

Abb. 31a—c. Bewitterungsfolgen an ND-Polyäthylen-Spritzformstoffen; Vergleich lichtmikroskopischer und elektronenmikroskopischer Aufnahmen.

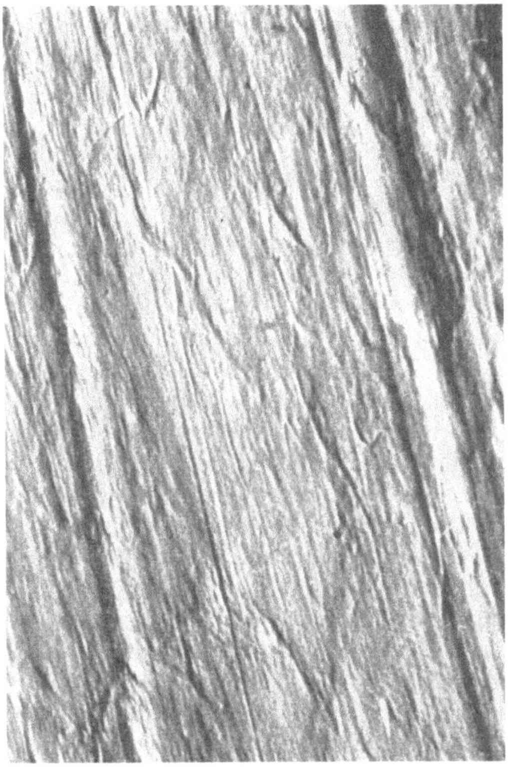

b) Elmi 9810fach vergrößert
nicht bewitterte Oberfläche

c) Elmi 10050fach vergrößert
nach 23 Monaten Bewitterung im Thüringer Wald

Die *Abb. 31* illustriert dies, wobei der Auflichtaufnahme mit dem Lichtmikroskop die Aufnahmen mit dem Elektronenmikroskop gegenübergestellt sind.

Die ursprünglich sichtbare Strukturierung des Matrizenabdruckes des Spritzwerkzeuges ist also weitgehend durch die Bewitterung zerstört.

4.2.2. Ergebnisse der Volumen- und Strukturalterung

4.2.2.1. Chemisch-analytische und physikalisch-chemische Ergebnisse

Von den mit chemisch-analytischen oder physikalisch-chemischen Meßmethoden oder der Kombination einiger derartiger Methoden miteinander erkennbaren Ergebnissen der Freibewitterung ist die Veränderung der Masse (Gewichtsänderung) und der Dichte bereits recht aufschlußreich.

Von den Klimafaktoren trägt mit oder ohne vorherige Initiierung der Abbaureaktion durch Licht und/oder Wärme in Gegenwart des Luftsauerstoffes der Wechsel der Feuchtigkeit dazu bei, daß die Plastformstoffe sie absorbieren, dadurch quellen oder auch austrocknen. Wasser und Wind können dann zum Wegführen von Abbauprodukten, beispielsweise oligomerer oder monomerer Polyamide bei den Polycaprolactamfolien führen.

Wir können uns nicht der Ansicht von P. Freire und Mitarb. [41] anschließen, daß der Einfluß von Wind im Zusammenhang mit Temperaturschwankungen auf den Alterungsverlauf nur sehr gering sei.

Nach R. S. Saur [38] vollzieht sich der gewichtsmäßig feststellbare photochemische Abbau von Cellulosenitrat in einer Hydrolyse zur Cellulose, die gleichzeitig unter Gasbildung oxydiert wird. Oxydationsmittel sind außer Luft auch das abgespaltene NO_2. Die gebildete Celluronsäure wird durch Regen und/oder Tau weggeführt. Die Plastoberfläche wird ständig für weiteren Abbau erneuert.

Bei den Formaldehyd als Reaktionspartner aufweisenden klassischen Duroplasten hat die Feuchtigkeit einen gewissen plastifizierenden Effekt, da Wasser ja als Aushärtungsreaktionsprodukt im Formstoff verbleibt. Bei dieser Gruppe sind also die Gewichtsverluste beim Bewittern in Abhängigkeit von der relativen Feuchtigkeit zu sehen. Je kleiner diese ist, desto größer ist der Gewichtsverlust durch Wasserverdunstung oder durch andere flüchtige Bestandteile. In feuchtwarmem Klima wird primär die Erosion den Masseverlust auslösen, als deren Folge eine veränderte, nunmehr der Bewitterung angebotene Oberfläche zu einer erhöhten Wasserabsorption führen kann. Jahreszeitliche bedingte Schwankungen sind nach C. H. Adams und I. R. Taylor [39] sowie nach eigenen Untersuchungen [13] in allen Klimazonen zu beobachten.

Die jährlichen prozentualen Masseverluste der duroplastischen Formstoffe sind nach R. Thater [13] auf Grund unserer bis zu 10 Jahren ausgedehnten Bewitterung deutlich konstitutionsbedingt und zeigen eine stetig jährlich schwach zunehmende Tendenz. Bei den Phenolharzen liegt die Abnahme bei maximal -3%; bei den Formstoffen aus Dicyandiamid bei -6% und beim Melamin-Typ 152 bei -1%.

Hinsichtlich der Auswirkung der Herstellungstechnologien bestätigt sich der Befund nach 5 Jahren: die aus vorgewärmten Preßmassen hergestellten Preßplatten haben flacher verlaufende Kurvenschwankungen.

Bei den thermoplastischen Plastformstoffen aus der Olefin- oder Vinyl- oder Acrylgruppe liegen die Quellen einer Massenänderung in der Hauptsache in den Verarbeitungshilfsstoffen*.

Ein ohne diese hergestellter Prüfkörper aus Polymethylmethacrylat zeigt während einer 10jährigen Bewitterung in Leipzig gleichbleibende absolute und relative Veränderungen. Ein tatsächlicher Masseverlust ist nicht eingetreten. Dies beweist aber gleichzeitig, daß keine mechanische Abrasion die bei den Duroplasten ermittelten Gewichtsabnahme ausgelöst hat.

C. H. Adams und R. Taylor [39] betrachten den innerhalb des 1. Jahres unabhängig vom Klima der Prüfstation auftretenden Gewichtsverlust des Polystyrols als innerhalb der Fehlergrenze liegend. Als Ursache eines späteren Gewichtsverlustes bis zu 2,6% werden Erosion und Verdampfung von Restmonomeren angesehen. Klimazonen mit hohem Regenfall und hoher IR-Strahlung verursachen diese Beträge, wobei im ariden Klima die Monomeren-Verdampfung überwiegt. Als Fakt muß zunächst der progressive Gewichtsverlust von Polyäthylen-Proben bei der Tropenbewitterung registriert werden [61].

Zur Frage eines evtl. Gewichtsverlustes infolge der Verringerung des Weichmachergehaltes in PVC-W-Folien während der Bewitterung unter verschiedenen Klimabedingungen — Ostseeküste, Mittelgebirge, Karpaten, Schwarzmeerküste — haben unsere allerdings nur integral über den Gesamtquerschnitt der Folien durchgeführten Analysen ergeben, daß keine so erheblichen Verluste eintreten, die zwar einen meßbaren Dehnungsrückgang, aber niemals eine Totalschädigung der Folie erklären würden. Mit Dioctylphthalat hergestellte Folien haben statt des Sollwertes von 20% nach 36 Monaten Bewitterung an der Ostseeküste noch 19,18%, wobei die Säurezahl von 1 auf maximal 30 gestiegen ist. In einem anderen System mit ursprünglich 33% Gesamt-WM aus 27 TKP + 6 DOP sind nach 20 Monaten Bewitterung im Mittelgebirge 30% Gesamtweichmacher vorhanden, wobei sich die Folie sehr stark mit braunen Stippen durchsetzt hat. Für dieses System ist das Klima der Ostseeküste ein wenig stärker korrosiv, so daß bereits nach 12 Monaten Bewitterung die Folie völlig braun war und der WM-Gehalt sich auf 29,6% erniedrigt hat.

Der Anstieg der Säurezahl ist bei einigen Prüfkörper-Extrakten minimal, in anderen Fällen sind Werte zwischen 10 und 40 mgKOH/g Extrakt gefunden.

In all diesen Fällen ist, wie stets bei analytischen Arbeiten, Diäthyläther als Extraktionsmittel verwendet worden. Die Anwendung der Methode der Extrahierbarkeit von Weichmachern aus PVC-Folien mittels Benzin, die zu Aussagen über die Bindefestigkeit der WM führt, auf bewitterte PVC Sp 80-Walzfolien 60/40 und 70/30 mit DOP oder Leuna ML oder TKP, zeigt nach knapp 8monatiger Be-

---

* Bei all diesen Ergebnis-Diskussionen bleiben natürlich Gewichtsverluste am Prüfkörper infolge Verlorengehens von Teilen davon außer Betracht.

witterung in Leipzig, daß unabhängig von WM-Art und -Dosierung sich eine erhebliche Abnahme der Extrahierbarkeit mit Benzin ergibt. In Beachtung des Ergebnisses, daß integral betrachtet kein merklicher Molekularabbau des PVC vorliegt, kann die somit nachgewiesene Bewegungshemmung des WM nur auf einer Strukturverdichtung der Folie infolge Umorientierung beruhen [40].

Bei PVC-Folien mit 40 und 50% WM wird die Oberfläche durch eine Wanderung an die bewitterte Oberfläche leicht klebrig. Regenerosion entfernt einen Teil dieses Weichmachers, so daß Verluste bis zu 10% des Weichmachers verständlich werden.

W. Birnthaler und G. Falk [20] kommen auf Grund einer indirekten Bestimmungsmethode auch zu der Auffassung, daß der Weichmachergehalt während der Bewitterung nicht abnimmt. Über die während der Bewitterung am Weichmacher sich abspielende chemische Veränderungen siehe S. 211 ff.

Eine nach 4jähriger Bewitterung auf unseren Prüfstationen von transparenten Epoxyharz-Platten durchgeführte Extraktion mit Aceton ergibt keinen Anhaltspunkt für eine Bildung niedermolekularer Anteile durch die Klimafaktoren.

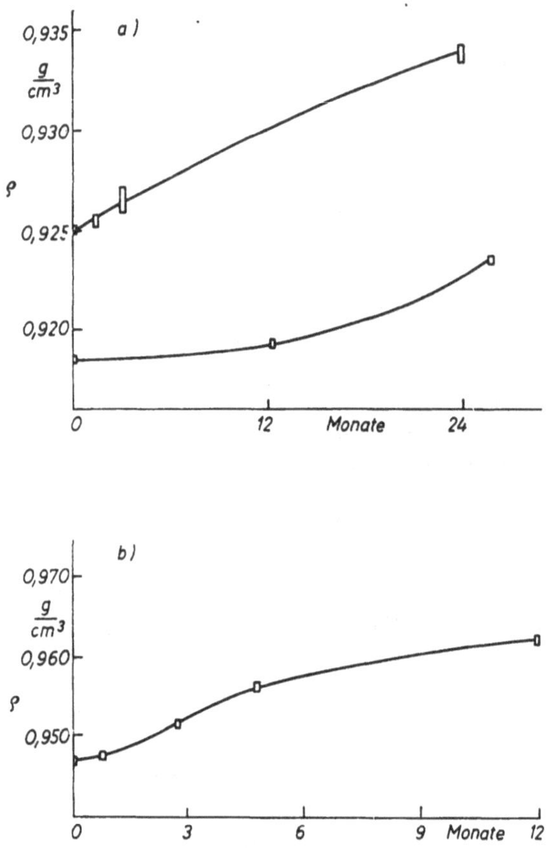

Abb. 32. Dichte-Anstieg von *a*) HD PE *b*) ND PE bei Bewitterung an der Ostseeküste

Wie M. HELMSTEDT [5] nachweisen konnte, erhöht sich die Dichte des Polyäthylens während der Bewitterung erheblich, wobei in den Sommermonaten der Anstieg stärker erfolgt, als in den folgenden Monaten (Prüfstation Ostseeküste, *Abb. 32*). An 4 mm dicken Prüfstäben haben wir durch schichtweise Abtragung zeigen können, daß die Dichten der Außenschichten relativ stärker erhöht werden (siehe *Abb. 33*).

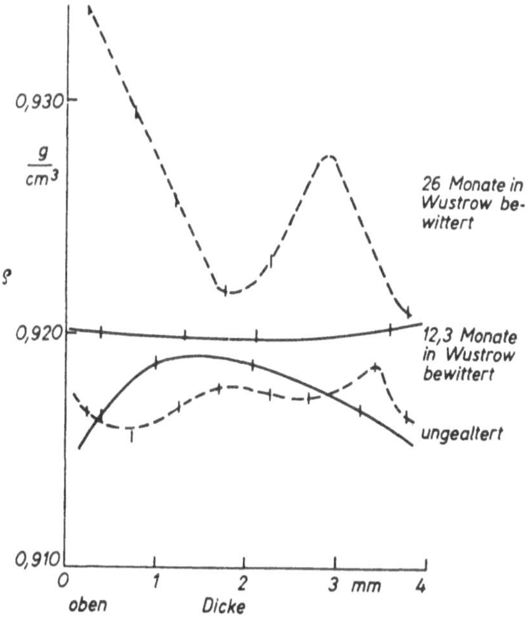

Abb. 33. Dichte-Verlauf über den Querschnitt eines Normstabes aus HD PE vor und nach der Bewitterung an der Ostseeküste

Die in der Mitte des ungealterten Normstabes gefundene höhere Dichte ist eine Folge der hier stattfindenden langsameren Erkaltung als an den Außenseiten in Kontaktberührung mit dem Werkzeug.

Wir konnten durch Variation der Auslagebedingungen und Trennung der Abbaufaktoren nachweisen, daß diese Änderung der Dichte durch die UV-Strahlung bei Gegenwart von Luftsauerstoff bewirkt wird (siehe *Abb. 34*).

Ähnliche Ergebnisse erhielten wir bei Messungen der Dichte an handelsüblichen stabilisierten Polypropylen-Folien. Die Messungen wurden durch den völligen Zerfall der Folie nach 3 Monaten und durch den dadurch bedingten teilweisen Verlust stark beeinflußt.

Eine etwaige Strukturumwandlung durch den Einfluß erhöhter Temperatur muß wegen der viel zu niedrigen Temperaturen des Prüfkörpers beim Bewittern außer Betracht bleiben.

Der bei der natürlichen Alterung sich abspielende oxydative hydrolytische Abbau des Cellulosenitrats unter dem Einfluß der UV-Strahlung konnte von uns [42]

exakt durch den Nachweis der auf der Oberfläche von Filmen aus Collodiumwolle (N = 12,16%) sich anreichernden Salpetersäure bewiesen werden. Der von ihr zusätzlich eingeleitete oxydativ-hydrolytische Abbau schädigt vor allem die kürzerkettigen Makromoleküle und führt zu braungefärbten, niedermolekularen

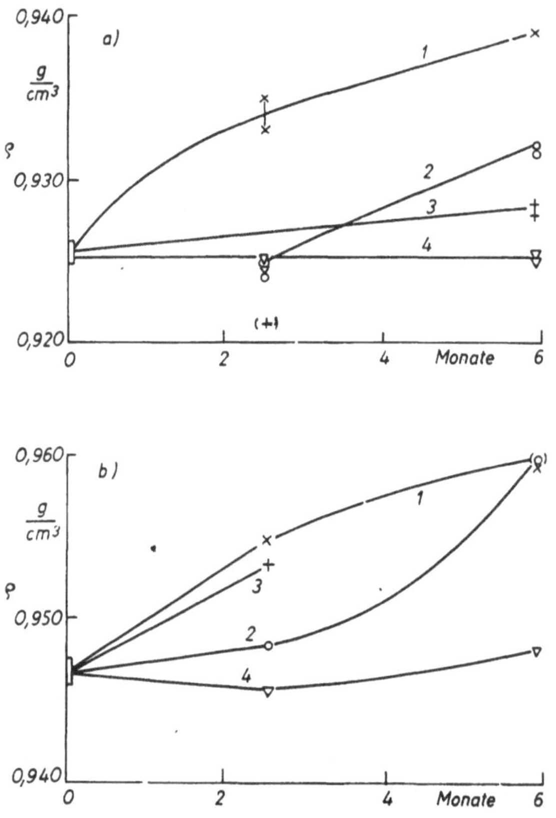

Abb. 34. Einfluß der Abbaufaktoren auf den Dichte-Anstieg bei Polyäthylenfolien

1: Bewitterung an der Ostseeküste
2: Bewitterung unter N_2 im Quarzrohr
3: Bewitterung im offenem Glasrohr (ohne UV)
4: Bewitterung unter N_2 im Glasrohr

wasserlöslichen Bestandteilen. Es bilden sich außerdem in Aceton unlösliche niedermolekulare Abbauprodukte des Cellulosenitrats mit Stickstoffgehalten unter 10,5% N.

Auch bei der als Beispiel für die Celluloseäther von uns eingehender untersuchten Benzylcellulose mit einem Verätherungsgrad von 2,1···2,2 tritt bei der Freibewitterung ein oxydativer fotolytischer Abbau ein. Er führt einmal zu dem geruchlich erkannten und über die üblichen Aldehyd-Reaktionen nachgewiesenen Benzaldehyd und zu einer Benzylcellulose mit dem geringeren Verätherungsgrad von 1,3···1,5, die sich durch in bezug auf technologisch genutzte Benzylcellulose anormale Löslichkeitseigenschaften ausweist. Peroxydische Zwischenstufen und wohl vornehmlich intermediäres Wasserstoffperoxid sind Faktoren dieses Abbaus.

Mittels der Bestimmung der Lösbarkeit in Äther haben wir [43] bei der Freibewitterung von Polystyrolplatten den über Oligomere bis zum Monomeren möglichen Kettenbruch [44] innerhalb der 36 Monate verfolgen können.

Die ergänzende Bestimmung der Methanollösbarkeit erfaßt hauptsächlich das Monomere. Ihre Zeitabhängigkeiten sind in den *Abb. 35* und *36* dargestellt.

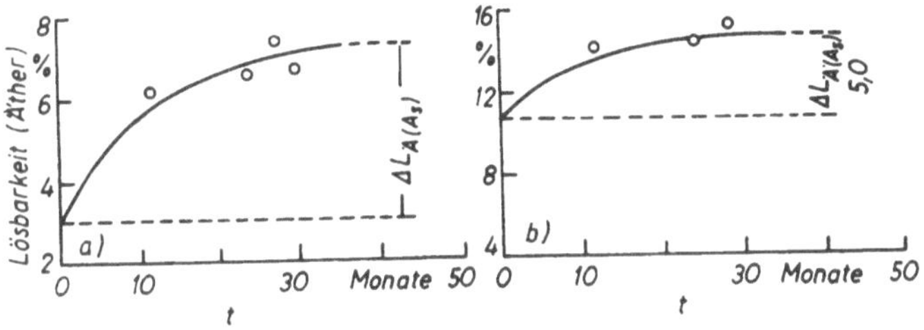

Abb. 35. Zeitabhängigkeit der Ätherlösbarkeit

a) SP 4 mm
b) Em 8 mm

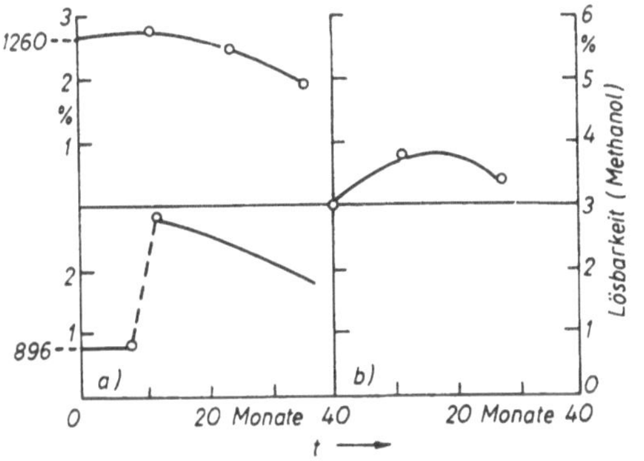

Abb. 36. Zeitabhängigkeit der Methanollösbarkeit

a) SP 4 mm
b) Em 8 mm

Aus der Ätherlösbarkeit und, wie unten noch ausgeführt, aus Viskositätsmessungen, kann auf eine Gleichgewichtseinstellung nach 35···45 Monaten Freibewitterung geschlossen werden. Bei der Beurteilung der Methanollösbarkeit deutet wohl die abfallende Tendenz auf einen Auswascheffekt hin, der naturgemäß in den bewitterungsseitigen Schichten, in denen die fotochemisch ausgelöste Aufspaltung bis zum Monomeren bevorzugt erfolgt, am meisten lokalisiert ist. Die durch Diffusion mögliche Nachlieferung aus dem Platteninneren wird im fortgeschrittenen Stadium der Bewitterung durch den Auswascheffekt überspielt.

Bekanntlich können auch bei unpolaren Polymeren als Folge der Polymerisation und/oder thermoplastischen Verarbeitung sich sauerstoffhaltige Gruppen, hauptsächlich Ketogruppen, bilden. Die hierdurch bedingte fast völlige Absorption der UV-Strahlung veranlaßte uns [5] zur Direktbestimmung des Sauerstoffgehaltes von verschieden lange bewitterten Polyäthylenfolien, die in Form eine Bündels von 20 Einzelfolien an der Ostseeküste exponiert waren. Wir erhielten die aus *Tab. 18* ersichtlichen Zunahmen.

Aus der relativ geringen Aktivierungsenergie von ca. 25···30 kcal/Mol für die thermische HCl-Abspaltung und aus der Tatsache der kritischen Wellenlänge von

Tabelle 18

Direkt bestimmter Sauerstoffgehalt in Polyäthylenfolien

Polyäthylenfolien		% O_2
ND Polyäthylen	ungealtert	1,0 ± 0,2
unstab.	1,5 Monate gealtert	0,8 ± 0,1
50 µm dick	3 Monate gealtert	1,0 ± 0,2
	24 Monate gealtert	2,1 ± 0,2
	24 Monate gealtert (unterste Folie)	1,7 ± 0,2
HD Polyäthylen	ungealtert	0,08 ± 0,02
stabilisiert	0,7 Monate gealtert	0,14 ± 0,02
300 µm dick	2,7 Monate gealtert	0,26 ± 0,02
	4,8 Monate gealtert	0,33 ± 0,02
	7,3 Monate gealtert	0,48 ± 0,02
	12,3 Monate gealtert	0,43 ± 0,02

$\lambda = 310$ nm für das PVC ist eine Verringerung des Cl-Gehaltes als Bewitterungsfolge der unstabilisierten PVC-Formstoffe zu erwarten.

An einem 5 Jahre lang an der Ostseeküste bewitterten Hart-PVC-Formstoff in der Anwendungsform eines nach der Südseite montierten Regenfallrohres fanden wir nur noch einen Chlorgehalt von 53,0 ± 0,07% Cl in dem sprödbrüchig gewordenen, äußerlich unverändert aussehenden Material. Bei der Analyse einer 1 mm dicken ebenflächigen Vergleichsfolie gleicher Auslegeanordnung ergab sich eine in den ersten Monaten der Freibewitterung zunächst starke, denn annähernd asymptotisch verlaufende Abnahme des Chlorgehaltes. Die mittels dieser integral erhaltenen Chlorwerte nachgewiesenen Effekte sind bei Formstoffen größerer Dicke von geringer Aussagekraft. Eine Andeutung über das Ausmaß der Veränderung des Cl-Gehaltes vermittelt seine Ermittlung über den Folienquerschnitt, wobei wir beim Beispiel eines Regenfallrohres noch zugleich einen Vergleich zwischen eingegrabenen und bewitterten Mantelflächen haben (*Tab. 19*).

Tabelle 19

Differentiell über den Folienquerschnitt bestimmte Chlorgehalte an einem PVC-H-Regenfallrohr

eingegraben	Außenseite mm	bewittert
54,05 ± 0,05	0,01	51,2 ± 0,09
55,42 ± 0,02	0,68	54,5 ± 0,08
53,61 ± 0,06	0,01	50,2 ± 0,04
	Innenseite	
integral		integral
55,0		53,4

Es ist mit einigen experimentellen Schwierigkeiten verbunden, möglichst gleichmäßig dicke Schichten von 0,1 mm Dicke abzunehmen, so daß wir die für die dünnen Außenschichten gemessenen Chlorwerte mit der Bedeutung eines Richtwertes wiedergeben.

Die Bewitterung einer transparent-farblosen 40 μ starken PVC-Sp-Folie, stabilisiert mit handelsüblichem Dibutyl-Sn-maleinat, führt nach 8 Monaten zu einem Chlorgehalt von 54,8% (Nullwert 55,9%), wobei eine Braunfärbung eingetreten ist. Die Pigmentierung dieses Ansatzes hat keine Verringerung der Chlorabspaltung gebracht. Auf dieser Folie hat sich innerhalb dieser 8 Monate Bewitterung bereits der oben beschriebene graue Belag gebildet. Der Chlorgehalt dieses als hemikolloide PVC-Abbau-Produkte vom Molgewicht ca. 10000 identifizierten Belages liegt anfänglich bei 54% Cl; er kann sich bis zu 22% erniedrigen.

Unter den Bedingungen der Auslegemöglichkeiten auf unserer Prüfstation an der Ostseeküste ermittelten wir an verschiedenen Prüfobjekten aus Hart-PVC in der Dicke von 1···3 mm eine deutliche Abhängigkeit des Chlorverlustes von der Inklination des Objektes (*Tab. 20*).

Tabelle 20

Abhängigkeit des Chlorgehaltes exponierter PCV-Prüfkörper von der Inklination der Auslage

Prüfkörper	Bewitterungsdauer (Monate)	Einbaurichtung u. Inklination	% Cl
1	70	Nord −90°	48,3 ± 0,1
2	70	Nord −20°	37,5 ± 0,05
3	60	Nord +20°	22,2 ± 0,1
4	70	Süd +20°	24,5 ± 0,01
5	30	Süd +45°	26,3 ± 0,5
6	60	Süd +90°	45,3 ± 0,05

Die stärkste Einwirkung für den Abbaugrad des Belages liegt also im Inklinationsbereich von etwa +25°···+45°.

Die unmittelbar dem Belag anliegenden Schichten der Prüfkörper haben einen Chlorgehalt von 50···52%. Die andere sogenannte „*untere*" Oberfläche ist praktisch nicht dehydrohalogenisiert.

An einer unstabilisierten PVC-Weichfolie mit den Weichmachern Mesamoll und Dihexylphthalat (25 μ dick) fanden wir nach 8 Monaten Bewitterung an der Ostseeküste noch 48,0% Cl. Eine Stabilisierung derselben Folie mit Bleisalzen und Harnstoff bremste den Chlorgehalt-Abbau ab, so daß unter gleichen Expositionsbedingungen 53,0% Cl gefunden wurden. Der Unterschied kommt auch im Farbton der Folien zum Ausdruck. Die unstabilisierte hat entsprechend der Möglichkeit zur Ausbildung längerer Polyen-Strukturen schon einen braunroten Farbton und ihre Transparenz verloren, während die stabilisierte Folie noch transparent und etwa leicht gräulich angefärbt ist.

Die HCl-Abspaltung einer PVC-Sp-Folie mit DOP (75:25) wird durch einen organischen Cd-Stabilisator bei einjähriger Bewitterung in Leipzig soweit zurückgedrängt, daß in der schmutziggrau gewordenen Folie noch 55% Cl gefunden wurden.

Parallel mit dem HCl-Verlust durch die Bewitterung geht die Erhöhung der Acetonlösbarkeit. Bei einer stabilisierten Em-PVC-H-Folie steigt sie von 14,4% auf 34,7% bzw. auf 22,0% bei der korrespondierenden pigmentierten Folie. Bei der stabilisierten wie unstabilisierten PVC-Weichfolie liegen die Werte der Acetonlösbarkeit bei 28,5% bzw. 35,0%. Die Auswirkung des Stabilisatorsystems aus Bleisalzen ist also nur gering.

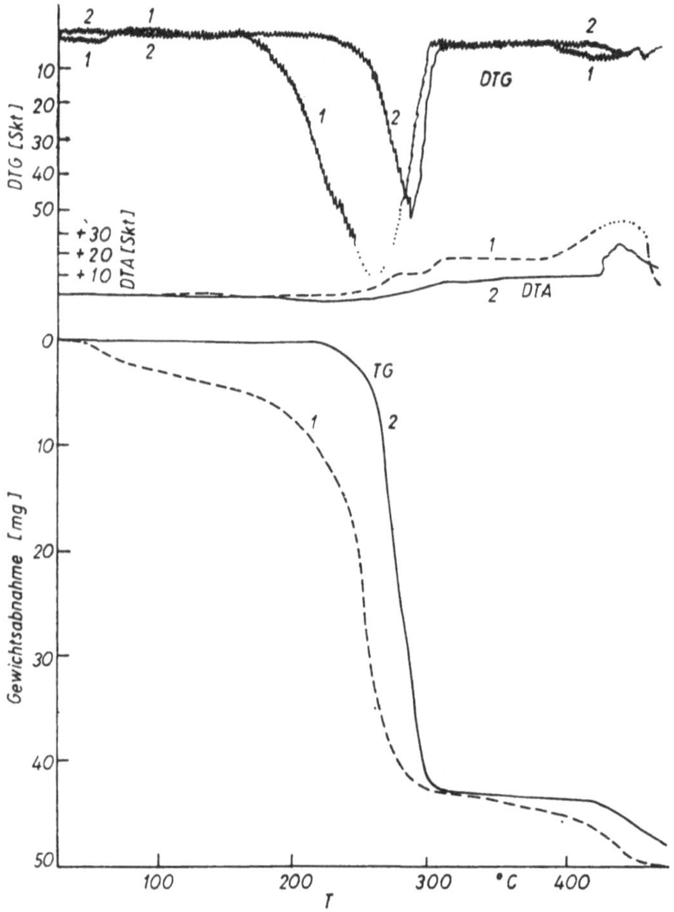

Abb. 37. Derivatogramme von grauem Belag auf PVC F 24 Monate in Hurbanovo (ČSSR, etwa 48° n. Br.), *1* bewittert und *2* PVC F, nicht bewittert, aufgenommen in Luft; die gepunktet gezeichneten extremen Kurvenstellen wurden bei der Originalaufnahme nicht mehr aufgezeichnet, weil sie über den Rand des Diagramms hinausgingen

Die thermische Stabilität dieser gealterten Hart-Folien, bestimmt bei 180 °C, nimmt im Laufe des ersten Bewitterungsjahres schnell ab, erreicht am Ende des zweiten Jahres ein Minimum, um sich bis zum Versuchsende nach 5···7 Jahren nur noch ganz wenig zu ändern.

Anhand derivatographischer Untersuchungen hat M. HELMSTEDT [45] die außerordentlich geringe thermische Stabilität des grauen Belags auf Hart-PVC-Oberflächen nachgewiesen. Seine Zersetzung in Luft beginnt bereits bei 40 °C, während sich das ungealterte Material unter sonst gleichen Bedingungen erst bei etwa 220 °C zu zersetzen beginnt.

Abb. 37 zeigt ein solches Derivatogramm, in dem die thermogravimetrische Analyse (*TG*) durch die gleichzeitige Aufzeichnung der derivierten Kurve (*DTG*) in ihrer Aussage gesteigert wird. DTA bezeichnet die Kurve der Differentialthermoanalyse.

Unter Einsatz einer während der 17 monatigen Bewitterung an der Ostseeküste total versprödeten handelsüblichen Polykarbonatfolie haben wir ebenfalls den starken Abfall der thermischen Stabilität dieses Plastwerkstoffes nachgewiesen.

Der schon zwischen 100 und 300 °C vor der eigentlichen thermischen Zersetzung auftretende Gewichtsverlust muß als Besonderheit dieses Polykarbonats gewertet werden, das wahrscheinlich thermisch besonders instabile oder flüchtige niedermolekulare Anteile enthält. Nach KOWARSKAJA [46] beginnt der thermooxydative Abbau von Polykarbonat erst ab 250 °C.

Abb. 38 zeigt die thermogravimetrischen Kurven aus dem Derivatogramm dieses Polykarbonats nach den Untersuchungen von M. HELMSTEDT.

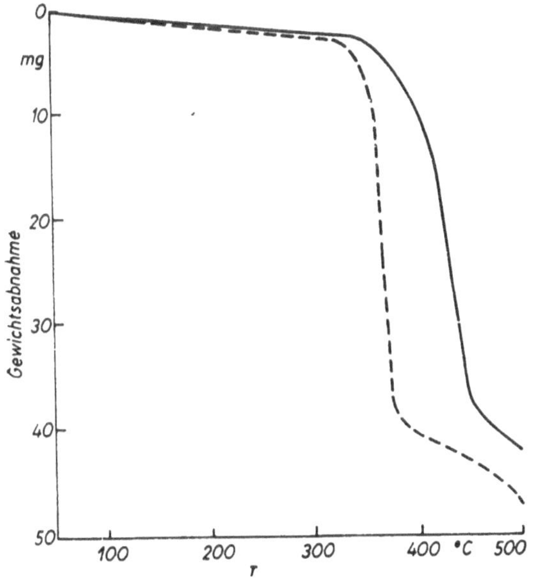

Abb. 38. Thermogravimetrische Kurven aus den Derivatogrammen von Polykarbonat-Makrofol-N, *1* 17 Monate in Wustrow gealtert und *2* nicht bewittert, aufgenommen in Luft

An 40 μ dicken Polycaprolactam-Folien konnten wir mittels der Methode der Endgruppentitration nachweisen, daß eine ausschließlich im Winterhalbjahr an der Ostseeküste durchgeführte Bewitterung das Molekulargewicht praktisch nicht verändert.

Untersuchungen über die Extrahierbarkeit bzw. Quellung von ausgehärteten Epoxyharz-Formstoffen nach einer ein- bis fünfjährigen Bewitterung auf unseren verschiedenen Prüfstationen lassen keine Schlüsse zu, daß diese Formstoffe sich nachteilig auch nicht hinsichtlich ihrer Chemikalienfestigkeit geändert haben.

Die unter den Bedingungen der natürlichen Alterung komplex zur Auswirkung kommenden Klimafaktoren — energiereiche Strahlung, Wasser, Sauerstoff — führen auch zum Entstehen von dem Polymeren ursprünglich fremden Atomgruppierungen der Aldehyd-, Keto-, Säure- oder Äther-Gruppe.

Derartige Änderungen lassen sich mittels der IR-Spectren hauptsächlich in den Bereichen der C = O-Valenzschwingung bei $\lambda = 5{,}8$ nm (entsprechend der Wellenzahl von 1718 cm^{-1}) und der ungesättigten Bindungen bei $\lambda = 100 \cdots 11{,}5$ cm (entsprechend der Wellenzahl 1000···870 cm^{-1}) beobachten.

Während nach D. L. Wood und I. P. Luongo [47) bei thermisch bei 145 °C gealtertem Polyäthylen alle diese CO-Gruppierungen IR-spectroscopisch nachweisbar sind, zeigen die Untersuchungen von M. Helmstedt [5] an Niederdruck-Polyäthylenfolien, die bis zu ca. einem Jahr an der Ostseeküste bewittert wurden, diese Aufspaltungen in die einzelnen Komponenten nicht. In den *Abb. 39a* und *b* ist sowohl die Veränderung des Gesamt-IR-Spektrums des Polyäthylens durch die Alterung wie auch die Zunahme der Intensität der CO-Valenzschwingung im Verlaufe der Alterung dargestellt.

Die Relation zwischen dieser Intensität der Carbonylbande und dem aus *Tab. 18* ersichtlichem chemisch gebundenem Sauerstoff ist nach M. Helmstedt in *Abb. 40* dargestellt. Im Zusammenhang mit der Bildung dieser Oxydationsprodukte sehen wir auch die Erhöhung der Dichte. In den IR-Spektren zeigen sich nur unwesentliche Andeutungen von Hydroperoxyd- oder Hydroxylgruppen.

E. N. Matweeva und Mitarb. [48] haben den Gehalt an CO-Gruppen in bewitterten Polyolefin-Folien — Bewitterungsorte Leningrad und Taschkent — aus den IR-Spektren unter Bezug auf die Oberflächeneinheit gemäß *Tab. 21* berechnet.

Tabelle 21

CO Gehalt (mg/dm^2) in bewitterten Polyolefin-Folien nach 30 Tagen Alterung in Leningrad bzw. 60 Tagen in Taschkent

Tage	HD PE	ND PE	PP	MP aus Äthylen u. Propylen
30	10,2	14,4	17,6	12,5
60	52,6	71,2	—	47,8

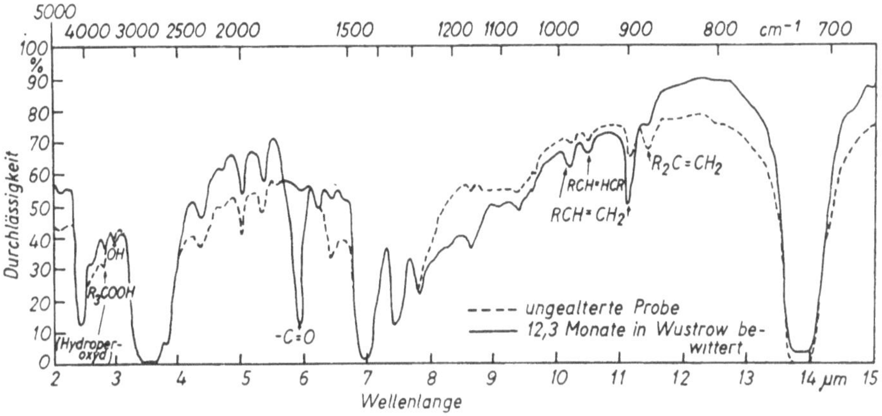

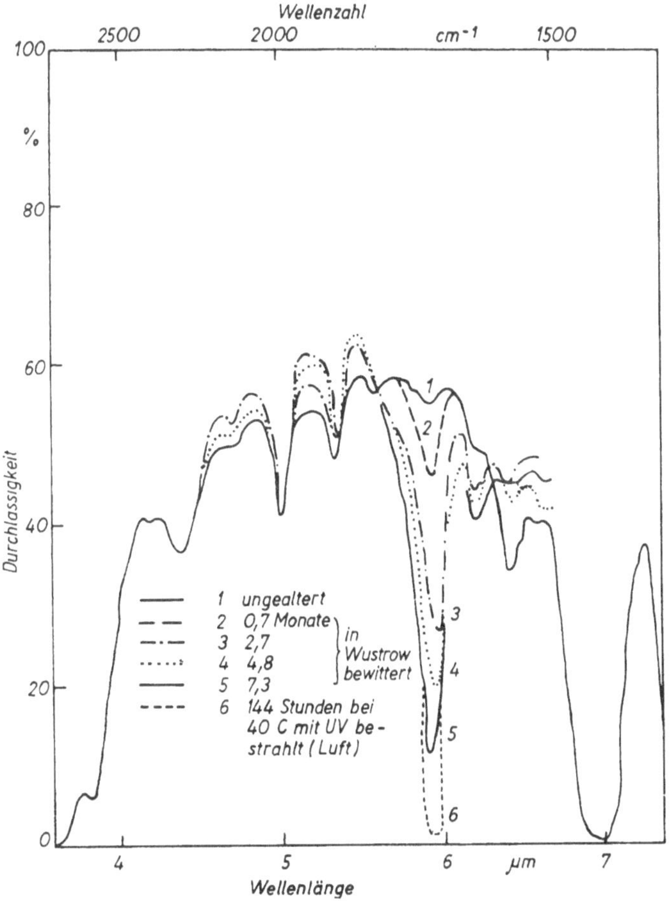

Abb. 39*a*) und *b*) Veränderung des IR-Spektrums von ND-Polyäthylen durch 12 Monate Bewitterung an der Ostseeküste; Intensitäts-Änderung der CO-Schwingung während der Alterung

Eine quantitative Auswertung der Intensitäts-Änderung der IR-Banden für die C=C-Bindungen im PE durch die Bewitterung ist nicht frei von Bedenken und von uns für die Analyse des Alterungsverlaufs nicht vorgenommen.

Entgegen den Befunden aus anderen Untersuchungsmethoden des gealterten Polystyrols zeigen die IR-Spektren der an der Ostseeküste bis zu 3 Jahren und an der Küste des Adriatischen Meeres bis zu 2 Jahren exponierten 4···8 mm dicken

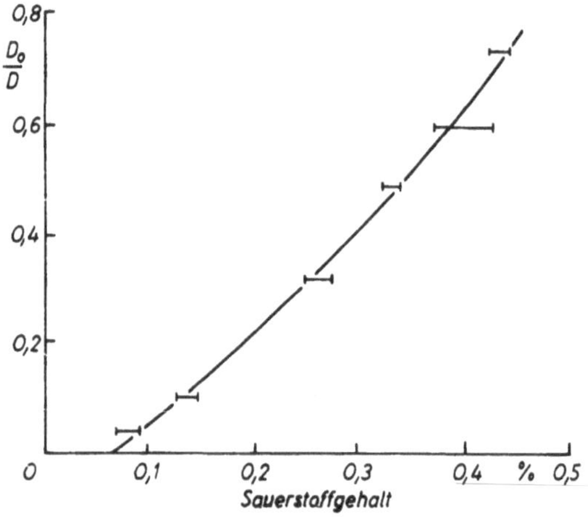

Abb. 40.
Relation zwischen der Intensität der IR-Bande der CO-Gruppe und Gehalt an chemisch gebundenem Sauerstoff in ND PE

Polystyrol-Platten keine sehr charakteristischen Abweichungen gegenüber den Spektren an ungealtertem oder unverarbeitetem Polystyrol EM bzw. SP auf. Am deutlichsten kommt bei dieser Durchschnittsprobe über den ganzen Querschnitt die mit steigender Alterungsdauer auch zunehmende Intensität der bei $\lambda = 6{,}2$ nm auftretenden —C=C-Bande heraus.

Im Hinblick auf den vorwiegend topochemischen Charakter der Alterungsfolgen bei Freibewitterung von Polystyrol, worauf schon die geringe Dicke der Verfärbungsschicht auf der bewitterten Probenseite hinweist, die nur im Größenordnungsbereich von 10···20 μm liegt, ist bei so dickem Material ein stärkerer integraler Effekt nicht unbedingt zu erwarten gewesen. Von beiden Bewitterungsversuchsreihen mit PS Em und SP wurden also in Abhängigkeit von der Expositionsdauer Aufnahmen der in einer etwaigen Schichtdicke von 0,2 mm mechanisch abgehobenen bewitterten Schicht gemacht, die gegenüber dem gleichermaßen präpararierten „Null"-Material Änderungen im Spektrum zeigen.

Die Änderungstendenz im IR-Spektrum von SP-Material ist prinzipiell ähnlich. Beide Typen zeigen auch im Prinzip analoge Änderungen mit zunehmender Bewitterungsdauer; erhebliche Zunahme der OH-Valenzschwingungen bei 2,9 μm und der —C=O-Banden bei 3,4; 3,6 und 5,5 μm. Bemerkenswert ist ferner der Rückgang der Vierfachbande bei 5,1; 5,3; 5,5 und 5,7 μm mit zunehmender Alterung, der z. T. von der stark in Erscheinung tretenden 5,8 μm-Bande überdeckt wird. Diese vier — beim ungealterten Material mäßig starken — Banden sind

Kombinationsschwingungen monosubstituierter Aromaten. In den *Abb. 41* und *42* sind diese Ergebnisse [43] erläutert.

A. V. Šelion [60] stellt an 2 Jahre bewittertem PS nur das Auftreten der Valenzschwingungen aus der während der Alterung gebildeten CO-Gruppe fest.

Ein Vergleich der IR-Spektrogramme von ungealtertem PVC-Em-Typ F und der Untergrundschicht unter dem oben diskutierten grauweißen Belag zeigt die Iden-

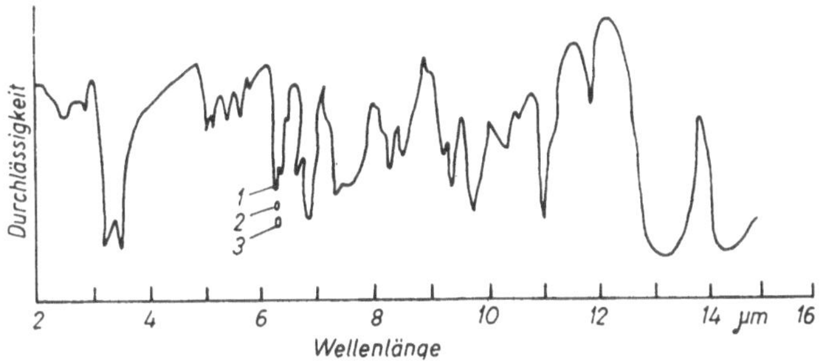

Abb. 41. IR-Spektren von Polystyrol verschiedener Alterungsgrade

1: 51 Monate Zimmerlagerung
2: 24 Monate an Ostseeküste
3: 21 Monate an Küste des Adriatischen Meeres gelagert

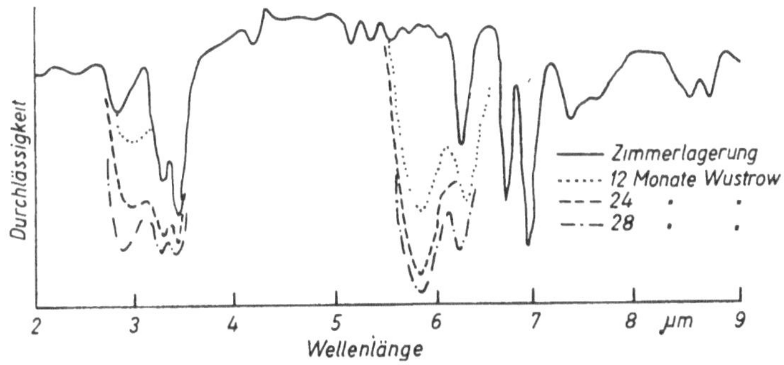

Abb. 42. IR-Aufnahmen aus der bewitterten Schicht

(Polystyrol Em 3,5/KBr)

tität. G. v. Hintzenstern [27] betont weiter, daß anhand der IR-Spektrogramme die der Alterungsseite abgewendeten Materialschichten und auch größere Bereiche der Mittelschichten der PVC-Rohre oder Platten als gegenüber dem Verarbeitungszustand unverändertes PVC erscheinen.

Sowohl die obere Untergrundschicht als auch der Belag zeigen neben den normalen PVC-Banden die Banden der OH-Valenzschwingung (2,9 nm) und der CO-Valenzschwingung (5,8 nm), was auf das Vorliegen von Karboxylgruppen als Oxydationsfolge hinweisen dürfte. Deutliche Anhaltspunkte für C=C-Doppelbindungen, die als Folge des immerhin erheblichen Chlorverlustes erwartet werden könnten, sind nicht festzustellen. Erfahrungsgemäß treten Doppelbindungen in größerem Ausmaß bei der thermischen Beanspruchung der Verarbeitung auf, infolge derer Kettenspaltung durch UV-Belastung begünstigt wird und sich unter O_2-Einwirkung Karboxylgruppen bilden, wobei ein großer Teil der C=C-Bindungen wieder verschwindet. Man beobachtet stets auch Farbaufhellung (Ausblassen bis fast farblos) und nicht Farbvertiefung. Die Bande der C=C-Bindungen sollte normalerweise um 6,6 μm auftreten, möglicherweise ist der Ansatz (*Abb. 43*) in den Diagrammen 1 und 3 als Andeutung anzusehen.

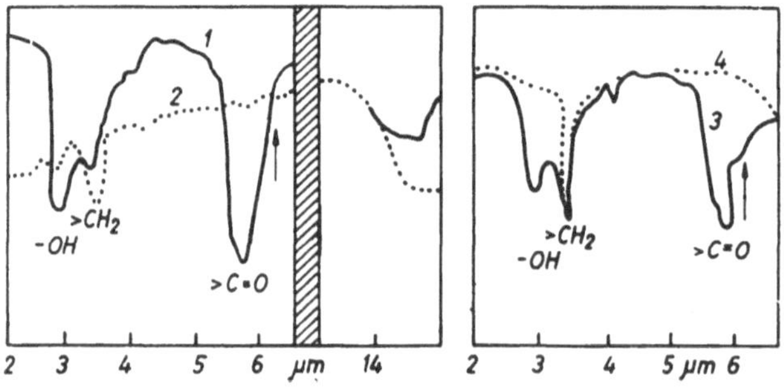

Abb. 43.
PVC-H-Alterung. Belagsbildung IR-Spektrogramme

——— Belag
.... PVC-Folie darunter

Die in allen Fällen vorhandene starke Bande um 8 μm ist die CHCl-Deformations-(Gerüst-)schwingung der CH-Gruppierung. Die ebenfalls in diesem Bereich zu erwartende zweite C=O-Bande ist also in jedem Fall überlagert. Die nach Thompson und Torkington [49] um $\lambda = 14{,}4$ μm (700 cm^{-1}) auftretende intensive Bande wird als —CCl-Valenzschwingung zugeordnet. Diese müßte dementsprechend nach stärkerer HCl-Abspaltung (Belag) gegenüber weniger beanspruchtem Material (Untergrund) abgeschwächt erscheinen. In den vorliegenden Diagrammen ist die Bande nicht gut ausgeprägt, doch wird der erwartete Intensitätsunterschied augenscheinlich.

Aus den IR-Spektrogrammen des 58 Monate an der Ostseeküste bewitterten Polymethacrylats sind keine Unterschiede zum ungealterten Material zu erkennen, so daß auf einen chemischen Abbau nicht geschlossen werden kann.

UV-Spektrogramme an bis zu 36 Monate an der Ostseeküste bewittertem Polystyrol Sp zeigen keinerlei Anzeichen für einen Monomerengehalt bis 0,5% im PS. Wir [43] fanden lediglich eine von der Expositionsdauer abhängige Zunahme der Gesamtabsorption sowohl für die Durchschnittsprobe wie auch für die isolierte bewitterte Oberflächenschicht.

Eine viskosimetrische Verfolgung des fotolytischen bzw. fotolytisch-hydrolytischen Abbaus des Cellulosenitrats während einer Bewitterung in den Monaten April bis Juni 1954 auf einer Prüfstation unter der geographischen Breite von 52° führte uns zu dem Ergebnis, daß der nach der Fikentscher-Gleichung berechnete K-Wert proportional der Auslegezeit und annähernd proportional der hierbei gemessenen Sonnenscheinstunden abnimmt.

Eine zeitlich anschließende Exposition vom November 1954···Mai 1955 führt zu einem anfänglich langsamen, dann mit steigender Sonnenscheindauer immer schneller erfolgenden Viskositätsabfall (*Tab. 22*).

Tabelle 22

Bewitterung von Cellulosenitratfilmen in Thüringen charakterisiert durch die Verringerung des K-Werts als Funktion der Sonnenscheinstunden

Datum	16. 11. 54	1. 12. 54	10. 1. 55	9. 2. 55	24. 3. 55	21. 4. 55	25. 5. 55
Sonnen-stunden	0	250	469	1184	2472	3509	5973
$K = 10^{-3}$	89	88	84	79	71	64	38

Eine Abdeckung der CN-Folie mit 4,5 mm starkem Spezialglas, das nur das sichtbare Tageslicht und ultraviolette Strahlen durchläßt, bringt eine Verlangsamung dieses Abbaus und beweist wiederum den gravierenden Einfluß der UV-Strahlung. Die Abdeckung mit ausschließlich ultraviolett-durchlässigem Glas führt demgemäß zu dem gleichen Ergebnis wie die Bewitterung einer ungeschützten CN-Folie. Und bei den Folien, die mit nur ultrarot-durchlässigem Glas abgedeckt sind, bleibt der K-Wert unverändert.

Bei der parallel dazu unter gleichen Bedingungen bewitterten Benzylcellulosefolie erhielten wir das überraschende Ergebnis, daß innerhalb einer 17tägigen Exposition mit einer Sonnenscheinstundenzahl von 120 die Benzylcellulose schon völlig unlöslich in Toluol + Äthanol 9:1 geworden war. Die Abdeckung der Folie mit dem oben genannten 4,5 mm dicken Spezialglas in einer solchen Anordnung, daß gleichzeitig ein Regenschutz erreicht wurde, brachte in der gleichen Bewitterungszeit eine Abnahme des *K*-Wertes von 71 auf 45.

Dagegen führt die Bewitterung unter nur UV-durchlässigem Glas wiederum zur Unlöslichkeit der Benzylcellulose nach 14 Tagen Expositionsdauer. Auch aus dem Befund der praktisch unveränderten Viscosität der Benzylcellulosefolie, die unter nur ultrarot-duchlässigem Glas bewittert wurde, ergibt sich die Auslösung des Zerstörungsprozesses durch die ultraviolette Strahlung.

Die Versprödung der Folien erzwang ein Abbrechen der Bewitterung der Benzylcellulosefolie nach 17 Tagen und der CN-Folie nach 54 bzw. 64 Tagen. Die tägliche Abnahme des *K*-Wertes ist bei der als lichtunstabiler einzuordnenden Benzylcellulose —1,53. Bei dem CN wird —0,72 für die ohne Glasfilter und mit UV-Filter bewitterte Folie bzw. —0,28 für die mit dem 4,2 mm starken Spezialglas errechnet.

Bei ihren Bewitterungsstudien an plastischen Massen aus Äthylcellulose, DOP als Weichmacher und Hydrochinon — monobenzyläther als Stabilisator [51] verwenden M. Chamberlain u. a. [50] 5%ige Lösungen in Benzol + Methanol 7 :3 zur Errechnung der Intrinsic-Viscosität bzw. Fluidität und diese dann als Maßzahl für Kettenbrüche während der Bewitterung, nicht jedoch für die Geschwindigkeit des Abbaus. Nach McBurney [51] ist die Änderung der Intrinsic-Fluidität direkt proportional der Anzahl der Kettenbrüche während des Abbaus.

Die Bewitterung der Äthylcellulose-Massen wird sowohl in Luft- wie in Silicatglas-Röhren unter Luft und unter N_2 und auch in schwarzen Borsilicatgläsern mit dem aus *Tab. 23* ersichtlichen Ergebnis durchgeführt.

Tabelle 23
Abnahme der Intrinsic-Fluidität beim Bewittern von Aethylcellulose-Massen während 12 Wochen

Ausgangswert	normale Bewitterung	Bewitterung in Glasröhren in Luft Silicatglas	schwarzes Glas
0,505···0,543	0,064···0,358	0,128···0,373	unverändert

Die absoluten Werte der Viscositätsmessungen in N_2 im schwarzen Glas liegen im Streubereich der Messung. Eine solche Lagerung bringt also unabhängig vom Weichmacher – außer DOP noch Bis-1,1,3,3-tetramethylbutyl-phenyläther – keinen Abbau der Aethylcellulose. Bei der normalen Bewitterung überwiegt die Fotooxydation über der Thermoxydation und einer geringfügigen Hydrolyse.

Der Bewitterungsabbau von 4 mm dicken Stäben aus Polyäthylen – Niederdruck wie Hochdruck – wurde von uns [6] durch Viscositätsmessungen in Dekalin bei 130 °C mit dem aus den *Tab. 24* und *25* ersichtlichen Ergebnis verfolgt.

Der Ausgangs-K-Wert ist 92,4 ($\eta_{rel} = 2{,}21$) bzw. 94,7 ($\eta_{rel} = 2{,}30$).

Nach 5 Monaten Bewitterung an der Ostseeküste tritt auch bei integraler Betrachtung also schon ein deutlicher Abbau ein. Die differentielle Analyse zeigt aber, daß die Schädigung in der obersten 0,1 mm dicken Schicht bereits einen Viskositätsabbau von $K = 51{,}3$ ($\eta_{rel} = 1{,}31$) bzw. $K = 64{,}5$ ($\eta_{rel} = 1{,}51$) ausgelöst hat.

Nach 24 Monaten Bewitterung ist die Oberflächenwirkung der Bewitterung besonders deutlich:

integraler K-Wert: 79,1 $\eta_{rel} = 1{,}82$
1. Schicht K-Wert: 44,5 $\eta_{rel} = 1{,}24$

Die Charakterisierung der „*Eindringtiefe*" der Bewitterung durch die Viskosimetrie zeigt die *Abb. 44*.

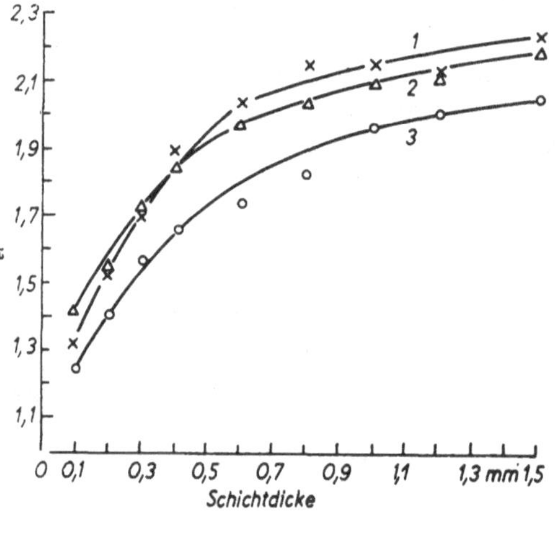

Abb. 44.
Eindringtiefe des photooxydativen Abbaus des PE ND nach 5 bzw. 25 Monaten Bewitterung an der Ostseeküste (Viskositätsabnahme)

Tabelle 24

Verlauf des Bewitterungsabbaus an Niederdruck-Polyäthylen zugleich zur Charakterisierung der Eindringtiefe der fotooxydativen Zersetzung ausgedrückt durch den K-Wert

	Bewitterung	*K*-Wert	*K*-Wert der Schichten								
			1.	2.	3.	4.	5.	6.	7.	8.	9.
	[Monate]	(integral)	0,1 mm	0,1 mm	0,1 mm	0,1 mm	0,2 mm	0,2 mm	0,2 mm	0,2 mm	0,3 mm
Probe *1*	—	—	—	—	—	—	—	—	—	—	—
	5	85,8	51,3	64,5	73,8	81,9	87,3	90,6	90,7	90,0	93,4
	10	82,5	58,8	66,2	75,2	79,6	84,9	86,9	88,8	89,5	91,9
	24	79,1	44,5	57,4	67,2	71,7	75,3	81,5	84,5	86,3	87,6
Probe *2*	5	85,3	59,3	69,4	78,6	84,5	88,5	90,4	91,3	92,3	92,2
	12	84,5	56,4	64,1	73,4	81,4	84,6	89,0	91,1	91,6	92,2
	24	84,7	52,7	62,6	68,6	74,1	82,5	85,6	88,1	90,4	91,8

Tabelle 25

Verlauf des Bewitterungsabbaus von Hochdruck-Polyäthylen dargestellt am Gelanteil und der Viskosität des löslich gebliebenen Anteils zugleich zur Charakterisierung der Eindringtiefe der fotooxydativen Reaktion

Bewitterung Dauer	Schicht	Schichtdicke [mm]	Gelanteil [%]	löslicher Anteil η_{rel}	η_{sp}/c
Ausgang		—	0	1,71	1,415
12 Monate	1	0,2	20	1,45	1,12
Ostsee-	2	0,2	35	1,49	1,48
küste	3	0,2	33	1,51	1,51
	4	0,2	39	1,54	1,79
	5	0,2	34	1,52	1,58
	6	0,2	42	1,57	1,96
	7	0,3	39	1,62	1,99
24 Monate	1	0,2	39	1,41	1,36
	2	0,2	44	1,42	1,51
	3	0,2	43	1,44	1,51
	4	0,2	43	1,39	1,34
	5	0,2	47	1,31	1,14
	6	0,2	51	1,31	1,23
	7	0,3	52	1,33	1,37

Beim Hochdruck-Polyäthylen gibt neben der Viskositätsmessung auch die Bildung der Gelanteile Aufschluß über die Bewitterungsfolgen, die hier stark nach einer Vernetzung tendieren.

Je nach Bewitterungsdauer und Schichtdicke liegen die Gelanteile zwischen 60% und 20%, wobei wir das Maximum der Gelbildung sowohl in den beiden obersten Schichten wie auch in tieferen Schichten beobachtet haben. Wir vermuten dabei einen schnelleren oxydativen Abbau des an der Oberfläche liegenden Gels. Der Verlauf der Viskosität des löslich gebliebenen Anteils als Funktion der Schichtdicke ist noch etwas undurchsichtig. Wir beobachten sowohl ein Pendeln um einen Mittelwert wie auch einen Anstieg nach innen.

Die sich aus diesen Untersuchungen ableitende Eindringtiefe von 0,4···0,6 mm stimmt mit den Ergebnissen auf Grund anderer Meßmethoden gut überein.

Entsprechend den von E. N. Matveeva u. a. [48] durchgeführten Untersuchungen des Klimaeinflusses in Leningrad und in Taschkent auf Polyolefin-Folien tritt bereits in den ersten Tagen der Bewitterung eine merkliche Veränderung der Viskosität auf. (siehe *Tab. 26*). Der Abbau erfolgt in Taschkent etwa 1,2···2mal schneller. Beim Hochdruckpolyäthylen stellen die Autoren ebenfalls die Bildung unlöslicher Anteile fest, die an beiden Bewitterungsorten gleichartig in der Abhängigkeit von den 150 Bewitterungstagen eine glockenförmige Kurve mit einem Maximum nach 60 Tagen ergibt. Eine außerhalb der Fehlergrenze liegende Beeinflussung der Gelbildung durch die Klimaunterschiede scheint uns nicht vorzuliegen.

Tabelle 26

Alterung von Polyolefin-Folien in Leningrad und Taschkent charakterisiert durch Viscositätsmessungen

Veränderung der Viscosität [η]

Polyolefin	Ausgangswert	nach Tagen in Leningrad			nach Tagen in Taschkent		
		30	60	120	30	60	120
Hochdruck-Polyäthylen	1,18	—	0,40	—	—	0,30	0,22
Niederdruck-Polyäthylen	3,25 u. 2,60	1,43	0,70	0,58	—	0,63	0,4
Polypropylen	2,10	0,5	—	—	—	0,27	—
Mischpolymerisat Äthylen + Propylen	3,65	1,6	0,82	0,35	—	0,55	0,23

N. A. Melichova u. a. [52] beschränken die Einwirkung der direkten Sonneneinstrahlung auf 12 Std. bei Verwendung einer 60 μ dicken Blasfolie aus unstabilisiertem Polyäthylen und erhalten eine schon nach ca. 30 Min. nachweisbare Viskositätsabnahme, die nach ca. 120 Min. ein Minimum durchläuft, um nach etwa 180 Min. steil anzusteigen. Der sich parallel ausbildende Gelanteil steigt von der 3stündigen Belichtungszeit an bis Versuchsschluß auf etwa 20···24% an.

Als weitere Folge dieser Struktur-Umwandlung in der Oberfläche durch die Sonneneinstrahlung ist eine schlagartige Abnahme der Scherbelastung einer Schweißnaht gefunden. Nach 5···6 Std. Sonneneinstrahlung ist die Folie überhaupt nicht mehr zu verschweißen. An diesem Zeitpunkt beträgt der Gelanteil erst etwa 4% (!).

T. Simionescu und Mitarb. [105] beobachten an PE-Spritzformstoffen und an PE-Folien bereits nach 3 Monaten Exposition einen erheblichen Anstieg des Molekulargewichtes von z. B. 36000 auf 104000 im Meeresklima und auf 76000 im Landklima bzw. von 24000 auf 46000 bzw. 42000.

Nach 3 Monaten treten bei den im Meeresklima exponierten Folien 3% unlösliche Produkte und nach 6 Monaten die 10fache Menge auf. Damit ist wieder ein Abfall des Molgewichtes verbunden, so daß beim Spritzformstoff jetzt nach 6 Monaten Exposition im Meeresklima das Molgew. 67000 gemessen wird. In diesem Kriterium wirkt sich das letzte Klima erheblich mehr aus als beispielsweise bei der Reißfestigkeit.

Die im Schatten ausgelegten Prüfkörper haben zwar auch eine Erhöhung des Molgewichts erfahren, jedoch bleibt die Vernetzung hier durch die weitgehende Ausschaltung der direkten Sonneneinstrahlung erheblich zurück. Nach 3 Monaten ist das Molgew. von 36000 auf 44000 gestiegen und bleibt dann in dieser Größenordnung bei weiterem Bewittern.

Die Änderung des Schmelzindex geht damit parallel. Für das zur Folienherstellung dienende PE mit Molgew. 24000 entsprechend Fließindex 2,12 ist nach

6 Monaten Bewitterung unter Lichtausschluß im Meeresklima der Index noch 2,0; das Molgew. 31000.

Aus der von D. Weichert [53] ermittelten UV-Absorption eines ca. 0,15 mm dicken Schichtenpakets aus ca. 25 μ starken Einzelfolien aus gerecktem Polystyrol von 60% der UV-Strahlung von $\eta = 350$ nm war eine starke Schädigung des Makromoleküls durch das Sonnenlicht bei der Freibewitterung zu erwarten, die nicht nur die bereits von J. Schreiber und G. v. Hintzenstern [43] gefundene starke Erniedrigung der Grenzviskositätszahl bei integraler Messung gemäß *Abb. 45* verständlich macht, sondern auch die Frage nach der Ermittlung der Eindringtiefe der Schädigung durch Viskositätsmessungen erneut stellt.

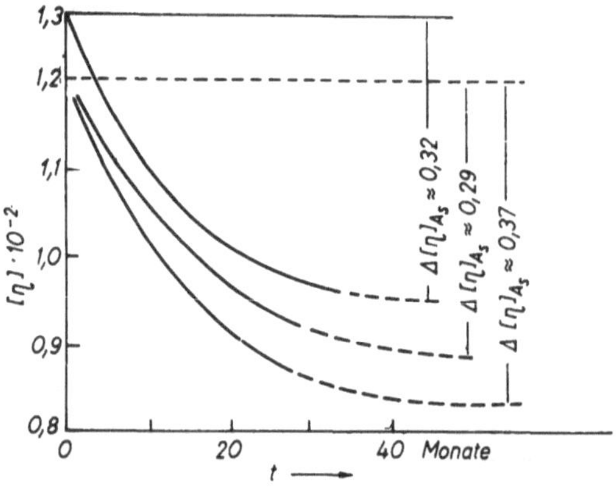

Abb. 45.

Alterung von PS-Platten an der Ostseeküste, charakterisiert durch $[\eta]$

Unsere Untersuchungen an einem solchen maximal 30 Schichten umfassenden Polystyrolfolien-Paket unter den Wetterbedingungen der Ostseeküste führten zu den in Tabelle 27 zusammengefaßten Ergebnissen.

Tabelle 27

Alterung eines Schichtpaketes aus 25 μ starken Polystyrolfolien an der Ostseeküste charakterisiert durch K-Wert-Änderung (Ausgangswert K = 60)

Schicht	6 Wochen	3 Monate Alterung
1	47,0	34,1
2	51,4	41,4
3	53,6	46,5
4	54,3	46,5
5	54,3	46,9
6	54,0	49,2
7	—	49,9
30	—	59,5

(Es mag erläuternd erwähnt werden, daß es uns bewußt ist, daß die gewählte Versuchsanordnung noch recht gute Bedingungen des Luftzutritts trotz des

Anpreßdruckes zu den einzelnen Schichten gibt. Nach 6 und 12 Wochen Bewitterung lassen sich die Folien noch gut mechanisch voneinander trennen, obwohl die erste Schicht bereits nach 6 Wochen mechanisch zerstört war. Nach 6 Monaten waren die oberen Schichten schon stark miteinander verklebt.)

D. WEICHERT hat nachweisen können, daß der K-Wert Abbau mit der Schichtdicke weitgehend einer e-Funktion folgt und hat in Anlehnung an den mathematischen Ansatz für den Abfall der Licht-Intensität die Gesetzmäßigkeit

$$K = K_0 \cdot e^{-k' t \cdot x}$$

formuliert.

Hierin ist

K_0 = ursprünglicher K-Wert
x = Schichtdicke
t = Zeit
k' = „Alterungskonstante").

Bezüglich der Auswirkung der unterschiedlichen Klimafaktoren auf unseren Prüfstationen ergab sich sowohl aus dieser Versuchsreihe wie auch aus der Bewitterung von gespritzten Polystyrolstäben, die ebenfalls differentiell nach der Methode der Schichtabtragung untersucht wurden, daß eine 15monatige Alterung an der Ostseeküste etwa einer 36monatigen im Thüringer Wald entsprechen. Die Ergebnisse der Alterung und ihrer Eindringtiefe in 15 mm dicke PS-Stäbe sind in *Tab. 28* beispielsweise zusammengefaßt.

Tabelle 28

Eindringtiefe der Alterung bei Polystyrol-Spritzgußstäben charakterisiert durch K-Wert-Änderung (Ausgangswert K = 62)

abgetragene Schicht Nr.	Dicke mm	Thüringen 15 Monate	36 Monate	Ostseeküste 15 Monate
1	0,1	45,8	43,8	43,1
2	0,1	48,0	44,6	44,9
3	0,1	50,0	48,8	46,9
4	0,2	50,7	50,6	49,2
5	0,2	52,0	53,4	51,1
6	0,2	55,1	54,3	53,4

Die kritische Schichtdicke liegt also bei 0,2···0,3 mm.

Die Empfindlichkeit des Polystyrols, auf relativ kleine Klimaunterschiede in den Prüfstationen zu reagieren, und andererseits auch die besondere Eignung, der Viskositätsmessungen für den Nachweis solcher Unterschiede haben auch Ludmilla ADAMIROVÁ und B. DOLEŽEL [18] bei ihren Untersuchungen an Formstoffen aus Block-Polystyrol gefunden. Ihre Ergebnisse sind in *Abb. 46* dargestellt. Hierbei ist zu beachten, daß es sich hier um nur eine Versuchsdauer von einem Jahr handelt.

Dies steht auch in Übereinstimmung mit den Ergebnissen von R. W. Reiter [54], wonach schon geringe Alterungseffekte bei der Freibewitterung von Filmen aus Anstrich-Emulsionen von Polyacrylaten, Polyvinylacetat oder Mischpolymerisaten aus Vinylacetat durch Änderung der Viskosität eindeutig ermittelt werden können. Auch die Viskositäts-Messungen an bewitterten Polymethylmethacrylat von K. J. Trussowa und Mitarb. [58] zeigen die hauptsächlich auf die äußersten Schichten lokalisierte Zerstörung an, die durch andere integrale Meßmethoden noch nicht erkennbar wird.

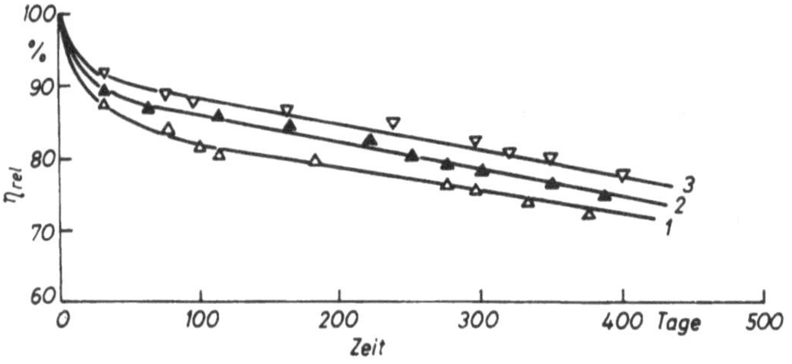

Abb. 46. Alterung von Polystyrol auf verschiedenen Prüfstationen charakterisiert durch η_{rel} nach Adamirova und Doležel

1: Hurbanovo
2: Letňany
3: Ústi nad Labem

Bezüglich des Zeiteinflusses auf die Viskositätserniedrigung während der Bewitterung von gespritzten PS-Normstäben bzw. an 7 mm dicken Preßplatten ergaben unsere Untersuchungen, daß auch bei integraler Auswertung erkennbar wird, daß die ursprünglichen Eigenschaften höchstens einen Monat lang erhalten bleiben. Die getrennte Ausmessung der oberen und unteren Oberflächen der Preßplatten zeigt zwar die Abschwächung der Bewitterungsreaktion, aber nicht ihr völliges Ausbleiben an der unteren Schicht. Ein Beispiel geben wir in *Tab. 29.*

Tabelle 29

Geschwindigkeit des Bewitterungsabbaus von Polystyrol-Formstoffen gemessen durch den K-Wert

	Bewitterungsdauer a. d. Ostseeküste											in Thüringen				
Monate	0	1	3	6	7	9	10	12	20	24	31	2	5	8	12	21
K =	63	63	59	59	57	55	55					59	59	57		
K =	65							53	53	51	49				54	52
K =	untere Oberfläche							60	58	58	56				59	58

Parallel durchgeführte Bewitterungen von Formstoffen aus Emulsions- bzw. Suspensions-Polystyrol an der Ostseeküste weisen für das Em-Material einen außerhalb der Streugrenzen liegenden stärkeren Abfall nach.

Den Bewitterungsablauf von Spritzguß-Scheiben aus Polystyrol im Klima des Gebiets um Moskau beurteilt A. V. Šelion [60] aus der Schmelzviskosität und dem Molekulargewicht.

Die Ausgangswerte von $115{,}1 \cdot 10^4$ P bzw. 74200 fallen im Laufe von 3 Monaten auf $63{,}6 \cdot 10^4$ P bzw. 53000 ab und erreichen nach 9 Monaten mit $2{,}8 \cdot 10^4$ P bzw. 37000 den Minimalwert, der sich bis zu 15 Monaten Bewitterungsdauer nicht mehr ändert.

PVC-Hart-Folien, die während der Bewitterung gleichzeitig als Dachhaut oder Regenrinne oder -fallrohr dienten, zeigen, wie bereits oben dargelegt, auf einem relativ engem Bereich ein Nebeneinanderbestehen von flexiblen und sprödbrüchigen Bereichen. Analytisch sind derartige Unterschiede nur über die Ermittlung der Lösungsviskosität mit außerhalb der Fehlergrenze liegenden Meßwerten erkennbar.

Wir fanden beispielsweise an den flexiblen Bereichen einer bewitterten Platte bzw. eines Regenfallrohres unter gleichen Messbedingungen $\eta = 0{,}974$ bzw. 0,930 ($\pm$ 0,02) cP und an den unmittelbar benachbarten spröden Bereichen $\eta = 0{,}908$ bzw. 0,905 ($\pm$ 0,006) cP.

All diese Prüfkörper sind nach 5jähriger Bewitterung noch völlig löslich. Damit war es auch möglich, die aus der verschiedenen Lage zur Himmelsrichtung zu erwartende Differenzierung des Alterungsvorganges nachzuweisen (siehe *Tab. 30*).

Tabelle 30

Alterungsgeschwindigkeit eines PVC-H-Formstoffs als Funktion der Expositionsrichtung, charakterisiert durch die Lösungsviskosität

Lage zur Himmelsrichtung	Lösungsviskosität in cP
N	0,970 ± 0,008
NW	0,965 ± 0,005
W	0,979 ± 0,01
SW	0,948 ± 0,009
S	0,940 ± 0,01
SO	0,931 ± 0,01
O	0,968 ± 0,006

Bei der Auswertung des Bewitterungsverhaltens von handelsüblichen PVC-Plattenhalbzeugen durch integrale Viskositätsmessungen am Prüfkörper tritt die Bedeutung der Materialdicke besonders in den Vordergrund. Die Lokalisierung der Alterungseffekte an der Oberfläche hat bei Dicken oberhalb 0,5 mm zur Folge, daß die aus den Messungen mechanischer Eigenschaften und Belagsbildung nach visuellen Befunden abzuleitenden Schädigungen durch die Viskositätsmessung und ihre Auswertung nach dem K-Wert *nicht* erfaßt werden. Dies bedeutet zugleich, daß sich so auch keine Unterschiede in der Wirksamkeit der einzelnen Prüfstationen in dieser Meßzahl widerspiegeln. Die nach einer Bewitterungszeit bis zu 5 Jahren an den verschiedensten PVC-Hart-Formstoffen und -Gebrauchsgegenständen gemessenen K-Werte betragen im Minimum 96% des Ausgangswerts.

Dagegen zeigen die Viskositätsmessungen an 0,30···0,35 mm dicken PVC-Hart-Folien nach 2 und 3 Jahren Bewitterung auf den verschiedenen Prüfstationen einen erheblichen Abfall des K-Wertes und damit eine Parallelität dieser integralen Meßgröße zu dem visuellen Befund der Belagsbildung, der Versprödung und den Reißfestigkeitsabnahmen. Wir nennen als Beispiel: Ausgangswert $K = 61$, nach 24 Monaten Bewitterung in Kanton $K = 54$, nach 24 Monaten Bewitterung im Süden der ČSSR $K = 57$. Ausgangswert $K = 68$, nach 35 Monaten Ostseeküste $K = 63$, nach 36 Monaten Thüringer Wald $K = 64$.

Die Lösungsviskosität von belagtragenden bzw. Sprödbruch aufweisenden Zonen auf den PVC-H-Formstoffen weist auf einen stärkeren Abbau hin. Der $[\eta]$-Wert über den Gesamtquerschnitt der ca. 1 mm starken Platte ist in den belagtragenden Zonen mit 0,87 deutlich geringer als in den belagfreien Zonen mit 1,08.

Die Aufteilung einer solchen 1 mm dicken Platte nach 3 Jahren Bewitterung an der Ostseeküste sowohl von der Ober- wie Unterseite her, zeigt auf Grund der Viskositätsmessungen eine Eindringtiefe der photochemischen Zersetzung von 0,3 mm an.

Nach 9 Jahren Bewitterung ist ein solches Material völlig versprödet. An der Oberseite befindet sich ein dichter grauweißer Belag; die ihn tragende Schicht ist braun verfärbt, während die Unterseite durchscheinend geworden ist.

Die von beiden Seiten her abgetragenen 0,1 mm dicken Schichten zeigen deutlich, daß bei einer solch langen Bewitterungszeit – Platte diente als Dachhaut – auch an der Unterseite bereits Abbauerscheinungen erkennbar werden. Die Tab. 31

Tabelle 31

Eindringtiefe des Bewitterungsabbaus von PVC-Hart-Platten charakterisiert durch Viskositätsmessungen (Prüfstation an der Ostseeküste)

Bewitterungsdauer: 3 Jahre

	η_{rel}	K
Ausgangswert	= 1,58	= 68,0
1. Oberschicht:	= 1,47	= 61,7
2. Oberschicht:	= 1,55	= 66,3
3. Oberschicht:	= 1,58	= 68,0
2. Unterschicht:	= 1,58	= 68,0
1. Unterschicht:	= 1,57	= 67,4

Bewitterungsdauer: 9 Jahre

Schicht Nr.	η_{rel}	K	$\overline{M}_v$
1	1,236	43,9	15000
2	1,394	56,0	35000
3	1,434	59,4	41000
4	1,477	62,0	48000
5	1,533	65,4	57000
7	1,463	61,3	46000
9	1,451	60,5	44000
10	1,451	59,3	41000

zeigt neben den Viskositätswerten und K-Werten auch die nach der Gleichung von MANČIK berechneten Molekulargewichte.

Andererseits bedeuten die Befunde, daß auch bei einer Langzeitbewitterung von PVC-H-Platten der Abbau auf eine Schichtdicke von ca. 0,4 mm beschränkt bleibt. Der graue Belag und die ihn tragende Schicht schirmen wohl doch gegen weitere Kettenspaltungen ab.

Transparent farblose 70/30-Folien aus PVC + Weichmachern in den Dicken zwischen 0,15 und 0,40 mm verfärben sich zwar innerhalb 8 Monaten Bewitterung an der Ostseeküste nach braun; der K-Wert des isolierten PVC erfährt in dieser Zeit noch keinen Abfall. In einigen Systemen aus PVC und DOP beginnt der viskosimetrisch erfaßbare Abbau nach 12 Monaten, so daß am Ende des 2. Bewitterungsjahres $K = 62$ (Ausgang $K = 70$) und nach 3 Jahren $K = 59$ gemessen wird. In anderen Systemen mit Gemischen aus Phthalaten und Paraffinsulfonsäureestern haben wir schon nach 12 Monaten eine Erniedrigung um K-Wert-Einheiten beobachtet.

Innerhalb einer $4^1/_2$ monatigen Bewitterung in den Sommermonaten an der Ostseeküste verfärben sich 50/50- und 60/40-Folien aus PVC + DOP bzw. DBP, werden spröde und klebrig. Der K-Wert des daraus isolierten PVC ist für das verwendete Em-PVC von $K = 67$ auf $K = 53$ bzw. $K = 47$ abgesunken. Nach insgesamt $9^1/_2$ und 16 Monaten Bewitterungsdauer liegen die niedrigsten K-Werte des Em-PVC bei $K = 54$ bzw. 41 und die des Sp-PVC bei $K = 51$ bzw. 50. Hierbei zeigt sich in den Systemen mit Dibutylphthalat stets die größere Viskositätserniedrigung.

Um einen Vergleich der Klimaauswirkungen der verschiedenen Prüfstationen auf die Geschwindigkeit der Viskositätsabnahme (K-Wert) während der Expositionszeit zu bekommen, haben wir, auch wegen einer wechselnden Zahl von Meßpunkten, den Quotienten ΔK/Monat gebildet. Für die PVC-Em-Weichfolien ergab sich hierbei

	ΔK/Monat =
für Leipzig	0,19
für Shanghai Hütte	0,20
für Shanghai	0,29
für Thüringen	0,60
für Kanton und Albanien	1,39

Für die in Leipzig und Shanghai bewitterten PVC-Sp-Folien stimmen die Werte überein. Sie erscheinen insgesamt gesehen in logischem Zusammenhang mit den oben diskutierten klimatischen Bedingungen.

Es deutet sich ferner bereits aus diesen Untersuchungen ein verschiedenartiger Abbaumechanismus bei der Bewitterung von weichmacherhaltigen PVC-Folien im Vergleich zu Hartfolien an.

Hierbei ist die Veränderung des Weichmachermoleküls von Bedeutung (siehe S. 211 ff.).

Trotz der sehr hohen Lichtdurchlässigkeit des Polymethylmethacrylats von 92% im sichtbaren wie im UV-Bereich ist zu erwarten, daß auch bei relativ starken Platten Abbauvorgänge während einer Bewitterung stattfinden.

Die integral an einer ca. 4 mm dicken Platte gemessene relative Viskosität $\eta_{rel} = 14{,}69$ entspricht einem K-Wert von 181.

Die Bewitterung an der Ostseeküste, im Thüringer Wald und am Balaton (UVR) läßt überwiegend die Oberfläche unverändert, vereinzelt treten leichteste Vergilbungen und Ansätze von Haarrissen auf. In Leipzig bildet sich eine starke Schmutzschicht, darunter ist die Oberfläche noch völlig intakt. Trotz dieses visuellen Befundes ist viskosimetrisch ein beachtlicher Abbau zu erkennen.

Wir geben [70] in *Tab. 32* den Verlauf der Alterung auf unseren verschiedenen Prüfstationen.

Tabelle 32

Polymethylmethacrylat-Platten: Alterungsverlauf charakterisiert durch integrale Viskositätsmessungen

Expositionsdauer an	Ostseeküste		Thüringen		Leipzig		Balaton	
Monate	η_{rel}	K	η_{rel}	K	η_{rel}	K	η_{rel}	K
24	4,55	132	4,41	130	4,73	133	3,72	122
35	3,76	122	4,28	129	4,02	126	2,48	99
47	3,41	117	3,78	122				
58	3,08	112	3,26	115	3,53	119	2,39	97

Bei der an diesem Plastformstoff besonders interessanten Untersuchung zur Eindringtiefe der Bewitterungsschäden ist das Arbeitsergebnis von M. P. VERŠININA und Mitarb. [69] zu beachten, wonach bei spanabhebender Bearbeitung bei dem hochmolekularen PMMA ein Abbau eintritt. Wir ermittelten an der in 11 Schichten aufgeteilten ca. 4,0 mm dicken Platte mit dem mittleren K-Wert von 181 an den einzelnen Schichten K-Werte zwischen 169 und 170.

Die Aufteilung einer an der Ostseeküste, in Thüringen oder am Plattensee bewitterten Platte ergab das in *Tab. 33* dargelegte Ergebnis.

Tabelle 33

Polymethacrylat-Platten: Eindringtiefe der Bewitterungsschäden charakterisiert durch Viskositätsmessungen (K-Wert) der einzelnen Schichten

Expositionsort und -Dauer in Monaten		abgehobelte Schichtdicke in mm 0,1	0,2	0,3	0,5	0,7	1,0	1,7	2,1	2,6	3,1
Ostseeküste	59	110	104	103	105	109	109	111	112	111	111
		integraler Mittelwert 112									
Thüringen	60	108	100	102	102	103	111	118	120	120	–
		integraler Mittelwert 115									
Plattensee	21	116	110	109	109	110	115	116	117	120	120
		integraler Mittelwert 122									

Das Klima des Plattensees bewirkt also noch etwas stärkere Effekte als das Ostseeklima. Die Schädigung ist bei einer Tiefe von 0,5 mm am stärksten. Die niedrigeren Werte im Vergleich zum integralen K-Werte deuten auf eine zusätzliche mechanochemische Schädigung beim Abhobeln hin.

Bei Polycarbonat-Folien setzt der photolytische Abbau auf allen von uns [55] belegten europäischen Prüfstationen schon nach kurzer Exposition ein. Hierbei zeigt sich ein merklicher Einfluß der an sich doch relativ geringen Klimaunterschiede in den geographischen Breitengraden zwischen 54,3° und 47°; wie aus den nach abnehmenden K-Werten geordneten Prüfstationen im Laufe der 3jährigen Bewitterung sich ergibt.

Tabelle 34

Abhängigkeit des photolytischen Abbaus von Polycarbonatfolie von der geographischen Lage der Prüfstation; Meßzahl K-Wert

K-Wert	Prüfstation	Expositionszeit in Monaten
77,9	Leipzig	0
59,3	Leipzig	11
56,8	Leipzig	23 (Schmutzschicht)
55,7	Thüringen	14
54,6	Balaton	12
50,0	Leipzig	37 (Schmutzschicht)
49,5	Ostseeküste	13
46,5	Thüringen	24
43,5	Ostseeküste	17
42,6	Ostseeküste	26
41,0	Thüringen	36
40,5	Balaton	27
37,5	Ostseeküste	36

Im am stärksten schädigend wirkenden Ostseeklima dürfte demnach mit einer maximalen Funktionstüchtigkeit von einem Jahr für derartige Folien gerechnet werden.

Polycaprolactam-Platten in einer Stärke von ca. 3,5 mm nehmen bei der Bewitterung an der Ostseeküste, im Thüringer Wald und in Leipzig ein stumpfes Aussehen an. Bei der Verfolgung dieser Bewitterung durch eine Viskositätsmessung einer Durchschnittsprobe über den Gesamtquerschnitt fällt der K-Wert geringfügig von $K = 68$ auf minimal $K = 64$ ab, ohne daß wesentliche Unterschiede durch die 3 Prüfstationen sich ableiten lassen.

Bei einer spanabhebenden Aufteilung eines Spritzgußstabes aus dem gleichen Material ergibt sich nach jeweils 24 Monaten Bewitterung eine etwas stärkere Wirksamkeit des Ostseeklimas (*Tab. 35*).

Die Eindringtiefe der Bewitterungsschäden kann bei den thermoplastischen Polykondensaten auch mit 0,4 mm begrenzt werden.

Tabelle 35

Abhängigkeit der Bewitterung von Polycaprolactam vom Klima der Prüfstation und Eindringtiefe der Bewitterungsschäden, Meßzahl K-Wert

Schicht Nr.	Dicke mm	K-Wert Ostseeküste	Thüringen	Leipzig
1	0,1	54,0	55,7	57,2
2	0,1	61,1	64,2	59,2
3	0,1	63,9	65,6	64,1
4	0,2	65,4	66,9	65,6
5	0,2	66,1	66,8	66,7
6	0,3	66,6	67,0	67,1
7	0,3	67,1	—	67,1
	integral	64,5	66,5	65,7
	Ausgangswert	66,8		

Um eine Bewertung verschiedenartiger Plastformstoffe nach ihrer Witterungsstabilität auf Grund viskosimetrischer Messungen zu ermöglichen und zugleich auch einen Vergleich der Aussagen der Versuchsanordnungen zur Ermittlung der Eindringtiefe zu erlangen, haben D. Weichert und K. Bühler [59] den relativen Wert

$$K_{\text{rel}} = \frac{K_A}{K_0} \quad (K_A = K\text{-Wert nach der Alterung})$$

als Charakteristikum eingeführt. In dieser Darstellung ergibt sich das Eindringen der Bewitterung für die 4 Plastwerkstoffe Polyäthylen, Polystyrol, Polyvinylchlorid und Polycaprolactam gemäß den Aussagen der *Abb. 47a* und *b*.

Diese Aussagen beziehen sich auf Plastformstoffe, die ohne jeden Stabilisator verarbeitet wurden.

Bei einem Schichtenpaket aus PS erlitt also nach 6 Wochen die erste 25 µm starke Schicht einen Abbau von 15%, der sich nach 3 Monaten aber auf 50% vergrößert. Der starke Abbau dringt innerhalb dieser Zeit bis zu 150 µm vor, in den tieferen Schichten verläuft er dann linear und ist geringer als 20%.

Beim PVC wurden innerhalb von 3 Monaten die Schichten bis zu 120 µm sehr stark – mehr als 20% – geschädigt; tieferliegende dann nicht mehr.

Der bei allen Thermoplasten durch die Bewitterung ausgelöste Abbau der Hauptvalenzkette führt selbstverständlich auch zu einer Veränderung der *Polymerenverteilung*.

Nach unseren Untersuchungen [42] an 6 Monate vom November bis Mai in Leipzig bewitterten Cellulosenitratfilmen, die bei Versuchsabbruch noch keine visuell erkennbaren Veränderungen aufwiesen, hat sich der Durchschnittspolymerisationsgrad – viskosimetrisch als Gewichtsmittel der unfraktionierten CN bestimmt – von PG = 190 auf PG = 21 verringert.

Beachtet man, daß erst ab April die monatlich eingestrahlte Globalstrahlung auf über 10000 kcal/cm² ansteigt, so ist die Verschiebung der Massenverteilung nach den kleineren Polymerisationsgraden doch recht erheblich.

Bei der Fraktionierung des CN läßt sich aus den integralen Massenverteilungskurven die Häufigkeitsverteilungsfunktion errechnen. Ihre Veränderung durch die 6monatige Bewitterung ist in *Tab. 36* zusammengefaßt.

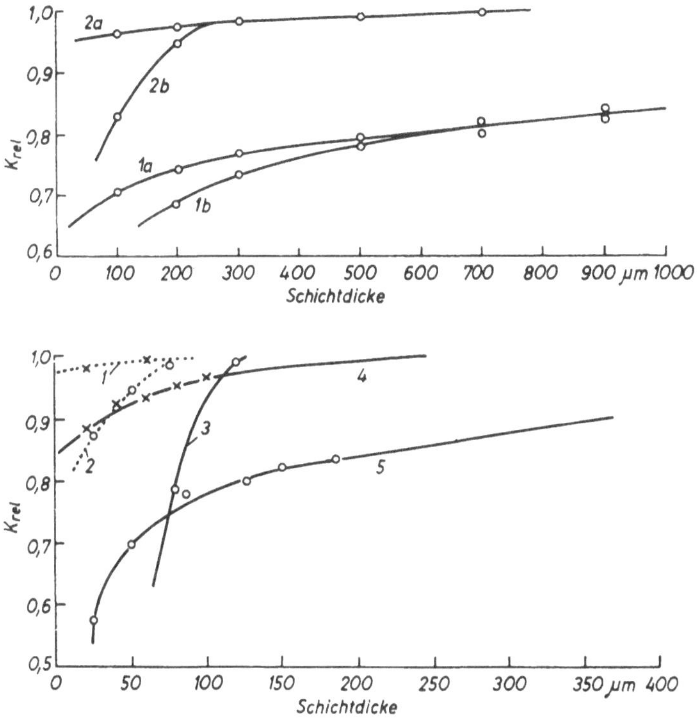

Abb. 47 *a*) und *b*) Eindringtiefe der natürlichen Bewitterung bei verschiedenartigen Plastformstoffen charakterisiert durch K_{rel}

a) Kurve *1a*) 15 Monate Thüringen *1b*) 36 Monate Ostseeküste	Polystyrol
2a) 8 Monate Thüringen *2b*) 24 Monate Thüringen (beide Abtragungsmethoden)	Polycaprolactam
b) Kurve *1*: 6 Wochen Ostseeküste *4*: 3 Monate Ostseeküste	Polyäthylen
2: 6 Wochen Ostseeküste *5*: 3 Monate Ostseeküste	Polystyrol
3: 3 Monate Ostseeküste	PVC Hart

Die Uneinheitlichkeit $U = \frac{P_w}{P_n} - 1$ wird also mit dem Fortschreiten der Bewitterung kleiner. Wir fanden für das Ausgangsmaterial $U = 1{,}13$ nach den 6 Monaten Alterung $U = 0{,}63$.

Tabelle 36

Beeinflussung der zahlenmäßigen Häufigkeitsverteilung für Cellulosenitrat durch die Freibewitterung

Kollektivgrenzen vom P.G.	0–20.	20–40.	40–60.	60–80.	80–100.	100–160.	160–320.	>320.
$\frac{m_{pi}}{Pi} \cdot 10^{-5}$								
ungealtert	500	166	120	86	72	152	215	12
bewittert	6900	667	100	43	17	12	0	0

Eine parallel dazu durchgeführte Untersuchung der Veränderung der polymeren Verteilung von Benzylcellulose mit 2,2-Äthergruppen je Glukose-Rest bestätigt zunächst eine bereits früher gemachte Feststellung, daß die *hier* untersuchte Benzylcellulose nicht so stark wie das CN abgebaut wird.

Aus den Häufigkeitsverteilungen ergeben sich folgende mittlere Polymerisationsgrade:

	unfraktionierte	aus Häufigkeitsverteilung gewichtsmäßig	zahlenmäßig
ungealtert	96	71	33
bewittert	64	43	17

Die Uneinheitlichkeit verändert sich demnach bei der Bewitterung von $U = 1{,}15$ nach $U = 1{,}52$. Die gewichtsmäßige Häufigkeitsverteilung [56] ist aus *Tab. 37* zu ersehen.

Tabelle 37

Beeinflussung der gewichtsmäßigen Häufigkeitsverteilung für Benzylcellulose durch die Freibewitterung

Kollektivgrenzen vom P.G.	0–10.	10–20.	20–30.	30–60.	60–100.	100–150.	150–200.
$g \cdot 10^{-3}$: ungealtert	55	75	80	240	300	200	50.
gealtert:	85	110	90	140	70	30	10 (Rückstand – 465).

Unter Benutzung der Trübungstitration zeigt sich aus orientierenden Messungen von D. Weichert [53] am 31 Monate an der Ostseeküste bewitterten Polystyrol ebenfalls eine deutliche Verschiebung der Funktion $\Delta m = f(t)$ nach geringeren Molekulargewichten (*Abb. 48*).

Eine 40 μ starke mit einem zinnorganischen Thermostabilisator verarbeitete PVC-Hartfolie, deren *K*-Wert von 62,5 auf 59,2 und deren Chlorgehalt von 55,8 auf 54,8 nach 8 Monaten Bewitterung abgesunken war, weist nach den Untersuchungen von K. Bühler [57] als Folge dieser Bewitterung eine geringe Verschiebung des Maximums der differentiellen Verteilungskurve von $\overline{M}_v = 65000$ auf $\overline{M}_v$

= 60000. Die Ausdehnung der Bewitterung auf 12 Monate bringt eine Abnahme des K-Wertes um weitere 1,3 Einheiten und auch eine deutliche Verschiebung des Maximums der differentiellen Verteilungskurve nach nunmehr $\overline{M}_v = 57000$. An einer unstabilisierten PVC-W-Folie mit Dihexylphthalat und Paraffinsulfon-

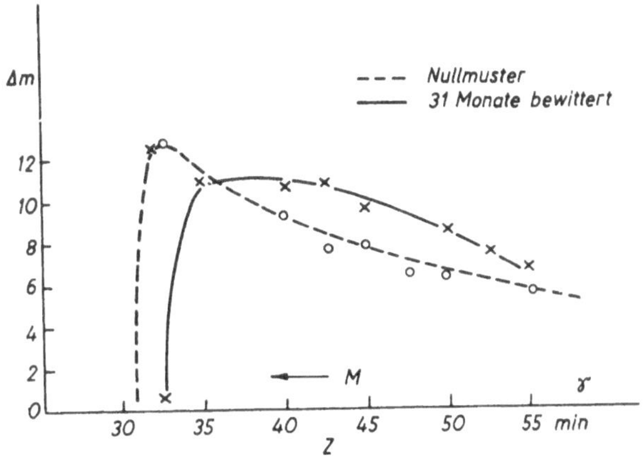

Abb. 48.
Polystyrol-Polymeren-Verteilung. Beeinflussung durch 31 Monate Bewitterung an der Ostseeküste

säureester als Weichmacher ändert sich nach 8 Monaten Bewitterung die Molekulargewichtsverteilung so, daß nunmehr das Maximum der differentiellen Verteilungskurve bei $\overline{M}_v = 63000$ liegt. (Nullwert $\overline{M}_0 = 79000$). Die Bewitterung nach weiteren 4 Monaten verändert diese Verschiebung nur wenig (*Abb. 49*). Es wird aber deutlich, daß die Weichfolien dem Abbau stärker unterworfen sind als Hartfolien.

In einem anderen Beispiel der Bewitterung einer DOP-haltigen PVC-Folie (75/25) während eines Jahres in Leipzig hat sich das breite Maximum im Bereich von $\overline{M}_v = 63000$ bis 100000 durch die Alterung deutlich nach $\overline{M}_v = 55000$ bis 85000, also unter Abbau der hochmolekularen Anteile verschoben.

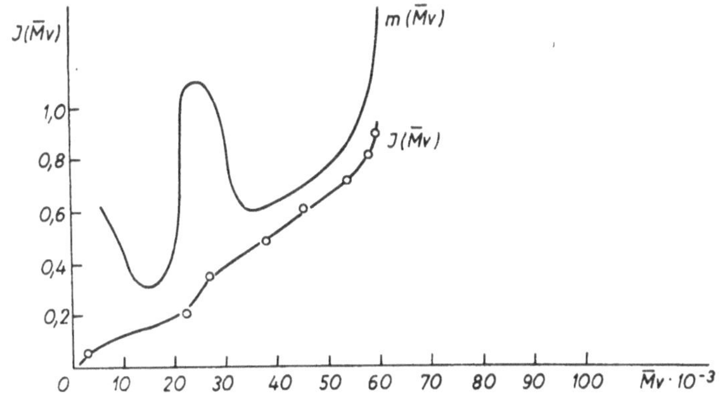

Abb. 49*a*

Abb. 49*a*) und *b*). PVC-W-Folien unstabilisiert. Beeinflussung der Molgewichtsverteilung durch 8 monatiges Bewittern an der Ostseeküste
a) ungealtert *b*) gealtert

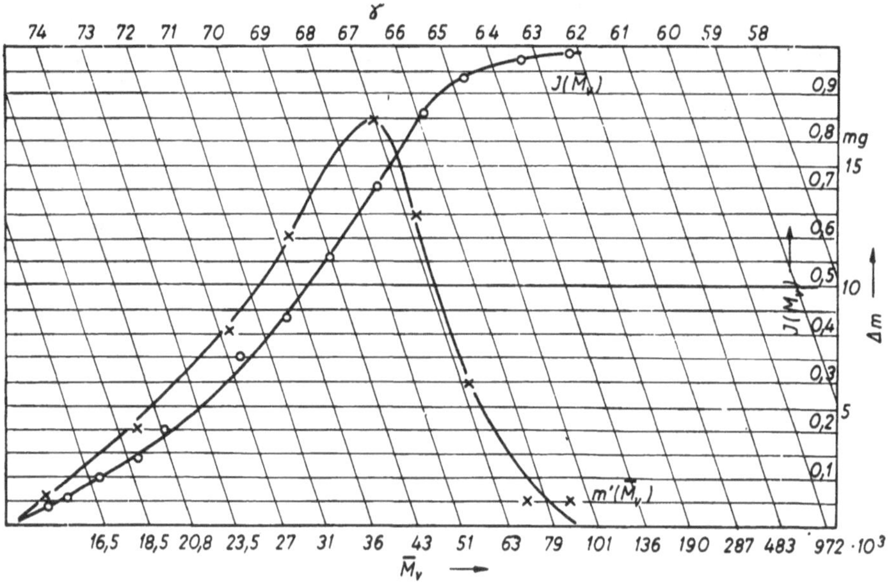

Abb. 49*b*

Im Gegensatz dazu steht die Beobachtung von T. Kimura [79], daß sich bei Weich-PVC auch nach sehr langer Bewitterungszeit die Molgewichtsverteilung kaum ändert.

Im Zusammenhang mit dem in *Tab. 34* ausgewiesenen starken fotolytischen Abbaus des Polycarbonats interessierte uns die damit verbundene Verschiebung der Molgewichtsverteilung. Hierbei haben wir [55] sowohl die Fällungsfraktionierung wie die Methode der Trübungstitration unter Einsatz eines Agfa-Trübungsphotometers angewendet.

Die Voraussetzung für die Berechnung des Molgewichts aus der Trübung, daß sie in Beziehung zum ausgefallenen Polymeren gesetzt wird, ist beim Polycarbonat wegen der langsamen Kristallisation nicht streng erfüllt. Es ist also mit relativ uneinheitlichen Fraktionen zu rechnen. Trotz dieser Bedenken reicht die Trübungstitration zur Beurteilung der Alterungsvorgänge und zum Vergleich der Polymolekularität aus.

In der *Abb. 50* ist die Verschiebung der Polydispersität durch eine 27monatige Alterung an der Ostseeküste auf Grund der Fällungsfraktionierung dargestellt.

Aus den Kurven der Trübungstitration von ungealterten und gealtertem Polycarbonat ergaben sich folgende Fakten:

. Beim ungealterten Material sind Molekulargewichte von über 120000 vorhanden. Nach einer Bewitterung von 13 Monaten an der Ostseeküste sind keine Anteile über 70000 mehr da; das niedermolekulare Gebiet zwischen 8000 und 25000 hat sich gegenüber dem Nullmuster stark vergrößert. Nach einer Bewitterung von 26 Monaten am gleichen Ort beträgt die obere Grenze ebenfalls 70000; der zweite Wendepunkt hat sich jedoch weiter in den niedermolekularen Bereich verschoben.

Der aus der Verteilungskurve ersichtliche Abbau nach 27 Monaten Lagerung am Plattensee (siehe *Abb. 51*) liegt im Vergleich zu den anderen Kurven zwischen der Wirkung von 13 und 26 Monaten Lagerung an der Ostseeküste.

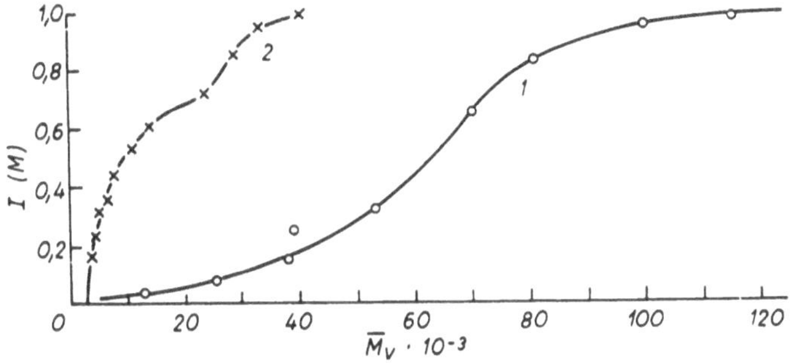

Abb. 50. Polycarbonat-Alterung. Verschiebung der Molgewichts-Verteilung nach 27 Monaten Bewitterung an der Ostseeküste, ermittelt durch Fällungsfraktionierung

1: ungealtertes Material
2: 27 Monate gealtertes Material

Verhältnismäßig gering ist der Abbau nach 2 Jahren auf der Prüfstation im Thüringer Wald. Es ergibt sich etwa folgende Wirksamkeit der Klimafaktoren auf unseren Prüfstationen bei der Bewitterung der Polycarbonatfolien:

ungealtert < Thüringen (24 Mon.) < Ostseeküste (13 Mon.) < Plattensee (27 Mon.) < Ostseeküste (26 Mon.).

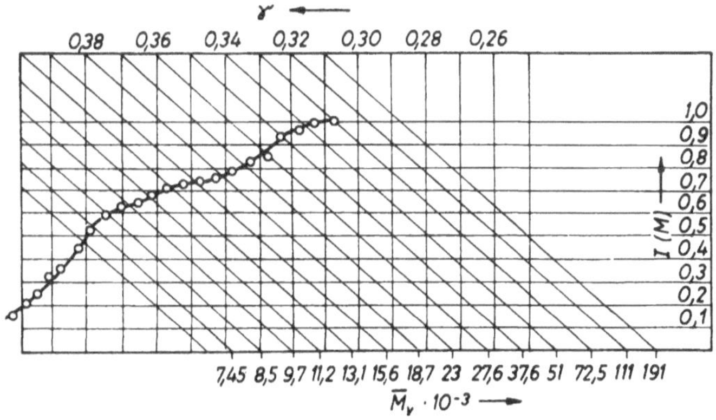

Abb. 51. Polycarbonat-Alterung. Polymolekularität nach 27 Monaten Bewitterung am Plattensee (Trübungstitration)

Die Methode der Trübungstitration hat sich nach Elisabeth Schröder [57] auch zur Bestätigung des bereits viskosimetrisch festgestellten starken Bewitterungsabbaus von Polycaprolactam-Formstoffen bewährt. Am Beispiel einer Feinseide konnte von ihr erkannt werden, daß bereits nach 3 Wochen Bewitterung an der Ostseeküste die höchstmolekularen Anteile von $\overline{M} \sim 25000$ auf $\overline{M} \sim 15000$

abgesunken und bereits Bruchstücke mit $\overline{M} \sim 1000$ vorhanden sind. Nach 14 Wochen liegt das Verteilungsmaximum bei $\overline{M} \sim 1800$. Oder anders ausgedrückt; nach 6 Wochen natürlicher Bewitterung liegt kein Polycaprolactam mehr vor.

Wir können uns wohl den Beobachtungen von I. D. NYE und K. S. MACKIE [62] auf Grund von elektronenmikroskopischen Untersuchungen anschließen, daß die UV-Strahlung weitgehend unabhängig von der chemischen Konstitution der Plastwerkstoffe zunächst die Oberfläche eines Formstoffes oder auch einer Anstrichschicht zerstört und so das Eindringen von Wasser während der Bewitterung erleichtert und durch Quellungserscheinungen eine physikalische wie auch chemisch reaktive Zerstörung beschleunigt. Hinzukommen die oft recht erheblichen Temperatur-Unterschiede zwischen Tag und Nacht, die je nach geographischer Breite die Wirkung des Taus noch unterstützen. Die dynamische Wirkung des Regens oder Hagels kann in der Nähe von Meeresküsten noch in ihrer Auswirkung auf den Bewitterungsablauf durch den Salzgehalt vermehrt werden, indem durch die Luftbewegung eine Kondensation von salinen Aerosolen auf der Oberfläche der Plastformstoffe die „Korrosion" beeinflußt.

E. PÂRLIGRAS u. a. [63] machen darauf aufmerksam, daß an der Schwarzmeerküste in der Nacht der Wind vom Meer her mit von der Tageszeit abhängiger Windstärke weht.

E. V. RUSSELL [34] vertritt sogar den Standpunkt, daß unter den Klimabedingungen der Tropen der Feuchtigkeitseffekt alle anderen Wettereffekte überwiegt.

Auf die Auswirkung eines hydrothermischen Schocks in den Klimazonen des Urwaldes und der Savannen — Feuchtigkeitsgehalt 45% bis 100% bei Temperaturen zwischen 12° und 45 °C — macht P. DUBOIS [12] aufmerksam.

Neben der Quellung sind Verformungen, Schrumpfungen und sogar Zerstörungen beider Oberflächen beobachtet worden. Die Minderung der dielektrischen Eigenschaften durch die Absorption der Feuchtigkeit ist beinahe selbstverständlich.

Ganz unabhängig von der absoluten oder relativen Höhe der Feuchtigkeit ist wohl zu beachten, daß die Wasserabsorption durch Größe und Gestalt der Plastformstoffe und durch das Verhältnis von Oberfläche zu Volumen bestimmt wird.

Für Polystyrol-Formstoffe haben C. H. ADAMS und I. R. TAYLOR [15] in allen auf dem nordamerikanischen Kontinent zugänglichen Klimaten festgestellt, daß die Wasserabsorption während der gesamten Versuchsdauer in der gleichen Größenordnung (~ 0,05%) bleibt, d. h. die Verringerung des Molgewichtes und die veränderte Molekulargewichtsverteilung bleibt hier ohne Einfluß.

Ebenso ist bei anderen hydrophoben Plastformstoffen wie Polyäthylen, Polyvinylidenchlorid, Polymethylmethacrylat und Polyestern keine Beeinflussung des Bewitterungsablaufs durch die Feuchtigkeit zu erwarten.

Überraschend ist die von BJORKSTEN u. a. [64] mitgeteilte Beobachtung, wonach PVC-Streifen, die oberhalb der Öffnung von mit nassem Sand gefüllten Behältern befestigt einer 6 monatigen Bewitterung ausgesetzt wurden, durch die kondensierte Feuchtigkeit völlig ihre Festigkeit einbüßten und die „*Gegenmuster*" nur etwas an Festigkeit verloren.

In diesem Zusammenhang ist auch unsere Untersuchung [14] über die Auswirkung des Regenfalls auf die Bildungsgeschwindigkeit des grau-weißen Belages auf Hart-PVC-Formstoffen von Interesse. Die größere Wasseraufnahmegeschwindigkeit bei kaschierten PVC-Em-Platten horizontal zur Folienoberfläche steht im Einklang mit der bevorzugten Belagsbildung an Schnittkanten und Lochungen, wo die Richtungsbevorzugung beim Regen ein schnelleres Eindringen des Wassers zur Folge hat. Der Mechanismus des Wassereinflusses auf die Bewitterungsfolge Belagsbildung kann rein physikalisch in einer Aufweitung des Gefüges mit anschließender Erleichterung des Eindiffundierens von Sauerstoff, Eisensalzen oder auch im Transport bereits abgespaltener HCl in tiefer gelegene Schichten und deren katalytische Wirkung bestehen.

Weiterhin ist die Wirksamkeit absorbierten Wassers bei hydrophilen Plasten beispielsweise den Polyamiden als temporärer Weichmacher zu beachten [65]. Die Wasserstoff-Brücken-Bindung wird aufgehoben und die Neigung zur Kristallitbildung herabgesetzt. Der Bewitterungsverlauf kann hierdurch merklich beschleunigt werden.

Bei unseren Untersuchungen zur Wasseraufnahme von verschiedenen Formstoffen aus Polycaprolactam oder Polyamid 6, 12 — Normkleinstab, Schulterstab, Wasserhahngehäuse — zeigte sich, daß je größer der Prüfkörper um so größer auch die Zunahme des Wassergehaltes war. Bezogen auf die geringste Wasseraufnahme der Formstoffe aus PA 6, 12 = 100% ergab sich bei der Exposition in Leipzig folgende Relation, wobei die für naturfarbenes Polycaprolactam gefundenen Werte zugleich durch elfenbein und schwarz eingefärbte Formstoffe bestätigt wurden:

	PA 6, 12	PA 6
Normkleinstab	100%	156%
Schulterstab	100%	230%
Wasserhahngehäuse	100%	254%

Die Steigerung der Wasseraufnahme vom Normkleinstab zum Schulterstab müßte theoretisch bei 1:2,7 liegen. Das tatsächlich gefundene Verhältnis 1:1,4 bzw. 1:1,7 ist auf die verschiedene Befestigungsart der Prüfkörper — Kleinstäbe freihängend, Schulterstäbe einseitig auf Aluminium-Blech aufliegend — zurückzuführen. Diese Untersuchungen zeigten uns weiter, daß keiner der Prüfkörper den theoretischen Sättigungsgehalt an Wasser in dieser 12 monatigen Bewitterung erreichte. Für die Polycaprolactam-Formstoffe haben wir in unseren Prüfstationen folgende Durchschnittswasseraufnahmen gefunden:

Leipzig 3,6% Thüringen 4,4% Ostseeküste 3,1%

Diese Beträge stehen in keinem Zusammenhang mit den auf den Prüfstationen in 3 hintereinanderfolgenden Jahren gefallenen Regenmengen.

Bei transparenten Formstoffen oder Korrosionsschutzschichten aus Duroplasten, insbesondere Phenolformaldehyd-Kondensaten oder Epoxyharzen ist die Wasseradsorption äußerst gering. Nach den Untersuchungen von H. E. Ashton [66] besteht zwischen der Wasserabsorption solcher Duroplaste und ihrer Durchlässigkeit für Wasser keine Beziehung. Es läßt sich aber auch nicht aus der Wasserdurchlässigkeit der Filme auf ihre Alterungsbeständigkeit schließen.

Es ist zu erwarten, daß die Feuchtigkeit den Alterungsablauf von cellulosehaltigen Duroplast-Formstoffen beschleunigt. Während zu Beginn der Bewitterung die Feuchtigkeit ausschließlich durch die äußere Harzschicht diffundiert, wird mit fortschreitender Erosion auch ein Einwandern der Feuchtigkeit in den Kapillaren zwischen den Füllstoff-Teilchen stattfinden.

Die Wasserabsorption ist natürlich eine Funktion der Oberflächenbeschaffenheit des Formstoffes. Sie wird also mit der Bewitterung ansteigen, bei der eine merkliche Erosion stattfand. Nach ADAMS und TAYLOR [39] zeigen in Florida (USA) exponierte Phenoplaste eine sehr hohe Wasserabsorption. Wie sich aus den Erfahrungen der Exposition von Schichtpreßstoffen in Brasilien [84] ergibt, führt die Wasseraufnahme der Oberfläche bei Kresolharz-Massen zu größeren Schädigungen als bei Phenolharzen. Die Wasseraufnahme ist nur bei diesen und bei Melaminharzen mit organischen Füllstoffen so gering, daß eine Resistenz in den Tropen erwartet werden kann.

Nach den Ermittlungen von E. PÂRLIGRAS u. a. [63] führt dies zu einem plötzlichen Abfall des elektrischen Durchgangswiderstands. Bei Phenolharz-Schichtstoffen mit Papierträgern beschleunigt die Speicherung der Feuchtigkeit den Alterungsvorgang so, daß nach 257 Tagen und bei den Textilgewebe-Trägern sogar schon nach 93 Tagen der Abfall eintritt.

Eine 2jährige Bewitterung (1935···1938) von 10 mm dicken Normstäben aus holzmehlhaltigen Phenol- bzw. Kresolharzpreßmassen verringert die Wasseraufnahme nach einer jeweils 28 Tage durchgeführten Wässerung beträchtlich. R. NITSCHE und E. SALEWSKI [67] führen dies auf ein stärkeres Aufspeicherungsvermögen für die Regenniederschläge zurück.

Die Diffusion des Wasserdampfes durch Plastfolien wird durch die beiden Fickschen Gesetze beschrieben.

Unsere ersten orientierenden Untersuchungen an 3 Jahre bewitterten PVC-Folien haben eine Zunahme des Permeationskoeffizienten von $P = 0{,}8 \cdots 4.0 \times 10^{-8}\,g \cdot h^{-1} cm^{-1} Torr^{-1}$ auf $P = 6{,}26 \cdot 10^{-8}$ ergeben. Es ist nicht ausgeschlossen, daß diese Erhöhung unbeschadet ihrer relativ starken Streuung der Meßwerte zwischen 2,14 und $6{,}40 \cdot 10^{-8}$ auf die Ausbildung von Mikrorissen zurückzuführen ist. In Übertragung der Ergebnisse von K. S. KUNZE [68] über die Wasserdampfdurchlässigkeit von CN-Filmen, die sich als unabhängig vom Polymerisationsgrad erwiesen hat, kann die Ermittlung der Permeation von Wasserdampf oder Gasen vielleicht Auskunft über strukturelle Umwandlungen nichtchemischer Natur an den Plastformstoffen während der Alterung geben.

4.2.2.2. *Physikalisch-technologische Ergebnisse*

In Ergänzung des visuellen optischen Befundes der transparenten Plastformstoffe während und nach der Bewitterung haben unsere Messungen der Lichtdurchlässigkeit [73] keine Veränderungen an Polyäthylenfolien erkennen lassen.

An einer Reihe von PVC-H-Folien haben wir die Farbtonveränderungen während einer 7monatigen Bewitterung durch die Remissionsverhältnisse der obersten, mittleren und untersten Folie eines Folienpaketes gemessen.

Hierzu wurde die Remission der einzelnen Spektralbezirke auf die der Weißplatte = 100% Emission bezogen. Für eine transparente PVC-H-Folie (0,50 mm dick), die als 5lagiges Schichtenpaket an der Ostseeküste nach einer mehrjährigen Aufbewahrung im Laboratorium bewittert wurde, erhielten wir die aus der *Abb. 52*

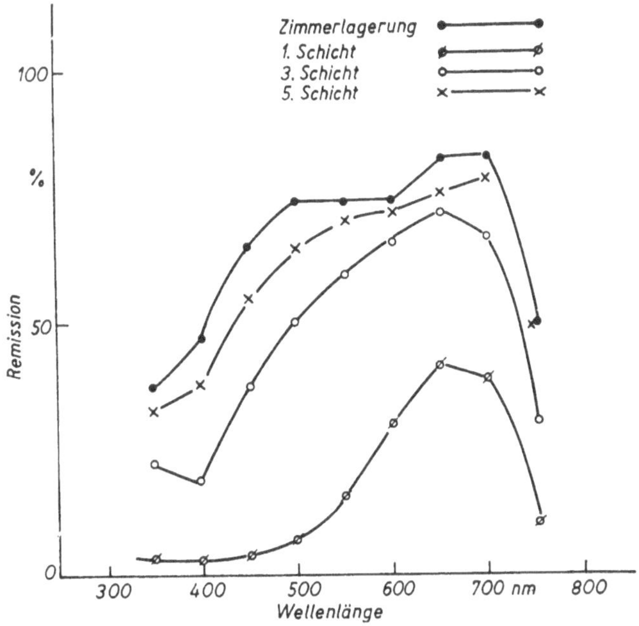

Abb. 52. Remission von PVC-H-Folien als 5lagiges Folienpaket bewittert

ersichtlichen Ergebnisse. Sie können als typisch auch für andere, leicht opak aussehende PVC-H-Folien gelten. Und in der *Abb. 53* geben wir als Beispiel die Veränderung der Remission von Weich-PVC-Folien ohne zusätzliche Stabilisierung, die als 6lagiges Schichtenpaket unter den gleichen Bedingungen bewittert wurde. Die erste Schicht wird innerhalb dieser wenigen Monate schon sehr dunkelbraun, die zweite nur leicht braun und die sechste war unverändert. Von Interesse ist bei diesem Beispiel der auffallend starke Rückgang der Remission der Folie der 2. und 6. Schicht im Wellenlängenbereich um 400 nm.

Durch die bis zu 9 Jahren ausgedehnte Bewitterung wird die Lichtdurchlässigkeit immer geringer, so daß wir schließlich an PVC-Em-H-Platten, die als Dachbelag während dieser Zeit dienten, die aus der *Abb. 54* ersichtliche Remission der stets den Wettereinflüssen ausgesetzten Fläche im Vergleich mit der Rückseite der gleichen und einer Folie, die stets abgedeckt bewittert wurde, gemessen haben. Die Kurvenzüge der letzteren decken sich weitgehend.

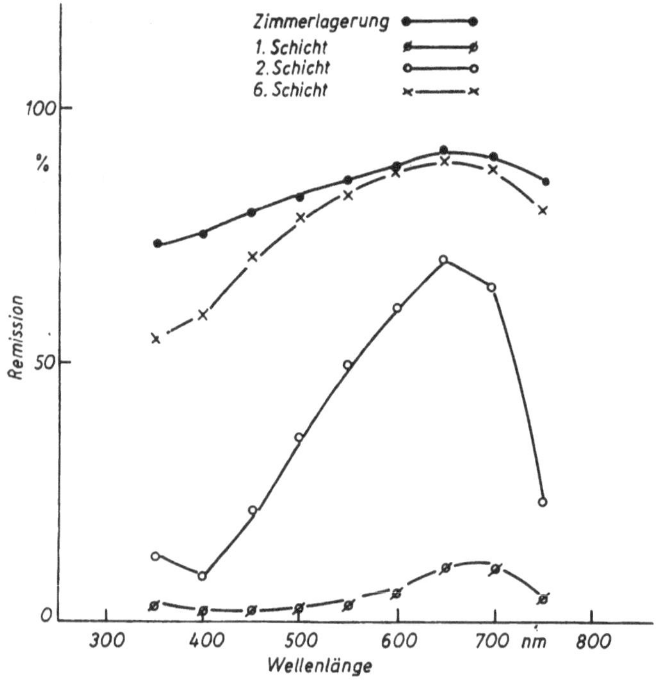

Abb. 53.
Remission von PVC-W-Folien unstabilisiert, als 6lagiges Folienpaket bewittert

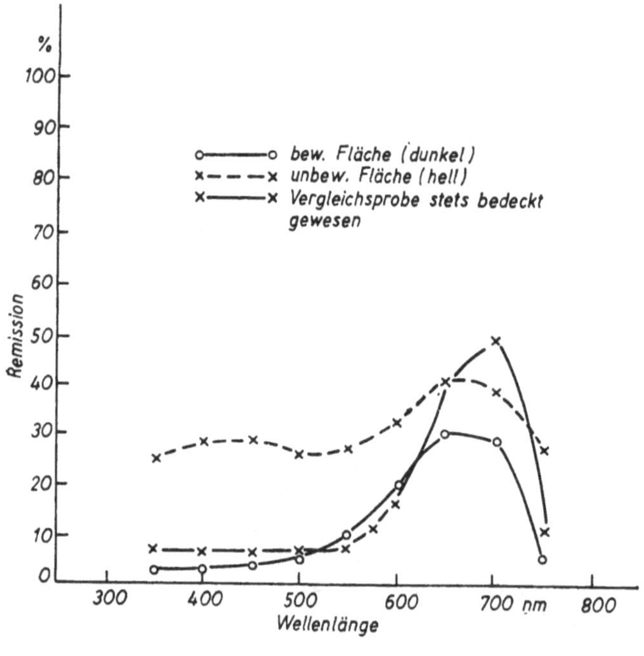

Abb. 54.
Remission von PVC-H-Platten nach 9 Jahren Bewitterung

In anderen Objekten haben wir noch sehr deutliche Einflüsse der unterschiedlichen Bewitterungsintensität der Nord- und Südrichtung der Prüfgestelle durch die Remissionsmessung nachweisen können.

So hat beispielsweise die Remission der Rückseite einer ursprünglich „*naturfarbenen*" PVC-Em-H-Platte, die 3 Jahre nach Süden gerichtet bewittert war, im Wellengebiet um 650 nm im Laufe der Zeit etwas abgenommen, während sie bei dem nach Norden gerichtet bewitterten Gegenmuster über das ganze Spektralgebiet ganz wenig zugenommen hat.

Gemäß den Ergebnissen von S. E. Yustin u. a. [72] zeigt sich der starke klimatische Angriff auf Prüfkörper aus Vinylchlorid-Mischpolymerisaten (83% VCl) auch in einem erheblichen Rückgang der Lichtdurchlässigkeit von 74% auf 49% im tropischen Klima und auf 1% im ariden Klima. Nur in der gemäßigten und kalten Klimazone bleibt die Lichtdurchlässigkeit in den ersten 12 Monaten unverändert. Jedoch werden bei weitergeführter Bewitterung alle Proben sehr viel dunkler, so daß dann auch durch die Einwirkung eines mittleren Klimas die Lichtdurchlässigkeit auf 40% abgesunken ist.

Die starke Verfärbung des Cellulosenitratfilms während einer 65tägigen Bewitterung im April bis Juni läßt die Messung der Lichtdurchlässigkeit mittels Photometers zu.

Für die einzelnen Spektralbereiche geht sie, bezogen auf die des unbewitterten Films, auf 67···73% zurück, wobei die Lichtdurchlässigkeit im violetten Gebiet eine weitaus stärkere Abnahme erfährt als im roten. Im letzteren scheint sie etwa proportional der Auslegezeit abzunehmen, während im violetten Bereich die Abnahme am Expositionsanfang stark einsetzt und gegen Ende langsam verläuft.

Wie K. Mc Cree [74] bereits im Jahre 1954 feststellte, ist die optische Durchlässigkeit von 1,4 mm dicken Platten aus weichmacherhaltigem Polymethylmethacrylat bis zu 36 Wochen Exposition im Sonnenlicht fast unabhängig für Wellenlängen $\lambda < 3200$ Å, obwohl sie in den erste 11 Wochen stark abfällt. Für den Wellenlängenbereich $\lambda > 3200$ Å ist in der Belichtungsperiode von 11 ··· 36 Wochen nur noch ein geringer Rückgang.

Aus unseren Untersuchungen [73] zur Änderung der Lichtdurchlässigkeit von transparent-bunten Platten aus Polymethacrylat während der Bewitterung im Klima der DDR und in Kanton (VR China) nach 24 Monaten bzw. 12 Monaten geht hervor, daß sich die hierbei verwendeten handelsüblichen Farbstoffe im Methacrylat als beständig erwiesen haben. Die Lichtdurchlässigkeit der Platten hat sich überwiegend während dieser Zeit nicht geändert.

Soweit einige Ausbleicheffekte meßbar waren, ändert sich jedoch nicht der subjektive visuelle Befund. Im Laufe der Bewitterungszeit ändern sich die Wellenlängenbezirke, in denen die Lichtdurchlässigkeit meßbar wird. In all diesen Fällen handelt es sich um Aufhellung des kurzwelligeren Teils des Lichtes.

Nach dem von G. R. Rugger [80] zusammengefaßten Befund zeigen PMMA-Formstoffe auch anderer Fabrikationsstätten nur geringfügige Änderungen der Lichtdurchlässigkeit für eine Bewitterungsdauer bis zu 3 Jahren. Wenn auch danach, wie wir bestätigen können, viskosimetrisch meßbare Abbauvorgänge sich abspielen, so verändern doch die entstandenen kürzeren Ketten nicht die optische Klarheit. Etwa beobachtete Trübungen gehen auf die Verarbeitungshilfsstoffe zurück.

Nach den Angaben von M. I. FROLOVA und Mitarb. [106] bleibt die Lichtdurchlässigkeit des weichmacherhaltigen PMMA-Formstoffes auch nach 10 Jahren Bewitterung erhalten. Nach 15 Jahren geht sie beim weichmacherfreien PMMA auf 83% zurück.

Bei den transparenten Phenolgießharzen ruft nach S. E. YUSTIN [72] das Industrieklima der gemäßigten Zone Minderungen der Lichtdurchlässigkeit und Trübung innerhalb eines Jahres hervor. Im Laufe der weiteren 12 Monate Bewitterung tritt nun auch in der arktischen Zone eine Zerstörung der Oberfläche auf, als deren Folge die Lichtdurchlässigkeit um 30% zurückgeht und eine Trübung von 10% sich einstellt.

Die offenbar besonders zerstörende Wirkung einer Salzatmosphäre im arktischen Klima auf transparente Formstoffe führt auch zur Veränderung der *Oberflächenhärte*. Dies gilt für die Phenolgießharze und Poly-Allyl-phthalate. Bei plastischen Massen aus Acetylcellulose bringt ein tropisches Klima die größte Veränderung der Härte.

Wenn auch die Ergebnisse der verschiedenen Härteprüfverfahren nur dann vergleichbar werden, wenn hierbei die gleichen Materialschichten in gleichartiger Weise beansprucht werden, so haben diese zerstörungsfreien Prüfungen doch den Vorteil, daß nur sehr kleine Bezirke der Oberfläche beansprucht werden, und sich so der Fortgang der Alterung an ein und derselben Oberfläche gut verfolgen läßt.

Die 6 Jahre auf unserer Prüfstation an der Ostseeküste bewitterten PVC-H-Platten (3 mm dick), die zugleich an der Süd- und Nordseite der Schutzhütte als äußere Wandverkleidung dienten, zeigen in der Mehrzahl ihrer Werte nur eine minimale Abnahme der Kugeldruckhärte von ursprünglich 1390 kp/cm² bis zu 1330 kp/cm² bei den nach Norden bewitterten Platten. An den Platten auf der Südseite finden sich auch Härtewerte von 1210 bzw. 1170 kp/cm². Diese geringeren Werte sind für den praktischen Einsatz jedoch völlig bedeutungslos. Die bewitterten Rückseiten der Platten sind in jedem Fall in der Härte unverändert [75]. (Zur Anordnung der Platten siehe auch *Abb. 11.*)

Bei der Bewitterung von Polymethacrylat-Platten verringert sich die Oberflächenhärte sowohl der bewitterten wie auch der unbewitterten Oberflächen. Der Verlauf während der Exposition ist regellos. Es wurden Werte zwischen 1100···1450 kp/cm² gemessen. Das Ausgangsmaterial hatte eine Härte von ca. 1550 kp pro cm².

M. I. FROLOWA [106) hat nach 15 Jahren Bewitterung an weichmacherfreien PMMA-Platten noch dieselbe Härte wie beim Ausgangsmaterial gemessen.

Bei der in den Monaten Mai bis September durchgeführten Bewitterung von Polycaprolactam-Formstoffen verringert sich die Oberflächenhärte von 11 kp/mm² auf 8,1 kp/mm² im Mai und schließlich kontinuierlich fallend auf 5,8 kp/mm² im September [107].

An verschiedenen duroplastischen Formstoffen aus Dicyandiamidpreßmassen,

Phenolharzpreßmassen und Melaminharzpreßmassen hat R. THATER [13] einen Rückgang der Oberflächenhärte von im Durchschnitt maximal 10% sowohl an den 5 Jahren lang in Leipzig direkt bewitterten wie auch rückseitigen Oberflächen gemessen. Für die einzelnen Duroplast-Typen sind die Absolutwerte der Härte unterschiedlich verändert.

Auch aus den Werten der elastischen Rückstellung der Kugeleindrucktiefen, die sich sehr geringfügig von denen des Ausgangsmaterials unterschieden, ist zu schließen, daß innerhalb dieser 5 Jahre nur eine geringe Auflockerung des Materialgefüges in den äußeren Schichten der Preßplatten eingetreten ist. In Tab. 38 ist außerdem noch die Kugeldruckhärte nach 7 und 10 Jahren Bewitterung sowie die Härte der 10 Jahre bei Raumtemperatur gelagerten Gegenmuster an einigen ausgewählten Beispielen aufgenommen.

Die Meßbedingungen der nach 7 bzw. 10 Jahren ermittelten Oberflächenhärten weichen insoweit von den Ausgangsmessungen und denen nach 5 Jahren Bewitterung ab, daß zuletzt die Härte bei 1 kp Vorlast und 50 kp Hauptlast gemessen wurde gegenüber 62,5 kp Hauptlast zu Anfang und nach 5 Jahren. Es bestätigt sich das zu erwartende Ergebnis, daß mit fortschreitender Bewitterung die Härte auf beiden Oberflächen des Prüfkörpers zurückgeht.

Nach I. F. KANAWETZ und Mitarb. [76] fällt die Oberflächenhärte von Phenoplast-Formstoffen bereits nach zweijähriger Bewitterung um 10% ab. In diesen unterschiedlichen Angaben kommt auch die wahrscheinlich verschiedenartige Technologie der Harzherstellung und Verarbeitung zu Preßmassen und Formstoffen zum Ausdruck. Für Harnstoff-Formaldehyd-Massen findet G. O. GRIMM [77] eine Abnahme der Oberflächenhärte um nahezu 25%. Eine bei Melaminharz-Formstoffen beobachtete Zunahme kann auf eine photochemisch katalysierte Aushärtungsreaktion zurückzuführen sein.

Die Kugeldruckhärte der Formstoffe aus Epoxyharzen, gehärtet mit anhydrischen wie aminischen Härtern unter nach Temperatur und Zeitdauer variierten Bedingungen, hat sich im Laufe von 4 Bewitterungsjahren auf unseren Prüfständen in der DDR nicht außerhalb des Streubereichs der Messungen verändert.

F. E. PSCHORR und A. N. CIAUCIARULO [108] geben an, daß sich die Härte der Epoxyharzformstoffe unabhängig von der Zusammensetzung der Basisharze und der nach Härter und Härtungsbedingungen variierten Härtung mit der Bewitterungsdauer — maximal 5 Jahre — verringert.

Trotz der allgemein gültigen Erkenntnis, daß die Wetterfestigkeit eines Plastformstoffes von seiner Materialdicke abhängig ist und die an der Oberfläche beginnenden Schädigungen nur eine begrenzte Eindringtiefe von maximal 0,5 mm erreichen, beanspruchen die meisten unter Zerstörung des Prüfkörpers durchgeführten physikalisch-technologischen Meßmethoden zum Alterungsvorgang den gesamten Querschnitt des Formstoffes.

Es ist also notwendig, bei der Auswertung der hierbei erhaltenen Meßwerte in Richtung einer praktischen Ausnutzung der Formstoffs sich stets bewußt zu sein, daß sie eine Widerspiegelung des Festigkeit eines ganzen Spectrums von Schädigungszuständen sind, die sowohl durch chemische Veränderungen am Makro-

Tabelle 38

Veränderung der Oberflächenhärte von duroplastischen Formstoffen nach 5 bzw. 10 Jahren Bewitterung in Leipzig

		Bewitterung nach 5 Jahren								nach 7 Jahren		nach 10 Jahren		Nullmuster 1967 (Raumlagerung	
Formstoff	Vorwärmung	Kugeldruckhärte Nullmuster		Kugeldruckhärte bewitterte Platte		elastische Rückstellgröße Nullmuster		elastische Rückstellgröße bewitterte Platte		Kugeldruckh.		Kugeldruckh.		Kugeldruckh.	
		Unterseite [kp/cm²]	Oberseite	Unterseite	Oberseite	Unterseite [µm]	Oberseite	Unterseite	Oberseite	Unterseite [kp/cm²]	Oberseite	Unterseite [kp/cm²]	Oberseite	Unterseite [kp/cm²]	Oberseite
Dicyandiamidpreßmasse															
NN	o	3180	3210	3025	3125	80	77	81	76	1600	1500	1400	1780	1920	1820
	m	3620	3460	3460	3500	76	77	75	70	1640	1580	1300	2200	1500	2840
RX	o	3590	3180	3125	3250	72	81	82	77	1640	1500	920	1700	1740	1840
	m	3840	3740	3700	3830	71	72	71	68	1800	1500	2200	2000	2700	2000
Phenolharzpreßmasse															
Typ 31.89	o	3000	2980	2820	2840	81	83	85	84	—	—	—	—	—	—
	m	3110	3060	2840	2928	82	84	84	83	2100	2100	1300	1780	2400	1240
Typ 31.1649	m	3420	3280	3070	3135	77	77	79	80	—	—	—	—	—	—
Melaminharzpreßmasse															
001 Typ 152	o	4350	4350	4130	4070	69	68	72	71	—	—	—	—	—	—
	m	4420	4420	4300	4240	67	66	68	67	1500	1500	1980	2700	1980	3500

molekül selbst wie auch am als Formstoff genutzten System Makromolekül + Verarbeitungshilfsstoff, aber auch durch physikalisch-strukturelle Umwandlungen allein und schließlich durch Kombination dieser Möglichkeit entstanden sein können.

Es kommt immer dann zum Bruch des Plastformstoffes, wenn die durch ihn aufgenommene Energiemenge ausreicht, um die Hauptvalenzbindung und die Kräfte der intermolekularen Wechselwirkungen zu überwinden. Die Energiemenge setzt sich aus der mechanischen Deformationsenergie und der Energie der thermischen Bewegung zusammen.

Weiterhin sei noch einmal darauf aufmerksam gemacht, daß technische Flächengebilde von vornherein auch Inhomogenitäten über die Fläche aufweisen, deren Auswirkung sich besonders in kleindimensionierten Bezirken bemerkbar macht u. a. auch in lokal unterschiedlicher Alterungsgeschwindigkeit. Schließlich ist mit alterungsbedingten Inhomogenitäten in relativ großflächigen Bezirken als Folge unterschiedlicher Montagebedingungen bei der Wetter-Exposition zu rechnen.

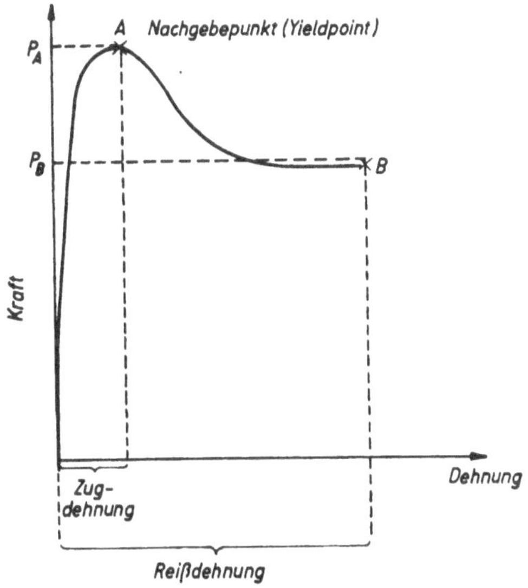

Abb. 55.
Zur Definition der mechanischen Festigkeiten

Bei der Auswertung der für die Beurteilung des Bewitterungsverhaltens im Vordergrund stehenden Zugfestigkeitsdiagramme benutzen wir [78] die Begriffe „*Zugfestigkeit*", „*Zugdehnung*", „*Reißfestigkeit*" und „*Reißdehnung*" im Sinne des in *Abb. 55* gezeigten etwas idealisierten Diagramms.

Die am Nachgebepunkt anliegende Kraft, die Zugfestigkeit, und die im Moment des Bruches anliegende Kraft, die Reißfestigkeit, sind hier auf den Anfangsquerschnitt bezogen. Letztere ist grundsätzlich mit einem erheblichen Fehler belastet, weil sich ja der anfangs über den gesamten Meßstreifen gleichmäßig verteilte Querschnitt nach Überschreiten des Kräftemaximums teilweise stark verändert. Diese Änderung kann bei den gealterten Prüfkörpern durchaus von der des Ausgangsmaterials abweichen.

Unter teilweiser Vorwegnahme der Bewitterungsergebnisse lassen sich auf Grund der charakteristischen Zug-Dehnungsdiagramme die Thermoplaste in 3 Gruppen gliedern:

1. Plaste mit sehr ausgedehntem Diagramm, verursacht durch einen an den eigentlichen Zugprozeß sich anschließenden Fließvorgang, oft eingeleitet durch ein Kraftminimum (Einsattelung). Durch die Bewitterung verschwindet sehr bald dieses so gekennzeichnete Fließvermögen. Wir nennen hier Polyäthylene und Polyamide.
2. Plaste mit Kraftdehnungsdiagrammen mit kurzer, oft nicht eindeutig ausgeprägter Fließzone, die im Laufe der Bewitterung in einem längeren Zeitraum abnimmt. Beispiel: PVC-Hart.
3. Plaste mit Diagrammen ohne jegliche Fließbildung. Die Bewitterung führt überwiegend zu Rückgängen der Zugfestigkeit, gelegentlich auch zu Zunahmen (Polystyrol, Polymethacrylat).

Zur Beantwortung der Frage, inwieweit die Eindringtiefe der Bewitterungsfolgen auch durch Messungen der mechanischen Festigkeiten nachgewiesen werden kann, haben D. Weichert und K. Bühler [59] die Methode der Bewitterung eines „*Schichtenpakets*" aus dünnen Polystyrol und Polyäthylenfolien angewendet. Trotz der infolge der geringen Dicke relativ hohen Anfälligkeit gegen Verletzungen und der resultierenden starken Streuung der Meßwerte, ist jedoch aus *Abb. 56* und *Tab. 39* zu erkennen, daß in der ersten „*Schicht*" ein starker Abfall bereits nach 6 Wochen Bewitterung an der Ostseeküste eintritt.

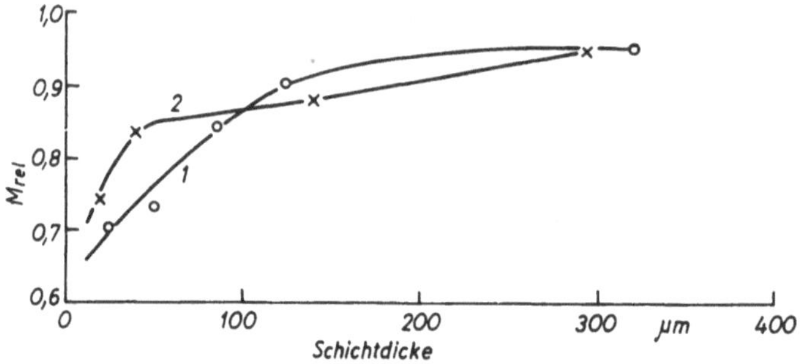

Abb. 56. Eindringtiefe der Bewitterung gemessen an der relativen Zugfestigkeit von PS (1) und der rel. Reißfestigkeit von PE (2) nach 6 Wochen Exposition an der Ostseeküste

Aus unseren Untersuchungen [73] über die durch eine Festigkeitsanalyse nachweisbaren Eindringtiefe der Bewitterungsschäden bei PVC-H-Folien nach der Methode des „*Schichtenpakets*" geben wir als Beispiel das Verhalten der in *Tab. 5* (siehe S. 76) bereits behandelten beiden Folien, die also jetzt nach 78 bzw. 99 Monate Raumlagerung im März 1965 für die Dauer von 7 Monaten an der Ostseeküste bewittert wurden. Wir beschränken uns auf die Wiedergabe der jeweils in Längsrichtung bemessenen Festigkeitsänderungen dieser Feinfolien in den *Abb. 57a* und *57b*.

Tabelle 39

Abhängigkeit der relativen Zugfestigkeit längs von gereckter Polystyrolfolie und der relativen Reißfestigkeit längs von Polyäthylen (Blasfolie) von der Schichtstärke

Schicht Nr.	Polyäthylen rel. Reißfestigk. längs	Polystyrol rel. Zugfestigk. längs
1	0,736	0,705
2	0,840	0,723
3		0,846
5		0,905
7	0,880	
10		
15	1	1

Bei der Folie „*A*" nimmt die Zufgestigkeit in allen 5 Schichten zwar nicht monoton mit der Zeit, aber doch im Groẞe und Ganzen ab. Der Zufgestigkeitsrückgang ist in der obersten Schichte am stärksten. Die Bewitterung führt nach 7 Monaten Dauer zu einer völligen Versprödung dieser 0,06 mm dicken Schicht.

Im wesentlichen ändert sich die Reißfestigkeit symbat mit den Zugfestigkeiten. Der Charakter der Abnahme der Festigkeiten und auch der Dehnungswerte mit fortschreitender Bewitterung ist in allen Schichten gleichartig. Dies ist aus der extrem geringen Dicke dieser Folie „*A*" (0,06 mm) auch zu erwarten. Die Gesamtdicke des Schichtenpakets liegt mit 0,30 mm durchaus innerhalb der durch andere Meßmethoden festgestellten Eindringtiefe. Diese sehr dünnen Folien sind von der Herstellung her stark festigkeitsanisotrop. Die bei dieser Folie „*A*" in den Schichten 2 bis 5 am Versuchsende sich einstellende Niveaubildung der Zugfestigkeit wird die „normalen" Festigkeitswerte bei 500 kp/cm² wiedergeben.

Die 0,20 mm dicke Folie „*B*", die also vor der Bewitterung schon 99 Monate „abgelagert" war, zeigt in allen 5 Schichten (Gesamtdicke also 1,00 mm) ein relativ gleichartiges Abfallen der Reiß- und Zugfestigkeiten. Hingegen zeigt sich deutlich die Konzentration der Schädigung durch die Bewitterung in der ersten Schicht durch die Werte der Reißdehnung. Auch hier ist die 1. Schicht bereits merklich versprödet. Zusammen mit der beobachteten Verfärbung dieser Schicht muß also gefolgert werden, daß durch die recht erhebliche Absorption der UV-Strahlung bei 350 nm speziell diese Schichten den fotochemischen Abbau tragen.

Für eine PVC-W-Folie ergaben die korrespondierenden Untersuchungen die aus *Abb. 58* ersichtlichen Abnahmen der Reißfestigkeit und Reißdehnung in Längs- und Querrichtung der 0,25 mm dicken Kalanderfolie. Es ist ersichtlich, daß auch die 6. Schicht soweit durch die Klimafaktoren geschädigt wird, daß sich der Charakter des Abbauvorganges in den 7 Monaten Bewitterungsdauer an der Ostseeküste nicht von dem der oberen Schichten unterscheidet, wenn auch aus den Absolutbeträgen wiederum die hauptsächliche Schädigung der ersten und 2. Schicht ersichtlich ist.

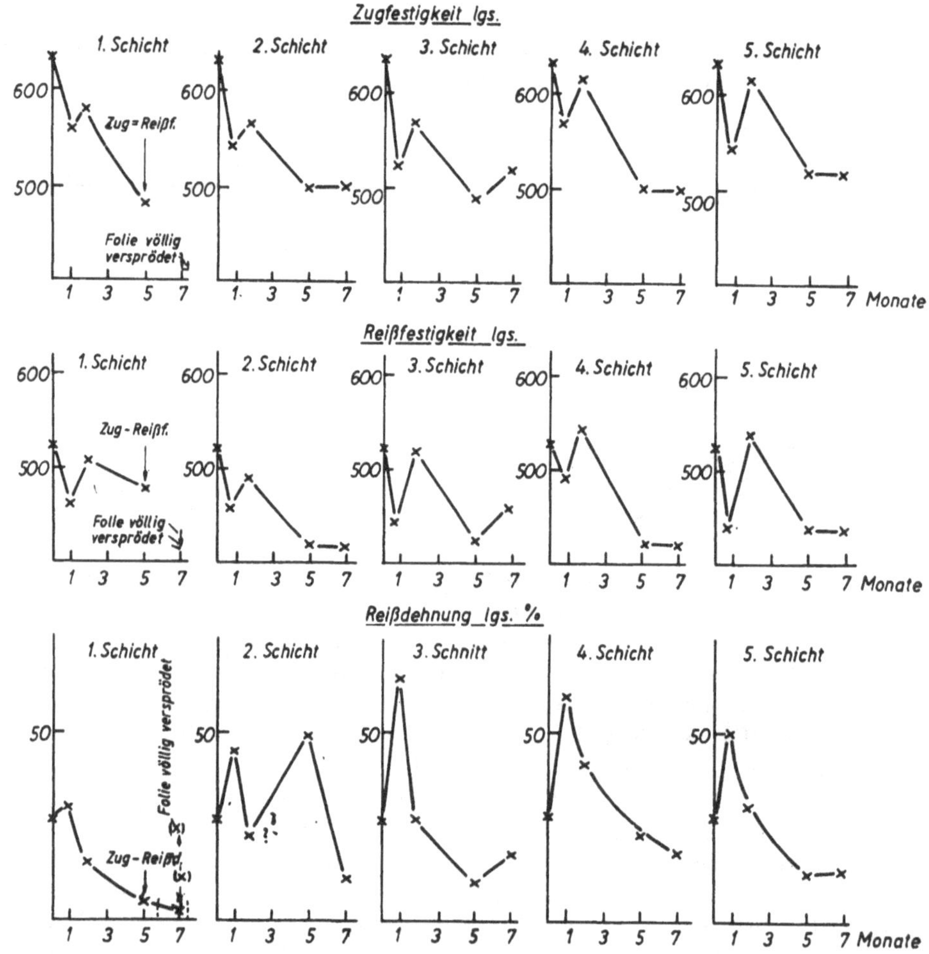

Abb. 57 *a*) und *b*) Eindringtiefe der Bewitterung bei den PVC-Feinfolien verschiedener Dicke als Schichtenpaket 7 Monate an der Ostseeküste bewittert, gemessen an der Änderung der Zugfestigkeit, Reißfestigkeit und Reißdehnung

a) Folie „A“ 0,06 mm
b) Folie „B“ 0,20 mm

Der sich in diesen ausgewählten Beispielen und dem übrigen Versuchsmaterial von Schicht zu Schicht unabhängig von der Dicke des Prüfkörpers und seinen Verarbeitungsbedingungen stets wiederholende grundsätzliche Aufbau der Diagramme der Festigkeitsänderungen beweist wohl, daß die hierbei gefundenen „*Unregelmäßigkeiten*“ real sein müssen. Und es ist für die Beurteilung des Alterungsvorganges seiner Natur nach wie auch im Hinblick auf die anwendungstechnologische Nutzung solcher Formstoffe von Bedeutung, daß die „*Unregelmäßigkeiten*“ sich schon bei der ersten Festigkeitskontrolle nach 3 Monaten Exposition finden.

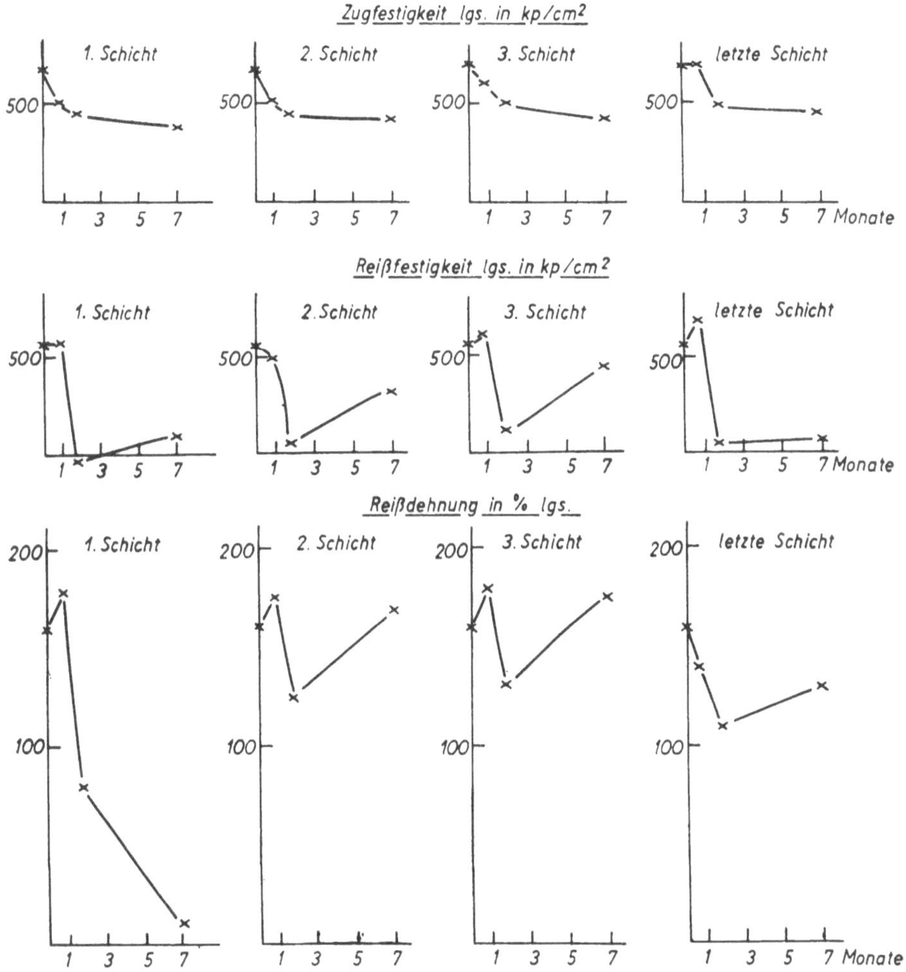

Hierbei ist ferner zu beachten, daß die zu diesen Untersuchungen verwendete PVC H-Feinfolie ,,*A*" vorher schon 78 Monate im Raum aufbewahrt war, ohne daß es in dieser Zeit zu einem Ausgleich der Festigkeitsanisotropie kam. Die beobachtete merkliche Erhöhung der Festigkeiten spricht eher für eine Gefügeverfilzung, die dann durch die Bestrahlungsenergie während der Bewitterung durch strukturelle physikalische wie chemische Umwandlungen in eine Abnahme umschlägt.

Wenn auch die Bewitterungsanfälligkeit des Celluloids und der damit verbundene Rückgang der mechanischen Festigkeiten seit vielen Jahrzehnten bekannt ist, so ist doch bezüglich der Geschwindigkeit dieses Abbaus die Feststellung von J. Delorme [4] von Bedeutung, daß bereits nach einem Monat Exposition die Reißdehnung von 37% auf 7,5% (absol.) abgesunken war. Die geringfügige Änderung der Reißfestigkeit von 6,0 kp/mm² auf 5,6 kp/mm² deutet zugleich auf das

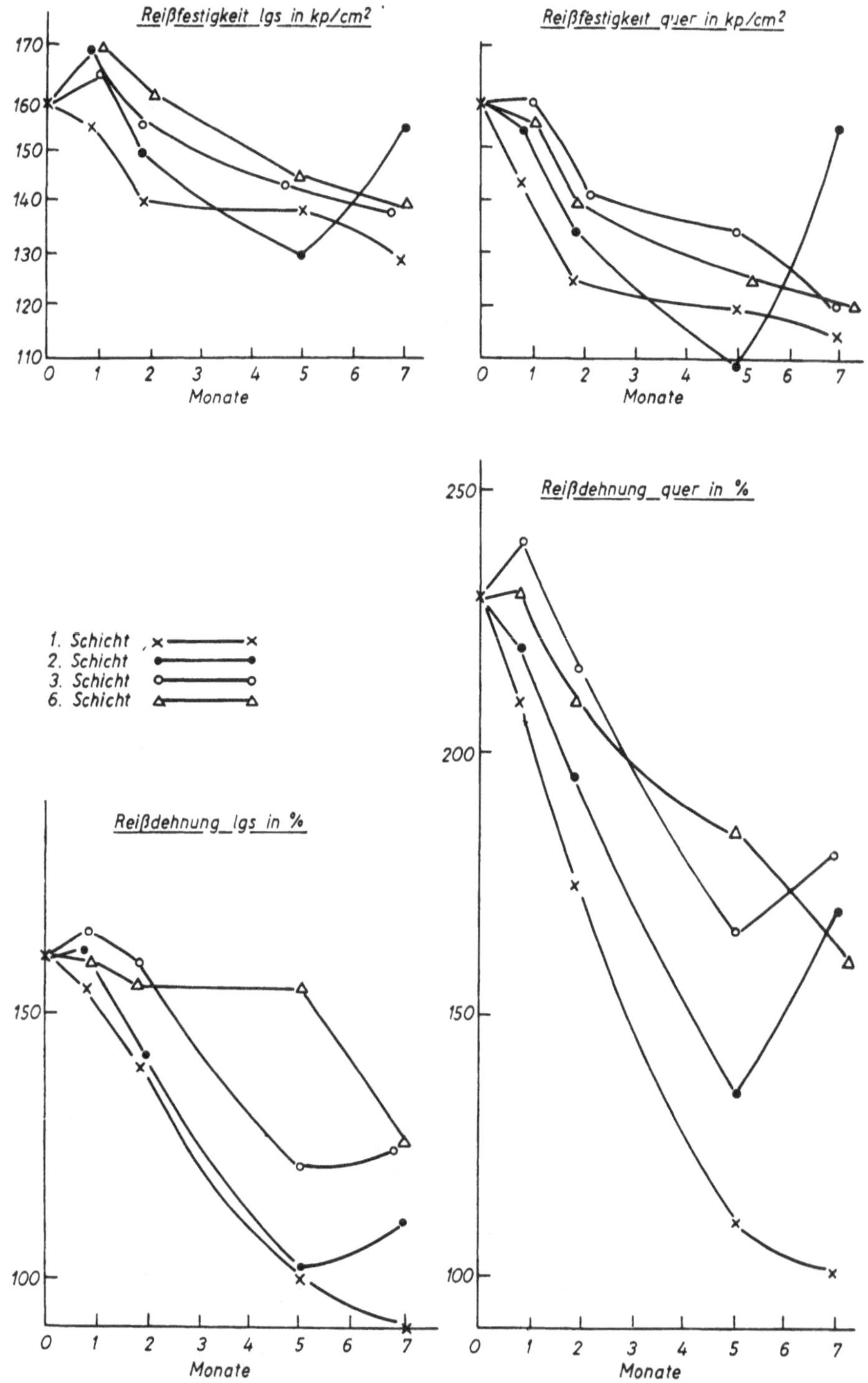

Abb. 58. Eindringtiefe der Bewitterung bei PVC-W-Folien, gemessen an der Änderung der mechanischen Eigenschaften

wesentlich empfindlichere Ansprechen der Dehnungswerte auf Bewitterungsfolgen hin. Die Bemühungen von J. DELORME um die Aufklärung der durch den Tag-Nacht-Wechsel bedingten Veränderungen der Abbaugeschwindigkeiten führten zu der Feststellung der Abnahme der Reißdehnung nach einem Monat ausschließlich nächtlicher Exposition auf 23% und nach 4 Monaten auf 7,6%, wobei die korrespondierende Reißfestigkeit 5 kp/mm² betrug. Im Laufe eines Jahres bleibt letztere dann unverändert und die Reißdehnung sinkt auf 5% ab.

Während einer 3monatigen Bewitterung von Celluloid (11% N) an 4 klimatisch unterschiedlichen Prüfstationen auf dem amerikanischen Kontinent nehmen die Reißfestigkeiten von 6,1 kp/mm² und 4,5···3,6 kp/mm² und die Reißdehnungen von 15,6% auf 1,7···2,2% ab, so daß eine besondere Wirksamkeit eines Klimas nur schwer ableitbar ist. Die Klima-Bedingungen stimmen in ihrer Wirksamkeit auf die Versprödung auch so weit überein, daß G. R. RUGGER [80] keine Außenverwendung des Celluloids in irgendeinem Klima über die Dauer von 3 Monaten empfehlen kann.

Bei der Ausdehnung der Bewitterung bis zu 3 Jahren zeigen sich dann die Klimaauswirkungen insofern, als im tropischen Klima der Panama-Zone das Celluloid nach 2½ Jahren zu spröde geworden ist, um es überhaupt zu messen. Dagegen weist es nach der Bewitterung in der gemäßigten Zone nach 3 Jahren noch eine Reißfestigkeit von 1,5···1,6 kp/mm² bei allerdings nur 0,7% Dehnung auf. Ein trockenes südliches Klima ist weniger aggressiv als ein typisches Tropenklima.

Unsere Studien [24] zur Abbaugeschwindigkeit von Cellulosenitratfilmen ($N = 12{,}2\%$) als Funktion der jahreszeitlichen Klimaschwankungen Europas in der geographischen Breite von 52° führten zu den in *Tab. 40* zusammengefaßten Ergebnissen. Wir haben hierbei bei der Exposition unter „*Normalbedingungen*" die Sonnenscheinstunden als Klima-Charakteristikum gewählt und außerdem noch durch Anwendung von Filtergläsern die Wirksamkeit bestimmter Spektralbereiche des Sonnenlichts ermittelt.

Die im November begonnene Bewitterung bleibt danach hinsichtlich der mechanischen Festigkeiten des CN bis zu ca. 120 Bewitterungstagen mit ca. 2470 Sonnenscheinstunden bis in den März hinein ohne Einfluß. Die hierbei sich abspielende Verringerung der Hauptvalenzkette, ausgedrückt durch den integral gemessenen K-Wert, hat noch keinen Einfluß auf die mechanischen Festigkeiten. Dies stimmt mit der fabrikationstechnologischen Erfahrung überein, daß erst bei einem K-Wert von ca. 70 mit einer einschneidenden Minderung der mechanischen Eigenschaften der Filme gerechnet werden muß.

Ferner lehrt der Befund in dieser Tabelle, daß die im April begonnene Auslage innerhalb 51 Tagen mit 457 Sonnenscheinstunden so fotonenintensiv ist, wie eine 142tägige Bewitterung mit ca. 2500 Sonnenscheinstunden in den Monaten November bis April.

Weitere 14 Tage im Juni mit zusätzlichen ca. 100 Sonnenscheinstunden genügen zur völligen Versprödung des CN-Films. Die in dieser Periode April bis Juni durchgeführte Parallelbewitterung unter Glasscheiben mit selektiver Durchlässigkeit

Tabelle 40

Bewitterung von Cellulosederivatfilmen; Zusammenhang der Sonnenscheinstunden und Spektralbereiche mit der Veränderung der mechanischen Eigenschaften und der Viskosität (K-Wert)

Bewitterung		normal				unter UV-durchlässigem Glas			unter IR-durchlässigem Glas			unter sichtb. Licht u. UV-durchläss. Glas		
Jahreszeit	Dauer Tage	addierte Sonnenscheinstd.	Reißf. kp/mm²	Reißd. %	*K*-Wert	R. F. kp/mm²	R. D. %	K	R.F.	R.D.	K	R.F.	R. D.	K
1. Cellulosenitratfilme														
Nov.	0	0	9,6	39	89									
	14	250	10,8	45	88									
Jan.	40	469	11,0	37	84									
	70	1184	10,5	34	79									
März	114	2472	10,1	10	71									
April	142	3509	9,8	5,6	64									
Mai	176	5973	völlig versprödet		38									
April	0	0	8,9	41	88	8,9	41	88	8,9	41	88	8,9	41	88
Mai	23	193	9,0	34	78	10,0	34	77	8,8	26	90	9,8	36	87
	37	337	9,5	29	69	9,6	15,2	65	10,0	39	79	10,4	41	79
	51	457	9,6	5,6	61	3,7	2,2	54	9,4	21	89	9,7	17	72
Juni	65	561	völlig versprödet		49	völlig versprödet		48	10,8	40	89	10,0	18	70
2. Benzylcellulosefilme														
Juli	0	0	4,8	33	71	4,8	33	71	4,8	33	71	4,8	33	71
	4	23	3,8	15	62	4,0	12	59	3,5	13	72	4,0	14	57
	8	31	3,9	16	69	4,6	18	58	4,1	17	71	4,4	13	57
	20	79	4,4	12	59	4,9	8	48	4,3	22	69	4,5	11	50
August	31	123	2,7	2,4	unlösl.	2,7	2,0	unlösl.	4,9	27	70	3,8	3,6	52

einmal für sichtbares und UV-Licht, zum anderen für die ultraviolette Strahlung und schließlich nur für die IR-Strahlung beweist wiederum die Unschädlichkeit der letzteren und die sehr weitgehende Parallelität in der Abbaugeschwindigkeit der CN-Filme ohne jede Glasabdeckung und mit der Abdeckung durch lediglich U.V.-Strahlen-durchlässige Glasfilter.

Eine Analyse des Last-Dehnungsdiagrammes zeigt auf, daß der Anteil der Zone vom Nachgabepunkt bis zum Bruchpunkt (siehe *Abb. 55*) im Laufe der Alterung immer mehr abnimmt.

Die von uns 15 Monate lang unter den Klimaverhältnissen der VR China bei 31° und 18° nördl. Breite durchgeführten Bewitterungen von Cellulosetriacetatfolien (0,019 mm) zeigen eine eindeutige Zunahme der Reißfestigkeit um 10% und einen Rückgang der Reißdehnung auf 15% des Ausgangswertes, ohne daß grundsätzliche Verschiedenheiten dieser Wertänderungen vom Auslageort und der Auslageart, also z. B. auch bei Abschirmung direkter Sonneneinstrahlung, festgestellt wurden.

J. Delorme [4] hat den photooxydativen Abbau des Celluloseacetats als Folge der Erniedrigung des P.G. und seine Auswirkung auf die Verringerung der mechanischen Eigenschaften auch in seinen neueren Untersuchungen bestätigt.

Hierbei ist von besonderem Interesse, daß die unterschiedliche Herstellung des CA-Formstoffs — Celluloidverfahren oder Extrudieren — sich auch im Alterungsverhalten durch eine ausschließlich bei Tage durchgeführte Bewitterung auswirkt. Dem sofort einsetzenden Verlust der mechanischen Festigkeit der vom Block abgehobelten CA-Tafel als Folge der mehrfachen thermischen Belastung steht bei dem extrudierten Material die zunächst innerhalb einer 6monatigen Tagesbewitterung außerhalb der Fehlergrenze liegende Erhöhung der Reißfestigkeit von 3,4 kp/mm² Anfangswert auf 4,5 kp/mm², um bei weiterer Bewitterung von neun Monaten und mehr wieder abzunehmen. Beachtet man, daß bei diesen CA-Formstoffen bei alleiniger nächtlicher Auslegung die maximale Festigkeit auch bei 5···6 kp/mm² sich einstellte, so ist die Schlußfolgerung berechtigt, daß dieser Wert bei der für CA notwendigen Weichmacheranwesenheit wohl als stoffspezifische Festigkeit bewertet werden kann. Die Reißdehnungen der nach beiden Verfahren erhaltenen CA-Formstoffe zeigen ein korrespondierendes Verhalten: monotoner Abfall beim Blockcelluloseacetat und Abfall und Anstieg beim extrudierten Formstoff.

J. Delorme sieht die Ursache für diese Unterschiede in einer „*molekularen Umgruppierung*" beim extrudierten Formstoff. Mangels Angaben über technologische Einzelheiten z. B. Art und Menge der Weichmacher oder gar Verwendung von Lösungsmitteln, Temperaturhöhe, müssen wir uns darauf beschränken, die Aufmerksamkeit auf das Vorliegen zweier ganz verschiedener kolloidchemischer Zustände zu lenken, die auf die strahlenenergetischen Anregungen auch unterschiedlich reagieren.

Wir deuten des von J. Delorme beobachtete Pendeln der Reißfestigkeit beim extrudieren Cellulosetriacetat zwischen 3···4 kp/mm² innerhalb 9 Monaten Tagesbewitterung als eine Folge unvermeidlicher technischer Inhomogenitäten im Formstoff, zumal auch die viel empfindlicher reagierende Reißdehnung erst nach 6 Monaten eine leichte Erniedrigung erfahren hat. Auch bei der Nachtbewitterung innerhalb von 12 Monaten zeigt die Reißdehnung den starken Abfall von 40% auf 12%. Das Triacetat kann als graduell besser bewitterungsfest gelten als das „*normale*" CA.

Prinzipiell gleichartig verhalten sich Formstoffe aus Celluloseacetobutyrat. Die Reißfestigkeit pendelt bei 12monatiger Tagesbewitterung um 3,5 ± 0,5 kp/mm², wobei die Reißdehnung von 85% auf 16% absank.

Die ausschließlich nächtliche Bewitterung wirkt sich bei der Reißfestigkeit gar nicht und bei der Reißdehnung in einer geringen Abnahme auf 63% aus.

Wenn auch bei den von Hand gegossenen Benzylcellulosefilmen die Ausbildung struktureller Inhomogenitäten in größerem Ausmaße als bei maschinell gegossenen CN-Filmen bei der Beurteilung des Bewitterungsverhaltens beachtet werden muß, so lehren die in *Tab. 40* zusammengefaßten Ergebnisse doch die Auswirkung der hohen UV-Intensität der Juli-Sonne. Sie führt eindeutig zur Kürzung der Hauptvalenzketten schon nach 4 Tagen mit der relativ kleinen Sonnenscheindauer von nur 23 Tagen. Parallel dazu geht auch schon der Abbau der mechanischen Festigkeiten, vor allem der Werte der Reißdehnungen. Nach einem Monat Bewitterungszeit ist das Benzylcellulosemolekül chemisch so weit verändert, daß es in den charakteristischen Lösungsmitteln unlöslich ist. Die mechanischen Festigkeitswerte repräsentieren nicht mehr Eigenschaften der Benzylcellulose, sondern ihrer Umwandlungsprodukte.

Besonders aufschlußreich ist der Befund der Bewitterung unter dem Schutz eines nur IR-durchlässigen Glases. Das Benzylcellulosemolekül bleibt in diesen 30 Tagen unverändert.

Wir sehen die Bedeutung dieser Untersuchungen in dem Nachweis, daß bei entsprechender Konstitution des Polymeren und Eintreffen reaktiver Witterungsbedingungen der Abbau bereits in den ersten Tagen der Bewitterung einsetzt.

Auch bei Verwendung hochmolekularer Polyolefine, speziell Polyäthylen und Polypropylen, zur Herstellung von den äußeren Klimaeinflüssen auszusetzenden Formstoffen muß als Ergebnis ihrer geringen Wetterfestigkeit die deutliche Versprödung bzw. Anprödung und die auffallend schnelle Abnahme der Reißdehnung beachtet werden, so daß die Differenzierung der mechanischen Festigkeit in Zug- und Reißfestigkeit ihren Sinn verliert.

Die von G. O. Tatevosjan und I. B. Kuznezova [81] in Moskau und unter einem südlichen Klima in Fergana — ca. 40° nördl. Breite Kirgisische SSR — durchgeführte Bewitterung von unstabilisiertem Hochdruck-Polyäthylen-Folien zeigt, daß bereits nach 140 Tagen im Klima von Moskau und nach 80 Tagen in Fergana die Reißdehnung von ursprünglich 400% auf 100% abgebaut ist. Der aggressive Charakter des südlichen Klimas wird auch darin erkennbar, daß die Reißfestigkeit und Reißdehnung sofort mit der Bewitterungszeit — maximal 170 Tage — abfallen, wobei sich die Reißfestigkeit nach 10 Tagen etwa auf ein neues Niveau bis zu Versuchsende einspielt und die Reißdehnung sofort monoton sich bis zum Endwert von nur absolut wenigen Prozenten erniedrigt. Im Moskauer Klima bleibt die Reißfestigkeit zunächst 10 Tage unverändert, steigt dann und fällt langsam zu dem gleichen Endwert ab wie bei der Bewitterung in Fergana. Auch die Reißdehnung der in Moskau bewitterten Folie steigt innerhalb der ersten 20 Tage an und fällt dann geradlinig auf den gleichen Endwert wie bei der Fergana-Folie ab.

Während sich die Reißfestigkeit innerhalb der 140 bzw. 80 Tage nur um 25% erniedrigt, ist die Reißdehnung schon um 75% abgesunken. Bis zu einer noch vorhandenen Reißdehnung von 50% absolut sind in Moskau und in Fergana noch je 20 Bewitterungstage nötig. Die Reißfestigkeit hat sich in dieser Zeit nur um zusätzlich 7% von ursprünglich 188 kp/cm^2 auf die 130···120 kp/cm^2 erniedrigt.

Größenordnungsmäßig ähnliche Abnahmen der Reißfestigkeit beim Bewittern am Balaton — ca. 47° nördl. Breite — beobachtet A. Szabo [82] an Hochdruck PE mit 17%, am Niederdruck PE mit 21% und am PP nur mit 6% des ursprünglichen Wertes nach einer längeren Bewitterungszeit als die sowjetischen Autoren, nämlich nach 180 Tagen.

Die 3···6monatige Bewitterung von im Fließindex und Molgewicht unterschiedlichen PE-Typen im Land- und Meeresklima der SVRP Rumänien führt nur zu einer geringen Auswirkung dieser beiden Klimabesonderheiten auf den Rückgang der Reißfestigkeit (—24% beim PE mit Molgew. 36000 bzw. —16% beim PE Molgew. 24000). Es verdient auch beachtet zu werden, daß die Alterung im Schatten zu der gleichen Abnahme der Reißfestigkeit führt. Die Reißdehnung ist unter diesen Bedingungen im Meeresklima erheblich weniger abgebaut. Bei der Exposition im Landklima unter Ausschluß der direkten Sonneneinstrahlung tritt nach 3 Monaten noch kein Unterschied zur üblichen Freibewitterung auf [105].

Die geringeren Rückgänge der Festigkeiten nach längerer Bewitterungszeit in einem etwas südlicheren Klima als in Moskau können durchaus auf Verschiedenheiten in der Herstellung und Verarbeitung dieser Polyäthylene zu Folien — es wurden in beiden Fällen Industrieprodukte verwendet — beruhen. Überraschend auf jeden Fall die hohe Resistenz des österreichischen Polypropylens, das ohne Lichtstabilisator verarbeitet wurde. Die weitere Bewitterung bis zu einem Jahr bringt dann allerdings für PP die Abnahme der Reißfestigkeit von 56% und für die beiden PE von 41 bzw. 46%.

Demgegenüber besteht der Befund von E. N. Matveeva u. a. [48] über die klimatische Auswirkung der einzelnen Monate auf die mechanischen Eigenschaften des Polypropylens. Die Bewitterung im April bis Juli führt jeweils zu einer völligen Versprödung. Im August, September, November sind noch Reißdehnungswerte meßbar, wenn sie auch in ihrem absoluten Betrag nur ca. 4···15% des Ausgangswertes ausmachen. In den übrigen Monaten leiden die mechanischen Festigkeiten nicht.

Beim Hochdruck-Polyäthylen bleiben Reißfestigkeit und Reißdehnung in den Monaten Januar bis April und Oktober bis Dezember praktisch unverändert. Die Schädigung in den Monaten Mai bis August ist im Monat Juli am stärksten, so daß die Reißfestigkeit zwar noch 70%, die Reißdehnung aber nur noch 21% beträgt. Das Niederdruck-PE bleibt ohne Bewitterungsschäden im Januar bis März und Oktober bis Dezember. Die Monate April und September bewirken bereits bzw. noch merkliche Verschlechterungen der Festigkeit und vornehmlich der Dehnung. Letztere reagiert besonders empfindlich auf das Hochsommerklima, so daß im August exponierte Prüfkörper nur noch 25% (absol.) Dehnung gegenüber 880% vor der Bewitterung aufweisen.

Das Niederdruck-PE ist nach diesen Meßwerten weniger wetterfest als das Hochdruck-PE.

K. Ipolyi [83] stellt den völligen Verlust der Dehnbarkeit von 2 Jahren bewitterten Platten aus verschiedenen industriellen Polyäthylentypen fest.

I. Melchore [85] weist bei einer ähnlichen Versuchsdurchführung nach, daß je nach der Witterung die Energie von 15000 Langleys den Polyäthylenfilm in 26 bis 32 Tagen zersetzen, wobei er besonders den steigernden Einfluß der Umgebungstemperatur auf die Zersetzungsgeschwindigkeit betont. Er fand eine Parallele zwischen der durchschnittlichen Monatstemperatur-Kurve in Arizona mit der Zerfallskurve des PE für ein Jahr. Demgemäß können die jahreszeitlichen Unterschiede in der Zerfallsgeschwindigkeit sowohl auf die Veränderung der UV-Energie wie auf Temperaturunterschiede zurückgehen.

B. Doležel [88] hat deswegen einmal versucht, eine tägliche Verminderung der Zugfestigkeit ($= b$) als Funktion des Klimas zu definieren, indem er die Gleichung $P_t = a - bt$ aufstellt. Hierin ist P_t in kp/cm² die Reißfestigkeit nach t Bewitterungstagen, $a =$ der ursprüngliche Wert vor der Alterung. Für die Dehnung gilt $\delta = A/t^c$, worin δ Dehnung in %, A und c Konstanten sind. Er erhält folgende Werte für $b = 0{,}09$ für HD PE und $b = 0{,}13$ für ND PE für natürliche Alterungen.

Bekanntlich hängen die Meßwerte der Reißfestigkeiten und Reißdehnungen eines Plastformstoffes stark von den Meßbedingungen, vornehmlich aber den Reißgeschwindigkeiten (= Vorschubgeschwindigkeit) ab. Bei unseren Untersuchungen [73] über die Wetterfestigkeit von Spritzformstoffen (Flachstäbe von 4 mm Dicke) aus unstabilisiertem Hochdruck-Polyäthylen unterschiedlichen Schmelzindex und aus Niederdruck-Polyäthylen unter dem Klima-Einfluß der Ostseeküste während 12 Monate haben wir u. a. auch die Vorschubgeschwindigkeiten in 19 Stufen zwischen 0,46···1000 mm/min variiert.

Eine Vorschubgeschwindigkeit von 60 mm/min entspricht einer Beanspruchungsgeschwindigkeit des Molekulargefüges von 0,1 Å/10^{-18} sec.

Für die beiden Typen Polyäthylen ergeben sich hierbei die aus den *Abb. 59a* und *59b* ersichtlichen charakteristischen Kraft-Dehnungs-Diagramme (= *KDD*), die in dem mit A (= Zugfestigkeit), B, C, D (= Reißfestigkeit) gekennzeichneten Punkten differenzierte Aussagen über den Verlauf des Kraftanstieges und der damit gekoppelten Dehnung des Prüfkörpers und seine Änderungen durch die Bewitterung ermöglichen.

Bei den 3 untersuchten Typen des HD PE bleibt die A-Dehnung im Laufe der Bewitterung bei den einzelnen zeitlichen Zwischenprüfungen und am Versuchsende unabhäng von der Vorschubgeschwindigkeit konstant etwa 20%. Dies bedeutet auch zugleich keine Änderung gegenüber dem Ausgangswert vor der Bewitterung. Einige Beispiele siehe *Tab. 41.*

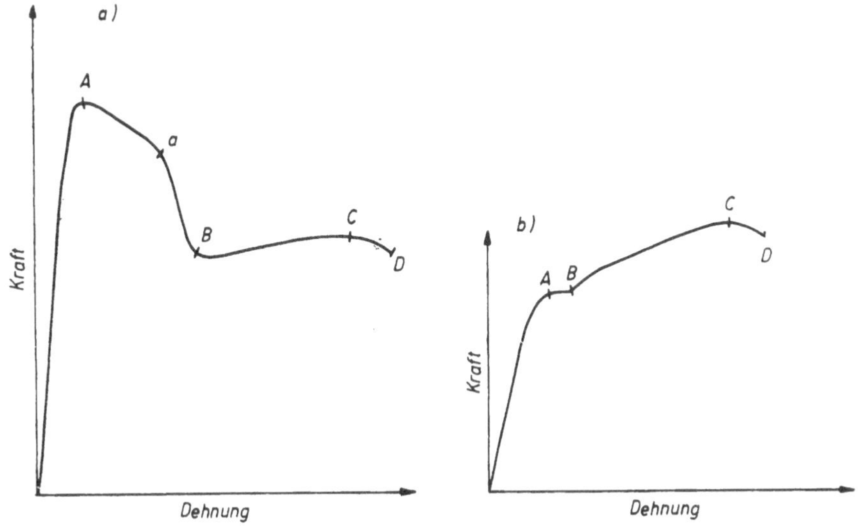

Abb. 59. Idealisierter Verlauf des Kraft-Dehnungs-Diagramms bei Spritzformstoffen aus Polyäthylen *a*) Hochdruck *b*) Niederdruck

Tabelle 41

Veränderung der mechanischen Festigkeiten von Polyäthylen-Spritzformstoffen durch eine 12-monatige Bewitterung an der Ostseeküste

(Werte als Funktion der Vorschubgeschwindigkeit in mm/min)

Hochdruck P.E. V.G. Festigkeit δ in kp/cm^2 u. Dehnung ε in % gemäß Abb. 59

			A		*C*		*D*	
			σ	ε	σ	ε	σ	ε
Muster I	0,46	unb.	67,7	17	92,5	68	91	82
		bew.	71,4	20	—	—	85	63
	40	u.	86,3	19	104	80	104	85
		b.	85	20	95	55	91	73
	60	u.	83,8	20	—	—	104	85
		b.	85	18	94	55	91	64
	100	u.	90,8	19	112	85	111	94
		b.	87,0	20	95	55	91	72
	200	u.	93,7	20	108	73	106	81
		b.	93,5	20	98	50	95	63
	1000	u.	112	22	120	67	120	73
		b.	105	20	106	52	100	72

Fortsetzung Tab. 41

			A		C		D	
			σ	ε	σ	ε	σ	ε
Muster II	0,46	u.	65,8	19	73,5	90	73,3	95
		b.	62,5	18	73,7	53	73,7	68
	40	u.	75,0	18	88,3	72	87,0	103
		b.	79,5	19	86,3	58	80	70
	60	u.	78	20	90	65	86,3	108
		b.	79	18	84,5	55	75	74
	100	u.	84	20	95	65	92,5	88
		b.	80,7	20	87	50	76,3	77
	200	u.	84,4	20	95,5	66	90	113
		b.	88,3	20	92,0	55	82,5	90
	1000	u.	98,7	20	102	60	92,5	113
		b.	—	—	97	47	89,7	60
Muster III	0,46	u.	65	17	81,7	88	80	128
		b.	60	18	71,4	65	68,7	82
	40	u.	78	20	86,4	65	83,3	157
		b.	75	19	82,5	56	76,3	92
	100	u.	81,7	21	89,0	60	83,5	145
		b.	79	18	84,5	53	76,3	107
	1000	u.	98,7	20	97,6	52	89	87
		b.	94	19	94,5	53	81,5	117

			A		B		C		D	
Niederdruck-PE	0,46	u.	159	14	135	50	155	367	149	383
		b.	121	10	—	—	—	—	75	14
	40	u.	229	13	160	55	161	62	155	67
		b.	167	9					159	12
	60	u.	240	12	183	—	—	—	125	57
		b.	171	9					153	14
	100	u.	265	12	173	42	—	—	183	55
		b.	—	—	—	—	—	—	133	5
	200	u.	260	11	175	25	—	—	125	36
		b.	—	—	—	—	—	—	124	5
	1000	u.	300	17	—	—	—	—	210	25
		b.	—	--	—	—	—	—	59	9

Zusammen mit dem fast unveränderten Aussehen der Prüfkörper nach der Bewitterung ist der Schluß berechtigt, daß die oben in *Tab. 24* und *25* ausgewiesene viskosimetrisch erfaßte Veränderung des Durchschnitts-Polymerisationsgrades nicht die alleinige Ursache für die durch die Bewitterung ausgelösten Rückgänge der Festigkeiten (Diagramm Punkte *C* und *D*) und der zu ihnen gehörenden Dehnungen sein kann.

Wir kommen nicht zuletzt auf Grund des Feinaufbaus der KDD zu der Auffassung, daß diese Veränderungen der mechanischen Eigenschaften vor allem die Dehnungsverschiebungen, die dann zu den Fixpunkten in der Mitte oder gegen Ende des KDD gehören, zu einem beträchtlichen Teil auf Umgestaltungen des physikalischen Strukturgefüges durch die Wetterfaktoren zurückzuführen sind.

Bei allen 3 PE-Typen liegt der Rückgang der Reißfestigkeit in der Größenordnung um 10% weitgehend unabhängig von der Vorschubgeschwindigkeit. Während beim Muster I auch für die Abnahme der Dehnung ein von der Vorschubgeschwindigkeit praktisch unabhängiger Wert von ca. 20% anfällt, stellen sich die Abnahmen der Reißdehnungen bei den übrigen beiden HD-PE-Mustern als unregelmäßig von der Vorschubgeschwindigkeit abhängig dar.

Es leuchtet ohne weiteres ein, daß die Rückgänge der Dehnungswerte bei den 4 mm dicken Spritzformstoffen merklich geringer sind als bei PE-Folien.

In Bestätigung der oben aufgezeigten starken Auswirkung der Bewitterung von Niederdruck-Polyäthylen auf die Reißdehnungswerte der Folien haben wir auch bei unseren 4 mm dicken Spritzformstoffen diesen außerordentlich hohen Rückgang um fast 90···95% des Ausgangswertes weitgehend unabhängig von der Vorschubgeschwindigkeit gefunden. Im Gegensatz zu den Ergebnissen beim Hochdruck PE wird auch die Zugdehnung hier eindeutig durch die Bewitterung erniedrigt.

Beim Niederdruck-PE spaltet sich der Prüfkörper während der Bewitterung an seinen Randpartien in Zonen geringer Festigkeit auf (siehe hierzu die *K*-Werte-Erniedrigung auf der äußeren Schicht in *Tab. 25*). Bei der Bestimmung der Reißfestigkeit treten diese Oberflächenzonen zunächst als feine Haarrisse in Erscheinung, um dann zur Keimzelle des eigentlichen Bruches zu werden. In diesen Aufspaltungszonen sehen wir die Ursache für die merkliche Abnahme der Festigkeiten. Hier wird sich mehr die Kerbwirkung auf den Absolut-Betrag der Festigkeit auswirken, als eine Molekülverkleinerung durch die fotooxydative Bewitterung.

In Anwendung der bisherigen an Thermoplastfolien gewonnenen Erfahrungen der weitgehenden Unabhängigkeit der Höhe der mechanischen Festigkeiten oberhalb eines *K*-Wertes von 70···75 auf die hier vorliegenden Bewitterungsergebnisse von Niederdruck-PE-Spritzformstoffen kann man aus dem integralen *K*-Wert von 84 und der Abbau-Konzentration auf eine Oberflächenschicht von 0,2 mm (*K* zwischen 64···56) eine praktisch unveränderte Reißfestigkeit nach 12 Monaten Bewitterung erwarten.

Aus der Analyse der KDD, die innerhalb des Bewitterungsjahres zu verschiedenen Zeitpunkten aufgenommen wurden, ergibt sich, daß etwa Mitte des Jahres eine ganz entscheidende Umgruppierung des Festigkeitsgefüges eintritt. Wie aus der *Abb. 60* ersichtlich, wirkt sich diese Umordnung kaum auf das elastische Gefüge des Materials aus. Beachtlich fernerhin, daß ein solcher Umordnungsprozeß in der relativ kurzen Zeitspanne eines Monats sich vollzieht.

J. DELORME [4] differenziert die Wirkung einer Tages- und Nacht-Bewitterung auf unstabilisierte Hochdruck-Polyäthylenfolie dahingehend, daß die Ausstrahlung am Morgen wahrscheinlich die Hauptursache für den Rückgang der Reißfestigkeit von 1,6 auf 1,4 kp/mm² und der Reißdehnung von 650% auf 380% ist.

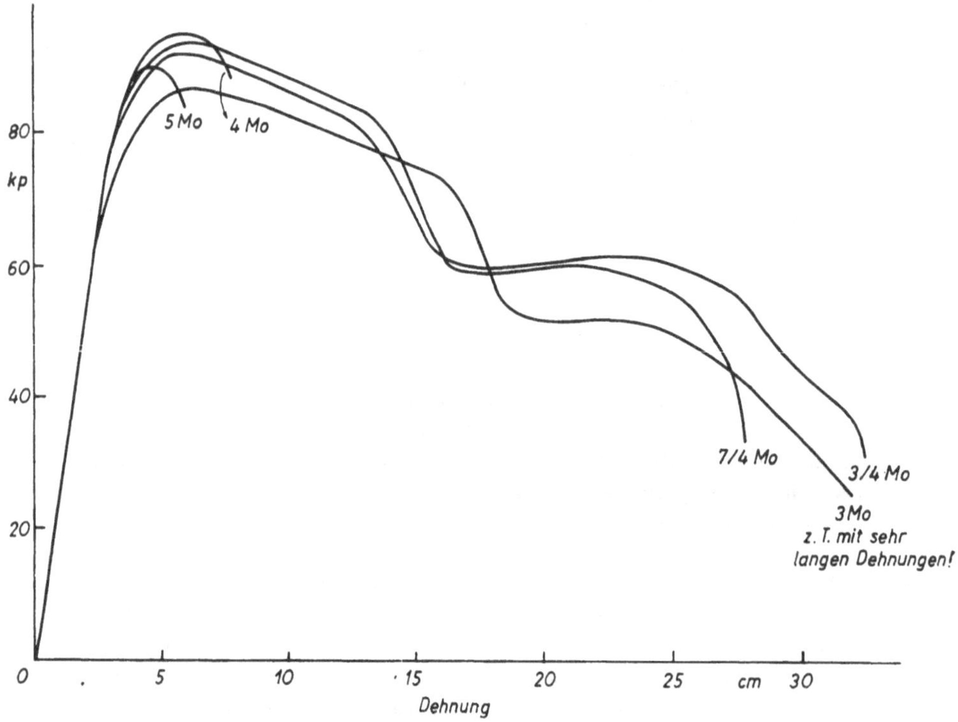

Abb. 60. Änderung des KDD von Niederdruck-Polyäthylen-Spritzformstoff durch die Bewitterung an der Ostseeküste; Dehnungsmaßstab 5:1

Interessant auch der unter seinen Bewitterungsbedingungen bei Tage gemachte Befund, daß der relativ geringfügigen Änderung der Reißfestigkeit um 0,3 kp pro mm² nach einem Jahr die Abnahme der Reißdehnung um ca. 90% des Ausgangswertes gegenübersteht.

Für das spröde Polystyrol kann als typischer Bewitterungseffekt die bereits kurz nach Beginn der Bewitterung einsetzende Abnahme der Reißfestigkeit seiner Formstoffe gelten. Nach etwa 1···2jähriger Dauer kommt es dann zu einer eindeutigen Beruhigung dieses Abbaus. Es bildet sich ein neues Festigkeitsniveau aus, das in seinem absoluten Betrag von der Polymerisationstechnologie beeinflußt wird. Wir [43] fanden beim Suspensionspolymerisat Zugfestigkeiten von ca.

160 kp/cm² und beim Emulsionspolymerisat von 100 kp/cm². Der Abbau der Zugfestigkeit ist unter den klimatischen Bedingungen unserer Prüfstation an der Küste des Adriatischen Meeres am stärksten. Hier liegt im Vergleich zu den Prüfstationen in der DDR die größte Niederschlagsmenge, Sonnenscheinstunden-Zahl und höchste Durchschnittstemperatur jeweils pro Jahr vor. Welche der 3 Faktoren überwiegend sich auswirkt, ist bisher nicht klar erkennbar. Wir neigen zu der Auffassung, daß die hohe Sonnenscheindauer in einer relativ hohen Umgebungstemperatur sich hier in ähnlicher Weise abbaubeschleunigend auswirkt, wie es I. A. Melchore beim Polyäthylen im südlichen Nordamerika beobachtet hat.

Aus der Analyse der auch von Ludmilla Adamirova und B. Doležel [3] festgestellten Abnahme der Zugfestigkeit während der Bewitterung auf 3 klimatisch unterschiedlichen Prüfstationen in der ČSSR zeigt sich, daß beim Block-Polystyrol sich die Zugfestigkeit während der Herbst- und Wintermonate etwas erhöht

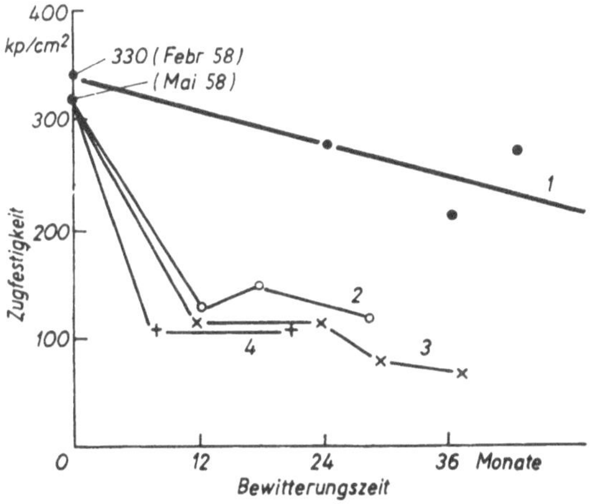

Abb. 61.
Bewitterung von Polystyrol Em im

1: Raum
2: in Leipzig
3: Ostseeküste
4: Adriatische Meeresküste

und erst im Frühjahr der Abfall eintritt. Immerhin ist nach nur einjähriger Bewitterung der im Süden exponierte Prüfkörper um 21% in seiner Festigkeit erniedrigt.

Es sind aber auch Ergebnisse aus den USA bekannt, daß innerhalb dieses Zeitraumes die Zugfestigkeit bei Formstoffen aus Polystyrol um 50% des Ausgangswertes abfällt.

In *Abb. 61* geben wir als Beispiel den Abbau der Zugfestigkeit von Emulsionspolymerisat während einer 3jährigen Bewitterung.

Die von B. Doležel [88] berechnete tägliche Verminderung der Zugfestigkeit $b = 0{,}27$ (Bewitterung in ČSSR), $b = 0{,}57$ (in Massach.) $b = 0{,}87$ (in Arizona) spiegelt die Klimaeinflüsse wieder.

Aus Block- bzw. Suspensionspolymerisat gespritzte Schulterstäbe, die erst nach 5- bzw. 10monatiger Lagerung im Raum zur Bewitterung an die Ostseeküste kamen, zeigen einen etwas verzögerten Einsatz des Rückgangs der Festigkeit, der dann stärker wird und sich nach einem Jahr völlig beruhigt. Am Grundcharakter ist jedoch auch bei diesen Prüfkörpern durch ihre andere Herstellungstechnologie nichts Unterschiedliches zu beobachten. Von Interesse ist das Auftreten von inneren Auftrennflächen der Spritzformstoffe während des Zugversuchs. Diese auch am im Anlieferungszustand völlig homogen erscheinenden Prüfkörper vor der Bewitterung zu beobachtenden Erscheinungen treten besonders deutlich nach der Bewitterung auf. Auffallend hoch ist die Streubreite der Zugfestigkeiten an den bewitterten Polystyrol-Schulterstäben.

L. Adamirova und B. Doležel machen ebenfalls auf die Beeinflussung des Bewitterungsablaufs durch die Bedingungen beim Verspritzen aufmerksam.

Die von ihnen festgestellten hohen Abnahmen der Zugfestigkeit bei PS-Typen niedriger Viskosität stimmen mit unseren Ergebnissen insoweit überein, wie wir an Hand der oben (*Tab. 29*) diskutierten Abnahme des K-Wertes in der Größenordnung unter 70···75 ohne weiteres solche Festigkeitsabnahmen voraussahen.

Die von I. Delorme [4] für seine Untersuchungen über die Auswirkung der Nachtbewitterung verwendeten extrudierten Polystyrolplatten waren entweder nicht unter optimalen Bedingungen oder aus einem relativ hohen Anteil niedrigviskoses Polymeres enthaltenden Produkt hergestellt worden, um die Angabe, daß bereits nach 4 Monaten infolge Versprödung keine Messungen mehr möglich waren, zu verstehen. Immerhin kommt Delorme zum Urteil, „*daß die Veränderung bei den nächtlich ausgelegten Proben nicht zu unterschätzen ist.*“ Delorme führt den Abbau auf die „*Instabilität des Materials*“ zurück.

Bei PVC-H-Folien und -Platten wird der Wert der Reißfestigkeits- und Reißdehnungs-Messungen leider durch die große Streubreite der Meßwerte auch am unbewitterten Material eingeschränkt. Als charakteristische Folge der Bewitterung kann jedoch gelten, daß die Kraft-Dehnungsdiagramme der meisten von uns geprüften Folien oder Platten immer kürzer ausfallen, ohne daß die Größe der wie oben definierten Zugkräfte und Reißkräfte wesentlich zurückging. In vielen Fälllen erhielten wir nur KDD, die lediglich einen steilen Anstieg der Kraft mit einer äußerst kleinen Dehnung erkennen ließen.

J. Schreiber [78] betont, daß es bei den bewitterten PVC-H-Formstoffen nicht mehr zu einer Einschnürung des Meßstreifens und dem durch die lokale Temperaturerhöhung bedingten Umordnungsprozeß kommt. Es muß vielmehr beachtet werden, daß die Bewitterung zu einer mit der Zeit fortschreitenden Versprödung führt, so daß die Folie oder Platte geeigneter Dicke beim einmaligen Biegeversuch von Hand sofort splitternd bricht.

Auch unter Heranziehung einer genügend großen Anzahl von Einzelmessungen wird es allerdings immer etwas schwierig sein, den Versprödungsbeginn zeitlich festzulegen. Er kann nur dann als gegeben betrachtet werden, wenn tatsächlich alle KDD in beiden Richtungen einer Folie keine Einsattlung vor dem Einsetzen des eigentlichen Bruchvorganges zeigen. Eine häufig genug durchgeführte Festigkeitsprüfung während der Bewitterung ist die weitere Voraussetzung.

Nach den von uns im Laufe von 5 und mehr Jahren Bewitterung gemachten Erfahrungen verspröden alle PVC-H-Folien oder -Platten in dem Sinne, daß die Reißdehnung auf die Größe der Zugdehnung reduziert ist. Für einige PVC-Folien in der Dicke von 0,3···1,0 mm geben wir in *Tab. 42* den Versprödungsbeginn unter den in der DDR vorkommenden Klimaschwankungen. Natürlich geht in diese Beurteilung die Dicke der Folien in der Richtung ein, daß die Versprödung mit größer werdender Dicke später einsetzt.

Tabelle 42

Charge	Dicke mm	Prüfort	bisherige (1960) Bewitterungszeit (Monate)	registrierter Versprödungsbeginn nach Monaten	Bemerkung
a	0,3	Ostseeküste	25	21	
b	0,3	Ostseeküste	24	18	
c	0,3	Thüringen	24	24	
a	0,5	Ostseeküste	45	34	
b	0,5	Leipzig	19	19	
b	0,5	Ostseeküste	24	18	
b	0,5	Thüringen	24	17	
a	0,7	Ostseeküste	46	39	
a	1,0	Leipzig	26	24	
a	1,0	Thüringen	24	17	
c	1,0	Schönhausen	52	52*)	

*) als Dachabdeckung benutzt

Man kann hieraus etwa eine Höchstgrenze von 4 Jahren ansetzen. Wir betonen aber ausdrücklich die auschlaggebende Bedeutung der Herstellungstechnologie und der Güte der Folien für derartige Schlußfolgerungen.

Unter Hinweis auf die oben gemachten Ausführungen zur Eindringtiefe der Bewitterung können also nur an PVC-Folien mit einer Dicke unterhalb 0,4···0,5 mm wesentliche Veränderungen der als integrale Meßgröße zu bestimmenden Reißfestigkeiten erwartet werden. Bei größeren Dicken führen die restlichen ungeschädigten „*Schichten*" auch nach längerer Bewitterungsdauer zu Festigkeitswerten, die nur wenig oder oft gar nicht — bei Beachtung der großen Streubreite — vom Ausgangswert abweichen. Hierzu einige Beispiele in *Tab. 43.*

Die Tabelle bedarf wohl nur noch insoweit eines Kommentars, wie sie bei der als 2. Beispiel gewählten 0,38 mm dicken „*naturfarbenen*" PVC-Folie einen merklichen Abfall des K-Wertes zeigt, dem eindeutige Abnahmen der längs und quer gemessenen Reißfestigkeiten parallel gehen. Beide Folien weisen den grauen Belag auf und werden als „*spröde längs und quer*" charakterisiert.

Ebenso ist die 1 mm dicke Folie „*A*" durch das Klima an der Küste des Adriatischen Meeres eindeutig durch Verringerung des durchschnittlichen Molgewichts geschädigt. Der Befund an der parallel dazu in Leipzig bewitterten Folie steht im Widerspruch zu den sonstigen Erfahrungen. Die Möglichkeit einer abweichenden Qualität im Ausgangsmaterial infolge fabrikationsbedingter Inhomogenitäten kann nicht ausgeschlossen werden.

Tabelle 43

Bewitterung von PVC-H-Folien oder -Platten; Veränderung der Reißfestigkeit und -dehnung

Dicke mm	Bewitterung Ort	Dauer Mon.	Reißf. kp/cm² längs	quer	Reißdehn. % längs	quer	K
0,32		0	710 + 33		4		68
	Thüringen	36	650 ± 35			3	64
	Ostseeküste	35	620 ± 30	680 ± 10	3	3	64
0,38		0	575 ± 21		5		61
	Kanton	24	345 ± 21	270 ± 1	1	2	54
	Süd-ČSSR	24	530 ± 49	490 ± 49	3	3	57
1,00	Folie A	0		580 ± 32		15	64
	Ostseeküste	25	600 ± 1		10		62
	Leipzig	35	470 ± 50		5		61
	Küste Adriat. Meer	35	305 ± 47		1		61
	Thüringen	36	585 ± 9		5		64
	Plattensee	36	540 ± 7		3		65
1,00	Folie B	0	380 ± 10	340 ± 5	70 ± 24	30 ± 16	63
	Hainan						
	Freilagerung	14	515 ± 13	520 ± 12	10 ± 6	10 ± 2	62
	Hütte	14	400 ± 22	370 ± 49	80 ± 38	30 ± 15	63
	Shanghai						
	Freilagerung	15	375 ± 26	400 ± 46	35 ± 21	20 ± 7	61
	Hütte	15	425 ± 41	395 ± 64	30 ± 18	25 ± 18	63
1,60		0	620 ± 6		6		67
	Leipzig	3	545 ± 15		8		66
		11	545 ± 14		7		66
		23	570 ± 9		7		65
	Thüringen	3	630 ± 7		8		66
		14	605 ± 25		8		66
		24	610 ± 4		8		64
	Ostseeküste	4	605 ± 16		9		66
		13	615 ± 43		7		66
		24	550 ± 15		10		65
	Plattensee	12	605 ± 46		7		66
		27	575 ± 60		2		66
2,00		0	360 ± 10		17 ± 3		–
	Ostseeküste						
	Südrichtung	12	365		28		–
		36	475		20		–
	Nordrichtg.	12	285		20		–
		36	460		20		–

Fortsetzung *Tabelle 43*

Dicke mm	Bewitterung Ort	Dauer Mon.	Reißf. kp/cm² längs	quer	Reißdehn. % längs	quer	*K*
3,2		0	600 ± 6		8		65
	Leipzig	3	600 ± 20		8		65
		11	560 ± 20		10		65
		23	530 ± 20		10		64
	Thüringen	3	590 ± 20		8		66
		11	560 ± 20		10		66
		24	565 ± 20		13		65
	Ostseeküste	4	555 ± 13		9		66
		17	590 ± 16		9		66
		36	555 ± 12		8		64
	Plattensee	27	570 ± 10		9		65
4,0		0	590 ± 14		12		65
	Küste Adriat. Meer	12	585 ± 9		11		65
	Plattensee	36	600 ± 11		3		64

Die Zunahme der Reißfestigkeiten der 1 mm dicken Folie „*B*" durch die Bewitterung in Ostasien muß als real betrachtet werden. Die Lagerung in der Hütte bedeutet den Ausschluß der direkten Sonneneinstrahlung bei sonst gleichen klimatischen Beanspruchungen.

Es sei noch erwähnt, daß die Zugfestigkeiten während dieser Bewitterung praktisch unverändert bleiben. An einer anderen Hart-PVC-Folie haben wir nach dieser 15monatigen Bewitterung einen Rückgang der Reißfestigkeit auf etwa 50% des Ausgangswertes der Zugfestigkeit festgestellt. Im KDD bedeutet dies den Wegfall der Fließzone.

Die 1,60 mm dicken Platten werden am Bewitterungsende als versprödet charakterisiert. Die gemessenen Reißfestigkeiten lassen in ihrer Streubreite nicht immer diesen Befund als real erscheinen. Die Meßwerte sind nach 2 Jahren noch immer so hoch, daß praktische Anwendungen ausreichend gegeben sein dürften. Erhebliche viskosimetrisch sich auswirkende Brüche der Hauptvalenzketten liegen auch nicht vor. Insofern besteht eine Parallele zu den Festigkeitsdaten. Das gleiche gilt auch für die dickeren Platten.

Bei einwandfrei über die gesamte Fläche festigkeitshomogener Beschaffenheit einer dickeren Folie oder Platte nimmt die Zugfestigkeit im Laufe einer ca. 4jährigen Bewitterung nicht ab.

Bezüglich der Auswirkung einzelner Klimafaktoren ist zunächst aus unseren Arbeiten neben den aus der Tabelle ersichtlichen Angaben noch festzuhalten, daß die mehrwöchige Beanspruchung in den wechselnden Klimaten einer Schiffsreise nach der VR China und zurück unabhängig von der Exposition „*auf Deck*" oder

„*unter Deck*" keine Veränderung der mechanischen Festigkeiten der PVC-H-Folien oder Platten gebracht hat.

A. Szabo [82] ermittelt an den 2 mm dicken Hart-PVC-Platten bei der Bewitterung unter den Klimabedingungen der VR Ungarn „*ein verhältnismäßig gutes Verhalten*". Nach 3 Jahren sind noch 80%, nach 4 Jahren 75% und nach 5 Jahren 66% der ursprünglichen Reißfestigkeit gemessen.

Die Bewitterung einer 1 mm dicken PVC-H-Folie, die 9 Jahre lang als Dachabdeckung der Schutzhütte unserer Prüfstation an der Ostseeküste benutzt wurde,

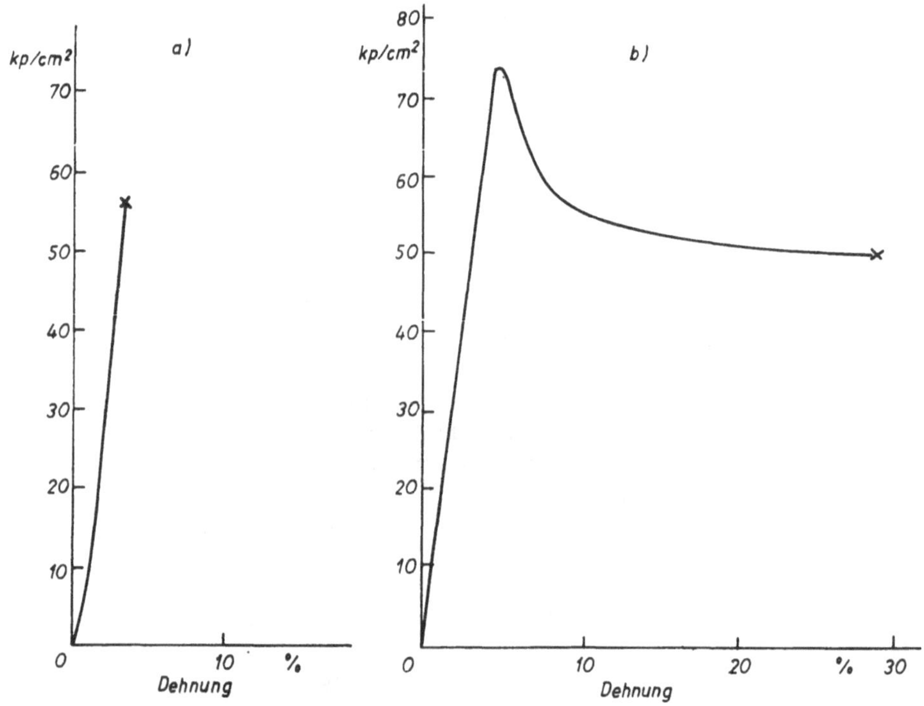

Abb. 62. 9 Jahre Bewitterung von PVC-H-Folien (1 mm) KDD der
a) frei bewitterten
b) abgedeckt bewitterten Folie

ermöglichte uns [73], die Auswirkung der Ausrichtung der Folie zu den Himmelsrichtungen und der Aufbringungsarten — stets frei bewittert oder zeitweise abgedeckt oder stets gegen atmosphärische Einflüsse abgedeckt — zu beurteilen.

Die Aufnahme des Kraft-Dehnungs-Diagramms von den 9 Jahre ständig bewitterten Folien und dem durch diese Folienteile ständig abgedeckten Folien führte zu dem aus *Abb. 62* ersichtlichem charakteristischen Verlauf. Bei den letzteren erhält man also noch den normalen Aufbau eines für Hart-PVC-Folien gültigen KDD. Dagegen ist die stets der Bewitterung ausgesetzte Folie so weit mechanisch abgebaut, daß das KDD sich in dem steilen Kraftanstieg erschöpft. Die gemessenen Beträge der Zug- und Reißfestigkeiten sind in *Tab. 44* in Abhängigkeit von den Bedingungen der Exposition zusammengefaßt.

Tabelle 44

Auswirkung der Bewitterungsbedingungen einer PVC-H-Folie auf die Veränderung ihrer mechanischen Eigenschaften

(Bewitterungsdauer 9 Jahre im Klima der Ostseeküste)

Bewitterungs-bedingungen	Zugfestigk. kp/cm²		Zug-dehn. %		Reißf. kp/cm²		Reiß-dehn. %	
	längs	quer	längs	quer	längs	quer	längs	quer
Ausgang (extrapoliert)	535 ± 54	510 ± 34	10	10	375 ± 37	350 ± 23	40	35
Dachfirst (stets abgedeckt)	510 ± 2	540	11	17	465 ± 72	380	40	35
Dach Nordost-Fläche stets abgedeckt	510	520 ± 11	10	10	355 ± 10	340 ± 20	50	35
zeitweise freibewittert	435 ± 79	425 ± 58	9	9	0	0	0	0
stets freibewittert	370 ± 90	360 ± 67	9	9	0	0	0	0
Dach Südwest-Fläche zeitweise frei-bewittert	500 ± 11	450 ± 61	11	10	0	0	0	0
stets freibewittert	480 ± 13	390 ± 52	9	6	0	0	0	0

Zur Beantwortung der Frage, wann ist etwa die Veränderung der mechanischen Festigkeit so weit fortgeschritten, daß sich ein KDD gemäß *Abb. 62a* ausbildet, diene das Meßergebnis einer 49 Monate in Nordwest- oder Südwest-Richtung bewitterten 1,6 mm dicken Folie. Hier betrugen die Zugfestigkeiten 610 ± 18 kp/cm² bei 9% Dehnung und die Reißfestigkeiten 417 ± 29 kp/cm² bei 36% Dehnung, d. h. sie weichen noch nicht von den Ausgangswerten ab.

Das Bewitterungsverhalten der in vielfältiger Gebrauchsform benutzten Systeme aus Polyvinylchlorid + Weichmacher wird recht instruktiv durch die Veränderung der Reißfestigkeit und -dehnung charakterisiert.

Die Erfahrung der relativ geringen Wetterfestigkeit der Systeme aus PVC-Weichmacher auf Grund dieser Meßgrößen ist schon sehr frühzeitig bei ihrer großtechnischen Nutzung gemacht, wie u. a. auch K. Thinius [19] bei seinen Untersuchungen zum Einfluß der Weichmacher-Konstitution dargelegt hat.

Aus unseren sehr umfangreichen Bewitterungsuntersuchungen an unstabilisierten fabrikatorisch hergestellten Weich-PVC-Folien der verschiedensten in- und ausländischen Fabrikationsstätten innerhalb der Zeit von 1935···1967 läßt sich bezüglich der Veränderung der Festigkeitseigenschaften solcher PVC-Weichmacher-Systeme durch Bewitterung die Erkenntnis ableiten, daß bei Wiederholung von Bewitterungsversuchen — auch nicht bei Einsatz der gleichen Folie nach dazwischengeschalteter genügend langer Zimmerlagerung — niemals die gleichen Bewitterungserscheinungen auftreten. Neben den wechselnden Wetterbedingungen sind hierfür wahrscheinlich Platzwechselvorgänge der Makromolekülsegmente verantwortlich zu machen. Grundsätzlich nahmen im Laufe der Bewitterung von stark festigkeitsanisotropen Kalanderfolien sowohl die Reißfestigkeit wie auch die Reißdehnung — wenn auch nicht immer sogleich mit Versuchsbeginn — ab, wobei sich sehr häufig ein Niveau einer Endfestigkeit oder auch Enddehnung einstellt [86].

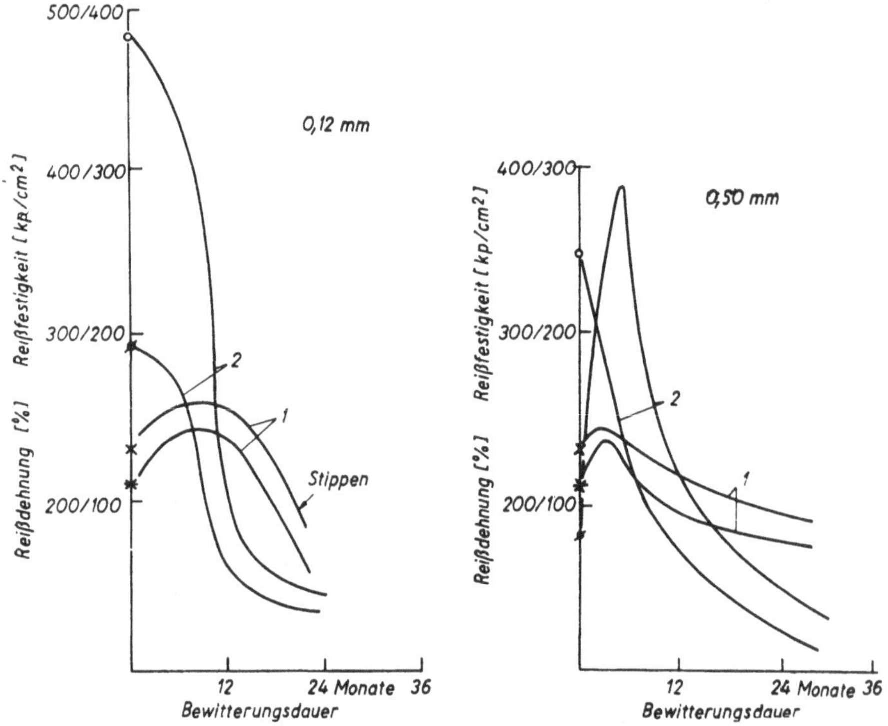

Abb. 63. Bewitterung von PVC-W-Folien (0,12 mm + 0,50 mm) Änderung der Reißfestigkeit. (*1*) und Reißdehnung (*2*)

Bei transparent-farblosen PVC-W-Folien werden die Bewitterungsvorgänge durch 3 Perioden gekennzeichnet:

die erste Periode ist durch ein mehr oder weniger langsames Einsetzen des Dehnungsabfalls gekennzeichnet; ihr folgt

als zweite Periode ein eindeutig schneller Abfall der Dehnungswerte, die abgeschlossen wird durch eine dritte Beruhigungsperiode.

Die beiden ersten Perioden umfassen etwa je 6 Monate Dauer, während die 3. Periode etwa ein Jahr dauert. Die Veränderung der Reißfestigkeit zeigt mit einigen Ausnahmen einen korrespondierenden Verlauf.

In sehr vielen Fällen werden zwischenzeitliche Maxima der Festigkeit beobachtet, die bei den festigkeitsanisotropen Weich-PVC-Folien der Längs- und Querrichtung auftraten.

Bei der *Abb. 63* sind 2 Beispiele der Veränderung der Reißfestigkeit und Reißdehnung von einer 0,12 mm und 0,50 mm dicken (60) PVC + (30) DOP + (10) TKP-Folie durch die Bewitterung in Thüringen bzw. Leipzig dargestellt.

Das in *Tab. 45* gegebene Zahlenbeispiel demonstriert die Einstellung eines neuen Festigkeitsniveaus während des Bewitterungsverlaufs, aber lehrt auch gleichzeitig, daß danach der Abbau in dem System PVC + Weichmacher weiterschreitet, wobei es über Rißbildung in den Folien zu ihrem gänzlichen Zerfall kommen kann. Hierbei sind starke Verfärbungen und/oder das Auftreten von Stippen als Indikatoren für diese Endperiode der Bewitterung zu bewerten.

Tabelle 45

Bewitterung von PVC + (DOP + TKP) 60/(25 + 15) Folien. Veränderung der Reißfestigkeit und -dehnung

Bewitterungsdauer (Monate)	Reißfestigkeit kp/cm²		Reißdehnung	
	längs	quer	längs	quer
0	155 ± 7	135 ± 4	590	385
5	160 ± 5	155 ± 5	415	305
11	130 ± 10	115 ± 6	225	290
24	125 ± 4	95 ± 3	150	155
36	120 ± 3	95 ± 4	105	85
43	Rißbildung in den Folien			

Die von uns unter dem Einfluß der relativ geringen Klimaunterschiede unserer Prüfstationen in der DDR beobachteten Zunahmen der Festigkeitseigenschaften sind sicher eindeutig gemessen, in ihrer Entstehung aber schwer zu deuten, da ja stets eine andere Prüffläche bei jeder Bewitterungs-Caesur vermessen wird. In diesem Zusammenhang verdient dann auch der Befund von I. Delorme [4] Beachtung, der unter anderen Klimabedingungen und sogar bei ausschließlicher Nachtbewitterung sowohl die gleichen intermediären Erhöhungen der beiden Festigkeitsdaten wie auch den periodischen Verlauf des vorherrschenden Charakters der Abnahme findet.

In diesem Zusammenhang verdient wohl auch die Beobachtung in der Anstrichstoff-Technologie Beachtung, daß auch bei transparent-farblosen Filmen aus Alkydharzen oder Phenolharzen oder urethanmodifizierten Öllacken dieses Maximum der Reißfestigkeit in den ersten hundert Stunden der Exposition in einem Weatherometer auftritt [109].

Als Beispiel für die unterschiedlichen Bewitterungsintensitäten auf 2 Prüfstationen in der DDR und im Klima Ostasiens (Shanghai, VR China) sowie der im Laufe von mehreren Kalenderjahren in den einzelnen Monaten sich aus wirkenden Wetterbedingungen für eine 60/40 PVC + Phthalsäure–C_8–Ester-Folie diene die *Abb. 64*. Sie lehrt die „*Unschädlichkeit*" des Klimas der Wintermonate in unseren Breiten, die zunehmende Zerstörung ab April bis etwa September. Auch die Auslagerung im Klima Ostasiens unter Ausschluß direkten Sonnenlichts, aber starker Feuchtigkeit und relativ hoher Tagestemperaturen (— „*Schwitzhütte*" —) zeigt praktisch keinen Festigkeitsverlust (Expositionswinkel 30° nach Süden).

Diese praktische Unschädlichkeit des Winterklimas in unseren Breiten hat sich bei der auf diesen Erfahrungen aufbauenden Nutzung von 60/40 Folien für den Bau von Getreidesilos bestätigt. In der Nutzungsperiode von Oktober bis Mai sind

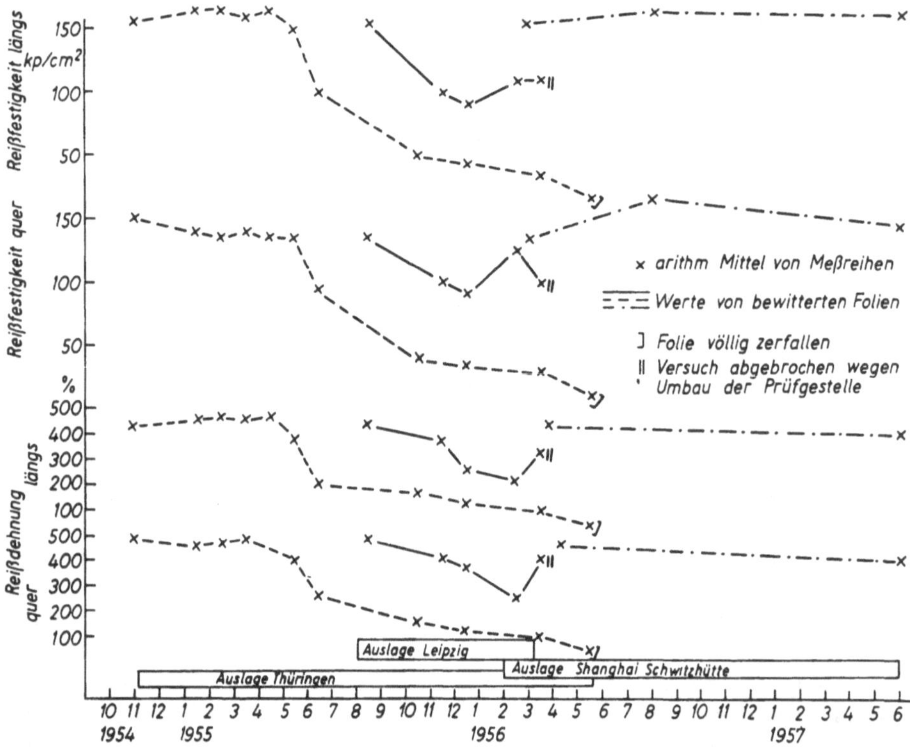

Abb. 64. Bewitterung einer 60/40 PVC-Phthalatfolie auf 3 klimatisch verschiedenen Prüfstationen; Festigkeitsänderungen in $2^1/_2$ Jahren

die Reißfestigkeiten zu 96···86% und die Reißdehnungen zu 84 bis 74% erhalten, wobei die größeren Werte der nach Norden und die kleineren Werte der nach Süden exponierten Folie zukommen.

Die von W. Birnthaler und G. Falk [20] am 15. 4. 1950 eingeleitete Bewitterung von 3 PVC-Folien, variiert im WM-Gehalt zwischen 25 und 41% sowie der Konstitution nach, zeigt nach 3 Monaten noch keine Abnahme der Reißfestigkeit und -dehnung. Bei der Messung nach 6 Monaten sind Festigkeitsabnahmen um 18···44% gefunden. Es ist unklar, ob sich hiermit bereits ein neues Festigkeitsniveau einstellt, da die Messungen nur noch einmal nach 9 Monaten wiederholt sind. Wir sind auch nicht der Auffassung der Autoren, daß die gefundenen Dehnungsabnahmen von 50% und mehr des Ausgangswertes als „*nicht nennenswert*“ charakterisiert werden können.

Unsere Untersuchungen über den Einfluß der Weichmacher-Art und -Menge während der Bewitterung führten zunächst zu den in *Abb. 65* dargestellten Abnahmen der Reißfestigkeit von Folien mit Phthalsäure — $C_{7...9}$ Ester 80/20···60/40. Es wird die Zeit der Hauptschädigung in den Monaten April bis September besonders bei den 80/20 und 60/40 Einstellungen deutlich.

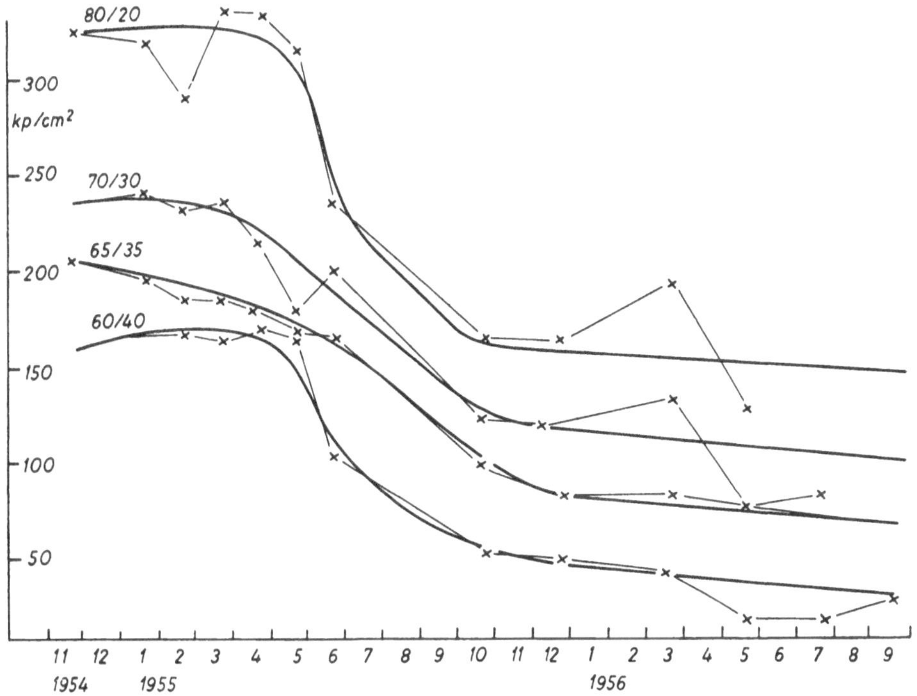

Abb. 65. Bewitterung von PVC-Phthalatfolien 80/20 ··· 60/40; Abnahme der Reißfestigkeit innerhalb ca. $2^1/_2$ Jahren

Ähnliche Untersuchungen mit Paraffinsulfonsäurekresolestern 90/10 bis 60/40 zeigen zunächst die weitgehende Übereinstimmung des Alterungsvorganges bei der 90/10 Folie mit dem Hart-PVC. Die weitgehend festigkeitsisotropen Versuchsfolien 80/20 bis 60/40 zeigen bei der Bewitterung einige Besonderheiten. Bei der 80/20 Folie nimmt die Zugfestigkeit zu, die Reißdehnung aber erheblich ab, so daß nach 16 Monaten die Reißfestigkeit auf den Wert der Zugfestigkeit zurückging, d. h. die Folie ist versprödet. Die 70/30 Folie ist im Grundcharakter durch ähnliche Festigkeitsänderungen gekennzeichnet. Bei der Bewitterung der 60/40 Folie behält diese ihre Reißfestigkeit praktisch bis 12 Monate Dauer, während die Reißdehnung um ca. 50% zurückgeht.

Ein teilweiser Austausch des Paraffinsulfonsäure-Esters durch Dihexylphthalat bringt keine Veränderungen im Festigkeitsabbau durch die Bewitterung.

Mangels auch der bescheidensten Detailangaben über die Zusammensetzung der von V. A. Roždestvenskij [87] bewitterten „*Plastikate Nr. 1 usw.*" sind seine Mitteilungen über eine 40%ige Abnahme der Dehnung im Klima von Tomsk — auch die Zeitdauer fehlt — ziemlich wertlos.

Die Bewitterung von Formstoffen aus Mischpolymerisaten des Vinylchlorids mit einigen Prozenten Vinylacetat zeigt eine ähnliche Auswirkung auf die Veränderung der mechanischen Eigenschaften.

Die mechanischen Eigenschaften der fluorierten Polymeren z. B. Polyvinylfluorid, Polyvinylidenfluorid und Polytetrafluoräthylen haben sich während einer 15jährigen Bewitterung im tropischen Klima der USA nicht verändert.

Auch bei den neueren Fluorpolymeren, wie dem fluorierten Mischpolymerisat aus Äthylen und Propylen, scheinen sich diese Erfahrungen zu bestätigen.

Bereits aus der oben diskutierten Einstellung eines neuen mittleren Polymerisationsgrades, ausgedrückt durch den K-Wert nach Fikentscher, während der Bewitterung von Polymethacrylat-Platten in der Größenordnung von $K = 100 \cdots 130$ war aus den allgemeinen Erfahrungen über die Relation Reißfestigkeit und K-Wert zu erwarten, daß die Reißfestigkeit sich praktisch nicht ändern würde.

Wie *Tab. 46a* lehrt, ist dies unter Berücksichtigung der jeweiligen Messung an anderen Prüfkörpern und der ohnehin besonders großen Streubreite der Festigkeitsmeßwerte der ca. 3 mm dicken Gießplatten auch tatsächlich der Fall. Die nach 5jähriger ununterbrochener Bewitterung erkennbare Minderung ist meß-

Tabelle 46a

Bewitterung von Polymethacrylat-Platten (ca. 3,0 mm). Änderung mechanischer Eigenschaften und des K-Wertes

Bewitterung Ort und Dauer Monate		Reißfestigkeit kp/cm²	Schlagzähigk. kp/cm/cm²	K-Wert
unbewittert		620 bis 842	16 ± 4	181
Leipzig	35	760 ± 84	20 ± 3	122
	52	660 ± 67	17 ± 4	109
Thüringen	26	765 ± 86	19 ± 2	130
	41	740 ± 42	15 ± 3	119
	48	735 ± 40	18 ± 1	122
	60	490 ± 46	15 ± 4	115
Ostseeküste	24	755 ± 23	16 ± 5	132
	35	625 ± 39	16 ± 2	122
	47	710 ± 58	21 ± 1	117
	58	470 ± 40	18 ± 2	114
Plattensee	21	740 ± 67	18 ± 1	121
	36	685 ± 160	15 ± 3	99

Tabelle 46b

Bewitterung von Polycarbonatfolien. Zusammenhänge zwischen Klimabedingungen, mechanischen Festigkeiten, K-Wert und mittlerem Molgewicht

Bewitterung Ort	Dauer Monate	Sonnen-schein-stunden	Global-strahlung gcal/cm²	Nieder-schlag mm	Reißf. kp/cm²	Reißdehn. %	Berstf. kp/cm²	Berstdehn. %	Torsions-modul $10^7 \cdot$ dyn/cm²	$K \cdot 10^3$	$\overline{M}_r$
0					600 ± 69	120 ± 15	1030	125	940 ± 40	78	~ 100000
Leipzig	11	1992	119333	702	495 ± 27	60 ± 31	—	—	1000	59	
	23	3510	206856	1152	500 ± 21	40 ± 24	515	44	1060	57	
	37	4472	257762	1468	nicht meßbar					50	27400
Thüringen	14	2350	120617	900	600 ± 20	110 ± 15	760	95	1040	52	21600
	24	3513	ca. 200000	1200	ca. 535	ca. 25	ca. 340	ca. 15	1125	47	15000
	29	4320	> 200000	3600	nicht mehr meßbar		ca. 40	ca. 4	980	41	12000
Ostsee-küste	13	1474	125000	1700	590 ± 17	13	550	45	1140	49	21600
	17	3227	> 140000	860	nicht mehr meßbar		270	1	1300	41	14000
	26	4234	ca. 200000	1800	nicht mehr meßbar		nicht mehr meßbar		—	40	13400
	36	5080	> 225000	1829	nicht mehr meßbar		nicht mehr meßbar		1130	38	9800

technisch eindeutig, bedeutet aber keinen wesentlichen Einbruch der Gebrauchseigenschaften einer solchen Platte organischen Glases.

Die Schlußfolgerungen werden durch die von M. I. FROLOWA [106] an 10 bis 15 Jahren bewitterten PMMA-Platten ermittelten Werte der Reißfestigkeit bestätigt.

Die hohe UV-Empfindlichkeit des Polyformaldehyds bzw. der korrespondierenden Mischpolymerisate führt schon bei Bewitterung im Klima mittlerer Breitengrade innerhalb 2 Jahren zu einer erheblichen Herabsetzung der Reißdehnung und Reißfestigkeit (> 50%), [103].

G. R. RUGGER [110] beurteilt die Wetterfestigkeit der chlorierten Polyäther (Typ Penton) als gut. Die Zugfestigkeit erhöht sich innerhalb 3 Jahre um 11%. Dieser Befund kann für viele Anwendungsgebiete vorteilhaft ausgenutzt werden.

Aus den in *Tab. 46b* zusammengefaßten Zusammenhängen zwischen den Klimabedingungen auf unseren Prüfstationen in der DDR und dem Verlust der mechanischen Festigkeiten von Polycarbonatfolien während der 3jährigen Bewitterung bestätigt sich zunächst die größere Intensität des Klimas an der Ostseeküste und die erhebliche Schutzwirkung einer während der Bewitterung sich ablagernden Schmutzschicht. Ferner findet sich auch am Makromolekül des Polycarbonats die Erfahrung bestätigt, daß starke Einbrüche der mechanischen Eigenschaften unterhalb eines *K*-Werts von 65···70 zu erwarten sind. Die technische Nutzung eines Polycarbonatfilms hört auf, wenn die Bewitterung das mittlere Molgewicht unter 20000 erniedrigt.

Sehr aufschlußreich auch die Mitteilung von M. TOMIKAWA [89], wonach nach nur 80 Tagen Bewitterung von Polycarbonatfilmen die Reißfestigkeit von 649 auf 369 kp/cm² und die Reißdehnung von 62 auf 0% abgefallen ist.

Für den Bewitterungsabbau der bekannten handelsüblichen Polyamide ist der starke Rückgang der Fließdehnung charakteristisch, wobei weder die Konstitution noch die Prüfkörperform irgendwie sich auswirken. Die Reißfestigkeiten bleiben in vielen Fällen praktisch konstant oder nehmen außerhalb des Streubereichs ein wenig zu.

Die von uns im Laufe der Bewitterung von 3,5 mm starken Polycaprolactam-Platten in unseren 3 Prüfstationen in der DDR gefundenen Veränderungen der Reißfestigkeit und Dehnung sind aus *Tab. 47* zu entnehmen.

Die Aufstellung zeigt einmal die in der Fertigungstechnologie begründeten starken Streuungen der Meßwerte, zum anderen die Auswirkung der Bewitterung etwa nach dem 7. Monat. Interessanterweise bleibt der integral bestimmte *K*-Wert in allen Fällen praktisch unverändert, so daß also die Abnahmen der mechanischen Eigenschaften doch deutlich von den stärker geschädigten Oberflächenschichten beeinflußt werden.

Bei der Beurteilung des Bewitterungsverhaltens von im Spritzguß hergestellten Normstäben aus Polycaprolactam bzw. aus Polyamid 6, 12 (Handelsprodukte) ist nach den Untersuchungen von J. SCHREIBER die Zugfestigkeit charakteristischer als die Reißfestigkeit. Nach einer 12monatigen Bewitterung in Leipzig hat die Zugfestigkeit sich beim Polyamid 6, 12 auf 44% des Ausgangswertes und beim Polycaprolactam auf 88% verringert. Das Fließen tritt im KDD nicht mehr auf.

Tabelle 47

Bewitterung von 3,5 mm dicken Polycaprolactam-Platten. Veränderung der mechanischen Eigenschaften

Prüfstation:	Leipzig		Thüringen		Ostseeküste	
(Dauer: Monate)	σ kp/cm²	ε %	σ	ε	σ	ε
0	410	30				
1	—	—	410 ± 19	30 ± 0	405 ± 27	35 ± 5
2	—	—	410 ± 18	35 ± 4	425	30
3	390 ± 16	30 ± 10	—	—	415	35
5	—	—	400 ± 12	35 ± 5	—	—
7	—	—	—	—	300 ± 0	30
8	—	—	324 ± 5	30	—	—
9	340 ± 26	45 ± 7	—	—	300 ± 13	29
10	—	—	292 ± 8	23	—	—
11	—	—	—	—	305 ± 4	30
12	314 ± 5	30	—	—	—	30
15	—	—	345 ± 12	40	385 ± 42	20 ± 8
18	350 ± 12	35	—	—	—	—
23	—	—	390 ± 12	35 ± 6	—	—
25	385 ± 25	35 ± 9				

Beim Polycaprolactam beobachtet B. Doležel [88] eine Abnahme der Reißfestigkeit bis auf 33% und der Reißdehnung bis auf 1,7% des Ausgangswerts.

V. A. Belyi und Mitarb. [107] führen die Abnahme der Reißfestigkeit von Polycaprolactam-Formstoffen von 650 kp/cm² auf 360 kp/cm² während der Bewitterung im Mai bis September und die korrespondierende Abnahme der Dehnung von 180% auf 120% auf die Entstehung von Rissen an der Formstoff-Oberfläche als Folge des Aufbrechens intramolekularer Bindungen durch photooxydative Vorgänge zurück.

Es ist aus der Konstitution her zu verstehen, daß die Benutzung von Polyamidformstoffen in heißen, trockenen und sonnigen Klimazonen mit Rücksicht auf die schnelle Abnahme der Festigkeiten unzweckmäßig ist.

Ch. W. Hamilton und Mitarb. [111] haben eine Abnahme der Wetterfestigkeit gemessen an den mechanischen Eigenschaften bei der Exposition von Polyamid-Formstoffen im Klima von Canada, Florida, Panama, Arizona und Ohio ermittelt.

Hierbei kommt ja auch noch als erschwerendes Moment hinzu, daß eine mechanische Belastung bei der praktischen Anwendung den photochemischen Abbau stark beschleunigt, wie dies W. R. Regel u. a. [90] bei Fasern aus Polycaprolactam festgestellt haben.

Im Laufe einer 2jährigen Bewitterung von Folien aus Polyäthylenterephthalat nimmt die Reißfestigkeit von 867 kp/cm² auf 634 kp/cm² (um 25%), die Reißdehnung dagegen von 23% auf 7,22% (um 69%) ab. Das empfindlichere Ansprechen der Reißdehnungswerte auf die Bewitterungsfolgen ist also offenbar konstitutionsunabhängig [88].

Zur Beurteilung der in der Praxis häufig auftretenden flächenmäßigen Belastung und ihrer Veränderung durch Bewitterungsfolgen diente uns die Messung des *Berstdruckes* und der *Wölbhöhe*, die sich in *Berstfestigkeit* und *Berstdehnung* umrechnen lassen. Diese Meßgröße dient letzten Endes zur Bestätigung der bereits durch die Reißfestigkeiten charakterisierten Veränderungen durch die Bewitterung. Unter Hinweis auf die in *Tab. 40* festgehaltenen Bewitterungsbedingungen für Cellulosenitrat- und Benzylcellulosefilme kann die im Berstdruck und Wölbhöhe gemessene Flächenfestigkeit als unverändert gelten. Für CN-Filme ist der Berstdruck 14···16 kp/cm² bei einer Wölbhöhe von ca. 0,80 cm der 0,20 mm dicken Filme.

Ein 0,20 mm dicker Röntgenfilm (Rohfilm) aus CN zeigte nach 6monatiger Bewitterung im März bis September einen Rückgang des Berstdruckes um 60% des Ausgangswertes (13 kp/cm²). Die Wölbhöhe beträgt nur noch 21%.

Dagegen ist ein 0,13 mm dicker Cellulosetriacetatfilm unter gleichen Bewitterungsbedingungen nach dem Berstdruck beurteilt noch unverändert. Das gilt auch für Filme aus CA mit ca. 58% CH_3COOH und aus Celluloseacetobutyrat handelsüblicher Qualität.

Die Berstfestigkeiten von bis zu 21 Monaten auf unseren Prüfstationen bewitterten oder in Form von Dachbelägen genutzten PVC-H-Folien gehen mit den entsprechenden Reißfestigkeiten symbat. Es lassen sich keine neuen Gesichtspunkte für den Bewitterungsvorgang daraus ableiten. An Hand der 9 Jahre lang als Dachbelag dienenden PVC-H-Folien (1,0 mm dick) lassen die Bestimmungen des Berstdruckes noch die Variante zu, daß bei der Durchführung der Messung die „bewitterte Fläche" im Gerät nach unten liegt. Während bei Folien mit der Expositionsrichtung SW hier keine anderen Werte gefunden werden als wenn die „bewitterte Fläche" nach oben (~ 200 kp/cm² Berstdruck) liegt, zeigt die in Expositionsrichtung NO liegende Folie den sehr niedrigen Berstdruck von 22 kp/cm². Dies ist ein Beispiel für das Erkennen flächenhafter Veränderungen durch die Bewitterung, die durch normale Reißfestigkeitsuntersuchungen nicht erfaßt wurden.

Die in den Monaten September bis März durchgeführte Bewitterung von Systemen aus PVC + Weichmacher, die nach Menge (10···40%) wie nach Art (Phthalat und Paraffinsulfonsäureester) variiert sind, zeigen in jedem Fall wieder die Symbasie zwischen Berstfestigkeit und Reißfestigkeit. Eine 90/10 Einstellung wird durch die sehr niedrige Berstdehnung als spröde schon vor der Bewitterung charakterisiert. Nach 12 Monaten Bewitterung an der Ostseeküste nehmen die Berstfestigkeiten der 80/20- und 70/30-Folien um 60% bzw. 55% und die Berstdehnungen um 90% bzw. 66% des jeweiligen Ausgangswertes ab. Die korrespondierenden Werte der 60/40- Folien bleiben unverändert.

Aus den Messungen der *statischen Torsionsmoduls* lassen sich weitere Erkenntnisse über die Veränderungen der elastischen Eigenschaften, vornehmlich der Weichheit bzw. der Versprödung, gewinnen. Auch unter Beachtung der grundsätzlichen Hinweise zur Eignung dieser Meßgröße (siehe Kap. 3., S. 65) ermöglicht sie jedoch eine Beurteilung über die Unterschiedlichkeit des Bewitterungsabbaus von einzelnen Regionen des Prüfkörpers, vornehmlich der Folien.

J. Schreiber [73, 75] kam bei der Untersuchung der Abhängigkeit des Torsionsmoduls und des log. Dämpfungsdekrements von der Temperatur (+110 °C bis −70 °C) an Hart-PVC-Platten, die entweder als Dachbelag 4 Jahre oder als Außenwandverkleidung 5···10 Jahre in verschiedenen Himmelsrichtungen bewittert waren, zu dem Ergebnis, daß die Moduln im Laufe der Bewitterung um etwa 30···50% abnehmen. Hierbei sind die nach Süden exponierten Platten stärker abgebaut. Jedoch werden die absoluten Beträge der Torsionsmoduln zwischen 4000···9600 kp/cm^2 nach der Alterung (Ausgangswert 11000 kp/cm^2) noch keine Bedenken bei ihrer praktischen Weiterverwendung auslösen.

Beachtet man die bei der Messung im Temperaturgebiet um 100° an einigen Prüfkörpern stets auftretende Verfärbung des Meßstreifens nach schwarzbraun, so wird die Ursache für die Versprödung in einer chemischen Abbau-Reaktion zu suchen sein.

In einer Reihe von anderen Bewitterungsserien haben wir an 9 Jahre auf unseren Prüfstationen in der DDR gealterten PVC-H-Platten keine Veränderung des dynamischen Torsionsmoduls außerhalb des Streubereichs gefunden.

Die Klima-Beanspruchungen der PVC-H-Folien in Shanghai und in Hainan geben sich auch in der Veränderung der Torsionsmoduln als eine „*Verhärtung*" zu erkennen, wobei die Sonnenintensität in Hainan hier sich am stärksten auswirkt. Die unverändert gefundenen Torsionsmoduln an den unter Abschirmung der Strahlung (in den „*Hütten*") bewitterten Prüfkörpern deckt sich mit den übrigen Befunden aus anderen Meßgrößen.

Über die Möglichkeit, die Torsionsmodulmessungen zur Charakterisierung der Wirksamkeit der Weichmacher in Systemen mit verschiedenen Hochpolymeren zu nutzen, gibt K. Thinius [19] eine zusammenfassende Darstellung.

Zur Frage, inwieweit der Torsionsmodul für die Charakterisierung des Bewitterungsablaufes von PVC-W-Systemen unterschiedlichen Weichmacher-Gehaltes sich eignet, haben unsere Untersuchungen am System PVC Em + Paraffinsulfonsäurekresylester 90/10···60/40 zunächst ergeben, daß sich eine 90/10-Folie mit ihrem Torsionsmodul von $> 1000 \cdot 10^7$ dyn/cm^2 wie eine normale Hart-PVC-Folie verhält; innerhalb der 12monatigen Bewitterung an der Ostseeküste pendeln die in regelmäßigen Abständen bestimmten Torsionsmoduln um einen Mittelwert (Extrema 1380···1100).

Bei den 80/20 und 70/30-Folien zeigt sich durch den nur geringen Anstieg des Torsionsmoduls, daß innerhalb der ersten 6 ··· 7 Monate etwa die Abnahme der Weichheit noch unbedeutend ist, dann aber wird der Rückgang der Weichheit in einem ziemlich steilen Anstieg des Moduls recht augenfällig.

Bei der 60/40-Folie führt die Bewitterung sofort zu einem ziemlich monoton verlaufenden Anstieg des Moduls, d. h. die Weichheit ändert sich schon in den ersten Monaten der Bewitterung.

Auch für Folien 65/35 z. B. mit 19 Teilen Paraffinsulfonsäureester + 16 Teilen Dihexylphthalat ist dieses Verhalten charakteristisch. Ohne daß Unterschiede in der Längs- und Querrichtung der Folie auftreten, steigt der Torsionsmodul innerhalb 12 Monaten von 5 auf $70 \cdot 10^7$ dyn/cm^2.

Eine 60/40-DOP-Folie, die als Getreidesilo genutzt wurde, zeigt innerhalb des 7 Monate Gebrauchszeitraums eine geringe Neigung zur Verhärtung, worauf vor allem der auf 105% angestiegene Torsionsmodul der nach Westen exponierten Folienteile hinweisen.

Der Bewitterungsablauf von 70/30-Folien aus DOP bzw. DOP + TKP-Gemischen zeigt eine relativ monotone Zunahme des Torsionsmoduls von ca. 20 auf 30 bis 40 · 10^7 dyn/cm² während eines Jahres Auslagerung an der Ostseeküste.

Die 15monatige Exposition einer 67/33 Folien mit 25 Teilen Paraffinsulfonsäureester + 8 Teilen TKP in tropischem Klima der VR China führt zu einer sehr merklichen Reduzierung der Weichheit der Folien, meßbar durch den Anstieg des Torsionsmoduls von 5,2 auf 10,4 bzw. 27,0 · 10^7 dyn/cm² je nach geographischer Lage der Prüfstation. Bei dieser Serie ist ein WM- Verlust von absolut 4···5% festgestellt.

Die aus PVC-Sp hergestellte Folie ist eindeutig bewitterungsfester. In beiden Fällen beobachteten wir hier außerdem noch eine Abnahme des K-Werts um 5 bzw. 3 Einheiten, so daß die Klärung der Ursache für die Verhärtung der Folie nicht eindeutig wird. Führt die chemische Zersetzung der Folien z. B. einer 60/25-DOP + 15 TKP-Folie zu einer Ausbildung vieler dunkler Zonen während der Bewitterung, so wird hier der erhebliche Anstieg des Torsionsmoduls von 3,2 auf 57 · 10^7 dyn/cm² in seinen Ursachen klar. Eine Lagerung der gleichen Folie im Schatten unter tropischen Luftbedingungen zeigt in der Konstanz des Torsionsmoduls die ursprüngliche Weichheit der Folie auch nach 15 Monaten Lagerungsdauer an.

An Polycarbonatfolien während ihrer 3jährigen Bewitterung durchgeführte Messungen des Torsionsmoduls zeigen, daß ihr Charakter als Hartfolie nicht verloren geht, und daß die hier festgestellten starken Erniedrigungen des Molgewichts und die Dispersitätsgrad-Veränderungen sich gar nicht auf die Größe des Torsionsmoduls auswirken (*Tab. 46b*).

Für die Beurteilung des Bewitterungsabbaus an dickeren Plastformstoffen kann man aus der Messung der *Biegefestigkeit* und der *Schlagzähigkeit* noch weitere Aufschlüsse gewinnen, zumal bei Wahl von Platten als Prüfkörper die beiden Begrenzungsflächen ungleichartig auf Zug bzw. auf Druck beansprucht werden. Es ist ja leicht möglich, die bei der Bewitterung nach oben gelegene, also bewitterte Fläche so in die Meßeinrichtung einzuordnen, daß der Biegestempel oder das Schlagpendel aufgesetzt wird bzw. aufschlägt, oder hierfür die nach unten gelegene, also unbewitterte Fläche zu wählen. Unsere Erfahrungen haben gezeigt, daß sich voneinander abweichende Ergebnisse des Festigkeitsabbaus ergeben. Die mechanische Beanspruchung der „*unbewitterten Fläche*" während der Messung führt zu ungünstigeren Meßergebnissen.

Durch eine 11monatige Bewitterung in Florida nimmt die Biegefestigkeit von opakem Celluloseacetat-Formstoff um 18% ab. Beim transparenten Celluloseacetobutyrat- und beim lichtstabilisierten gelbtransparenten Äthylcellulose-Formstoff werden von J. K. Long [112] Zunahmen von ca. 10···11% gemessen.

Nach den Ergebnissen von S. E. Yustin und Mitarb. [36] geht bei der Bewitterung von Allyl-Polymeren die Biegefestigkeit nach 12 Monaten im arktischen Klima auffallenderweise am stärksten (um ca. 30%) zurück und im tropischen Klima am geringsten, ohne daß irgend ein äußerlich sichtbarer Befund sich abzeichnet. Nach weiteren 12 Monaten wird die Biegefestigkeit in allen Klimazonen weiterhin geringer. In Alaska treten jetzt Oberflächenzerstörungen auf.

C. H. ADAMS und R. TAYLOR [15] weisen darauf hin, daß sich bei der Bewitterung von Polystyrol-Formstoffen schon in den ersten 3 Monaten das Klima sehr deutlich auf die Veränderung der Biegefestigkeit auswirkt. Der Abfall beträgt im heißen Klima mit wenig Regen fast 50%, im heißen Klima hoher Feuchtigkeit nur 32% und im gemäßigten Klima schließlich nur 21% des Ausgangswerts. Der weitere Verlauf ist aus *Tab. 48* ersichtlich.

Tabelle 48

Bewitterung von glasklarem Polystyrol auf 3 klimatisch unterschiedlichen Prüfständen in den USA

Abnahme der Biegefestigkeit mit der Expositionsdauer

Expositionszeit	0	3	6	12	18	24	36	48	Monate
Klima: heiß, niedr. Feuchtigkeit	791	399	371	378	238	224	133	112	kp/cm²
Klima: heiß, hohe Feuchtigkeit	791	546	336	270	270	231	154	119	kp/cm²
Klima gemäßigt	791	630	525	378	336	308	280	105	kp/cm²
Kontrolle	791	770	763	799	791	791	690	740	kp/cm²

Gleichsinnig ändert sich die Durchbiegung, die ebenfalls während der gesamten Versuchsdauer meßbar bleibt.

Den Einfluß unterschiedlicher Polymerisationsbedingungen bei gleichbleibender Verarbeitungstechnologie zu Platten auf den Rückgang der Biegefestigkeit des PS erkennt man aus der *Abb. 66*. Die Platten haben am stärksten unter dem Klima am Adriatischen Meer gelitten.

Ebenso wie aus den Versuchen von *Adams* und *Taylor* läßt sich aus unseren Messungen [43] zwar eine gewisse Neigung zur Ausbildung eines neuen Festigkeitsniveaus nach $1^1/_2 \cdots 2$ Jahren erkennen. Die Fortführung der Bewitterung führt aber offenbar dann doch noch zu weiteren Schädigungen, so daß die Biegefestigkeit wieder absinkt. Dies dürfte vornehmlich in der hierbei eintretenden Beanspruchung der bewitterten Oberflächen des Prüfkörpers auf Zug zu suchen sein.

Spritzguß-Normstäbe aus PS-Blockpolymerisat zeigen sowohl bei ihrer Auslage im Juni wie auch im Oktober zunächst einen Anstieg der Biegefestigkeit während der ein- bis zweimonatigen Exposition, danach einen schnellen Abfall bis zur Einstellung eines neuen Festigkeitsniveaus nach ca. 1 Jahr, das ein Jahr lang konstant blieb. Diese Versuchsreihe ermöglichte uns, den Einfluß der Meßbedingungen insofern zu ermitteln, als wir einmal den Biegestempel auf die „bewitterte" und zum anderen auf die Gegenseite (unbewittert) aufsetzen. *Tab. 49* unterrichtet über die Ergebnisse bei der im Juni begonnenen Bewitterung.

Die im Oktober begonnene Bewitterung führt zwar zu dem gleichen Charakter des Abbaus der Biegefestigkeit. Jedoch bedeutet der in den Herbst hineinverschobene Beginn, daß innerhalb der folgenden 6 Monate die Biegefestigkeit bis zum Maximum bei 1100 kp/cm² bei der Meßanordnung „*unbewittert*", bzw. bei 1200 kp/cm² bei der Meßanordnung „*bewittert*" ansteigt und dann erst abfällt.

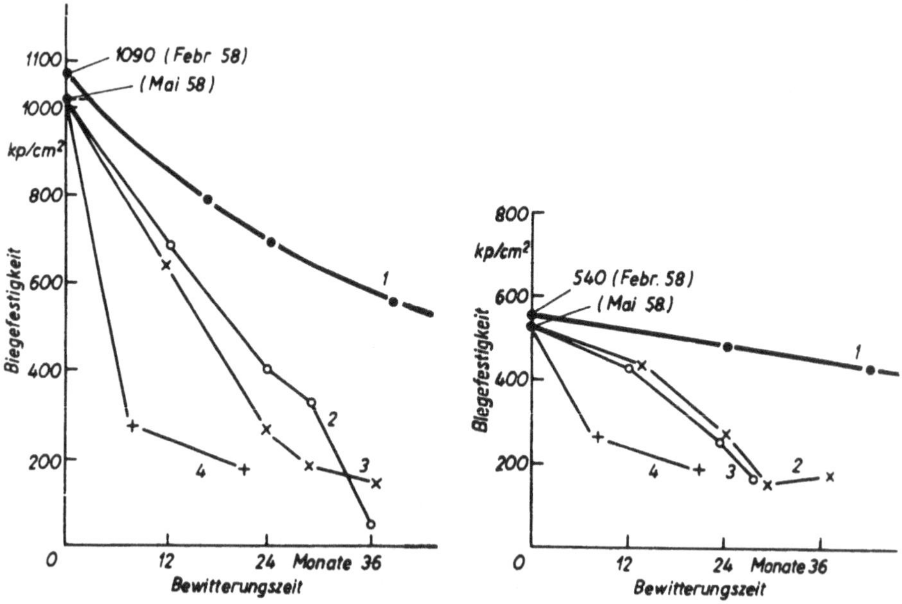

Abb. 66. Bewitterung von Polystyrol Sp und Em im

1: Raum
2: in Leipzig
3: Ostseeküste
4: Adriatische Meeresküste

Tabelle 49

Bewitterung von Polystyrol-Spritzstäben an der Ostseeküste. Abnahme der Biegefestigkeit, Einfluß der Meßbedingungen

Expositionszeit	0	1	2	4	6	12	18	24	Monate
Biegefestigkeit kp/cm²									
unbewitterte Fläche	1100	1140	1040	800	580	450	430	430	
bewitterte Fläche	1100	1140	1080	1040	1000	640	600	600	

Das Einbiegen in ein neues Festigkeitsniveau beginnt etwa nach 12 Monaten. Hier stellen sich die Absolutwerte 650 kp/cm² bzw. 720 kp/cm² ein.

Wir haben auch einige Fälle registriert, in denen das Auseinanderlaufen dieser beiden Kurven erst nach 6 Monaten Bewitterung einsetzt.

Bei Normstäben aus Perlpolymerisat beobachteten wir grundsätzlich den gleichen Charakter der Beeinflussung der Biegefestigkeit durch die Bewitterung ab Juni; aber die nach 12 Monaten sich einstellenden Festigkeitsniveaus haben doch mehr den Charakter von Zwischenniveaus, dem sich recht erhebliche weitere Rückgänge anschließen.

Auch bei Benutzung des Biegewinkels als Maßzahl beobachteten P. G. Kelleher und Mitarb. [113] die schnelle Versprödung des Polystyrols während der im April–Mai begonnenen Bewitterung im gemäßigten Klima. Nach ca. 12 Monaten stellt sich ein neues Festigkeitsniveau ein.

Die Formstoffe aus Styrol-Acrylnitril sind in den ersten Bewitterungsmonaten widerstandsfähig. Nach ca. 2 Jahren tritt dann ein ziemlich starker Abfall der Biegefestigkeit ein, so daß im 3. und 4. Bewitterungsjahr kein Unterschied mehr zum PS besteht.

Die stets als Grenzbiegespannungen bei 19 mm Durchbiegung bestimmten Biegefestigkeiten von 2···3 mm dicken PVC-H-Platten änderten sich im Laufe einer 3···10jährigen Bewitterung im Klima der Ostseeküste nicht. Es sind weder bei den verschiedenen Möglichkeiten bei der Durchführung der Messung noch bei Berücksichtigung der verschiedenen Auslegearten irgendwelche nennenswerten Unterschiede gefunden, die auf eine Beeinflussung dieses Festigkeitskriteriums durch die Bewitterung zurückgeführt werden könnten.

Die Unveränderlichkeit der Biegefestigkeit von PVC-H-Formstoffen selbst unter den aggressiven Klima-Bedingungen von Süd-Florida während 5 Jahren wird von R. C. Neuman [91] bestätigt. Bei Formstoffen aus Vinylchlorid-Mischpolymerisaten mit 83% $CH_2 = CHCl$ nimmt die Biegefestigkeit im tropischen und ariden Klima um 11···12% ab.

Eine 3jährige Bewitterung von Spritzguß-Normstäben aus Polymethacrylat wirkt sich auf die Biegefestigkeit nicht aus. Die während der Bewitterung sowohl durch Aufsetzen des Stempels auf die bewitterte wie unbewitterte Fläche ermittelten Werte pendeln um 1000 kp/cm². Es ist ja zu berücksichtigen, daß jede Messung an einem anderen Normstab durchgeführt werden muß.

S. E. Yustin gibt einen Rückgang der Biegefestigkeit von Polymethacrylat-Platten um 50% durch die 2jährige Exposition im tropischen Klima an.

M. I. Frolova [106] hat die Veränderung der statischen Biegefestigkeit während der 15jährigen Bewitterung verfolgt. Die Werte streuen relativ stark, so daß nur eine leichte Tendenz zur Verringerung erkennbar wird. Wir fanden stets einen merklichen Rückgang der Biegefestigkeit ab dem 2. Jahre der Bewitterung. Die Prüfkörper brechen dann stets.

Die Bewitterung der Polyamid-Formstoffe läßt sich nach J. Schreiber an Hand der Grenzbiegespannungen recht instruktiv verfolgen. Wir fanden bei unseren auf 12 Monate ausgedehnten Expositionen im Klima der DDR sowie an der Küste des Adriatischen Meeres die nachstehend auf den Ausgangswert = 100% bezogenen Endwerte:

	Leipzig	Thüringen	Ostseeküste	Adriat. Meeresküste
Polycaprolactam	75%	71%	75%	85%
Polyamid 6,12	61%	–	–	75%

Die bereits bei den Messungen der Reißfestigkeiten sich abzeichnende Eingruppierung des PA 6, 12 als etwas weniger bewitterungsfest hat sich hier bestätigt.

Bei den 4 mm dicken Spritzgußnormstäben aus Polycaprolactam verändert die 3jährige Bewitterung nicht den Charakter der Biegefestigkeit als Grenzbiegespannung. Diese geht zu Beginn der Exposition etwas schneller zurück. Von dem 6. Monat an tritt ein merklicher Abbau ein.

Der Ausgangswert von ca. 540 kp/cm² ist auf ca. 400 kp/cm² reduziert. Das Aufsetzen des Stempels auf die bewitterte Fläche hat sich hier nicht in der Höhe der Werte ausgewirkt.

Im Klima Bjelorußlands verringert sich die Biegefestigkeit der Polycaprolactam-Formstoffe von 1050 kp/cm² auf 400 kp/cm² während der im Mai bis September durchgeführten Bewitterung [107].

Bei der Ermittlung der Veränderung der mechanischen Eigenschaften von 3 Jahre an der Ostseeküste bewittertem Polyoxymethylen durch die Messung der Biegefestigkeit zeigt sich, daß die Oberflächen der Spritzguß-Normstäbe in der ersten Zeit der Bewitterung fester werden, so daß sich nur Grenzbiegespannungen bei maximal 19 mm Durchbiegung angeben lassen. Das Aufsetzen des Biegestempels auf die „*unbewitterte*" Oberfläche führt zu niedrigeren Spannungswerten. Erst nach etwa 6monatiger Versuchsdauer setzt auch bei diesem Formstoff der starke Abfall dieses Festigkeitskriteriums ein.

Bei den Duroplasten, speziell bei Formstoffen aus transparenten Phenol-Gießharzen wirkt sich das aride Klima nach den Messungen von S. E. Yustin [36] auf die Biegefestigkeit in Richtung einer Verringerung von 1620 kp/cm² auf 569 kp/cm² besonders stark aus. Diese Plastgruppe eignet sich bei Benutzung der Biegefestigkeit als Meßgröße recht gut, um die Aggressivität des tropischen Klimas und einer Industrieatmosphäre zu demonstrieren.

Nach den ersten Bewitterungen von Preßstoffen aus Phenolharzen durch R. Nitsche und E. Salewski [67] im Oktober 1935···März 1938 sinkt die Biegefestigkeit bei den für derartige Untersuchungen gut geeigneten 3 mm dicken „*Dynstat*" Prüfkörpern ziemlich stetig ab. Der Festigkeitsabfall liegt im Mittel um 20%, ohne daß „*hierbei Harzgehalt, Harzart oder Füllstoffart bestimmenden Einfluß klar zeigen*".

G. O. Grimm [92] gibt Rückgänge der Biegefestigkeit um maximal 11% an und sieht Einflüsse des Phenoplasts. Bei Novolaken soll die Biegefestigkeit nach 2 Jahren Bewitterung gleich geblieben sein oder sogar leicht ansteigen, wie I. F. Kanawetz und Mitarb. [76] gefunden haben. Bei Resol-Formstoffen finden sie Rückgänge bis zu 20%.

Nach unseren Befunden [93] an 10 Jahre bewitterten 5 mm dicken Prüfkörpern aus Phenol-Formaldehyd-Formstoffen vom Typ 31 (Produktionsprodukt) und Typ 31.89 (Laborprodukt) geht die Biegefestigkeit zurück. Der prozentuale Abfall ist offenbar durch die Technologie der Preßmassen-Verarbeitung mit und ohne Vorwärmung steuerbar. Die Abnahme der Biegefestigkeit beim Typ 31.89 beträgt ohne Vorwärmung ca. 20% des Ausgangswertes von 875 ± 20 kp/cm², mit Vorwärmung nur 5···8% vom 833 ± 35 kp/cm² Ausgangswert.

An Hand der Bewitterungen des Formstoffs Typ 71 ist der Einfluß der Technologie auf die Wetterfestigkeit gemessen durch die Biegefestigkeit recht instruktiv erkennbar. Während die in einem Betrieb geübte Technologie nur 10% Abnahme in den 10 Jahren ergibt, führt die Technologie des anderen Betriebes zu einer Qualität des Formstoffs, der während der Alterung 22% der Biegefestigkeit einbüßt. Jedoch schließt auch dies noch nicht eine über die 10 Jahre hinausgehende Nutzung dieses Formstoffs aus. Bei diesen Messungen haben wir die bewitterte Fläche der Prüfkörper nach oben gelegt, d. h. sie lag in der Druckzone während der Messung.

Hierzu diene noch der Befund von H. Stäger [31], daß nach 11 Jahren Bewitterung von Phenoplast-Formstoffen, die gleichzeitig unter einer Biegespannung von 25% der Biegefestigkeit standen, noch kein Bruch eingetreten war. Erst nach 15 Jahren versagten die mit Holzmehl gefüllten Formstoffe, die Asbest-Formstoffe jedoch noch nicht.

Der von R. Nitsche und E. Salewski untersuchte Harnstoff-Harzformstoff mit Cellulose als Füllstoff wurde in 2 Jahren um 20% in seiner Biegefestigkeit abgebaut.

Formstoffe aus handelsüblichen Dicyandiamid-Formaldehyd-Preßmassen weisen nach einer 10jährigen Bewitterung in Leipzig noch Biegefestigkeiten von 720 bis 820 kp/cm^2 auf, d. h. die Veränderung der Oberfläche als Bewitterungsfolge hat keinen Einfluß auf die so gemessenen mechanischen Eigenschaften. Damit ist auch eine weitere anwendungstechnische Nutzung noch möglich. Die noch etwas biegefesteren Formstoffe aus Melamin-Formaldehyd-Kondensaten mit Cellulose-Gerüst zeigen beim Bewitterungsverlauf doch wieder deutlich die Bedeutung der Verarbeitungstechnologie. Mit Vorwärmung verarbeitete Preßmassen führen zu Formstoffen, deren Biegefestigkeit nach 10 Jahren noch unverändert ist (1232 und 1201 kp/cm^2). Bei der Verarbeitung ohne Vorwärmung sind Abnahmen von 13% gemessen. Demgegenüber steht eine Angabe von G. O. Grimm [92], der an den Melaminharz-Formstoffen aus der Zeit um 1945 Abnahmen der Biegefestigkeit um 20% festgestellt hat. Nach unseren Erfahrungen und unter Einbeziehung der von K. Ulbricht [101] gemachten Angaben über die Bewitterung im tropischen Klima beurteilen wir die Formstoffe auf der Basis von Melamin-Formaldehyd-Kondensaten bei optimaler Verarbeitungstechnologie als sehr wetterfest auch gegenüber einer Erosion.

Nach Angaben von S. E. Yustin sind Rückgänge der Biegefestigkeit um maximal 23,8% im Laufe der ersten 12 Monate Bewitterung von mit gekreuzten Glasfasern verstärkten Melamin-Kondensaten im tropischen Klima beobachtet. Jedoch gilt dieser Melaminharz-Formstoff ebenfalls als gut wetterfest.

Als Ergebnis einer umfangreichen Überprüfung der Wetterfestigkeit von Epoxyharz-Formstoffen, die aus 14 verschiedenen Basisharzen unterschiedlicher Provenienz und unter breiter Variation der Härtungsbedingungen hergestellt waren, können wir [94] nach 5jähriger Bewitterung auf unseren Prüfstationen in Mitteleuropa feststellen, daß von den mechanischen Festigkeitseigenschaften lediglich die Werte der Biegefestigkeit abgenommen haben. In einer doch erkennbaren

Abhängigkeit von dem speziellen Basisharz zeigte sich bei den heißgehärteten Formstoffen eine Abnahme von 10···25% des Ausgangswertes, bei den kaltgehärteten Formstoffen sind erwartungsgemäß die Abnahmen mit 30···40% etwas größer. Bei Verwendung von Phthalsäure-Anhydrid als Härter sind auch Zunahmen in der Größenordnung um 10% beobachtet. Ihrem absoluten Betrage nach liegen diese Biegefestigkeiten in der Größenordnung von 1000···1400 kp/cm² bei den bis 1 cm dicken Prüfkörpern.

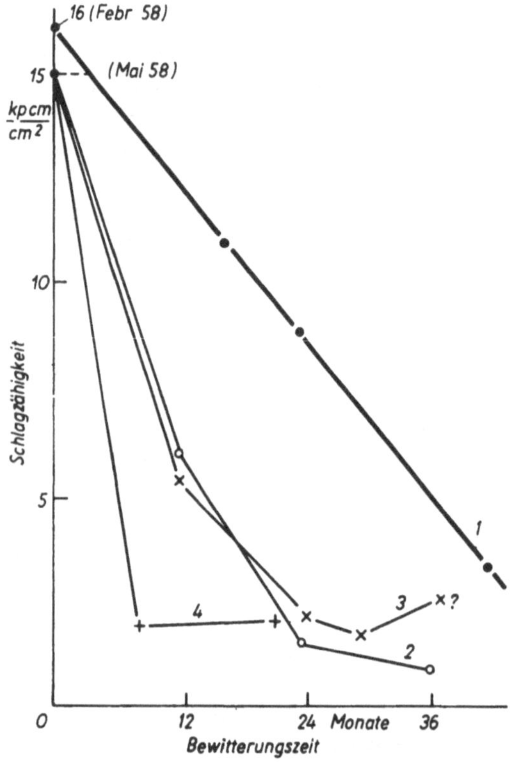

Abb. 67.
Bewitterung von Polystyrol Sp. im
1: Raum
2: in Leipzig
3: Ostseeküste
4: Adriatische Meeresküste

Die unterschiedlichen Klimabedingungen haben sich nicht ausgewirkt.

Die von G. R. Rugger [80] an bewittertem Celluloid durchgeführten Messungen der *Schlagzähigkeit* bestätigen bereits nach 3 Monaten Bewitterung ziemlich unabhängig vom Klima selbst die sehr starke Versprödung dieses Formstoffes.

Die Messungen der Schlagzähigkeit von Blockpolystyrol während der im Herbst begonnenen Bewitterung unter den Klimabedingungen der ČSSR zeigen, daß erst im Frühjahr und Sommer eine sehr schnelle Erniedrigung eintritt, so daß nach einem Jahr die Abnahme auf 30···50% des Ausgangswerts in Abhängigkeit vom Klima der Prüfstation betrug [8]. Wir können diesen Befund an Hand unserer Messungen an Platten aus PS-Emulsions- und Perlpolymerisat dahin ergänzen, daß es nach etwa 2 Jahren zur Ausbildung eines neuen Festigkeitsniveaus kommt. Ohne gravierende Unterschiede läßt sich für beide Polymerisate etwa ein Wert um 1,6···2,0 cm kp/cm² angeben. Dies bedeutet also fast einen 90%igen Abfall des Ausgangswertes (siehe hierzu *Abb. 67*).

Bei unseren im Juni bzw. Oktober begonnenen Bewitterungen von Polystyrol-Spritzguß-Formstäben setzt der Abfall der Schlagzähigkeit sofort ein. Er verläuft in den Sommermonaten eindeutig schneller als bei Expositionsbeginn im Oktober. Nach ca. 12 Monaten klingt der Abfall langsam aus, um in einem weiteren Jahr zwischen 1···2 cm kp/cm² einzupendeln. Das heißt, daß auch dieser Polystyrol-Formstoff jüngeren Fabrikationsdatums und nach anderer Technologie verarbeitet als die eben genannten Beispiele den gleichen Abbau des Meßwertes „*Schlagzähigkeit*" erfährt. Seine Ursache ist also im Makromolekül selbst zu sehen. Die Polymerisationstechnologie bleibt offenbar ohne Einfluß.

Bei all diesen Messungen wurden nur die bei Schlag auf die „*unbewitterte*" Fläche erhaltenen Zähigkeitswerte berücksichtigt. Die Ausgangswerte liegen um 20···25 cm kp/cm².

Wenn eine Kerbung erst nach der Exposition angebracht wird, zeigt die *Kerbzähigkeit* keinen charakteristischen Verlauf.

Die Bestimmung der Schlagzähigkeit an 3 mm dicken Hart-PVC-Platten nach 7jähriger Bewitterung an der Ostseeküste konnten wir [75] durch Pendelaufschlag sowohl auf die bewitterte wie unbewitterte Fläche durchführen.

Diese hierbei ruckartig auf der Seite zum Hammer auftretenden starken Druck-Kräfte (auf der Gegenseite Zugkräfte) führen bei den aus den bewitterten Platten herausgearbeiteten Prüfkörpern zu erheblich unterschiedlichen Werten der Schlagzähigkeit. Wir geben in *Tab. 50* ein Beispiel für die Auswirkung der Bewitterung, wonach deren wechselnde Intensität je nach Exposition nach Süden (Platte S_1 bis S_8) oder Norden (Platte $N_1 \cdots N_8$) auch erkennbar wird.

Während vor der Bewitterung bei der Messung keine Platten brachen, bleiben jetzt nach 7 Jahren nur einige Platten aus der Exposition Nordrichtung intakt. Es sei ferner auf den großen Unterschied der Werte je nach dem Pendelaufschlag auf bewitterte oder unbewitterte Fläche aufmerksam gemacht.

Das stark unterschiedliche Reagieren der beiden Plattenoberflächen gegen Schlag während der Bewitterung ist besonders zu beachten. Und es ist festzuhalten, daß sich diese große Verschiedenheit weder in der Biegefestigkeit noch in der Oberflächen-Härte erkennen lassen. Wir sehen hierin ein eindrucksvolles Beispiel dafür, wie ausschlaggebend die Schnelligkeit einer Beanspruchung für die Beurteilung der Wetterfestigkeit eines Plastformstoffes ist.

Aus einer anderen Versuchsreihe muß geschlossen werden, daß nach einer etwa 3jährigen Bewitterung damit gerechnet werden kann, daß PVC-H-Platten bei plötzlicher Schlagbeanspruchung sich schon als „*versprödet*" oder zumindest „*angesprödet*" verhalten.

Auch R. C. Neuman [91] macht auf die Verschiedenartigkeit der Aussagen zweier unterschiedlicher Meßgrößen aufmerksam. Während die nach Izod bestimmte Kerbschlagzähigkeit an 2 bewitterten PVC-H-Formstoffen die eine als praktisch unbrauchbar nach 5 Jahren Exposition in Florida kennzeichnet, wird gerade diese

Tabelle 50

Bewitterung von PVC-Platten an der Ostseeküste. Schlagzähigkeit cm kp/cm² als Meßgröße

Platte	bewitterte Fläche	unbewitterte Fläche	Platte	bewitterte Fläche	unbewitterte Fläche
S_1	90	6,7	N_1	105	11,5
S_2	108	13,3	N_2	—(3)*) 105 (5)	
S_3	82	85*)	N_3	67	11,1
S_4	85	7,9	N_4	107	—(2)*) 30 (5)
S_5	72	13,6	N_5	102	12,4
S_6	98	8,0	N_5	102	11,1
S_7	90	7,8	N_7	70	7,9
S_8	93	8,6	N_8	112	—(2)*) 19,1 (5)

*) Probe nicht gebrochen

Die in ( ) gesetzten Zahlen geben an, wieviel Prüfkörper brachen bzw. nicht brachen.

nach dem „*Gardner Impact Test*" als nur wenig unterschiedlich von der anderen charakterisiert. Leider finden sich keine Angaben über die Bestandteile der hier bewitterten Systeme, so daß lediglich die Tatsache der verschiedenen Aussage der Meßmethode registriert werden kann.

Trotz des Vorbehaltes der nur bedingten Eignung einer 1 mm dicken PVC-H-Platte, die 9 Jahre lang als Dachabdeckung im Klima der Ostseeküste diente, zur Messung der Schlagzähigkeit konnten wir die oben gefundene Regel, daß diese Meßgröße in ihrem absoluten Werten stets dann größer ist, wenn die bewitterte Fläche vom Pendel getroffen wird, hier bestätigen. Wir fanden hier die hohen Beträge von 40 cm kp/cm², wobei nur 3 von 8 Prüfkörpern brachen, während bei der umgekehrten Versuchsführung die Schlagzähigkeit im Mittel von 7 Messungen nur 21 cm kp/cm² betrug, wobei alle Prüfkörper brachen. Diesen Ergebnissen an in Nordost-Richtung exponierten Platten stehen prinzipiell gleiche bei nach Südwest exponierten Platten gegenüber, wobei die stärkere Schädigung in dieser Himmelsrichtung in dem Durchschnittswert von 8 cm kp/cm² (unbewitterte Fläche geschlagen) zum Ausdruck kommt.

In Übereinstimmung mit den Veränderungen des K-Werts von Polymethacrylat-Platten durch die bis zu 58 Monaten ausgedehnte Bewitterung steht auch, daß die Schlagzähigkeiten der bewitterten Platten in der Größenordnung der als Norm festgelegten Werte von 18···22 cm kp/cm² sich gehalten haben. Die Wetterfestigkeit dieser Platten kommt auch darin zum Ausdruck, daß die Meßwerte nicht mehr abhängig sind, ob die bewitterte oder unbewitterte Oberfläche geschlagen wird. Lediglich an den fast 5 Jahre an der Ostseeküste oder in Thüringen bewitterten Platten finden sich beim Schlagen der unbewitterten Oberflächen Schlagzähigkeiten in der Größenordnung von 12···14 cm kp/cm².

Bei der Bewitterung der 4 mm dicken Normstäbe aus Polymethacrylat nimmt die Schlagzähigkeit in den ersten Wochen bereits etwas ab, bleibt aber dann im Laufe eines Jahres in der Größenordnung von 8···10 cm kp/cm² stehen.

Nach 43 Monaten werden noch Werte von 50% des Ausgangswertes gemessen.

Einen starken Abfall der Schlagzähigkeit in den ersten Wochen der Bewitterung beobachteten wir auch bei Normstäben aus Polyoxymethylenen in handelsüblicher Qualität. Hierbei zeigte sich wieder die stärkere Erniedrigung der Werte, wenn die „*unbewitterte*" Fläche geschlagen wird.

Aus den Messungen von B. Doležel [88] der Schlagzähigkeit von Polyterephthalat-Formstoffen in ihrer Abhängigkeit von der Bewitterung zeigt sich eine relativ gute Beständigkeit innerhalb der ersten 12···15 Monate, in denen etwa in 2000 Sonnenscheinstunden eine Energie von 146200 Ly einstrahlte. Am Ende des 2. Bewitterungsjahres ist die Schlagzähigkeit von 30 cm kp/cm² auf 14 cm kp/cm² abgefallen und im Laufe der nächsten beiden Jahre nach insgesamt ca. 8175 Sonnenscheinstunden mit 393700 Ly Einstrahlung beträgt sie nur noch 16% des Ausgangswertes.

Bei den unbewitterten Spritzformstoffen aus Polycaprolactam werden die Schlagzähigkeiten als rein formal aus Verbiegung und Wegschleudern bestimmte, auf den Probenquerschnitt bezogene Energieverlustwerte des Pendelhammers angegeben (ca. 95 cmkp/cm²). Schon nach der ersten Überprüfung nach 1 Monat Bewitterung brechen alle Prüfkörper. Die geringe Schlagzähigkeit von weniger als 10 cm kp/cm² bleibt bis Versuchsabbruch nach 10 Jahren.

Während bei Phenolharz-Formstoffen I. F. Kanawetz [76] nur eine Abnahme der Schlagzähigkeit um 0,5 cm kp/cm² durch die Bewitterung angibt, finden R. Nitsche und E. Salewski [67] vornehmlich bei den 3 mm dicken Prüfkörpern (Dynstat-Stab) eine ziemlich stetige Abnahme dieser Meßgröße innerhalb der 24 Monate Bewitterung. Am Versuchsende zeigen die harzreicheren Einstellungen einen geringeren Gesamtabfall (−25 und 32%) als die harzärmeren (47 und 57%). Besonders hoch war der Abfall der Werte bei einem Formstoff mit mineralischem Füllstoff (72%).

S. E. Yustin bezeichnet die innerhalb eines Jahres eingetretenen Abnahmen der Schlagzähigkeit von Phenolharz-Formstoffen mit Holzmehl oder Gewebeschnitzeln als für einen weiteren Einsatz als hinderlich.

Dagegen bleibt unabhängig vom Klima die Schlagfestigkeit der Melamin-Formaldehyd-Polykondensate mit Cellulose-Füllstoffen erhalten.

Auch die von K. Ulbricht [101] geprüften Melaminharz-Formstoffe vom Typ 152 bestätigen das Ergebnis. Das gilt auch von der Kerbschlagzähigkeit, die z. B. nach 6 Monaten Urwaldklima noch zu 1,8 cm kp/cm² gemessen ist.

Bei den Harnstoffharzen fällt die Schlagzähigkeit um etwa 28% ab.

Der sehr hohe Streubereich der Schlagzähigkeitswerte an Epoxydharzformstoffen schränkt den Wert dieser Meßgröße als Kriterium für dieBewitterung stark ein.

Eine eindeutige Beeinflussung dieser Werte durch die Klimabedingungen haben wir nicht erkennen können.

Da einige Thermoplaste auch durch die Bewitterungsfolgen bei Biegebeanspruchung nicht brechen, haben P. G. KELLEHER und Mitarb. [113] die Veränderung der *Steifigkeit* verfolgt. Polytetrafluoräthylen-Formstoffe haben einen kleinen Steifigkeitsmodul (Größenordnung 4000 kp/cm²); er ändert sich im Laufe einer $4^1/_2$jährigen Bewitterung um −3,0⋯−5,5%. Polychlortrifluoräthylen-Formstoffe mit einem Modul mittlerer Größe (Größenordnung 8200 kp/cm²) bleiben unangegriffen.

Unter Hinweis auf die durch THINIUS [19] seinerzeit gegebene Würdigung der Arbeiten von W. BIRNTHALER und G. FALK [20], daß die *Versprödungstemperatur* durch die Bewitterung viel stärker beeinflußt wird als andere mechanische Eigenschaften, geben wir nachstehend die von den Autoren gefundenen Rückgänge der Versprödungstemperatur nach maximal 9 Monaten Bewitterung von PVC-Weichmacher-Systemen.

Sie sind mit den Weichmachern Phthalat-$C_{7\ldots9}$ Ester, TKP und Mesamoll auf etwa gleiche Ausgangs-Versprödungstemperatur eingestellt (*Tab. 51*).

Tabelle 51

Bewitterung von PVC-W-Folien. Veränderung der Versprödungstemperatur

Folie	Expositionszeit in Monaten			
	0	3	6	9
73/25 Phthalat	−3°	+15°	+20°	+26 °C
57/41 TKP	−6°	+ 2°	+ 6°	+ 7 °C
66/32 Mesamoll	−7°	− 3°	+13°	+12 °C

(jede Folie enthält 2% Bleiweiß)

Auch bei Polyäthylen-Formstoff führt die Exposition unter tropischen Klimabedingungen zu einer Reduzierung der Kältefestigkeit, die mit der Dauer der Sonnenscheinstunden symbat geht. Danach beurteilt ist eine längere Gebrauchsdauer als 6 Monate nicht zu erwarten.

Bei der Benutzung *dielektrischer Kennzahlen zur* Charakterisierung der Bewitterungsfolgen kann von der allgemeinen Erfahrung ausgegangen werden, daß Einflüsse von Feuchtigkeit und Ausbildung polarer Gruppen im als Isolator verwendeten Plastformstoff diese Meßgrößen nach der negativen Seite beeinflussen.

In sehr vielen Fällen wird eine spezifische Auswirkung der Bewitterung auf diese Werte nur dann zu erkennen möglich sein, wenn bereits bei der Herstellung des Formstoffs die Bildung polarer Gruppen vermieden oder zumindest zurückgedrängt wird. Dies bedeutet u. a. die Verarbeitung in Gegenwart von Stabilisatoren, insbesondere Antioxydantien.

Es sei hier an das Ergebnis von C. S. MYLERS [95] erinnert, daß ein Zusatz von 0,05% Stabilisator (65% Phenyl-α-naphthylamin + 35% Diphenyl-p-Phenylendiamin) während der 60 Min. dauernden Verwalzung des Polyäthylens den dielektrischen Verlustfaktor auf seinen Anfangswert hält.

Die Benutzung unstabilisierter transparenter Formstoffe aus Thermoplasten für elektrische Isolationen und die Beeinflussung der Gebrauchsdauer durch die Bewitterung wird also vielfach außerhalb der praktischen Anwendung liegen.

Die von E. N. MATWEEVA und Mitarb. [48] ermittelten Veränderungen der dielektrischen Verluste bei einer Frequenz von 10^6 Hz durch die im Laufe eines Kalenderjahres auftretenden Klimaschwankungen im Bezirk Leningrad zeigen für Polyäthylen HD wie ND, sowie für Polypropylen und ein Mischpolymerisat aus Äthylen und Propylen ihre maximalen Anstiege in den Monaten Mai bis August. Bei nur unwesentlich verschiedenem Ausgangswert werden die Werte für tan δ beim PP besonders stark verschlechtert dann folgen das Mischpolymerisat und PE HD, während die geringste Veränderung beim PE ND auftritt (vergleiche hierzu *Tab. 52*).

Tabelle 52

Bewitterung von Polyolefinen, Änderung des tan δ *in Abhängigkeit von der Jahreszeit im Bezirk Leningrad*

Monat	PE HD	PE ND	PP	Mischpolymerisat
Ausgang	7	2	5	$3 \cdot 10^{-4}$
Januar	8	5	–	7
Februar	—	5	10	—
März	9	5	9	8
April	11	6	8	10
Mai	19	9	26	24
Juni	19	9	96	27
Juli	24	8	84	30
August	21	8	65	27
September	14	6	20	12
Oktober	11	5	—	7
November	12	4	11	5
Dezember	11	4	12	5

Beim unter tropischen Bedingungen bewitterten transparenten Polyäthylen gehen die durch die Dielektrizitätskonstante (DK) und den tan δ charakterisierten dielektrischen Eigenschaften innerhalb 3 Monate sehr stark zurück [96]. Hier hat sich außerdem das Antioxydans während der Verarbeitung nicht verbessernd ausgewirkt.

In diesem Zusammenhang verdient der Befund von K. RICHTER und R. THATER [97] besondere Beachtung, daß eine 7wöchige Dauer-Wasserlagerung von Formstoffen aus Polyäthylen ND wie HD die Werte für die DK, tan δ und den spezifischen Durchgangswiderstand praktisch unverändert läßt.

Die Ursache für den von MATWEEVA und in den Tropen festgestellten Anstieg des tan δ ist also auf die fotolytische Umwandlung der Polyolefine zurückzuführen.

Dies trifft auch für Polystyrol-Formstoffe zu. Auch hier verschlechtern sich durch die Freiluftbewitterung die DK und tan δ erheblich, während sie nach den

7 Wochen Wasserlagerung unverändert blieben. Ebenso bleibt der spezifische Widerstand nach 585 Tagen Wasserlagerung beim Block- und Emulsionspolymerisat unverändert ($R = 1 \cdot 10^{17}\,\Omega \cdot \mathrm{cm}$) [60].

Unsere Messungen der DK, des tan δ, spezifischen Widerstands und der Durchschlagsfestigkeit von PVC-H-Platten, die während der Bewitterung in den verschiedenen uns zugänglichen Klimagebieten bis zu einer Maximaldauer von 4 Jahren durchgeführt wurden, zeigen die praktische Unveränderlichkeit dieser Meßgrößen. Ihre Absolut-Werte betragen bei 20° Meßtemperatur: DK = 3,5; tan $\delta = 315 \times 10^{-4}$; spez. Widerstand $> 3 \cdot 10^{12}$; Durchschlagsfestigkeit $\sim$ 275 kV/cm.

Die dielektrischen Kennwerte müssen als unspezifisch für die Verfolgung der Alterung gelten, da das gleiche Versuchsmaterial verwendet wurde, das erhebliche mechanische und auch physikalisch-chemische Veränderungen erlitten hatte. Zusammen mit K. Richter haben wir dann noch untersucht, ob diese Veränderungen sich auch dielektrisch in den Temperaturdispersionskurven widerspiegeln. In Ergänzung der Messungen von Würstlin [98], der konstant bei 50 Hz gemessen hat, haben wir eine Frequenz von 800 Hz verwendet.

Versuchsmaterial war eine total versprödete, im Laufe der 30 Monate Bewitterung an der Ostseeküste mit einem weißen Belag versehene PVC-H-Platte (0,3 mm dick). Da die Kurven der dielektrischen Meßwerte im Temperaturgebiet von ca. $-20\,°C \cdots > 80\,°C$ parallel zur Temperaturachse verlaufen, haben wir die Messungen zwischen 80 °C und 150 °C durchgeführt. Der Charakter der Kurven der DK und tan δ Werte des bewitterten PVC-H ist der gleiche wie beim unbewitterten. Die DK-Werte sind, wie aus *Tab. 53* ersichtlich, im Temperaturbereich höher. Der bei 145 °C in der tan δ-Kurve des bewitterten PVC beginnende Wiederanstieg deutet auf das Entstehen ionischer Spaltprodukte entweder bei der Bewitterung oder bei der Erwärmung während der Messung hin. Jedoch ist es nicht möglich, die starken Versprödungen in diesen Meßwerten irgendwie zu interpretieren.

Es ist auch in diesem Zusammenhang wieder der Befund von K. Richter und R. Thater von Bedeutung, daß nach 7wöchiger Wasserlagerung diese Meßgrößen ebenfalls nicht geändert werden.

Die Bedeutung der dielektrischen Meßgrößen für das Verständnis der Systeme aus PVC + Weichmachern hat Thinius [19] eingehend gewürdigt. K. Ipolyi [99] hat bei seinen Arbeiten über die Wetterfestigkeit von diesen Systemen auf die Messung des spezifischen Widerstands und der dielektrischen Verluste mit dem Hinweis auf ihre nur unwesentliche Beeinflussung verzichtet.

Nach Birnthaler und Falk ist dies in Systemen aus 57 PVC/41 TKP für eine neunmonatige Bewitterung hinsichtlich des spez. Widerstands auch der Fall. Jedoch zeigen die gleichzeitig bewitterten Formstoffe aus 73 PVC/25 Phthalat bzw. 66 PVC/32 Mesamoll merkliche Rückgänge. Die fehlende Eindeutigkeit dieser Werte läßt die Autoren jedoch auf weitere Beachtung verzichten.

Während der Bewitterung einer Folie aus 65 PVC/19 Paraffinsulfonsäureester + 16 Dihexylphthalat nahmen tan δ und DK schon kurz nach Beginn der Auslage ab. Die DK stellt sich nach etwa 4 Monaten auf einen Endwert von 3,5 ein. Der tan δ nimmt innerhalb der 12 Monate ziemlich monoton ab ($460 \to 345 \cdot 10^{-4}$).

Tabelle 53

Bewitterung von PVC-H-Platten. Änderung der dielektrischen Dispersion nach 30 Monaten Bewitterung an der Ostseeküste

Temperatur °C		80	90	100	110	120	130	140	150
$\tan \delta \cdot 10^4$	unbewittert	209	209	209	257	669	993	861	494
	bewittert	185	200	239	402	877	976	679	595
	Maximum unbew. bei 130 °C, bew. bei 126 °C								
DK	unbewittert	2,6	2,6	2,80	3,0	4,4	6,0	7,2	7,8
	bewittert	2,9	2,9	3,05	3,7	5,6	7,1	8,4	8,9

Tabelle 54

Bewitterung von PVC-80/20 DOP-Folien. Änderung der dielektrischen Dispersion nach 12 und 24 Monaten Bewitterung in Thüringen

Temperatur °C		30	30	50	60	70	80	90	100	110	120
$\tan \delta$	unbewittert	384	407	451	506	584	657	627	518	415	378
12 Mon.	bewittert	323	348	381	433	494	484	621	542	451	378
24 Mon.	bewittert	305	323	378	415	488	548	627	614	614	723
	Maximum unbew. bei	82,5 °C									
	12 Mon. bew.	87,5 °C									
	24 Mon. bew.	90 bis 115° dann Wiederanstieg									
DK	unbewittert	3,4	3,5	3,7	4,0	4,5	5,0	5,8	6,3	6,6	6,7
12 Mon.	bewittert	3,1	3,2	3,3	3,6	4,1	4,6	5,3	5,9	6,2	6,5
24 Mon.	bewittert	3,1	3,3	3,4	3,7	4,0	4,7	5,3	6,0	6,5	7,0

Die Bewitterung einer 0,3 mm dicken PVC/DOP-80/20-Folie im Klima Thüringens führt nach 12 Monaten zu einem opaken Aussehen, nach 24 Monaten zu vollständiger Durchsetzung mit dunkelbraunen Stippen. Hier waren noch 19% WM gefunden, dessen Säurezahl von 1,6 im Ausgangsmaterial auf 16,7 nach 24 Monaten Bewitterung angestiegen war. Die auf Grund der Werte gemäß *Tab. 54* zu konstruierenden Kurven liegen bei den gealterten Folien nach höheren Temperaturen. Die Weichmacher-Abnahme reicht nicht aus, um die verschobenen Maxima zu erklären. Bei der „*Stippen*"-Folie ist der Leitfähigkeitsanstieg sowohl durch Veränderungen im PVC wie auch durch die des WM bedingt.

Für Polyamid-Formstoffe fassen Ch. W. Hamilton und Mitarb. [111] ihre Erfahrungen über die Veränderung der dielektrischen Kennwerte bei der Bewitterung dahin zusammen, daß konstitutionelle Einflüsse wie auch die Wetterelemente der einzelnen Klimazonen diese merklich beeinflussen. Beispielsweise werden wasserlösliche Verunreinigungen im Ausgangsmaterial durch die starken Regengüsse im tropischen Klima am stärksten und im Klima Kanadas am wenigsten ausgewaschen. Auch die durch die fotochemisch ausgelöste Hydrolyse entstehende Verunreinigungen beeinflussen diese dielektrischen Kennwerte, vornehmlich wenn es sich um ionisierte Produkte handelt.

Bei transparenten Phenol-Formaldehyd-Preßstoffen beobachtet S. E. Yustin in 12monatiger Bewitterung eine leichte Verbesserung der dielektrischen Werte.

Eine zweijährige Bewitterung von Phenolharz-Formstoffen in der Qualität der Produktion um 1940···1945 führt nach G. O. Grimm [92] zu einem Abfall des elektrischen Oberflächenwiderstandes um ca. 50%. Die neueren Untersuchungen von E. Pârligras und Mitarb. [63] über das Verhalten dieser Plastformstoffe im Klima des Schwarzen Meeres zeigen eine Abhängigkeit der abnehmenden Tendenz des Durchgangswiderstandes von der Luftfeuchtigkeit innerhalb der ersten 415 Tagen Expositionszeit. Die kontinuierlich erfolgende Abnahme erreicht nach 30 Monaten den Endwert von 3···4 kV/mm bei einer Preßstoff-Type ohne Holzmehl von 7 kV/mm. Dies bedeutet einen Rückgang von ca. 85% (Ausgangswert im Mittel ca. 20 ± 3 kV/mm). Sie ist durch die völlige Erosion der Preßhaut verursacht wodurch die Feuchtigkeit auch in die inneren Schichten des Preßstoffes eindringen kann. Auch aus der Messung des Durchgangswiderstandes, der nach 880 Tagen Freibewitterung etwa $1 \cdot 10^{10}\,\Omega$ beträgt, ist zu folgern, daß die Alterungsfolgen nach 16 Monaten sich in den Meßwerten widerspiegeln. Die Absorption der Feuchtigkeit in Phenoplast-Schichtstoffen mit Papier oder Baumwollgewebe führt zu einem Abfall der dielektrischen Eigenschaften nach 257 Tagen und bei den Textilien schon nach 93 Tagen, obwohl die Zerstörung der Oberflächen-Harzschicht erst nach 516 bzw. 450 Tagen erfolgte.

Auch S. E. Yustin stellt die laufende Abnahme des Isolationswiderstandes bei Phenolharz-Preßstoffen im Laufe eines Jahres Bewitterung fest. Jedoch ermöglichen diese Werte noch immer eine weitere Benutzung.

Die gravierende Rolle der Feuchtigkeit bei diesen Wetterschädigungen der Phenoplast-Formstoffe mit Holzmehl-Füllstoff ergibt sich auch aus den Befunden von C. H. Adams und I. R. Taylor [15]. Das halbtropische Wetter mit hoher Feuchtigkeit, hoher Temperatur und mäßigem Regen bringt die stärksten Erniedrigungen der dielektrischen Werte — Durchschlagsfestigkeit 400 V/mil → 225 V/mil nach 2 Jahren — während im trockenen heißen Klima keine Änderungen beobachtet sind.

Dies steht weiterhin in Übereinstimmung mit den Ergebnissen von K. RICHTER und R. THATER [97] über die Veränderung der dielektrischen Werte der Phenoplast-Formstoffe nach einer kontinuierlichen 7wöchigen Wasserlagerung. Der spezifische Durchgangswiderstand fällt um mehrere Zehnerpotenzen von 10^{11} bis 10^{12} auf $10^7 \cdots 10^8\ \Omega$ cm ab; tan δ ändert sich von ca. 0,026···0,059 auf meist $> 0{,}3$. Die DK steigt von 5,2···6,9 auf > 25.

Nach G. O. GRIMM [92] „*verbessert*" eine 2jährige Bewitterung von Harnstoff-Harz-Formstoffen zwar den elektrischen Oberflächenwiderstand um das doppelte; er bleibt aber damit noch in der gleichen Größenordnung.

Erwartungsgemäß findet GRIMM auch keine Abnahme des Oberflächenwiderstandes bei Melaminharzformstoffen.

Bei Melamin-Formstoffen mit Baumwoll-Schnitzeln hat S. E. YUSTIN bereits innerhalb 6 Monaten einen Rückgang des Isolationswiderstandes um eine Zehnerpotenz gemessen. Bei Glasfaserfüllstoff beeinträchtigt doch das feucht-warme Klima den Isolationswiderstand so, daß er auf 3% des Ausgangswertes abgesunken ist.

K. ULBRICHT [101] bewertet die Veränderungen der dielektrischen Werte von Melaminharz-Formstoffen, die 6 Monate entweder im Kälteklima, Wüsten- oder Urwaldklima bewittert wurden, dahin, daß sie noch den Normwerten der unbewitterten Proben entsprechen, obwohl lediglich für den Oberflächenwert ein Normwert existiert. Die mitgeteilten Werte des Durchgangswiderstandes, der Durchschlagsfestigkeit, DK und tan δ zeigen, daß die Bewitterungsfolgen in diesen 3 Klimazonen zu einer Gebrauchseinschränkung keine Bedenken auslösen.

Die bis zu 29 Monate ausgedehnte Exposition im südlichen Klima der VR China gibt ebenfalls zu solchen Bedenken keinen Anlaß.

Im wesentlichen gilt dies auch für die Preßstoffe aus Dicyandiamid. Hier schädigt das Urwaldklima den Oberflächenwiderstand merklich.

Zur Beeinflussung des Isolationswiderstandes von melaminmodifizierten Phenolharz-Formstoffen durch eine feucht-warme Klimabeanspruchung hat sich Angela KISS [100] dahin geäußert, daß bereits in den ersten 4···10 Tagen der Isolationswiderstand um 1···2 Zehnerpotenzen abfällt und sich dann mit verringerter Geschwindigkeit asymptotisch dem Endwert von $10^2 \cdots 10^3$ M Ω nach 56 Tagen nähert. Ein geringfügiger Einfluß der Verarbeitungstechnologie — Stehzeit (!) — zeichnet sich ab.

Wir haben in unseren Untersuchungsreihen über die Wetterfestigkeit transperenter und auch gefüllter Epoxyharz-Formstoffe keine echten Veränderungen der DK, des tan δ, der Durchschlagsfestigkeit und der Kriechstromfestigkeit in den 3···5 Jahren Exposition im mitteleuropäischen Klima gemessen. Angela KISS [100] findet eine monotone Abnahme des Isolationswiderstandes bei feucht-warmer Beanspruchung handelsüblicher Preßstoffe mit Glasfasern bzw. mineralischen Füllstoffen. Der Endwert von 10^4 bzw. 10^5 M Ω nach 56 Tagen ermöglicht immerhin noch, recht hohe Anforderungen zu erfüllen.

Literatur

[1] F. G. Clark: Ind. Engng. Chem. **44** (1952), 2697
[2] P. H. Massey: Materie plastiche ed Elastomere **32** (1966), 317
[3] G. Lewin u. A. Zaalberg: Verfkroniek **31** (1958), 240
[4] I. Delorme: Revista de Plasticos modernos Nr. **86** (Aug. 1963), 637
[5] M. Helmstedt: Dissertation, Karl-Marx-Universität Leipzig 1967
K. Thinius, E. Schröder u. M. Helmstedt: Plaste u. Kautschuk (im Druck)
[6] D. Weichert u. A. Kraus: Plaste u. Kautschuk **15** (1968), 96
[7] – British Plastics **26** (1953), 473
[8] L. Adamirová u. B. Doležel: Plaste u. Kautschuk **15** (1968), 179
[9] W. A. Pawlow u. M. W. Jakutowitsch: Ber. Akad. Wiss. UdSSR (N. S.) **77** (1951) 49
[10] G. A. Lebedew u. Ja. W. Kuwschinski: Festkörperphysik (UdSSR) **3** (1961), 2672
[11] F. Baxmann u. K. Kopetz: Kunststoffe **52** (1962), 465
[12] P. Dubois: Ind. Plast. mod. **11/11**, S. 13 (Dez. 1959) und **12/1**, S. 7 (Jan. 1960), Kunststoffe **49** (1959), 632
[13] R. Thater: Plaste u. Kautschuk **10** (1963), 660
[14] gemeinsam mit G. v. Hintzenstern Untersuchungen des Instituts für organische Hochpolymere in den Jahren 1961 bis 1963
[15] C. H. Adams u. Mitarb.: Rubber World **131** (Nov. 1954), 239
[16] G. Menzel: Kunststoffe **56** (1966), 92
[17] gemeinsam mit M. Helmstedt: Plaste u. Kautschuk **14** (1967), 403 und [5]
[18] P. Wendisch: Plaste u. Kautschuk **13** (1966), 344
[19] K. Thinius: *„Chemie, Physik u. Technologie der Weichmacher“*, 2. Aufl. 1963, VEB Deutscher Verlag für Grundstoffindustrie
[20] W. Birnthaler u. G. Falk: Kunststoffe **49** (1959), 439
[21] I. B. De Coste u. V. T. Wallder: Ind. Engng. Chem. **47** (1955), 319
[22] L. B. Weisfeld u. Mitarb.: SPE Journal **21** (1965), 649
[23] M. J. Bost: Ind. plastic. mod. 10. März 1958, S. 1
[24] nach Untersuchungen von J. Schreiber im Institut für organische Hochpolymere
[25] Ch. H. Schramm u. J. Briskin: Modern Plastics Febr. 1960, S. 127
[26] I. B. Kusnezowa: Plast. Massen (UdSSR) 1964, Nr. **9** S. 32
[27] G. v. Hintzenstern: Plaste u. Kautschuk, **10** (1963), 16
[28] nach Arbeiten von E. Schröder im Institut für organische Hochpolymere
[29] G. O. Tatewosjan u. a.: Plast. Massen (UdSSR) 1962, Nr. **11** S. 59
[30] E. I. Kirollowa u. a.: Plast. Massen (UdSSR) 1964, S. 10
[31] H. Stäger: Kunststoffe **49** (1959), 589
[32] siehe auch E. Fischer u. K. Hamann: Farbe u. Lack **63** (1957), 209
[33] S. B. Twiss u. a.: Off-Digest Federat. Paint Varnish Product-Clubs **28** (1956), 93
[34] E. W. Russell: The Plastics Institute Transact and Journal **28** (1960), 164
[35] I. I. Gouza u. W. F. Bartoe: Modern Plastics **33**, (1956), Nr. **9**, 57
[36] S. E. Yustin u. a.: ASTM Bulletin April **1951**, S. 31
[37] I. R. Darby u. P. R. Graham: Modern Plastics **39** (1962), 148
[38] R. S. Saur: ASTM Bulletin 1955, Nr. **207**, S. 61
[39] C. H. Adams u. I. R. Taylor: Rubber World **131** (1954), 239
[40] nach Arbeiten von E. Schröder im Institut für organische Hochpolymere im Jahre 1964
[41] P. Freire u. a.: Rev. plasticos mod. **15** (1964), 755

[42] THINIUS, I. SCHREIBER u. R. BERGER: Plaste u. Kautschuk **6** (1959), 175
[43] I. SCHREIBER u. G. v. HINTZENSTERN: Plaste u. Kautschuk **10** (1963), 408
[44] siehe auch I. F. SAEMAN u. a.: Ind. engng. Chem. **44** (1952), 2848
[45] M. HELMSTEDT: Plaste u. Kautschuk **13** (1966), 394
[46] B. M. KOWARSKAJA: Plast. Massen (UdSSR) 1962, Nr. **10**, S. 11
[47] D. L. WOOD u. I. P. LUONGO: Modern Plastics **38** (März 1961), 132
[48] E. N. MATVEEVA u. a.: Plast. Massen (UdSSR) 1963, Nr. **4**, S. 7
[49] H. W. THOMPSON u. a.: Proc. Roy. spec. *A* **184** (1945), 21
[50] M. CHABMERLAIN u. a.: Ind. Engng. Chem. **48** (1956), 1209
[51] EVANS u. Mc. BURNEY: Ind. Engng. Chem. **41** (1949), 1256
[52] N. A. MELICHOVA u. a.: Plast. Massen (UdSSR) 1965, Nr. **4**, S. 36
[53] D. WEICHERT: unveröffentlichte Arbeiten des Instituts für organische Hochpolymere
[54] R. W. REITER: Paint Varnish Product **52** (1962), 35
[55] D. WEICHERT u. K. BÜHLER: Plaste u. Kautschuk **12** (1965), 4
[56] K. THINIUS, I. SCHREIBER u. R. BERGER: Plaste und Kautschuk **6** (1959), 180
[57] nach unveröffentlichten Arbeiten im Institut für organische Hochpolymere
[58] K. J. TRUSSOWA u. a.: Plast. Massen (UdSSR) 1962, Nr. **9**, 43
[59] D. WEICHERT u. K. BÜHLER: Plaste u. Kautschuk **12** (1965), 664
[60] A. V. SELION: Plast. Massen (UdSSR) 1963, Nr. **5**, 49
[61] British Plastics **26** (1953), 473
[62] I. D. NYE u. J. S. MACKIE: Off. Digest Federat. Soc. Paint Technolog. **34** (1962), 716
[63] E. PÂRLIGRAS u. a.: Materiale Plastice **2** (1965), 214
[64] I. BJORKSTEN u. a.: Plastics Techn. **3** (1957), 25; Materie Plastiche **7** (1957), 558
[65] siehe auch [19] S. 217 und 232
[66] H. E. ASHTON: Off. Digest Federat. Soc. Paint Technolog. **36** (1964), 232
[67] R. NITSCHE u. E. SALEWSKI: Kunststoff Technik und Kunststoff Anwendung **9** (1939), 416
[68] K. S. KUNZE: Farbe u. Lack **62** (1956), 372
[69] M. P. VERŠININA u. Mitarb.: Hochmolekulare Verbind. (UdSSR) **2** (1960), 1486
[70] gemeinsam mit Eva ISRAEL
[71] G. SIMON: Kunststoffe **55** (1965), 470
[72] S. E. YUSTIN u. a.: AST M. Bulletin, April 1951, 31
[73] nach Arbeiten von J. SCHREIBER im Institut für organische Hochpolymere
[74] K. J. Mc CREE: Brit. J. appl. Physics **5** (1954), 454
[75] J. SCHREIBER: Bauzeitung 1965, 349
[76] J. F. KANAVETZ: Chem. Ind. (UdSSR) 1954, 345
[77] G. O.: GRIMM: Schweizer Archiv angew. Wiss. Techn. **12** (1964), 311
[78] J. SCHREIBER: Plaste u. Kautschuk **8** (1961), 454
[79] T. KIMURA: Chem. Zentralblatt 1964 Nr. **50**, 862
[80] G. R. RUGGER: SPE Journal 1958 (Juli), 29
[81] G. O. TATEVOSJAN u. a.: Plast. Massen (UdSSR) 1962, Nr. **3**, 44
[82] A. SZABO: Vortrag Konf. Tropikalisierung Budapest 1965 Nr. **2**, 31
[83] K. IPOLYI: Plaste u. Kautschuk **12** (1965), 8
[84] W. LAEIS: Plastverarbeiter **17** (1966), 799
[85] I. A. MELCHORE: Plastverarbeiter **15** (1964), 226
[86] J. SCHREIBER: Plaste u. Kautschuk **12** (1965), 20
[87] ROŽDESTVENSKIJ: Chem. Ind. (UdSSR) 1954, Nr. **6**, 30
[88] B. DOLEŽEL,: Plaste u. Kautschuk **12** (1965), 16

[89] M. Tomikawa: Chem. Zentralblatt 1967-27-1147
[90] W. R. Regel u. a.: Hochmolekulare Verbind. (UdSSR) **5** (1963), 925
[91] R. C. Neumann: Polymer Eng. Sci (1966), 124
[92] G. O. Grimm: Schweizer Archiv angew. Wiss. Techn. **19** (1953), 217
[93] gemeinsam mit R. Thater
[94] gemeinsam mit W. Schwarz und Gisela Lorenz
[95] C. S. Mylers: Ind. Engng. Chem **44** (1952), 1095
[96] — British Plastics **26** (1953), 473
E. W. Russell: The Plastics Inst. Transact. and Journal **28** (1960), 164
[97] K. Richter u. R. Thater: Plaste u. Kautschuk **9** (1962), 176
[98] F. Würstlin u. a.: Kunststoff Techn. und Kunststoff Anwendung **11** (1941), 269
[99] K. Ipolyi: Plaste u. Kautschuk **11** (1964), 275
[100] A. Kiss: Vortrag Konf. Tropikalisierung Budapest 1965 Nr. **2**, 79
[101] K. Ulbricht: Plaste + Kautschuk **9** (1962), 180
[102] H. Haldenwanger u. a.: Kunststoff **46** (1956), 407
[103] siehe hierzu auch R. Vesely u. a.: Kunststoffe **59** (1969), 107
[104] V. E. Gray u. a.: J. appl. Polymer Sci **8** (1964), 1505
[105] T. Simionescu u. a.: Materiale Plastice **5** (1968), 307
[106] M. I. Frolova u. a.: Plast. Massen (UdSSR) 1968, Nr. **6**, 10
[107] V. A. Belyi u. a.: Nachr. Wissenschaft Akademii Belorußland **34** (1967), 87
[108] F. E. Pschorr u. a.: Polymer Engng Sci (1965), 166
[109] G. G. Schurr, u. a.: J. Paint Technology **38** (1966), 591
[110] G. R. Rugger: SPE Transactions (1964), 236
[111] Ch. W. Hamilton u. a.: Wire and Wire products **31** (1956), 187
[112] J. K. Long: British Plastics (1949), 619
[113] P. G. Kelleher u. a.: SPE Journal **24** (1968), Nr. **4**, 34

4.2.3. Auswirkung von Zusatzstoffen auf die Ergebnisse der Freiluftbewitterung

Wenn auch, wie dargelegt, in einer ganzen Reihe von Anwendungsmöglichkeiten Plastformstoffe ohne weitere zusätzliche Verarbeitungshilfsstoffe auch unter den Beanspruchungen einer Freiluftbewitterung benutzt werden, so überwiegen doch hierfür die Mehrstoff-Systeme aus einem Hochpolymeren und eigenschaftsbestimmenden Zusatzstoffen meist niedermolekularer Struktur. Nicht in jedem Fall werden derartige Zusätze bei der Verarbeitung allein aus Qualitäts-Gesichtspunkten ausgewählt und angewendet; oft sind ökonomische Gesichtspunkte im Vordergrund. Hierbei sind durchaus nicht immer auch die Probleme der Beeinflussung der Wetterfestigkeit in einem solchen Umfange auswertbar, daß technologische Erfordernisse und ökonomischer Zweck gleichzeitig erreichbar werden.

Die Vielfalt der Substanzen selbst und die große Anzahl ihres Verwendungszweckes zum Aufbau eines Plastformstoff-Systems, die nicht immer genau erkennbare Beteiligung der akzessorischen Bestandteile an Primär-Reaktionen des Makromoleküls, die durchaus bestehende Möglichkeit, auch sekundäre Reaktionen untereinander einzugehen und schließlich auch die noch keineswegs voll erkannte Auswirkung von kleinen bis geringsten Mengen von Verunreinigungen im technischen Plastwerkstoff wie im technischen Zusatzstoff, lassen systematische Studien über die Auswirkung von Zusatzstoffen auf den Verlauf der Alterung unter natürlichen Bedingungen nach wie vor als notwendig erscheinen.

4.2.3.1. Einfluß der Weichmacher (WM)

Im Zusammenhang mit seinen Studien über „*die Wirksamkeit der Weichmacher bei der Bewitterung von Polymeren*" hat K. Thinius [1] auf die „*im einzelnen noch ungeklärten Veränderungen der WM-Moleküle*" aufmerksam gemacht.

Unsere neueren hierzu durchgeführten Untersuchungen [2] gingen u. a. auch von der Beobachtung aus, daß die Veränderung des Brechungsindex des aus PVC-W-Folien nach ihrer Bewitterung unter verschiedenen Klimabedingungen isolierten WM in der Zeiteinheit mit der Intensität der klimatischen Bedingungen ansteigt. Die sich gelegentlich widersprechenden Ergebnisse über die Höhe eines Verlustes an WM während der Bewitterung im Zusammenhang mit den Veränderungen der mechanischen Eigenschaften, insbesondere mit dem bereits in der ersten Bewitterungsperiode einsetzenden starken Rückgang der Reißdehnungs-Werte, machen es wahrscheinlich, daß nicht nur eine fotooxydative Veränderung im System PVC + WM am Makromolekül, sondern auch am WM-Molekül sich abspielt. Zu ihnen sollten auch evtl. Reaktionen des WM-Moleküls oder seiner Spaltprodukte mit dem Makromolekül gerechnet werden.

Aus den $4^1/_2$ bzw. $9^1/_2$ bzw. 16 Monate an der Ostseeküste bewitterten PVC-W-Folien, die mit 40 bzw. 60% Dibutylphthalat oder Diäthylhexylphthalat bei 165 °C und 15 Min. Walzdauer aus Em- wie auch Sp-PVC (hier noch 0,5% oligomeres Allylstearat als Gleitmittel) hergestellt wurden, erfolgte die Abtrennung des WM durch eine 8stündige Soxhletextraktion. Nach $4^1/_2$ Monaten waren bei den nunmehr braunverfärbten, spröden Folien mit klebrigen Oberflächen, ohne erkennbare Abhängigkeit vom Ausgangsgehalt, WM-Verluste von 3 ··· 9% (absolut) eingetreten, die sich im weiteren Verlauf nicht wesentlich erhöhten. Die an der Säurezahl des Extrakts im Betrage von 42 ··· 140 mg KOH/g Substanz erkennbaren COOH-Gruppen sind mit Diazomethan in die Methylester übergeführt. Eine säulenchromatographische Trennung des WM ergab freie Säure, Monoester und Diester, so daß etwa 70 ··· 85% intakter WM im Extrakt erfaßt wurden. Ein sich so ausweisender WM-Verlust kann nur einen anteilmäßigen Rückgang der Dehnung, aber nicht eine Totalschädigung der Folie durch die Bewitterung erklären.

Aus der Analyse der mit DOP verarbeiteten Folien konnten wir weiter erkennen, daß auch ein erheblicher Anteil Äthylhexylalkohol nicht mehr exakt nachweisbar war. Bei unseren dünnschichtchromatographischen Untersuchungen der WM-Extrakte bewitterter Folien fanden sich neben WM., Halbester und freier Säure auch noch Anzeichen für PVC-Abbauprodukte mit eingebauten WM-Fragmenten.

In sorgfältig durch Umfällen und Extraktion gereinigtem PVC aus den bewitterten Folien konnten wir dann mittels Dünnschichtchromatographie durch die Fluoresceinfarbreaktion sowie durch eine alkalische Verseifung und anschließende flüssig-flüssig-Extraktion des angesäuerten Reaktionsansatzes die o-Phthalsäure durch ihren Schmelzpunkt wie auch papierchromatographisch eindeutig bestimmen. Damit ist eine Reaktion des WM-Phthalsäureester mit dem PVC während der Bewitterung, wenn auch in kleinem Umfange, bewiesen.

IR-spektrographische Untersuchungen von 12 Monate an der Ostseeküste bewitterten PVC-Phthalat-Folien lassen sich nach der Intensität der CO-Bande sowohl in Richtung der Bildung von C = O — Gruppen im PVC-Makromolekül als auch auf reaktiv eingebaute Phthalsäureester-Moleküle deuten. Auch bei Beachtung der etwas eingeschränkten Aussagekraft von UV-Spektren im Bereich von $\lambda = 286\cdots270$ nm lassen sich die UV Spektren der sorgfältig gereinigten und 12 Monate bewitterten PVC-Folien in diesem Sinne auslegen, wobei allerdings zu beachten ist, daß Polyenstrukturen im gleichen Bereich absorbieren.

Eine Abwandlung der Struktur der aliphatischen Alkoholreste in den Phthalaten durch Verwendung verzweigtkettiger Alkohole bringt hinsichtlich der Wetterfestigkeit keinen grundsätzlich anderen Verlauf als bei Systemen aus PVC + DOP. Die WM-Verluste liegen in der Größenordnung um wenige Prozente unabhängig vom Verzweigungsgrad der Alkoholkomponente, von der Dosierung und auch von den klimatischen Unterschieden der Prüfstationen in der DDR. Das gilt auch für die Säurezahl der Extrakte, die zwischen $Sz = 1{,}4$ und 5,4 mg KOH/g WM liegen.

Der Adipinsäure-di-äthylhexylester bringt dagegen den mit ihm verarbeiteten PVC-Folien eine geringere Bewitterungsfestigkeit vornehmlich im Klima der Ostseeküste. Die Säurezahlen der WM-Extrakte sind hier nach 12 Monaten Bewitterung und Exposition auf $Sz = 67\cdots128$ mg KOH/g gestiegen. Relativ hohe Säurezahlen werden auch in den Adipinaten mit verzweigten aliphatischen Alkoholen beobachtet. Sie erweisen sich aber im Gesamturteil als wetterfester als der DOA-WM.

Inwieweit die ausgesprochen schlechte Wetterfestigkeit der PVC-Folien mit Mischestern aus Polyolen, Adipinsäure und Isobuttersäure auf die Konstitution zurückzuführen ist, oder auf eine unzureichende Qualität der Ester kann nicht sicher entschieden werden. Auffällig ist die relativ hohe Säurezahl des WM-Extrakts nach der einjährigen Bewitterung in Leipzig.

Aus im Zusammenhang mit der Fragestellung nach dem Entstehen dieser sauren Zersetzungsprodukte durchgeführten Modellversuchen an Phthalatweichmachern ist ersichtlich, daß die simultane Einwirkung von UV-Strahlung + Wärme (60···80°) + Wasser, wie sie, zwar in erheblich abgeschwächtem Maße, als in dem Modellversuch, unter den Bedingungen der Freibewitterung zeitweilig auftreten kann, am intensivsten zur Phthalsäureesterspaltung führt. Die im Extrakt einer Reihe von PVC + DOP-Folien mit 10···30% DOP, die bis zu 60 Stunden dieser simultanen Einwirkung unterworfen wurden, gefundenen Säurezahlen bis zu $Sz = 3{,}2$ mg KOH/g Extrakt, stammen ebenfalls aus der Esterzersetzung. Dies schließt natürlich eine weitere Katalyse der Phthalat-Spaltung im Laufe der Bewitterung durch die sich abspaltende HCl nicht aus.

In Kombination mit einer Hydrolyse der WM bei verstärkter Feuchtigkeits- oder Regeneinwirkung wandeln sich ursprünglich verträgliche Komponenten des

PVC-WM Systems in unverträgliche um, die durch Ausschwitzen und/oder Auswaschen abgestoßen werden. Eine Katalyse der PVC-Zersetzung durch Spaltprodukte der WM ist ebenfalls in Erwägung zu ziehen.

I. R. DARBY und P. R. GRAHAM [3] beobachten einen schnelleren Zerfall der PVC-DOP-Filme mit dem Zeitpunkt der visuell erkennbaren Zersetzung.

Andererseits haben sich auch die Reaktionsprodukte eines WM-Zerfalls als vorteilhaft für den Bewitterungsablauf erwiesen. Das 2-Äthylhexyl-bis-phenylphosphat zersetzt sich nahe der PVC-Verarbeitungstemperatur in Olefin und Diphenylphosphorsäure, die ihrerseits aus der Komplexbildung mit Eisen stabilisierend wirkt.

Bezüglich des Einflusses der WM-Dosierung auf die Bewitterungsfestigkeit von PVC-W-Systemen bleiben die Beobachtungsergebnisse nach wie vor uneinheitlich. Auch bei Anwendung des DOP lassen sich keine eindeutigen Aussagen machen. Es möge hierbei beachtet werden, daß ein zu hoher WM-Gehalt in diesen Systemen die UV-Absorption infolge des angehobenen Anteils der CO-Gruppierung vermehrt. Darauf dürfte auch die schlechtere Wetterfestigkeit bei Einsatz von Polymer-WM auf Polyesterbasis zurückzuführen sein.

Bei einer Dosierung des WM unterhalb 15%, d h. also in Systemen, die in ihren wesentlichen Eigenschaften noch PVC-Charakter haben, muß mit einer Herabsetzung der Wetterfestigkeit durch die WM gerechnet werden. Nach den Untersuchungen von B. DOLEŽEL [4] haben sich Dosierungen von 5···12% DOP als ungeeignet erwiesen; nach 3···4 Monaten kommt es schon zu Verfärbungen und Festigkeitsabfall. Butylacetylricinoleat, Paraffinsulfonsäurekresol-Ester sind in der geringen Dosierung etwas geeignet.

Dieses Verhalten des Fettsäureesters mit seiner relativ geringen Verträglichkeit steht in Einklang mit den Beobachtungen von M. KOIKE u. a. [5] über die Beeinflussung der Wetterfestigkeit von PVC durch Epoxyweichmacher. Es empfiehlt sich, Epoxyfettsäureester nur als akzessorischen WM zum DOP (ca. 20% des DOP maximal) zu verwenden. Die geringere Verträglichkeit des Epoxyfettsäureesters beschleunigt den Abfall der mechanischen Eigenschaften als Bewitterungsfolge.

Die von W. BIRNTHALER und G. FALK [6] getroffenen Feststellungen zur Auswirkung von Gemischen aus Weichmachern verschiedener Konstitution — hier Phthalate mit Trikresylphosphat und/oder Paraffinsulfonsäurekresolester — auf die Wetterfestigkeit — charakterisiert durch die Versprödungstemperatur — sind dahin zusammengefaßt, daß diese Gemische weniger empfindlich sind als die Mischungen der Phthalate untereinander und bei Mischungen mit ein und demselben WM die höhere Konzentration zu größerem Bewitterungseffekt führt.

Nach W. REICHERDT [70] tragen Chlorparaffine bei alleiniger Verwendung als PVC-Weichmacher zu einer relativ schnellen Verfärbung unter Auftreten von Stippen, deren Anzahl klimatisch bedingt ist, bei. Aus ihrem Charakter als Sekundär-WM durchgeführte Abmischungen mit Esterweichmachern bringen nur bei Phthalaten eine Zurückdrängung dieser Verfärbung. Von den notwendigerweise verwendeten Stabilisatoren für die Chlorparaffine wirkt sich „*Epoxydöl*" am vorteilhaftesten auf die Verzögerung des Abbaus der Reißdehnung aus. Die Kombination der

Chlorparaffine mit Phthalaten oder Paraffinsulfonsäureestern ist hier vorteilhafter als mit TKP.

K. Ipolyi [7] interpretiert diese gute Auswirkung des TKP durch den geringen WM-Verlust im Zusammenhang mit dem niedrigen Dampfdruck des TKP. Aus der Gegenüberstellung von W. Birnthaler über die Veränderung der Versprödungstemperatur nach 3- und 9monatiger Bewitterung mit der Änderung des WM-Gehaltes ist jedoch ersichtlich, daß letzterer bei integraler Bestimmungsmethode sowohl bei Phthalaten wie auch beim TKP unverändert wieder gefunden ist. Die Versprödungstemperatur hat sich dagegen von anfänglich im Mittel −6 °C auf +18 °C nach 9 Monaten Bewitterung verschlechtert.

Auch aus den Feststellungen von I. H. Gisolf [8] über die Zunahme des Young-Moduls von PVC/DOP-60/40-Folien während einer 5jährigen Bewitterung ergibt sich, daß der WM-Gehalt unverändert geblieben ist.

Würde man die Erhöhung des Moduls einem WM-Verlust zuschreiben, dann müßte er mindestens 25% des WM betragen. Die während der Bewitterung eintretende „*Verstrammung*“ der PVC-W-Systeme ist auf eine Veränderung der inneren Struktur, die mit einer Vol.Änderung einhergeht, zurückzuführen. Werden diese verstrammten PVC-Formstoffe nochmal thermoplastiziert, so sind sie wieder so weich wie beim ersten Plastifizieren.

Neben den von uns bewiesenen Veränderungen des WM-Moleküls während der Bewitterung sind wir auch der Auffassung von W. Birnthaler und G. Falk, daß eine eventuelle Verarmung des WM-Gehaltes in den Oberflächenschichten zu bestimmen wäre.

Angesichts der Tatsache, daß PVC-DOP-Folien nach wenigen Monaten Bewitterung auch im gemäßigten Klima einen beträchtlichen Teil ihrer Eigenschaften eingebüßt haben, mutet es doch etwas eigenartig an, wenn J. Voigt [9] noch einmal die von H. M. Quackenbos [10] aufgestellte Beziehung Lebensdauer = 0,080/Dampfdruck aufgreift und daraus für Weich-PVC-Folien zu einer Lebensdauer von 27 Jahren kommt. Auch die übrigen Relationen Dampfdruck von WM der verschiedensten Konstitution und „*Lebensdauer*“ der damit hergestellten PVC-Folien führen zu absolut spekulativen Aussagen.

Die Alterung eines Systems PVC + WM ist niemals ausschließlich ein diffusionskontrollierter Verdampfungsvorgang des WM.

Zu einer solchen Schlußfolgerung kommt man auch bei Auswertung der Versuchsergebnisse von H. Luther und Mitarb. [69]. Auf Grund ultrarotmikroskopischer Untersuchungen ist erkannt, daß TKP bei der Freibewitterung verseift wird und „*sich Kresolharze in den oberflächennahen Schichten einlagern*“.

Es ist auch nur bedingt zutreffend, daß ein Verlust an Weichmachern die Ursache für den Alterungsabbau der plastifizierten Celluloseacetat-Formstoffe ist. Neben der photooxydativen Spaltung der Celluloseester selbst während der natürlichen Alterung verursacht die geringe Wetterfestigkeit des Triphenylphosphats und der für die Celluloseacetate geeigneten Phthalsäureester, daß diese Formstoffe nach etwa $1^1/_2$ Jahren vor allem in heißen trockenen und feuchten Klimazonen stark angegriffen sind.

Eine Erhöhung des Weichmachers in Formstoffen aus Cellulosederivaten kann unter bestimmten Beanspruchungen gleichzeitig eine verbesserte Wetterfestigkeit bedeuten. Jedoch kann dies nicht als eine allgemein gültige Regelmäßigkeit gewertet werden, da sich die hauptsächlichen Wetterangriffe auf das Cellulosederivatmakromolekül unabhängig von seiner speziellen Konstitution als Ester oder Äther erstrecken.

In diesem Zusammenhang sei noch auf die Beurteilung der Alterungsbeständigkeit von Weichmachern in Cellulosenitratschichten durch A. KRAUS [11] aufmerksam gemacht. Er konnte anhand von 129 handelsüblichen WM der verschiedensten Konstitution bereits durch eine 2···6 Jahre bei Zimmertemperatur durchgeführte Lagerung nachweisen, daß „*auch praktisch nichtflüchtige, sehr lange im Lackfilm verbleibende WM ihre ursprüngliche geschmeidigmachende Wirkung mit der Zeit einbüßen*".

4.2.3.2. *Einfluß der Stabilisatoren*

Bekanntlich lassen sich die Stabilisatoren auch nach den 2 Typen klassifizieren in solche, die Primärreaktion eines Abbaus verhindern und in solche, die diese Primärprodukte dann an weiteren Reaktionen hindern. Jedoch bleiben die Widersprüche in den Erfahrungen bei der Erprobung der Stabilisatoren auch unter diesen Gesichtspunkten noch recht zahlreich. Hierbei handelt es sich wohl um die bei jeder Verarbeitung notwendigerweise vorzunehmenden thermomechanischen Belastung wie auch um eine fotooxydative, thermooxydative hydrolytische Beanspruchung bei der Bewitterung.

Wir müssen wohl zur Feststellung kommen, daß eine exakte Voraussage der Wirksamkeit eines Stabilisators bei der Alterung des mit ihm verarbeiteten Plastformstoffes z. Z. noch nicht mit Sicherheit möglich ist.

Es sind Beobachtungen auch darüber vorhanden, daß ein Stabilisator in der Reihe der Polyolefine von Substanz zu Substanz in der thermooxydativen Belastung unterschiedlich wirksam bleibt, in der Alterung selbst diesen Unterschied nicht verliert oder aber ihn völlig zum Verschwinden bringt. Es ist auch bekannt, daß die fotooxydative Stabilisierung gegen die Einwirkung von UV-Strahlung wohl sich in den dielektrischen Eigenschaften positiv auswirkt, aber nicht hinsichtlich der Festigkeitswerte. G. C. NEWLAND und I. W. TAMBLYN [12] zeigen auf, daß das Cu-chelat des α, α'-(Äthylendinitrilo-)-di-o-Kresols nach 130 Tagen Bewitterung den CO-Gehalt im Polyäthylen-Formstoff gegenüber dem unstabilisierten Produkt etwas verringert. Die Lebensdauer des gleichen Formstoffs beurteilt nach der Rißbildung während der Bewitterung wird aber von 370 Tagen (ohne Stabilisator) auf 112 Tage erniedrigt.

Als weiterer wesentlicher, in seiner Auswirkung für die Prognose der Leistungsfähigkeit eines Stabilisators gegenüber der Bewitterung noch nicht sicher einzuschätzender Faktor kommt die Verträglichkeit und evtl. Flüchtigkeit zusammen mit der Wanderungstendenz aus den inneren Schichten an die „*Wetter-Oberfläche*" hinzu. Dies erklärt auch die häufig sich widersprechenden Beurteilungen eines Stabilisators bei ungenügender Berücksichtigung der Dicke des Prüfkörpers. Eine leichte „*Nachlieferung*" des Stabilisators trägt zur Verlängerung der Lebensdauer bei. Diese ist aber noch abhängig von den weiteren Komponenten des den Plastformstoff bildenden Systems aus Makromolekül, Verarbeitungshilfsstoff, Füllstoff u. a.

Hierbei sind die Gesetze der gegenseitigen Löslichkeit von Stabilisatoren in Weichmachern, Gleitmitteln u. a. bzw. der oberflächlichen Adsorption an Füllstoff- oder Pigmentteilchen durchaus noch nicht dem in Umfange bekannt, daß auf eine experimentelle Erprobung der Leistungsfähigkeit eines „*Anwendungsstabilisators*" in einem praktisch zu nutzenden Formstoff zugunsten einer Prognose verzichtet werden kann.

Und es sei schließlich noch darauf aufmerksam gemacht, daß das Absorptionsvermögen für die Lichtstrahlen außer von der chemischen auch von der physikalischen Beschaffenheit der zur bewitternden Oberfläche abhängt. Es erscheint unwahrscheinlich, daß ein und dasselbe Polymerisat mit dem gleichen Gehalt an gleichen Stabilisatoren und/oder anderen Verarbeitungshilfsstoffen bei unterschiedlichen Verarbeitungsbedingungen also z. B. auf verschiedenen Extrudern gleicher Bauart zu einem Plastformstoff führt, dessen mikroskopisch oder elektronenmikroskopisch beobachtete Oberflächenstruktur gleichartig ist. Damit wird auch die Dynamik der Bewitterung dieser Oberflächen differenziert sein und kann zu graduell abweichenden Beurteilungen der Stabilisatoren führen.

Im Zusammenhang mit der bereits in Bd. 1 S. 547 dargelegten Bedeutung des Dispersionsgrades von *Ruß* sollte bei seiner Verwendung als Stabilisator oder auch Pigment nicht übersehen werden, daß die einzuhaltende Dosierung so abgestimmt ist, daß es nicht zur Ausbildung eines leitfähigen Netzwerkes von Kohleteilchen kommt. Diese Struktur ist natürlich auch gegen Zugbeanspruchungen während der Freibewitterung empfindlich. Nach den Untersuchungen von A. I. Plyplina und S. A. Rogovin [13] wird in Cellulosenitrat-Schichten die beste Schutzwirkung durch eine an sich recht hohe Dosierung von 10% Ruß erzielt.

Durch Kanalruß läßt sich die Beständigkeit gegen eine Freiluftbewitterung des Celluloseacetobutyrats [20] von höchstens 1 Jahr auf mehr als 10 Jahre verlängern, wobei als Kriterium die Zeit für den Verlust der Biegefestigkeit von 25% dient.

Bei Formstoffen aus Polyäthylen geht das Urteil über die Leistungsfähigkeit des Anwendungsstabilisators Ruß dahin, daß bei guter Dispersion der als optimal eingeschätzten Teilchengröße von 18···28 nm mit einer Dosierung von 2% eine hervorragende Wetterfestigkeit erreicht wird.

S. Horun und Mitarb. [35] geben auf Grund einer einjährigen Bewitterung im Gebirgs- und im Seeklima als optimale Korngröße für einen Ofenruß 30···40 nm an. In dieser Zeit sind die Reißfestigkeiten unverändert geblieben, die Reißdehnungen auf 70% abgesunken.

Nach F. H. Winslow und W. L. Hawkins [14] hat ein Polyäthylen mit nur 1% Kanalruß nach einer Bewitterung von 25 Jahren im Klima von Florida noch eine Kältefestigkeit unterhalb −20 °C.

Das ist ein Bestätigung des Befundes von V. F. WALLDER u. a. [15] wonach 2% Ruß im PE in der Qualität der Produktion aus dem Jahre 1940 eine Erhöhung der Wetterfestigkeit von 3 bis 4 Monaten beim transparenten reinen PE auf $6^1/_2$ Jahre — Kriterium: Kältebrüchigkeit bis —25 °C — bewirken.

Nach B. DOLEŽEL [16] hat auch ein mit Aktivruß verarbeitetes Niederdruck-Polyäthylen nach 2 Jahren Freibewitterung seine ursprünglichen Eigenschaften nicht geändert. Die Empfehlung von K. IPOLYI [17] bei der Anwendung von PE-Kabeln, die dem Sonnenlicht ausgesetzt sind, ein rußhaltiges Hochdruck-PE zu verarbeiten, ist also durchaus berechtigt.

Bezüglich der Wirksamkeit von Ruß als Stabilisator im PE bei seiner Verwendung in den Tropen sind allerdings auch Beobachtungen bekannt, daß der Schutz in der Halbwüste und am tropischen Meeresstrand nur 6 Monate vorhält [18], wobei neben 0,1% Ruß noch zusätzlich 0,1% Antioxydans verwendet wurde.

Nach L. KOLÁR und Mitarb. [19] erfolgt die Alterung des mit Ruß stabilisierten PE unter den tropischen Bedingungen der VR China 3mal so schnell wie im Klima der ČSSR, wobei Bruchdehnungsmessungen das Kriterium waren.

Die größere Oxydationsempfindlichkeit des Polypropylens, bei dem 17% der H-Atome an tert. C-Atomen gebunden sind, läßt sich durch 2% Ruß recht wirksam bekämpfen. Ein normales PP wird nach 6 Monaten Bewitterung in Florida, wie F. H. MCTIGUE und M. BLUMBERG [21] ausweisen, brüchig.

2% Beinschwarz enthaltende PP-Formstoffe weisen nach 6 Monaten noch 84% Restfestigkeit, nach 12 Monaten 77% und nach 24 Monaten 71% auf. Durch gleichzeitige Mitverwendung eines Lichtstabilisators lassen sich die Werte korrespondierend auf 97% bzw. 89% bzw. 86% verbessern. Bei Verwendung von Kanalruß tritt innerhalb von 18 Monaten kein Festigkeitsabfall ein.

Die relative Viskosität von ca. 1 Jahr bewitterten schwarzen Formstoffen aus Polystyrol beträgt ca. 97% des Ausgangswertes [25].

Unsere vergleichenden Untersuchungen [38] zur Wirksamkeit verschieden konstituierter Schwarzpigmente bei der Bewitterung von Hart- und Weich-PVC ergaben erwartungsgemäß für 3 verschiedene Rußtypen (5% im Hart-PVC) nach 9 Monaten Bewitterung in Leipzig eine Verbesserung der Wetterfestigkeit dahingehend, daß die mechanischen Eigenschaften unter Beachtung der Streuungen bei wechselndem Prüfkörper erhalten sind und viscosimetrisch kein PVC-Abbau festzustellen ist. Bei PVC-W-Folien — 70/30 DOP mit Em und Sp — werden durch den Rußzusatz von 5% die Anfangswerte der Reißfestigkeit und Reißdehnung zwar etwas gegenüber den transparenten Folien erniedrigt, jedoch ist auch hier die Wetterfestigkeit nach 9 Monaten noch gegeben. Auch viskosimetrisch ist kein Abbau festzustellen.

Für rußgefüllte Phenolharz-Formstoffe sind Wetterfestigkeiten von mindestens 4 Jahren beobachtet.

Es ist auch bei Würdigung der Erfahrungen an Formstoffen aus anderen Polymeren berechtigt, Ruß als den wirksamsten UV-Absorber bei der Freiluft-Alterung zu verwerten. Er wirkt wohl außerdem auch als Radikalfänger bei den fotooxydativen Zersetzungen.

Die als *UV-Absorber* klassifizierten organischen Substanzen sind bezüglich der Beeinflussung des Bewitterungsvorganges keineswegs gleichmäßig wirksam, wobei die Unterschiede sich nicht nur durch die verschiedenen Plastwerkstoffe ergeben, sondern auch bei ein und demselben Polymeren durch die Kombination des UV-Absorbers mit anderen Plasthilfsstoffen ausgelöst werden.

Obwohl ein Film aus Äthylcellulose mit 46% $-OC_2H_5$, plastifiziert mit Trikresylphosphat im Bereich von $\lambda = 300\cdots400$ nm nur sehr wenig absorbiert, müssen doch diese Wellenlängen für die Zerstörung innerhalb einer Bewitterung von weniger als 10 Monaten verantwortlich gemacht werden.

Durch 0,5%···1% 2,4-Dihydroxy-benzophenon wird die Durchlässigkeit des Äthylcellulosefilms in diesem Wellenlängenbereich reduziert und zugleich aber auch die fotooxydative Kettenspaltung soweit gehemmt, daß die Filme nach 13 Monaten noch flexibel sind. Eine weitere Kombination dieses UV-Absorbers mit phenolischen Antioxydantien z. B. dem Amylphenol bringt nach G. M. Gantz und I. B. Betdorf [22] keine weitere Beeinflussung des Bewitterungsablaufes.

Dihydroxybenzophenone sind auch die fotochemischen Umwandlungsprodukte der mit Phenylsalicylat (1%) lichtstabilisierten Celluloseacetobutyratfilme. Durch sie und durch das noch während der Bewitterung verbleibende Salol gelingt es, die Wetterfestigkeit dieser CAB-Filme von 6 Monaten auf ca. 4 Jahre zu verlängern [23]. Aus der Veränderung der Kurve für die UV-Absorption nach 5 Jahren Bewitterung von Polyäthylen niederer Dichte ist abzuleiten, daß auch das o-Octylphenylsalicylat im PE die gleiche Umlagerung erfährt wie das Salol im CAB. Dieser substituierte Salicylsäureester verlängert die Wetterstabilität des PE von 12 Monaten auf mehr als 85 Monate, wobei die Rißbildung beim Biegen das Kriterium ist. Der Wert dieses Stabilisators liegt außerdem auch darin, daß seine Umwandlungsprodukte während der Bewitterung nicht zu einer Vergilbung führen.

Ähnliche gute Ergebnisse der Verlängerung der Lebensdauer beim Bewittern durch p-tert.-Butyl-phenylsalicylat oder 2-Hydroxy-4-octoxybenzophenon erreicht man beim Polyäthylen hoher Dichte. Mit letzterem gelingt im gemäßigten Klima die Verlängerung der Lebensdauer von 12 auf 36 Monate. Wird ein sehr hochmolekulares PE verwendet, so kann man wohl bei geeigneter Dicke des Formstoffes mit einer Freiluft-Nutzung von 4···5 Jahren rechnen.

Nach H. M. Quackenbos und Mitarb. [24] führen die Einflüsse des Tropenklimas zu einer 2···3 Jahre betragenden Lebensdauer.

Nach 9 Monaten Exposition hat sich im mit dem Benzophenon stabilisierten Polyäthylen eine fotooxydative Veränderung vollzogen, die durch einen Gehalt von 0,08% CO-Gruppen gekennzeichnet ist. (Die Kontrollprobe hat $>0{,}50\%$).

Damit erweist sich das 2-Hydroxy-4-octoxybenzophenon anderen Benzophenon-Derivaten, den Benzotriazolen und anderen UV-Absorbern in transparenten PE-Formstoffen überlegen [30].

Die bekanntlich recht geringe Resistenz des Polypropylens gegenüber dem UV-Anteil der Klima-Einwirkungen läßt sich nach I. A. Melchore [32] durch 0,5% des 2-Hydroxy-4-octoxybenzophenons merklich anheben. Die Bruchfestigkeit ist im gemäßigten Klima nach 7000 Stunden und im tropischen Klima nach ca. 2000 Stunden noch gegeben (Nullwert 1000 Std.). Die Zunahme der UV-Strahlung mit Wellenlängen kleiner als 313 nm gibt eine Beschleunigung der Zersetzung im Sommer, wobei auch noch die höhere Umgebungstemperatur auch bei Anwesenheit von UV-Absorbern im gleichen Sinne wirkt. Und PP hat einen sehr hohen Absorptionskoeffizienten für kurze Wellenlängen, die auch durch UV-Absorber nicht auszufiltrieren sind.

Dies sollte bei der Beurteilung der Leistungsfähigkeit des Cu-Komplexes des o-Hydroxybenzalphenylhydrazins als Stabilisator bei der Außenbewitterung von PP beachtet werden. Nach Angabe der Sun Oil Co. (31] läßt sich die Bildung von CO-Gruppen während einer 28tägigen Bewitterung von > 1000 durch den Stabilisator auf ca. 200 herabdrücken. Hier diente die CO-Banden-Intensität bei 1715 cm^{-1} als Maßzahl.

Immerhin ist die Auffassung von F. H. Mc. Tigue u. a. [54] nicht uninteressant, daß die Lebensdauer von PP-Formstoffen annähernd proportional der Quadratwurzel der Konzentration von UV-Absorbern sei.

Aus den Untersuchungen von D. A. Gordon und E. C. Rothstein [42] über die Wetterfestigkeit von PP-Fäden im Klima Floridas bei einer Exposition unter 45° nach Süden ergibt sich, daß auch eine Kombination von UV-Absorbern auf Basis der substituierten Benzotriazole mit synergetisch wirksamen Thermostabilisatoren z. B. Octadecyl-3-3,5-di-tert.-butyl-4-hydroxyphenyl-propionat mit Distearyl-3,3'-thiodipropionat die Abnahme der mechanischen Eigenschaften während der Einstrahlung bis zu 100000 Langleys nicht verhindern kann.

Die disubstituierten Benzophenone mit ihrem Absorptionsbereich von 270 bis 320 nm haben sich nach Ludmilla Adamirova und B. Doležel [25] auch bei einer einjährigen Bewitterung der Polystyrol-Formstoffe dahingehend bewährt, daß die Reißfestigkeit, Schlagzähigkeit und die relative Viskosität sowie der Vergilbungsindex sich in bezug auf die unbewitterten Formstoffe nicht verschlechtert haben. Den Benzophenonen sind die Derivate des Benztriazols äquivalent.

Das p-tert.-Octylphenylsalicylat ist wegen des relativen hohen Vergilbungsindex auf Grund der oben diskutierten fotochemischen Umlagerung nicht zur Stabilisierung von PS gegen Klimaeinwirkungen geeignet.

In Ergänzung der bereits in Bd. 1, S. 466 gegebenen Bewertungen der hydroxylierten Benzophenone als UV-Absorber bei der Exposition von PVC-Sp-Gießfilmen kann dem 2,2'-Dioxybenzophenon wohl die optimale Wirksamkeit zuerkannt werden.

Nach R. Schlimper [26] findet in den mit ihnen stabilisierten Filmen ein geringer Molekulargewichtsabbau neben einer Vernetzung statt.

In Beachtung der Befunde von I. B. de Coste u. a. [28], daß in transparenten PVC-W-Überzügen auf Untergründen sich tetrasubstituierte Benzophenone besser als disubstituierte verhielten, haben wir 70/30 Folien aus PVC Em Typ G mit DOP und Tetraoxybenzophenon — in verschiedenen Stärken bei 160 °C in 5 Min. verwalzt — im Klima der Ostseeküste unter zwei verschiedenen Lagerungsbedingungen bis zu 36 Monate bewittert. Die Auswirkung des 0,5%igen Zusatzes auf die

Veränderung der Zersetzung des DOP, des viskosimetrisch erfaßten Abbaus des PVC und der mechanischen Eigenschaften praktisch gleich dicker Folien ist aus *Tab. 55* abzulesen. Das Tetraoxybenzophenon bremst ein wenig die Fotolyse des DOP innerhalb der ersten 31 Monate der Bewitterung. Die Zersetzungsprodukte sind in beiden Fällen Halbester und freie Phthalsäure. Die Schutzwirkung des Tetraoxybenzophenons auf die Zersetzung des PVC besteht ebenfalls innerhalb von 31 Monaten lediglich in einer Verzögerung des Kettenbruches, nicht in einer Verhinderung.

Innerhalb der Wirkungsdauer von 31 Monaten bleiben die mechanischen Eigenschaften der UV-Absorber enthaltenden Folien bei Beachtung der Streugrenzen unverändert. Damit in Übereinstimmung steht, daß die K-Werte-Abnahme noch nicht die kritische Grenze unterschritten hat. Nach dieser Bewitterungszeit wird in Bestätigung aller Erfahrungen vornehmlich die Reißdehnung abgebaut. Der Vorteil der Verwendung des Tetraoxybenzophenons ist in der Verzögerung des Abbaus der mechanischen Eigenschaften zu sehen.

Die Variation der Foliendicke wirkt sich dahin aus, daß bei einer 0,05···0,1 mm dicken Folie auch der Zusatz von 0,5% Tetraoxybenzophenon die völlige mechanische Zerstörung nach 12 Monaten Bewitterung nicht hat verhindern können, wenn sie auf Aluminium-Rahmen befestigt war. Die Säurezahl von 33 des WM führte zur Ablagerung von Al-Phthalaten auf der Folie. Bei Befestigung auf Holzrahmen war in der gleichen Zeit die Säurezahl nur auf 7,2 gestiegen. Die Reißdehnungen dieser Folie waren um etwa 50% zurückgegangen. Der visuelle Befund nach 43 Monaten kennzeichnet alle diese Folien trotz des UV-Absorbers als mit unzähligen braunen Stippen durchsetzt. Am Versuchsende war die bewitterte Seite matt.

Gegenüber den Befunden an PVC-Gießfilmen nach R. SCHLIMPER, die nach maximal ~460 Tagen abgebrochen wurden, bringen diese Untersuchungen die Erkenntnis der genügenden thermischen Stabilität der hydroxylierten Benzophenone und ihrer Wirkungsdauer von etwa $2^1/_2$ Jahren.

Von den Diketonen hat sich auch gemäß den Befunden von L. B. WEISFELD und Mitarb. [27] das 2,4-Dibenzoylresorcin als sehr brauchbarer UV-Stabilisator bei der Freibewitterung von Hart-PVC-Folien erwiesen.

Auch im PVC-Gießfilm hat sich das 2'-Hydroxy-5'-methyl-phenyl-benztriazol als den hydroxylierten Benzophenonen äquivalenter UV-Absorber für die Freibewitterung gezeigt. Dagegen sind andere als UV-Absorber gelegentlich empfohlene Azoverbindungen, Azine, Hydrazide, Anisidine, diesen beiden genannten Substanzgruppen an Hand verschiedener Bewertungskriterien unterlegen, so daß sich die Praxis der PVC-Formstoff-Stabilisatoren bei der Freiluftbewitterung berechtigt und bevorzugt der Benzophenon-Derivate und der Abkömmlinge des Benztriazols bedient.

Nach den allerdings nur auf 69 Tage ausgedehnten Bewitterungen (ab 21. März) von Gießfilmen aus dem Polyamid 5A zeigen sich das 2,2',4,4'-Tetraoxybenzophenon und die korrespondierenden 4'-Methoxyverbindungen als recht gut wirksame Lichtstabilisatoren. Sie verzögern den Abbau bei Benutzung des Versprödungstestes und der Grenzviskositätszahl als Kriterium [26].

Tabelle 55

Auswirkung von Tetraoxybenzophenon auf die Bewitterung von PVC-W-Folien

Bewitterungs-dauer in Monaten	DOP %	*VZ.*	*SZ.*	n_D^{20}	PVC-W η_{rel}	PVC-W *K*	Reißfestigkeit kp/cm² längs	Reißfestigkeit kp/cm² quer	Reißdehnung % längs	Reißdehnung % quer	Berst-festigkeit kp/cm²	Berst-dehnung %
a) ohne UV-Absorber												
0	30,4	290	0,6	1,4872	1,632	70,5	145 ± 10	160 ± 5	350 ± 25	355 ± 25	250 ± 10	140 ± 5
12	30,2	—	2,07	1,4886	1,601	69,0	110 ± 4	100 ± 3	135 ± 5	120 ± 7	—	—
24	30,3	279	9,45	1,4892	1,543	65,9	75 ± 5	70 ± 4	65 ± 8	70 ± 6	140	26
31	30,4	283	18,4	1,495	1,440	59,8	90 ± 4	90 ± 4	50 ± 7	60 ± 4	60	18
36	30,0	294	38,9	1,4937	1,423	58,7	55 ± 5	60	25 ± 6	25	18	2
b) mit UV-Absorber												
0	29,8	293	3,3	1,4872	1,638	70,7	110 ± 9	130 ± 5	160 ± 28	180 ± 8	—	—
12	29,5	—	3,3	—	1,587	68,3	110 ± 8	115 ± 10	115 ± 12	135 ± 17	110	50
24	29,2	266	6,2	1,4891	1,542	65,8	120 ± 16	115 ± 11	145 ± 25	140 ± 29	100	22
31	28,9	297	7,76	1,4895	1,513	64,2	130 ± 5	130 ± 10	125 ± 14	130 ± 15	140	45
36	27,4	259	32,4	1,4940	1,418	58,4	100 ± 5	90 ± 13	60 ± 11	60 ± 17	25 ± 6	2

Weitere hydroxylierte oder alkoxylierte Benzophenone sowie einige Azoverbindungen, Hydrazide und Anilide sind von weitaus schwächerer Wirksamkeit, so daß man sie wohl kaum in der Praxis der Polyamid-Bewitterung einsetzen wird.

Die UV-Absorption des Polyamid 5A-Films nimmt im gesamten Bereich zwischen $\lambda = 230$ und 400 nm während der 2monatigen Bewitterung deutlich zu. In den *Abb. 68* ist diese Veränderung der eines Films mit 0,5% 2,2',4'-Trihydroxy-4'-methoxybenzophenon gegenübergestellt. Die bei $\lambda = 400$ mm noch relativ starke Absorption führt zu gelb gefärbten PA-Filmen. Der Rückgang der Absorption im Bereich zwischen $\lambda = 270$ und 400 nm ist wahrscheinlich auf ein Auswaschen des etwas wasserlöslichen UV-Absorbers während der Bewitterung zurückzuführen.

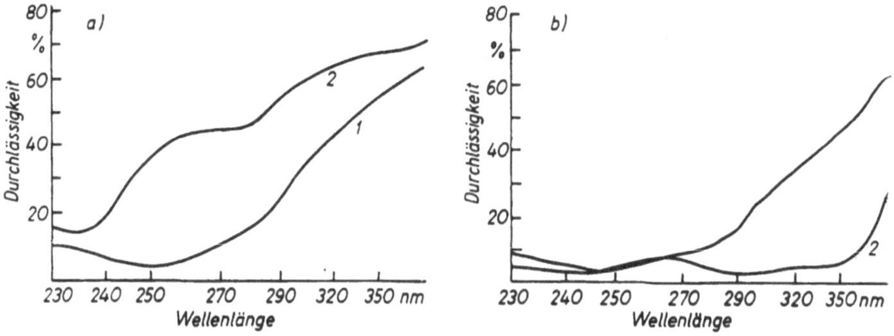

Abb. 68. UV Absorption von bewittertem Polyamid-5-A-Film

a) ohne *b*) mit 2,2',4'-Trihydroxy-4'-methoxybenzophenon
Kurve 2 unbewittert

Auch in diesen Polyamid-Filmen erwiesen sich das 2-Hydroxy-5'-methylphenyl-benzotriazol als ein brauchbarer Lichtstabilisator, da die Werte der Schlagfestigkeit nach der Freiluftbewitterung unverändert bleiben [29].

Um eine Beeinflussung der Wetterfestigkeit von Polyäthylen-Formstoffen, die mit Phenolen als Stabilisator verarbeitet sind, zu erreichen, ist es nötig, die Reste der Ziegler-Natta-Katalysatoren vollständig zu entfernen. Besonders schädlich ist ein Ti-Gehalt, weniger das Al. Phenolische Antioxydantien setzen die Empfindlichkeit des PE gegen die fotochemische Wirkung der Tropensonne nicht herab. Erst durch eine Kombination mit Ruß erreicht man einen Schutz von allerdings auch nur einem Jahr.

Im Polypropylen hat bekanntlich der Ni-Komplex des 2,2'-Thio-bis-(4-tert.-octylphenols) eine gute oxydationshemmende Wirkung. Er absorbiert jedoch bei 300···400 nm nur sehr wenig UV-Energie. Demgemäß überrascht nicht der Befund von I. A. Melchore [32], daß dieser Komplex bereits nach 3 Monaten Außenbewitterung versagt. Eine Kombination mit dem oben erwähnten UV-Absorbern auf Basis partiell alkoxylierter Hydroxybenzophenone ist also zweckmäßig.

Auch in PVC-H-Formstoffen erweisen sich die als typische Thermostabilisatoren klassifizierten Verbindungen wie Ba–Cd-Seifen oder Pb–Cd-Seifen auch in

Kombination mit Epoxy-säureestern und/oder organischen Phosphiten nicht in jedem Fall als ausreichend für die Verbesserung der Wetterfestigkeit. Im warmen, trocken Tropenklima werden die Folien schnell trübe, zeigen bereits nach 1 Monat leichte Verfärbungen und nach 3···4 Monaten sind sie braun. Im feuchtwarmen Klima kann die Verfärbungsgeschwindigkeit sich etwas verringern und im gemäßigten Klima werden mit diesen Thermostabilisatoren nach 12···14 Monaten die ersten Verfärbungen beobachtet. Hierbei haben auch die neueren Untersuchungen von L. B. WEISFELD und Mitarb. [27] die verbessernde Auswirkung der Epoxy-Verbindungen in diesen Stabilisatoren-Kombinationen bestätigt.

Bei unseren Studien über die Veränderung der mechanischen Eigenschaften im Zusammenhang mit der Eindringtiefe der Bewitterungsfolge sehen wir keine Verlangsamung des Bewitterungsabbaus durch die konstitutionell verschiedenartigen Thermostabilisatoren bei ihrer alleinigen Anwendung.

Wir geben als Beispiel die Veränderungen einer 1 Jahr in Leipzig bewitterten PVC/DOP-72/25-Folie mit einer Cd-Seife als Stabilisator. Die Reißfestigkeit der durch kleine Stippen braun-verfärbten Folie ist von 250 $\pm$ 11 kp/cm^2 auf 190 $\pm$ 5 kp/cm^2 und die Reißdehnung von 215 $\pm$ 23% auf 70 $\pm$ 5% abgesunken. Aus der Bestimmung der Molekulargewichtsverteilung ergibt sich, daß das ursprüngliche breite Maximum im Bereich von $M_v = 63000\cdots100000$ sich durch die Bewitterung nach $M_v = 55000\cdots85000$ verschoben hat. Der integrale K-Wert ist hierdurch nicht wesentlich verändert ($K = 68$).

Eine mit 2% Ba–Cd-Stearat verarbeitete PVC/DOP-70/30-Folie zeigt bei ihrer Bewitterung im Ostseeklima eindeutig eine Verlangsamung der Weichmacher-Zersetzung. Ebenso erfolgt der viskosimetrisch erfaßbare Abbau des PVC wesentlich langsamer als bei der Vergleichsfolie. Nach diesen beiden Kriterien kann dem Stabilisator eine Wirkungsdauer von mindestens 3 Jahren zugesprochen werden. Er würde damit sogar dem Tetraoxybenzophenon allein überlegen sein. Hinsichtlich der mechanischen Eigenschaften als Kriterium ist aber eindeutig das Gegenteil der Fall (*Tab. 56*).

Nach 31 Monaten Bewitterung hat auch das Ba–Cd-Stearat das Auftreten schwarzbrauner Stippen nicht verhindern können. Die bewitterte Seite wird teilweise rissig und matt. Für eine praktische Nutzung wird eine Stabilisatorenverwendung auf Basis dieser Seifen nicht ausreichend sein. Zu dem gleichen Urteil kommt man bei der Auswertung der Versuche von I. R. DARBY und P. R. GRAHAM [3], die Ba–Cd-Laurat oder expoydiertes Sojaöl mit einer PVC-DOP-67/33-Folie verarbeitet der Sonnenbelichtung aussetzten. Unter Benutzung der Reißdehnung als Kriterium versagt das Ba–Cd-Laurat bereits nach 500 Sonnenstunden, und das Epoxy-Sojaöl nach 600 Stunden. Ihre Kombination unterstreicht, daß sie zwar als gute Verarbeitungsstabilisatoren notwendig, jedoch nicht zur Verbesserung der Bewitterung brauchbar ist. Auch wenn jeder dieser Ester mit 2-Hydroxy-4-methoxy-benzophenon kombiniert wird, ist praktisch kaum eine Verbesserung der Wetterfestigkeit zu erreichen. Die alleinige Verwendung von Triphenylphosphit (0,5%) ist bereits erheblich besser, so daß nach 1200 Sonnenstunden die Folien versagen, aber praktisch noch unveränderte Dehnungswerte

Tabelle 56

Auswirkung von 2% Ba–Cd-Stearat auf die Bewitterung von PVC-Folien

Bewitterungs-dauer in Monaten	DOP %	*VZ.*	*SZ.*	n_D^{20}	PVC-W η_{rel}	*K*	Reißfestigkeit kp/cm² längs	quer	Reißdehnung % längs	quer	Berst-festigkeit kp/cm²	Berst-dehnung %
a) 70/30 Folie ohne Stabilisator siehe *Tab. 55, a)*												
b) mit 2% Ba–Cd-Stearat												
0	30	291	1,8	1,4872	1,630	70,4	165 ± 21	160 ± 12	265 ± 30	255 ± 27	235 ± 45	165 ± 46
10	29,5	262	3,0	1,4912	1,604	69,2	125 ± 7	115 ± 29	155 ± 15	135 ± 27	185	80
24	30,2	259	5,2	1,4910	1,571	67,4	95 ± 14	90 ± 4	95 ± 17	90 ± 8	155	55
31	29,2	275	5,6	1,4910	1,556	66,6	95 ± 8	85 ± 7	70 ± 10	55 ± 10	—	—
36	28,9	214	10,5	1,4913	1,536	63,5	70 ± 9	75 ± 6	50 ± 9	55 ± 8	—	—
c) 80/20 Folie mit 2% Ba–Cd-Stearat												
0	19,9	292	1,9	1,4870	1,655	71,6	245 ± 30	230 ± 24	240 ± 26	220 ± 12	365 ± 30	95 ± 35
12	19,7	—	2,1	1,4891	1,601	69,1	180 ± 14	160 ± 5	155 ± 8	85 ± 30	215 ± 20	45 ± 8
24	19,6	286	26,5	1,4910	1,529	65,1	150 ± 13	145 ± 13	22 ± 11	5	85 ± 28	3
31	19,5	252	30,9	1,4910	1,511	64,1	180 ± 13	170 ± 12	40 ± 25	10 ± 6	120 ± 52	14 ± 8
36	19,4	243	36,0	1,4915	1,450	60,4	150 ± 13	155	10	10	85 ± 24	2

aufweisen. Die beste Wetterfestigkeit ist mit der Kombination aus Triphenylphosphit (0,5%) und dem Benzophenonderivat (1%) erzielt. Beim Versagen nach 2000 Sonnenstunden sind noch 120% Dehnung gemessen.

Alle anderen Kombinationen aus den genannten 4 Stabilisatoren versagen in wesentlich kürzeren Bewitterungszeiten, wobei selbst die gemeinsame Verwendung des Ba–Cd-Laurats, epoxydierten Sojaöls, Triphenylphosphits und Hydroxy-octoxybenzophenons zwar eine ansehnliche Verzögerung des Bewitterungsabbaus innerhalb von 1500 Sonnenstunden bringt, aber dann doch zu einem rapiden Verfall nach 1700 Stunden führt, so daß nur noch 10% der Anfangsreißdehnung gemessen werden.

Nach N. L. Perry [33] zeigen sich die bei der thermischen Beanspruchung gefundenen synergetischen Effekte bei den Kombinationen von Ba–Cd-Laurat, tert.-Phosphit + Epoxy-Verbindung auch bei der Sonnenlichteinwirkung. Nur so werden die stabilisierenden Epoxy-WM wohl in ihrer Leistungsfähigkeit ausgenutzt. Nach einer 12monatigen Bewitterung entsprechend ca. 200900 Langleys hatte sich noch keine Folie verfärbt. Der Gesamtgehalt an Stabilisatoren ist bei diesen Kombinationen für den Bewitterungsablauf relativ unwichtig und auch die Variation der thermischen Beanspruchung bei der Verarbeitung bei 160 °C innerhalb 5···60 Min. hat sich nicht ausgewirkt. Will man von der guten Wirksamkeit der Na-Salze der organischen Phosphate bei der Bewitterung Gebrauch machen, so sollte man mit einem geringen Zusatz zu einem Stabilisatorsystem aus Ba–Cd-Chelatbildner-Epoxy-Verbindung auskommen, um die so erzielbare recht gute Lichtstabilität nicht durch eine Verschlechterung der thermischen Stabilität aufzuheben.

Unsere Untersuchungen über die Auswirkung des Ba–Cd-Stearats auf den Verlauf des allgemeinen Festigkeitsabbaus von PVC/DOP-70/30-Folien sind eigentlich in ihrem Ergebnis enttäuschend. Zwar lassen sich bei den mit 2% Ba–Cd-Stearat verarbeiteten Folien Festigkeits- und Dehnungsniveau-Ausbildung erkennen, jedoch sind diese auch als Folgen normaler struktureller Umwandlungen im Gefüge des Plastformstoffes beobachtet. Eine Eindeutigkeit der Stabilisatorauswirkung liegt also nicht vor.

Weiterhin haben wir auch an mit Pb-Stearat stabilisierten PVC-W-Folien (65/35: Paraffinsulfonsäureester + Dihexylphthalat 19 + 16) keine Auswirkung auf den Charakter der Festigkeitsveränderungen während der Bewitterung festgestellt. Die 12 Monate an der Ostseeküste bewitterte Folie ist dunkelbraun verfärbt. Das Pb-Stearat hat den K-Wert Abbau von 62 auf 54 nicht verhindern können. Die integrale Verteilungskurve zeigt hierbei eine deutliche Verschiebung nach niederen Molekulargewichten.

K. Ipolyi [7] bezeichnet einen PVC/DOP 65/35-Formstoff stabilisiert mit 3% Pb-Stearat nach einer 4jährigen Bewitterung im Klima der VR-Ungarn als „*überaltert*“.

Nach der korrespondierenden Sonneneinstrahlung von 380000 Langleys hat sich die Kältefestigkeit um 35° gegenüber dem ursprünglichen Wert verschlechtert.

Sn-organische Stabilisatoren im PVC-H-Formstoff auf Basis von Suspensionspolymerisat haben nach unseren Feststellungen keinen verzögernden oder beschleunigenden Einfluß auf den Bewitterungsablauf im Klima der Ostseeküste, wobei sowohl die Messung der mechanischen wie dielektrischen Festigkeiten wie auch die Bestimmung der Molekulargewichtsänderung des Dispersitätsgrades und des Chlorgehaltes durchgeführt waren.

Nach G. A. Baum [34] zeigen Prüfkörper aus PVC-H-Preßplatten (5 Min. 177 °C) mit Dibutyl-Zinn-bis-mercaptoestern bzw. -bis-maleinat die größte Veränderung in den physikalischen und optischen Eigenschaften innerhalb der Belastung mit den ersten 100000 Langleys. Die Härte nimmt etwas zu, Reiß- und Schlagfestigkeit nehmen ab.

Sn-organische Mercaptoverbindungen sind auch in Verbindung mit UV-Absorbern in transparent farblosen PVC-Formstoffen nicht geeignet, die Bewitterungsfolgen zu beeinflussen.

Ebenso gelten Alkyl-Sn-S-mercaptide für PVC-H-Außenbewitterungen als unbrauchbar. Die Formstoffe sind bereits im tropischen wie im gemäßigten Klima nach einem Monat verfärbt und werden parallel mit den absorbierten Langleys in den Tropen nach etwa 12 Monaten und mehr schwarz. Formstoffe mit > Sn-carboxylat-Gruppen neigen zum Wolkigwerden. Die Farbentwicklung wird durch eine Kombination mit Epoxyd-WM nicht merklich verzögert. Wohl aber vermögen UV-Absorber die Geschwindigkeit der Entwicklung der Farbintensität zu verzögern, ohne ihren Eintritt zu inhibieren. Dies gelingt auch nicht bei Kombinationen der > Sn-mercaptide mit UV-Absorbern *und* Antioxydantien auf Basis von Di-stearyl-thiodipropionat und 2,6-di-tert.butyl-p-Kresol.

Es wird sich also empfehlen, in PVC-H-Formstoffen für Außenbewitterungen von derartigen Kombinationen abzusehen. Wenn keine S-haltige Sn-Verbindung anwesend ist, können mit UV-Absorbern zusammen recht gute Fotostabilitäten der PVC-Formstoffe erzielt werden. So ist ein Dialkyl-Sn-Carboxylat + UV-Absorber enthaltender Formstoff nach 16 Monaten entsprechend einer Einstrahlung von 261000 Langleys noch farblos geblieben. Vorteilhaft ist es, hierbei die substituierten Benztriazole als UV-Absorber zu bevorzugen, da anderskonstituierte UV-Absorber graduell abfallen, am meisten die substituierten Benzophenone. Eine Mitverwendung von Epoxy-Stabilisatoren mit oder ohne gleichzeitige Benutzung von Antioxydantien verbessert die UV-Resistenz beim Bewittern auch [27]. Ein PVC-H-Formstoff mit Dibutyl-Sn-maleinat und einem substituierten Benzotriazol als UV-Absorber erleidet unabhängig von der Auslegungsart — mit oder ohne Wärmestau, beschleunigte Strahleneinwirkung durch Spiegel — keinen Festigkeitsverlust und nur eine unbedeutende Veränderung der Härte und Schlagfestigkeit.

Bei der Bewitterung von mit Dibutyl-Sn-dilaurat verarbeitetem PVC/DOP-67/33-Folien treten schon nach 5 Monaten Bewitterung im tropisch-warmen trockenen Klima Stippen auf; die mechanischen Festigkeiten sind noch gut erhalten. Aber bereits nach 10 Monaten ist durch die starke Stippenbildung und Verfärbung die Wetterfestigkeit der Folie verlorengegangen. Daraus zieht N. L. Perry die Folgerung, daß der Stabilisator Dibutyl-Sn-Dilaurat hinsichtlich der Beeinflussung des Witterungsablaufs der Stabilisator-Kombination aus Ba-Cd-Seifen und Epoxy-Verbindungen unterlegen ist. Auch eine Verwendung von Dibutyl-Sn-dilaurat in PVC-W-Formstoffen mit etwas erhöhtem Anteil an akzessorischen Epoxy-Weichmachern führt nach einer 12monatigen Bewitterung schon zu unübersehbarem Zerfall des Makromoleküls.

Unter den Bedingungen des Klimas an der Ostseeküste von uns bewitterte PVC/DOP-70/30-Folien mit Dibutyl-Sn-dilaurat führen zu dem Ergebnis, daß nach dieser Zeit bereits der Bewitterungsabbau eingesetzt hat. Der *K*-Wert ist von 70 auf 67 abgesunken. Dies wirkt sich auch vornehmlich in einem Abfall der Reißdehnungen auf ca. 50% des Ausgangswertes aus. Innerhalb der Gesamtversuchszeit von 3,5 Jahren ist der Bewitterungsabbau durch das Dibutyl-Sn-dilaurat, beurteilt am *K*-Wert und den mechanischen Eigenschaften, im Vergleich znr PVC-W-Folie ohne Zusatz nur wenig gebremst worden.

Die Zersetzung des DOP bleibt davon allerdings unberührt. Aus dem visuellen Befund der Folie nach 36 Monaten — durch zahlreiche Stippen trübe, braun verfärbt, teilweise rissig und spröde, bewitterte Seite matt — ist kaum auf eine verzögernde Wirkung des Dibutyl-Sn-Dilaurats zu schließen.

In den PVC-DOP-Folien mit handelsüblichen S-haltigen Dibutyl-Sn-Verbindungen (= Mercaptoester) verläuft der Bewitterungsabbau mit der gleichen Geschwindigkeit wie ohne jeden Stabilisator. Aus der auffallend hohen Säurezahl des Weichmacher-Extraktes bereits nach 12 Monaten Bewitterung kann gefolgert werden, daß auch die Qualität des S-haltigen Dibutyl-Sn-Stabilisators nicht ohne Einfluß auf den Bewitterungsablauf ist.

Als Beitrag zur Klärung der Auswirkung des S-Atoms in Dialkyl-Sn-Verbindungen auf den Bewitterungsablauf von PVC-W-Folien haben wir den Schwefel in einer Mercaptal-Gruppierung gemäß

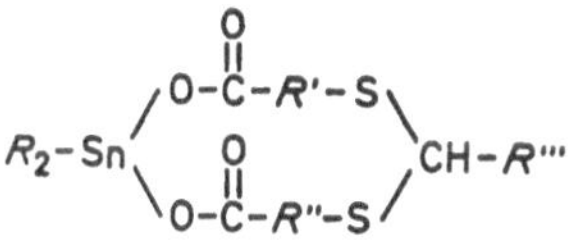

geprüft.

Die Ergebnisse sind aus *Tab. 57* zu entnehmen.

Diese als Thermostabilisatoren so ausgezeichnet wirksamen Verbindungen sind bei alleinigem Einsatz als Bewitterungsstabilisator nicht geeignet. Dies ergibt sich besonders deutlich bei den Werten des Torsionsmoduls als Kriterium.

Einen Vergleich mit der Leistungsfähigkeit der Stabilisatoren aus anderen organischen Substanzgruppen ermöglicht die *Tab. 58* (Bewitterung 12 Monate Ostseeküste). Eindeutig ist auch hier die Schutzwirkung des hydroxylierten Benzophenons erkennbar. Ihre Kombination mit Triphenylphosphit und Monophenylharnstoff hat auch innerhalb ca. $3^1/_2$ Jahren Bewitterung die Abbaugeschwindigkeit merklich verringert. Die 70/30-PVC-DOP-Folien sind im G-Modul und Farbton noch unverändert.

Die anorganischen Pb-Salze werden als Bewitterungsstabilisatoren um so wirk-

Tabelle 57

Auswirkung von 1% Dialkyl-Sn-methylen-bis-thioglycolat auf die Bewitterung von PVC-Folien

Bewitterungs-dauer in Monaten	DOP %	*VZ.*	*SZ.*	n_D^{20}	PVC-W η_{rel}	PVC-W *K*	Reißfestigkeit kp/cm² längs	Reißfestigkeit kp/cm² quer	Reißdehnung % längs	Reißdehnung % quer	Berst-festigkeit kp/cm²	Berst-dehnung %
0	29,95	292	1,5	1,4873	1,632	70,5	115	125	175	220	205	155
12	29,4	—	14,0	1,4897	1,538	65,5	100 ± 6	100 ± 9	90 ± 11	100 ± 22	170 ± 13	70 ± 8
24	29,6	265	33,0	1,495	1,460	61,0	75 ± 11	75 ± 11	30 ± 8	40 ± 10	—	
31	29,5	268	39,0	1,495	1,444	60,4	85 ± 16	85 ± 6	40 ± 15	30 ± 10	40	4

Tabelle 58

Vergleich der Leistungsfähigkeit einiger Stabilisatoren bei der Bewitterung von PVC-W-Folien an Hand des Torsionsmoduls

Stabilisator	relativer G-Modul vor Bewitterung	nach	ΔG
ohne	28	40	12
0,5% Tetraoxybenzophenon	25	27	2
2% Ba-Cd-Stearat	16	26	10
1% Dibutyl-Sn-Distearat	25	35	10
1% handelsübl. Sn-Stabilis. (S-haltig)	17	25	8
1% dto. (S-frei)	17	28	11
1% $R_2 >$ Sn-methylen-bis-thioglycolat	17	43	26

samer sein, je höher das Absorptionsvermögen für die kürzeren Wellenlängen ist. Danach ist vom 2basischen Pb-Phosphit eine Erhöhung der Wetterfestigkeit der PVC-Formstoffe zu erwarten.

Die 3···5% basisches Pb-Carbonat als Stabilisator für PVC oder Mischpolymerisate aus Vinylchlorid + Vinylacetat 95/5 bzw. aus Vinylchlorid + Vinylidenchlorid 18/82 vermögen den Wetterabbau der entsprechenden Hart-Folien während 24 Monate im Wüstenklima von Nigeria nicht zu verhindern. Die dunkelbraun verfärbte Oberflächenschicht enthält einen vernetzten Anteil von 0,5···1,0% (unlöslich in Tetrahydrofuran). Der parallel gehende Viskositätsabfall entspricht einem Molgewichtsabbau von etwa 10···20%. Auch bei dieser weitgehend qualitativen Beurteilung gibt es keine Differenzierung der Wirksamkeit des basischen Pb-Carbonat in den Polymeren, von denen sich auch bei dieser Prüfung das Vinylchlorid/Vinylacetat Mischpolymerisat als labiler erweist als die beiden anderen Polymeren [36].

Außer dem basischen Pb-weiß haben I. B. de Coste und V. T. Wallder [37] noch das Oxid, basisches Pb-Sulfat und -Silicat in PVC-W-Kabelmassen in 3 verschiedenen Klimazonen der USA mit dem Ergebnis geprüft, daß keiner dieser Thermostabilisatoren eine entscheidende Verbesserung der Wetterfestigkeit dieser mit einem Polyester aus Glycol und Dicarbonsäuren als Weichmacher hergestellten Massen bringt. Das dibasische Pb-Phosphit ist in Kabelmassen mit DOP und mit Gemischen aus DOP und Octyl-Diphenyl-Phosphat so gut wirksam, daß im gemäßigten Klima $3^1/_2$ Jahre bewitterte Massen noch 87% der ursprünglichen Dehnung und im tropisch-feuchten Klima noch 56% aufweisen. Für das letztgenannte WM-Gemisch ist auch das 3basische Pb-Sulfat recht brauchbar, da die Restdehnung im tropisch-trockenen Klima immer noch 68% betrug. Jedoch versagt das basische Pb-weiß selbst bei einer Dosierung von 5% in diesem WM-Gemisch in den tropischen Klimazonen.

Kombinationen von organischem Na-Phosphat mit Ba-Cd-Ricinoleat sind für alle WM ungeeignet; sie bringen in allen Klimazonen keine Verringerung des Abbaus beim Bewittern.

Auch diese Untersuchungen haben bestätigt, daß keiner dieser Pb-Stabilisatoren eine unterschiedliche Wirkung im Homopolymerisat oder im Mischpolymerisat des Vinylchlorids mit Vinylacetat auslöst.

Bei den Bewitterungen von mit basischem Bleicarbonat stabilisierten PVC-W-Folien unter den verschiedenen Klimazonen Nigerias [36] lassen sich ebenfalls unterschiedliche Beständigkeiten der WM-Stabilisator-Systeme erkennen.

Die visuellen Veränderungen an den „*Wetter*"-Oberflächen der Folien mit DOP und DOS stimmen im Auftreten von Stippen und Löchern, Eintrübungen und Ausschwitzungen des WM weitgehend überein. Das Bleicarbonat hat den Zerfall nicht abstoppen können. In den oberen Schichten sind röntgenographisch $PbCl_2$-Kristalle nachweisbar. Nach 2jähriger Bewitterung im Wüstenklima sind Folien mit Polyglykol-sebacinat trotz des Bleiweißstabilisators völlig matt und schwarz geworden. Die Eindringtiefe dieser Zersetzung ist allerdings relativ gering, da die

Tabelle 59

Einfluß der Stabilisatoren auf den Bewitterungsablauf von PVC-W-Folien

Beurteilungsgrundlage: Anzahl der Kilo Langleys (nach I. G. HENDRICKS und E. L. WHITE, [68]).

Stabilisator-Typen	Verfärbung	Auftreten von Stippen	Versteifung	Versprödung
		nach Kilo-Langleys		
ohne anorgan. Stabilisatoren	8	–	8	–
Na-Salze	2 ··· 8	30 ··· > 160	–	21 ··· > 160
Ca-Salze	8 ··· 25	14 ··· 39	–	28 ··· 53
Sr-Salze	25	14 ··· 35	–	28 ··· 90
Ba-Salze	–	28 ··· > 110	–	43 ··· 78
Cd-Salze	–	16 ··· 52	–	25 ··· > 120
Ba+Cd-Salz-Mischg.	–	19 ··· 35	–	50 ··· 75
Pb-(normal)	–	16 ··· 43	–	56 ··· 82
Pb-(basisch)	–	16 ··· 110	–	39 ··· > 110
Pb + Na-Salze		75		145
Pb + Cd-Salze		28		58
Zinnorgan. Stabilisatoren				
$(R_2) - Sn - R'_2$	25	28 ··· 63	–	43 ··· 130
$R_2Sn <$ + Cd Mischg.	–	46 ··· 71	–	63 ··· 110
$R_2S <$ + Pb Mischg.	–	55	–	71
organische Stabilisatoren				
Epoxy Verb.	7 ··· 28	20 ··· 28	–	25 ··· 58
organ. Phosphit	7	14		14

Rückseite noch ihren Glanz aufweist und nur leicht dunkler wurde. In allen Schichten der Folie ist noch das Bleiweiß röntgenographisch schwach erkennbar.

Am besten haben sich die Folien mit dem System Trikresylphosphat und Bleiweiß gehalten, am ungeeignetsten ist die Kombination DOS + Bleiweiß. Hier ist auch der Ätherextrakt von ursprünglich 31% auf 23% abgesunken. Die Säurezahl des WM hat sich innerhalb der 2 Jahre Bewitterung um das 3fache erhöht.

Das Bleiweiß hat auch den Abfall der Dehnungswerte um ca. 50% der Folien mit DOP, DOS und dem Polyester während der 2jährigen Bewitterung in der Wüste nicht verlangsamen oder gar verhindern können.

Die Kombination TKP + Pb-weiß wirkt sich dagegen in einer Erhaltung der mechanischen Eigenschaften und Festigkeiten unter diesen Bewitterungsbedingungen aus.

Die Wirksamkeit der anorganischen Pb-Verbindungen in PVC/DOP-65/35-Formstoffen während einer 4jährigen Bewitterung in der VR Ungarn beurteilt K. Ipolyi [7] in dem Rückgang der Kältefestigkeit und Reißdehnung dahingehend, daß etwa folgende Skala der Wirksamkeit aufgestellt werden kann:

2basisches Pb-Phosphit > 3basisches Pb-Sulfat $\geq$ Pb-Chlorsilikat-Komplex > Pb-Silikat-Silicagel.

In zusammenfassender Betrachtung der Leistungsfähigkeit der verschiedenen Stabilisatorengruppen auf den Bewitterungsablauf kommen I. G. Hendricks und E. L. White [68] zu den aus *Tab. 59* ersichtlichen Ergebnissen. Beurteilungsgrundlage sind hierbei die Anzahl Langleys, bei denen Verfärbung, Stippenbildung, Versteifung und Versprödung auftreten. Synergetische Effekte sind bei den Stabilisator-Gemischen nach dieser Bewertung nicht erkennbar.

Einige Stabilisatoren-Kombinationen erweisen sich in Homo-PVC als wirksamer als in Mischpolymerisaten aus Vinylchlorid/Vinylacetat, jedoch sind diese graduellen Unterschiede nicht prinzipieller Natur.

4.2.3.3. Einfluß von Pigmenten oder Füllstoffen

Ebenso wie die Wirksamkeit von Ruß in Richtung der Verlängerung der Lebensdauer von Plastformstoffen auf seine hohe UV-Absorptionsfähigkeit zurückgeht, ist zu erwarten, daß man mit den anorganischen Pigmenten infolge ihrer UV-Absorption ebenfalls eine Verbesserung der Wetterfestigkeit erreicht.

Es ist jedoch zu beachten, daß diese Pigmente auch gleichzeitig im IR-Gebiet absorbieren und damit zum Wärmeabbau beitragen können.

Für einige Pigmente gibt F. I. Hines [39] folgende prozentuale Absorption im UV- und IR-Gebiet an s. *Tab. 60.*

L. D. Maxim u. a. [40] vertreten die Auffassung, daß die Schutzwirkung der Pigmente in Vinylpolymeren bei Licht- und UV- Einwirkung eine direkte Funktion des Absorptionsvermögens ist (Ausnahme TiO_2-Pigmente).

Die Umwandlung der absorbierten Strahlungsenergie in Wärmeenergie hängt

Tabelle 60

Prozentuale Absorption einiger Pigmente im UV-Bereich und IR-Bereich

	UV $\lambda = 350$	375 nm	*IR* $\lambda = 800$	1000 nm
Ruß	95	95	97	97
Rutil	87	85	14	16
Eisenoxide (rot)	95	95	78	70
Cd—Rot	95	93	10	10
Cd—Gelb	94,6	95	9	9
Chromgelb	96,8	96,8	10	10
Molybdän-orange	96	96	15	15
Ultramarinblau	74	69	75	50
Anatas	86	43	8	8
Phthalocyaninblau	97	97	93	62
— grün	96	96	92	75

von dem durch das Pigment und/oder Farbstoff und evtl. Füllstoff hervorgerufenen Farbton des Plastformstoffes ab und beträgt annähernd für

schwarz	95%	gelb	30···38%
braun	80···85%	weiß	15···20%
grün und rot	50···65%		

Die Maximaltemperatur der mit Sonnenlicht zur Mittagszeit in der Frühjahrs-äquinoktien in gemäßigten Klimazonen bestrahlten Prüfkörper beträgt nach H. Haldenwanger und S. Purucker-Nens [44] je nach Farbton 53···77 °C (weiß → schwarz), wobei die roten Farbtöne um 56 °C und die blauen, grünen und braunen zwischen 72°···77° liegen.

Am 7. 4. 1947 hat F. G. Clark [65] auf einer Prüfstation in Florida um die Mittagszeit an den ausgelegten weiß über grau bis schwarz pigmentierten PVC-W-Folien Temperaturen gemessen, die bei weiß mit 11% Absorption 5 °C und bei schwarz mit 95,5% Absorption ungefähr 21 °C höher lagen als die Lufttemperatur (27···28 °C) im Schatten. Die Folien lagen hierbei auf schwarzem Untergrund; bei zusätzlicher Glasbedeckung sind die Differenzen entsprechend 25 °C und 35 °C.

Ferner sei noch auf die erhebliche Wirksamkeit längerwelligen Lichtes auf den Ausbleicheffekt von Färbungen aufmerksam gemacht.

Und in den heißen Zonen des Erdballs läßt die intensive Sonnenbestrahlung auch die meisten Pigmente verblassen, wenn sie nicht vollkommen lichtecht sind. Im Wechsel damit kommen auch noch die Regengüsse des Monsunklimas auf Plast-Formstoffe zur Auswirkung.

Der Transport des Wassers durch ein solches System aus Polymeren + Pigment (Füllstoff) evtl. noch Plasthilfsstoff wird, wie schon Hintze [41] festhielt, von Art, Konzentration, Teilchenform und Zerteilungsgrad der Pigmente bestimmt. Das Wasser diffundiert aber nicht durch das Pigment, sondern nur durch das Polymere. Es ist ferner zu beachten, daß die Wasserdampfdurchlässigkeit auch davon abhängt, ob ein Plastformstoff in seiner endgültigen Verwendung noch auf irgendeiner Unterlage befestigt ist oder „freitragend“ benutzt wird. In letzterem Fall ist die Wasserdampfdurchlässigkeit geringer als wenn der Formstoff gleicher Dicke z. B. auf Papier befestigt ist.

Von Bedeutung für die Schutzwirkung der Pigmente bei der Bewitterung der Plastformstoffe ist ihre Konzentration und ihre Verteilung im Hochpolymeren. Da die Dosierung bei den weitaus meisten Thermoplasten klein ist, kommt der Leistung des Mischaggregats eine grundlegende Bedeutung bei. Nicht in jedem Fall ist eine Zwischenstufe über Pasten mit Weichmachern, Mineralölen eine ideale Lösung, da diese Hilfsstoffe oft die Zerstörung begünstigen. Die Verfahrensstufe „*master-Batches*“ hat sich oft bewährt, um eine optimale Dispersität in den zu bewitternden Plastformstoffen zu erreichen.

Molekulargestalt, Taktizität und auch Molgewicht des Polymeren bestimmen das Aufnahmevermögen für Füllstoffe und Pigmente und damit die Wetterfestigkeit des Formstoffes, zumal sich durch eine Erhöhung des Molgewichts auch noch Möglichkeiten ergeben, durch andere Plasthilfsstoffe wie Weichmacher, Gleitmittel u. ä. die Dispersion größerer Füllstoffmengen zu verbessern [42].

Jedoch schließen viele Pigmente auch in einer gewissen gröberen Verteilung das Licht aus und verlängern so die Wetterfestigkeit. Der Transport des sichtbaren Lichtes durch den Plastformstoff hängt nicht nur von der Absorption ab, sondern auch von der Reflexion und Refraktion durch die dispergierte Phase. Eine Lichtstreuung an kleinen Kristallen hohen Brechungsindex führt zu einem kleinen sichtbaren Eindringen des Lichtes.

Die oxidischen Weißpigmente können das Eindringen des Lichtes in tiefere Schichten des Formstoffs verhindern, erreichen aber keinen Schutz der oberen Schichten vor der Alterung.

Bei der Verwendung organischer Pigmente im PVC-Weichmacher-Systemen muß hinsichtlich der Wetterfestigkeit beachtet werden, daß sich hier das System auch unter dem Gesichtspunkt der Ausbildung einer — wohl meist kolloidalen — Lösung des organischen Pigments im WM verhalten wird. Die bei der Folienherstellung notwendige hohe Lösungstemperatur führt beim Gebrauch bei Normaltemperatur zu einer unterkühlten, in bestimmten Fällen auch übersättigten Lösung [64]. Letztere kann zu einem beliebigen Zeitpunkt während der Bewitterung aufgehoben werden. Die Ausblühungen auf der Wetteroberfläche bestimmen dann das weitere Verhalten. Unabhängig davon kann die Bewitterung zum Ausbleichen des Farbtons führen. Diese Zeitreaktion kann im allgemeinen nicht wieder abgestoppt werden.

Pigmente, Füllstoffe und Farbstoffe beeinflussen verschiedenartig Natur und Ausmaß der Alterung. Einige wirken als Katalysatoren, andere deutlich als Inhibitoren, wobei in kritischen Fällen kritische Konzentrationen existieren, oberhalb derer die letztere Wirkung allein eintritt.

Es erscheint nicht ausgeschlossen, daß auch chemische Bindungen zwischen den Polymeren und dem Pigment sich ausbilden können und damit zu einer Stabilität des Farbtons während der Alterung beitragen.

Andererseits zeigen Ju. G. Tarasenko u. a. [43] auf, daß bei der Verarbeitung von Polymeren mit stark polaren Gruppen nun die hydrophob und organophil gemachten Füllstoffe auch gleichzeitig „*polymerophil*" geworden sein müssen, um damit die Lebensdauer bei der Bewitterung auf jeden Fall positiv zu beeinflussen.

Vom Ultramarinblau ist seine Reaktivität im Verband des Polyäthylens bekannt; die gasförmigen Reaktionsprodukte zerstören es schließlich. Die katalytische Aktivität der verschiedenen Titanweißarten auf die Beständigkeit der Plastformstoffe unter Lichteinfluß führt z. B. dazu, daß Anatas im Polyäthylen nur etwa 128···256 Std. lichtecht ist [39].

Molybdänorange erfordert die Einhaltung von Verarbeitungstemperaturen unterhalb 245 °C beim Polyäthylen.

Es liegen weiterhin Beobachtungen darüber vor, daß die Fotooxydation bei der Bewitterung von Öllackschichten durch Verunreinigungen in den Pigmenten gesteigert wird.

Mit einer kummulativen Wirkung derartiger Pigment-Verunreinigungen und den aus der Technologie der Herstellung und Verarbeitung der Plastwerkstoffe stammenden Verunreinigungen auf die Beschleunigung des Wetterabbaus muß auf jeden Fall gerechnet werden. Es sind auch Anhaltspunkte dafür vorhanden, daß Feuchtigkeit im Pigment eine zeitweilige Verfärbung von Formstoffen aus unpolaren Polymeren im Sonnenlicht auslöst, die im Laufe der weiteren Bewitterung wieder ausbleicht.

Die häufig zu lösende Aufgabe, einen Plastformstoff in einem bestimmten Farbton herzustellen und für eine Wetterfestigkeit in einem längeren Zeitraum zu garantieren, erfordert eine geeignete Auswahl und Abstimmung des Polymeren, der Farbstoffe oder Pigmente und Füllstoffe. Die Möglichkeit, den gewünschten Farbton sowohl mit mehreren Farbstoffen und ein und demselben Polymeren einzustellen, wie auch andererseits noch letzteres auf Grund der Erfahrungen der Wetterfestigkeit transparentfarbloser Schichten und ihrer optimalen Herstellungstechnologie zu variieren, macht die Lösung der Aufgabe nicht gerade unkompliziert.

Schließlich bedürfen auch die unterschiedlichen Beeinflussungen der fotochemischen Zersetzung von anorganischen Pigmenten in ihren zur Farbtoneinstellung notwendigen Abmischungen miteinander der Beachtung. So macht u. a. V. V. Vercholancev [45] darauf aufmerksam, daß Bleichromat mit ca. 15% bzw. 28% CrO_3 in seiner Lichtechtheit mit Rutil abgemischt verbessert wird. Jedoch beschleunigen diese Anatas- oder Zinkweiß-Zusätze und auch Berliner Blau und Lampenruß sind nicht ohne Einfluß.

Die Feststellungen von A. I. Plyplina und S. A. Rogovin [46], daß bereits ab 2% Pigment-Zusatz zu Cellulosenitratfilmen die Intensität des photochemischen Abbaus beim Bewittern gemindert wird, in einzelnen Fällen sogar überhaupt kein Abbau und keine Denitrierung eintreten, sind ebenso wie die Beobachtungen von S. V. Jakubovič u. a. [47] über die Unveränderlichkeit der Reißfestigkeit und Dehnung an pigmentierten CN-Filmen nach der Bewitterung letztlich nur eine Bestätigung der Erfahrung über die erheblich gesteigerte Wetterfestigkeit von Celluloid durch die Pigmente, Füllstoffe und organischen Farbstoffe.

Die schützende Wirkung von Ruß und auch anderen anorganischen Schwarzpigmenten gegen fotochemische Zersetzungen während der Bewitterung wird jedoch in all den Formstoffen aus Cellulosenitrat aufgehoben, in denen Plasthilfsstoffe mit C=C-Bindungen verwendet werden. Für das mit Rizinusöl hergestellte Nitrokunstleder war auch bei schwarzem Farbton das Auftreten spiralförmig angeordneter Risse als Folge der Bewitterung (Autokarrosserien) charakteristisch.

Im weiteren Verlauf der Alterung wird dann das Kunstleder hart und steif. Die reaktiven Veränderungen zwischen dem CN und dem Rizinusöl sind nicht allein fotochemisch bedingt, sondern lassen sich auch thermisch bei Temperaturen bis ca. 100 °C auslösen.

Eine schwarze Kunstlederfläche kann nach unseren Messungen in der Sommersonne durchaus Temperaturen um 70 °C annehmen. Der Reaktionsmechanismus ist im einzelnen noch ungeklärt [48].

In den übrigen Cellulosederivat-Formstoffen haben die Pigmente fast ausschließlich eine erhebliche Verlangsamung des Bewitterungsabbaus zur Folge.

Für die Beurteilung der Wirksamkeit der verschiedenen anorganischen und einiger organischer Pigmente auf die Wetterfestigkeit des Polyäthylens ist die Beachtung des Molgewichts und der Kristallinität, Dichte des PE, möglichst unter gleichzeitiger Einschätzung des benutzten Systems an thermooxydativen Stabilisatoren, eine nicht zu übersehende Voraussetzung. Die Lebensdauer eines PE der Dichte 0,95 mit dem Schmelzindex 1,5/10 Min. ist in 2 verschiedenen Klimazonen Nordamerikas 3mal größer als beim Index 3,0/10 Min. F. S. Kaufman jr. [49] bevorzugt bei seinen Untersuchungen über den Pigmenteinfluß gespannte Prüfkörper, wobei er die Zeit für einen Festigkeitsverlust um 50% als Kriterium benutzt. Unter tropischen Klimabedingungen versagen die dunkelblau eingefärbten PE-Typen bereits nach wenigen Wochen, während die orangefarbenen, gelben und roten Formstoffe ca. 3···4 Monate aushalten. Im gemäßigten Klima bleibt diese Qualitätsreihenfolge bestehen, jedoch sind die Beständigkeiten der blau eingefärbten Formstoffe auf 20···25 Wochen erhöht. Die maximal erreichbare Wetterfestigkeit liegt bei den gelben, roten und orangefarbenen Formstoffen bei 30 bis 35 Wochen.

Nach G. Gottfried und M. I. Dutzer [50] wird ein PE der Dichte 0,960 und Schmelzindex 0,7 dg/min durch Cd-Pigmente (rot und orange) Ultramarinblau, Eisenoxidbraun, Umbrabraun, Cu-Phthalocyanin, chloriertes Cu-Phthalocyanin, 1,2-Dihydroxy-anthrachinon auf Al-Hydrat im tropischen Klima fotosensibilisiert, so daß schon nach 3 Monaten ein Versagen eintritt.

Weißpigmente auf TiO_2-Basis, Phthalocyaninblau vergrößern die Wetterfestigkeit auf 9 Monate und zu gleicher Zeit (6 Monate) mit den unpigmentierten Formstoffen versagen Cobaltblau, Cd-Gelb und Chinacridin-Purpurfarben. Eine Abtönung durch 4% Titanweiß + 0,25 Farbpigment bringt für einige Farbtöne eine vergrößerte Wetterfestigkeit, für andere keinerlei Effekte.

A. Bosoni [51] fand, daß Weißpigmente die Beständigkeit von PE-Farbstoffen von 9 auf 4 Monate herabsetzen.

Für die Benutzung des Ultramarinblaus ist zu beachten, daß durch eine 1jährige Klimabeanspruchung in Europa auch der tan δ stark erhöht wird (0,0014 → 0,0047) [51].

Es ist wohl nicht angängig, von einer Verhinderung fotooxydativer Angriffe auf PE durch die Pigmente schlechthin zu sprechen, ohne gleichzeitig den Einfluß der Pigmentkonzentration zu diskutieren. Während sich in PE-Formstoffen nach 5 Std. Fotooxydation in Luft die Gelfraktionen bildeten, konnte diese Bildung durch 0,1 und 1% Cu-Pthalocyanin-Pigment zwar auf 10 und 15 Std. verzögert, jedoch nicht unterbunden werden. Es ist zu beachten, daß sich auch bei der hohen Pigmentkonzentration die mechanischen Festigkeiten beträchtlich verringert haben [52].

Nach G. F. Motschkina [53] u. a. genügen 10···15% Vol. ZnO oder TiO_2 für die Pigmentierung des PE, um eine gute Alterungsbeständigkeit bei genügend hoher mechanischer Festigkeit und guter Verschweißbarkeit zu erreichen.

H. M. Quackenbos u. a. [24] sehen die Möglichkeit, die Lebensdauer des PE hoher Dichte durch nicht-schwarze Pigmente auf 5 Jahre im gemäßigten Klima zu erhöhen und für PE niederer Dichte vielleicht nocht etwas länger.

Transportkästen aus gelb eingefärbtem PE [55] haben nach 5jährigem Gebrauch unter wechselnden Witterungseinflüssen keine Minderung ihrer Gebrauchsfunktion erfahren. Die Oberfläche zeigt geringfügige Carbonyl-Anteile im IR-Spektrum. Hydratisiertes Chromoxydgrün in PE-Formstoffen trägt zu einer merklichen Beschleunigung beim Bewittern unter Versprödungserscheinungen bei.

Für die Abschwächung der großen Fotooxydationsempfindlichkeit des Polypropylens durch Pigmente ist die Kenntnis seiner Kristallinität als Folge der Polymerisations- und Verarbeitungsbedingungen von Bedeutung. Amorphe Formstoffe haben eine geringere Zersetzungsgeschwindigkeit bei der Bewitterung als solche, die höher kristallin sind und eine ausgeprägte Sphärolith-Struktur aufweisen. Auch ein gleichförmiger Kristallinitätsgrad verringert die Sauerstoffempfindlichkeit.

Die höhere UV-Absorption des Zinkoxids gegenüber anderen Pigmenten hat sich bei Formstoffen aus PP dahin ausgewirkt, daß schon bei einer Dosierung ab 2% bei der Bewitterung die Versprödung beträchtlich verzögert werden kann. Durch einen 10%igen Zusatz wird eine Nutzungsdauer von ca. 8 Jahren bei einer Wetterbeanspruchung erreicht [80].

Durch Titandioxyd-Weißpigmente erreichen H. F. McTigue u. a. [54] in PP-Formstoffen mit Hitzestabilisator eine Restfestigkeit von 62% nach 6 Monaten Bewitterung in Florida (ohne Pigment hier schon völlig versprödet), nach 12 Monaten von 25% und nach 24 Monaten immerhin noch von 4%. Die gleichzeitige Anwendung eines UV-Absorbers und TiO_2 bringt eine sehr erhebliche Verzögerung der Abbaureaktion, so daß nach 24 Monaten noch 76% der Festigkeit vorhanden sind (mit UV-Absorber allein 36%).

Um eine echte Synergese handelt es sich bei der Anwendung von Pb-Chromat oder Eisenoxyd-Farbstoffen in der Kombination mit 0,5% Methylen-bis-(6-tert.-Butyl-p-Kresol). Ohne jeden Zusatz und mit jeder einzelnen Komponente sind PE-Formstoffe nach 12 Monaten Bewitterung unbrauchbar. Jeweils 5% Pigment + 0,5% Antioxydans verlängern die Lebensdauer auf mehr als 53 Monate [58].

Eine mit hochaktivem Ruß und anorganischen silikatischen Füllstoffen stark versetzte Polyisobutylen-Folie ist nach H. JUNGNICKEL [71] nach 30 Monaten Bewitterung in Singapure noch visuell wie in den Festigkeitseigenschaften unverändert.

Es ist aus der täglichen Anwendungspraxis her bekannt, daß gedeckt bunt eingefärbte Polystyrol-Formstoffe eine recht gute Wetterfestigkeit aufweisen. Hierbei sind nach Ludmilla ADAMIROVA und Br. DOLEŽEL [56] die weißen und gelben Einfärbungen den roten überlegen. Die letzten zeigen nach ca. 1jähriger Bewitterung einen auffallend hohen Rückgang der Schlagzähigkeit auf ca. 23% des Ausgangswertes. Im Gegensatz dazu steht der Befund von C. H. ADAMS und I. R. TAYLOR [57] über die noch recht beachtliche Biegefestigkeit von graupigmentiertem Polystyrol. In *Tab. 61* ist ihre Veränderung zusammen mit der Reißfestigkeit im Laufe einer 4jährigen Bewitterung in verschiedenen Klimazonen dargestellt.

Während die Reißfestigkeit unter allen Klimabedingungen etwa 1 Jahr lang unverändert blieb, tritt im Laufe der nächsten 3 Jahre eine Differenzierung der Klima-Unterschiede dahingehend ein, daß im gemäßigten Klima die Werte nur um maximal 10% abnehmen, und in den tropischen Klimazonen der Abfall etwa 25% beträgt.

Auffällig ist der schnelle Abfall der Biegefestigkeit nach 3 Monaten Bewitterung und die Ausbildung eines neuen etwa $1^1/_2$ Jahr vorhaltenden neuen Festigkeitsniveaus.

Die Endwerte beider Messungen charakterisieren einen Festigkeitsspiegel, der auch noch eine längere Gebrauchsdauer als 48 Monate gewährleistet.

Mit Recht macht E. HERRMANN [59] darauf aufmerksam, daß die Leistungsfähigkeit der Pigmente bezüglich der Verzögerung des Bewitterungsabbaus von PVC stark von der Eigenstabilität und den Stabilisator-Systemen des PVC selbst abhängt. Die Verfärbungstendenz der PVC-Farbstoffe beeinflußt bereits die visuelle wahrnehmbare Wetterfestigkeit pigmentierter Formstoffe und kann zu einer aus den sonstigen Eigenschaften heraus nicht gerechtfertigten Unterbewertung eines solchen Formstoffes führen. Es ist also notwendig, die Auswahl der Pigmente unter Beachtung der Gesamtrezeptur und der PVC-Type hinsichtlich der Vorstabilisierung zu treffen.

Beispielsweise ist Molybdatrot nur bedingt alkalibeständig und infolge seines Pb-Gehaltes auch bei Feuchtigkeit H_2S-empfindlich.

Die für PVC-H-Formstoffe aufgezeigte charakteristische Belagsbildung durch die Bewitterung tritt bei schwarz oder weiß eingefärbten Formstoffen nicht auf. In diesem Kriterium abfallender Bewitterungsfestigkeit folgen dann nach G. v. HINTZENSTERN [60] die gelb, orange, braun, blau, grün, rot eingefärbten Formstoffe, wobei gelb bis blau etwa als gleichwertig betrachtet werden können.

Die geringste Wirksamkeit des „*Rot*" war schon von H. W. THOMPSON und Mitarbeiter [61] im Jahre 1945 festgestellt worden.

Wir finden sie bei unseren neuen Untersuchungen über die Eindringtiefe des Bewitterungsabbaus in 3 mm dicken PVC-Platten in der relativen Viskosität und dem *K*-Wert gemäß *Tab. 62* wieder bestätigt. Die Platten sind 36 Monate im Klima der Ostseeküste bewittert und in 0,100 mm dicke Schichten aufgeteilt.

Tabelle 61

Einfluß eines Graupigmentes auf den Verlauf der Bewitterung von Polystyrol gemessen als Reißfestigkeit (R) und Biegefestigkeit (B)

Klima	Expos. Zeit	0	3	6	12	18	24	36	48	Monaten
heiß, niedere Feuchtigkeit	*R*	525	525	504	518	511	476	462	441	kp/cm²
	B	840	700	693	686	693	609	539	588	kp/cm²
heiß, hohe Feuchtigkeit	*R*	525	525	532	497	469	497	448	413	kp/cm²
	B	840	679	700	688	644	609	427	511	kp/cm²
gemäßigt	*R*	525	525	525	532	539	532	518	504	kp/cm²
	B	840	693	770	700	574	644	665	490	kp/cm²

Tabelle 62

Pigment-Einfluß auf die Eindringtiefe der Bewitterung bei PVC-Platten

Einfärbung		bewitterte Oberfläche		unbewitterte Oberfläche Rückseite			Ausgangsmaterial	
		η_{rel}	K		η_{rel}	K	η_{rel}	K
blau	1. Schicht	1,51	64	1. Schicht	1,51	64	1,53	65
	2. Schicht	1,49	63	2. Schicht	1,52	65	1,53	65
	3. Schicht	1,52	65	3. Schicht	1,52	65	1,53	65
	4. Schicht	1,53	65					
gelb	1. Schicht	1,51	64	1. Schicht	1,51	64	1,53	65
	2. Schicht	1,52	65	2. Schicht	1,51	64	1,53	65
	3. Schicht	1,51	64	3. Schicht	1,53	65	1,53	65
	4. Schicht	1,53	65					
rot	1. Schicht	1,40	57	1. Schicht	1,51	64	1,53	65
	2. Schicht	1,40	57	2. Schicht	1,51	64	1,53	65
	3. Schicht	1,46	61				1,53	65
	4. Schicht	1,54	66				1,53	65

Von den anorganischen Schwarzpigmenten hat sich nach unseren Untersuchungen das Rebschwarz — Vermahlen von Braunkohlenschwelkoks — nicht bewährt. Sowohl die PVC-H- wie W-Formstoffe sind schon nach 9 Monaten Bewitterung in den mechanischen Festigkeiten stark abgebaut und weitgehend unbauchbar. Die Eisenoxidschwarz-Typen bringen einen auffallend hohen Rückgang der Dehnungswerte in den Hartfolien und bleiben indifferent hinsichtlich des Einflusses auf die Bewitterung bei den Weich-Folien.

Neben diesen Befunden haben wir auch an mit verschiedenen Rußsorten eingefärbten H-Folien unveränderte mechanische Festigkeiten nach ca. 48 Monaten Bewitterung im Klima des Thüringer Waldes festgestellt.

Bezüglich des Einflusses der Dispergierung und der Teilchengröße der verschieden konstituierten und technologisch variierten Weißpigmente ist die Erfahrung auszunutzen, daß die im Leinöl ermittelten Teilchengrößen auch für die PVC-Formstoffe als optimale gelten können.

Über die Verwendungsmöglichkeit des Zinkoxids in seinen verschiedenen technologischen Qualitäten sei auf Bd. 1, S. 135 verwiesen [62]. Von den beiden TiO_2-Modifikationen mit der optimalen Teilchengröße von 0,2···0,3 nm ist Anatas photochemisch recht aktiv. Das Oxydationspotential löst eine Zerstörung des PVC aus (siehe auch Bd. 1, S. 158). Aus dem Rutil mit dem schwächeren Oxydationspotential sind oxydationsfeste Spezialpigmente entwickelt, die erheblich zur Verlangsamung des Bewitterungsabbaus des PVC beitragen.

Kreide, oft in organophiler Oberflächenbedeckung hat sich als viel genutzter Füllstoff (optimale Teilchengröße 8,7 nm) auch bei Außenbewitterungen bewährt.

Beim Baryt-Füllstoff sollte man beachten, daß er mit zunehmender Dosierung zum Abfall der Wetterbeständigkeit des PVC führt.

Unter den Gelbpigmenten weist nach E. Herrmann [59] das Nickeltitangelb, das im Rutil-Kristallgitter noch Ni und Sb eingebaut enthält, eine sehr hohe Licht- und Wetterfestigkeit auf. Die stabilere monokline Chromgelb-Modifikation erfordert zusätzliche lichtstabilere Pigmente. Die Veränderung des Chromgelbes im Licht wirkt sich nicht katalytisch auf die PVC-Zersetzung aus. Die hochlichtechten Cd-Gelb-Sorten sind unterschiedlich wetterfest. Von den organischen Gelbpigmenten ist Hansagelb für wetterfeste PVC-Formstoffe nicht geeignet, auch wenn dieses, wie meist, mit Weißpigmenten kombiniert verarbeitet wird.

Nach unseren Untersuchungen an mit Gelbpigmenten nicht im einzelnen exakt bekannter Konstitution eingefärbten Hart-PVC-Formstoffen findet sich überwiegend eine den Abbau der mechanischen Eigenschaften verzögernde Auswirkung dieser Gelbpigmente. Wir [63] haben erst den Beginn der Versprödung sowohl nach 17 wie nach > 43 Monaten beobachtet.

An thermisch mehrfach beanspruchten PVC-H-Folien oder -Platten, die dann als Dachhaut oder Regenrinne dem Wettereinfluß ausgesetzt waren, haben wir innerhalb von 24 Monaten lediglich die aus dem Wechsel der Meßstreifen herrührenden Werte-Schwankungen beobachtet, so daß die Beurteilung nach einem Zurückdrängen des Bewitterungsabbaus durch die Gelbpigmente gerechtfertigt ist.

Dies ergibt sich auch aus unseren neueren Untersuchungen der Schlagzähigkeit und Biegefestigkeit von als Außenwand an einer Hütte auf dem Bewitterungsstand verwendeten 3 mm dicken Platten. Die Exposition nach der Nord- oder Südseite wirkt sich hierbei innerhalb der 3 Jahre Bewitterungsdauer weder an den End- noch an den Zwischenmeßpunkten aus. Jedoch sind deutliche Unterschiede im visuellen Befund dieser mit 0,2% PVC-Gelb produktionsmäßig hergestellten PVC-H-Platten nach der Bewitterung erkennbar.

Die Wetterseite der nach Süden exponierten Platte ist schmutzig graugelb, der nach Norden gerichteten Platte ist glanzlos graugelb. Die Remissionskurven sind in beiden Fällen im wesentlichen recht ähnlich, die Remission hat im Wellengebiet $\lambda < 500$ nm und im äußersten Rot etwas zugenommen.

Von den Rotpigmenten schädigen die thermisch sehr beständigen Eisenoxidrot-Typen nach E. HERRMANN nur das intakte PVC nicht, beschleunigen aber eine schon eingetretene Zersetzung (siehe hierzu auch Bd. 1, S. 163).

Für die Außenbewitterung besonders geeignet sind die Cd-Rot-Typen. Bei Abtönungen mit Weißpigmenten ist in Gegenwart von organischen Sn-Stabilisatoren mit Ausbleichen beim Bewittern zu rechnen. Bleihaltige Rotpigmente aus Bleichromat und eingebautem Molybdän haben nur eine geringe Wetterfestigkeit. Von den organischen Rotpigmenten ist ein Perylenderivat als PVC-Echtrot B in Benutzung.

Wir haben an damit hergestellten PVC-H-Platten einen relativ starken „weißen Belag" sowohl bei der Exposition nach Norden wie nach Süden als Außenwand im Ostseeküstenklima innerhalb von 3 Jahren gefunden.

Reißfestigkeiten, Reißdehnungen, Schlagzähigkeit und Biegefestigkeit sind in dieser Bewitterungsperiode ab Mai 63 unverändert geblieben. Damit sind ältere Befunde von uns an dünnen Platten (0,5 mm) bestätigt: noch keine Versprödung nach 43 Monaten.

Aus den Befunden der in Shanghai bzw. in Hainan 15 bzw. 14 Monate bewitterten rotpigmentierten PVC-H-Folie (0,55 mm) ergibt sich zwar auch eine Verfärbung und das Auftreten eines weißlichen Belages, aber die mechanischen Eigenschaften, vornehmlich der unverändert gebliebene Torsionsmodul lassen keine Versprödung erkennen. Mit einer Tropentauglichkeit solcher rot eingefärbten PVC-H-Folie kann also gerechnet werden.

Die Verwendung des Ultramarinblaus — S-haltiges Na–Al-Silikat — in PVC-H für Außenbewitterungen sollte wegen der sehr geringen Säurefestigkeit und der merklichen Reaktionsfähigkeit bei Oxydationen besser unterbleiben.

Gut ausnutzen läßt sich dagegen die gute Licht- und Wetterechtheit des Cobaltblaus und der Phthalocyanin-Pigmente, bei denen auch in Aufhellungen noch recht gute Echtheiten erzielt werden.

Jedoch sind bei langdauernden Bewitterungen in Formstoffen, die mit Abmischungen aus Phthalocyaninen + Rutil 1:100 hergestellt wurden, Zerstörungen beobachtet. Nach unseren Feststellungen vermag das PVC-Echtblau zusammen mit Titandioxid die Zersetzung des PVC bei der Bewitterung an der Ostseeküste nicht zu unterbinden. Es bildet sich relativ schnell der weiße Belag aus. Die integral gemessenen mechanischen Eigenschaften — Reißfestigkeit, Schlagzähigkeit, Biegefestigkeit — sind an diesen 3 mm dicken Platten trotzdem nach 3 Jahren noch unverändert. Dünnere Folien sind über 43 Monate ohne Versprödungen bewittert.

Grüneinfärbungen werden mit Chromoxidgrün oder Phthalocyanin-Farbstoffen oder auch durch Abmischungen von Nickeltitangelb + Kobaltblau vorgenommen. Abtönungen mit Weißpigmenten sind möglich; wir haben in allen Fällen eine Verlängerung der Lebensdauer der PVC-H-Formstoffe bei der Bewitterung um das 2-bis 3fache, gemessen an ihren mechanischen Eigenschaften, festgestellt.

Es muß zunächst als Fakt festgehalten werden, daß nach Aussage der G-Modul-Messungen die grün eingefärbten PVC-H-Folien nach ihrer 15monatigen Bewitterung in der VR China weicher geworden sind. Die Blaukomponente des Grünfarbstoffes ist hierbei merklich zerstört, die Folien sind stark nach gelblich verfärbt.

Ganz ohne Einfluß bleiben die Auslagebedingungen, nach Norden oder Süden, bei Folien aus PVC-H-, die unter Benutzung von Ruß und Titandioxid-Abmischungen mit oder ohne Zuschlag von Metallpulvern, hergestellt und dann weiterhin unter nochmaliger thermischer Beanspruchung zum Gebrauchsgegenstand verformt wurden, auf die mechanischen Eigenschaften innerhalb von zunächst 2 Jahren. Im Klima der VR China verfärben sich diese Folien, und Versprödungen sind qualitativ lokalisiert vorhanden.

Aus den von F. G. Clark [65] mitgeteilten Ergebnissen über die Wetterfestigkeit verschieden bunt eingefärbter Folien aus PVC-W- bzw. Mischpolymerisat-WM -Systemen in handelsüblicher Qualität läßt sich für alle Farbtöne sowohl ein positiver wie negativer Einfluß der Pigmentierung auf den Ablauf des Bewitterungsabbaus unter 2 verschiedenen Klimabedingungen im Vergleich zur transparent-farblosen Folie erkennen. Alle Systeme bleichen entweder aus oder werden gelblich und zersetzen sich schließlich unter Ausbildung von Stippen oder starker Dunkelfärbung.

Die im tropischen Klima (Florida) gegen Ende April 1947 ausgelegten Proben werden unter Benutzung der Sonnenscheinstunde als Maßzahl am schnellsten zersetzt. Eine größere Anzahl Sonnenscheinstunden werden bei einer Exposition im Februar (155%) und im November (141%) gebraucht. Im gemäßigten Klima ist die Relation für die Serien mit Expositions-Beginn im November 278%.

Nach unseren Untersuchungen an grün-eingefärbten handelsüblichen Kunstlederfolien spielen sich derartige Zersetzungserscheinungen auch unter den klimatischen Bedingungen der DDR ab. Damit ist weiterhin die Schlußfolgerung verbunden, daß die Vorgeschichte der PVC-Herstellung und Verarbeitung diese fotochemische Zersetzungstendenz offenbar nicht beeinflußt. In *Tab. 63* sind unsere Meßwerte der Reißfestigkeiten an einer 0,21 mm dicken Folie mit leichter Oberflächennarbung während der vom September bis August durchgeführten Bewitterung angegeben. Lichtdurchlässigkeitsmessungen zeigen weiterhin auf, daß eine selektive Zerstörung des Pigments oder Farbstoffs während der Bewitterung abläuft. In den Wellenlängengebieten um 720 und 570 nm sind besonders starke Aufhellungen zu erkennen. Visuell ist die bewitterte Folie beidseitig ausgeblichen. Nach etwa 9 Monaten treten die rotbraun aussehenden ersten Stippen auf.

Die Folie ist nach etwa 12 Monaten Bewitterung an der Ostseeküste so stark verändert, daß sie durch Hagel total zerschlagen wurde. Die Anzahl und Größe der Stippen war in der Folgezeit so angestiegen, daß der grüne Farbton völlig verlorengegangen war. Die Folie ist in der Aufsicht dunkel rotbraun. Der Thermostabilisator Harnstoff bleibt ganz ohne Wirkung.

Tabelle 63

Abnahme der mechanischen Eigenschaften handelsüblicher PVC-W-Folien (grün pigmentiert, 0,21 mm dick) während der Bewitterung

Prüfstation und Prüfdauer (Monaten)	Reißfestigkeit kp/cm² längs	quer	Reißdehnung % längs	quer
unbewittert	177 ± 12	129 ± 5	294 ± 20	300 ± 6
Leipzig 7 Monaten	166 ± 17	127 ± 17	270 ± 20	250 ± 27
Leipzig 10 Monaten	71 ± 4	63 ± 2	100 ± 11	100 ± 8
Thür. Wald 5 Monaten	183 ± 13	137 ± 9	306 ± 11	300 ± 50
Thür. Wald 8 Monaten	66 ± 3	53 ± 3	100 ± 2	91 ± 6
Ostseeküste 7 Monaten	109 ± 8	101 ± 3	185 ± 7	220 ± 9
Ostseeküste 9 Monaten	58 ± 3	48 ± 3	64 ± 8	45 ± 3
	durch Hagel zerstört			

Eine gleichzeitig bewitterte mit Eisenoxid-Braun pigmentierte 0,66 mm dicke Folie ist weder visuell erkennbar noch in ihren mechanischen Festigkeiten meßbar verändert.

Dagegen kommt es bei einer 0,17 mm dicken Folie gleicher Rezeptur nach 2 Jahren zu einem verstärkten Dehnungsabbau. Die jetzt in Erscheinung tretenden Stippen führen zu erheblichen Streuungen der Meßwerte. Aus der Messung des Torsionsmoduls ist eine langsame, aber stetig verlaufende Verhärtung der Folie erkennbar, die beim Eintritt des Zersetzungsstadiums der Stippenbildung sehr groß wird.

Bei opakmachenden Zusätzen muß damit gerechnet werden, daß sie oder ihre Verunreinigungen die Zersetzung des PVC während der Bewitterung katalysieren: Titandioxid in der Rutilkonfiguration verhält sich in den ersten 12 Monaten der Bewitterung von PVC/DOP-67/33 Systemen in den Konzentrationen von 0,25% bis 1,0% ziemlich indifferent. Nach 27 Monaten tritt bei der 0,25% enthaltenden Folie Belagsbildung und leichte Versteifung ein. Die Rückseite ist belagsfrei. Je höher die Rutil-Konzentration, um so besser die Schutzwirkung [33].

Unsere Untersuchungen zeigten wiederum den starken Einfluß der Foliendicke für die Endergebnisse der Bewitterungsdauer und ihre Beeinflussung durch Pigmente oder andere Füllstoffe.

An zwei PVC/DOP-70/30 mit Cu-Bronze bzw. Al-Bronze eingefärbten 0,20 mm dicken Folien, die teils mit teils ohne Harnstoff als Thermostabilisator verformt sind, auf unseren europäischen Prüfstationen durchgeführte Bewitterungen bis zu

3 Jahren lassen keinen verzögernden Einfluß dieser Metallpigmente an Hand der mechanischen Festigkeiten erkennen. Kurz nach der Auslage beginnt der Abfall der Dehnungswerte, die Berstfestigkeit nimmt ab und aus dem Anstieg des Torsionsmoduls ist die Verhärtung als Bewitterungsfolge zu erkennen.

Die in beiden Fällen eintretenden Farbtonänderungen zeigen die beschleunigende Wirkung des Mittelmeer-Küstenklimas. Das Al-Pigment katalysiert offenbar diese fotochemische Zersetzung, die über schmutziggrün zu einem rötlichen oder auch schwarzen Farbton führt.

Unsere ausgedehnten Bewitterungs-Untersuchungen an blau oder weiß oder rot oder grün eingefärbten 0,20 mm dicken Produktionsfolien aus PVC/WM 65/35 (Phthalsäureester + Paraffinsulfonsäureester) ergaben im Vergleich mit gleichartigen farblosen Folien hinsichtlich der Beeinflussung des mechanischen Verhaltens durch die Pigmente, daß der Abbauvorgang in seinem prinzipiellen Verlauf sich *nicht* ändert.

Unabhängig vom Lokalklima der einzelnen Prüfstationen tritt bereits in den ersten Wochen der Bewitterung ein Dehnungsabfall ein. Er ist bei den nach Norden oder Westen ausgerichteten Prüfkörpern eindeutig geringer als bei den nach Süden exponierten.

Diese so beobachteten verschiedenen Reaktionen der Werte der Reißdehnung und auch Reißfestigkeit auch in der Längs- und Querrichtung der Folien erlauben eine weitere analytische Deutung des Gesamtabbau-Vorganges. Auch bei den pigmentierten Folien kommt es im Laufe der Bewitterung zu einem Ausgleich der Festigkeitsanisotropien, ohne daß irgendwelche Besonderheiten gegenüber den ungefärbten Folien erkennbar werden.

Die in den von uns untersuchten Weichfolien verwendeten Pigmente sind nicht bewitterungsstabil. Beispielsweise ist die Weißfolie nach rötlich und gelb auch auf der Rückseite verfärbt. Die leuchtend blaue Folie ist im Klima der Ostseeküste ausgebleicht, im Klima des Thüringer Waldes dunkler geworden.

Auch bei der Bewitterung von pigmentierten PVC-W-Kabelmassen beobachteten F. Thoresen und P. Kroken [73] die deutlich schnellere Zerstörung der hellfarbigen Einstellungen im Küstenklima als in einer Industrie-Atmosphäre.

Es wird möglich sein, auch bei den Weich-PVC-Formstoffen bestimmte Einfärbungen vorzunehmen, die die Bewitterungsfestigkeit verlängern, wohl aber nicht den Abbau gänzlich abstoppen. Die Abschirmwirkung der Pigmente ist um so größer, je geringer die Eigenschaftsänderung des Makromoleküls PVC überhaupt ist. Jedoch beeinflussen die Pigmente offenbar nicht die durch die Verarbeitung dem Formstoff aufgezwungenen Texturen und ihre während der Bewitterung eintretenden Veränderungen.

Bei sehr hohem Gehalt an Füllstoffen, wie er beispielsweise im PVC-Fußbodenbelag vorliegt, überdeckt ihre Abschirmwirkung alle sonstigen Effekte. Wir fanden an einem solchen 0,10 cm dicken Formstoff aus 10% PVC 10% Weichmacher und 80% Füllstoff nach einer 4jährigen Exposition in der Nutzung als Dachabdeckung für Gartenhäuser noch Reißfestigkeiten von 16 kp/cm² bei 47% Dehnung und eine Berstfestigkeit von 16 kp/cm² bei 31% Berstdehnung.

In Polycaprolactam-Formstoffen — Schulterstäbe, Wasserhähne — ist nach unseren Untersuchungen der Einfluß der Pigmente auf den Bewitterungsabbau verschiedenartig ausgewiesen, je nachdem welche Meßgröße verwendet wird.

An Hand der Zugfestigkeits-Werte erweist sich das schwarz eingefärbte PA sowohl in Leipzig wie im Klima der Adriatischen Meeresküste nach 12 Monaten als wetterfest.

Die Grenzbiegespannungen betragen dagegen nach der Bewitterung im Klima der DDR nur 65···68% und in Südeuropa 75% des Ausgangswertes. In gleicher Größenordnung liegen die Abnahmen dieser Meßgröße bei elfenbein eingefärbten Formstoffen. Hier und bei der Zugfestigkeit haben die Pigmente den Abbau im Vergleich zum unpigmentierten Polycaprolactam nicht abstoppen können.

Es sollte in diesem Zusammenhang nicht übersehen werden, daß hydrophile anorganische Oxide beim Polycaprolactam als Kristallisationskeime wirken.

Durch Glasfasern vom Kurzfasertyp verstärktes Polycaprolactam erfährt bereits nach 28tägiger Lagerung im Tropenklima eine erhebliche Wasseraufnahme und der tan δ und die DEK der mit A-Glas verstärkten Prüfkörper liegen höher als bei den korrespondierenden Prüfkörpern mit E-Glas. Nach 4 Wochen Tropenklima-Lagerung gibt es keine Unterschiede mehr zwischen verstärktem und unverstärktem Polycaprolactam.

Spritzformstoffe aus derartigen Polyamiden haben die sehr hohe Reißfestigkeit von ca. 1400 kp/cm^2 und es ist bedauerlich, daß sie durch die Bewitterung fast gänzlich verlorengeht, falls nicht Ruß als Stabilisator verwendet wird.

Auch ein Zusatz von 10% Graphit hat sich verständlicherweise recht gut bewährt [74].

In Phenoplastformstoffen hat sich Glimmer als Pigment bei einer Beanspruchung in Küstennähe innerhalb von 18 Monaten Bewitterungsdauer gut geeignet.

Die Formstoffe aus Glasfasern-Phenolharzen sind relativ gut wetterfest. Eine Verbesserung der Ausrüstung der Glasfaser wird die kapillare Wasseraufnahme noch heruntersetzen und damit diese Formstoffe in ihrem Anwendungsbereich noch vergrößern. Jedoch ist dies nicht bei den Phenolharz-Formstoffen mit Füllstoffen aus synthetischen Fasern, die jetzt letzten Endes alle thermoplastisch sind, zu erwarten. Ihre Anwendung wird nur bei sehr resistenter „*Preßhaut*“ eine Wetter-Exposition mit einschließen können.

Das an sich sehr ungünstige Verhalten von Epoxydharzen in bezug auf Kriechstrom-Festigkeit unter tropischen Klimabedingungen kann durch Beimischen von Quarzmehl oder Aluminiumoxidhydrat in guter Homogenisierung verbessert werden [66].

Nach I. Winkler [75] nimmt während der Freiluftexposition von Formstoffen aus mit Quarzmehl gefüllten Epoxydharzen die Lichtbogenbeständigkeit von 5,0 sec···2,8 sec innerhalb von 9 Monaten ab.

4.2.3.4. Einfluß von Plasthilfsstoff-Kombinationen

Wenn auch die Wetterfestigkeit des Polyäthylens sowohl durch UV-Absorber um ein Mehrfaches gesteigert werden kann und auch durch eine Pigmentierung mit 2% Rutil eine Verbesserung der Lichtechtheit erreicht wird, so bringen Kombinationen aus 2% Rutil und 0,2···0,5% UV-Absorber vom Typ der Alkoxy-Hydroxybenzophenone in der Regel eine weitere Steigerung der Wetterfestigkeit. Es handelt sich aber meist nicht um synergetische Wirkungen, sondern die erzielten Beständigkeiten liegen zwar über denen mit dem Pigment allein, aber unterhalb der im transparenten PE durch den UV-Absorber erzielten.

E. C. Rothstein [79] sieht für die Außenbewitterung von PE-Formstoffen hoher Dichte (0,955···0,960) nur die Verwendung hochwirksamer Antioxydantien z. B. Octadecyl-3 (3,5 di-tert. butyl-4-hydroxyphenylpropionat) oder 2,6-Di-tert.-butyl-kresol in Kombination mit UV-Absorbern auf der Basis der substituierten Benzotriazole z. B. 2-(3′, 5′-di tert. Butyl-2-hydroxyphenyl)-5-chlor-benzotriazol als ausreichend für eine lange Gebrauchsdauer an. Er gibt beispielsweise an, daß bei der Bewitterung im Klima von Arizona bis zur Versprödung (Handknickversuch) die nachstehend genannten Langleys wirksam sind:

PE $d = 0{,}957$ Schmelzindex 190 °C g/10 Min $I = 3{,}0$
ohne jeden Zusatz < 25000 Ly
oben genanntes Propionat < 25000 Ly
oben genanntes Benzotriazol 75000 Ly
Kombination beider > 125000 Ly (0,05% Antioxyd. + 0,3% UV-Absorber)

Nach der Einstrahlung von 125000 Ly haben sich die Schmelzindices wie folgt geändert:

ohne jeden Zusatz:	0,1
Propionat	2,6
Benzotriazol	2,3
Kombination	2,2

Es hat sich erwiesen, daß auch die Nachbestrahlungszerstörungen durch die Antioxydantien verhindert werden.

In Systemen aus Polystyrol oder PVC und jeweils Titandioxid-Pigmenten ist es die Regel, daß die üblichen UV-Absorber zu einer Abbau-Beschleunigung beitragen Die American Cyanamid [67] hat in den Diamiden vom Typ des N,N′-Methylen-bis-acrylamid nun für derartige Kombinationen geeignete UV-Absorber gefunden. Im PVC-H kann hierbei als Thermostabilisator ein Organo-Zinn-mercaptid mit verarbeitet werden.

Bereits im Jahre 1952 hatten I. G. Hendricks und E. L. White [68] darauf aufmerksam gemacht, daß für PVC-W-Kabelmassen, die Anatas-Modifikation auch in Gegenwart weiterer Stabilisatoren relativ unwirksam bezüglich der Verbesserung der Wetterfestigkeit ist. Dagegen wirkt sich die Rutil-Modifikation gut auf die Lichtechtheit aus. Hier lassen sich auch mit weiteren Stabilisatoren noch Verbesserungen erzielen.

I. B. DE COSTE und V. T. WALLDER [37] kombinieren ein mit Al, SiO_2 und Zn modifiziertes Rutil mit 6,5% basischem Pb-silicat in einer Kabelmassen-Mischung aus PVC/DOP 60/40.

Die Bewitterung im gemäßigten, tropisch-trockenem und tropisch-feuchtem Klima führt nach 3 Jahren zu den aus *Tab. 64* ersichtlichen Reißfestigkeiten, Reißdehnung und dem 100% Modul.

Tabelle 64

Wetterfestigkeit von PVC-W-Systemen mit Pigmenten und Stabilisatoren

Meßgröße	Klima Nullwert	gemäßigt	trop. trocken	trop. feucht
		a) **Rutil**		
Reißfest. kp/cm^2	197	199	172	188
Reißdehn. %	305	360	270	315
100% Modeul	83	81	98	83
		b) **Ruß**		
Reißfest. kp/cm^2	195	165	246	207
Reißdehn. %	315	355	310	325
100% Modul	83	91	109	109

Die Erhöhung des Moduls ist auf eine Versteifung zurückzuführen. Da das basische Pb-Silicat nur eine geringe lichtabschirmende Wirkung hat, überrascht es nicht, daß die Stippenbildung in solchen pigmentierten Folien bereits in den frühen Stadien der Zersetzung durch das Wetter eintritt. Die Stippen sind an lokalisierte höhere Pb-Konzentrationen gebunden.

Die Kombination aus Pigment und Weichmacher und Stabilisator wirkt sich dahin aus, daß während der 3 Jahre Bewitterung im tropisch-trockenen Klima keine PVC-Vernetzung eingetreten ist.

Normale Kabelmassen aus PVC-TKP-Ruß und Pb-Karbonat als Stabilisator haben sich in einer bis zu 30 Monaten ausgedehnten Bewitterung in 6 verschiedenen Prüfstationen in Nigeria in ihren dielektrischen Werten nicht verändert [36]. Auch die Biegefestigkeit der Kabel um 180° ist erhalten geblieben.

K. IPOLYI [7] vertritt die Auffassung, daß bei Kombinationen von Weichmachern + Titandioxid-Pigmenten + Bleistabilisatoren die Wirksamkeit der Stabilisatoren in Gegenwart von Rutil-Modifikationen nicht zur Geltung kommt. An Hand der zurückgegangenen Kältebiegsamkeit und Dehnbarkeit wurde außerdem die allgemeine Erfahrung der Unterlegenheit des Anatas in wetterfesten PVC-W-Formstoffen bestätigt.

Nach den Untersuchungen von Helga STRELLER [76] wird durch eine Kombination von an sich lichtempfindlichen Pigmenten — Titanweiß „B", Chromgelb,

Ultramarinblau – mit Benzophenonderivaten als UV-Absorbern die Lichtechtheit der PVC-Em wie Sp-W-Folien nicht verbessert. Durch Anwendung von Filtergläsern verschiedener Lichtdurchlässigkeit bestätigen diese Arbeiten weiterhin unseren oben gegebenen Hinweis auf die Wirksamkeit längerwelligen Lichts für das Ausbleichen von Farbtönen.

Kombinationen von 2-Hydroxy-4-methoxybenzophenon als UV-Absorber mit Thermostabilisatorsystemen aus Ba–Cd-Laurat + Triphenylphosphit bzw. dieser Kombination + Zn-Octoat in PVC-Phthalat-Formstoffen verarbeitet zeigen bei der Bewitterung vom Juni bis November ein gleichartiges Verhalten der Reißfestigkeit und Reißdehnung wie die Formstoffe ohne dieses Benzophenon. Im Laufe der weiteren Bewitterung bis zum Juli fallen dann diese Formstoffe stark ab. Die mit dem UV-Absorber verarbeiteten Formstoffe haben im November des nächsten Jahres also nach 18 Monaten Gesamtbewitterung noch die Ausgangswerte ihrer Festigkeit [77].

Die von A. Szabó und Mitarb. [78] verwendeten Kombinationen von Dian mit Stearaten Ba–Cd-Laurat, Dibutyl-Sn-dilaurat, 3 PbO · $PbSO_4$ als Thermostabilisatoren und Lichtstabilisatoren vom Benzotriazoltyp sowie Phthalaten, Epoxyd weichmachern in PVC-W-Formstoffen weisen die Eignung des Dians zur Minderung der Weichmacher-Zersetzung während der Bewitterung aus. Der Abfall der Reißfestigkeit und Reißdehnung dieser Formstoffe geht mit steigendem Gehalt an Dian zurück.

Literatur

[1] K. Thinius: „*Chemie, Physik und Technologie der Weichmacher*", 2. Aufl., 1963, Kap. 5.5.3., S. 241. VEB Deutscher Verlag für Grundstoff-Industrie, Leipzig
[2] nach Arbeiten von Elisabeth Schröder, D. Weichert, G. v. Hintzenstern u. a. im Institut für organische Hochpolymere
[3] I. R. Darby u. P. R. Graham: Modern Plastics **39** (Jan. 1962), 148
[4] B. Doležel: Chem. Průmysl **13/38** (1963), 160
[5] M. Koike u. a.: Polymer Report. Inst. Polymer Ind. Inc. Tokyo **102** (1966), 42
[6] W. Birnthaler u. G. Falk: Kunststoffe **49** (1959), 439
[7] K. Ipolyi: Plaste u. Kautschuk **11** (1964), 275
[8] I. H. Gisolf: Plastica (Delft) **19** (1966), 430
[9] J. Voigt: Werkstoffe und Korrosion **18** (1967), 969
[10] H. M. Quackenbos: Ind. Engng. Chem. **46** (1954), 1336, 1342
[11] A. Kraus: Farbe u. Lack **70** (1964), 519
[12] G. C. Newland u. a.: J. appl. Polymer Sci. **9** (1965), 1947
[13] A. I. Plyplina u. S. A. Rogowin: Lacke, Farben-Anwendung (UdSSR) 1960, Nr. **3**, 36
[14] F. H. Winslow u. W. L. Hawkins: Modern Plastics **44** (1967), 141
[15] V. T. Wallder u. a.: Ind. Engng. Chem. **42** (1950), 2320
[16] B. Doležel: Plast. Hmoty Kaučuk **1** (1964), 9
[17] K. Ipolyi: Magyar Kémikusok Lapja **19** (1964), 15
[18] – British Plastics **26** (1953), 473
[19] L. Kolar u. a.: Plast. Hmoty Kaučuk **3** (1966), 172

[20] J. H. CHAUDET u. a.: SPE — Transaction **1** (1961), 26
[21] F. H. MC TIGUE u. M. BLUMBERG: Modern Plastics **44** (April 1967), 145
[22] G. M. GANTZ u. I. B. BETDORF: J. Photographie Science **7** (1959), 35
[23] G. C. NEWLAND u. I. W. TAMBLYN: J. appl. Polymer Sci. **8** (1964), 1949
[24] H. M. QUACKENBOS u. a.: Modern Plastics **44** (April 1957), 143
[25] L. ADAMIROVA u. B. DOLEŽEL: Plaste u. Kautschuk **15** (1968), 179
[26] R. SCHLIMPER: Plaste u. Kautschuk **11** (1964), 466
[27] L. B. WEISFELD u. a.: SPE Journal **21** (1965), 649
[28] J. B. DE COSTE u. a.: Brit. Paint Res. Assoc, Rev. **30** (1957), Nr. **184**, 832
[29] V. A. BELYJ u. a.: Plast. Massen (UdSSR) 1966, Nr. **10**, 47
[30] Firmenschriften der American Cyanamid Co.
[31] A. P. 3208968 v. 23. 10. 61/28. 9. 1965 Sun Oil Co.
[32] I. A. MELCHORE: Plastverarbeiter **15** (1964), 226
[33] N. L. PERRY: Rev. Plasticos mod. **14** (1963), 647
SPE Journal **15** (1959), 550
Modern Plastics **40** (Mai 1963), 156
[34] G. A. BAUM: Modern Plastics **44** (April 1967), 148
[35] S. HORUN u. a.: Materiale Plaśtice **2** (1965), 225
[36] Ministry of Aviation, Plastics in the Tropics 12, PVC, U.D.C. Nr. 678.743.22—415 (213)
[37] I. B. DE COSTE u. a.: Ind. Engng. Chem. **47** (1955), 314
[38] gemeinsam mit Rolf SCHLIMPER
[39] F. I. HINES: Modern Plastics **34** (April 1957), 168
[40] L. D. MAXIM u. a.: Off. Digest Federat. Soc. Paint Technol. **36**, 723
[41] HINTZE: Farben, Lacke, Anstrichstoffe **3** (1949), 265, 291
[42] DAS 1267423 v. 22. 7. 63/2. 5. 68 Grace u. Co.
[43] Ju. G. TARESENKO: Ukrain. chem. J. **32** (1966), 979
[44] H. HALDENWANGER u. a.: Kunststoffe **46** (1956), 407
[45] V. V. VERCHOLANCEV: Lacke, Farben-Anwendung (UdSSR) 1966, Nr. **4**, 49
[46] A. C. PLYPLINA u. S. A. ROGOWIN: Lacke, Farben-Anwendung (UdSSR) 1950, Nr. **3**, 36
[47] S. V. JAKUBOVIČ u. a.: Lacke, Farben-Anwendung (UdSSR) 1964, Nr. **2**, 37
[48] siehe [1], S. 862
[49] F. S. KAUFMANN, jr.: Modern Plastics **44** (April 1967), 146
Chemical Abstracts **68** (1968) 8, 30514 s
[50] G. GOTTFRIED u. M. I. DUTZER: J. appl. Polymer Sci. **5** (1961), 612
[51] Ach. BOSONI: Materie plastiche **19** (1953), 361
[52] R. K. ANKUNDINOVA u. a.: Chemical Abstracts **68** (1968), 14, 60027 c.
[53] G. F. MOTSCHKINA u. a.: Plast. Massen (UdSSR) (1963) Nr. **1**, S. 43
[54] F. H. MC TIGUE u. a.: Modern Plastics **44** (April 1967), 145
[55] O. HAHMANN u. P. POTTHOFF: Kunststoffe **55** (1965), 465
[56] L. ADAMIROVA u. B. DOLEŽEL: Plaste u. Kautschuk **15** (1968), 179
[57] C. H. ADAMS, u. I. R. TAYLOR: Rubber World **131** (Nov. 1954), 239
[58] I. H. CHAUDET u. a.: SPE Transaction **1** (1961), S. 26
[59] E. HERRMANN: Plastverarbeiter **14** (1963), 586
[60] G. v. HINTZENSTERN: Plaste u. Kautschuk **10** (1963), 16
[61] H. W. THOMPSON u. a.: Prov. Roy. Spec. **A 184** (1954), 21
[62) siehe weiterhin J. G. BILLK u. Mitarb.: Ind. Engng. Chem. **58** (1966), Nr. 5, 31
[63] J. SCHREIBER: Plaste u. Kautschuk **8** (1961), 454
[64] G. G. KOSITZKE u. a.: Plastverarbeiter **13** (1962), 635

[65] F. G. Clark: Ind. Engng. Chem. **44** (1952), 2697
[66] H. Stamm u. a.: Wiss. Z. Techn. Hochschule Dresden **10** (1961), 733
[67] Niederl. Anm. 6613317 v. 28. 3. 67 American Cyanamid Co.
[68] I. G. Hendricks u. E. I. White: Wire and Wire Produkts **27** (1952), 1053
[69] H. Luther u. Mitarb.: Korrosion 20, „*Alterung u. Korrosion von Kunststoffen*", Verlag Chemie, GmbH. Weinheim, 1967, S. 95
[70] nach Arbeiten im Institut für organische Hochpolymere im Jahre 1962/63
[71] H. Jungnickel: Der Tiefbau 1960, S. 3
[72] D. A. Gordon u. a.: Polymer Engng. Sci. (1966), 231
[73] F. Thoresen u. a.: Chemical-Abstracts **68** (1968), 26 — 115275 q
R. Barthel u. a.: Plaste u. Kautschuk **15** (1968), 264
[74] G. R. Rugger: SPE Transactions 1964, 236
N. N. Pawlow u. a.: Plast. Massen (UdSSR) 1968, Nr. **5**, 72
[75] J. Winkler: Internationale Tagung über G.F.P. 1965 in Berlin, Vortrag I 9
[76] H. Streller: Plaste u. Kautschuk **9** (1962), 520
[77] P. R. Graham u. a.: Chemical Engng. Data **4** (1959), 372
[78] A. Szabó u. a.: Plaste u. Kautschuk **15** (1968), 640
[79] E. C. Rothstein: J. appl. Polymer Sci. **12** (1968), 1279
[80] R. D. Deanin u. a.: Modern Plastics **46** (1969), Heft 1, 114

4.3. Ergebnisse der Alterung unter speziellen natürlichen Beanspruchungen

4.3.1. Alterung unter Ausschluß von Licht und Sauerstoff

Die Beanspruchungen eines Plastformstoffes unterhalb der Erdoberfläche erfolgen unter Ausschluß der natürlichen sichtbaren wie unsichtbaren Lichtstrahlung, der Dynamik des Regens und des Windes. In bestimmten Fällen kann auch der Sauerstoff hierbei ganz ausgeschaltet sein.

Die Einwirkung von Feuchtigkeit wird für die Beanspruchungen, die vereinfacht, als „*Eingrabungen*" zusammengefaßt werden können, in Abhängigkeit von der Bodenbeschaffenheit und der Entfernung des Plastformstoffes von der Erdoberfläche etwas wechselnd in ihrer Intensität sein, wobei gleichzeitig die etwas gleichmäßigere Temperatur innerhalb 24 Stunden die Beanspruchung gestaltet.

Es wirken weiterhin, nicht immer in der ganzen Dauer der Beanspruchung bekannt, Bodenbestandteile und -Absonderungen, wohl auch Sicker- und Abwässer auf den Plastformstoff ein. Wir müssen ferner die Wechselwirkungen der Ökologie und des Plastformstoffes beachten und bei der Beurteilung der sichtbaren und meßtechnisch irgendwie nachweisbaren Eigenschaftsveränderungen des Plastformstoffes etwa vorausgegangene Einflüsse pflanzlichen wie tierischen Lebens einschließlich der Mikroorganismen in Betracht ziehen.

Von den neueren thermoplastischen Formstoffen ist wohl eine Polyisobutylenfolie erstmalig im Jahre 1938 einer solchen Beanspruchung unter Ausschluß von Licht und Sauerstoff unter dem technischen Aspekt des Abdichtungswerkstoffes gegen Bodenfeuchtigkeit unterworfen worden.

H. Jungnickel [1] stellt an einer Folie nach 14jähriger Beanspruchung durch drückende, stark huminhaltige Wässer „*keine Veränderung ihrer äußeren Beschaffenheit und Festigkeitseigenschaften*" fest.

Das muß auch für die Polyisobutylenfolien unterstellt werden, die vor 30 Jahren an Gebäuden im Gebiet der DDR verwendet wurden, da diese Gebäude noch heute ihren Aufgaben ohne Baugrundreparaturen gerecht werden.

Darüber hinaus bieten weder das Makromolekül Polyisobutylen noch seine Füllstoffe irgendeinen Angriffspunkt für Mikroorganismen. Es sind auch bisher keine Beobachtungen über Schädigungen durch Tiere oder Stoffwechselprodukte der Pflanzen bekannt, so daß die mit Füllstoffen verarbeiteten Polyisobutylen-Formstoffe als verrottungsfest gelten können.

Ein solches Urteil kann auch für die Formstoffe aus Polyäthylen oder aus Mischpolymerisaten der Olefine gegeben werden, die in der Anwendungsform als selbstklebendes Isolierband für Metallrohrleitungen der Alterung unter Ausschluß von Licht und Sauerstoff unterworfen sind. An wiederausgegrabenen PE-Bändern haben E. SIMIONESCU und Mitarb. [5] die mechanischen und dielektrischen Kennwerte sowie die Werte für die Haftfestigkeit in gleicher Größe wie am ursprünglichen Material ermittelt.

Ein mindestens 20 Jahre lang als Wasserleitungsrohr im Erdboden verlegtes PVC-Rohr zeigt an der Oberfläche zahlreiche, leicht ablösbare Defektstellen als ovale Regionen. Hier begann bei der Beanspruchung auf Reißfestigkeit das Aufreißen. Im Vergleich mit den Güteeigenschaften von PVC-Rohren am Untersuchungstage des bewitterten Rohres ergab sich, daß die Zugfestigkeit bei Berücksichtigung des wirksamen Querschnittes unverändert ist. Dagegen zeigen die Kraft-Dehnungsdiagramme, daß bei dem älteren Rohr Zugfestigkeit und Reißfestigkeit zusammenfallen und die Fließdehnung nicht mehr auftritt. Das Rohr ist also während des Gebrauchs auch ohne Einfluß von Licht und Sauerstoff versprödet, wobei unterstellt wurde, daß die Ausgangseigenschaften des bewitterten Rohres zur Zeit seiner Herstellung den Vergleichsrohren — 3 verschiedene Durchmesser mit 3 korrespondierenden Wandstärken — entsprachen.

An bis zu 4 Jahren im Dünensand der Ostsee waagerecht eingegrabenen unpigmentierten wie auch verschiedenfarbig pigmentierten PVC-H-Folien (Dicke 0,5 ··· 1,0 mm) haben wir keine Veränderung ihrer mechanischen Eigenschaften gemessen.

Einen Abfall der mechanischen Eigenschaften von PVC-W-Folien haben K. THINIUS und J. SCHREIBER [2] an mit Paraffinsulfonsäureestern verarbeiteten ca. 1 Jahr eingegrabenen Prüfkörpern festgestellt. Das Makromolekül PVC hat hierdurch nur eine geringfügige Veränderung erfahren. Der *K*-Wert ist in einigen Fällen unverändert, in anderen leicht angestiegen, so daß eine beginnende Vernetzung angedeutet ist. (Meßfehler liegen nicht vor!) Letztere wird in den Fällen deutlicher, bei denen die Folien unter dem Wurzelballen von Tomatenpflanzen eine Vegetationsperiode gealtert wurden. Ein Beispiel ist in *Tab. 65* aufgeführt. Wir haben hierbei noch die Veränderung der Lösungsviskosität derjenigen Folien aufgenommen, die teilweise über den Erdboden geführt der Freibewitterung ausgesetzt waren.

Die thermische Stabilität der eingegrabenen Folien bleibt auch nach wesentlich längerer Beanspruchungsdauer unverändert. Der Weichmacher-Extrakt zeigt keinen auf eine Zersetzung hindeutenden Befund. Der WM-Gehalt hat sich in keinem Fall während der 6 Monate Mai bis Oktober geändert.

Die verschiedenen Bodenarten — Löß, Sand, Gartenboden, mooriger Boden — haben sich innerhalb 12 Monaten Beanspruchung nicht ausgewirkt.

Ein auf dem freibewitternden Folienteil sich ausbildender Rost trägt zu einer Beschleunigung der Alterung bei. Diese Folienflächen sind nach 7 Monaten deutlich härter; ihr WM-Gehalt ist etwas geringer. Wesentlich ist eine merkliche Abnahme der thermischen Stabilität des daraus isolierten PVC.

Tabelle 65

Veränderung des PVC-Moleküls während einer Folien-Eingrabung gemessen an der Lösungsviscosität (η)

	0	1	2	3	4	5	6 Monate
eingegrabener	1,450	1,464	1,484	1,480	1,514	1,535	1,532
freibewitterter Folienteil	1,450				1,256	1,380	1,428

Alle mit PVC-W-Formstoffen isolierten Kabel, die in verschiedenen Erdböden Nigerias ca. 15 cm tief verlegt waren, haben sich in ihren mechanischen und Isolationseigenschaften nach 28 Monaten Versuchsdauer nicht verändert. Außer im Sandboden nahe dem Meeresstrand ist visuell nur ein Glanzverlust zu beobachten [3].

Damit sind die vielfältigen Erfahrungen der sehr guten Resistenz von PVC-Kabeln in den verschiedensten Böden der gemäßigten Zone bei einer mehr als 15 Jahre dauernden Einlagerung und Nutzung bestätigt

Ebenso erwiesen sich Isoliermaterialien auf der Basis von PVC-W-Formstoffen für erdverlegte Metallrohrleitungen mit verschiedenem Fördergut nach einer gleichlangen Dauer bei der Nachprüfung noch als vollkommen einwandfrei. Oder anders ausgedrückt, die Korrosionsschutzwirkung, gemessen am elektrischen Isolationswiderstand, ist auch nach dieser Langzeitbeanspruchung in voller Höhe erhalten.

Ein mit PVC-Massen überzogener Heizdraht in einem Treibbeet hat unter den entsprechenden Gebrauchsbedingungen eine Lebensdauer von 4 Jahren. Hierbei hat H. Kôyama [4] angenommen, daß die Ursache der Leistungsverschlechterung in einer chemischen Reaktion des PVC liegt. Aus den Ergebnissen von E. Simionescu [5] und Mitarb. über den Korrosionsschutz metallischer Rohrleitungen durch PVC-W-Folien ergibt sich, daß auch unter den erschwerten Bedingungen der Eingrabung in aggressive Böden nicht nur die mechanischen und dielektrischen Eigenschaften, sondern auch die Haftfestigkeit, also auch die Kohäsion und Adhäsion des Klebstoff-Filmes nach mehreren Jahren erhalten geblieben sind.

Die aus diesen Ergebnissen ableitbare Nutzungsmöglichkeit von PVC-W-Folien als Abdichtungsfolien für Baugrund bzw. als Isolierschicht im Straßen- und Brükkenbau schließt neben der Alterung unter Bedingungen des Abschlusses von Licht und Sauerstoff auch die im gleichzeitigen Kontakt mit Klebstoffen oder bituminösen Vergußmassen ein. Unsere diesbezüglichen Untersuchungen auf einem in *Abb. 12a* und *b* (siehe S. 43) dargestellten Versuchsprüfstand führten zu dem Ergebnis, daß innerhalb der 4 Jahre Prüfdauer das PVC im Kontakt mit anorganischen Baustoffen — Beton, Stahl — sich nicht in seinem Molekulargewicht und seinem Dispersitätsgrad verändert. Das gilt auch für die Extrahierbarkeit der Weichmacher und deren qualitätscharakterisierenden Kennzeichen. Wird der Kontakt zwischen der PVC-Folie und den anorganischen Baustoffen durch einen Klebstoff verbessert, so ändern sich diese Befunde nicht. Bei bituminösen Klebstoffen oder Vergußmassen ergibt sich aus den Extrakten, daß ölige Bestandteile des Bitumens in geringerem Maße in die Folie einwandern als Weichmacher herausgeht. Die Folien verhärten. Hierbei ist Trikresylphosphat bitumenbeständiger als Paraffinsulfonsäureester. Die Phthalate sind wohl auch nicht genügend bitumenbeständig. Der überwiegende Befund ist, daß weder der Zustand des Plastformstoffes noch das daraus isolierte PVC noch der Gesamt-WM-Gehalt des Formstoffes durch die Bitumen beeinflußt werden. Bei beidseitigem Kontakt der Folien mit Bitumenklebstoffen ist nach 40 Monaten eine teilweise Zerstörung der Folien beobachtet.

Wir haben im Rahmen dieser Untersuchungen die schon erwähnte Feststellung bestätigt gefunden, daß die der Luft und dem Licht ausgesetzten Randpartien der Folien einen merklichen Viskositätsabbau erfahren, der durch die Ränder der Betonplatten scharf lokalisiert ist. Größenordnungsmäßig ist dieser Alterungsabbau durch die folgenden Viskositätszahlen charakterisiert:

Mittelbezirke der Folien unter Beton:	$[\eta] = 1{,}23\cdots1{,}34$
Randstreifen außerhalb des Betons:	$= 0{,}98\cdots1{,}16$

Dieses Verhalten des PVC ist von der Polymerisationsführung — Emulsion oder Suspension — unabhängig.

Aus der Analyse der mechanischen Festigkeiten der PVC-W-Em-bzw. Sp-67/33-Abdichtungsfolien im Laufe der 40 Monate durchgeführten Alterung auf diesem Spezial-Prüfstand ergibt sich für die Reißdehnung als ein besonders aussagekräftiges Festigkeitskriterium, daß sie nach 12···24 Monaten durch ein Minimum geht. Die Reiß- und Berstfestigkeiten bleiben in dieser Zeit praktisch unverändert; die Berstdehnungen weisen an den Zeitpunkten des Minimums der Reißdehnung ein Maximum auf. Am Versuchsende werden etwa die Ausgangswerte der Reißdehnung und Berstdehnung gefunden. Die PVC-Type oder die Anordnung im Verbund mit dem Beton — mit oder ohne Klebstoff bzw. Bitumen-Verwendung — kommt hierbei nicht zum Ausdruck.

In all den Verbundsystemen, in denen Bitumen als Klebstoff verwendet wurde, zeigen die Shore-Härten etwa zu gleicher Zeit, wo nach anderen Meßwerten Extrema auftreten, Minimalwerte. Die Wechselbiegefestigkeit geht schon nach

$^1/_2$Jahr Beanspruchung stark zurück. Am Versuchsende haben wir einen Rückgang der Kältebruchfestigkeit bei den verklebten Folien gefunden.

Die Wasserdampfdurchlässigkeit aller Sp-Folien ändert sich im Laufe der 40 Monate nicht; sie ist bei den Em-Folien eindeutig und oft auffallend höher als bei den Sp-Folien. Nach Aussage des Schlitzdruckversuches bleiben alle Folien im Laufe der Alterung wasserundurchlässig. Bei den auf Stahlblech mit PVC-Klebstoff aufgeklebten Systemen sind niemals Rostflecke beobachtet. Dagegen zeigen die auf Stahlblech flammengespritzten Schichten (PVC-WM 50/50) nach ca. 4 Jahren eine gewisse Wasserdurchlässigkeit, so daß größere Flächen mit Rostansatz beobachtet sind.

Nach Mitteilung von I. Hošek [65] haben sich PVC-W-Abdichtungsfolien beim Versuchstunnelbau auch unter schwierigen geologischen wie hydrologischen Bedingungen gut bewährt. Nach 2 oder 3 Jahren Versuchsdauer sind die mechanischen Eigenschften dieser Phthalsäureester, Trikresylphosphat und Paraffinsulfonsäureester enthaltenden PVC-Folien unverändert.

Nach den Untersuchungen von N. E. Voronovskij u. a. [8] bleiben die Eigenschaften — Brinellhärte, spezifische Schlagzähigkeit und statische Biegefestigkeit — von Polymethacrylat-Platten während des Alterns im Erdboden — 0,3 und 1,8 m tief — innerhalb 28 Monaten unverändert.

Die Viskositätsmessungen lassen ebenfalls keinen Abbau des Polymerisationsgrades erkennen. Der visuelle Befund ist ohne Besonderheiten.

Der dielektrische Widerstand von Polyamid-Formstoffen und auch von Schichtpreßstoffen nimmt nach den Angaben von Elzbieta Czerwinska u. a. [7] durch Lagerung im Erdboden stark ab.

Bedingungen für die Ermittlung einer Alterung eines Plastformstoffes unter Ausschaltung von sichtbaren und u.v. Licht unter Aufrechterhaltung der Luftatmosphäre bietet eine Exposition im Tunnel oder in Bergwerken.

Die Tunnelatmosphäre ist stark durch Verbrennungsabgase und Staubentwicklung verunreinigt, ihre Temperatur und Feuchtigkeit schwankt. Bei unseren Untersuchungen waren die Plastformstoffe mit ihrer Flächenebene in Richtung der Tunnelachse aufgehängt, so daß die frei von den Leisten herabhängenden Folien oder Platten nicht dem direkten Luftzug in Tunnelrichtung ausgesetzt waren, wohl aber bei auftretenden Luftwirbeln Schaukelbewegungen ausgeführt haben. Sämtliche Prüfkörper waren nach 7 Monaten bereits stark verschmutzt.

Zur Analyse der Veränderung der mechanischen Festigkeiten nutzten wir [6] Zug- und Reißfestigkeit, Reißdehnung, jeweils längs und quer, sowie Berstfestigkeit und Berstdehnung.

Die verschmutzte, sonst unbeschädigte Polyäthylenfolie (0,1 mm dick) hatte noch 64···70% ihrer Dehnbarkeit und 90···95% ihrer Festigkeit behalten.

Die 1,0 bzw. 0,5 mm dicken PVC-H-Folien, pigmentiert und unpigmentiert, sowie die etwa gleichdicken und dünneren PVC-W-Folien mit verschiedenen Weichmachern und handelsüblichen PVC-Farbstoffen oder transparent farblos, sind ebenfalls in ihren Festigkeiten durch die Tunnelatmosphäre nicht beeinträchtigt worden. Die viskosimetrische Untersuchung des aus den exponierten Folien isolierten PVC zeigt bei den pigmentierten Weichfolien keine eindeutige Änderung. Im unpigmentierten Material scheint ein geringfügiger Abbau von ca. 10% eingetreten zu sein.

Die offenbar merklich SO_2 haltige Tunnelatmosphäre führt zu einem eindeutigen Rückgang der Festigkeiten von Polycaprolactam-Folien. Die sehr dünnen Folien (0,06 mm) zeigen durch das Flattern im Wind die bekannte Fransenaufteilung.

Einige Polyurethanfolien zeigen im Laufe der Bewitterung eine eigenartige Lochbildung, die auch bei der Freiluftbewitterung auftrat. Bei der mikroskopischen

Abb. 69*a*)

Abb. 69*a*–*c*). Polyurethanfolie 7 Monate exponiert in einem Eisenbahntunnel:

a) mit Rußbelag und
b) nach Reinigung mit Wasser
c) Mikrofotographie (Durchlicht)

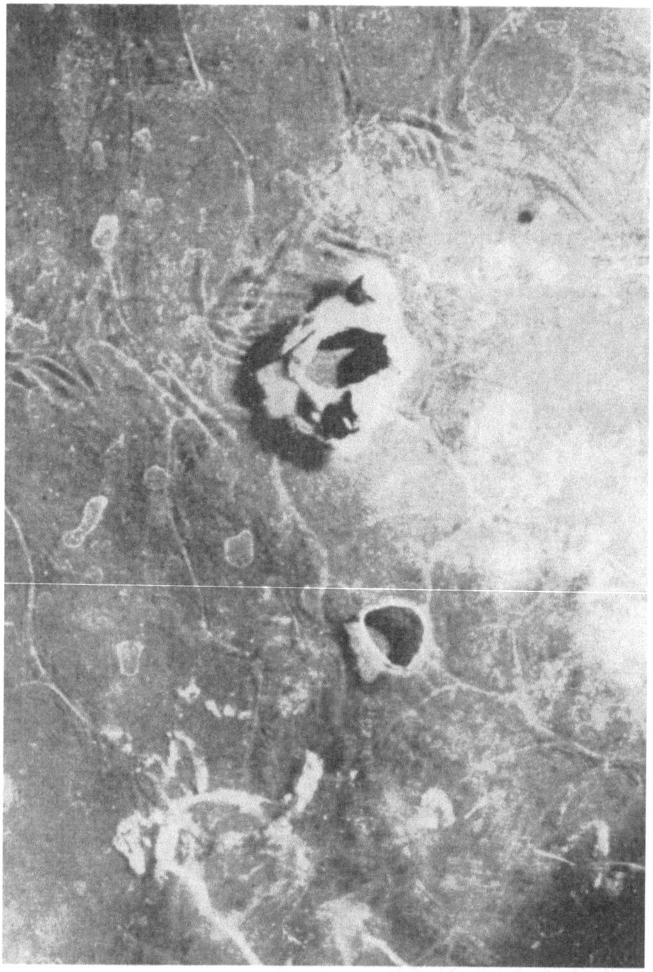

Abb. 69*b*)

Durchlichtbeobachtung erkennt man das Entstehen einer sphärolithischen Struktur während der Exposition. *Abb. 69* illustriert dieses interessante Verhalten der Polyurethanfolien.

Aus der Weiterentwicklung der Verwendung von Plastfolien als Trenn- und Sperrsysteme in der Bauindustrie ergibt sich ihre Nutzung zur Bevorratung von Wasser und wäßrigen Lösungen von Salzen usw. [9].

Es handelt sich hierbei um eine Alterung unter solchen natürlichen Bedingungen, daß der Luftsauerstoff nur noch in dem Umfange seiner Löslichkeit in Wasser und das Licht nach Maßgabe seiner Absorption in Abhängigkeit von der Wellenlänge auf den Plastformstoff zur Auswirkung kommt. Dagegen tritt sein Wasseraufnahme-Vermögen in den Vordergrund. Es ist zu erwarten, daß die hydrophoben Polymeren wie die Polyolefine und das emulgatorfreie Polyvinylchlorid eine beacht-

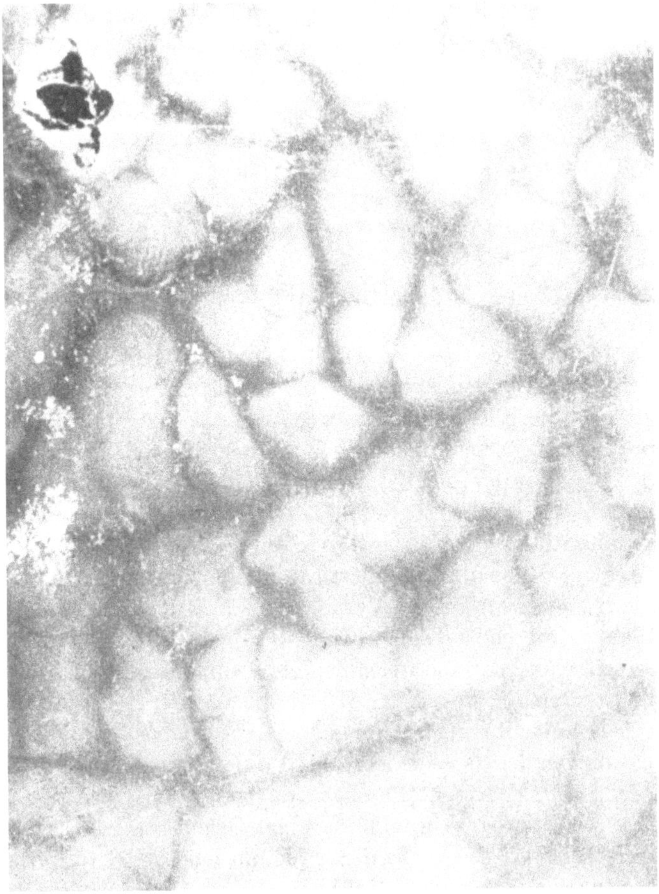

Abb. 69c)

liche Lebensdauer aufbringen werden, wie aus den eingehenden Untersuchungen zur Wasseraufnahme unter Laborbedingungen gefolgert werden kann.

Polyäthylenfilme sind allerdings gegen mechanische Beschädigungen, selbst durch Vögel, ziemlich empfindlich.

Die notwendigen zusätzlichen Abdeckungen mit Erde, Sand und Kies schaffen dann die Bedingungen der Alterung in Böden mit hohem Grundwasserstand.

Bei PVC-Folien auf der Basis der Emulsionspolymerisate mit etwas höherer Tendenz zur Wasseraufnahme wird die Auswahl der benötigten Weichmacher die Größe der Wasseraufnahme regeln können. Es sei hier daran erinnert, daß in jedem Fall die Wasseraufnahme mit der WM-Konzentration in der PVC-Folie ansteigt und außerdem einen positiven Temperaturkoeffizienten hat. Nach unseren Untersuchungen [10] über die Extrahierbarkeit von Weichmachern aus derartigen Folien sowohl durch stehendes wie fließendes Wasser ergaben sich aus der Tatsache, daß DOP innerhalb eines Jahres überhaupt nicht extrahierbar ist, bei seiner alleinigen Anwendung und seiner Kombination mit Chlorparaffinen eine Reihe praktischer Möglichkeiten, die Lebensdauer von mit einer Wasserschicht bedeckten Plastformstoffen den ökonomischen Erfordernissen anzupassen.

Die allgemeinen Kenntnisse über die Wasserfestigkeit der Plastformstoffe auf Grund von Laboratoriums-Untersuchungen werden durch die praktische Erfahrung an PVC-W-Folien als Wasserreservoir bestätigt, die bisher eine einwandfreie Beschaffenheit im Laufe von 7 Jahren aufweisen.

Die von C. W. Lauritzen [13] beobachtete Extraktion der WM durch Erde wird nach unseren Kenntnissen wohl als Ausnahme gewertet werden. Beachtlich, daß eine Sickerkontrolle nach 12 Jahren die geringe Alterung und damit die Eignung der PVC-W-Folien bestätigte.

Es sei jedoch nicht versäumt, auf die besonderen Bedingungen der Alterung der über dem Luft-Wasser-Spiegel liegenden Folienteile aufmerksam zu machen. Die Gesetzmäßigkeiten ihrer Alterung sind eindeutig durch die Bedingungen der Freiluftbewitterung bestimmt. Eine Angleichung der Lebensdauer dieser Folienteile an die unter dem Wasserspiegel erfordert die Verwendung von UV-Absorbern oder Pigmenten, wobei auch die Form einer besonderen „*Plastschürze*" mit derartigen Zusatzstoffen eine ökonomisch interessante Variante darstellt.

Besondere Bedingungen der Alterung von Plastformstoffen liegen unter submarinen Verhältnissen vor. Unter vorläufiger Vernachlässigung der ökologischen Einflüsse kommt das Wasser mit einer Temperatur von $-2° \cdots +40$ °C zur Einwirkung, wobei die oberen Schichten eine gleichmäßige Temperatur haben, die tieferen progressiv kälter werden.

Wie R. A. Connolly [11] mitteilt, zeigen nach einer Exposition von 7 Jahren in 2280 m Wassertiefe Polyäthylen-Isolierungen auf unbewehrten submarinen Telegraphenkabeln nur leichte mechanische Beschädigungen der Oberfläche.

Die dielektrischen Eigenschaften sind unverändert, im Gegensatz zu den Erfahrungen an glasfaserverstärkten Plasten, bei denen sie um mehrere Größenordnungen abgesunken sind. Die Reißfestigkeit ist hier um ca. 15% kleiner. Bei Formstoffen aus Epoxydharzen werden keine merklichen Änderungen dieser beiden Eigenschaften beobachtet. Die Oberflächenhärte der Epoxydharze ist kaum kleiner geworden; beim ungesättigten Polyesterformstoff ist sie um 20% verringert.

Eine 13monatige Lagerung von ca. 3,5 mm dicken Platten aus Polycaprolactam in Bergwerksschächten in einer Teufe von 164 m unter Tropfwasser bei einer Temperatur von 12 °C bzw. von 680 m unter fließendem Wasser bei 26 °C verschmutzte lediglich die Oberflächen der Platten. Die mechanischen Eigenschaften bleiben unverändert: 405 ± 14 kp/cm² bei 40% Reißdehnung. Auch der integral gemessene K-Wert zeigt keine Abnahme ($K = 67$).

4.3.2. *Durch biologische Eingriffe ausgelöste Alterungen*

Die biologische Zerstörung von Plastformstoffen ist wohl doch größer als gewöhnlich angenommen wird. Sie belaufen sich nach Angaben von A. Syberg [12] in den Jahren 1959/1960 auf ca. 2,5 Mia. Dollar.

Man sollte bei ihrer Beurteilung die beiden Gesichtspunkte der mechanischen Zerstörung durch Nagetiere oder Insekten und des chemischen Abbaus durch Abscheidungsprodukte der Tiere, Pflanzen und Pilze sowie durch Stoffwechselprodukte mit und ohne vorherige mechanische Beschädigung heranziehen.

Wenn auch die Oberfläche eines thermisch geformten Plastformstoffes unmittelbar nach seiner Herstellung oder nach einer thermischen Beanspruchung bei mindestens 160 °C keimarm ist, so erleichtern doch die mit bloßem Auge kaum wahrnehmbaren Unebenheiten oder Verunreinigungen in mikroskopisch dünnen Rissen den biologischen Angriff. Durch Befall mit Schmutz können so bereits Keime bis zu $10^4/cm^2$ auftreten.

Wir müssen die Plastformstoffe in einer mit Mikroorganismen durchsetzten Umgebung einsetzen und daraus bestrebt sein, ihre Aktivitäten diesen gegenüber genau kennen zu lernen, mit dem Ziel, im Aufbau des Plastformstoffes als chemisch-technologisches System Möglichkeiten zu finden, um evtl. zu erwartende Schäden so klein wie möglich zu halten. Dies bedeutet zugleich auch die plastgerechte Einpassung praeservativer Zusatzstoffe in ein solches als Plastformstoff genutztes System, um eine Wachstumskontrolle der Mikroorganismen auf dem Formstoff oder ein Abschrecken von Nagetieren oder Insekten beim Versuch der mechanischen Zerstörung zu erreichen.

Die große, heterogene Gruppe der Pilze und die der einzelligen Bakterien sind potentielle, zerstörende Agentien während der Lebensdauer der Plastformstoffe. Die Zerstörung wird in den Veränderungen physikalischer Eigenschaften wie im chemischen Abbau des Makromoleküls oder der Verarbeitungsstoffe meßbar. Eine Unterscheidung dieser beiden Möglichkeiten sollte streng beachtet werden.

4.3.2.1. Schädigungen durch Insekten oder Nagetiere

Die Beeinträchtigung der Lebensdauer von Plastformstoffen durch Insekten und Nagetiere ist unter dem Gesichtspunkt zu bewerten, daß von den heute im Vordergrund des Gebrauches stehenden polymeren Werkstoffe nur die Cellulose-Derivate als Nahrungsquelle dienen können. Jedoch sind Insekten bei der Nahrungssuche nicht wählerisch und fressen auch nicht Eßbares an. H. J. Hueck [14] erwähnt neben den Anfressen auch die Benutzung zum Bau von Nestern oder Gängen.

Ein sehr wesentlicher Faktor für die Beständigkeit der Plastformstoffe gegen das Anfressen durch Insekten und Nagetiere ist die Dicke. Dies wird vor allem bei dem Anwendungsgebiet Folien als Verpackungsmaterial deutlich. Hier sind Cellulosehydratfolien, Polyäthylenfilme und die als Saran bekannten Mischpolymerisate des Vinylidenchlorids von ca. 0,3 mm Dicke einigermaßen resistent.

H. Reumuth und Mitarb. [44] machen auf die Zerstörungen von Polyäthylenfolien unter den Bedingungen der Alterung im Zimmer durch Textilschädlinge insbesondere durch Anfressen durch die Kleidermotte (Tineola bisselliella Hum) aufmerksam.

Eine 0,1 mm dicke PE-Folie wird noch glatt zernagt. Auch die chlorhaltigen Folien werden von allen weltweit in den Packmaterialien anzutreffenden „*Vorratsschädlingen*" angefressen.

Dies ist insofern von Bedeutung, als beispielsweise bei PE Kabelisolierung eine zusätzliche Bebänderung mit chloriertem Naphthalin die Zerstörung durch Ameisen oder Termiten verhindern konnte. W. Spoon und Mitarb. [15] zogen daraus die Schlußfolgerung, daß Cl-Atome im Makromolekül eine Voraussetzung für die Insektenfestigkeit in den Tropen sei.

Die Erfahrungen aus der Textilindustrie, daß eine Beschmutzung und Feuchtigkeit die Widerstandsfähigkeit der Polymeren gegen Insektenfraß herabsetzen, sollten auch bei der Nutzung der Plastformstoffe nicht unbeachtet bleiben [16].

In ihren Studien über die Widerstandsfähigkeit der Plastformstoffe — Polyäthylen, PVC hart und weich, Celluloseacetobutyrat, Epoxyharze, Polyester, Polyamide, Phenolharz-Schichtpreßstoffe, Polyurethan, Polypropylen, Polyvinylidenchlorid, Polycarbonat, Mischpolymerisat aus Styrol-Butadien-Acrylnitril — und einigen mit diesen verarbeiteten Plasthilfsstoffen sowie Insektiziden gegenüber 3 Termitenstämmen (Nasutitermes exitiosus (Hill); Coptotermes lacteus (Frogg); Coptotermes acinaciformis (Frogg)) kommen P. J. Gay und A. H. Wetherly [17] zu der Auffassung, daß die Plastformstoffe zwar sehr beträchtlich in ihren Eigenschaften, durch Termiten geschädigt zu werden, schwanken, jedoch sind nur sehr wenige der heute im Gebrauch befindlichen Formstoffe völlig widerstandsfähig gegen den Angriff. Besonders stark geschädigt werden mit DOP oder TKP verarbeitetes PVC, PE und Celluloseester. Hierbei zeigen sich auch Unterschiede von den Termitenarten her [66].

PVC ohne oder mit nur geringen Anteilen an Weichmachern ist sowohl als Platte wie als Rohr praktisch beständig, womit auch die von G. N. Wolcott im Jahre 1946 erhaltenen Ergebnisse bestätigt sind. Die größere Unempfindlichkeit des mit TKP verarbeiteten PVC gegenüber Termitenfraß als bei Verarbeitung mit DOP kann aber auch auf die unterschiedliche Härte der damit hergestellten Kabeloberflächen zurückzuführen sein. Mit steigendem Weichmacheranteil wächst auch beim Celluloseacetat die Anfälligkeit gegenüber den Insekten. DOP ist in Celluloseacetaten hohen Veresterungsgrades — nicht Triacetatstufe — vorteilhafter als TKP + DOP. Für die PE-Typen ist die größere Resistenz beim Polyäthylen hoher Dichte allgemein festgestellt.

Von besonderer Bedeutung sind bei allen Plastformstoffen aber die Oberflächenbeschaffenheit, insbesondere ihre Härte des als Folie, Platte oder Kabel zur Anwendung kommenden Plastes. Da der Gebrauch diesen Eigenschaften bestimmte Grenzen setzt, wird der Einsatz von Insektiziden nicht zu umgehen sein. Jedoch ist noch wenig darüber bekannt, bis zu welchem Ausmaß die Insekticide, z. B. chlorierte Kohlenwasserstoffe, Naphthalin, Metallnaphthenate, Pentachlorphenol, chlorierte Arylsulfonamide, Dithiocarbamate, Trinitrobenzol die Verarbeitungsmanipulationen der Plastformstoffe überstehen, um einen langandauernden Fraßschutz zu gewährleisten. Eine Verbesserung ist hier auch oft durch nichttoxische mineralische Füllstoffe im Plastformstoff, die eine genügende Oberflächenhärte und vor allem eine sehr gute Oberflächengüte — worauf grundsätzlich zwecks Verhinderung des Insektenfraßes größter Wert gelegt werden sollte — ohne weitere Minderung der physikalischen Eigenschaften der Plastformstoffe ergeben, noch zu erreichen.

Als beständig gegen Termitenfraß können, trotz oft recht widersprechlicher Einzelbefunde, gelten: PE hoher Dichte, (bis zu $4^1/_2$ Jahren Exposition in Südafrika), PVC-H, Polymethylmethacrylat, Polyester, Phenolharz-Schichtpreßstoffe, viele Arten der handelsüblichen Polyamide, Polycarbonat, schlagfestes Polystyrol, Aminoplaste in fester und harter Form.

Mit sehr unterschiedlichem Ausmaß sind unbeständig gegen Termitenfraß: Polypropylen, Polyvinylidenchloridfilm, Polyurethan als Film oder Schaumstoff, Celluloseacetat, das auch ohne Weichmacher restlos verdaut wird, Polyvinylacetat, Polyäthylen mit Zusatz von 10% Polyisobutylen.

Nach E. W. Russell [18] wird Harnstoff-Harz-Schaumstoff von den Termiten beträchtlich gefressen.

Polyvinylchlorid- und Polystyrol-Schaumstoff sind nach 6 Monaten tropischer Exposition durch Termitenfraß unbrauchbar geworden.

Nach den Untersuchungen von G. Becker [43] und in Anwendung der Auswertung älterer Befunde sind alle Cellulosederivatformstoffe unabhängig von ihrer Veresterungskomponente, sowie auch Kasein-Formstoff völlig unbeständig gegen die verschiedenen Termitenstämme.

Der Befund von G. Becker über eine unzureichende Widerstandsfähigkeit von Epoxydharzen unabhängig von ihrer Härtungsart, mit zwar von dem Termitenstamm abweichender Angriffsintensität, ist doch wohl für den Chemiker etwas überraschend. Das gilt auch für den doch relativ starken Randfraß an einer glasklaren Polyterephthalatfolie und an ungefülltem Phenol-Edelharz.

Wenn auch Nagetiere die Plaste nicht verdauen, so ist doch eine merkliche Beeinträchtigung der Gebrauchsdauer durch die Aktivität im Nagen zu befürchten. F. W. R. Wijbrans [19] teilt mit, daß die Frequenz der Schäden an angenagten Polyäthylen-Wasserleitungen in 30000 Häusern in den Niederlanden größer als erwartet sind. Auch PVC-Wasserrohre sind durch Nagetiere beschädigt worden [20]; Ratten haben PVC-Kabelmäntel durchfressen.

In all diesen Schadensfällen ist wiederum die Dicke und die Oberflächenglätte des Formstoffs ein sehr beachtliches Moment für die Auslösung der Nagetier-Aktivität, wobei auch gleichzeitig tieranatomische Besonderheiten sich auswirken.

Interessanterweise wird nach den Beobachtungen von Streib [21] ein Polycarbonat-Formstoff von Ratten und Mäusen kaum angenagt.

Die Beobachtungen von R. A. Connolly [11] über die Schädigungen durch marine Lebewesen lassen sich an Hand von ca. 600 Einzelprüfkörpern dahin zusammenfassen, daß Mollusken und Krustaceen die meisten Formstoffe anbohren. Auf den Formstoffen bildet sich ein Bewuchs aus Seelebewesen, die sie als Substrat benutzen, um sich dort festzusetzen. Die Haftfestigkeit dieses Bewuchses mit Bryozoen oder Balaniden variiert stark.

Nach 5···7 Jahren sind die meisten Polyäthylen-Prüfkörper, das Polypropylen, das Polytetrafluoräthylen und die ABS-Polymeren frei von Bohrtieren. Ein Polyäthylen der Dichte 0,96 mit dem Schmelzindex 0,5 ist nach 4···5 Jahren angegriffen. Ein Mischpolymerisat aus verschiedenen Olefinen zeigt nach 2 Jahren noch keinen Angriff.

Bei Bändern aus Poly-monochlor-trifluoräthylen ist kein eindeutiges Ergebnis hinsichtlich des Angriffs durch die Bohrmuschel erhalten worden. Eine schwere mechanische Zerstörung ist an Bändern aus gerecktem Polystyrol durch Bewuchsorganismen, die überlappt wachsen und das Band ziehen, beobachtet.

Die Prüfkörper aus PVC sind nach 3···6 Jahren durch Pholaden zerstört. Mit DOP bzw. DOP + TKP verschieden weich eingestellte PVC-Formstoffe sind ohne merklichen Angriff.

H. Schwarz und H. Spindler [67] berichten über einen starken Bewuchs der flammengespritzten PVC-Schichten und der PVC-Rohre bei der 10monatigen Einlagerung in der Ostsee durch Balaniden, Muscheln und Algen.

Ein naturfarbenes und schwarzes Polycaprolactam-Rohr zeigt bereits nach einem Jahr ein Anbohren von Pholaden, wobei Löcher von 3,2 mm Tiefe entstehen. Polyamid 6,6 und 6,10 bleiben unangegriffen.

Glasfaserverstärkte Polyester- und Epoxyd-Formstoffe sind nach 1 Jahr noch frei von Bohrtier-Angriffen.

Zusammengefaßt kann dieses Grenzgebiet von Technik und Biologie vorerst nur unter dem Gesichtspunkt des Sammelns von Erfahrungswerten beurteilt werden. Es läßt aber auch die Bedeutung der Insektizide und Rodentizide für die Verarbeitungstechnologie der Plastformstoffe und in ihrer endgültigen Verwendung erkennen, die wiederum von beiden Seiten des Grenzgebietes her einer intensiven Bearbeitung zugeführt werden sollten.

Diese wird sich dann auch auf Studien über die Veränderung des Makromoleküls erstrecken. Hierbei ist allerdings zu berücksichtigen, daß erst aus zusammenhängenden Betrachtungen mit der mikrobiellen Korrosion der den Insekten und Nagetieren spezifische Anteil erkannt werden kann. Nach den bisherigen Kenntnissen wird die Molekülgröße des Makromoleküls wohl ungeschädigt bleiben.

4.3.2.2. Schädigungen durch Pilze

Das Versagen einer Reihe von Nachrichtenübermittlungsgeräten und der optischen Ausrüstung während des II. Weltkrieges löste umfangreiche Untersuchungen aus, ob die Feuchtigkeit allein oder die durch sie in ihrem Wachstum geförderten Pilze die Ursache für die Minderung der Isolationseigenschaften ist.

R. K. Witt u. a. [22] haben anhand von 46500 Eigenschaftswerten, gewonnen an 27300 Prüfkörpern, die Schlußfolgerung gezogen, daß der durch Pilze angerichtete Schaden zwar sehr schwer sein kann, daß aber jeder Elektroisolierstoff seine Effektivität durch die Auswirkung der atmosphärischen Feuchtigkeit, vornehmlich in tropischen Klimagebieten, verloren hat, lange bevor eine Zerstörung infolge Pilzangriffen sichtbar wird.

Der Pilzbefall der dem Wetter ausgesetzten Plastformstoffe ist offenbar von der geographischen Lage unabhängig. Man kann einschätzen, daß etwa 70% aller Objekte befallen sind.

Die Entwicklung erfordert oft auch längere Zeiträume. St. I. BUCKMAN und W. D. STITT [23] beobachteten auf Polyvinylacetat-Oberflächen, die in Nordrichtung exponiert sind, erst nach 31 Monaten Pilzmycele.

Sehr wesentlich für die Beurteilung der Auswirkung der Mikroorganismen — Pilze, Actinomyceten und Bakterien — ist die Unterlage, auf der sich die Plastformstoffe während der Bewitterung — sei es zu Versuchszwecken oder im Anwendungsfall — befinden. Die in den Holzzellwänden wachsenden Mikroorganismen leiten nach Schädigung des Holzes die Zerstörung der Schicht aus Polymeren ein.

Da die Pilze und die meisten Bakterien zu den heterotrophen Pflanzen gehören, sind sie auf das Vorhandensein verwertbarer organischer Nahrung angewiesen.

Der sich auf den Oberflächen, in Abhängigkeit von ihrer Rauhigkeit, absetzende Schmutz ist häufig ein Nährboden für die Mikroorganismen. Wachstum und Schmutzbefall steigern sich gegenseitig. Ein geringer Anteil von Mineralstoffen, hauptsächlich als Quelle für Phosphor und Stickstoff, ist nötig.

Auf den Oberflächen aus polymeren Werkstoffen leben eine große Zahl von Mikroorganismen in Symbiose. Die Bakterien benötigen flüssiges Wasser zum Wachsen; die minimale Feuchtigkeit liegt bei 10···15%, optimal ist 75% Feuchtigkeit.

Im Zusammenhang mit den oben mitgeteilten Angaben über die Temperatur der bewitternden Plastformstoffe sei darauf hingewiesen, daß die meisten Pilze und Bakterien ein Temperaturintervall von 15···45 °C bevorzugen. Die Pilze sterben bei Temperaturen zwischen 45···65 °C ab.

Der visuell wahrnehmbare Befall der Oberflächen eines Plastformstoffes durch Mikroorganismen kann hinsichtlich seiner „*mikrobiellen Korrosion*" sowohl in einem durch Abreiben leicht entfernbaren ausschließlich oberflächlichen Belag wie auch in einem echten chemischen Angriff durch die Ausscheidungsprodukte bestehen.

Die verschiedenen Mikroorganismen produzieren verschiedenartige Enzyme, je nachdem wie sie die Materialien solubilisieren und als Nahrung verwerten.

Und diese Enzymasen müssen als die eigentliche Ursache der Zerstörung der Plastformstoffe angesehen werden. Hierbei ist für die Bewertung der Lebensdauer der Plastformstoffe die Kenntnis der Resistenz der hochmolekularen Substanz selbst und vor allem der der Verarbeitungshilfsstoffe — Weichmacher, Stabilisatoren, Füllstoffe, Gleitmittel, Pigmente u. a. — von Bedeutung.

Ein Schnellverfahren zum Nachweis von Schimmelpilzen auf Polymer-Oberflächen besteht nach P. F. KLENS u. a. [24] in der Entfärbung mit 5% NaClO-Lösung und Wiederherstellung des ursprünglichen Aussehens mit 10%iger $SnCl_2$-Lösung.

Die experimentellen Unterlagen zum Problem der Alterung der Plastformstoffe unter dem Einfluß der Tätigkeit der Mikroorganismen sind vorerst nur in geringerem Umfang durch Eingrabungen in Erdböden gewonnen.

In den Tropen tritt der Pilzbefall meist schon nach 2···3 Monaten ein. In Nigeria exponierte Plastformstoffe [18] scheinen unabhängig von ihrem chemischen Abbau das Pilzwachstums auf ihren Oberflächen zu ermöglichen. Im Anfangsstadium ist der Pilzbefall nur mikroskopisch als feines Netzwerk erkennbar. Er haftet auf der Oberfläche sehr fest, jedoch scheint keine Oberflächenzerstörung einzutreten. Als sekundäre Schadenfolge muß die gesteigerte Haftung von Schmutz gelten.

Die kombinierte Auswertung dieser Arbeiten und der Labor-Untersuchungen führt hinsichtlich der *Widerstandsfähigkeit* der in handelsüblicher Qulaität vorliegenden Makromoleküle in den Plastformstoffen *gegenüber den Pilzen* zu folgender Grob-Übersicht (*Tab. 66*).

Tabelle 66

Die zur Zeit angenommene Widerstandsfähigkeit von Makromolekülen im Plastformstoff gegenüber Pilzen (nach A. L. BASEMAN [25])

Als völlig beständig gelten

Acetal-Harze, Acrylpolymere, Epoxy-Formstoffe, Phenoxy-Formstoffe, PAN, ABS-Polymere, Polyamide, Polycarbonat, ungesättigte Polyester, Polyäthylen (hochmolekular), Polytetrafluoräthylen, Polystyrol, dichloriertes Polystyrol, Polyvinylacetat, *trockener* Polyvinylalkohol, Polyvinylchlorid ohne WM oder Stabilisator.

Es gelten als „meist sehr restisent"

Cellulosederivate, Phenolharzschaumstoffe,

„mäßig restistent"

Polyvinylacetat, Polyvinylbutyrat, Melamin-Formaldehyd-Harze.

Bei den Phenolharz-Formstoffen besteht Abhängigkeit von Füllstoffen,

„nicht resistent"

Polyurethane

Die von Maria Imre FARKAS [68] gegebene Zusammenfassung weicht davon in folgenden Formstoffen ab:

„verschimmelnd	Cellulosederivate
	Polyvinylazetat
schimmelfest	Polyurethane".

Unter Anwendung einer neuartigen Test-Methode mit Kieselgel als Grundschicht kommen Friedel LUMPE und F. MACH [69] zu dem Urteil, daß von 82 geprüften Plasten sich nur 6,2% als völlig inert herausstellen.

Es sind dies Schaumpolystyrol, Polyamidfolie, Polyester, Silikonkautschuk. Die meisten, nämlich ca. 60%, zeigten „*sehr schwaches Schimmelpilzwachstum, makroskopisch oder mikroskopisch an einzelnen Stellen mit schwacher oder ohne Sporenbildung*".

Bei ca. 34% der Plastformstoffe war der Befall so stark, daß ihre Verwendung unter Bedingungen, wo Schimmelpilze in ihrem Wachstum gefördert werden, möglichst eingeschränkt werden sollte. Dazu zählen Phenolharz-Hartpapier, holzmehlgefüllte Phenolharzformstoffe, viele PVC-W-Formstoffe und merkwürdigerweise auch Niederdruck-Polyäthylen.

Der enzymatische Abbau der Cellulose vollzieht sich in jeder Vegetationsperiode. Eine Pilzbeständigkeit der Cellulosehydratfolien ist also unabhängig von ihrer Herstellungstechnologie nicht zu erwarten. Sie sind auch unter den verschiedensten Kultivierungsbedingungen von Pilzen stets abgebaut.

Von den als Plastformstoffen genutzten Cellulosederivaten ist das Cellulosenitrat für ein Pilzwachstum empfänglich.

Bei tropischer Exposition sind nach W. M. Heap und S. H. Morell [26] folgende Pilzspezies auf ihm isoliert: Alternaria, Trichoderma, Aspergillus und Penicillium. Der im Celluloid in der Regel verwendete Campher trägt zur Resistenzsteigerung besser bei als das gelegentlich nötige Dibutylphthalat. Nach den Erfahrungen von K. Žinay und Mitarb. [27] tritt der Schimmelbefall auf den CN-Oberflächen im tropischen Klima nach 2···3 Monaten ein.

V. Stannett [28] teilt im Jahr 1948 mit, daß Celluloseacetat-Formstoffe beim Bewittern von Pilzen befallen werden.

Nach den Untersuchungen von G. A. Grethouse [29] können Cellulosetriacetat, Äthylcellulose mit 45,8% OC_2H_5 als völlig resistent gegenüber einem der aktivsten cellulolytischen Pilze Myrothecium verrucaria angesehen werden.

Adelheid Schwartz [30] stellt einen verschieden starken Befall von Eigenpilzen verschiedener Stämme auf Folien aus Cellulosetriacetat [61% CH_3COOH] und noch stärker hydrolysiertem Acetat fest. Die Zugfestigkeit derartiger Folien oder auch von Folien aus Celluloseacetobutyrat geht beim Befall durch 18 Pilze innerhalb 3 Wochen um 0···8,8% zurück [31].

Das Cellulosepropionat, die Äthyl- oder Benzylcellulose sind in ihrer schwachen Widerstandsfähigkeit gegen Pilze noch durch die mitverarbeiteten Weichmacher beeinflußbar. Die cellulytischen Pilze bauen die hochviskosen Typen der Äthylhydroxyäthylcellulose schneller ab [32]. Ein Zusammenhang zwischen der Abbaugeschwindigkeit und dem Substitutionsgrad besteht offenbar nicht. Aus den Arbeiten von G. Wirik [33] ist zum Reaktionsmechanismus noch ersichtlich, daß der Kettenbruch zu Beginn der Reaktion mit Cellulose 1000 (Handelsprodukt) sehr schnell erfolgt und sich asymptotisch dem Grenzwert nähert. Bei der Carboxymethylcellulose ist eine Abhängigkeit des Abbaugrades vom Substitutionsgrad vorhanden.

Am Beispiel des vielfach untersuchten Polyäthylens ist der Einfluß des PG und der Kristallinität auf die Widerstandsfähigkeit gegenüber Pilzbefall besonders von Adelheid Schwartz dahingehend nachgewiesen, daß reine Polymerisate vom Molgewicht > 20000 innerhalb 7 Monate Prüfzeit nicht angegriffen werden, wobei die endgültige Gestalt als Folie, Platte, Rohr oder die Zwischenstufe des Granulats ohne Bedeutung bleiben.

W. M. Heap und S. H. Morell [26] und auch B. Doležel [35] beobachten oft nach nur 4 Wochen einen oberflächlichen Bewuchs, aber keine Zerstörung des PE. Der Schimmelpilzbefall eines PE-Regencapes wird auf die Verunreinigungen zurückgeführt [14]. Auch beim Eingraben in Böden, die noch mit Pilzen angereichert sind, ist kein Angriff auf PE-Kabel beobachtet worden. Die mechanischen Eigenschaften einer in einem solchen Boden während 11 Wochen eingegrabenen Folie mit 2% Ruß bzw. mit 2% Ruß + 5% Polyisobutylen können als unverändert interpretiert werden [34]. Die Ergebnisse der Untersuchungen von F. DEMMER [71] an 2 Polyäthylentypen der Dichte 0,918 und 0,962 decken sich mit diesen Befunden.

Wenn sich auch der Modulus für 100% Dehnung beim mit Pilzen befallenen Polyäthylen nach 12 Wochen um 13···18% verringert hat (etwas mehr als beim sterilen PE) so sieht B. DOLEŽEL doch darin keine Auswirkung des Pilzwachstums.

In den unter verschiedenen biologischen Varianten durchgeführten Versuchsreihen zur Ermittlung der Veränderung des Volum-Widerstands von Polyäthylen-Tafeln, die mit internationaler Beteiligung im Rahmen der ISO/TC 61 Arbeitsgruppe „*biologischer Angriff*" durchgeführt sind, sind bei den Laborbedingungen sowohl Anstiege wie Abnahmen gegenüber dem Kontroll-Wert von $2{,}5 \cdot 10^{17} \Omega/\text{cm}$ auf $8{,}4 \cdot 10^{18}$ einerseits und $3{,}7 \cdot 10^{14}$ andererseits mit einer Häufigkeit der Größenordnung 10^{16} bis 10^{17} Ω/cm gemessen. Ein Eingrabungstest bringt Werte in der Größenordnung von 10^{17} bis 10^{16} Ω/cm.

Die Folien zeigen am Versuchsende eine Reihe dunkler Zonen; bei Anwendung anderer Pilzkulturen kein Wachstum [36].

Abstrahiert man bei all diesen Untersuchungen die rein biologischen Ergebnisse, so ist aus den bisherigen bis zu 8 Monaten ausgedehnten Laborversuchen und den bis zu 3 Monaten durchgeführten Eingrabungsversuchen auf keine die Gebrauchsdauer eines Polyäthylen-Formstoffs erheblich beeinträchtigende Minderung der mechanischen und dielektrischen Eigenschaftswerte zu schließen.

Nach den Ergebnissen von Adelheid SCHWARTZ [30] ist auch in der Anwendungsform Schaumstoff das Polystyrol gegen Pilzbefall resistent, so daß also keine Schädigung der mechanischen Eigenschaften auch in fungiphiler Umgebung zu befürchten ist.

Das gilt auch für Formstoffe aus Polyvinylfluorid [37], die nach 5jähriger Eingrabung keine Veränderung im Aussehen oder in der Festigkeit erfahren haben.

Keine Angriffe durch Pilze sind bei Formstoffen aus Polytetrafluoräthylen, Polyvinylidenchlorid beobachtet [26].

Der von Adelheid SCHWARTZ erhobene Befund der Pilzfestigkeit von 36 PVC-Typen in Pulverform im Laufe von $4\,{}^1/_2 \cdots 8$ Monaten hat sich dann an PVC-Rohren oder Platten immer bestätigt, wenn keine Weichmacher bei der Verarbeitung benötigt wurden. Auch F. DEMMER [71] findet unter dem leicht abwaschbaren, schwachen Pilzbewuchs keine korrosiven Veränderungen.

Ein Emulsion-PVC mit kleinen Mengen Gleitmitteln und ungiftigem Wärmestabilisator zeigt nach A. MERZ und B. DOLEŽEL [38] aber bereits Befall. Andererseits lassen sich auch Emulsions-PVC-Typen mit fungistatischen Emulgatoren herstellen, deren Formstoffe natürlich pilzfrei bleiben. Auch unter tropischen Bewitterungsbedingungen und Eingrabungen bleibt PVC-Hart pilzresistent.

Eine PVC-W-Schicht, die mit Zusatz von Fungiziden im Wirbelsinter-Verfahren auf Stahlrohre aufgebracht wurde, zeigt nach 4 Jahren Erdverlegung keinerlei Schimmelbefall und auch keine visuell wahrnehmbare sonstige Veränderung [70]. Das gilt auch für Mischpolymerisate aus Vinylchlorid mit Vinylidenchlorid oder Vinylchlorid mit Vinylacetat. Variationen in den Pilzkulturen beeinflussen diesen Befund nicht.

In den PVC-W-Formstoffen erfolgen infolge der Angreifbarkeit sehr vieler Weichmacher starke Veränderungen durch die Pilze (siehe S. 269).

Die Weichmacher bestimmen auch die Widerstandsfähigkeit des Polyvinylacetats, der Polymethacrylat-Formstoffe und der Schichten aus Polyvinylbutyral auf synthetischem Gewebe gegen Pilzbefall. Letztere zeigen ihn während der natürlichen Bewitterung im feuchttropischen Klima [39].

Bei den Polyvinylacetat-Filmen, die aus Dispersionen sich bilden, hängt die Pilz-Resistenz offenbar stark von den weiteren Zusätzen der Dispersionen und deren Fähigkeit als Nährboden zu wirken ab, wie sich aus den Ergebnissen von Adelheid SCHWARTZ und auch nach den Angaben von W. PÖGE [53] ableiten läßt. Polymethacrylat-Platten oder Rohre sind eindeutig inert.

Der Befund von M. BOMAR [40], daß Polycaprolactam keine Pilze ernährenden Stoffe abgibt, wird in neueren Untersuchungen von B. DOLEŽEL [35] bestätigt. Nach 4 Wochen ist kein Pilzwachstum erkennbar und nach 12 Wochen sind nur vereinzelte Prüfkörper befallen.

Die Polycaprolactam Formstoffe erfahren demgemäß auch keine merkliche Abnahme der Reißfestigkeit; die Reißdehnung wird allerdings um 25% verringert, was wohl mehr auf den Einfluß der Feuchtigkeit zurückgeht, wie sich aus der sterilen Kontrollprobe ergibt.

Auch als Kabelmasse versuchsweise verwendete Polyamide 6,6 bzw. 6,10 haben sich als pilzbeständig erwiesen. Adelheid SCHWARTZ gibt bei diesen Polyamid-Einstellungen eine „mittelstarke Entwicklung der Pilze“ an. Bei Benutzung der Methode eines Vollnährmediums findet F. DEMMER [71] einen Angriff unter Dunkelbraunverfärbung auf Folien aus Polycaprolactam und aus Polyhexamethylenadipinat, nicht bei Polylaurinlactam durch Nigrospora sphaerica. Die Bewuchse durch andere Pilze lassen sich leicht wieder entfernen.

Nach Befunden sowjetischer Autoren [72] finden sich auf Polyamidoberflächen starke Kolonien von Penicillium, Aspergillus, Trichoderma und Chaetomium, wodurch sich Farbton und Festigkeit ändern. E'mikroskopisch ist kein Angriff auf die Folienoberfläche erkennbar.

Bei Bodeneingrabungen hat sich Polycaprolactam als recht wenig widerstandsfähig erwiesen; die Prüfkörper brachen, bevor die Dehnung meßbar wurde.

Die gesättigten Polyester aus Glycolen und Terephthalsäure sind im Pilztest nach A. SCHWARTZ inert. Bei den zur Herstellung von Verbunden mit Glasfasern eingesetzten ungesättigten Polyestern und den daraus resultierenden GFP-Formstoffen sind die Ergebnisse noch widersprechend. Einerseits sollen diese nach einem

Monat Eingrabung schon mit Schimmelpilzen befallen sein, zum anderen gelten sie auch nach tropischen Expositionen als sehr widerstandsfähig. Dies ist im Widerspruch zum Angriff der Polyester durch Esterasen. Das leicht entfernbare oberflächliche Wachstum ist wiederum verständlich, weil die Vernetzer ja aktive Fungizide sind und so der Angriff vermindert wird.

Polyurethan-Formstoffe sind wegen ihrer Konstitution — Ähnlichkeit mit Proteinen — Nährböden für viele Pilze, von denen Stemphylium als besonders aktiv bewertet wird [41].

Aspergillus niger, Fusarium und Cephalosporium dringen begrenzt ein; Penicillium citrinum wirkt an der Oberfläche. Die im Schimmelpilz gebildete Esterase ist reaktiv für alle Polyester-Polyurethane. Wenn einige Pilzstämme z. B. Aspergillus niger, Aspergillus amstelodan u. a. nicht auf Hart- oder Weichschaum auf Polyätherbasis einwirken, so bedeutet dies nicht, daß sich die Anzahl der freien OH-Gruppen auf die allgemeine Resistenz oder Angreifbarkeit auswirkt, sondern lediglich selektiv auf den Pilzstamm [26].

Polyurethane aus Polyäthern oder Polyestern aufgebaut und mit Schwefel vernetzt unterstützen das Wachstum der auf ihren Oberflächen befindlichen Pilze nicht. Diese Inaktivität ist jedoch nicht bei peroxidisch vernetzten Polyurethanen vorhanden [42].

Im allgemeinen gilt auch die Äther-Bindung in den Epoxydharz-Formstoffen als relativ fest gegenüber den Stoffwechselprodukten der niederen Lebewesen. Jedoch hat Adelheid Schwartz einen mittelstarken Angriff sowohl durch Eigenpilze wie Fremdkulturen festgestellt.

Bei den klassischen Duroplasten — Phenoplaste und Aminoplaste — ist der Pilzbefall häufig beobachtet. Es gilt als eine alte Erkenntnis, daß die organischen Füllstoffe beim Formstoff die Pilzbeständigkeit erheblich mehr reduzieren als die anorganischen Füllstoffe. Dies gilt sehr weitgehend unabhängig von den Ausgangsmaterialien dieser Duroplaste.

Hierbei ist anzumerken, daß nach W. M. Heap [26] die Resorcin-Formaldehyd-Polykondensate biocid wirken. Die von A. Schwartz gefundene Uneinheitlichkeit im Verhalten von Preßmassen oder Preßstoffen aus Melaminharzen im Pilztest ist auf die unterschiedlichen Füllstoffe zurückzuführen.

Melaminharze gelten als weniger widerstandsfähig als Harnstoff- oder Anilin-CH_2O-Harze. Auf Schaumstoffen aus Harnstoffharzen haben sich keine Pilze entwickelt.

Die Untersuchungen über Resistenz der Verarbeitungshilfsstoffe gegenüber Pilzbefall sind im derzeitigen Stadium unserer Erkenntnisse noch recht widerspruchsvoll. Als gesichert kann gelten, daß die weitaus meisten der Weichmacher, Stabilisatoren, Gleitmittel oder andere Zusatzstoffe, soweit sie einen organisch-chemischen Aufbau haben, von der Mehrzahl der Pilze angegriffen werden, wobei durchaus graduelle Unterschiede bis hin zur Resistenz gegenüber einzelnen Stämmen beobachtet sind.

Für dieses interessante und in seiner ökonomischen Auswirkung wohl doch bisher noch zu wenig beachtete Grenzgebiet zwischen Biologie und Technik stellt die

Reinheit der Plasthilfsstoffe wohl mit den ausschlaggebenden Faktor dar. Im Zusammenhang mit der Anwendung des Plastformstoffes als Finalprodukt werden Untersuchungen über die Pilz-Resistenz der Verarbeitungshilfsstoffe in der handelsüblichen Reinheit das Hauptinteresse finden. Andererseits geht aus den Arbeiten von S. Beck und Mitarb. [45] sowie von J. P. Scullin und Mitarb. [46] die pH-Abhängigkeit des Pilzwachstums und ihres Stoffwechsels hervor. Bei gutem Pilzwachstum wird der pH-Wert des Nährmediums in den sauren Bereich verschoben, wie R. E. Klausmeier und Mitarb. [47] nachweisen konnten. Die industriell angestrebte Reinheit eines Weichmachers beispielsweise in Richtung keiner oder äußerst geringen Säurezahl wird also zugleich die Pilzresistenz anheben.

S. Beck und Mitarb. haben bei ihren Untersuchungen die Weichmacher in handelsüblicher Reinheit eingesetzt und betrachten die meisten der hierher gehörenden Dicarbonsäureester als steril. Die Beurteilung der Schimmelfestigkeit von Weichmachern braucht eine Inkubation von 12 Wochen. Sie wird aus dem Durchmesser des Pilzwachstums in mit WM versetzten Nährmedien bei $29 \pm 1\,^\circ C$ nach 2 Wochen beurteilt.

Der Angriff der Ester durch die Pilze hängt sowohl von der Konstitution der Alkohole wie der Säuren ab.

Die als WM nutzbaren einbasischen Fettsäureester wie auch die Ester der aliphatischen Dicarbonsäuren sind wenig pilzresistent. Nach S. Buckman [23] sind Dihexylsebacinat oder Methylacetylricinoleat Nährboden für 358 verschiedene Pilze.

Die Derivate dreiwertiger aliphatischer Säuren gelten im allgemeinen als gut resistent.

Die Ester der aromatischen Säuren sind im allgemeinen besser resistent als die der aliphatischen Reihe.

Die Ester der Phosphorsäure werden ebenfalls als resistent beurteilt.

R. E. Klausmeier und Mitarb. [47] ist der Nachweis gelungen, daß bei Dicarbonsäureestern der enzymatische Abbau bis zum Monoester verläuft und dann stehenbleibt. F. Demmer [71] fand eine Unbeständigkeit des für die PVC-W-Technologie unbrauchbaren Dibutyladipinats gegenüber dem Pilz Phoma suecica und als Endprodukte Adipinsäure und n-Butanol.

Die für den Aufbau der Weichmacher vornehmlich der Polymer-WM verwendeten höheren Alkohole sind in wechselndem Ausmaß resistent. Die Stellung der OH-Gruppen zu einander bestimmt diese, wobei durchaus noch nicht alle Zusammenhänge zwischen der chemischen Struktur und der biologischen Resistenz geklärt sind.

Nach H. J. Hueck [14] werden z. B.

stark befallen: Glycol, 2, 3 Butandiol, 1, 4 und 1, 3 Butandiol
mittel befallen: Pentandiol — 1,5 und 2,4; Hexandiol — 2,5
wenig befallen: Diglycol

Wenn seitens der Biologen eine Mindestlänge an 12 C-Atomen in der Reihe der aliphatischen Dicarbonsäureester für das Pilzwachstum als erforderlich angesehen wird, so bedeutet dies für die Alterung der mit diesen Substanzen, die als Weichmacher eine große Bedeutung haben, verarbeiteten Plastformstoffe eine Minderung der Gebrauchsdauer.

In der homologen Reihe der Adipinsäureester mit variiertem Alkyl-Rest zeigen diese mit wachsender Komplexität ihrer Struktur vermehrtes Pilzwachstum.

Recht widerstandsfähig sind Decyl-, Nonyl-, Isooctyl- und 2-Äthylhexyladipinate (in dieser Reihenfolge zunehmendes Wachstum) im Labortest. Eine Verzweigung beim Hexyl- oder Octyl-Alkohol als Komponente verkleinert das Pilzwachstum. Damit entwickeln sich einige Möglichkeiten zum Aufbau von bezüglich der Pilzresistenz verbesserten Plastformstoffen.

Die Maleinate werden ebenfalls nicht von Pilzen befallen.

Bezüglich der Phthalate gehen die meisten Befunde dahin, daß der gebräuchlichste WM DOP als resistent gilt. W. H. STABEL und Mitarb. [48] haben aufgeklärt, daß eine Kettenverzweigung im Alkoholrest sich nicht auswirkt.

Die in einigen Phthalaten vorhandenen Gemische der $C_5 \cdots C_{10}$-Alkohole als Ester-komponente führen nach Adelheid SCHWARTZ zu einem kräftigen Pilzbefall; sie sind nach 140 Tagen restlos verbraucht.

Die Anfangsglieder der aliphatischen Alkohole werden als Phthalate nicht von Pilzen befallen.

Auf eine spezifische Aktivität bestimmter Pilzstämme auch Phthalaten gegenüber machen R. E. KLAUSMEIER und Mitarb. [47] aufmerksam. Aber auch in diesem Fall blieb das Dioctylphthalat resistent.

Die Paraffinsulfonsäureester zeigen kräftigen Pilzbefall. Für die Sekundär-Weichmacher Chlorparaffine sind die Angaben über die Resistenz bei den Produkten mit Chlorgehalt bis 40% nicht einheitlich. Darüber hinaus gelten sie als resistent.

In kurz-zusammenfassender Darstellung läßt sich die Pilzresistenz einiger wichtiger Weichmacher gemäß den Angaben in *Tab. 67* für die Produktion alterungsfester Plastformstoffe als Anhaltspunkt bewerten.

Nach den sich hieraus andeutenden Einflüssen der chemischen Konstitution auf die Pilzresistenz ist auch damit zu rechnen, daß ähnlich konstituierte Stabilisatoren und Gleitmittel sich jeweils analog verhalten So hat Adelheid SCHWARTZ [30] die Metallsalze der Stearinsäure als stark anfällig gegenüber Pilzen charakterisiert, ebenso die Epoxystabilisatoren und das Dibutyl-Zinn-dilaurat. Überraschend ist der Bestand von F. DEMMER [71], daß von den Gleitmitteln nur ein Glycerinmonooleat von den 5 verwendeten Prüfpilzen (siehe S. 44) verwertet wird, hingegen die Stearinsäureester bzw. die analogen Alkohole oder die noch mehr C-Atome enthaltende Montansäureester einen „vernachlässigbaren Pilzbewuchs" zeigen.

Als resistent erwiesen sich das Dibutyl-Zinn–mercaptid, 2-Phenylindol und Phenyl-β-naphthylamin.

Offenbar sind auch Epoxystabilisatoren mit aromatischem Aufbau also z. B. Derivate des Diphenylolpropans pilzresistent [49]. Trinonylphosphit und einige handelsübliche „flüssige Bleistabilisatoren, Zinnstabilisatoren und BaCd-Stabilisatoren" sind nach F. DEMMER nicht durch Pilze abbaubar.

Bezüglich der Beeinflussung des Alterungsablaufes von Plastformstoffen aus Polymeren und Weichmacher-Systemen mit oder ohne Verwendung weiterer Hilfsstoffe durch Mikroorganismen ist zu beachten, daß diese und ihre Stoffwechselprodukte auch in unwahrscheinlich kleine Poren eindringen, auch wenn die Formstoffoberfläche unter dem Mikroskop einwandfrei aussieht.

Tabelle 67

Übersicht über die Pilzresistenz einiger Weichmacher

Resistent sind:

Phthalsäureester vornehmlich Dibutyl- u. Dioctylphthalat,
4,5-Epoxytetrahydrophthalate,
Citronsäureester,
Phosphorsäureester der Phenole,
Chlorparaffine.

Angegriffen werden:

Fettsäureester wie Laurate, Oleate, Ricinoleate, Stearate, epoxydierte Öle und epoxydierte Fettsäureester,
Glycolate,
Sebacinate,
Polymer WM Paraffinsulfonsäureester.

Eine Übergangsstellung nehmen ein:

Adipinate
Azelainate,
Pentaerythriester

Wie immer im Einzelfall das System Polymer-WM auch bindungsmäßig aufgebaut sein mag, die Mikroorganismen sind in der Lage, in diesem System die Weichmacher selektiv anzugreifen. Es sei in diesem Zusammenhang daran erinnert, daß nach amerikanischen Informationen etwa um das Jahr 1950 herum 30 Millionen Plast-Regencape auf PVC-W-Basis hierdurch in Mitleidenschaft gezogen wurden.

Bestätigen sich nun die aus *Tab. 67* ersichtlichen Ergebnisse der Resistenz oder Anfälligkeit der WM auch in den PVC-W-Systemen?

Ein PVC/DOP-Granulat zeigte im Labortest nach 6 Monaten gemäß den Angaben von Adelheid SCHWARTZ [30] eine Weiterentwicklung von Eigenkeimen und vom Pilz-Test-Gemisch. Daraus hergestellte Schläuche bleiben frei und bei einer transparenten Folie ist der Befund unsicher.

Abb. 70 demonstriert eine solchen Pilzbefall an einer PVC/DOP-60/40-Folie nach 2 Monaten.

Unter Einsatz eines Emulsions-PVC aus einer anderen Fabrikationsstätte, das keine weiteren Zusätze enthält, bestätigen A. MERZ und Br. DOLEŽEL [38]. daß erst nach 30 Tagen ein Pilzwachstum auf einer 65/35-DOP-Folie sichtbar wird. Bereits eine „kleine Menge Gleitmittel und ungiftiger Wärmestabilisator" im PVC-Em fördert das Pilzwachstum, so daß schon nach 14 Tagen makroskopisch das Pilzwachstum erkennbar ist. Aus der Reihe der weiteren Phthalate sind nach 30 Tagen die Folien mit Dimethylglycolphthalat und Di-methyl-cyclohexyl-phthalat pilzfrei geblieben.

Polymer-Weichmacher auf Phthalat-Basis als Allein-WM in 65/35-Folien zeigen keinen bis mikroskopisch sichtbaren Befall nach 14···21 Tagen, wobei sich die eben genannte PVC-Qualitäts-Unterschiede offenbar nicht auswirken.

Abb. 70. PVC/DOP 60/40 Folie im Pilztest nach 2 Monaten. Bewuchs deutlich auf Rand der weißen Folie beschränkt, nach Adelheid SCHWARTZ [30]

Die Beurteilung, ob der bei einer Exposition von PVC-DOP-Folien im Dschungel von Nigeria [3] beobachtete Bewuchs aus Algen und Pilzen diesen Beobachtungen widerspricht, wird durch die gleichzeitige Anwesenheit von basischem Bleiweiß als Stabilisator und Gleitmitteln auf Fettsäureester Basis erschwert. Es ist aber bedeutsam, daß der zu grünen bis schwarzen Verfärbungen führende Belag abkratzbar oder abwaschbar ist und die Oberfläche in ihrem Glanz und Aussehen unverändert erscheint.

B. DOLEŽEL [35] sieht auch keinen Zusammenhang zwischen der Änderung der Reißfestigkeit der 65/35-PVC/DOP-Folien und dem Pilzwachstum. Ob eine Abnahme der Reißdehnung von 8% — auch wenn sie doppelt so hoch ist wie bei einer sterilen Probe — wirklich auf das Pilzwachstum zurückzuführen ist, kann zumindest bei den hier zu beachtenden starken Streuungen der Meßwerte als fraglich erscheinen. Die von Elżbieta CZERWINSKA und Mitarb. [36] mitgeteilten Werte der Reißfestigkeit und Reißdehnung stimmen sowohl im Labortest wie im Eingrabungsversuch im Erdboden mit den Werten der sterilen Kontrollproben überein.

Zu einem gleichen Befund kommt auch R. Reiter [34] nach 11 Wochen Exposition in zusätzlich mit Pilzen geimpften Böden. Die dielektrischen Eigenschaften der PVC-W-Folien ändern sich bei der Widerstandsmessung meist um eine Zehnerpotenz durch den Pilzbefall, der tan δ bleibt größenordnungsmäßig gleich.

Handelsübliche Gleitmittel oder Stabilisatoren wirken sich offenbar auf die Entwicklung von Pilzen auf PVC/DOP-Folien nur dann verzögernd oder verhindernd aus, wenn sie anorganische toxische Elemente oder keine Fettsäure enthalten [38].

In reinen Suspensionspolymerisaten mit DOP ist das Pilzwachstum gering, so daß es nach 21 und 30 Tagen nur mikroskopisch erkennbar wird.

Ein mit fungistatischem Emulgator hergestelltes PVC bleibt unter allen Versuchsbedingungen mit Phthalaten als Allein-Weichmacher bzw. in Gemischen mit anfälligen Adipinaten oder Sebazinaten vom Pilzbefall frei.

PVC-W-Folien mit aliphatischen $C_{6...10}$-Alkohol-Phthalaten werden bei einer Versuchsdauer von 5 Monaten stark befallen.

Nach R. S. Barschteijn und Mitarb. [50] ist ein PVC, das mit Polyesterweichmachern und OCH_3-Endgruppen verarbeitet ist, pilzresistent sowohl im Labor- wie im Bodentest.

Im Dschungel sind PVC-Folien mit Tri-(äthylhexyl)-phosphat mit Algen und Pilzen beidseitig oberflächlich befallen. Dieser leicht abwaschbare Bewuchs greift aber die Folie sonst nicht an. Folien aus dem Vinylchlorid/Vinylacetat 96/4 Mischpolymerisat verhalten sich ebenso [3].

Zusätze von resistenten Phosphorsäureestern zum DOP bleiben ohne Einfluß auf die Pilzbeständigkeit der PVC-Folien.

Andererseits vermögen offenbar Zusätze von resistenten Phthalaten, z. B. Dibutylphthalat, zu anfälligen Primär-Weichmachern, z. B. Fettsäureester oder Epoxy-fettsäureester, das Pilzwachstum nicht zu hemmen.

Die Folien mit Paraffinsulfonsäureestern werden nach 5 Monaten stark mit dem Pilztest-Gemisch befallen (A. Schwartz [30]).

Im September 1950 hat S. Beck [45] nachgewiesen, daß PVC-Dibutyl-sebacinat-Folien durch Schimmelpilzangriff völlig verspröden.

T. A. Girard und C. F. Koda [51] wie auch später I. P. Scullin und diese Autoren [46], haben nachgewiesen, daß die auf Finalprodukten aus PVC-W-Systemen stark verbreiteten Rosa- bis Rotfärbungen auf die Tätigkeit von Pilzen zurückzuführen sind. Als Versuchs-System diente hierbei eine Folie aus PVC 100

PVC	100	Gew. Teil
DOP	40	„
DOS	20	„
Monoplex	70	„
$CaCO_3$	20	„
Rutil	10	„

in 10 Variationen nach Stabilisator Ba–Cd-Seifen, Rutil und $CaCO_3$-Anteil mit dem Ergebnis, daß in jedem Fall die Verfärbung eintritt, wenn bei einem pH-Wert von

5,5 die Pilze ein rosafarbenes bis rotes Pigment produzieren können. Die Reaktion bleibt beim pH = 7,1 aus. Sie identifizieren hier eine Penicillium Species als Produzent. C. C. YEAGER [52] berichtet, daß die Rosafärbung ein Stoffwechselprodukt von Streptomyces Rubrireticuli ist. In einem anderen Fall ist eine Verfärbung nach Orange durch Fusarien eingetreten.

Diese biologischen Befunde sind auch im Hinblick auf das Verständnis des Alterungsverlaufs von PVC-DOP-Formstoffen unter dem Einfluß von Licht und Sauerstoff von besonderer Bedeutung.

4.3.2.3. Schädigungen durch Bakterien

Wenn auch die Ergebnisse über die Resistenz der verschiedenen Plastformstoffe gegenüber Bakterien noch nicht in einer solchen Mannigfaltigkeit der Versuchsführung vorliegen wie gegenüber den Pilzen, so ist doch für das Problem der Alterung der Plastformstoffe unter bakteriologischen Bedingungen ebenfalls die Angriffsfähigkeit des Makromoleküls gegenüber der der Verarbeitungshilfsstoffe und schließlich des technisch genutzten Systems aus diesen Komponenten von Bedeutung. In noch verstärktem Umfange kommen bei diesen bakteriologischen Studien die Qualität der Polymeren, die Verarbeitungstechnologien und die hierbei einzuhaltenden Mischungsrezepturen zur Auswirkung. Demgemäß warnen Adelheid MÜLLER und W. SCHWARTZ [54] vor Verallgemeinerungen von Ergebnissen wie auch vor prognostischen Äußerungen bezüglich der Lebensdauer der Plastformstoffe. Diese wird nicht nur durch etwa eintretende bakterielle Korrosion, sondern auch durch die Entwicklung einer Keimzahl in einer für den vorgesehenen Verwendungszweck nicht mehr tragbaren Höhe bestimmt.

In diesem Zusammenhang sei auch auf die noch vielfach offene Frage der Veränderung des Verlaufs einer bakteriellen Korrosion durch eine vorhergegangene oder vielleicht auch simultan ablaufende physikalisch-chemische Alterung aufmerksam gemacht.

Nach Adelheid SCHWARTZ [30] lassen sich die reinen Plaste nach ihrer Bakterienresistenz etwa wie folgt klassifizieren:

resistent sind:

Polyäthylen, Polystyrol, PVC-Pulver, PVC-H-Formstoffe, Polymethylmethacrylat, Polyterephthalat, Harnstoff-Formaldehydharze, Epoxydharze.

in wechselndem Ausmaße werden angegriffen:

Cellulosederivate, nachchloriertes PVC, Polyvinylacetatfilme, ungesättigte Polyester, Polyamide, Phenolharz-Preßmassen, Melaminharz-Preßmassen je nach pH-Wert, Schichtpreßstoffe mit Cellulose als Füllstoff.

In Ergänzung dazu stellt Priscilla L. STEINBERG [55] fest, daß Polyäthylen und andere Thermoplaste durch Meeresbakterien unter anaeroben wie aeroben Bedingungen im Temperaturintervall von 20···5 °C nicht angegriffen werden. Die Modifikation der Vinylchlorid-Polymeren in Richtung der bekannten „inneren Weichmachung“ durch Mischpolymerisate wirkt sich auf die Bakterien-Resistenz ebenfalls nicht aus.

In Übereinstimmung damit steht der Befund von R. A. CONNOLLY [11], daß nach 7jähriger Exposition auf PVC-Stäben, die 22,5 cm tief in Küstennähe in ozeanisches Bodensediment eintauchen, kein bakterieller Abbau beobachtet ist. Diese Pb-stabilisierten Stäbe sind durch sulfatreduzierende Bakterien bis zur Eindringtiefe von 3,2 mm schwarzverfäbt. In der Wasserzone ist die auf die Oberflächenschicht der Stäbe mit 0,031 mm beschränkt.

Unter den wenigen bisher in Substanz geprüften Primär-Weichmachern ist nach den Ergebnissen von Adelheid SCHWARTZ [30] kein Ester-Weichmacher bakterienfest, wenn auch erhebliche graduelle Unterschiede in der Weise bestehen, daß TKP oder DOP nur leicht befallen sind und Dioctyladipinat und der Paraffinsulfonsäureester schließlich in der Nährlösung emulgiert und dann restlos verbraucht werden. Ein steigender C-Gehalt der Kette erleichtert also den bakteriellen Angriff, so daß epoxydierte Fettsäureester erhebliche Zersetzungen erleiden. Von den als Sekundär-WM geprüften Chlorparaffinen werden die Chlorierungsstufen mit 42% und 30% Cl zersetzt; wahrscheinlich sind erst die ab 50% Cl immun.

Die als Stabilisatoren dienenden Dibutyl-Sn-Verbindungen werden leicht befallen. Dagegen werden die Epoxy-Verbindungen und auch die Metallstearate schließlich ganz abgebaut. Als bakterienfest haben sich 2-Phenylindol und Phenyl-β-Naphthylamin erwiesen.

Es ist also für den Alterungsablauf von PVC-W-Formstoffen zu erwarten, daß aerobe Bakterien als einzige Kohlenstoffquelle auch das äußerlich weichgemachte PVC verwerten.

G. H. BOOTH und I. A. ROBB [56] führten die Untersuchungen über die Auswirkung bakterieller Zersetzung in PVC-W ca. 65/35-Formstoffen auf einige physikalische Eigenschaften in einem Boden vom pH = 6,9, der ungünstig für Pilzwachstum ist, mit Mischkulturen aus Pseudomonas und Brevibacter. species bei 22···25 °C innerhalb von 8 Wochen durch.

Nach R. BURGESS und A. E. DARBY [57] ist das Bakterien-Wachstum in den 2···5 Tagen am größten. Die Aktivität des für eine WM-Zersetzung besonders geeigneten Pseudomonas aeruginosa nimmt dann schnell ab. Auf der Oberfläche der Folien bilden sich schleimige locker haftende Bakterienhäute aus, die zur Eintrübung oder Aufhellung und Aufrauhung wie auch zu dunkelbraunen bis schwarzen oder auch gelben Verfärbungen führen. Dies hängt von der Art des Pb- oder Cd-Stabilisators infolge ihrer Reaktion mit dem H_2S aus der bakteriellen Tätigkeit ab. Diese wird weiterhin am Gewichtsverlust, an der Schrumpfung und Versteifung des Formstoffes meßbar. Es besteht eine Parallelität zwischen der Veränderung des Gesamtdruckes infolge der vom wachsenden Bakterium aufgenommenen O_2-Menge, dem Gewichtsverlust und der Schrumpfung in Prozenten für eine Reihe von verschieden konstituierten Weichmachern in Form einer PVC-65/35-Folie.

Nach R. BURGESS und A. E. DARBY sind diese Alterungsvorgänge beim Bakterium Ps. aeruginosa durch folgende Beispiele charakterisiert (*Tab. 68*).

Die erfahrungsgemäß beim Altern der PVC-W-Folien unter dem Einfluß der Bakterientätigkeit einsetzende Versteifung wird von G. H. BOOTH und I. A. ROBB mit einem Hounsfield Tensometer Type E gemessen und führt zu der in *Tab. 69*

Tabelle 68

Abbauvorgänge von PVC-W-Systemen durch Bacterium Pseudomonas aeruginosa (nach R. BURGESS und A. E. DARBY)

WM	Druckänderung in 216 Std. mm	% Gew. Verlust	% Schrumpfung
Trixylylphosphat	84/45	unwesentl.	nichts
Di-iso-octylphthalat	201/253	1,15/0,89	nichts
Di-C_{7-9}-phthalat	219/189	1,00/0,84	nichts
Di-iso-octyl-adipinat	2002/1784	22,3/23,5	12
Di-iso-octyl-sebacinat	2131/2076	21,9/23,0	13
Polyester aus Dicarbonsäure-Gemischen	>1962/>1983	23,4/22,4	13
Polyester endständig mit Alkansäuren modifiziert	841/705	9,3/8,8	5,0

Tabelle 69

Alterung von PVC-W-Folien
Änderung der Steifheit durch bakteriellen Abbau verschiedener Weichmacher (nach BOOTH und ROBB)

WM	Steifheit in $kp \cdot cm^{-1}$ Ausgang	nach Bakterienangriff
TKP	15,0	15/11
Ceroclor	13,2	13···14
Polymer WM (Hexaplas)	13	18
Trixylylphosphat	11	6,2/9,9
Polypropylensebacinat	7,4	15/15
Phthalate	3···5	3···5
Adipinate	2,8	7···9
Azelainate	3,5	9···14
Sebacinate	4,2	13
Epoxyverb.	2···5	4···8

zusammengefaßten Charakterisierung der Bakterienfestigkeit der Weichmacher in einem Grundrezept

PVC	100	Gew. Teil
WM	50	,,
Ba–Cd-Stabilisator	2	,,
Stearinsäure	0,5	,

Besonders bedenklich für die Geschwindigkeit der Alterung unter Bakterieneinfluß ist die 5fache Steifheit der mit Dioctylsebacinat und einem basischen Pb-Carbonat als Stabilisator hergestellten PVC-W-Formstoffe und der 2fachen Steifheit von Polypropylensebacinat und Ba–Cd-Stabilisator. Unter der Annahme einer linearen Funktion der bakteriellen Zersetzung der Weichmacher auf Basis der Ester der aliphatischen Dicarbonsäuren würden die entsprechenden PVC-W-Formstoffe innerhalb von 2 Jahren ohne Weichmacher sein.

Eine Variation in den verschiedenen PVC-Typen oder durch die Verwendung von Mischpolymerisaten aus Vinylchlorid mit Vinylacetat bzw. Vinylidenchlorid unter Konstanthaltung des Diisophthalats als WM bringt keine merkliche Änderung der Steifheit, da sowohl die Polymeren wie auch das Di-(iso-octyl)-phthalat bakterienfest sind.

Wenn also auch die Anwesenheit von Mikroorganismen — Pilze, Bakterien, Actinomyceten — auf einem Plastformstoff noch nicht ihre Verantwortlichkeit für die Veränderung von Eigenschaften während der Alterung bedeutet, so ist doch zunächst auch zu beachten, daß die durch Schimmel oder Absonderung von schleimigen Bakterienhäuten verursachte Unansehnlichkeit den Formstoff vorzeitig unbrauchbar macht.

Wir können zusammenfassend also als Alterungsfolgen infolge der Allgegenwart der Mikroorganismen festhalten:

1. eine irreversible Verfärbung
2. eine Oberflächen-Veränderung durch Ausschwitzen der Verarbeitungshilfsstoffe und deren mikrobielle Zersetzung
3. einen Abbau der Festigkeitseigenschaften durch tatsächliche Zerstörung dieser qualitätsbestimmenden Hilfsstoffen und in einigen Fällen auch allein oder gleichzeitig der Makromoleküle selbst.

Damit wird für die Erhaltung der Eigenschaften des Plastformstoffes im bestimmungsgemäßen Gebrauch bzw. zur Verminderung der Alterungsgeschwindigkeit die Frage nach der Leistungsfähigkeit biozider Zusatzstoffe akut.

Von ihnen wird zunächst vom Standpunkt des Plasttechnologen eine genügend hohe thermische wie chemische Stabilität gegenüber den Bedingungen bei der Verarbeitung des Plastes zum Formstoff, sowie eine lang anhaltende Verträglichkeit während der Anwendung ohne Nebenwirkung auf die dem Plastformstoff gegebene thermische und/oder photooxydative Stabilität und schließlich keine Reaktion mit den übrigen Plasthilfsstoffen oder mit evtl. Zersetzungsprodukten der Polymeren selbst, so daß die biozide Aktivität während des Alterungsvorganges erhalten bleibt.

Die vom Biologen anzustrebende hohe Toxizität gegen ein weites Spektrum niederer Organismen wird sich mit der vom Plastformstoff-Anwender zu erhebenden Forderung nach Unschädlichkeit gegen Mensch und Tier und evtl. Pflanzen vereinen.

Der Zusatz der Biozide kann bereits bei der Herstellung des Plastwerkstoffes aus den Monomeren erfolgen, wie oben am Beispiel des fungistatischen Emulgators für die Polymerisation des Vinylchlorids bereits dargelegt. Und es ist schon längere Zeit handelsüblich, Polymerisat-Dispersionen durch Fungizide vornehmlich gegen Schimmelpilze zu schützen.

Ebenso lassen sich die nichtschimmelfesten Weichmacher durch einen Zusatz von 0,25% Fungicid konservieren, wozu sich beispielsweise das 1-Fluor-3-Brom-4,6-Dinitrobenzol eignet [14].

In vielen Fällen enthalten die Zwischenstufen der Granulate oder auch schon die pulverigen Polymerisate, beispielsweise die Vinylchlorid-Vinylacetat-Mischpolymerisate hochtoxische Biozide z. B. die Insekticide auf Basis des Hexachlor-hexahydrodimethan-naphthalins, deren Toxizität eine Verarbeitung in Schutzkleidung erfordert, um schließlich nur eine Termitenfestigkeit des PVC-Formstoffs von $1^1/_2$ Jahren zu erzielen [58].

Die Möglichkeit der nachträglichen Zugabe des Biozids zum Plastformstoff sei ebenso erwähnt, wie die Bestrebungen, fungistatisch wirkende Atomgruppierungen in Polymere oder Plasthilfsstoffe z. B. Weichmacher oder Stabilisatoren (siehe u. a. Bd. 1, S. 516, u. a.) einzubauen.

M. I. Palej u. a. [59] machen schließlich darauf aufmerksam, daß sich die Toxizität der Fungizide mit der Alterung des Formstoffs verringert. Für mehr als eine 6monatige Wirksamkeit werden Dosierungen über 0,25% im Formstoff als zweckmäßig angesehen.

Ebenso wie es nach O. Pauli [60] kein Universalfungizid für alle Polymere gibt, sind auch gegen Fungizide resistente Pilze bekannt.

Die meisten Biozide haben u. a. bei der Exposition von Formstoffen aus Cellulosederivaten im tropischen Dschungel versagt [61]. In einigen Fällen beeinträchtigen auch die Feuchtigkeit und Temperatur in unseren Klimazonen die Dauerwirksamkeit z. B. beim Pentachlorphenol, Organo-Quecksilber-Verbindungen. Immerhin ist die Meinung von F. Demmer [71] beachtenswert, daß die durch Pilze verursachte Versprödung von PVC-W-Folien durch eine Mitverarbeitung von Trikresylphosphat oder Trinonylphosphat verhindert werden kann.

In Gegenwart von Pigmenten und Füllstoff kann sich die Biocide-Aktivität durchaus ändern.

Andererseits wirken bereits Modifikationen von Zinkoxid-Pigmenten, die 0,1 bis 1% Cl oder F in Form von Zinkoxychlorid oder Zinnfluorid enthalten, auf das Pilzwachstum hemmend [62]. Weitere Zinkverbindungen, wie Gemische von Ca–Zn-Salzen eignen sich gut zur Bekämpfung der Pilzentwicklung in PVC-Fußbodenbelägen und verlangsamen damit ebenso die Alterung wie die Zn–Ba–Cd-Stabilisatoren als Ergänzungsfungistatikum für Trichlormethyl-mercapto-Verbindungen [63].

Als Beispiele für Biozide auf organisch-chemischer Basis seien folgende Verbindungen (25/58/64) genannt:

Organische Sn-Verbindungen z. B.

$[(nC_4H_9)_3{-}Sn]_2{-}O$; $(C_4H_9)_3{-}Sn$ – sulfosalicylat

(werden aber, wie fast alle Tri-organo-Sn-Verbindungen, durch UV-Strahlen schnell abgebaut und unwirksam).

Chlorierte Phenole:

Auch hier sind Schädigungen durch UV-Licht (auch alkyliert) nicht ausgeschlossen

Bromierte Salicylanilide:

Meist als Gemisch aus 3,5,4'-tri-und 5,4'-dibromiert handelsüblich, in PE nicht lebensmittelecht.

Mercaptoverbindungen mit der Gruppierung $-S-CCl_3$:

Am wirksamsten in biologischer Breite und Sicherheit und offenbar ohne Nachteil beim Altern der Plaste,
z. B. N-Trichlormethylthio-phthalimid untoxisch für WM
N-Fluor dichlormethylthio-phthalimid

$(CH_3)_2N-SO_2-N-S-CCl_2F$

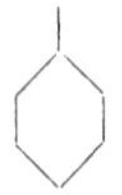

(Wirkstoff im Euparen)

Quaternäre Ammonium-Verbindungen:

Sie sollten nicht auf dem Kalander verarbeitet werden, da leicht Farbtonänderung, gut für PVC-Pasten

Quecksilber-phenyl-acetat oder -oleat oder benzosulfimid:

Hier sind S-haltige Pigmente etc. zu vermeiden, eine Befestigung des Formstoffs auf Al-Flächen ist unzweckmäßig.

Cu—8—oxy-chinolat

Carbamate

o-Chlor-anilino-dichlortriazin

Dichlor-benzooxazolon

Über die Beeinflussung der Alterung von Plastformstoffen durch diese Biocide in Richtung einer Verlangsamung des nichtbakteriellen Abbaus liegen wohl noch keine Erfahrungen vor.

Literatur

[1] H. Jungnickel: Der Tiefbau 1960, 3
[2] K. Thinius: „*Chemie, Physik und Technologie der Weichmacher*“, 2. Aufl., S. 252 (VEB Deutscher Verlag für Grundstoff-Industrie, Leipzig)

[3] Ministry of Aviation: Reports on Plastics in the Tropics 12. PVC, London 1960
[4] H. Kôyama: Chem. Zentralblatt 1960, S. 9338
[5] T. Simionescu u. a.: Materiale Plastice **4** (1967), 131
[6] Sachbearbeiter J. Schreiber
[7] E. Czerwinska u. a.: Chem. Zentralblatt, 1964, **9**, 1871
[8] N. E. Voronovskij u. a.: Plast. Massen (UdSSR) 1967, Nr. **2**, 71
[9] H. Löbner: Plaste u. Kautschuk **12** (1965), 555
[10] Sachbearbeiter: W. Reicherdt u. F. Tannert, sowie [2], S. 202ff.
[11] R. A. Connolly: Materials Research Standards **3/3** (1963), 193
[12] A. Syberg: La Tribune du Cebedeau **18** (1965), 588
[13] C. W. Lauritzen: Materie plastiche ed Elastomeri **32** (1966), 308
[14] H. J. Hueck: Plastics (1960), **419**
Plastica (Delft) **12** (1959), 24
[15] W. Spoon u. a.: Plastica (Delft) **8** (1955), 532
[16] K. Gosswald: Z. angew. Entomal. **31**, 99
[17] F. J. Gay u. A. H. Wetherly: Commonwealth Scientific and Ind. Res. Org. Australic Div. of Ent. Techn. Paper Nr. **5**, 1962
[18] E. W. Russell: Plastic Inst. Trans. and Journal **28** (1960), 164
[19] F. W. R. Wijbrans: Plastica (Delft) **13** (1960), 98
[20] I. Brijn: Plastica (Delft) **16** (1963), 10
[21] Streib: British Plastics **33** (1960), 406
[22] R. K. Witt u. a.: Modern Plastics **30** (Sept. 1952), 119
[23] St. I. Buckman u. W. D. Stitt: American Paint Journal 10. 6. 57 S. 80 u. v. 17. 6. 57, S. 89
[24] P. F. Klens u. a.: American Paint Journal **38**, Nr. 39 (1954), S. 76
[25] A. L. Baseman: Plastics Technol. (New York) **12** (1966), Nr. **9**, 33
[26] W. M. Heap u. S. H. Morrell: J. appl. Chem. **18** (1968), 189
[27] K. Žinay u. Mitarb.: Chem. Průmysl **11** (36) (1961), 165
[28] V. Stannett: Plastics **12** (1948), 416
[29] G. A. Grethouse: Textile Res. J. **20** (1950), 227
[30] A. Schwartz: „*Mikrobielle Korrosion von Kunststoffen und ihren Bestandteilen*“, Akademie-Verlag Berlin, 1963
[31] W. Kerner-Gang: Material und Organismen **1** (1965), 35
[32] B. Göransson u. Mitarb.: Svensk Papperstidn **19** (1963), 778
[33] G. Wirik: J. Polymer Sci. **A-1/6** (1968) 1965
[34] R. Reiter: Plaste u. Kautschuk 8 (1961), 407
[35] B. Doležel: British Plastics **40** (1967), 105
[36] E. Czerwinska: u. a. Acta Microbiologica Polonica **12** (1963), 69
[37] V. L. Simril u. B. A. Curry: Modern Plastics (Juli 1959), 121
[38] A. Merz u. B. Doležel: Kunststoffe **57** (1967), 726
[39] M. J. Landsberg u. a.: Proc. Amer. Soc. Testing Materials **51** (1951), 1262
[40] M. Bomar: Plaste u. Kautschuk **4** (1957), 287
[41] D. M. Evans u. a.: Farbe u. Lack **74** (1968), 372
[42] G. A. Kanavel: Rubber Wld. **154**, Nr. **5** (1966), 80
[43] G. Becker: Materialprüfung **5** (1963), 218
[44] H. Reumuth u. Mitarb.: Melliands Textilber. **41** (1960), 871
[45] S. Beck u. Mitarb.: Ind. Engng. Chem. **49** (1957), 1115
[46] P. Scullin u. Mitarb.: Rubber Plastics Age **46** (1965), 267

[47] R. E. Klausmeier u. W. A. Jones: Developments in Industrial Microbiology **2** (1961), 47
[48] W. H. Stabel u. Mitarb.: Appl. Microbiol. **1** (1954), 30
[49] M. Bomar: Chem. Průmysl **6** [31] (1956), 506
[50] R. S. Barschteijn u. Mitarb.: Plast. Massen (UdSSR) 1963, Nr. **5**, 64
[51] T. A. Girard u. C. F. Koda: Modern Plastics **36** (Juni 1959), 148
[52] C. C. Yeager: Plastics World, (Dez. 1962), 14
[53] W. Pöge: Plaste u. Kautschuk **8** (1961), 74
[54] A. Müller u. W. Schwartz: Kunststoffe **47** (1957), 583
[55] P. L. Steinberg: Bell. System tech. J. **40** (1961), 1369
[56] G. H. Booth u. I. A. Robb: J. appl. Chem. **18** (1968), 194
[57] R. Burgess u. A. E. Darby: British Plastics **37** (1964), 32; **38** (1965), 165
[58] E. A. Scheuermann: Kunststoffe-Plastics **10** (1963), 295
[59] M. I. Paleij u. a.: Plast. Massen (UdSSR) 1964, Nr. **2**, 68
[60] C. Pauli: 8. Congres Fatipec La Haye 1966, 197
[61] J. M. Leonard: Ind. Engng. Chem. **43** (1951), 2338
[62] A.P. 2769716 v. 16. 1. 53/6. 11. 56 St. Joseph Lead Co.
[63] J. G. Bilek u. a.: Ind. Engng. Chem. **58** (1966), 5, 28
[64] O. Pauli: Fette, Seifen-Anstrichmittel **68** (1966), 275
D. Schweitzer: Rubber Plastics Age **49** (1968), 426
D.A.S. 1256414 v. 30. 8. 65/14. 12. 67 Union Carbide Australia Ltd.
[65] I. Hošek: Plasticke hmoty a Kaučuk 1959, 289
[66] siehe auch I. D. Bultman u. a.: Chemical Abstracts **68** (1968), 18, 78925 d
[67] H. Schwarz u. a.: Plaste u. Kautschuk **5** (1958), 216
[68] M. I. Farkas: Müanyag és gumi **4** (1967), 77
[69] F. Lumpe u. a.: Plaste u. Kautschuk **16** (1969), 181
[70] H. Gemmer: Kunststoffe **57** (1967), 21
[71] F. Demmer: Material und Organismen **4** (1968), 19
[72] G. A. Allachverdiev u. a.: Plastische Massen (UdSSR) **1967**, Nr. 2, 17

4.3.3. Durch energiereiche Strahlung ausgelöste Alterungen

Das allgemeine Problem einer Beurteilung der Alterungsvorgänge von Plastformstoffen umschließt im Zeitalter der kosmischen Flüge, des Reaktorbaues und der Raketentechnik auch die Aufgabe, die Wirkung nuklearer Stahlung neben den UV-Strahlen zu untersuchen.

Die Vorbedingung zum Ablauf derartiger photochemischer Reaktionen, daß die eingestrahlte Energie absorbiert wird, und daß die aufgenommene Quantenenergie zumindest gleich oder größer als die benötigte Reaktionsenergie ist, kann bei den Alterungsvorgängen der Hochpolymeren unter dem Einfluß energiereicher Strahlung als erfüllt angesehen werden. Je kürzer die Wellenlänge dieser Strahlung ist, um so höher die Photonenergie. Die Energie eines den Plastformstoff treffenden Lichtstrahles ist gleich dem Produkt aus der Zahl der Photonen und ihrer individuellen Energie.

Den einzelnen Wellenlängen kommen folgende Energiebeträge zu:

UV-Strahlung	$\lambda = 4000 \cdots 1000$ Å	$10 \cdots 10^2$ e.V.
Röntgenstrahlung	$\lambda = 1000 \cdots 1$ Å	$10^2 \cdots 10^5$ e.V.
γ-Strahlen	$\lambda = 1 \cdots 0{,}1$ Å	$10^5 \cdots 10^8$ e.V.
kosmische Strahlen	$\lambda = 0{,}0001$ Å	$\gg 10^6$ e.V.

Berücksichtigt man, daß folgende Äquivalenz einiger wichtiger Bindungsenergien besteht:

$$\begin{aligned} C-H &= 98{,}7 \text{ kcal/mol} = 4{,}28 \text{ e.V.} \\ C-C &= 79{,}3 \text{ kcal/mol} = 3{,}44 \text{ e.V.} \\ C-Cl &= 76 \text{ kcal/mol} = 3{,}32 \text{ e.V.} \end{aligned}$$

und diese sich schon in dem die Erdoberfläche treffenden UV-Anteil zwischen 2000 und 4000 Å entsprechend $6{,}2 \cdots 3{,}1$ e.V. befinden, so wird verständlich, daß bereits der außerhalb der Erdatmosphäre noch vorhandene Anteil des UV-Spektrums mit seinen hohen Energiebeträgen von z. B. für $\lambda = 1000$ Å $= 12{,}4$ e.V. $= 285800$ kcal zu erheblichen Schädigungen im Makromolekül führen wird. Der vom Atomkern emittierten hochfrequenten γ-Strahlung mit 1 bis 3 Millionen e.V. Quantenenergie kommt außerdem ein hohes Durchdringungsvermögen zu.

Im Weltenraum ist der Plastformstoff darüber hinaus der im wesentlichen aus Protonen und Elektronen bestehenden energiereichen Strahlung, die aus der Sonne und dem Weltenraum stammt, ausgesetzt. Ihr Energiespektrum ist mit 10^{10} bis 10^{19} e.V. einzuschätzen.

Die hohe Eindringtiefe der Protonen, Elektronen und Neutronen löst die Möglichkeit zu strukturellen Veränderungen auch im Inneren der Plastformstoffe aus.

Nach F. A. Machlis u. a. [5] beträgt die Durchdringungsstrecke für Wärmeneutronen in Polyäthylen 0,24 cm, für Neutronen mit der Energie 1 M e.V. 2,3 cm und mit der 10fachen Energie 7,7 cm.

Im Vakuum des Weltenraumes — in 200 km Höhe herrscht bereits ein Vakuum von 10^{-6} torr und in 6400 km Höhe von 10^{-12} torr — wird die Wirkung der UV-Strahlung durch die Wärmeabsorption der IR-Strahlung katalysiert. Die Primäreffekte der elektromagnetischen und korpuskularen Strahlung stellen sich als meist simultan, aber häufig mit verschiedener Geschwindigkeit, ablaufende Kettenbrüche in der Hauptvalenzkette der Plastformstoffe an verschiedenen Stellen, als Brüche und Abspaltungen der Seitenketten — Bildung von Radikalen verschiedener Lebensdauer — und als Vernetzungen oder Rekombinationen von kurzlebigen Radikalen dar. Die Energie kann durch die Molekülkette transportiert werden, so daß ein schwaches Strukturelement angegriffen wird, das selbst gar nicht Energie zu absorbieren vermag.

Die Strahlungsresistenz ist von der Molekülgruppe mit der schwächsten Bindung abhängig. Eine C–O-Bindung in der Hauptkette eines Plastformstoffes — Beispiel Polyester — unterliegt einer leichteren Aufspaltung als wenn sie als Brücke zur Hauptkette — Beispiel Polyvinylbutyral — vorliegt. Daher weisen auch Formstoffe aus Polyoxymethylen eine sehr geringe Strahlenresistenz auf.

H. FISCHER und Mitarb. [24] fanden, daß intramolekularer Sauerstoff spezielle Abbaureaktionen auslöst.

Wenn auch der Abbau durch die UV-Strahlung durch eine durch sie ausgelöste Molekular-Rotation, Vibration und Fluoreszenz verringert wird, so sind doch bleibende Veränderungen der chemischen und physikalischen Eigenschaften in beträchtlichem Ausmaße zu erwarten.

Diese hängt weiterhin von der Strahlendosis und der Dauer ihrer Einwirkung ab.

Angeregte Moleküle, freie Radikale, positive Ionen und Elektronen sind also die reaktionsfähigen Produkte der Strahleneinwirkung, die nun zu den Folgereaktionen führen.

Hierbei ist neben der Struktur der Polymeren selbst die evtl. Anwesenheit von Sauerstoff ein wesentlicher Faktor vornehmlich bei den als Nachbestrahlungseffekten bekannten Erscheinungen.

Nach W. C. SEARS [6] kann ein solcher oxydativer Nacheffekt am mit 10^{11} rad bestrahlten PS etwa 23 Tage lang erfolgen.

Es können hierbei entweder langlebige Radikale oder ungesättigte Verbindungen als Folgeprodukte der strahlungschemischen Spaltung des Polystyrols den Ausgang der Oxydation bilden. Zu ihnen gehören auch die aktiv gewordenen Molekülenden, die sich nun durch Additionspolymerisation verbinden und sich als Erhöhung der Viskosität und des Molgewichtes des Plastformstoffes kundtun.

In diesem Zusammenhang sei nochmals auf die von I. DELORME [1] gemachten Beobachtungen über die Veränderungen der mechanischen Eigenschaften bei ausschließlicher Nachtbewitterung hingewiesen. Es ist nicht ausgeschlossen, daß es sich hier um Auswirkungen von durchdringender kosmischer Strahlung handelt, von der man nur weiß, daß man eine solche aus Elektronen, Photonen und Mesonen bestehende Strahlung in Meereshöhe registrieren kann und daß sie sich gegen 23 Uhr verstärkt.

Die Einwirkung des Vakuums im Weltenraum auf die Plastformstoffe selbst muß als gering eingeschätzt werden. Eine Lebensdauer-Minderung kann aber durch die Verflüchtigung der für die Einhaltung optimaler Eigenschaften notwendigen Verarbeitungshilfsstoffe herbeigeführt werden. Von diesen abgesehen, kommen als Quelle für Ausgasungsprodukte die Verunreinigungen der Plastformstoffe wie nicht umgesetzte Monomere, flüchtige Nebenprodukte, absorbierte Feuchtigkeit, Gase und Dämpfe in Betracht.

Unter dem Gesichtspunkt der Verwendung der Plastformstoffe als Isoliermaterialien bedeutet dieses Ausgasen eine Verbesserung der dielektrischen Eigenschaften. Die simultane Einwirkung von Strahlungsenergie und ihrer Transformation in Wärme, sowie die mögliche Katalyse der Abbauprozesse durch die Abbauprodukte selbst führen aber dann doch zu einer schnellen Abnahme der dielektrischen Eigenschaften.

Im übrigen gilt auch im Gebiet der Bestrahlungsschäden als Ursache für die Alterungen der Plastformstoffe, daß sie viel schneller in den mechanischen Werten erkennbar sind als in den dielektrischen Meßgrößen.

Außerhalb der Erdatmosphäre erstreckt sich die Sonnenstrahlung über ein

Wellenlängen-Spektrum von weniger als 2000 Å bis mehr als 30000 Å. Hierbei ist die Verteilung der Strahlenenergie [2] etwa:

infrarot	>7000 Å	40%
sichtbar	4000–7000 Å	50%
nahes UV	3000–4000 Å	8%
mittleres UV	2000–3000 Å	2%
fernes UV	<2000 Å	<0,01%

Nach A. F. RINGWOOD [3] werden die auf der Außenseite von Flugkörpern sich befindenden Plastformstoffe in der Nutzungsform der transparenten Isolierstoffe zu starken Absorbern der *UV-Strahlenenergie*, so daß schon nach einigen Stunden durch den Bruch der Makromoleküle, Ausbildung freier Radikale oder Ionen eine Verschlechterung der Isolierwirkung eintritt. Die UV-Resistenz wird durch Füllstoffe im Isolierstoff-System, vor allem durch Metalloxide, verbessert.

Von den Polyolefinen verspröden Formstoffe aus PE oder PP unter dem Einfluß der höheren Energie der UV-Strahlen $\lambda < 4000$ Å in einigen Tagen. Infolge der gleichzeitig im Weltenraum-Vakuum ablaufenden Verflüchtigung der hierbei entstandenen Spaltprodukte tritt ein sehr schneller Abbau dieser Polyolefine ein.

Einige der Tetrafluoräthylen-Polymere sind bei der kombinierten Einwirkung des UV-Sprektalbereichs unter Weltenraum-Bedingungen beständig, bei anderen sind Verfärbungen und Minderungen der Festigkeit beobachtet worden.

Im Bereich von $\lambda = 1000\cdots3000$ Å wird transparentes Polystyrol schnell gelb.

Es ist wohl ohne weiteres verständlich, daß Formstoffe aus PVC-W-Systemen bei derartigen Beanspruchungen einen mit einer Verflüchtigung des Weichmachers gekuppelten Abbau erfahren, so daß die Alterung unter starker Versprödung und Minderung der chemischen Eigenschaften des PVC abläuft.

Formstoffe aus Polymethylmethacrylaten depolymerisieren unter dem Einfluß der Strahlung des mittleren und fernen UV-Spektrums ($\lambda < 3000$ Å) schon bei gewöhnlicher Temperatur im Weltenraum-Vakuum (10^{-8} torr). Der Prozeß erfährt eine Beschleunigung durch die Temperaturerhöhung infolge der Absorption der Infrarot-Strahlung. Bei dieser UV-Exposition tritt auch Oberflächen-Verfärbung und -Rißbildung auf.

Polyamide z. B. PA 101 sind bei der Einwirkung von UV-Strahlung im Weltenraum weitgehend beständig.

Die UV-Strahlung im Bereich von $\lambda = 1000$ bis 3800 Å löst in sehr kurzer Zeit bei den klassischen Duroplast-Formstoffen eine Verfärbung und Zersetzung aus. Die Abnahme der Biegefestigkeit ist bei den nichtverstärkten Phenolharz-Formstoffen merklich größer als bei den mit Phenolharzen aufgebauten Verbunden.

Im Weltenraum hat sich die UV-Strahlungsenergie im Gebiet von $\lambda = 2400$ bis 3800 Å als besonders schädlich für Formstoffe — auch Klebstoff-Schichten — aus Epoxyharzen erwiesen. Beachtlich, daß EpoxyharzVerbundstoffe unter diesen Bedingungen keine Änderung der Biegefestigkeit erfahren.

Bei einer Exposition gegenüber *kürzer-welligen Strahlen* — γ-Strahlen, Korpuskularstrahlen — zeigen viele Plastformstoffe eine deutliche Abhängigkeit ihrer Strahlenresistenz gegenüber der angewendeten Dosis. So bleibt Polyäthylen nach RINGWOOD [3] unangegriffen bei einer absorbierten Dosis entsprechend 10^9 ergs pro g, erleidet aber schon bei $9{,}3 \cdot 10^9$ ergs/g eine 25%ige Schädigung seiner Eigenschaften*).

Durch diese Dosis etwa ist aber ein Formstoff aus Polypropylen schon so weit abgebaut, daß keine Dehnung und Zugfestigkeit mehr gemessen werden kann. Offenbar wirkt sich hier die Dicke der Filme nicht aus. Bei 10^6 rad ändert sich der spezifische Widerstand des PE von $2 \cdot 10^{20}$ auf $3 \cdot 10^{15}$ Ω/cm. Es ist zu beachten, daß PE relativ oxydationsfest in der Nachbestrahlungs-Periode ist, obwohl es bei Bestrahlung in Luft leicht oxydabel ist.

Wie W. SCHMIDT-LORENZ u. a. [42] mitteilten, zeigt sich bereits bei einer Bestrahlung mit 1 Mrad eine deutlich erkennbare CO-Bande bei $\lambda = 5{,}9\ \mu$ im IR-Spektrum, die mit steigender Dosis (bis 100 Mrad) sich immer mehr intensiviert. Banden bei $\lambda = 7{,}3\ \mu$ bzw. 10,4 und 11,3 μ zeigen das Auftreten zusätzlicher CH_3-Gruppen und die Bildung von Trans- und Vinyl-Doppelbindungen an.

Eine γ-Strahlung von 10^6 rad ändert beim Polytetrafluoräthylen die DEK natürlich nicht. Der spezifische Widerstand geht jedoch von $5 \cdot 10^{19}$ auf $1 \cdot 10^{18}$ Ω/cm zurück. Die mechanischen Eigenschaften ändern sich in Abhängigkeit von der Strahlendosis gemäß der *Tab. 70.*

Tabelle 70

Alterung von PTFE unter dem Einfluß energiereicher Strahlung; mechanische Eigenschaften als Maßzahl (nach RINGWOOD [3])

	Dosis 10^6 rad	Festigkeit kp/cm²	Dehnung %
Vakuum 10^{-6} torr	0	211	165
	1	174	92
	5	139	73
	51	103	38
	150	56	16
Atmosphäre	0,1	133	152
	0,5	108	37
	1	97	21

Die Aussage dieser Meßwerte zeigt einmal die geringe Strahlenfestigkeit des Polytetrafluoräthylens in sauerstoffhaltiger Atmosphäre auf, zum anderen lehrt sie, daß auch bei dieser Strahlenbeanspruchung die Dehnungswerte viel empfindlicher auf die energetischen Beanspruchungen und die dadurch ausgelösten Veränderungen im Makromolekül oder im Formstoff reagieren als die Reißfestigkeiten. Letztere wird in hohem Vakuum und niedriger Strahlendosis sogar etwas besser.

A. FERSE und Mitarb. [46] schätzen den Abfall der Kettenlänge auf den 10. Teil des Ausgangswertes als Folge der Bestrahlung mit $5 \cdot 10^5$ R in Luft.

* 10^8 erg/g = 1 Mrad

Hochenergetische Protonen beeinflussen die polymeren Fluorkohlenstoffe, hochenergetische Neutronen dagegen nicht.

Füllstoff-Zusatz scheint die Strahlenresistenz des PTFE zu erniedrigen.

Formstoffe aus Polycarbonat sind ein Beispiel dafür, daß ringhaltige Polymere infolge der Zerstreuungswirkung der Phenylgruppierung doch ziemlich widerstandsfähig gegen diese Strahlungen sind.

Innerhalb eines Monats vermindert sich das Molgewicht von 25000 durch die ^{60}Co-Strahlung auf 13000 und die Reißfestigkeit der Formstoffe um 20%. Hierbei wird wohl bevorzugt die Carbonatbindung gespalten. Die Reaktion ist an einer Verfärbung über bernsteinfarben nach braunschwarz kenntlich [19]. Und bei Dosen oberhalb $2{,}6 \cdot 10^{10}$ erg/g sind keine physikalischen Eigenschaften an den Formstoffen mehr meßbar.

Der Film aus Polyäthylenterephthalat ist bis 10^7 rad gut beständig, aber dann setzt mit Anstieg der absorbierten Dosis schnell eine Schädigung ein, so daß bei 10^8 rad schon 33% Verlust an Reißfestigkeit und Dehnung gemessen wird.

Das Polyäthylenterephthalat ist weiterhin ein Beispiel dafür, daß die Bestrahlungsauswirkung doch von der Herstellungstechnologie der Folien abhängig ist. L. M. Epstein [4] hat unter Benutzung zweier in verschiedenen Fabrikationsstätten hergestellten Folien bei gleicher strahlenchemischer Schädigung ein höheres Festigkeitsniveau des einen Filmes nachgewiesen und dies auf den besseren Grad der Molekularorientierung zurückgeführt. Eine Molgewichtsbestimmung beweist, daß die beiden Filme sich darin nicht unterscheiden.

Tabelle 71

Alterung von 2 Polyäthylenterephthalat-Filmen von verschiedenen Fabrikationsstätten durch energiereiche Strahlung; charakterisiert durch mechanische Eigenschaften und Molgewichte (nach L. M. Epstein [4])

Megarad	Film V.A. Reißf. kp/cm²	Dehn. %	Film M. Reißf. kp/cm²	Dehn. %
0 in Luft	580	4,7	1490	53
87 in Luft	394	2,2	1490	38
173 in Luft	105	2,4	1378	35
364 in Luft	spröde		984	4,1
bis 205 in Luft	Molgew. $1{,}60 \cdot 10^4$		$1{,}69 \cdot 10^4$	
bis 358 in Luft	Molgew. $1{,}46 \cdot 10^4$		$1{,}66 \cdot 10^4$	
bis 210 in Vakuum	Molgew. $1{,}80 \cdot 10^4$		$1{,}40 \cdot 10^4$	
bis 358 in Vakuum	Molgew. $1{,}50 \cdot 10^4$		$1{,}16 \cdot 10^4$	
vor der Bestrahlung	$1{,}64 \cdot 10^4$		$3{,}32 \cdot 10^4$	

K. H. Hellwege und Mitarb. [45] machen auf die Verzögerung des Eintritts der Vernetzung nach dem Viscositätsabfall infolge anwesender Feuchtigkeit sowie auf die Vermehrung des Gelanteils in den ersten Stunden nach der Bestrahlung als Folge der Radikal-Rekombinationen aufmerksam.

Polyamide vernetzen bei der Bestrahlung mit γ- oder Korpuskularstrahlen, wobei der Vernetzungsgrad offenbar der Dosis nicht proportional ist. Sie zeigen im allgemeinen auch eine gute Resistenz, so daß eine 25%ige Schädigung der Reißfestigkeit erst bei annähernd 10^{11} erg/g eintritt. Bei höheren Dosen wird es dann hart und rüchig. Eine Umwandlung der kristallinen in eine amorphe Phase erhöht die Transparenz unter gleichzeitiger Dunkelfärbung [21]. Ein Einbau aromatischer Bausteine in die Polyamidkette, wie sie beispielsweise im Polykondensat aus Terephthalsäure und 4,4'-Diaminoditolyl-methan vorliegt, führt zu einer hohen Beständigkeit dieser Polyamide gegenüber γ-Strahlen. Die Vernetzung wirkt sich hier bei 500 Mrad in einer Erhöhung der Fließtemperatur und Verringerung der Deformierbarkeit aus [22].

Der Strahlenabbau der Polyurethan-Formstoffe wird durch Gelbfärbung sichtbar. Der an der Oberfläche lokalisierte Abbau verläuft unter Absublimieren der niedrigmolekularen Bruchstücke; unterhalb der Oberfläche bleibt das Polyurethan zunächst unverändert, bis dann auch die intermediär vernetzten Teile zersetzt werden.

W. Schmidt-Lorenz u. a. [42] schließen das Fortschreiten der anfänglich geringen Versprödung von Polyurethan-Folien nach der Bestrahlung mit der weiteren Alterung nicht aus.

Die Strahlenresistenz der Duroplaste ist stark von der Verwendung von Füllstoffen und deren Art abhängig. Transparente Phenolharze, Amin-Formaldehydharze und Polyestermassen haben geringe Festigkeit, so daß bei γ-Bestrahlung bereits ab $10^5 \cdots 10^6$ rad die Zug- und Schlagfestigkeit abnimmt. Bei transparenten Epoxyharzen wirken sich die Härtungsreaktionen aus. Für mit primären Aminen gehärtete Formstoffe ist der Schwellenwert der Strahlenschädigung $10^6 \cdots 10^7$ rad. Die mit aromatischen Diaminen oder mit Pyromellithsäureanhydrid gehärteten Formstoffen haben sehr hohe Strahlenfestigkeit; 10^8 rad schädigen noch nicht. Eine Verbesserung der Oberflächenhärte ist noch bei 10^9 rad gefunden [15].

Füllstoffe auf Cellulosebasis in Kombination mit Phenolharzen führen über Blasigwerden zu schneller Abnahme der Zugfestigkeit und Schlagzähigkeit.

Mineralgefüllte Phenolharze erfahren keine Veränderung ihrer Eigenschaften. Harnstoff- und Melamin-Formaldehydharze bleiben bei Dosen von $8 \cdot 10^6$ rad unangegriffen. Eine 25%ige Schädigung der Eigenschaften erfolgt erst durch Strahlendosen von $5 \cdot 10^7 \cdots 1{,}2 \cdot 10^8$ rad.

Die Abhängigkeit der Strahlenresistenz der Epoxydharz-Formstoffe von der Härtungstechnologie bleibt auch bei den Mineralfüllstoff-Zuschlägen erhalten. Die Widerstandsfähigkeit der mit Anhydriden gehärteten Formstoffe steigt auf $8{,}5 \cdot 10^9$ rad. Mit Phenolharzen oder sonstwie reaktiv modifizierte Epoxyharze erfahren Zunahme der Härte und Druckfestigkeit, so daß allgemein diese Modifikationen sich wie Mineralfüllstoffe hinsichtlich der Strahlenresistenz auswirken.

Die zu gedruckten Schaltungen verarbeiteten Verbundstoffe aus Phenolharzen und Papier erleiden bei Beschuß mit γ-Strahlen oder Neutronen Abnahme des Isolationswiderstands, der Kapazität und Zunahme von $\tan \delta$.

Wenn auch für die Beurteilung der Alterung durch hochenergetische Strahlung die Art ihrer Applikation nach Dosis und Dauer sich verschiedenartig auf die einzelnen Kennzahlen der Plastformstoffe auswirkt und durchaus, wie dargelegt, in den mechanischen Kennwerten graduelle Unterschiede der Veränderung in den einzelnen Meßgrößen zu einer nicht immer gleichartigen Bewertung der Strahlenresistenz eines Polymeren führen, so ermöglicht doch der Versuch von W. A. RIESE [7], zur Abschätzung der „*Lebensdauer*" einiger Hochpolymerer unter dem Einfluß dieser Strahlung die Anzahl Mrad zu verwenden, bei denen eine Mehrzahl von Eigenschaften auf 50% ihrer Anfangswerte zurückgegangen ist, eine gewisse Klassifizierung (*Tab. 72*).

Tabelle 72

Relative „Lebensdauer" einiger Polymerer in Mrad (nach RIESE)

Mrad	Formstoffe
10	Polyisobutylen
50	Celluloseacetat, Cellulosebutyrat
100	Cellulosenitrat
400	Polyvinylchlorid
500	Polyvinylbutyral, Harnstoff-Melamin-Kondensate
1000	Polyurethan, Melamin-Formaldehyd-Kondensate
4000	Polyvinylcarbazol
5000	Polystyrol, Epoxyharz-Formstoffe

Unter Benutzung der auf 75% des Anfangswertes zurückgegangenen Reißdehnungswerte kommen H. FISCHER u. a. [26] zu der aus *Tab. 73* ersichtlichen Strahlenresistenz, wobei in Luft mit 1 Mrad/Std. bestrahlt ist.

Tabelle 73

Strahlenresistenz einiger Plastformstoffe gemessen am Rückgang der Dehnungswerte auf 75% des Ausgangswertes (nach H. FISCHER u. a. [26])

Mrad	Formstoff
1,5	Polypropylen
6	Celluloseacetat, Polyäthylen
ca. 20	Polyvinylalkohol, PVC-W.
ca. 40···50	Polystyrol, Styrol + A CN — Mischpolym.
ca. 130	Polyterephthalat

Bei einer Bestrahlung mit der recht hohen Dosis von 1850 Mrad ($= 5{,}8 \cdot 10^{16}$ Elektronen/cm^2 bei 1 MeV Beschleunigungsspannung) im Vakuum bei 60°C sind folgende Plastformstoffe in Form einer 1,6 mm starken Platte soweit zerstört, daß sich ihre mechanischen und dielektrischen Eigenschaften nicht mehr ermitteln lassen:

Celluloseacetat, -propionat, -butyrat
Die Fluorpolymeren PTFE, PCIFE, PVF, PVDF und Polyfluoräthylenpropylen
PVC H und W
PMMA
PC

An einigen anderen fanden I. W. PASCALE und Mitarb. [41] die in *Tab. 74* zusammengefaßten Veränderungen mechanischer und dielektrischer Kennwerte.

Aus all diesen Befunden kommt die in vielfältiger Versuchsführung auch unter irdischen Bedingungen in An- und Abwesenheit von Sauerstoff gemachte Erkenntnis zum Ausdruck, daß eine aromatische Struktur oder zumindest das Vorhandensein aromatischer Struktur-Elemente eine hohe Strahlenresistenz erwarten läßt.

Für die im Zusammenhang mit der technischen Nutzung der energiereichen Strahlung interessierende Frage, nach der Beeinflussung der natürlichen Alterungsvorgänge von durch Bestrahlung modifizierten Plastformstoffen lehrt die obige Aufstellung weiterhin, daß die Gruppe der ältesten Vertreter auf Basis der Cellulosederivate keine Verbesserung der Alterungsbeständigkeit erfahren.

Sie bilden zusammen mit dem Polyisobutylen, den polymeren Fluorkohlenwasserstoffen, dem Polymethacrylat und dem PVC und dem Polyvinylidenchlorid die Gruppe, bei denen eine Abbaureaktion während der Bestrahlung dominiert.

Nach H. JUNGNICKEL [8] erniedrigt sich das Molekulargewicht einer 1 mm dicken Polyisobutylen-Folie von ursprünglich 180000 durch ca. 5 Mrad Gesamteinstrahlung innerhalb 30 Tagen auf 24000. Die Folien werden dadurch etwas plastischer, d. h. sie unterliegen stärker dem „*kalten Fluß*".

Nach M. MAGAT u. a. [9] kann man bei diesem Plast mit seiner verzweigten Struktur eine gleichzeitige Spaltung mehrerer Bindungen in einem strahlenchemischen Primärschritt annehmen.

Die äußerst geringe strahlenchemische Resistenz des durch seine hohe chemische und thermische Beständigkeit bekannten Polytetrafluoräthylens führt dahin, daß Formstoffe daraus schon bei Dosen von $5 \cdot 10^6$ rad zerbröckeln. Und bei einer Dosis von 2 Mrad nimmt nach R. TIMMERMAN [10] u. a. die Zugfestigkeit schon um 44% ab, wobei es ohne Einfluß bleibt, ob in Luft, in N_2-Atmosphäre oder Vakuum bestrahlt wird.

Die Ergebnisse von BOPP und SISMAN aus dem Jahre 1951 ergaben bereits beim Poly-monochlortrifluoräthylen eine starke Minderung bzw. völligen Verlust der mechanischen Eigenschaften nach Bestrahlung mit $10^{17} \cdots 10^{18}$ NVT-Einheiten*).

J. BYRNE und Mitarb. [11] stellen fest, daß dieses Polymere, evtl. auch plastifiziert durch niedrigmolekulare Homologe, bei einer Billion Rad nach 4 Tagen brüchig ist und innerhalb von 22 Tagen Reißfestigkeit, Scherfestigkeit und Schlag zähigkeit stark abfallen. Es entwickelt sich HCl und H_2F_2 in den bestrahlten Platten in einer Menge von 6 millimol/g, wobei beide Halogenwasserstoffe im Anteil 1:1 abspalten.

---

* NVT Einheit = Neutronenfluß x Zeit

Tabelle 74

Alterung einiger Plastformstoffe durch Bestrahlung mit 1850 Mrad im Vakuum (nach I. V. PASCALE u. a.)

Formstoff	Reißfestigkeit kp/cm²		Reißdehnung %		Biegefestigkeit kp/cm²		DEK (1000 Hz)		tan $\delta \cdot 10^{-3}$ (1000 Hz)	
	a	*b*	*a*	*b*	*a*	*b*	*a*	*b*	*a*	*b*
Polyäthylen 0,92	98	70	1110	9	127	120		2,28	0,08	1,4
Polyäthylen 0,96	267	288	1365	14	408	246		2,33	0,11	0,78
Polypropylen	183	7	330	43	598	—		2,25	0,35	2,0
Polystyrol	562	281	4,2	2,3	1070	809		2,51	0,14	0,11
Styrol-Butadien-M.P.	120	77	25	2	302	457		2,50	0,41	1,8
PVC-Acetat	492	513	98	11	1260	764	3,19	3,56	8,1	14
Polycaprolactam	401	830	520	43	534	1260	6,18	4,14	110	23
Polyurethan	478	197	1135	13	63	134	7,18	6,71	13	30

a = unbestrahlt *b* = bestrahlt
Die Formstoffe sind alle zwischen gelb, braun bis schwarz verfärbt.

Das Poly-monochlortrifluoräthylen erscheint danach weniger strahlenbeständig als PVC.

Nach L. M. EPSTEIN [4] spaltet das mechanisch wie chemisch sehr widerstandsfähige Polyvinylfluorid (PVF) in Luft oder N_2-Atmosphäre mit 10^8 radbestrahlt H_2F_2 ab, so daß der *G*-Wert*) in der Größenordnung von 54···7 liegt. Die Thermostabilität bei 98 °C ist erheblich verringert; unter Säureentwicklung werden diese Folien schwarz und spröde. Hochbestrahlte PVF-Filme erfahren im Ofen bei 105 °C über eine Woche nur wenig eine sichtbare Veränderung. Sobald sie aber abgedichtet werden, verspröden sie über Nacht und werden schlagartig schwarz. Beim PVF zeigen alle Prüfkörper unabhängig von der Strahlendosierung am 3. Tag bei 11 me/gr. eine plötzliche H_2F_2 Entwicklung; die durch freie Radikale ausgelöste Reaktion verläuft nach dem Reißverschluß-Mechanismus, wobei sich wohl nur die Hälfte der möglichen HF-Moleküle beteiligen.

Da beim Polyvinylchlorid der *G*-Wert in der gleichen Größenordnung wie beim PV-Fluorid gefunden und die Anfangsgeschwindigkeit der sekundären thermischen HCl-Abspaltung proportional der erhaltenen Strahlendosis ist, dürfte trotz der noch guten physikalischen Eigenschaften von Formstoffen bis zu einer Bestrahlung von 10^8 rad insgesamt gesehen wohl wenig Aussicht auf eine Verringerung der Alterungsgeschwindigkeit bei dem bestrahlten PVC unter natürlichen Bewitterungsbedingungen bestehen. Die als Bestrahlungsfolge bereits nach 1 Std. erkennbare starke Verfärbung ist auf das Auftreten von Polyen-Systemen zurückzuführen, die dem Formstoff eine gesteigerte Empfindlichkeit gegenüber fotooxydativen Einflüssen verleiht.

Nach den Untersuchungen von Gisela ZEPPENFELD und L. WUCKEL [13] führt eine Bestrahlung in Luft zum Bruch der Hauptvalenzkette und zu einer sehr erheblich nach kleineren Molgewichten verschobenen Verteilung der Polymerisationsgrade (siehe *Abb. 71*).

Bei der HCl-Abspaltung und der Ausbildung von Polyensystemen hat sich eine γ-Strahlung etwa 13mal so aktiv erwiesen wie die UV-Strahlung im Wellenlängenbereich $\lambda = 220 \cdots 340$ nm im Vakuum [16].

Wenn auch unter solchen Bestrahlungsbedingungen unter Anwendung von Vakuum, die eine Vernetzung des Formstoffes etwas begünstigen, eine Zunahme des Molgewichts sich als ein Ansteigen des höhermolekularen Anteils im PVC beim Fraktionieren andeutet [14], und damit eine anfängliche Erhaltung der mechanischen Eigenschaften meßbar wird, so ist es doch nicht ohne weiteres zu erwarten, daß das auf jeden Fall strahlengeschädigte Makromolekül in seiner Alterungsfestigkeit gesteigert ist. Es ist doch hierbei nicht zu übersehen, daß die Spaltprodukte der Bestrahlung — also vornehmlich HCl — im Formstoff eingeschlossen sind und bei weiteren fotooxydativen Beanspruchungen sich katalytisch auswirken. Nach D. KIESSLING [12] erhält der PVC-Formstoff eine merkliche Erhöhung der Gleichstromleitfähigkeit, so daß die Isoliereigenschaften alternder Kabelmassen verringert werden.

---

* *G*-Wert = Moleküle abgespaltener Säure für 100 e.V. absorbierte Energie

Schon J. BYRNE und Mitarb. [11] hatten nachgewiesen, daß die Reißfestigkeiten und Schlagzähigkeiten des Hart-PVC-Formstoffes bereits bei der Bestrahlung mit relativ kleinen Dosen sehr schnell abfallen. Dies ist auch für PVC-H-Rohre [47] mit einer hohen „*Qualitätsreserve*" sowohl bei kurzzeitiger wie langdauernder Bestrahlung der Fall. Die Rohre werden spröde, die Rißzeit sinkt schnell ab. Die

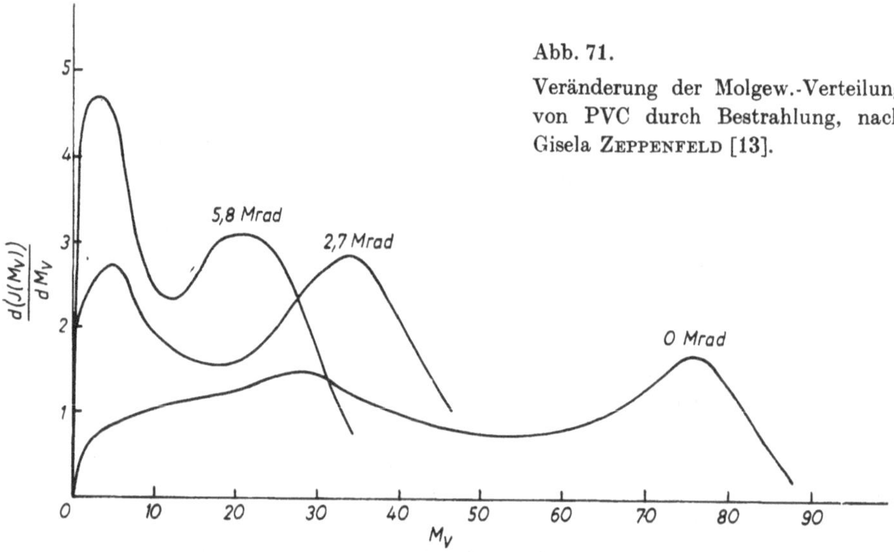

Abb. 71.
Veränderung der Molgew.-Verteilung von PVC durch Bestrahlung, nach Gisela ZEPPENFELD [13].

Schlagzähigkeit von 70 ± 7 kp cm/cm² bleibt nur bis zu Dosen von 15···20 Mrad konstant, die somit als höchstzulässige Grenze charakterisiert werden muß. Hierbei hat sich das PVC-Makromolekül schon sehr stark verändert, wie aus der nachstehenden Übersicht über die Abhängigkeit des Gelanteils mit der absorbierten Strahlendosis zu entnehmen ist.

Mrad	Gelanteil
0	0
10	8,9
30	24,4
50	29,4

Ein Wiederansteigen der mechanischen Eigenschaften durch eine sich anschließende Alterung unter natürlichen Bedingungen ist nicht zu erwarten. Neben den C=C-Bedingungssystemen und der Vernetzung treten als Bestrahlungsschäden auch Allyl-Konfigurationen und tert. Chloratome auf, die bekanntlich schon unter den geringen energetischen Beanspruchungen der irdischen UV-Strahlung in Luftgegenwart leichter Chlor abspalten.

Es gehört mit zu den frühesten Erkenntnissen, daß die Polymerisationsprodukte des Vinylidenchlorids eine geringe Strahlenresistenz aufweisen, so daß irgendwelche Verzögerungen der Alterungsgeschwindigkeit nicht zu erwarten sind.

Nach W. SCHMIDT-LORENZ [42] u. a. führt schon die Bestrahlung der Polyvinylidenchlorid-Folien mit 1 Mrad zu visuell sichtbarer leichter Braunfärbung, die mit steigender Dosis unter gleichzeitiger Veränderung der Oberflächen-Strukturen sich verstärkt. Die Lichtdurchlässigkeit geht also zurück. Die als sekundäre Strahlenfolge anzusehende Schrumpfung wird im weiteren Gebrauch z. B. durch Erwärmen sicher noch größer werden.

Während Formstoffe aus Polymethylmetharcylat unter den Bedingungen der natürlichen Alterung im Strahlenenergie-Spektrum der Erdatmosphäre als sehr widerstandsfähig sich erwiesen haben, ist es gegen die Einwirkung energiereicher Strahlen sehr empfindlich. Je nach Strahlendosis treten Verfärbungen, Versprödungen und völliger bröckeliger Zerfall der Formstoffe auf. Die gesicherte Erkenntnis der Proportionalität zwischen Strahlendosis und Abbau des Makromoleküls und der Nachweis der Speicherung der gasförmigen Zersetzungsprodukte — Wasserstoff, Kohlenmonoxyd, Kohlendioxyd und Methan — im Inneren der Formstoffe machen es wahrscheinlich, daß eine anschließende Alterung unter natürlichen Bewitterungsbedingungen zu einem weiteren Ablauf einer etwa eingefrorenen Bestrahlungsalterung führt.

Infolge der quaternären C-Atoms im Polymethylstyrol zeigt dieses die gleiche geringe Strahlungsresistenz wie das PMMA.

Das Polypropylen nimmt hinsichtlich der Auswirkung energiereicher Strahlungen bezüglich der Ausbildung von Abbauprodukten und Vernetzungen gleichsam eine Mittelstellung zwischen dem Polyisobutylen und dem Polyäthylen ein. Das Verhältnis dieser beiden ändert sich mit der aufgenommenen Dosis bis zum Gelpunkt, der bei etwa 50···60 Mrad liegt. Hier scheint sich eine ältere Annahme von CHARLESBY zu bestätigen, daß pro sich ausbildender Vernetzungsstelle eine Bindung von 2 Monomeren-Einheiten aufgespalten wird [17]. Nach F. RYBNIKÁŘ und Mitarb. [18] liegt auf Grund japanischer Arbeiten die Ausbeute an Vernetzungen bei ataktischem PP höher als bei isotaktischen.

H. WILSKI [23] machte nochmals auf den außerordentlich großen Einfluß der Dosisleistung und der Bestrahlungsdurchführung — Luft oder Vakuum — auf die Beurteilung der Strahlenresistenz des PP, gemessen an den mechanischen Eigenschaften der Formstoffe, aufmerksam. Beachtet man, daß die Proben bereits nach 0,7···1 Mrad bei Langzeitversuchen und bei 15 Mrad bei Kurzzeitversuchen brachen und nach RINGWOOD [3] auch bei 10 Mrad keine Festigkeiten mehr gemessen werden konnten, so ist es wohl doch ziemlich aussichtslos, eine Verringerung der Abbaugeschwindigkeit des PP bei der natürlichen Bewitterung durch eine vorgeschaltete Bestrahlung zu erreichen.

Die nach Dosisleistung und Zeitdauer beeinflußbare Veränderung des Polyäthylens hatte bereits A. CHARLESBY [25] vor ca. 15 Jahren erkannt. Eine kurze Bestrahlung führt zu einer Vernetzung, die bei Einstrahlung von 50 bis 100 Mrad noch nicht dicht ist. Eine Vernetzung von ca. 1% der Monomeren wirkt sich noch nicht auf die Meßwerte der mechanischen Eigenschaften aus. Wird eine völlige Unlöslichkeit in organischen Lösungsmitteln erreicht, so schmilzt das PE nun $>120\,°C$ nicht mehr.

Nach unseren Befunden [31] ist der innerhalb 2 Std. mit einer Gesamtdosis von 50 Mrad unter Benutzung von thermischen und schnellen Neutronen sowie γ-Strahlen bestrahlte Polyäthylen-Prüfkörper bereits unlöslich. In seinem äußeren Befund unterscheidet er sich bis 500 Mrad nicht vom unbestrahlten Material, wird aber mit bis zu 5000 Mrad Gesamtintensität dunkler und schließlich völlig schwarz unter merklichem Verlust seiner Formstabilität*)

Eine größere Bestrahlungsdosis verleiht dem PE ausgeprägt elastische Eigenschaften; der kalte Fluß wird bei Raumtemperatur schon recht deutlich und im Bereich oberhalb des „*Schmelzpunktes*" ist es gummielastisch. Eine weitere Steigerung der Bestrahlung macht das PE völlig amorph; es wird bei Raumtemperatur glasähnlich und hart.

Es mag dahingestellt bleiben, ob die Bezeichnung Polyäthylen für diese so stark abgewandelten Substanzen noch berechtigt ist. Für eine technische Nutzung eines in seinen physikalischen Grundeigenschaften noch weitgehend unverändert gebliebenen PE kommt aber wohl nur die Anwendung einer Bestrahlungsdosis von $10^7 \cdots 10^8$ rad in Betracht [20], wobei der Hinweis von H. Wilski [23] nicht übersehen werden darf, daß „*Bestrahlen in Gegenwart von Sauerstoff zu einer Verschlechterung der Gebrauchseigenschaften*" führt. Dazu gehört auch der Verlust der Verschweißbarkeit [28] nach Bestrahlen mit 6···12 Mrad. Nach M. Možišek [27] bleiben die das mechanische Verhalten weitgehend bestimmenden Kristallite bis zu einer Strahlendosis von 10^9 rad noch erhalten.

Die in diesem Strahlungsbereich eintretende Erhöhung des Schmelzpunktes ermöglicht die Benutzung der bestrahlten Formstoffe bei Temperaturen oberhalb 120°.

Aus der Bestimmung der Reißfestigkeit und Reißdehnung bei verschiedenen Temperaturen an bestrahlten formstabilen PE-Formstoffen ergibt sich die von anderen Plastformstoffen her bekannte Abhängigkeit dieser Meßwerte von der Temperatur.

Die Reißfestigkeit fällt u. a. nach Messungen von E. I. Lawton und Mitarb. [29] gleichmäßig stark ab, während die Dehnung über ein breites Maximum oberhalb 50 °C bis zum Kristallit-Schmelzpunkt wieder abfällt. Die Kraft-Dehnungsdiagramme ähneln denen der kautschukelastischen Körper.

Eine in bestimmten Zeitabständen wiederholte Bestimmung dieser mechanischen Eigenschaften zeigt auch bei den Reißfestigkeiten eine Abnahme mit fortschreitender Alterung.

Ob die von H. Wilski und E. Gaube [30] durchgeführte Extrapolation des geradlinigen Verlaufs dieser abnehmenden Tendenz bis zu einem Zeitpunkt „*50 Jahre*" trotz des eindeutigen plötzlichen stärkeren Abfalls nach kürzeren Zeiträumen aus den Materialeigenschaften her berechtigt ist, mag zumindest in Zweifel gezogen werden.

Zur Zeit liegen wohl keine Anhaltspunkte dafür vor, daß die Alterung der be-

---

* Über die Abnahme der Reißfestigkeiten und Reißdehnung der verschiedenen handelsüblichen Polyäthylen-Typen als Funktion der Dosis unterrichten Arbeiten von H. Fischer und Mitarb. [26].

strahlten PE-Formstoffe unter normalen Umweltbedingungen mit einer verringerten Geschwindigkeit verläuft als bei dem normalen Polyäthylen.

Bei dem zumindest unter Luftausschluß als erheblich strahlenbeständig geltenden Polystyrol, das nach Hinweisen von H. Wilski [23] in Anwesenheit von Luftsauerstoff doch merklich unbeständiger ist, haben unsere Untersuchungen [31] unter Benutzung einer Gesamtstrahlung aus thermischen und schnellen Neutronen sowie γ-Strahlen bereits nach 3 Std. Bestrahlungsdauer, entsprechend 50 Mrad Gesamtdosis, bereits eine sehr weitgehende Vernetzung der als Spritzguß-Normstäbe vorliegenden Prüfkörper ergeben.

Hierbei tritt eine sich allmählich vertiefende Verfärbung von farblos transparent über gelblich (nach 3 Std.!), braun (500 Mrad = 28 Std.) nach schwarzbraun mattiert als Endstadium (5000 Mrad = 280 Std.) ein.

Das in *Abb. 72* zusammengefaßte Ergebnis der physikalischen und physikalisch-chemischen Messungen kennzeichnet den auch unter dem Einfluß der natürlichen UV-Strahlung des Wetters stets beobachteten starken Einbruch der Eigenschaften im Anfangsstadium (*A*) der hier durchgeführten Belastung mit energiereicher Strahlung. In der Hauptperiode *B* stellt sich dann offenbar ein Gleichgewichtszustand ein, der eine relativ langzeitige Konstanz aller Meßkriterien aufweist.

Im Zusammenhang mit den Aussagen der *Tabelle 72* bedeuten diese Befunde, daß die Biegefestigkeiten der mit 5000 Mrad bestrahlten PS-Formstäbe noch eine für viele Anwendungsgebiete ausreichende Festigkeit aufweisen, wenn auch die Schlagzähigkeitswerte eine aufgetretene Sprödigkeit erkennen lassen.

Eine Schlußfolgerung, daß eine weitere Alterung derartiger vorbestrahlter Polystyrolformstoffe mit einer verringerten Geschwindigkeit in Auswirkung der Vernetzung ablaufen könnte, erscheint bei der nachgewiesenen fotooxydativen Empfindlichkeit dieses Makromoleküls nicht berechtigt.

Im Gegensatz dazu wird die Witterungsfestigkeit von Formstoffen aus Epoxyharzen erwarten lassen, daß auch solche Epoxyharzformstoffe, die mit Strahlendosen bis zu 10^9 Mrad gemäß der durch van der Voorde [20] gegebenen Übersicht (siehe *Tab. 75*) behandelt sind, in ihrer Gebrauchsdauer unter normalen Umweltbedingungen nicht eingeschränkt werden.

Die bei derartigen Strahlendosen auftretenden Verfärbungen [43] nach braun sind sicher dafür ohne Bedeutung.

Aus der bereits unter irdischen Bedingungen gegebenen Notwendigkeit bei der Alterung der Plastformstoffe UV-Absorber zu verwenden, ergibt sich beinahe zwangsläufig die Folgerung, bei der Anwendung der Hochpolymeren in Gegenwart von energiereicherer Strahlung Zusatzstoffe mit einer solchen Konstitution auszuwählen, die sich einmal im terrestrischen Strahlen-Spektrum bereits bewährt haben und zum anderen die Fähigkeit aufweisen, mit Polymerradikalen zu reagieren, um entweder kurzlebige niedrig-energetische Radikale zu bilden oder sie vollständig zu desaktivieren.

Hierbei wird es weiter angebracht sein, die Schutzwirkung aromatischer System gegenüber der energiereichen Strahlung in der Konstitution dieser „*Antiradianten*“ auszunutzen.

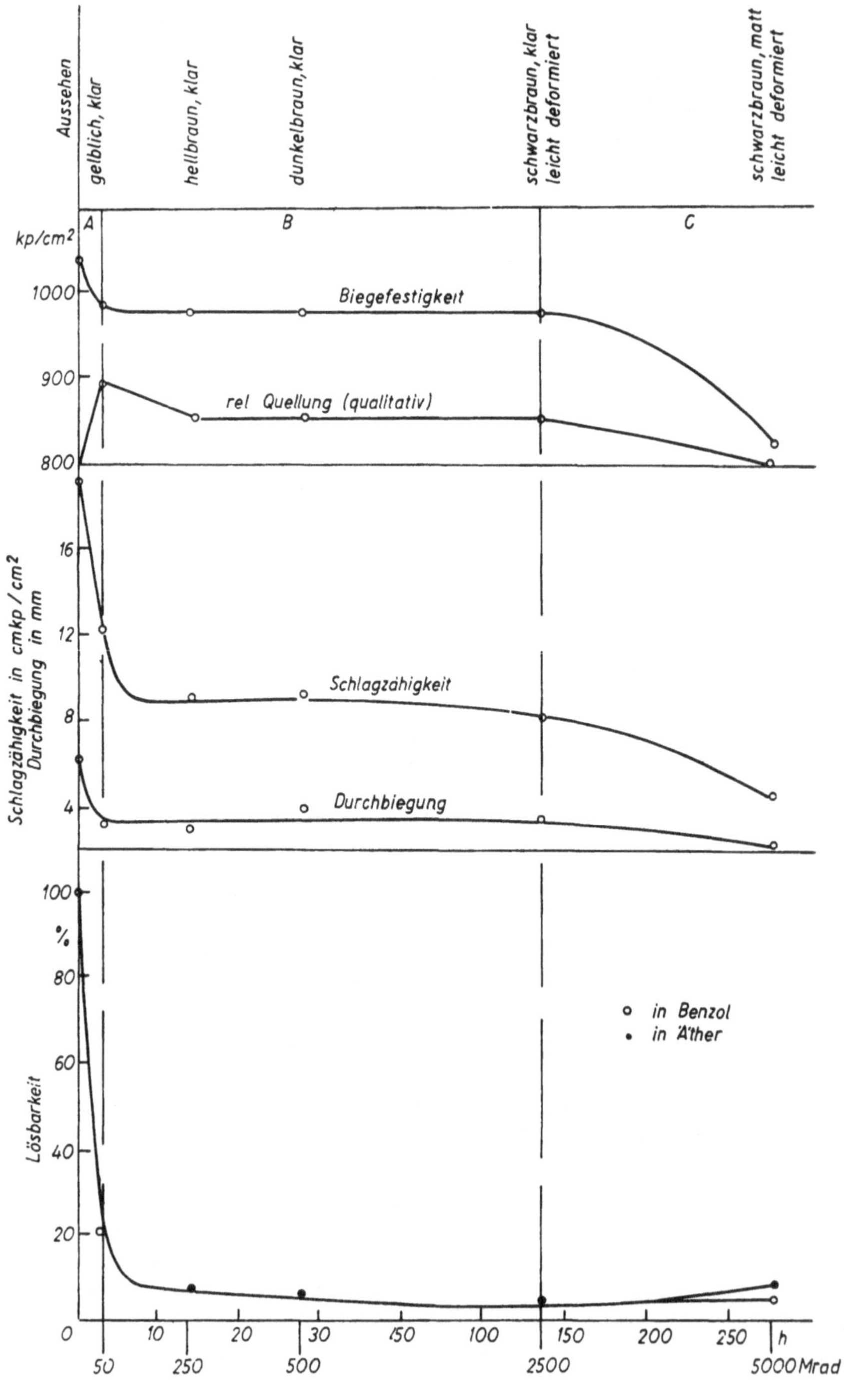

Abb. 72. Veränderung physikalischer und physiko-chemischer Kennwerte beim Polystyrol durch Bestrahlung mit Neutronen

Tabelle 75

Ungefähre Übersicht über die Strahlenbeständigkeit der Plastformstoffe bezüglich einer weiteren Nutzungsmöglichkeit (nach VAN DE VOORDE [20])

Nutzung möglich (keine Schädigung) bei	nach Bestrahlung mit rad	ausgeschlossen (schw. Schädigung)
PTFE	10^4	ab 10^5
transp. U.P.	$10^5 \cdots 10^6$	$10^6 \cdots 10^7$
Polyamid		$10^6 \cdots 10^7$
PMMA		
Kel F		$10^7 \cdots 10^8$
CA	$10^6 \cdots 10^7$	$10^7 \cdots 10^8$
PC		$>10^8$
PVDC		$10^7 \cdots 10^8$
transp. Phenolharz		$10^7 \cdots 10^8$
Harnstoffharze		$10^7 \cdots 10^8$
PVC		$\geqq 10^8$
Polyterephthalat	$10^7 \cdots 10^8$	$>10^8$
PE		$>10^8$
Polyvinylcarbazol		$10^9 \cdots 10^{10}$
Polyimide	$10^8 \cdots 10^9$	$>10^{10}$
Polystyrol		$10^9 \cdots 10^{10}$
Epoxyharze (aromat. gehärtet)	$10^9 \cdots 10^{10}$	$>10^{10}$

Die unter terrestrischen Bedingungen gut wirksamen handelsüblichen substituierten Benzophenone und Benztriazol-Derivate erweisen sich nach den Untersuchungen von R. G. SCHMITT und R. C. HIRT [32] als unter Weltraumbedingungen viel zu flüchtig, so daß schon in relativ kurzer Zeit merkliche Verdampfungsverluste auftreten.

Die Autoren ermittelten folgende Verdampfungsmengen in g/cm²/sec bei 0°C (siehe *Tab. 76*).

Die beträchtlich geringere Wirksamkeit dieser handelsüblichen UV-Absorber wird auf die starke UV-Absorption der Plastformstoffe bei den im Weltraum vorhandenen kürzeren Wellenlängen zurückgeführt. Es handelt sich als notwendig erwiesen, die UV-Absorber in Melamin-Formaldehyd-Formstoffe zu verteilen, da nur so der Verdampfungsverlust vernachlässigbar klein ist.

Die Zersetzungsgeschwindigkeit der UV-Absorber kann aus der Beziehung zwischen Absorber-Menge und dem log der Expositionszeit gemäß

$$A_0 - A = \gamma(\log E - \lg i)$$

Tabelle 76

Verdampfungsverluste von UV-Absorbern unter Weltenraum-Bedingungen

	$g/cm^2/sec$	Smp.
2,4-di-Hydroxybenzophenon	$8 \cdot 10^{-12}$	145°C
2-Hydroxy-4-methoxybenz.	$5{,}4 \cdot 10^{-9}$	64°C
2,2'Hydroxy-4,4'methoxybenz.	$7{,}4 \cdot 10^{-13}$	135°C
2,2'Hydroxy-4-methoxybenz.	$1{,}2 \cdot 10^{-13}$	69°C
2,2'-4,4'Tetraoxybenzophenon	$2{,}7 \cdot 10^{-13}$	198°C
Salol	$3{,}2 \cdot 10^{-7}$	42°C
4-tert.-Butyl-phenylsalicylat	$1{,}6 \cdot 10^{-9}$	63°C
5-Chlor-2-Hydroxybenzophenon	$1{,}7 \cdot 10^{-8}$	94°C
Dibenzoylresorcin	$1{,}8 \cdot 10^{-13}$	126°C
2(2'Hydroxy-5'Methyl-phenyl)-Benzotriazol	$1{,}9 \cdot 10^{-10}$	131°C

abgeleitet werden. Hierin ist $A_0 - A$ die Änderung in der Absorption proportional dem Betrag an reagiertem Absorber, γ = „*photographischer Kontrast*" (gibt die Neigung des reagierten Absorbers gegen log Zeit an). Die Rückwärts-Verlängerung des geraden Teils der Kurven gegen die Zeitachse ist die durch „*i*" dargestellte Inertzeit. Beide Konstanten sind Funktionen der photochemischen Stabilität des Absorbers.

Schmitt und Hirt ermitteln folgende Belichtungszeiten in Std. für $\Delta A = 0{,}200$ unter irdischen und außerirdischen Bedingungen.

	irdisch Stunden	außerirdisch	Verhältn.
2-Hydroxy-4-methoxybenzophenon	300	20	15
2,2'-4,4'Hydroxybenzophenon	315	13	24
2,4-Dihydroxybenzophenon	310	12	26
2,2'Hydroxy-4-methoxybenz.	315	7	45
2,2'Hydroxy-4,4'methoxybenz.	300	6	50

Der Verlust der UV-Absorber im Weltenraum infolge der Strahleneinwirkung ist also 32mal so groß wie unter irdischen Bedingungen.

Nach den Mitteilungen von H. H. Hormann [33] können diese Benzophenone und Benzotriazole durch fluorsubstituierte Benzophenone z. B.

F oder CF_3 in 2',3'-Stellung
R, *R'* = H oder CH_3
O*R'* in 4'-Stellung

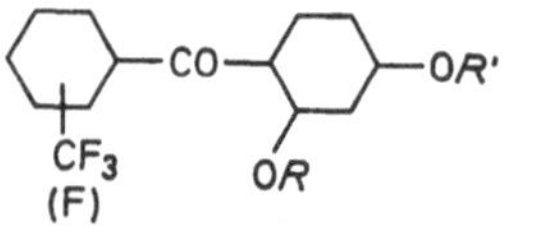

oder noch besser durch Ferrocene, Osmocene oder Ruthenocene abgelöst werden. Hierbei haben die rot bis orange gefärbten Ferrocene allerdings den Nachteil, daß durch die Anfangs-Solarabsorption die Temperatur der Formstoffe erhöht wird.

Die Benzoylferrocene zeichnen sich durch sehr stabile Absorptionsfähigkeit gegen UV-Strahlung aus. Sie folgen etwa folgender Konstitution:

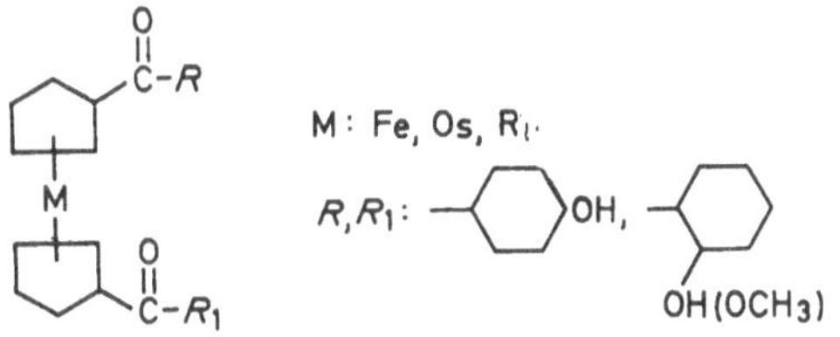

Durch Hydroxybenzoylruthenocene oder analog Methoxy-benzoylosmocene wird die anfängliche Solarabsorption stark zurückgedrängt. Man rechnet mit einer Wirksamkeit von ca. 2400 Solarstunden.

Um gegen die bei der Bestrahlung mit energiereicher Strahlung auftretende Verfärbung von Cellulose und ihren Derivaten zu schützen, sind mechanisch ihnen einverleibte aromatische Stabilisatoren wie Acetophenone, Naphthone oder Phenole nur von geringer Wirksamkeit, so daß nach 1 Jahr die gleiche Verfärbungsintensität wie bei ungeschützten Materialien auftritt. Es ist vorteilhafter, die Benzylcellulose oder den Zimtsäureester der Cellulose anzuwenden, wobei die Filmfestigkeit der Benzyl-Hydroxyäthylcellulose nach der Bestrahlung am besten erhalten ist [34].

Die durch eine solche Strahlung entstehenden Radikale sind mindestens 20 Std. lang stabil.

Geht man davon aus, daß kleine Mengen von Zusatzstoffen in den energiereicher Strahlung ausgesetzten Plastformstoffen in der Lage sein könnten, die Energie während ihrer Wanderung im Feststoff abzufangen, bevor sie im Hochpolymeren Schaden anrichtet, so könnten dadurch sowohl die Vernetzung wie der Abbau verhindert oder zumindest eingeschränkt werden.

Unter den von D. T. TURNER [35] für die Verhinderung der Vernetzung des Naturkautschuks bzw. Butadien-Styrol-Mischpolymerisats erprobten organischen Verbindungen überwiegen die aromatischen Verbindungen, wohl in Ausnutzung der besonderen elektromeren Struktur der aromatischen Ringe. Jedoch darf man nicht übersehen, daß die meist übliche Methode des Einwalzens dieser Zusatzstoffe in das Hochpolymere offenbar nicht immer optimal bezüglich der Schutzwirkung ist und durch eine Applikation über die Lösung des „*Antiradiants*“ abgelöst werden sollte.

K. WÜNDRICH [44] bevorzugt das Einpolymerisieren der im monomeren Methylmethacrylat löslichen „*Antiradiantien*“ und erzielt eine homogene Verteilung in dem transparenten Polymerisat.

In vielen Fällen läßt sich wohl auch nur nach den letzten Methoden eine solche hohe Konzentration applizieren, daß auch bei hohen Bestrahlungsdosen die Schutzwirkung nicht durch eine Schädigung des „*Antiradiants*“ selbst aufgehoben wird.

Eine solche Schädigung haben R. ALEXANDER und D. I. TOMS [36] beim 8-Hydroxychinolin als Schutzstoff gegen den Abbau von Polymethylmethacrylat beobachtet. Dagegen bleibt die Wirksamkeit des Naphthalins auch bei höherer Strahlendosis erhalten. Im Zusammenhang mit der Leistungsfähigkeit weiterer überwiegend aromatischer Zusatzstoffe wird als Wirkungsmechanismus die Abgabe der absorbierten Energie an die niedermolekulare Verbindung angesehen in dem Intervall zwischen dem Eintritt der Ionisierung und deren Strahlenabbau.

Hierfür spricht auch die von G. GARDNER und L. M. EPSTEIN [37] mitgeteilte Beobachtung, daß markierte Zusatzstoffe nach der Bestrahlung nicht in der Polymerenkette erscheinen. Die Autoren sehen in der Benutzung von Substanzen, die als Scintillatoren die Strahlenenergie so umwandeln können, daß niedrigere Energiebeträge emittiert werden, einen weiteren Fortschritt in der Technologie der „*Antiradianten*". Unter diesem Gesichtspunkt sind Pyren, p-Terphenyl als Vertreter anellierter Ringsysteme und linear kondensierter Benzolhomologer sowie Pb-Stearat als ein Material mit niedrigem Ionisations-Potential, das nach Verlust eines Elektrons relativ stabil ist, im Polymethylmethacrylat-Film geprüft.

Die Leistungsfähigkeit dieser 3 Zusatzstoffe, die bei einer Gesamtdosis von 55 Mrad eine starke sichtbare Verfärbung nicht verhindern, ergibt sich aus der Linearität der Funktion Kettenbrüche gegen Belichtungszeit (maximal 3 Std.), deren Neigung die Wirksamkeit der Zusätze charakterisiert.

In der nachstehenden *Tab. 77* ist die Neigung der Kurve relativ zu der des reinen PMMA als Maßzahl verwertet.

Tabelle 77

Wirksamkeit von „Antiradiantien" in PMMA

Zusatz	Konz. %	Wirksamkeit
Pyren	0,1	0,928
	1,0	0,694
	5,0	0,439
p-Terphenyl	0,1	0,887
	1,0	0,694
Pb-Stearat	0,1	0,948

Ein Molekül Pyren auf 35 Monomeren Einheiten kann die durch die Ionisierungs-Energie ausgelösten Abbauschäden etwa halbieren.

Nach K. WÜNDRICH [44] tritt bei Bestrahlung solcher Kohlenwasserstoff enthaltenden PMMA-Formstoffe eine erhebliche Zerstörung des Zusatzstoffes ein. Zur Charakterisierung der Wirksamkeit hat er den Strahlenschutzfaktor $P_f = \frac{G}{G_p}$ als das Verhältnis der Spaltungsausbeute von Hauptvalenzketten ohne und mit Additiv definiert.

Aus der Abhängigkeit dieses Faktors von der Konzentration in Mol % ergibt sich eine unterschiedliche Wirksamkeit je nach Applikation entweder über die Lösung oder durch Einpolymerisation. Während Naphthalin in beiden Fällen gleich wirksam ist und Phenanthren in der Konzentration 6% Mol einpolymerisiert wirksamer, ist Pyren in den Konzentrationen 4 und 6% Mol in Lösung appliziert am wirksamsten. Die Wirkung dieser Zusatzstoffe bleibt auch dann noch erhalten, wenn sie selbst durch die Strahlung zu maximal 85% zersetzt sind. Dies bedeutet, daß sich der Strahlenschutzfaktor aus dem Anfangsgehalt der Zusatzstoffe vor der Bestrahlung errechnet.

Zur Frage der Verhinderung von Bestrahlungsnacheffekten durch derartige Zusatzstoffe ist die Beobachtung von Bedeutung, daß laut Aussagen der Viskositätsmessungen diese offenbar nicht nach mehreren Stunden oder Erwärmen auftreten. Hach einem Lagern von $^1/_2$ Jahr ist eine weitere Schädigung durch das Eindiffundieren von O_2 in den Prüfkörper auf ca. $^1/_3$ des Anfangsbetrages eingetreten. Ohne Zusatzstoffe sind nach K. Wündrich die Nacheffekte nach etwa 20 Tagen abgeklungen.

Eine Erprobung von Stabilisatoren vom Radikaltyp (siehe Bd. 1, S. 550) als „*Antiradians*" sollte nicht aussichtslos sein.

Im Gegensatz dazu wirkt das als strahlenchemisch sehr wirksam erkannte 1,4-Bis-(N-formyl-β-naphthyl-amino-)benzol

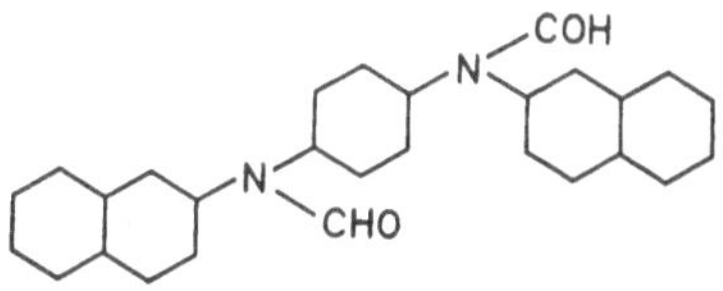

auf die Menge der intermediären Hydroperoxide und CO-Verbindungen vermindernd ein. Aus den ESR-Spektren ist ersichtlich, daß die Art und Menge der durch die γ-Bestrahlung entstehenden Radikale nicht beeinflußt wird [38].

Das ist offenbar auch der Fall bei der Bestrahlung von Polypropylen, das 0,4 millimol/g 2,6-di-tert. Butyl-p-Kresol oder 3,5-di-tert.Butyl-brenzkatechin oder Phenyl-β-naphthylamin als Stabilisator enthält, mit γ-Strahlen in Gesamtdosis von ca. 160 Mrad. Es sind bei allen Prüfkörpern ca. 0,6 bis 1,6 · 10^{-18} Radikale/g PP gefunden, wobei die geringste Konzentration beim p-Kresol-Derivat auftritt [40].

Von den gebräuchlichsten Thermostabilisatoren für Polyvinylchlorid wirken sich die Stearate in der Richtung einer Steigerung der Vernetzungstendenz und die Sn-organischen Verbindungen in einer Hemmung aus.

Die starke Häufung des aromatischen Ringsystems im Trikresylphosphat verhindert in PVC-TKP-Systemen die Strahlen-Vernetzung.

Bei den Phthalaten ist sie gemindert, so daß die Geldosis merklich höher liegt [39].

Ein mit Ruß stabilisierter Polyäthylen-Normstab ist nach unseren Befunden [31] bei der Bestrahlung mit thermischen und schnellen Neutronen und γ-Strahlen nach 500 Mrad Gesamtdosis in 28 Std. schon merklich durch Risse deformiert, die mit der weiteren Bestrahlungszeit bis zu 280 Std. und 5000 Mrad sich noch erheblich verstärkt. Die Veränderung der Biegefestigkeit oder Schlagzähigkeit durch die Bestrahlung wird durch den Stabilisator Ruß nicht beeinflußt. Auch aus den Lösbarkeits-Werten ergibt sich seine Unwirksamkeit gegenüber energiereicher Strahlung.

Literatur

[1] J. Delorme: Revista de Plasticos Modernos **86** (1963)
[2] R. G. Schmitt u. R. C. Hirt: J. Polymer Sci. **61** (1962), 361
[3] A. F. Ringwood: Modern Plastics **41** (Jan. 1964), 173
[4] L. M. Epstein: Nat. Acad. Sci. Nat. Res. Council Publikation **842** (1961), 141
[5] F. A. Machlis u. a.: Atom Energie **18** (1965), 48
[6] W. C. Sears: J. Polymer Sci. **21** (1956), 325
[7] W. A. Riese: Deutsche Farb. Ztschr. **16** (1962), 468
[8] H. Jungnickel: Der Tiefbau 1960, 5
[9] M. Magat: J. chim. physique **48** (1951), 385
[10] R. Timmerman: J. appl. Polymer Sci. **6** (1962), 456
[11] J. Byrne u. a.: Ind. Engng. Chem. **45** (1953), 2549
[12] D. Kiessling: Kolloid Z. Zeitschrift für Polymere **201** (1965), 62
Monatsber. der DAdW. zu Berlin 8 (1966), 304
[13] G. Zeppenfeld u. L. Wuckel: Mitteilg. aus dem Institut für Metallphysik und Reinstmetalle, 2. Symp. über Strahlungschemie, Mai 1966, in Tihany (VR Ungarn)
[14] M. A. Crook u. a.: Nature (London) **198** (1963), 1163
[15] E. L. Colichman u. a.: Modern Plastics **35** (Okt. 1957) 180
[16] M. A. Golub u. a.: Makromolekulare Chemie (Basel) **85** (1965), 6
[17] R. M. Black u. B. J. Lyons: Proc. Roy. Soc. (London) Ser. A **253** (1959), 322
[18] F. Rybinkář u. a.: Plaste u. Kautschuk **10** (1963), 322
[19] I. P. Losew: Plast. Massen (UdSSR) 1962, Nr. **9**, 10
R. Harrington u. a.: Modern Plastics **36** (1958), 199
I. H. Golden u. a.: J. Polymer Sci. *A* **1** (1963), 1671
[20] van de Voorde: Ind. atom. 1967, Nr. **3–4**, 61
[21] C. D. Bopp u. O. Sisman: Nucleonics **13** (1955) Nr. **7**, 728
[22] M. L. Kerber u. a.: Plast. Massen (UdSSR) 1964 Nr. **4**, 20
[23] H. Wilski: Kunststoffe **58** (1968), 18
[24] H. Fischer u. Mitarb.: Makromolekulare Chemie **91** (1966), 107
Kolloid. Z. Zeitschrift für Polymere **216** (1967), 329
[25] A. Charlesby: Nature (London) **171** (1953), 167
Nucleonics **14** (1956) Nr. **9**, 82
[26] H. Fischer u. Mitarb.: Kunststoffe **58** (1968), 625
[27] M. Možišek: Plaste u. Kautschuk **10** (1963), 451
[28] N. A. Melichowa u. a.: Plast. Massen (UdSSR) 1965 Nr. **4**, 36
[29] E. I. Lawton u. Mitarb. Ind. Engng. Chem. **46** (1954), 1703
siehe auch: E. Rexer und L. Wuckel: „*Chemische Veränderungen von Stoffen durch energiereiche Strahlung*", S. 221 — VEB Deutscher Verlag für Grundstoff-Industrie, Leipzig, 1965
[30] H. Wilski u. E. Gaube: Chem. Ing. Techn. **37** (1960), 611
[31] gemeinsam mit Institut für Kerntechnik in Rossendorf
[32] R. G. Schmitt u. R. C. Hirt: J. Polymer Sci. **45** (1960), 35; **61** (1962), 361
J. appl. Polymer Sci. **7**, (1963), 1565
Kunststoffe **51** (1961), 772
[33] H. H. Hormann: Ind. Engng. Chem. Prod. Res. and Development **5** (1966), 92
[34] C. P. I. Claudemans u. a.: Tappi **45** (1962), 542

[35] D. T. TURNER: J. Polymer Sci. **27** (1958), 503
[36] R. ALEXANDER u. D. I. TOMS: Radiation Res. **9** (1958), 509
[37] G. GARDNER u. L. M. EPSTEIN: J. chemical Physics **34** (1961), 1653
[38] L. A. KOTORENKO u. a.: Ukrains. Chem. I. 30, 370
A. Ss. FOMENKO u. a.: loc. cit. 376
[39] C. WIPPLER: Rev. gén. Caoutchouc **36** (1959), 369
[40] D. N. ANELI u. a.: Plast. Massen (UdSSR) 1957, Nr. **6**, 14
[41] I. V. PASCALE u. a.: Modern Plastics **41** (Okt. 1963), 239
[42] W. SCHMIDT-LORENZ u. a.: Kunststoffe **54** (1964), 359; **53** (1963), 281
[43] H. BEINE: Plaste u. Kautschuk **13** (1966), 277
[44] K. WÜNDRICH: Kolloid Z. Zeitschrift für Polymere **226** (1968), 116
Die Naturwissenschaften **56** (1969), 461
Angewandte Makromolekulare Chemie 8 (1969), 167
[45] K. H. HELLWEGE u. a.: Kolloid Z. Zeitschrift für Polymere **188** (1963), 11
[46] A. FERSE u. Mitarb.: Kolloid Z. Zeitschrift für Polymere **219** (1967), 20
[47] H. WILSKI u. E. GAUBE: Kerntechn. Isotop. techn.- und -chemie 10 (1968) 142, 384

4.4. Alterung von speziellen Nutzungsformen der Plastformstoffe unter natürlichen Bedingungen

4.4.1. Plastschaumstoffe

In den Plastschaumstoffen liegen die hochpolymeren Werkstoffe in Form sehr dünner überwiegend transparenter Filme vor, die die Wände des einen Schaumstoff charakterisierenden Verbandes von Zellen bilden. Durch diese Zellwände bleiben die einzelnen Zellen stofflich von einander getrennt, bilden aber kräftemäßig gesehen ein neues einheitliches System. In den Stoßfugen der Zellwände bilden sich dreieckige Kanäle, die Gibbs-Kanäle aus.

Wenn auch grundsätzlich alle Plastwerkstoffe sich „verschäumen" lassen, so haben z. Z. die Schaumstoffe aus Celluloseacetat, Polyäthylen, Polystyrol, Polyvinylchlorid, Polyvinylformal, Polyestern, Polyurethanen, Harnstoff- und Phenol-Formaldehyd-Kondensaten, sowie Epoxyharzen eine technische Nutzung erfahren.

Die Schaumstoffe kommen hierbei offenzellig oder geschlossenzellig oder auch in gemischtzelliger Form zur Anwendung. Die Zellen orientieren sich oft während der Herstellung verschiedenartig zu Anfang und Ende des Fabrikationsganges. Für die Ermittlung des mechanischen Verhaltens ist diese unregelmäßige Anisotropie rechnerisch schlecht zu erfassen.

Die Alterung der Plastschaumstoffe läßt sich von der Seite des Stoffes her gesehen aus den Ergebnissen und Erkenntnissen der benutzten Polymeren beurteilen. Darüber hinaus werden die aus dem Gefüge des Schaumstoffes und aus der Tatsache, daß er nur zu 5···8% aus dem Polymeren-Gerüst besteht, sich bevorzugt anbietenden Anwendungen eine direkte Exposition des Schaumstoffes im Wetter zwar keineswegs ausschließen, aber doch immerhin zu den selteneren Anwendungsfällen machen.

Die im Vordergrund der Anwendung stehende Benutzung der Plastschaumstoffe zur Isolierung von Hohlräumen bedeutet hinsichtlich der Alterung den Ausschluß von Sauerstoff und Licht. Es kann also mit einer relativ langen Gebrauchsdauer solcher Plast-Schaumstoffe gerechnet werden.

Diese Bedingungen sind auch bei der umfangreichen Nutzungsmöglichkeit der Schaumstoffe als Bodenverbesserungsmittel und im Sektor der Plastponik gegeben.

Als verrottungsfest und beständig gegen Befall von Bakterien und Pilzen haben sich die Schaumstoffe aus PE, PS, PVC, Harnstoff-, Phenol-CH_2O-Kondensaten erwiesen.

Offenbar sind PU-Schaumstoffe gegen cellulose-zerstörende Mikroben vornehmlich bei hohem Feuchtigkeitsgehalt nicht völlig resistent, wobei auch der Aufbau aus Polyäthern eine Steigerung der Resistenz bringt [2].

Die Widerstandsfähigkeit gegen tierische Schädlinge ist verschieden. Die Schaumstruktur erleichtert oft das Annagen, beispielsweise beim PS, den Harnstoff- und Phenol-Aldehyd-Kondensaten. Eine Applikation von Biß- und Nagegiften im Schaumstoff ist möglich.

Je nach dem Charakter der Zellen kann die Wasseraufnahme der Schaumstoffe und ihr Wasserspeicherungsvermögen eingestellt werden, jedoch hat sich eine Beschleunigung der Alterung durch eine wiederholte Aufnahme und Abgabe von Wasser bisher nicht erkennen lassen.

Dies gilt auch für den doch merklich hydrophilen Harnstoff-Formaldehyd-Schaumstoff, von dem W. Baumann [1] berichtet, daß er ohne Eigenschaftsänderung zwei Jahre auf einer Wasseroberfläche schwimmt und daß auch nach 8-jährigem Lagern unter Wasser die Austrocknung innerhalb 24 Std. bei normaler Temperatur abläuft und keine Strukturänderung zu beobachten ist. Ebensowenig hat ein wiederholter Wechsel von Gefrieren und Auftauen des mit Wasser gesättigten Harnstoff-Schaumstoffes ihn zerstört.

Jedoch führt eine Kombination der Wassereinwirkung mit Luft und Licht eine schnelle Alterung dieses Schaumstoffes herbei.

Schaumstoffe aus Phenol-Resolen verfärben sich im Freien relativ schnell nach gelblich und braun, ohne daß aber die Brauchbarkeit wesentlich eingeschränkt wird. Auch die Polyurethan-Schaumstoffe sind nicht lichtecht. Das Braunwerden und Zerbröckeln von Schwämmen aus ihnen selbst unter dem Einfluß des durch Glasfenster filtrierten UV-Anteils des Sonnenlichtes ist wohl schon manchem Autobesitzer als Nachteil dieses Schaumstoffes aufgefallen.

Es handelt sich hier um eine photooxydative Zersetzung der Reaktionsprodukte der aromatischen Diisocyanate, die nur durch totalen Sauerstoffabschluß unterdrückt werden kann und demgemäß auch mit verringerter Geschwindigkeit im Dunkeln verläuft. Die Vergilbung ist außerdem graduell verschieden, je nachdem ob Polyester oder Polyäther verwendet wurden und welche Methode zur Einstellung des Raumgewichts der PU-Schaumstoffe benutzt wurde. Die allgemein bekannte Lichtunechtheit aromatischer Amine wirkt sich eben auch hier aus. Jeanne K. Buxbaum [3] hat diese während der Alterung gebildeten aromatischen primären Aminendgruppen durch Farbreaktionen im festen Schaumstoff mit Bromphenolblau nachgewiesen.

Nach den Bewitterungsergebnissen [2] im feucht-warmen Tropenklima während 12 Monaten erleiden Polyester-Polyurethan-Schaumstoffe bei Ausschluß von direktem Sonnenlicht und Regen praktisch keine Einbuße an der Zugfestigkeit, Bruchdehnung und Stauchhärte.

Die Benutzung aromatischer Amine als Härter in der Technologie der Schaumstoff-Herstellung aus Epoxydharzen führt ebenfalls zu mangelhafter Lichtbeständigkeit [4].

Daß Schaumstoffe aus Polystyrol nur im Schatten beständig sind, ist aus der Vergilbungstendenz des PS selbst ohne weiteres abzuleiten.

30 mm dicke PVC-Hart-Schaumstoff-Platten verwendeten wir [5] als Außenwände an der Schutzhütte unserer Prüfstation im Thüringer Wald. Ihre Verteilung auf den Wänden und ihre geographische Einordnung zeigen die *Abb. 73* und *74*.

Abb. 73.
Verkleidung der Schutzhütte auf der Prüfstation in Thüringen mit Platten aus PVC-H-Schaumstoff

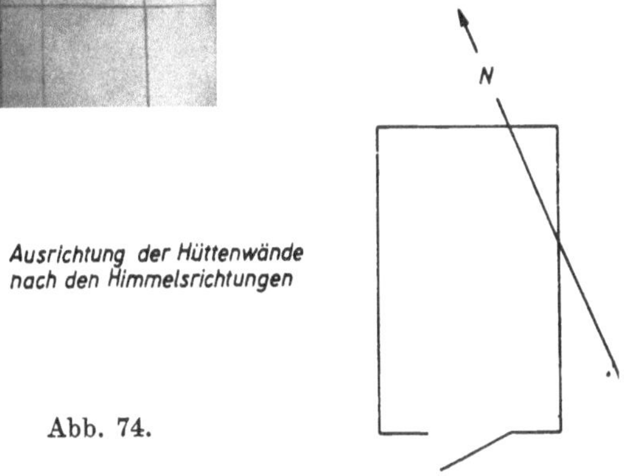

Abb. 74.

Die Oberflächen dieser Platten zeigten im Laufe der 9jährigen Bewitterung praktisch keine Veränderungen. Lediglich die Seitenränder der unter in der „*Graszone*" befestigten Platten waren teilweise etwas aufgewölbt.

Die Bestimmung der Druckfestigkeit an Würfeln von 2,3 cm³ Größe ergab die in *Tab. 78* angegebenen Werte. Bei der Prüfung wurden die beiden Außenhäute teils senkrecht, teils in Richtung des Druckstempels gestellt.

Tabelle 78

Alterung von PVC-H-Schaumstoff-Platten.
Druckfestigkeit nach 9 Jahren Bewitterung.
Vorschubgeschwindigkeit 4 mm/min

Platte		Druckfestigkeit kp/cm²
1		9
2	Außenhäute senkrecht	18
3	zum Druckstempel	12
4		10
1		20
2	Außenhäute parallel	29
3	zum Druckstempel	24
4		25

Vergleichsmessungen an Schaumstoff-Platten am Versuchsende berechtigen zu der Aussage, daß die Alterung die Druckfestigkeiten nicht verändert hat.

Die Biegefestigkeiten an Prüfkörpern aus den gleichen Platten bestimmt, sind aus *Tab. 79* zu entnehmen. Die Werte jüngerer unbewitterter Vergleichsplatten sind geringer als die der bewitterten Platten. Es muß unentschieden bleiben, ob dies als Alterungsfolge zu interpretieren ist oder ob die ausgelegten Platten, die z. T. noch den Charakter von Versuchsfertigungen trugen, biegefester waren.

Tabelle 79

Alterung von PVC-H-Schaumstoff-Platten.
Biegefestigkeit nach 9 Jahren Bewitterung.
Vorschubgeschwindigkeit 5 mm/min

Platte	Probenquerschnittsmaße (cm)			Biegefestigkeit (kp/cm²)
	Dicke	Höhe		
1	2,5	2,3		42
2	2,5	2,3	Stempel senkrecht	51
3	2,5	2,3	zu den Außenhäuten	41
4	2,5	2,3		45
1	2,5	2,3		43
2	2,5	2,3	Stempel parallel	50
3	2,5	2,3	zu den Außenhäuten	44
4	2,5	2,3		43

Wir befinden uns in Übereinstimmung mit dem Urteil von H. Lindemann [6], daß PVC-H-Zellmaterial in hohem Maße wetterfest und nach jahrelangem Aufenthalt im Freien keine Veränderung zeigt.

Es überrascht dann natürlich erst recht nicht der Befund von G. Wick u. a. [7], daß PVC-H-Schaumstoff als Stützkern beidseitig mit 1 mm PVC-Hart-Platten kaschiert und in Stahlprofilen gefaßt sich als Außenwand an Industriegebäuden 3 Jahre lang bewährt hat.

Eine 2 Jahre im tropischen Klima durchgeführte Alterung von PVC-Schaumstoff-Platten mit Chlorgehalten bis zu 62···65% (nachchloriertes PVC) unter Vermeidung direkten Licht- und Regeneinfalls wirkte sich auf die Maßhaltigkeit nicht aus.

Schaumstoffe aus PVC-W erweisen sich beim Altern als fäulnisfest. Sie sind weitgehend lichtbeständig; Nachdunkeln wird auch beobachtet.

Beim Altern der Schaumstoffe unter Druckbelastung verursacht der Gasüberdruck in den Zellen ein Herausdiffundieren des Gases und führt zu einer Schrumpfung des Formstoffes.

Für die mit Trichlorfluormethan hergestellten PU-Schaumstoffe muß nach den Untersuchungen von E. Bettanini u. a. [8] damit gerechnet werden, daß der diffusionsbedingte Austausch durch Luft oder Kohlendioxyd eine in der Veränderung der physikalischen Kennwerte des Schaumstoffes sich auswirkende Alterung auslöst.

Die Isolationseigenschaften der Schaumstoffe, die zwischen 2 luft- und lichtdurchlässigen Begrenzungen an Ort und Stelle erzeugt werden, bleiben nach den bisherigen Erfahrungen während der Alterung unverändert.

4.4.2. Plastkombinationen und Verbunde aus Plastformstoffen

In Anbetracht der in der Industrie der Oberflächenschutzmittel schon relativ frühzeitig in der technischen Entwicklung der Menschheit genutzten Abmischungen von mehreren filmbildenden Stoffen hat die Technologie der Plastverarbeitung doch nur zögernd die Möglichkeit der Kombination von Polymeren etwa gleicher Molmasse ausgenutzt, um spezifische Effekte im und mit dem Formstoff in der Anwendung zu erzielen.

Unabhängig von dem zur Herstellung einer solchen Plastkombination gewählten Verfahren stellen sich diese unter dem Gesichtspunkt der Phasenlehre in den 3 Erscheinungsformen der

homogenen oder verträglichen,
begrenzt verträglichen und schließlich der
heterogenen oder unverträglichen Systeme

dar.

Die weitere Beschäftigung mit derartigen Kombinationen aus mindestens zwei hochmolekularen Polymerisaten und/oder Polykondensaten brachte dann die Erkenntnis, daß mit zunehmender Angleichung der Molmassen der Komponenten solcher Kombinationen sich diese in der überwiegenden Zahl der meist binären Kombinationen von der idealen Verträglichkeit entfernen.

Die den Regelfall darstellende Unverträglichkeit der Polymeren ist also eine in der Plastformstoff-Technologie recht vertraute Schwierigkeit.

Wir sind heute durchaus noch nicht in der Lage, allgemein gültige Regeln über die Voraussetzungen zur Erzielung der Verträglichkeit von mindestens zwei Plastwerkstoffen oder Plasten mit Elasten anzugeben, wobei, wie K. THINIUS [9] aufzeigte, der Begriff „*Verträglichkeit*" im Gebiet der Polymerkombinationen recht vieldeutig ist.

Wir stehen vielmehr vor der Aufgabe, die den Regelfall der Unverträglichkeit aufweisenden Plast-Kombinationen technisch zu nutzen und hierbei auch ihr Alterungsverhalten im Zusammenhang mit der Vielfältigkeit der Herstellungstechnologie der Kombinationen kennen zu lernen und zu steuern.

Diese ist in ihrer Auswahl abhängig von dem Anwendungsgebiet des als Kombination vorliegenden Plastformstoffes. Die gemeinsame Auflösung in Lösungsmitteln wird für die Lack- und Klebstoff-Industrie sowie für spezielle Gebiete der Folienherstellung notwendig sein.

Die Methode der thermoplastischen Vermischung schließt auch die Nutzung der Erkenntnis ein, daß sich Systeme, die über die Lösung eindeutig heterogene Mischfilme bilden, zu verträglichen Kombinationen verarbeiten lassen, wenn man die gemeinsam thermoplastifizierte „*Schmelze*" der Polymeren so schnell abkühlt, daß man eine Synärese ausschaltet.

Die als Emulsions- oder Suspensionspolymere anfallenden Plaste oder Elaste werden bereits als Latex miteinander vermischt, gemeinsam von der wäßrigen Phase nach verschiedenen Methoden abgetrennt und zweckmäßig kurz thermoplastiziert.

Unter den normalen Arbeitsbedingungen in Gegenwart von Luft findet bei dieser Art der Herstellung von Polymerkombinationen eine chemische Reaktion zwischen den Komponenten, wahrscheinlich nur als Disproportionierung von Makroradikalen als Folge des mechanisch-chemischen Abbaus während der Scherbeanspruchung, in relativ geringem Ausmaß statt.

Um eine gezielt herbeigeführte reaktive Abwandlung der Komponenten einer Polymerkombination handelt es sich dagegen bei der Arbeitsweise der Polymerisation eines Monomeren, das als Lösungsmittel für ein artfremdes Polymeres dient, oder der Polymerisation eines Monomeren in einem bereits vorliegenden Latex eines Polymeren.

So lassen sich Polystyrol oder die Mischpolymerisate aus Styrol und Akrylnitril einerseits mit Kautschuken polymerisieren mit dem Ergebnis, daß jetzt die mechanischen Eigenschaften — vor allem die Schlagzähigkeiten — der daraus hergestellten Formstoffe deren Nutzung zulassen, während sich bei ausschließlicher thermoplastischer Vermischung dieser Komponenten völlig unzureichende mechanische Eigenschaften ergeben.

Die bei dieser Arbeitsweise gebildeten Pfropf- und/oder Blockmischpolymere beeinflussen also die Verträglichkeit der Komponenten stark.

Es verdient zweifellos auch unter dem Gesichtspunkt der Alterung der Plastformstoffe Interesse, daß die Schlagzähigkeiten oder die Kerbschlagzähigkeiten solcher Kombinationen sich auch als ein synergetischer Effekt der Vermischung der Komponenten auswirken, wie dies erst kürzlich die Arbeiten der DAG [10] am System Polypropylenoxyd und Polysulfon gezeigt haben.

Speziell unter den Anforderungen einer ausreichenden fotooxydativen Widerstandsfähigkeit der Formstoffe aus Plast-Kombinationen wird es keineswegs optimal sein, die sog. elastifizierende Komponente ausschließlich aus der Kautschukgruppe zu wählen, sondern es lassen sich diese angestrebten Verbesserungen der mechanischen Eigenschaften z. B. auch durch die fotooxydativ resistenteren leicht anvernetzten Akrylsäurebutylesterpolymerisate erreichen. Ferner gewinnen aus der Beurteilung der Wetterfestigkeit heraus Kombinationen aus PVC mit verschiedenen binären wie ternären Mischpolymerisaten aus Vinylestern und Äthylen als einer Komponente an Bedeutung. Hier und bei der Kombination mit ABS-Polymeren oder Polyestern wird die Vermischungstechnologie im Vordergrund stehen, während bei den besonders interessanten Kombinationen mit Polyurethanen auch die Polyaddition im Verband des anderen Polymeren ausbaufähig erscheint.

Für das Verständnis der „*Ausnutzung von Entmischungserscheinungen bei Hochpolymeren in der Technik*", wie es H. Gerrens [11] formuliert, ist die Auffassung von G. E. Molau [12] von Interesse, wonach alle praktisch genutzten schlagfesten Styrol-Polymerisate und ABS-Produkte polymere Öl-in–Öl-Emulsionen mit einer weichen und harten Komponente sind, die durch Block- oder meist durch Pfropf-Mischpolymerisation stabilisiert sind.

In der Gruppe der unpolaren Plastformstoffe stehen die schlagfesten Polymerkombinationen mit Polystyrol als der zu elastifizierenden Komponente im Vordergrund der technischen Nutzung.

Die als Voraussetzung für eine verbesserte Schlagzähigkeit einer Polystyrol-Kautschuk-Kombination zu erreichende sehr gute Haftung der Kautschuk-Teilchen in der Polystyrol-Matrix bleibt aber offenbar für das Alterungsverhalten ohne Bedeutung.

Die bereits seit dem Jahre 1946 als „*ABS-Kunststoffe*" in USA bekannten Polymer-Kombinationen aus Butadien-Acrylnitril-Kautschuk und Styrol-Acrylnitril-Mischpolymerisate sind wegen der fotooxydativen Angriffsmöglichkeit der Butadien-Komponente nur zögernd verarbeitet [13].

Nach den Untersuchungen von L. Gilman und Mitarb. [14] an 5 mit Kautschuk modifizierten Polystyrolen aus 5 verschiedenen Produktionsstätten bleibt bei einer 3jährigen Außenbewitterung in mittlerem Klima die Kerbschlagzähigkeit unverändert. Die Biegefestigkeit nimmt von 352 kp/cm^2 während dieser auf Zeit ca. 470 kp/cm^2 ab.

Innerhalb der ersten 6 Monate der Bewitterung von ABS-Folien im Klima des südlichen Nordamerikas nimmt der Young-Modul um etwa 10···20% je nach Aufbau des ABS-Polymerisats infolge Kettenbruch in der Polybutadien-Komponente ab. Danach setzt eine Vernetzung ein, als deren Folge der Modul wieder ansteigt. Nach 9 Monaten erreicht er noch nicht den Ausgangswert [58].

Die ABS-Formstoffe färben sich bei längerer Bewitterung dunkler, meist tritt hierbei keine Haar-Riß-Bildung auf. In den ersten 3···5 Monaten nehmen die Werte für die Schlagzähigkeit und Dehnung am ca. 50% ab, bleiben aber dann in diesem neuen Festigkeitsniveau.

C. B. BUCHNALL und Mitarb. [21] erhalten einen vertieften Einblick in den Alterungsablauf derartiger Plastkombinationen, indem sie die Veränderung der Kerbschlagzähigkeit während einer $3^1/_2$ monatigen natürlichen Bewitterung entsprechend 686 Sonnenscheinstunden bei Temperaturen zwischen $-100°$ bis $+60$ °C messen. Sie nimmt im Temperaturgebiet zwischen $-100 \cdots 0$ °C erheblich und zwischen 0° und 60°C noch merklich ab. Die Aufzeichnung eines Oszillographen bei diesen Messungen zeigt die starke Verringerung der Schwingungsamplitude durch eine 2jährige Alterung im Freien auf, wobei der sonstige Charakter der Kurve erhalten bleibt. Auch der visuelle Befund nach der Messung deutet auf einen Oberflächeneffekt der Alterung als Folge der Fotooxydation der Kautschuk-Teilchen durch die UV-Strahlung.

Der lichtinduzierte Bewitterungsabbau, der sich schließlich durch die Versprödung des Formstoffes dokumentiert, ist erwartungsgemäß mit einer Zunahme der OH- und CO-Banden im IR-Spektrogramm und mit einer Abnahme der Absorption des 1,4-Polybutadiens verbunden.

Dieser Absorptionsverlust der Butadien-Komponente ist mit steigendem Verlust der Festigkeit und zunehmender Vergilbung gepaart. Da Styrol-Acrylnitril-Mischpolymerisate unter gleichen Bedingungen nicht verfärben, muß die Ursache auch in der Oxydation der gepfropften Phase liegen. Es ist sicher erwiesen, daß alle Dien-Konfigurationen in den Plast-Kombinationen die Ursache für die Verfärbung sind [22].

Im Laufe der Bewitterung tritt oft eine Erhöhung der Flexibilität ein, die als Folge eines Kettenbruches zum Beginn der Alterung gedeutet wird [15].

Neben diesem chemischen Alterungsvorgang zeigt sich bei den schlagzähen Polystyrol-Typen eine im Ausgleich eingefrorener Spannungen sich abzeichnende Alterung physikalischer Natur. Auch bei Ausschluß von direktem Licht und unter den Bedingungen der Raumlagerung gehen die Werte der Schlagzähigkeit rasch zurück [16].

Die mangelnde Lichtbeständigkeit der Polybutadien-Komponente in derartigen Plastkombinationen versucht man durch Pigmentierung, vornehmlich in dunklen Farbtönen, etwas auszugleichen. Ruß ist natürlich am wirksamsten, so daß auch Ruß enthaltende Abtönungen bis zu $2^1/_2$ Jahren Außenbewitterung auch unter tropischen Bedingungen noch brauchbare mechanische Festigkeiten der Formstoffe ergeben [17]; u. a. wurden auch aus solchen Formstoffen Boote gebaut.

ABS-Polymere vom Schmelzindex $I_{210°} = 2{,}5 \cdots 2{,}9$ bzw. $6{,}0 \cdots 7{,}0$, die außer 2% Ruß noch ein Thermostabilisator-System aus Thiobisphenol + Alkylaryl-phosphit enthalten, verändern ihre mechanischen Eigenschaften während der 12monatigen Bewitterung im gemäßigten Klima nicht (Maßzahl Bruchwinkel). Es existiert offenbar eine untere kritische Konzentration, bei der Ruß seine abschirmende Wirkung gegen den fotooxydativen Angriff nicht mehr ausübt [30]; sie liegt oberhalb 0,5%.

Es sei noch darauf aufmerksam gemacht, daß metallische Verunreinigungen in den Pigmenten die oxydative Alterung katalysieren [18].

Eine Verbesserung der Witterungsbeständigkeit der ABS-Formstoffe durch Stabilisatoren z. B. 2,6-di-tert. Butyl-p-Kresol ist nur in einem beschränkten Umfang möglich. Die Auswahl der Stabilisatoren hängt hier offenbar von dem spezifischen Aufbau der in zahlreichen Variationen herstellbaren ABS-Typen ab.

P. G. Kelleher und Mitarb. [30] fanden beispielsweise folgende Zusammenhänge zwischen der Zusammensetzung der ABS-Polymerisate und der Abnahme des Bruchwinkels als Kriterium für die Bewitterung.

Tabelle 80

Plastkombination aus MP aus Styrol + ACN %	Kautschuk komp. %*)	Verhältnis gepfropft. Anteil zu freiem Kautschuk	Änderung des Bruchwinkels von 90° auf x° nach 3	6	12 Mon.
65	31	45/55	40°	35°	35°
64	32	32/68	60°	35°	35°
75	20	45/55	70°	50°	–

*) Ergänzung zu 100% jeweils Stabilisatoren

Die üblicherweise verwendeten Stabilisatorensysteme z. B. Bisphenole + Thiodicarbonsäure-diester oder auch die sterisch behinderten Thio-bis-phenole werden durch Fotolyse schnell verbraucht und somit unwirksam für die Außenbewitterung.

Hierbei ist auch die Temperatur der unter Sonnenbestrahlung stehenden Formstoffe zu beachten. J. M. Heaps [15] gibt für Autoverdecke sogar 75···80 °C an. Lichtstabilisatoren erreichen nicht immer ein Optimum, so daß eine langandauernde Wetterfestigkeit nicht zu erwarten ist. Daraus erklären sich auch die Hinweise, die Oberflächen derartiger Plastformstoffe aus Kombination von Polystyrol mit elastifizierenden Komponenten durch Lichtschutzlackschichten oder auch durch Kaschieren mit glasklaren UV-Absorber enthaltenden Polystyrolplatten zu vergüten [19].

Ein weiterer aussichtsreicherer Weg besteht in der Möglichkeit des Austausches der Butadien-Komponente durch die lichtechten Polymethylmethacrylate. Die so resultierenden „AXS-Polymerisate" sind beständiger gegen fotooxydativen Angriff, so daß auch hellfarbige Formstoffe mit relativ guter Beständigkeit der mechanischen Eigenschaften bei Lichteinwirkung genutzt werden können [20]. Es ist damit sichergestellt, daß die Styrol-Mischpolymerisat-Komponente nicht für den fotolytischen Abbau verantwortlich ist.

Ein Austausch der fotooxydativ empfindlichen Polymerisationsprodukte des Butadiens in solchen Plastkombinationen durch Polyisobutylen und Äthylen-Propylen-Kautschuk wird trotz der Verbesserung der Wetterfestigkeit aus ökonomischen Gesichtspunkten ohne Interesse bleiben.

Insgesamt gesehen stehen sich bei dem Aufbau derartiger alterungsfester Kombinationen 2 Aufgaben diametral gegenüber. Der elastifizierende Kautschuk soll in Styrol oder anderen Monomeren quellen und während der Polymerisation eine beträchtliche Pfropfung und Vernetzung erfahren. Dies verträgt sich nicht mit der Forderung nach oxydativer Resistenz.

Demgemäß werden auch die mit Polybutadien aufgebauten Plastkombinationen mit dem Mischpolymerisat aus Methylmethacrylat, Styrol und Acrylnitril während der Außenbewitterung stärker vergilben als das Mischpolymerisat allein.

Nach D. I. Boyle und B. D. Gesner [23] steigt bei der Außenbewitterung der Vergilbungsindex in den ersten 12 Monaten von ca. 8 auf ca. 19 und bleibt dann im 2. Bewitterungsjahr konstant, wohl als Folge der Hemmung der Licht- und Luft-Diffusion durch die oxydierten Oberflächenschichten. Auch hier bringt die schnelle Initiierung der Fotooxydation den schnellen Abfall der Schlagzähigkeit auf 50% in den ersten 6 Monaten. Er ist wiederum auf die Kautschuk-Phase lokalisiert. Der Vergilbungsindex des Basis-Mischpolymerisates steigt nur von 2,5 auf 5; es ist in den Festigkeitseigenschaften unverändert.

In der Gruppe der polaren Plastformstoffe ist es nach K. Thinius [24] seit etwa dem Jahre 1946 üblich, das PVC mit polymeren Weichmachern zu verarbeiten. Daraus entwickelten sich mit dem Ziel der Erhöhung der Schlagzähigkeit der Formstoffe Polymer-Kombinationen aus PVC als einer Komponente mit Mischpolymerisaten aus Butadien-Styrol oder/und Acrylnitril, aus Butadien mit Acrylsäureestern oder Fumarsäureestern und anderen Komponenten z. B. dem chlorierten Polyäthylen. Es ist nicht ohne Reiz festzustellen, daß von G. Plato [25] noch im Jahre 1963 als Voraussetzung für derartige schlagzähe Kombinationen das *„möglichst homogene Mischen von zwei gut verträglichen hochpolymeren Komponenten“* angesehen wird.

Hierbei mag nicht übersehen werden, daß sehr beachtliche Eigenschaften an solchen Kombinationen aus Polyvinylchlorid (nachchloriert) und Polymethacrylat gefunden wurden, die zwar visuell als homogen und transparent erscheinen, aber nach unseren Feststellungen tatsächlich als mikroheterogene Systeme vorliegen.

Auch bei den durch Butadien-Acrylnitril modifizierten PVC-Kombinationen muß mit einer verminderten fotooxydativen Beständigkeit beim Bewittern im Vergleich zum reinen PVC-Formstoff gerechnet werden.

Das ergibt sich auch bei der 2- bis $2^1/_2$ monatigen Bewitterung in Südflorida von Kombinationen aus PVC mit einem Mischpolymerisat aus dem 1,3-Butadien und dem 2-Methyl-1-buten-3-on 60/40 im Verhältnis 1:1.

Die im Formstoff enthaltenen zinnorganischen und phenolischen Stabilisatoren haben den Lichtabbau im Wellenlängenbereich $\lambda = 290\cdots330$ nm bei Anwendung eines Heliostaten als Bewitterungsgerät mit stets senkrechter Sonneneinstrahlung nicht vermindern können.

Die als Bewertungsmaßstab gewählte Messung der Steifheit zeigt bei den einzelnen Wellenlängenbereichen die eintretende Schädigung des Formstoffes (siehe *Tab. 81*).

Tabelle 81

Bewitterung von PVC-Kombinationen gemessen an der Steifheit der Prüfkörper

ungealtert	422 kp/cm²
nach Bestrahlen mit filtriertem Licht mit der Maximums-Energie bei	
λ = 330 nm	6228 kp/cm²
= 347 nm	3500 kp/cm²
= 367 bis 410 nm	1900 bis 1400 kp/cm²

(nach W. C. WARNER und E. E. GRUBER [26].)

Dies bedeutet also das Unwirksamwerden des elastifizierenden Mischpolymerisats während der Bewitterung.

Es sei daran erinnert, daß die Energie der Wellenlänge $\lambda = 310$ nm 92 kcal beträgt und daß für die C–C-Bindung 80···85 kcal äquivalent sind. Da der Abbau des PVC sich vornehmlich bei dieser Wellenlänge abspielt und eine Spaltung der C–C-Kette in α- oder β-Stellung zur CO-Gruppe durchaus möglich ist, erscheint der Aufbau einer Plastkombination aus PVC mit Ketonkautschuken unter dem Gesichtspunkt der Bewitterung nicht besonders vorteilhaft.

Damit decken sich die Erfahrungen von N. L. PERRY [27], wonach Kombinationen von PVC mit Polyacrylaten bereits nach 5 Monaten Bewitterung ihre anfänglich hohe Schlagzähigkeit so weit einbüßen, daß sie spröder sind als das normale PVC unter gleichen Bewitterungsbedingungen. Auch die Lichtechtheit dieser Kombinationen ist nur in relativ hochpigmentierten Formstoffen gewährleistet. Diese Formstoffe waren sowohl unter Zusatz von Thermo- wie Fotostabilisatoren in gut gewählter Mischung hergestellt, da erst nach 15 Monaten Bewitterung am reinen PVC-H unter der Erscheinungsform einer leichten Versprödung die Nutzung abgebrochen werden mußte.

Bei unseren Untersuchungen zur Wetterfestigkeit von über die Polymerisations-Dispersionen hergestellten Kombinationen aus PVC und Butadien-Mischpolymerisaten im Klima der Ostseeküste zeigten sich die Einflüsse der Verarbeitungstechnologie. Bereits in den ersten Wochen kommt es zu Veränderungen der Reißfestigkeit und Reißdehnungen, die sowohl als Zu- wie auch als Abnahme auftreten. Ihre Ursache dürfte in erster Linie auf Entorientierungen der den Kalanderfolien bzw. extrudierten Rohren erteilten Strukturen, die dann nachträglich zur Dachhaut warm verformt sind, zurückzuführen sein. Wir beobachten diese Erscheinungen auch während der bis zu 2 Jahren ausgedehnten Zimmerlagerungen.

Der Gesamtcharakter des Festigkeitsabbaus dieser schlagzähen PVC-Kombinationen während der 4jährigen Bewitterung ist unabhängig von der teilweise bis zu 4mal vor Auslage durchgeführten thermomechanischen oder rein thermischen Belastung. Ebensowenig haben Pigmentierungen in hellen Farbtönen oder mit Ruß darauf einen Einfluß.

Nach 4 Jahren Bewitterung fallen die Zug- und Reißfestigkeiten in Längs- und Querrichtung der nach Süden exponierten als Dachhaut genutzten Formstoffe zusammen, so daß sie als versprödet zu beurteilen sind. Die Pigmentierung stoppt diesen Prozeß nicht ab. Die Bewitterung der gleichen Kombination in Form eines

Regenfallrohres bzw. einer Regenrinne, die unter anderen technologischen Voraussetzungen geformt und auch in Nordrichtung exponiert waren, bestätigt diese an der Kalanderfolie erhobenen Befunde.

Neben diesen Messungen der Reißfestigkeiten, die sich auch hier wieder als ausgezeichnetes Kriterium für den Bewitterungsvorgang erwiesen, haben wir noch den Torsionsmodul gemessen, der aber nach ca 12 Monaten sich auf ein neues Wertniveau einstellt.

Zur Charakterisierung der Wetterfestigkeit derartiger schlagzäher PVC-Kombinationen dienen die *Abb. 75* und *76*. Sie sind in ihrer Aussage nicht wesentlich von den Diagrammen, die man bei normalem PVC erhält, verschieden.

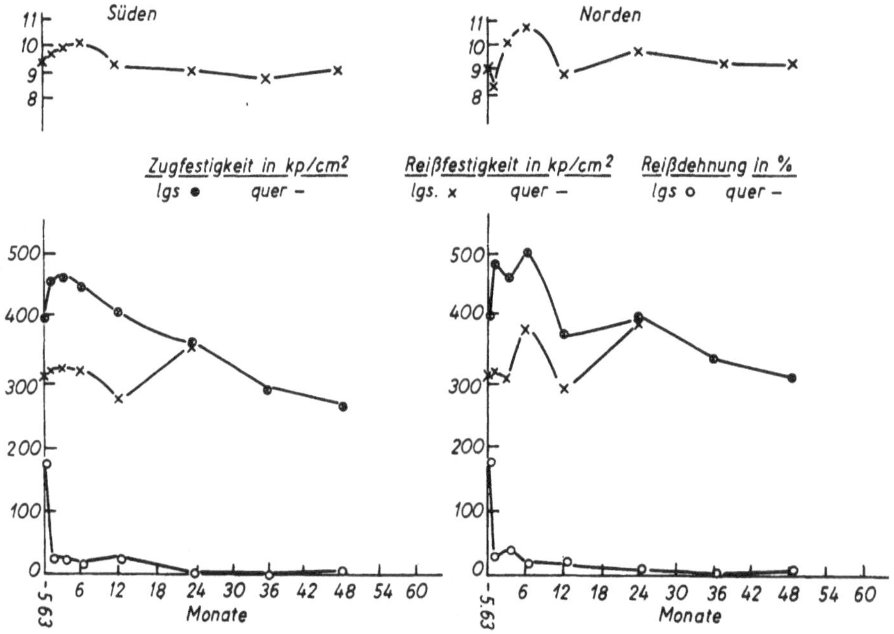

Abb. 75. Bewitterung von schlagzähen PVC-H-Kombinationen an der Ostseeküste

Änderung der Reißfestigkeit und des Torsionsmoduls des Rohres

Eine Verminderung der Wetterfestigkeit muß man auch bei den Kombinationen des PVC mit ABS-Polymeren in Kauf nehmen, wo bereits nach 4 Monaten Bewitterung die eingetretene Versprödung den Plastformstoff unbrauchbar macht. Eine Verbesserung der Alterungsfestigkeit wird sich nur durch das Ausschalten der Dien-Polymeren erreichen lassen.

Wie H. H. Frey [28] an Hand handelsüblicher Plastkombinationen aus PVC und chloriertem Polyäthylen nachweisen konnte, bleibt die Schlagzähigkeit nach 3jähriger Bewitterung der grau eingefärbten Platten praktisch unverändert, die Kerbschlagzähigkeit von ungefüllten Platten geht nach 2 Jahren Außenbewitterung vom Ausgangswert 90···120 kpcm/cm² auf 55···120 kpcm/cm² zurück. Eine Verfärbung war nicht eingetreten.

Hiermit decken sich die Ergebnisse von N. L. PERRY nur zum Teil. Nach 15 Monaten Bewitterung war eine 33% Chlorpolyäthylen enthaltende PVC-H-Kombination, die mit 0,25% · 2-Hydroxy-4-methoxybenzophenon lichtstabilisiert war, deutlich verfärbt und in den mechanischen Eigenschaften noch zufriedenstellend.

W. ALBERT [29] führt die eigenartige Abhängigkeit der dynamisch-elastischen Eigenschaften der Kombinationen aus PVC und Chlorpolyäthylen von der Tempe-

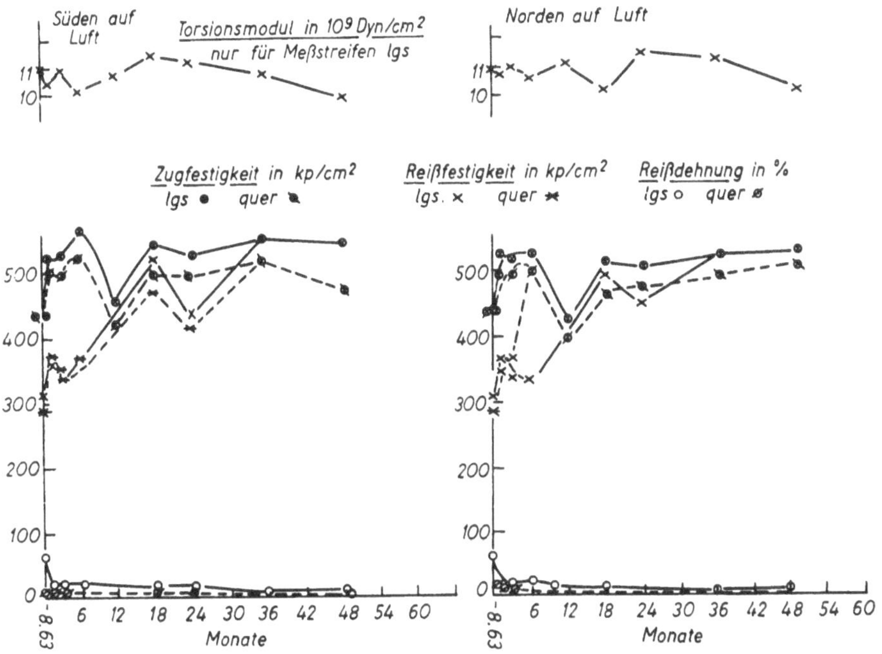

Abb. 76. Bewitterung von schlagzähen PVC-H-Kombinationen, gelb eingefärbt, nach mehrmaliger thermischer Belastung als Dachhaut an der Ostseeküste

Änderung der Reißfestigkeit und des Torsionsmodules

ratur auf die niedrige Einfriertemperatur zurück. Die daraus resultierenden Kaltschlagzähigkeiten lassen eine ausgedehntere Gebrauchsdauer in kalten Klimazonen erwarten.

Es ist wohl anzunehmen, daß die hohe Lichtdurchlässigkeit der Plast-Kombinationen aus PVC und Polymethacrylat auch dann während der Alterung erhalten bleibt, wenn das Mischungsverhältnis nach der Seite des PVC verschoben ist, wie dies bei den handelsüblichen Platten mit dem spez. Gew. 1,35 offenbar der Fall ist. Die von uns an Kombinationen aus nachchloriertem PVC und PMMA gefundene hohe Alterungsfestigkeit ist auch bei diesen Kombinationen mit PVC zu erwarten.

In Ausnutzung der Möglichkeit, eine unterbrochene Polykondensation der Phenol-Formaldehyd-Harze in Gegenwart eines elastischen Hochpolymeren wesentlich höherer Molmasse so zu beenden, daß zwar in der entstehenden Plastkombination der Charakter des Duroplasts noch immer vorhanden ist, kann erwartet werden, daß die Bewitterungsfestigkeit sich nicht allein aus der des unmodifizierten Duroplasts ableiten läßt. Vielmehr werden auch die zwischen den Kombinationskomponenten möglichen reaktiven Umsetzungen die Alterungsgeschwindigkeit der duroplatischen „*Preßhaut*" beeinflussen.

Diese reaktiven Polymerkombinationen sind eindeutig konstitutionsabhängig und in vielen Systemen duroplastischer Werkstoffe nicht möglich.

Die Abschätzung ihres Verhaltens bei der Freiluftbewitterung ist ebenso mit einem relativ großen Unsicherheitsfaktor behaftet, wie bei den Kombinationen, wo ein Duroplast im Verband eines Thermoplasts entsteht.

Verbundstoffe, hauptsächlich als Verbundschichtstoffe (Folien, Tafeln) auszunutzende Gebilde stellen sich als ein Spezialfall der Polymerkombinationen insofern dar, als bei ihnen das Gemisch aus den Polymeren in der kleinen Kontaktzone vorliegt. Diese kann bei der technologischen Herstellung des Verbundstoffes durch Thermoplastizierung der beiden Komponenten und ihre thermoplastische Kaschierung eben aus dem Gemisch dieser Komponenten bestehen. Sie kann aber auch für den doch recht häufigen Fall der Benutzung einer gesonderten Haftschicht aus einem recht kompliziert aufgebauten System von Polymeren und/oder Oligomeren aus den Komponenten dieser Haftschicht einschließlich der eigentlichen Verbundkomponenten bestehen.

Für die Beurteilung der Alterungsfestigkeit solcher Verbundstoffe bei der natürlichen Bewitterung wird die Dicke der einzelnen Plastformstoffe eine ausschlaggebende Bedeutung insofern haben, als aus den allgemeinen Erkenntnissen über die Eindringtiefe der Bewitterungsschäden abgeleitet werden kann, ob überhaupt und bejahendenfalls in welchem Umfang die Kontaktzone oder die spezifische Haftschicht noch der Bewitterung ausgesetzt sind.

Bereits in Form der ternären Verbunde aus Plastformstoffen gewinnt man die Möglichkeit, ein weitgehend alterungsfestes Gebilde auch in transparenter Ausführung aufzubauen. Eine weitere Erhöhung der Alterungsfestigkeit durch Stabilisatoren, Pigmente und Füllstoffe wird dem Anwendungszweck gemäß ausgenutz- werden können.

Damit ergeben sich zahlreiche neue Möglichkeiten ingenieurtechnischer Nutzung derartiger Plastformstoff-Verbunde, z. B. in der Kombination des wetterfesten PVC-H-Mantels mit der Armierung durch glasfaserverstärkte Polyester (siehe auch Kap. 4.4.4., „*Verstärkte Plastformstoffe*").

Wir müssen im Zusammenhang mit diesen Verbundschichtstoffen auch diejenigen Kombinationen aus mindestens 2 Plastformstoffen erwähnen, die unter Benutzung der Anstrichtechnologie gewonnen werden.

Es wird hierbei der praktischen Erfahrung Rechnung getragen, die relativ kurzzeitige Wetterfestigkeit von handelsüblichen PVC-H-Folien durch einen Anstrich mit nachchloriertem PVC oder Vinylchlorid-Vinylisobutyläther Mischpolymerisaten oder Vinylchlorid-Vinylidenchlorid-Mischpolymerisat Dispersionen und ähnlichem zu verlängern. Wir sehen bei der Diskussion unserer Versuchsergebnisse von der Auswirkung lacktechnisch bedingter Zusatzstoffe zu diesen Anstrichmitteln bewußt ab, tragen aber der Tatsache Rechnung, daß auch auf einen Anstrich aus nachchloriertem PVC häufig noch ein Ölfarbendeckanstrich gebracht wird.

Während der zweijährigen Lagerung im Raum unter Ausschluß direkter Sonneneinstrahlung zeigen die „Verbundsysteme" aus PVC-H-Folie und Zinkweiß enthaltendem Film aus nachchloriertem PVC die gleiche geringe Veränderungstendenz wie eine einfache PVC-H-Folie. Bei dem noch zusätzlich mit dem Ölfarbenanstrich versehenen Verbundstoffen tritt am Ende des 1. und im Verlauf des 2. Jahres eine starke Versprödung ein. Nach 2 Jahren ist die Berstfestigkeit nur noch 50% des Anfangswertes. Aus dem starken Anstieg für den Torsionsmodul muß auf eine eingetretene Versteifung im molekularen Verband der PVC-H-Folie vornehmlich geschlossen werden. Bei einem Verbundsystem aus einer Mittelfolie aus PVC-H und 2 Außenfilmen aus den Anstrichmitteln bestätigen sich diese Effekte.

Verbundstoffe aus den Vinylchlorid-Vinylidenchlorid-Mischpolymerisaten und PVC-H-Folien sind schon nach wenigen Tagen nicht mehr beständig. Der Mischpolymerisatfilm löst sich allein ab.

Im Laufe der 2jährigen Bewitterung an der Ostseeküste hat sich das Verbundsystem aus PVC-H + weißpigmentiertem nachchloriertem PVC im Gesamtüberblick über alle Festigkeitsparameter — Reißfestigkeit, Berstfestigkeit, Hin- und Herbiegefestigkeit — besser bewährt als die PVC-H-Folie allein. Jedoch trägt eine auf den Film aus nachchloriertem PVC aufgetragene „Ölfarben-Deckschicht" zu einer starken Beschleunigung der Alterung bei, so daß nach 2 Jahren das Gesamtsystem völlig versprödet ist.

Aus dem Alterungsverhalten während einer 4jährigen Bewitterung einer 1 mm dicken PVC-H-Kalander-Folie, die nachträglich in handwerklicher Verarbeitung zu einer Dachrinne warmverformt und sodann mit einem pigmentierten Anstrichfilm aus nachchloriertem PVC versehen wurde, ergibt sich, daß bei sachgemäßer thermischer Belastung keine Abweichung der Veränderungen des Festigkeitsniveaus vom normalen Verhalten einer solchen Kombination aus PVC-H + nachchloriertem PVC (pigmentiert) eintritt. Die Schicht aus letzterem wirkt als Wetterschutz für das normale PVC. Die Exposition nach Norden oder Süden hat sich hier nicht ausgewirkt, wie sich aus den Festigkeitsdiagrammen der *Abb. 77* ergibt.

Eine Kombination von nachchloriertem PVC mit 25 und 50% des Butadien-Acrylnitril-MP (ca. 28—32% ACN) läßt sich mit 0,5 mm dicker normaler PVC-H-Folie in thermoplastischer wie anstrichtechnischer Arbeitsweise zu einem Verbundstoff vereinigen, der sich nach unseren Bewitterungen im Juni bis September im Klima des Thüringer Waldes als wetterfest erwiesen hat.

Während sich ein Mischpolymerisat aus Vinylchlorid-Vinylacetat (ca. 60/40) noch mit dem gleichen Erfolg wie nachchloriertes PVC mit den PVC-H-Folien zu einem wetterfesten Verbund verarbeiten läßt, gibt nach unseren Erfahrungen eine Kombination dieses Mischpolymerisates mit 50% oder 200% PMMA eine merkliche Verminderung der Wetterfestigkeit eines solchen Verbundes mit PVC. Dies äußert sich vornehmlich in einem Nachlassen der Haftfestigkeit der Schichten des Verbundsystems.

Diese Minderung der Haftfestigkeit ist auch das wesentliche Merkmal bei der Bewitterung von Verbundstoffen aus Duroplasten, z. B. von Preß- oder Schichtstoffen aus Phenol- oder Melaminformaldehyd-Kondensaten einerseits mit Thermoplasten andererseits.

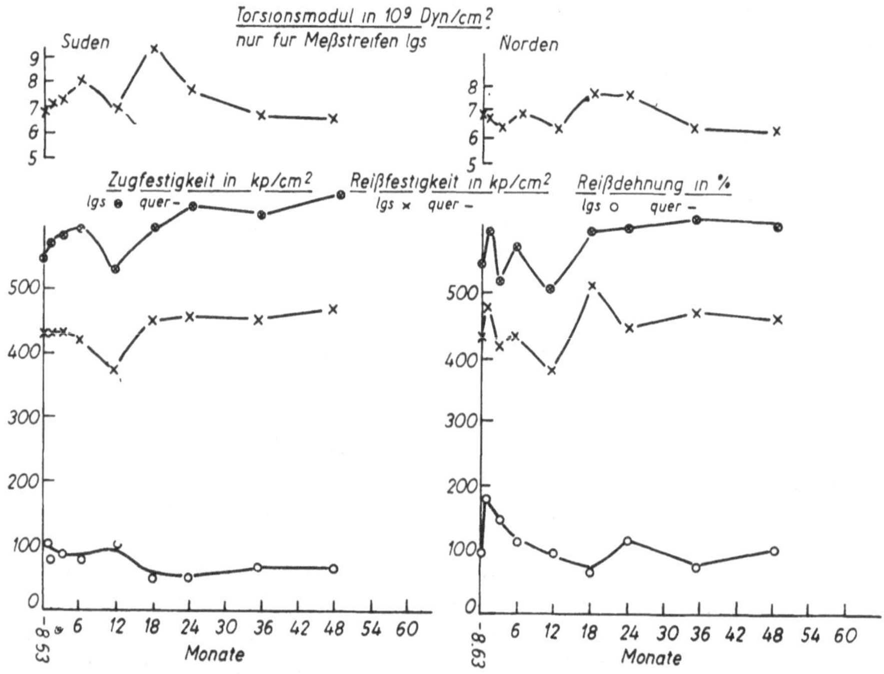

Abb. 77. Bewitterung eines Verbundes aus PVC-H und weißpigmentiertem nachchloriertem PVC; Festigkeitsdiagramm während der 4 Jahre Exposition an der Ostseeküste.

Falls man nicht meist sehr kompliziert zusammengesetzte Zwischenschichten anwenden will, die dann auch keineswegs eine Wetterfestigkeit garantieren, sollte man von einer Kombination von Thermoplasten mit Duroplasten für eine Beanspruchung durch Außenbewitterung absehen.

Unter dem klassifizierenden Begriff „*Verbunde aus Plastformstoffen*" sind auch solche Werkstoffe zu verstehen, bei denen ein Plastformstoff mit einem artfremden Werkstoff — in der Regel Metall oder Holz oder Steine oder Textilien — zu einem System in der Weise verbunden ist, daß der Plastformstoff der Bewitterung ausgesetzt ist.

Auch hier wird die Beurteilung der Wetterfestigkeit dieses Verbundes in erster Linie durch die Resistenz des Polymeren im System mit seinen Verarbeitungshilfsstoffen erfolgen können. Die häufig hier zu beobachtenden Farbtonänderungen, besonders bei roteingefärbten PVC-Schichten, bedeuten keinesfalls in jedem Fall eine Einschränkung der Verwendung dieser Verbundstoffe als Konstruktionsmaterial. Zum anderen wird sich auch die Technologie des Verbindens der beiden artfremden Materialien in der Wetterfestigkeit auswirken.

Bei den wohl überwiegenden Anwendungsfällen eines Verbundes aus Plastformstoff und Metalloberfläche beruht bekanntlich der Bindungsmechanismus auf der Dipol-Wechselwirkung zwischen CH_2-, OH-, CO-Gruppen des Polymeren und den Metall-Ionen der oxidischen Oberfläche oder deren Sauerstoff.

Neben dem Beschichten mit Dispersionen oder Suspensionen am Polymeren z. B. in Form von PVC + Weichmacher-Pasten wird die Technologie des Wirbelsinterns, des Flammenspritzens oder auch des elektrostatischen Beschichtens angewendet. Die Qualität der zur Bewitterung kommenden Oberfläche ist selbstverständlich von diesen Technologien und ihrer Beherrschung abhängig.

Die Erfahrungen gehen z. B. bei den PVC-Wirbelsinterschichten dahin, daß sie die gleiche Widerstandsfähigkeit wie die aus Pasten aufgebrachten Systeme bei der Bewitterung haben.

Für eine genügend große Widerstandsfähigkeit der Polyäthylenschichten nach dem Wirbelsinterverfahren wird die thermooxydative Empfindlichkeit des PE gegenüber Metallen, Metalloxyden und Metallionen wohl die gleichzeitige Verwendung von Stabilisatorensystemen aus gut gegeneinander abgestimmten Thermo- und Photo-Stabilisatoren nicht entbehren können.

Bei einem schichtenweisen Aufbau der Plastformstoffe in derartigen Verbunden kommt der untersten Schicht noch die Funktion des Haftvermittlers zu, falls man nicht, wie im Falle der PVC-beschichteten Metallflächen, einer besonderen Haftschicht unter Benutzung eines Klebstoffes bedarf.

Diese Arbeitsweise ist u. a. in der Anwendung der selbstklebenden Bandagen aus Formstoffen aus PVC oder PE ausgenutzt, die mittels eines auf ihnen aufgebrachten Adhäsionsklebstoffes die Verankerung auf den Metallrohren gewährleisten, wobei der bedingungsgemäße Aufbau des kolloidchemischen Systems aus dem Makromolekül und seinen Verarbeitungshilfsstoffen die Wetterfestigkeit oder Verrottungsfestigkeit und die mikrobiologische Resistenz bringt.

Für die Erzielung einer hohen Korrosionsfestigkeit der Plastschichten auf Metalloberflächen, die durch Flammenspritzen, Wirbelsintern oder durch Folien- oder Plastbeschichtung aufgebracht werden können, sollte der Einfluß der Rauhtiefe des Untergrundes auf die Haftfestigkeit und die Ausbildung eines „*geschlossenen*“ Schichtgefüges nicht übersehen werden. Aus der Anstrichtechnik weiß man, daß die Schichtdicke mindestens der 3fachen Rauhtiefe der Metalloberfläche entsprechen sollte. Jedoch ist diese Regelmäßigkeit nicht in allen Schutzsystemen bestätigt worden.

Oft sind nicht genügend rauhe Untergründe die Ursache für das Versagen der flammengespritzten Polyamidschichten durch Unterrostung, wo sie H. Schwarz und H. Spindler [52] beim Bewittern im Meeresklima von Polyamid-Stahl-Verbunden beobachtet haben. Flammengespritzte PVC-Schichten dunkelten in der einjährigen Bewitterung nach. Die Polyamidschichten versprödeten an der Oberfläche. Flammengespritzte PVC-Schichten auf Metall haben sich im Schiffsbau auch bei unterbrochener Seewasserbeanspruchung gut bewährt.

Verbundsysteme aus Plastwerkstoffen mit Textilien sind gemeinhin die Erzeugnisse der Kunstleder-Industrie.

Zur Beurteilung der Wetterfestigkeit des jahrzehntelang bedeutsamen Kunstleders auf Basis des Cellulosenitrats, bei dem das Rizinusöl der qualitätsbestimmende Weichmacher ist, sei auf die Ausführungen auf S. 235 verwiesen.

Das Verhalten der auf PVC-Basis aufgebauten Kunstleder mit Geweben aus Cellulosefasern beim Bewittern wird im wesentlichen aus den Erkenntnissen über die Alterung des Polyvinylchlorid-Weichmacher-Pigment-Systems abzuleiten sein. Nach M. Rauschert [53] haben sich diese im Tropenklima des Amazonas-Gebietes innerhalb 11 Monaten festigkeitsmäßig gut bewährt.

Helga Streller [54] erreicht durch einen zusätzlichen „*Strich*" aus UV-Absorber enthaltendem transparentem PVC-W auf pigmentiertes Gewebe-Kunstleder keine Verbesserung der Lichtechtheit der im PVC-Kunstleder enthaltenden Pigmente. Das bedeutet, daß trotz der UV-Filterwirkung die langwelligen Lichtstrahlen im Sonnenlicht für die Farbtonveränderung mit verantwortlich sind.

Wir haben mit PVC-W-Systemen beschichtetes Gewebe aus Polycaprolactam bis zu 16 Monaten an der Ostseeküste bewittert, sodann die PVC-Schicht abgelöst und aus den Eigenschaftsänderungen des Gewebes — Abfall des K-Wertes von 66 auf $K = 41$ nach 16 Monaten Bewitterung, Erniedrigung der Reißfestigkeit von 650 kp/cm² auf 255 kp/cm² in der Längsrichtung der 1,5 cm breiten Meßstreifen — den Schluß ziehen müssen, daß die UV-Durchlässigkeit der PVC-Schicht noch so groß ist, daß diese Änderungen eintreten. Immerhin ist aus der Bewitterung des Gewebes allein doch ersichtlich, daß das PVC eine gewisse Abbremsung des Alterungsabbaus des Polycaprolactams erreicht. Hier ist schon nach 3 Monaten der K-Wert auf 44 abgesunken und nach 6 Monaten hat das nun schon völlig morsche Gewebe $K = 39$.

Helga Streller erreicht durch Zusatz von 10% UV-Absorbern — Oxybenzophenone oder Oxykumarine — zu der transparenten PVC-Streichmassė als ein- und beidseitige Deckschicht für das Polyamid-Gewebe ein wirksames Ausfiltrieren der UV-Strahlen, so daß nach 12 Monaten Bewitterung die Festigkeiten des Formstoffes noch unverändert sind.

Nach der Freibewitterung von mit Polyvinylbutyral überzogenem Nylon-Gewebe (54 g/m²) in Miami (Flor.) nehmen die elastischen Eigenschaften stark ab. Das PV-Butyral ist mit 40% bis 200% Weichmacher (ber. auf PVB.) (Trioctylphosphat und Dibutylcellulosolvesebacinat) verarbeitet. Der Rückgang der Dehnungseigenschaften ist auf den Weichmacherverlust zurückzuführen, wobei das Sebacinat schneller abgegeben ist [55].

4.4.3. Klebstoff-Filme

Da die hochmolekulare Struktur der Plaste eine der grundlegenden Voraussetzungen für ihre Anwendung als Klebstoff ist, interessiert auch ihr Alterungsverhalten unter den speziellen Bedingungen der Funktion als verbindende Schicht zwischen zwei Fügeteilen.

Aus der grundsätzlichen Eignung aller hochmolekularer Stoffe als Klebstoffrohstoff hat sich schließlich ein noch immer sehr umfassendes Sortiment der praktisch genutzten Klebstoffe in den verschiedensten Nutzungsformen als Lösung oder Dispersion, als Klebfolie mit und ohne Trägersubstanz, als Pulver und schließlich auch in Form der reaktiven Klebstoffe über die Polymerisation oder Polykondensation oder Polyaddition herausgebildet, von denen für die Problematik der Alterung der Klebstoff in Form des Films oder als Folie ausschließlich betrachtet werden soll [31].

Die von L. Dimter und D. Gerbet [32] mit Recht so betonte starke Anpassungsfähigkeit der Klebfolien in ihrer Zusammensetzung und Verarbeitungstechnologie beim Zusammenfügen der zu verbindenden Materialien lassen auch eine Steuerung der Alterungsvorgänge im Klebfilm vor und während seiner Funktion erwarten.

Hierbei muß auch die Bildung solcher Klebfilme aus Lösungen und die starke Tendenz zur Retention von Lösungsmittelresten durch die Hochpolymeren berücksichtigt werden, so daß in vielen Bewitterungsfällen das Versagen der Klebfuge gar nicht auf Grund chemischer Reaktionen, sondern allein durch Schrumpfungserscheinungen eingetreten ist.

Darauf führt G. Grosse [33] beispielsweise die geringe Alterungsfestigkeit von Polystyrol-Verklebungen miteinander beim ca. 7wöchigen Lagern an der Luft zurück.

Die Erfahrung hat weiterhin gezeigt, daß es unklug ist, eine Vorhersage über das Verhalten eines Klebstoff-Filmes für einen längeren Zeitraum unter natürlichen Beanspruchungen auf Daten aufzubauen, die aus einem Schnelltest bei höherer Temperatur erhalten wurden. Abgesehen von der doch häufig vorliegenden Reversibilität der Thermoplastizität der Filme und den damit zusammenhängenden Festigkeitsphänomenen kommen hierbei verschiedene Reaktionskinetiken zur Auswirkung, die sich in ganz differenzierten Zersetzungsmechanismen äußern.

Dagegen sollte, dem Beispiel von W. Althof [37] folgend, die Beurteilung der Leistungsfähigkeit eines Klebstoff-Films, vornehmlich nach seiner Isolierung aus bewitterten Verklebungen irgendwelcher Formstoffe, unter Einbeziehung der Temperaturabhängigkeit eines Meßkriteriums, beispielsweise des Torsionsmoduls oder des Dämpfungsdekrements erfolgen. Die selbstverständlich auch mögliche Bewitterung eines isolierten Klebstoff-Films wird sich meist wohl als ein Beispiel der Alterung von Plastkombinationen oder gar von reinen Plastformstoffen darstellen und aus den Erkenntnissen darüber beurteilen lassen. Jedoch fehlen hierbei die aus der spezifischen Verklebungstechnik dem Polymeren im Klebstoff-Film in der Klebfuge aufgezwungenen chemischen wie physikalischen Besonderheiten.

Es seien hier die Orientierungen im Film, die Retention der Lösungsmittel, die Grenzflächenphänomene u. a. auch die Beeinflussung der Zersetzungsgeschwindigkeit der Filme durch Metallspuren bei leicht erhöhten Temperaturen erwähnt.

Zu den alterungsfesten Klebstoff-Filmen sowohl bei der Plastverklebung wie auch beim Verkleben von Fügeteilen aus anderen Materialien gehören die aus Celluloseestern oder -äthern.

Es genügt wohl daraufhinzuweisen, daß der Klebstoff-Film aus Cellulosenitrat die gleiche Lebensdauer hat wie die mit ihm verklebten Celluloid-Formstoffe, oft aber auch noch seine Funktionen erfüllt, wenn das Fügeteil bereits weitgehend unbrauchbar geworden ist.

Die Alterungsfestigkeit der für Formstoffe aus Polyäthylen oder Polypropylen oder auch für schlagzähe Polystyrol-Einstellungen notwendigen Klebstoff-Filme ist nicht allein von ihrem kolloidchemischen Aufbau und der Konstitution der in diesen Systemen verwendeten Hochpolymeren abhängig, sondern wird auch von der Alterungsfestigkeit der oxydativ abgewandelten Klebflächen der Formstoffe selbst beeinflußt.

J. H. Eilers [34] hat gefunden, daß das Alterungsverhalten allein durch den Klebstoff-Film bestimmt wird, solange die meist durch schwefelsaure Kaliumbichromat-Lösung vorgenommene oxydative Vorbehandlung der PE-Folienoberfläche noch wirksam ist. Beim Polypropylen fällt dieser für die Alterungsfestigkeit der Klebverbindung wesentliche Vorbehandlung im Normalklima während ca. 17 Monaten um 30% ab. Nach der Bewitterung geht die Verklebungsfestigkeit um 77% zurück. Es bildet sich auf der PP-Oberfläche eine leicht abschabbare, poröse Schicht aus. Die dunkelgraue Verfärbung ist von einer merklichen Versprödung begleitet.

Die oxydative Oberflächen „*vergütung*“ bei Formstoffen aus schlagfestem Polystyrol wirkt sich auf die Alterungsfestigkeit der Verklebung dahin aus, daß vom 130. Tage an die Festigkeit von 150 kp/cm^2 auf 55 kp/cm^2 innerhalb einer Gesamtbewitterung von 490 Tagen abfällt.

Es sei noch der Befund von H. Peukert [35] festgehalten, daß PE Klebverbindungen unter Anwendung eines nicht näher bezeichneten Klebstoffes bei Lagerung im Humusboden bis zu 120 Tagen keine Abnahme ihrer bei 45···50 kp/cm^2 liegenden Zugscherfestigkeit erfahren.

Die Alterungsfestigkeit der für Verklebungen von PVC-H-Formstoffen benutzten Klebfilme auf Basis nachchlorierten Polyvinylchlorids, die aus entsprechenden Kleblacken sich auf den Fügeteilen ausbilden, ist stark von der Sorgfalt bei der Ausführung der Klebtechnik abhängig. Weiterhin wirkt sich eine nicht optimale Herstellung der Formstoffe dahingehend aus, daß unter dem Einfluß der Witterungselemente die Lösungsmittelretention zu einer merklichen Beschleunigung der Spannungsrißkorrosion in unmittelbare Nachbarschaft der Klebflächen führt. Neben solchen Rissen äußert sich der fotoxydative Abbau der Klebzonen in einer während der Alterung fortschreitenden Verfärbung bis nach blauschwarz, die scharf gegenüber den nicht mit Klebfilmen versehenen Nachbarzonen (meist ausgeblichen) abgegrenzt sind.

Auch die aus den Klebfugen nach der 5jährigen Alterung im Klima der Ostseeküste isolierten Reste des Klebfilms zeigen eine Verfärbung bis nach dunkelbraun.

Eine analytische Untersuchung dieser Reste auf Chlorgehalt und Veränderung der Intensität einiger Banden im IR-Spektrum zeigt ausweislich der Angaben in *Tab. 82* den Alterungsabbau des Klebfilms aus nachchloriertem PVC. Als Vergleich sind die Werte eines Ausgangsmaterials und der Reste des Klebfilms an einer im Boden vergrabenen Stelle des untersuchten Regenfallrohres angegeben.

Tabelle 82

Bewitterung von Klebfilmen aus nachchloriertem PVC.
Analytische Kennzeichnung des Abbaus innerhalb 5 Jahren im Klima der Ostseeküste

	% Cl	Intensität der IR Banden bei		
		$\lambda = 2{,}85\ \mu$	$\lambda = 5{,}85\ \mu$	$\lambda = 6{,}2\ \mu$
nachchloriertes PVC (Ausgangsmaterial)	60,9 ± 0,1	0,5	0	0,3
Klebfilm von Bodenvergrabung	59,6 ± 0,2	0,6	0	0,3
Klebfilm von bewittertem PVC-Rohr (braun)	56,9 ± 0,2	2,2	2,6	1,2
dto. (dunkel)	52,1 ± 0,2	2,8	3,0	1,7

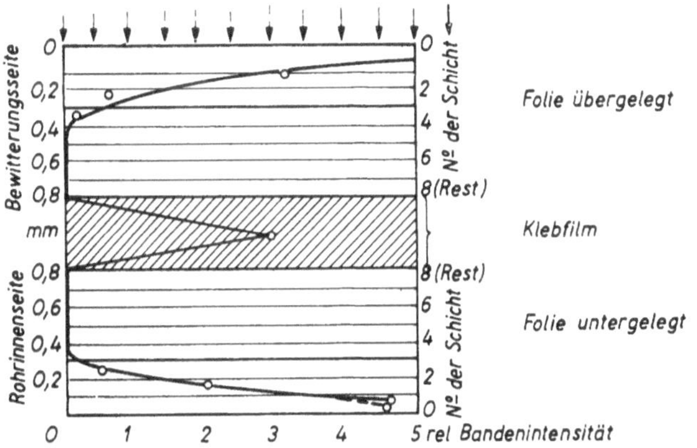

Abb. 78. Bewitterung von verklebtem PVC-H; Eindringtiefe, gemessen an relativer Intensität der IR-Bande 5,85 mm

In diesem Zusammenhang ist besonders die Eindringtiefe der Bewitterungsfolgen gemessen an der relativen Intensität der IR-Banden $\lambda = 5{,}85\ \mu m$ an dem Klebfalz der beiden überlappt verklebten PVC-H-Folien von Bedeutung.

G. v. Hintzenstern [36] hat bei schichtweiser Abhebung für beide Folien die aus der *Abb. 78* ersichtlichen Resultate erhalten. Die Eindringtiefe sinkt in Übereinstimmung mit unseren anderen Befunden in beiden Folienschichten progressiv mit der Entfernung von der Bewitterungsseite ab; sie kann auf 0,2 mm veranschlagt werden. In der hohen Intensität der 5,85-Bande im Klebfilm selbst kommt die höhere Alterungsempfindlichkeit des nachchlorierten PVC zum Ausdruck, so daß ein hydrolytisch oxydativer Abbau auch bei sehr geschwächtem UV-Licht die gefundenen Werte erklärt. Das Eindringen von Wasser und Luftsauerstoff in die Klebschicht wird durch ihre relativ uneinheitliche physikalische Struktur und vor allem bei schlecht ausgeführter Verklebung begünstigt.

Aus unserem weiteren Versuchs- und Beobachtungsmaterial über die Alterungsfestigkeit von Verklebungen von PVC-H-Formstoffen läßt sich sowohl für den Klebfilm aus nachchloriertem PVC wie auch für die Fügeteile ableiten, daß die hier behandelten Alterungserscheinungen einen allerdings nicht so seltenen Extremfall darstellen. Sorgfältig handwerklich hergestellte und verlegte Dachrinnen und Regenfallrohre mit mehreren Verklebungsstellen auf der „*Wetterseite*" und auch in anderen Himmelsrichtungen lassen andererseits nach ca. 5jähriger Beobachtungszeit durchaus eine weitere mehrjährige Gebrauchsdauer erwarten.

Dafür spricht auch, daß die nunmehr 15jährige Bewitterung einer als Abdeckplatte für einen Brunnenschacht genutzten PVC-H-Wabenplatte, deren Deckplatte (3 × 2 m) sehr viele Klebstellen aufweist, zwar *stellenweise* die oben geschilderte blauschwarze Verfärbung zeigt, aber noch keinerlei Nachlassen der Klebfestigkeit.

Über das zeitliche Fortschreiten des Alterungsvorganges an den Klebstoff-Filme tragenden PVC-H-Folien lassen sich noch keine exakten Aussagen machen, da noch einheitliche Verklebungstechnologien und Bewitterungsbedingungen fehlen. Sicher erscheint aber, daß die höhere Instabilität des Klebfilmes aus nachchloriertem PVC zu einer Beschleunigung beiträgt.

Eine Abschätzung der nach fünf Jahren Freibewitterung an einer solchen im Thüringer Wald ausgelegten Wabenplatte mit 2seitigen Abdeckfolien freigesetzten Salzsäure zeigt instruktiv, daß einmal die im eigentlichen Klebfilm an der auf Grund der aufgetretenen Farbvertiefung am weitesten zerstörten Folie abgespaltene HCl um eine Zehnerpotenz größer ist als an den nur gering abgebauten Zonen und zum anderen die aus den PVC-Deckplatten freigesetzte HCl auch um das 4···5fache übertrifft. Es ist also unmöglich, daß die zur Vorstabilisierung benutzte Soda des Em-Polymerisats (Deckfolie) zur Neutralisierung ausreicht. Wir müssen vielmehr hier einen durch HCl katalysierten Abbaueffekt annehmen.

Nach den bisherigen Erfahrungen ist die Alterungsfestigkeit von Verklebungen von PVC-Formstoffen, die mit einem durch Polymerisation von Vinylmonomeren entstandenen Klebstoff durchgeführt sind, dahin einzuschätzen, daß eine etwa 2jährige Raumlagerung keinen Rückgang der Klebfestigkeit, also auch keine chemische oder physikalische Veränderung des Klebstoff-Filmes zwischen den Fügeteilen bringt. Eine Bewitterung bringt bei Formstoffen aus PVC-Em einen Festigkeitsabfall von 9%, beim Sp dagegen um 20%. Eine Versprödung des letzteren nach ca. 2 Jahren wird nicht als ausgeschlossen betrachtet [34].

Es sei noch hinzugefügt, daß eine Bestrahlung solcher Polymerisationsklebstoffe mit energiereicher Strahlung während der Polymerisation eine merkliche Verbesserung der Eigenschaften bringt, gegenüber einer nachträglichen Bestrahlung des Polymerisationsfilmes [46].

Eine Alterung unter dem Einfluß der natürlichen Wetterbedingungen ist bei den reaktiv aus Systemen aus Polyisocyanat und Polyhydroxyverbindungen in stark variabler Verklebungstechnik sich zwischen den Fügeteilen ausbildenden Polyurethan-Filmen wohl nur dann zu erwarten, wenn die UV-Strahlung oder das Wasser unmittelbar zu dem Film gelangen können. Hierbei kann der Wasserzutritt durch Kapillarwirkung von den Randzonen der Fügeteile sowohl die Kohäsionsfestigkeit des Klebstoff-Films wie auch die Adhäsion an den Fügeteilen mindern und so die Alterung des Films einleiten.

Hydrolytisch-oxydative Spaltungen können wohl auch nicht in den Fällen ausgeschaltet werden, bei denen die Polyurethan-Komponenten als Teile einer Plastkombination mit Elastomeren wirken, die in ihrer Gesamtheit dann den Klebstoff-Film bilden.

Bei den aus Duroplasten vornehmlich für die Metallverklebung aufgebauten Klebstoff-Filmen hängt die Alterungsfestigkeit in erheblichem Umfange von den bei der sogenannten Aushärtung eingehaltenen Reaktionsbedingungen sowohl hinsichtlich der Auswahl der Härtersubstanzen wie auch bezüglich der einzuhaltenden Temperaturen und der Zeit ab. Es kann als allgemeingültig angesehen werden, daß die Alterungsfestigkeit mit steigendem Aushärtungsgrad zunimmt.

Nach A. Matting [38] soll unabhängig von der Konstitution des Klebstoff-Films für die für Leichtmetall-Verklebungen genutzten Duroplaste ein Zusammenhang zwischen der ,,Lebensdauer" und der Belastungshöhe dahingehend bestehen, daß erstere mit zunehmender Belastung abnimmt. Außerdem steuert auch die Temperatur die Kriechgeschwindigkeit des Klebstoff-Films.

Wenn auch die Höchstwerte der aus den Kohäsions- und Adhäsionskräften resultierenden Bindefestigkeit meist bei Raumtemperatur gemessen werden, so wirken sich die bei Alterungen unter natürlichen Wetterbedingungen auftretenden Temperaturintervalle zwischen $-60 \cdots +80$°C im allgemeinen relativ geringfügig in einer Festigkeitseinbuße aus.

Als ein Beispiel dafür, daß keineswegs eine Veränderung der Eigenschaften des Klebstoff-Films die alleinige Ursache für eine in der Minderung der Klebfestigkeit sich äußernde Alterung sein muß, kann der Hinweis von I. Lorenz [39] gelten, daß bei Glasverklebungen mit Epoxydharzen tangentiale Spannungen nach 3 Monaten Lagern bei Raumtemperatur die Haftfestigkeit um 77% verringert haben. Weiterhin wird auch der unterschiedliche Wärme-Ausdehnungskoeffizient von Metall und heiß-gehärteten Duroplast-Klebstoff-Filmen und die daraus resultierenden Spannungen im System Fügeteil Klebstoff-Film das Versagen mancher solcher Systeme erklären können.

In diesem Zusammenhang verdient die Vorbehandlung der Klebflächen der Fügeteile noch Erwähnung.

Der Befund von H. Kleinert und W. Krimmling [40], daß die Vorbehandlungsmethoden der Klebflächen von Stahl ohne Einfluß auf die Klebfestigkeiten während einer 12monatigen Alterung sind, bedeutet zugleich, daß der Klebstoff-Film aus heißgehärtetem Epoxydharzen in dieser Zeit ebenfalls nicht in seinem Gefüge verändert ist.

Dies steht im Widerspruch zu unseren Bewitterungsergebnissen, an Verklebungen von Al/Al mit verschiedenen Kombinationen aus handelsüblichen Epoxydbasisharzen differenzierter Kondensationsführung und handelsüblichen Härtern bei Härtungstemperaturen von 130···180 °C sowie RT und anschließender Nachhärtung bei 90 °C.

Bei den Bewitterungen unter den Klimabedingungen in Leipzig sind maximal 5% der ausgesetzten Prüfkörper zerstört. Im Hochgebirgsklima der ČSSR sind es 30···90%, wobei die letztere Zahl für das kaltgehärtete System gilt. Im Klima der Küste des Adriatischen Meeres sind es 10···85%; hier liegt das Maximum ebenfalls bei dieser Härtung und das Minimum bei einer Härtungstemperatur von 180 °C bei 4 Std. Dauer.

Die Klima-Einflüsse auf die Zugscherfestigkeiten der intakt gebliebenen Prüfkörper sind aus der Zusammenstellung in der *Tab. 83* ersichtlich.

Tabelle 83

Bewitterung von Klebfilmen aus ausgehärteten Epoxydharzen zwischen 2 Al-Platten. Änderung der Zugscherfestigkeit kp/cm² in Abhängigkeit vom Klima. Bewitterungsdauer 1 Jahr

Härtungsbed. Temp./Zeit	Ausgangswert	Zugscherfestigkeit der Prüfkörper i. Klima von Leipzig	ČSSR	Adriat. Meeresküste
130°/18 Std.	100···215	110···160	57···116	24···166
	⌀ 187	138	122	119
150°/3 Std.	145···226	70···152	50···150	20···175
	⌀ 198	119	111	97
160°/3 Std.	170···225	42···182	15···187	68···188
	⌀ 204	108	85	130
180°/4 Std.	127···255	154···189	63···193	27···204
	⌀ 192	171	146	133
25°/24 Std. + 90°/2 Std.	60···155	60···105	90···125	6···113
	⌀ 115	87	108	62

Unter Vernachlässigung der auf klebtechnische Ursachen zurückzuführenden Minderung der Zugscherfestigkeit läßt sich hieraus die beschleunigte Alterung in der salzwasserhaltigen Atmosphäre des Adriatischen Meeres erkennen.

Wenn auch die Einwirkung von Regenwasser bei nur intermittierender Benetzung als normale Teilbeanspruchung bei der natürlichen Bewitterung anzusehen ist, so sind doch auch Untersuchungen über eine längere ununterbrochene Wasserlagerung für die Beurteilung der Alterungsfestigkeit der Klebfilme aus Epoxyharzen von Bedeutung. J. Peterka [41] kommt zu dem Resultat, daß eine Wassereinwirkung die Festigkeit der Epoxyharz-Filme aus einer bei niedriger Temperatur durchgeführten Härtung stark vermindert und daß Seewasser zu einem völligen

Zerfall der Verklebung führt, wenn auch bis zu 6 Monate haltende Verklebungen mit heißgehärteten Epoxy-harz-Filmen gelungen sind.

Auch unter solchen Auslagerungsbedingungen, daß das Regenwasser zu den überlappt verklebten Metallflächen fließen kann, sind nach einjähriger Bewitterung von bei 180 °C während 3 Stunden gehärteten Filmen praktisch die Ausgangs-Zugscherfestigkeiten erhalten. Unter tropischen Klimabedingungen mit gleichzeitigem Sonneneinfall und Regen sind nach 12 Monaten Bewitterung die Maximalwerte der Zugscherfestigkeit, die ja als die tatsächlichen Kennwerte zu bewerten sind, um ca. 30% abgefallen.

Auch R. F. Blomquist [45] kommt zu dem Urteil, daß die Klebstoffe auf Epoxyharz-Basis für Al/Al-Verklebungen nach 3 Jahren Bewitterung an der Küste von Florida und in der Panama-Kanal-Zone am wenigsten widerstandsfähig sind.

Auf die Bedeutung der Härtungstemperatur auf die Werte der Zug- und Scherfestigkeit von Verklebungen mit Epoxyharzfilmen an Kupfer-Rundstäben machten nochmal R. M. Clintock u. a. [44] im Zusammenhang mit ihren Alterungen bei sehr niedrigen Temperaturen aufmerksam. Die Zugfestigkeit der bei 95° gehärteten Klebstoff-Filme im Verbund mit dem Rundstab bleibt bis —253 °C annähernd gleich. Hingegen nimmt die Scherfestigkeit bis —197 °C erheblich ab und bleibt dann bis —253 °C etwa gleich. Bei sehr niedrigen Temperaturen reißt der Epoxyharz-Film; bei höheren Temperaturen tritt der Riß an der Grenzfläche Klebstoff-Metall auf.

Im Rahmen unserer Untersuchungen über die Alterungsfestigkeit von Epoxyharzfilmen als Klebstoff für Phenolharz-Hartpapier-Formstoffe konnten wir sowohl bei den im Temperaturintervall von 130···140 °C wie auch bei Raumtemperatur und anschließend bei 90°C gehärteten Verklebungen Ausgangs-Werte von 110···120 kp/cm² der Zugscherfestigkeit (Mittel aus ca. 80 Messungen) erreichen.

Die Klebstoff-Filme können bei einer einjährigen Lagerung bei Raumtemperatur (= Versuchsende) als alterungsfest gelten. Die Zwischenmessungen zeigen den gleichen Streubereich wie die Ausgangswerte. Bedenklich erscheint der Befund, daß die Zugscherfestigkeit durch die Wasserlagerung bereits nach 8 Tagen im Mittel um 50% abgefallen ist, wobei bei den hierbei gemessenen Minimal-Werten auch Rückgänge von 70···80% sich finden. Seewasser erweist sich als aggressiver. Kaltgehärtete Klebstoff-Filme sind noch ungeeigneter für eine derartige Beanspruchung.

Ein Urteil, daß Füllstoff-Zusätze zu den Klebstoff-Filmen aus Epoxyharzen das Alterungsverhalten nicht verbessern, kann in dieser allgemeinen Form sicher nicht aufrecht erhalten werden [42].

Die Beobachtungen von H. Schwarz und H. Schlegel sowie von K. Buser [43], daß die Konstitution, Textur und Dispersitätsgrad der Füllstoffe sowie die Härtungsbedingungen bei der Freiluftbewitterung sich auf die Veränderung der Festigkeit des Klebfilms, insbesondere unter dem Einfluß des Wassers auswirken, erscheinen vielmehr zutreffend.

G. Kaliske [56] hat nachgewiesen, daß durch Zusatz von 5% hochdisperser Kieselsäure zum Epoxyharzklebstoff die Wetterfestigkeit von Al/Al-Verklebungen soweit verbessert werden konnte, daß nach 120 Tagen noch der Ausgangswert der Haftfestigkeit und nach 240 Tagen nur ein Verlust von 2···4% gemessen werden konnte. Dies bedeutet eine Verdoppelung der „*Gebrauchsdauer*". Ähnlich wirkte sich ein Zusatz phenolhaltigen Steinkohlenteeres aus. Auch die Wasserfestigkeit wird durch letzteren merklich verbessert, so daß nach ca. 160 Tagen die Ausgangswerte noch vorliegen.

Wenn auch Epoxyharz-Filme durch Bestrahlung mit energiereicher Strahlung eine durch Viskositätsmessungen nachgewiesene Vernetzung erfahren, so zeigt sich doch bei der Bestrahlung von Verklebungen Metall/Metall mittels Epoxyharze, daß die Klebfestigkeiten bei gleicher Strahlendosis je nach Aufbau des Epoxyharzfilms zu- oder auch abnehmen. Es scheint hier von Bedeutung zu sein, ob die Härtungsreaktion während der Bestrahlung schon abgeschlossen ist. Während des Reaktionsablaufs führt die Bestrahlung zu vornehmlich auf die Kohäsionskraft sich auswirkenden Veränderungen [38].

Bei anfänglichen Zunahmen wird nach Überschreiten des Maximums bei höherer Dosis dann oft ein Abfallen beobachtet. In diesem Fall kann aber der Endwert noch maximal $8 \cdot 10^8$ rad noch oberhalb des Ausgangswertes bleiben. Temperaturerhöhung trägt zur Beschleunigung der Herabsetzung der Klebfestigkeit bei. Unabhängig von der Strahlenart sind die Effekte bei gleicher Dosis die gleichen.

Die Adhäsionsfestigkeit an der Grenzfläche Metall/Klebfilm wird durch das Auftreten gasförmiger Zersetzungsprodukte infolge der Bestrahlung herabgesetzt [46].

Die Nutzung eines kalthärtenden Epoxyharzes als Klebstoff für glasgewebebzw. glasmattenverstärkte Polyester-Platten und Al-Platten wird durch bereits nach 6 Monaten Wässerung sich abzeichnende Abnahme der Festigkeit (bis zu 33%) etwas eingeschränkt [57].

Die seit Beginn des 3. Dezenniums in weltweiter Anwendung befindlichen Kondensationsprodukte aus Phenol- und/oder Harnstoff und Formaldehyd haben sich als Klebstoffilme für Holzverleimungen in vielen Anwendungen und Untersuchungen zur Wetterbeständigkeit bewährt.

K. Exner u. a. [47] machen erst kürzlich bekannt, daß ungestreckte Harnstoff Kondensationsfilme in dünner Verleimungsfuge noch nach 17 Jahren Beanspruchung noch befriedigend beständig sind. Die festgestellte Festigkeitsminderung von 18% läßt sie noch ohne weiteres für den Holzbau mit Nadelholz einsetzen. Ebenso sind die Klebstoff-Filme auf Basis von Resorcin- und Melamin-Formaldehyd-Kondensaten bei der Bewitterung ungeschützter Holzverleimung in vieljähriger Exposition beständig.

Aus der doch recht ansehnlichen Variationsbreite der Kombinationen von Thermo- und Duroplaste miteinander und untereinander für die Nutzung als Klebstoff-Filme stehen die Kombinationen aus Duroplasten — Phenol-Formaldehyd-Kondensationsprodukte oder Epoxyharze — mit Thermoplasten im Vordergrund technologischen Interesses. Nach unseren Untersuchungen [48] eignen sich die Polyvinylacetale sowohl bezüglich der Verträglichkeit wie auch der zu erreichenden Haftfestigkeit am besten als Komponente der Kombination mit den Phenolharzen.

Unsere Alterungsuntersuchungen des handhabungssicheren Klebfilms aus Polyvinylformal und Phenolresol im Verhältnis 1:1 unter Benutzung der Zugscherfestigkeit von Al/Al-Prüfkörpern als Bewertungskriterium zeigen, daß ein bis zu 120 Tagen unter Licht- und Luftabschluß gelagerter Film in seinen Kohäsions- wie Adhäsionseigenschaften konstant bleibt.

Die auf unserer Prüfstation im Thüringer Wald länger als 1 Jahr exponierten Verklebungen mit diesen Klebstoff-Filmen führten zu keiner Minderung der Zugscherfestigkeit.

Aus der praktischen Anwendung derartiger Kombinationsklebstoff-Filme aus Phenolresol und Polyvinylformal ist bekannt, daß nach 10 Jahren natürlicher Bewitterung kein Abfall der Zugscherfestigkeit eingetreten ist. Jedoch setzt die Korrosion der *ungeschützten* Metall-Fügeteile der Alterungsfestigkeit der Klebfilme eine Grenze.

Die durch die Korrosion und Salzbildung ausgelöste Abhebung der Metall-Fügeteile bestimmt dann die Lebensdauer auch des Klebfilms. Wie aus *Abb. 79* er-

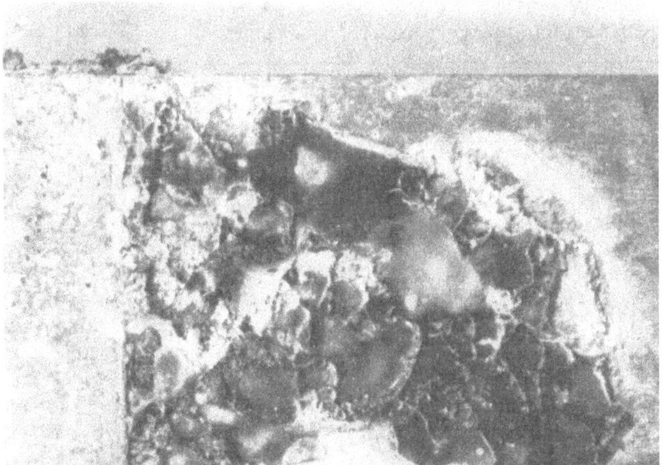

Abb. 79. und 80. Korrosion von mit Kombinationsfilmen verklebten Al/Al-Prüfkörpern (700 Tage Wässerung)

sichtlich, dringt das Wasser von den Randzonen der Verklebung ein und unterwandert den auch bei jahrelanger Wasserlagerung an sich intakt bleibenden Klebstoff-Film aus der Kombination Phenolharz + Polyvinylformal. Die starke Metallkorrosion einer 700 Tage ununterbrochenen in Wasser gelagerten Überlappungsverklebung von Al/Al gemäß umstehender *Abb. 80* hat die Zugscherfestigkeit lediglich um 47% gemindert.

Die Auswirkung der Konstitution der thermoplastischen Komponente im Klebfilm auf die Zugscherfestigkeit derartiger Al/Al-Prüfkörper während einer solchen Wasserlagerung lehrte die *Tab. 84.*

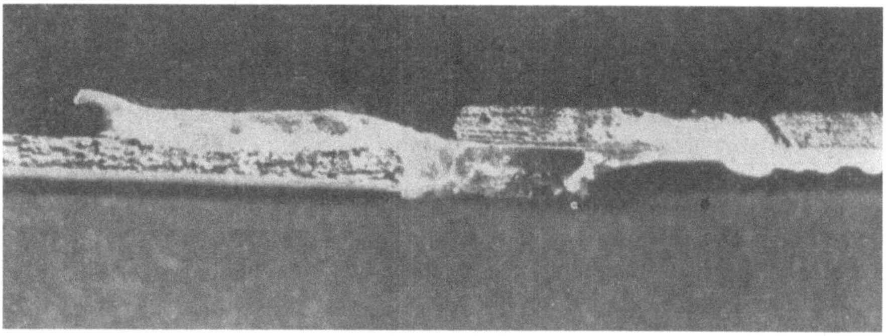

Abb. 80.

Tabelle 84

Alterung von Klebstoff-Filmen aus Plastkombinationen durch Wasserlagerung
Meßwert Zugscherfestigkeit (kp/cm²) von Al/Al-Verklebungen

Lagerungsdauer	Kombination aus Phenolresol +			
Tage	PVF I	PVF II	PVC Sp.	PV Al
0	380	320	180	200
60	370	330	150	160
120	335	310	140	150
200	285	280	100	140
300	260	280	80	90
400	245	220	70	80
500	235	215	0	0
600	230	200		
700	200	185		

Die Polyvinylformale unterscheiden sich gemäß

	Acetat %	Formal %	OH %
I	14	71	15
II	9	83	7

Das PVC ist ein Suspensionspolymerisat ($K = 72$), PV Alkohol ist in kaltem Wasser völlig löslich ($K = 45$).

Die Wetterfestigkeit dieser PVF-Phenolresol-Klebstoff-Kombination übertrifft die anderer bekannter Klebstoff-Filme.

Aus den Untersuchungen von H. J. Kalweit und D. Wesser [49] zu den Parametern der Verklebungstechnologie mittels dieses Kombinationsklebstoffes aus Phenolresol und Polyvinylformal ergibt sich, daß die Zugscherfestigkeit zunächst von der Reaktionstemperatur bei gleichem Preßdruck abhängig ist und daß sich auch Klima-Unterschiede auf die Alterungsfestigkeit auswirken. Hierbei ist der Rückgang der Zugscherfestigkeit bei den bei 145 °C verklebten Metallgefügeteilen von 330 ± 20 kp/cm² auf 300 ± 10 bzw. 310 ± 10 kp/cm² (Kanton bzw. Mitteleuropa) geringer als bei der Verklebungstemperatur von 160 °C: von 460 ± 50 kp/cm² erniedrigt auf 390 ± 20 bzw. 410 ± 20 kp/cm² nach jeweils 12 Monaten.

Analytische Untersuchungen über die chemisch-physikalischen Veränderungen eines solchen Klebstoff-Filmes liegen zwar noch nicht vor, jedoch ist die Wahrscheinlichkeit, daß es sich bei diesen an sich erträglichen Festigkeitsabnahmen vorwiegend um Grenzflächenvorgänge infolge kapillar eindringenden Wassers in die Klebefuge während der Bewitterung handelt, wohl größer.

N. J. DeLollis u. a. [50] sind der Meinung, daß der von ihnen bei einer 2jährigen Lagerung von mit Kombinationen aus Phenolharzen und Nitrilkautschuk verklebten Al/Al-Fügeteile beobachtete Rückgang der Zugscherfestigkeit innerhalb von 2 Monaten von 214 kp/cm² auf 153 kp/cm² und das anschließende Einpendeln auf ein neues Festigkeitsniveau von 165 kp/cm² während der übrigen 22 Monate auf physikalisch adsorbiertes Wasser im Klebfilm zurückzuführen ist. Sie lagerten ihre Prüfkörper in 94% Feuchtigkeit im Temperaturzyklus zwischen 65 °C und 30 °C innerhalb einer 48-Std.-Periode.

Die von R. F. Blomquist [45] durchgeführten 3jährigen Alterungen im Klima der Panama-Kanal-Zone und in Florida von Verklebungen von Al/Al-Platten mit Phenolharz-Kombinationen mit Vinylpolymerisaten bzw. mit Acrylnitrilkautschuk zeigen im unbelasteten Zustand Rückgänge der Zugscherfestigkeit auf 65 bis 98%, wobei der stärkere Angriff im Klima von Florida offenbar erfolgt. Bei einer Biegespannung während der Alterung gehen die Werte etwas stärker zurück. Es sind Extreme mit 95% Restfestigkeit, aber auch ihr völliger Verlust gefunden worden. Es lassen sich aus diesen Angaben jedoch keine konstitutionellen Auswirkungen erkennen oder Aussagen über evtl. vorliegende Grenzfläche-Erscheinungen für das Verhalten der Klebfuge in tropischen Klimata machen.

Bei Verwendung von Epoxyharzen als einer Komponente in Kombinationsklebstoffen macht sich im allgemeinen ein stärkerer Rückgang der Zugscherfestigkeit durch die Bewitterung bemerkbar. Verklebungen von Al-Waben mit Al-Deckschichten lassen bei Kombinationen aus Epoxyharzen und Phenolharzen nach 11 Monaten Bewitterung um −40% in der Zugscherfestigkeit nach; für Epoxyharz + Polycaprolactam sind es nach 6 Monaten bereits −28···−55%.

Andererseits haben aber Al-Platten-Verklebungen mit dieser letztgenannten Kombination ihre Festigkeit nach fast 5 Jahren Bewitterung nur um −8,5% eingebüßt. Für die Bewertung der Wetterfestigkeit dieser Kombination ist auch der Befund von DeLollis u. a. [50] von Bedeutung, wonach bei Exposition in Luft von 94% Feuchtigkeit im Temperaturintervall von 30···60 °C innerhalb von 2 Monaten die Festigkeit von 300 kp/cm² auf 83 kp/cm² abfällt und sich dann dieses Niveau einstellt. Dieser starke Abfall wird auf das gleichzeitige Vorliegen von absorbiertem Wasser im Klebstoff-Film und Grenzflächenablösungen durch die Kapillarwirkung zurückgeführt.

Für die allerdings nur sehr kurze Bewitterungsdauer von 27 Tagen haben sich Kombinationsfilme aus Epoxyharzen mit Polyesteracrylat oder Polysulfiden oder Kautschuk insoweit bei der Al/Al-Verklebung bewährt, daß keine Verringerung der Klebfestigkeit und keine Beschleunigung der Zersetzung des Klebstoff-Films durch Luftsauerstoff eintritt [51].

Gemische aus Epoxyharzen mit nicht näher bezeichneten Polymeren verwenden H. Bordes-Pages u. a. [46] zum Verkleben von Plutonium Metall mit sich selbst oder mit Kupfer und Uran, um die Wirksamkeit hautpsächlich der α-Strahlung auf den Klebstoff-Film zu erproben.

In der Mehrzahl der Prüfkörper tritt im Laufe der ersten 3 Monate Raumlagerung eine Festigkeitssteigerung ein, um im allgemeinen gegen Ende von 5 Monaten verloren zu gehen. In den ersten 3 Monaten tritt Bruch im Film ein. Man muß annehmen, daß im Laufe der 5 Monate durch die absorbierende Dosis von ca. $8 \cdot 10^8$ rad durch α-, β- und γ-Strahlen eine Vernetzung im Klebstoff-Film sich weiter ausbildet. Bei zu starker Vernetzungsdichte werden die Filme spröde, es bilden sich gasförmige Zersetzungsprodukte an den Grenzflächen und die Festigkeit fällt. Bei der Pu/Pu-Verklebung finden sich Brüche im Film auch außerhalb der bestrahlten Zone. Eine Verklebung von Pu/Cu hat nach 13 Monate Alterung noch ungefähr 80% des Ausgangswertes. Auch hier tritt innerhalb der ersten 5 Monate eine Festigkeitssteigerung ein (Gesamtstrahlendosis 10^9 rad).

Ein Klebstoff-Film aus einer ternären Kombination Epoxyharz-Phenolharz-Elastomeres erwies sich bei der 3jährigen Bewitterung ohne Belastung der Al/Al-Fügeteile im tropischen Klima als recht wetterfest (Restfestigkeit $\sim 87\%$). Bei Belastung (Biegebelastung) geht sie auf 55···21% zurück [45].

Literatur

[1] W. Baumann: Kunststoffe **47** (1967) 601; **48** (1958), 362, 406
[2] K. H. Eisenmann: Im Kunststoff-Handbuch Bd. VII, Polyurethane S. 501, Karl-Hanser-Verlag, München, 1966
[3] J. K. Buxbaum: Analytic. Chem. **29** (Part **I**) (1957), 492
[4] H. S. Schnitzer u. a.: Modern Plastics **37** (Okt. 1959), 99
[5] J. Schreiber: Bauzeitung (1965), 349
[6] H. Lindemann: Kunststoffe **50** (1960), 331
[7] G. Wick: Kunststoffe **49** (1959), 383
[8] E. Bettanini u. a.: Chemical Abstracts **68** (1968), Nr. 8, 30461 x
[9] K. Thinius: Plaste u. Kautschuk **15** (1968), 164
[10] D.A.P. 64885 v. 23. 10. 67/5. 12. 68 Dynamit Aktien Ges.
[11] H. Gerrens: Chemie, Ing.-Techn. **39** (1967), 1053
[12] G. E. Molau: J. Polymer Sci. **A 3** (1965), 1267, 4235
[13] A.P. **2439202**
[14] L. Gilman u. a.: Modern Plastics **34** Nr. **1** (1956), 176
[15] Modern Plastics **33** (Sept. 1955), 104
I. M. Heaps: Rubber and Plastics Age **49** (1968), 967
[16] H. Högberg: Kunststoffe **46** (1956), 358

[17] P. Schneider u. a.: Kunststoffe **47** (1957), 147
K. Hagen u. a.: Automobiltechn. Zeitschrift **67** (1965), 106
[18] I. Kelleher: J. Appl. Polymer Sci **10** (1966), 843
[19] H. Wild u. a.: Kunststoffe **57** (1967), 817
[20] H. A. K. Eden u. a.: Plastica (Delft) **18** (1965), 1
[21] C. B. Buchnall: J. appl. Poylmer Sci. **12** (1968), 1311
[22] B. D. Gesner: J. appl. Polymer Sci. **9** (1965), 3701
SPE Journal **25** (Jan. 1969), 73
[23] D. J. Boyle u. a.: J. appl. Polymer Sci. **12** (1968), 1193
[24] K. Thinius: „*Chemie, Physik und Technologie der Weichmacher*", 2. Aufl., S. 868, Leipzig 1963, VEB Deutscher Verlag für Grundstoff-Industrie
[25] G. Plato: in Krekeler-Wick: „*Kunststoff-Handbuch, Polyvinylchlorid*", Teil I, S. 105, München 1963, Carl-Hanser-Verlag
[26] W. C. Warner u. a.: Ind. Engng. Chem. Product Res. and Development **5** (1966), 219
[27] N. L. Perry: Modern Plastics **40** (Mai 1963), 156
[28] H. H. Frey: Kunststoffe **53** (1963), 103
[19] W. Albert: Kunststoffe **53** (1963), 86
[30] P. G. Kelleher u. a.: J. appl. Polymer Sci. **11** (1967), 1731
[31] siehe u. a. L. Dimter: „*Klebstoffe für Plaste*", S. 71 Leipzig 1966, VEB Deutscher Verlag für Grundstoff-Industrie
[32] L. Dimter u. D. Gerbet: Plaste u. Kautschuk **15** (1968), 14
[33] G. Grosse: Plaste u. Kautschuk 9 (1962), 401
[34] J. H. Eilers: Dissertation, Aachen 1965; Kautschuk, Gummi Kunststoffe **19** (1966), 436 562, 632, 704
[35] H. Peukert: Kunststoffe **48** (1958), 3
[36] nach Arbeiten im Institut für organische Hochpolymere, Leipzig
(37] W. Althof: Kunststoffe **56** (1966), 750
[38] A. Matting: Kunststoffe **48** (1958), 444
Chemie Ing. Techn. **38** (1966), 584
[39] I. Lorenz: Plaste u. Kautschuk **5** (1958), 225
[40] H. Kleinert u. a.: Plaste u. Kautschuk **12** (1965), 472
[41] J. Peterka: IfL Mitteilungen **3** (1964), 255
[42] F. Eichhorn u. a.: V.D.I. Z. **108** (1966), 1637
[43] K. Buser: Plaste u. Kautschuk **6** (1959), 184
H. Schwarz u. a.: Plaste u. Kautschuk **6** (1959), 550
[44] R. M. Mc. Clintock: u. a. Modern Plastics **55** (Juni 1958), 172
[45] R. F. Blomquist: J. appl. Polymer Sci. **6** (1962), 161
[46] H. Bordes-Pages: Ind. plast. mod. et Elastomères **19** (Mai 1967), 155
[47] H. Exner u. a.: Holz — Roh- und Werkstoff **24** (1966), 430
[48] L. Dimter u. a.: Plaste u. Kautschuk **9** (1962), 318, 320
sowie Dissertation L. Dimter, Leipzig
[49] H. J. Kalweit u. a.: I.f.L. Mitteilungen **3** (1964), 272
[50] N. J. Delollis u. a.: J. appl. Polymer Sci. **11** (1967), 983
[51] A. S. Frejdin u. a.: Plast. Massen (UdSSR) 1966, Nr. **4**, 37
[52] J. Schwarz u. H. Spindler: Plaste u. Kautschuk **5** (1958), 216
[53] M. Rauschert: Kunststoffe **45** (1955), 407
[54] H. Streller: Plaste u. Kautschuk **9** (1962), 520
[55] I. Meyer-Landsberg u. a.: Proc. Amer. Soc. Testing Mater. **51** (1951), 1262

[56] G. Kaliske: Plaste u. Kautschuk **11** (1964), 235
[57] D. Hempel: Plaste u. Kautschuk **14** (1967), 914
[58] B. D. Gesner: J. appl. Polymer Sci. **9** (1965), 3701

4.4.4. Verstärkte Plastformstoffe (Laminate)

Bei dieser speziellen Nutzungsform der Plastformstoffe handelt es sich bekanntlich um eine Kombination organischer oder anorganischer Substanzen in Faserform mit den Duro- oder Thermoplasten in der Weise, daß im Verband des Plastes eingebetteter Faserwerkstoff das Gerüst eines neuen Plastformstoffes bildet.

Die in großer Variationsbreite einsetzbaren Faserstoffe können als Papier in seinen verschiedenen Qualitäten — Hadernpapier, Kraftpapier, Papier aus Zellstoff hohen α-Cellulose-Gehalts jeweils in verschiedenen Stärken und m^2-Gewichten — als Baumwolle oder als Hydratcellulose, als Faser, Strang und Gewebe in Form der Chemiefasern sowie als Asbestpapier oder — Faser und als Glasfaser in den verschiedenen textilen Formen benutzt werden.

Neben Flächengebilden — Platten, Tafeln, Folien — sind auch Stäbe oder Rohre oder andere Profilstücke die handelsübliche Gebrauchsform dieser „*Laminate*".

Wenn auch die mechanischen wie physikalisch-chemischen Eigenschaften der verschiedenen verstärkten Plastformstoffe von beiden verarbeiteten Komponenten einer solchen Kombination abhängen, so ist doch von wesentlicher Bedeutung, daß der Gerüststoff in Faserform die mechanischen Eigenschaften in erster Linie dahingehend beeinflussen soll, daß die mechanischen Eigenschaften des Laminats größer sind als jede der Komponenten. L. Smith [1] gibt hierfür folgendes Beispiel:

	Reißfestigkeit kp/cm²	E'modul kp/cm²
Phenolformaldehyd-Kondensat	275	44300
Baumwoll-Gewebe	596	6800
imprägniertes Gewebe	418	17900
Laminat	752	67800

Da der Verstärkungseffekt einer Textilie von den Fasern abhängt, so wird klar, daß auch die textiltechnische Verarbeitung mit allen ihren Einzelheiten nicht ohne Einfluß auf die Endeigenschaften des Laminats, einschließlich seines Alterungsverhaltens und seiner Gebrauchsdauer, sein wird, wobei auch die Anordnung dieser Faserstoffe im Laminat — parallel oder gekreuzt zueinander — nicht übersehen werden darf.

Ausgehend von den klassischen Phenol-Formaldehyd-Kondensationsprodukten sind die entsprechenden Harnstoff- und Melaminkondensate, viele der übrigen Kondensationsprodukte aus Aminen z. B. Anilin und anderen Aldehyden z. B. Furfurol und schließlich unter besonderer Bevorzugung der Glasfaser als Verstärkung die ungesättigten Polyester etwa ab 1937···1941 die wesentlichen Komponenten dieser speziellen Nutzungsform der Plastformstoffe. Nur sehr zögernd sind die Thermoplaste mit für derartige Laminate einbezogen worden.

Für die Bewertung der Alterungsfestigkeit dieser verstärkten Plastformstoffe unter natürlichen Wetterbedingungen ist also sowohl mit einer Veränderung dieses Formstoffes in seiner Gesamtheit wie auch aus den spezifischen Eigenschaften seiner Komponenten sowie der Grenzflächen an den Verstärkungsstoffen zu rechnen.

4.4.4.1. Organische Verstärkungsstoffe

Die Verstärkungsschichten aus Cellulosen, insbesondere Baumwolle, geben zwar eine ausgezeichnete Festigkeit, tragen aber zu einer hohen Feuchtigkeitsabsorption und einer geringen Temperaturfestigkeit bei. Die in dieser Hinsicht besseren Asbestfasern lassen schlechtere elektrische Isoliereigenschaften erwarten. Eine Orientierung der Fasern beim Aufbau der Schichtpreßstoffe kann eine Erosionsfestigkeit bedeutend verbessern.

Eine Alterung von handelsüblichem Hartpapier bzw. Hartgewebe findet ausweislich der unveränderten Meßwerte der mechanischen Eigenschaften während einer 5jährigen Lagerung im Raum nicht statt [2]. Um Fehlbeurteilungen zu vermeiden, sei darauf hingewiesen, daß bei der Bestimmung der Schlagzähigkeit mit senkrecht zur Schichtebene geführtem Schlag die unterschiedliche Beanspruchung der äußeren Faserschichten zu ca. 15% von einander abweichenden Meßwerten führen kann, je nachdem, welche der beiden Flächen des Prüfstabes geschlagen wird.

Die Bewitterung von Phenolharz-Schichtpreßstoffen mit Baumwoll-Gewebe oder Segeltuch oder Papier oder Kraftpapier als Verstärkungsmaterialien unter subtropischen Bedingungen im Süden des nordamerikanischen Kontinents während 11 Monaten bzw. 29 Monaten führt lediglich bei dem mit Kraftpapier hergestellten Formstoff zu einer beträchtlichen Abnahme (−25%) der Schlagbiegefestigkeit. In allen anderen Fällen liegen die Abnahmen bzw. auch Zunahmen der gemessenen Werte um 10%. J. K. Long [3] betrachtet diese noch als Schwankung aus der Tatsache des jeweils neuen Prüfkörpers.

Die auch von anderen Autoren im gemäßigten Klima beobachtete Verringerung der Schlagzähigkeit der Kraftpapier-Laminate wird wohl mit Recht auf das Zusammentreffen der beiden Voraussetzungen: Kraftpapier und Mittel-Druck-Preßverfahren bei nur 33% Harzgehalt zurückgeführt.

Abgesehen von einem Nachdunkeln der Baumwoll-Gewebe enthaltenden Phenolharz-Schichtpreßstoffe wird an der Oberfläche keine Rißbildung und auch kein Aufblättern der Laminate durch die maximal 2jährige Bewitterung beobachtet. Natürlich tritt stets eine Erosion des eigentlichen Harzfilmes ein.

Im arktischen Klima ist nach mehr als 2jähriger Bewitterung ein plötzliches Verspröden beobachtet. Die naheliegende Erklärung, dies auf eine Sprengwirkung des gefrorenen, absorbierten Wassers zurückzuführen, hat sich bei Laborversuchen nicht bestätigt [7].

Die Verwendung eines auf 34···38% CH_3CO acetylierten Papiers führt nach K. Schwaner [5] u. a. bei mit Phenolresolen bzw. Gemischen aus ihnen und Epoxyharzen sowie mit letzteren allein zu recht wasserbeständigen Laminaten, wobei sich allerdings diese Aussagen auf nur eine 4tägige Wässerung stützen können.

Die ursprüngliche Schlagzähigkeit eines Laminats aus Baumwoll-Gewebe in Köperbindung als Innenschicht und Alpha-Papier als Deckschicht — beide senkrecht zueinander angeordnet — und einem Gemisch aus Harnstoff- und Phenol-Formaldehyd-Kondensaten von 675 kp/cm² geht durch die genannte Bewitterung um ca. 40% zurück. Natürlich dunkeln auch diese Formstoffe nach.

Praktisch unverändert bleibt die Schlagzähigkeit während der Bewitterung auch bei den 3 verschiedenen Laminaten mit ungesättigten Polyestern und Baumwoll-Gewebe als Gerüst, die sich in der Qualität der Baumwoll-Gewebe, der Anordnung der Schichten zueinander und ihrer Anzahl unterscheiden. Der Harzgehalt liegt um 63%.

Ebenso ist die Wetterfestigkeit der mit Fasern auf Basis Polyäthylenglycolterephthalat oder Polyacrylnitril hergestellten Schichtstoffe mit Polyestern innerhalb eines Jahres recht gut. Es treten keine Oberflächenveränderungen und nur geringfügige Abnahmen der Reißfestigkeiten ein. Das gilt auch für die bis zu 20 Wochen ausgedehnte Wässerung derartiger Laminate, wobei gleichzeitig der Einfluß einer Temperaturerhöhung des Wassers auf die Kerbschlagzähigkeit nicht festgestellt werden konnte [4].

Auffallend gut ist auch die Wetterfestigkeit der Laminate aus Äthylcellulose mit Trikresylphosphat als Weichmacher und Ruß als Stabilisator, die mit Baumwollgewebe bei 177 °C und 53···70 kp/cm² Druck hergestellt wurden. Nach 11 Monaten Exposition in Florida ist die Schlagzähigkeit noch praktisch unverändert. Es ist dies wohl hauptsächlich auf die Verwendung von Ruß zurückzuführen.

Die Wetterfestigkeit der mit organischen Faserstoffen als Garne, Zwirne, Gewebe oder Vliese verstärkten Thermoplastfolien wird in erster Linie durch das Verhalten des als Folie verarbeiteten Plasts bei der Bewitterung bestimmt.

4.4.4.2. Anorganische Verstärkungsstoffe

Von ihnen sind die Glasfasern sowohl in der Qualität der alkalifreien wie auch alkalihaltigen Silikatgläser in allgemeiner Benutzung. Eine Weiterentwicklung des sogenannten E-Glases, eines Aluminiumborosilikats mit maximal 0,8% Alkalioxyd stellen die Kieselsäure-Fasern mit laut KAF Schmidt [6] ca. 96% SiO_2-Gehalt dar. In Gewebeform mit Phenolharzen laminiert werden sie kaum für Beanspruchungen unter irdischen Klimaverhältnissen eingesetzt werden, sondern sie werden ebenso wie Quarzfasern als Verstärkungsstoffe für die Phenol-Aldehyd-Polykondensate oder für Epoxy-Harz-Laminate ihre Anwendung unter Weltenraumbedingungen mit extrem hohen thermischen Anforderungen und unter Beachtung ihrer Resistenz gegen energiereiche Strahlung finden. Das gilt wohl auch für die Laminate aus Epoxyharzen mit Borfasern, Bor-Wolfram-Drähten oder Stahldraht.

Bei der Verstärkung mit Glasfasern nehmen die Qualität der Faser, ihre textiltechnische Verarbeitung, das Haftmittel nach seiner chemischen Zusammensetzung und Verträglichkeit mit dem Polymeren und die Herstellungsbedingungen einen merklichen Einfluß auf das Alterungsverhalten. Mit zunehmendem Alkaligehalt nimmt die Wasserfestigkeit ab; er wirkt sich auch auf die dielektrischen Verluste bei den Schichtstoff-Verbunden aus Glasgewebe u. a. mit Duro- wie Thermoplasten aus.

Für die Beurteilung der Leistungsfähigkeit der Laminate mit anorganischen Verstärkungsstoffen unter Witterungsbedingungen ist zu beachten, daß die Zone der geringsten Festigkeit im Laminat das Bindemittel ist. Nicht nur bei der Durchführung von Messungen, sondern vornehmlich bei der Bewitterung von Konstruktionen aus Laminaten sollte man also darauf sehen, daß die Kräfte möglichst parallel zu Lagen oder Strängen wirken. Aber auch dann bleibt ja das gleichzeitige Auftreten von Schubkräften auf das Bindemittel auch nicht aus.

Die durch die Kombination mit den Glasfasern bewirkte Festigkeitserhöhung bedeutet eine Änderung der Oberflächenspannung. Es ist noch nicht klar, wie diese für das Bewitterungsverhalten — Feuchtigkeitseinfluß — nicht unbedeutende Eigenschaft gesteuert werden kann, da die Harzkomponenten sicher nicht ohne Einfluß auf das Ausbilden der zwischen dem Verstärkungsstoff und dem Polymeren möglichen Kräfte — Nebenvalenzbindung, Wasserstoffbrücken, Ionisierung der Silikatoberfläche — sind.

Ein gutes Einbetten der Glasfasern und eine einwandfreie Haftung zwischen Faser + Polymeren ist wohl eine selbstverständlich einzuhaltende Voraussetzung, wenn eine hohe Bewitterungsfestigkeit des Laminats erwartet wird.

Ausgehend von dem Zweck der Faserverstärkung werden derartige Laminate wohl vornehmlich unter Last der Bewitterung ausgesetzt werden. Es sei daran erinnert, daß Plastformstoffe ihre mechanischen Eigenschaften mit der Belastungszeit ändern; bei zeitlich konstanter Belastung nimmt die Dehnung (Kriechen) zu; E-Modul und Festigkeit nehmen also mit der Zeit ab. Bei einem während der Bewitterung statisch beanspruchten Formstoff wird also die zulässige Dehnungsgrenze eher überschritten als die Festigkeit.

Der diesen Laminaten eigentümliche heterogene Aufbau, die häufig zu findende unterschiedliche Glasverteilung in einer Platte, die schwankenden Eigenschaften der Glasfasern und der aus ihnen hergestellten Textilien, sowie die nicht immer gleichmäßige Benetzung lassen es geraten erscheinen, Abweichungen der an gealterten Formstoffen gemessenen Eigenschaftswerte in der Größenordnung um 10% vom Ausgangswert nicht als Alterungsfolgen zu interpretieren.

Die mit Phenol-Resolen und Glasfaser-Gewebe, das in 8 Lagen senkrecht zueinander jeweils angeordnet bei 143 °C und 3,5 kp Druck verpreßt wurde, hergestellten Laminate [3] mit 45% Harz-Gehalt verlieren nach 11 bzw. 29 Monaten Freibewitterung im südlichen Teil Nordamerikas 20···40% ihrer anfänglichen Schlagbiegefestigkeit von 1350 kp/cm^2.

Trotz leichter Oberflächenerosion sind ernsthafte visuell wahrnehmbare Schäden (Risse oder Lösungen des Verbundes) nicht aufgetreten.

Die Resistenz gegen Feuchtigkeit bei Wasserlagerung solcher Laminate wird von der Form der Glasfaser-Verstärkung, ob als Gewebe oder Matte, etwas beeinflußt. Wenn auch in beiden Fällen die Kapillarräume im Laminat den Wassereintritt begünstigen, so ist doch das Eindringen bei Matten etwas geringer. Demgemäß ist der Abfall ihrer Festigkeiten im feuchten Klima auch kleiner. Auch die Webdichte der Glasgewebe wirkt sich über die Wasserabsorption auf den Abfall der mechanischen Eigenschaften aus [7].

Die Erniedrigung des E-Moduls durch die Wässerung bei Raumtemperatur ist nach K. W. Panferow u. a. [12] innerhalb der ersten 240 Std. am stärksten, innerhalb 40 Tagen erniedrigt er sich auf ca. 30···40%.

Die Wasserbeständigkeit der mit Phenolharzen hergestellten Laminate aus Glasfasergewebe ist besser als bei Verwendung von Polyestern oder Epoxyharzen. Unter den verschiedenen ausgeprüften Haftmittelimprägnierungen [8] weisen die thermisch entschlichteten Gewebe mit 3-Äthylendiamino-propyl-triäthoxy-silan nach 30 Tagen Wasserlagerung bei 20 °C eine maximale Biegefestigkeit von 3020 ± 136 kp/cm² auf.

Die Dynamik eines Regenfalls zerstört ein Glasfaser-Phenolharz-Laminat innerhalb 3 Min., wobei der Regenfall 25 mm/h betrug und auf die 3 mm starken Platten, die sich mit einer Geschwindigkeit von 800 km/h bewegten, auftraf [9].

Innerhalb der 2jährigen Bewitterung der mit Furfurol modifizierten Phenol-Formaldehyd-Kondensaten hergestellten Glasfaser-Laminate im subtropischen Klima Südwestasiens bleiben die dielektrischen Werte praktisch unverändert. Die Reißfestigkeit nimmt wohl als Folge weiter laufender Kondensationen im 1. Bewitterungsjahre noch etwas zu. Dann setzt im direkten Sonnenlicht eine Oberflächen-Erosion mit Ausbleichen und einem geringen Festigkeits-Verlust ein [10].

Unter simulierten kosmischen Bedingungen hat N. E. Wahl [11] festgestellt, daß sich ein Phenolharz-Glasfaser-Laminat im Vakuum von 10^{-6} Torr und bei 500 Std. UV-Belichtung (2 cal/cm² · min.) auf 170 °C erwärmt, hierbei 1% Verdampfungsverlust auftritt und die Biegefestigkeit noch 90% ist. Der Ausschluß von Feuchtigkeit und Sauerstoff wirkt sich also sehr erheblich aus.

Auch die mit gemischten Phenol-Harnstoff-Formaldehyd-Polykondensaten hergestellten 8lagigen, kreuzweise angeordneten Glasgewebe-Laminate (bei 104 °C unter 3,5 kg Druck verpreßt, Harzgehalt 47%) nehmen bei der 11 bzw. 29 Monate dauernden Bewitterung in der Schlagbiegefestigkeit um 25···32% ab, wobei nur leichte Oberflächen-Erosion erkennbar ist.

Aus der guten Alterungsfestigkeit der normalen ungefüllten Epoxyharz-Formstoffe bei 10jährigem Lagern im normalen Raumklima war zu erwarten, daß auch die Glasfaser-Epoxyharz-Laminate unter gleichen Bedingungen ihrer Gebrauchseigenschaften nicht einbüßen. Dies haben mehrere Autoren, u. a. E. A. H. Algra und Mitarb. [13] auch experimentell bestätigt.

Nach K. Jellinek [14] bleibt auch die Biegefestigkeit dieser Laminate dann unverändert, wenn sie 12 Monate bei Raumtemperatur stets mit einer Belastung von

50% der Kurzzeit-Biegefestigkeit lagern. Die Härter — Anhydride oder Amine — wirken sich nicht aus außer auf Absolutbeträge.

Damit decken sich im wesentlichen die Untersuchungsergebnisse von A. MATTING und H. HAFERKAMP [18], die einen Schichtstoff aus Epoxyharz und Glasfasergewebe mit Volan bzw. Aminosilan Schlichten mit 0,1 bzw. 0,25 bzw. 0,4 der Bruchspannung 12 Monate belasteten und während der Raumlagerung zwischen 15···30 °C und 90% Luftfeuchtigkeit die Werte der Biegefestigkeit und Schlagzähigkeit ermittelten. Der Streubereich ist relativ groß als Folge der unvermeidlichen technologischen Qualitätsschwankungen.

Während bei dieser Alterung im Normalklima eines geschlossenen Raumes zwar der Fasergehalt im Laminat sich auf die physikalischen Eigenschaften auswirkt, beeinflussen die Kombinationen der Epoxybasisharze mit den verschiedenen Härtern diese Werte nur geringfügig.

Jedoch kann eine korrekte Beurteilung der Wetterfestigkeit der Glasfaser-Epoxyharz-Laminate nur unter Beachtung der Harz-Härter-Systeme und der anderen Variablen bei der Aushärtung sowie der Technologie der Laminat-Herstellung erfolgen.

Dies zeigt sich schon bei den phänomenologischen Befunden. Nach H. WURTINGER [15] führt die im gemäßigten Klima Mitteleuropas durchgeführte Bewitterung eines Laminats mit 61···66% Glasgewebe und handelsüblichen Dian-Epoxyharz-Härtersystem (aminischer Härter, kalt gehärtet) im 1. Bewitterungsjahr zu einer stärkeren Oberflächen-Erosion nur bei Verwendung von Chromschlichte für das Glasgewebe. Im Laufe der Gesamtversuchsdauer von 4 Jahren wird allerdings unabhängig von Schlichte oder Finish oder Lagezahl des Gewebes die äußere Harzschicht gänzlich abgetragen.

Unter etwa gleichen Wetterbedingungen ist die Oberfläche eines Laminats aus 12 Lagen gekreuzt angeordneten Glasgewebes mit bei 90° nachgehärtetem Epoxyharz innerhalb von 2 Jahren so stark abgetragen, daß die obere Lage Glasseide freigelegt und die erste Lage Gewebe sich bereits an den Rändern aus dem Verbund lösen will.

Ein tropisch-feuchtes Klima verstärkt diese Erosion nicht wesentlich.

Die Abmischung der Dian-Epoxybasisharze mit Triazinepoxyden und eine Aushärtung mit Maleinsäureanhydrid bei 150 °C und Nachhärtung bei 200 °C wirkt sich auf die Verbesesrung der Erosionsfestigkeit nicht aus.

E. A. H. ALGRA beobachtet nach 1 Jahr Bewitterung ein Nachdunkeln des Laminats, jedoch keine Haarrißbildung. Das im Laufe der Bewitterung oft auftretende temporäre Weißwerden wird von G. MENGES und F. HESSELT [16] auf kapillar eindringendes Wasser zurückgeführt. Außer dem Wasser sind als schädigende Faktoren für die Erosion natürlich auch fotooxydative Reaktionen im Epoxyharz wirksam. Sie verstärken sich im wesentlichen gegenseitig.

Nach A. MATTING und H. HAFERKAMP [18] können hierbei auch von der Oberfläche ausgehende Risse beobachtet werden.

Beim Vergleich dieser visuellen Befunde mit unseren Beobachtungen an reinen Epoxyharz-Formstoffen (siehe S. 101 und 106) zeigt sich der stark hervortretende

Einfluß dieser Polyaddukte im Bewitterungsablauf des Laminats. Zu seiner Beeinflussung wird man demgemäß die auch für Epoxyharz-Formstoffe sonst üblichen Maßnahmen anwenden, beispielsweise Zusatz von UV-Absorbern oder Aufbringen wetterfester artfremder Schichten z. B. Polyvinylfluorid.

Diese visuell erkennbare Erosion geht keineswegs parallel mit der Änderung der mechanischen Eigenschaften der Epoxyharz-Glasfaser-Laminate bei der Bewitterung. Da bei diesen Messungen ja stets nur eine integrale Beurteilung des Gesamt-Prüfkörpers und nicht seiner den bewitterten Oberflächen unmittelbar angrenzenden Zonen vorgenommen wird. Daraus erklären sich die von mehreren Autoren übereinstimmend erhobenen Befunde, daß die Biegefestigkeit, Schlagzähigkeit und Druckfestigkeit solcher Laminate im Laufe der bis zu 10 Jahren teilweise ausgedehnten Bewitterung praktisch unverändert bleiben.

Der von H. Wurtinger [15] gefundene Abfall der Biegefestigkeit eines mit Chromschlichte verarbeiteten Epoxyharz-Glasgewebe-Laminats um 25% nach 4 Jahren, wobei der Bruch in der Druckzone auftrat, dürfte aber außerhalb der Streugrenze solcher Bestimmungen liegen und als real anzusehen sein. Die Ursache hierfür kann in der Volanschlichte liegen.

Bei der Bestimmung der Zugfestigkeit haben wir Abnahmen von ca. 15% im Laufe einer zweijährigen Bewitterung aminisch gehärteten Laminate gefunden. Klima-Einflüsse sind bei diesen Prüfungen im allgemeinen nicht zu erkennen. Ebenso scheint ein Einfluß der verschiedenen Konstitution der Basisharze und der Härtungsbedingungen, wenn sie nicht allzusehr vom Optimum abweichen, nicht so gravierend zu sein. Offenbar überlagert die Verstärkungswirkung des Glasfaser-Gerüstes all diese Varianten, deren Einfluß wir bereits auf S. 197 diskutierten.

Im allgemeinen sind hier Epoxyharze auf Dian-Baiss mit einem Epoxy-Äquivalent von 180···250 verwendet, wobei die anhydrische Härtung bevorzugt wird.

Die Auswirkung der zahlreichen Varianten der Epoxyharze, die primär durch Anforderungen der Elektrotechnik in Richtung höherer Einsatztemperaturbereiche und auch verminderter Entflammbarkeit ausgelöst wurden, auf die Alterungsfestigkeit beim Bewittern der damit ja auch herstellbaren Laminate ist noch nicht in genügendem Umfang experimentell belegt.

In Übereinstimmung mit den Befunden an bewitterten transparenten oder auch gefüllten Epoxyharz-Formstoffen über die praktische Unveränderlichkeit der dielektrischen Kenngrößen stehen die Ergebnisse an Epoxy-Glasfaser-Laminaten. Wenn auch von G. Menges u. a. [16] dieser Unveränderlichkeit nach 30 Monaten Bewitterung im Alpenklima neuerdings bestätigt wurde, so ist doch sein Hinweis auf die Überlagerung von Einflüssen der Meßmethodik — hier 800 Hz — bezüglich der Beurteilung der Witterungsfestigkeit sehr zu beachten.

Wenn als Ursache für die Erosion und das teilweise Lösen des Verbundes zwischen Glasfaser und Harz die Eindiffusion von Wasser verantwortlich gemacht wird, dann ist es schwer verständlich, daß die dielektrischen Werte davon nicht beeinflußt werden sollten.

Nach R. Stierli [17] beeinflussen Feuchtigkeit und Wasser nur bei einer kurzzeitigen Einwirkung die mechanischen Eigenschaften der Epoxy-Glasfaser-Schichtstoffe nicht. Bereits nach 10 Tagen Wasserlagerung bei 20 °C ist die Wasseraufnahme 0,25%, die allerdings durch einen Silanfinish auf 0,02% erniedrigt werden kann. In dieser Zeit sinkt die Biegefestigkeit um 36% bzw. beim silanisierten Glasgewebe um nur 1%.

Nach G. Menges u. a. [16] liegt die Wasseraufnahme bei den von ihm untersuchten Dian-Epoxyharzen bzw. cycloaliphatischen Harzen jeweils mit anhydrischen Härtern in der Größenordnung unter 1% im Laufe der 180 Tage bei 20° Wassertemperatur. Die Biegefestigkeit bleibt hierbei praktisch konstant (Ausgangswert ca. 50 kp/mm^2).

Der von A. Matting und H. Haferkamp [18] nachgewiesene Spannungszustand entlang den Grenzflächen Harz/Glasfaser wird durch eine bis zu 5 Monaten ausgedehnte Wasserlagerung nicht aufgehoben.

Eine 2jährige Benutzung [19] eines Epoxyharz-Glasfaser-Laminats als Korrosionsschutzschicht auf Schiffsschraubenwellen im Seewasser zeigte sowohl die gute Erosionsfestigkeit wie auch die ausgezeichnete Haftung auf dem Metall auf. Die hydrodynamische Beanspruchung ergibt sich aus der Umdrehungszahl von 2000 U/min.

Ein 3 mm starkes Glasfaser-Epoxy-Laminat wird durch Regen, der mit 800 km pro h Geschwindigkeit auftrifft, in 30···50 Min. zerstört. Diese Laminate sind also um ein vielfaches resistenter als die Phenolharz-Glasfaser-Schichtstoffe.

Durch energiereiche Strahlung [11] erwärmt sich ein solches Laminat auf 160 °C, erleidet hierbei einen Verdampfungsverlust von 1% und eine Abnahme von 10% der Anfangsbiegefestigkeit.

Die umfangreichste Anwendung zur Herstellung von glasfaserverstärkten Plastschichtstoffen haben die ungesättigten Polyester erfahren. Sie bilden im Weltmaßstab eine den verschiedensten Einsatzgebieten der Endprodukte angepaßtes sehr typenreiches Sortiment.

Für die Problematik der Alterung unter natürlichen Bewitterungsbedingungen ist die Benutzung und Weiterentwicklung korrosionsfester und lichtechter Typen von Bedeutung, wobei zu beachten ist, daß die oft gleichzeitig geforderte Herabsetzung der Entflammbarkeit der Wetterfestigkeit entgegenläuft.

Da bereits die handelsüblichen ungesättigten Polyester in Wahrung ihres prinzipiellen Aufbaus als Ester von Polycarbonsäuren, von denen mindestens eine ungesättigt ist, und Polyalkoholen, die seltener ungesättigt sind, eine sehr große Variationsbreite aufweisen, die noch durch die polymerisationsfähigen Monomeren als Lösungsmittel vergrößert wird, und ihre Verwendung bei der Darstellung der Glasfaser-Schichtstoffe sowohl vom Chemismus wie von der Technologie des Verfahrens wie auch von der Qualität der Glasfaser her noch viele unbekannte Faktoren in ihrer Auswirkung auf die Wetterfestigkeit des Finalproduktes enthält, ist es angebracht, zunächst die Alterung der Polyester-Formstoffe ohne Verstärkungsmittel unter natürlichen Wetterbedingungen kennen zu lernen.

Inwieweit die von J. Mleziva und V. Nowák [23] durchgeführten Untersuchungen über den Einfluß der Herstellungsbedingungen der „*üblichen*“ Polyester mit ihrem unterschiedlichen Gehalt an Maleinsäure und Fumarsäure auf die

Gebrauchseigenschaften sich auch bei der Außenbewitterung auswirken, muß zunächst noch dahingestellt bleiben.

Für die Alterung der Polyester ist zu beachten, daß die peroxydisch ausgelöste Mischpolymerisation mit Styrol unter normalen Temperaturbedingungen nach anfänglich stürmischem Verlauf sehr langsam weiterläuft und ausweislich der Härteprüfung auch nach einem Monat noch nicht beendet ist. K. Demmler und J. Schlag [25] haben beim Lagern peroxydisch gehärteter UP-Platten eine stationäre Radikalkonzentration nachgewiesen. Da derartige Radikale auch bei UV- oder Elektronenstrahlung zu beobachten sind, ist es nicht ganz auszuschließen, daß die beim Bewittern wirksame natürliche UV-Strahlung diese eingefrorenen Radikale zu Reaktionen veranlaßt, die sich dann in den Eigenschaftsänderungen mit bemerkbar machen. Es ist ja schon von N. K. Anderson [26] mitgeteilt, daß Polyester-Laminate nach 48 Std. im Sonnenlicht ausgehärtet waren.

Nach B. Alt [24] vergilben alle mit Normalharz hergestellten Polyester-Platten, die bei 65° 1···3 Std. bzw. bei 75° 1···3 Std. ausgehärtet sind, bei einer im Oktober 1961 bis Dezember 1962 durchgeführten Bewitterung im Industrieklima Mitteleuropas um so stärker, je weniger sie ausgehärtet sind. Die in den ersten Bewitterungsmonaten einsetzende Vergilbung nähert sich nach etwa 12 Monaten einem Grenzwert, dessen Niveau wieder vom Aushärtungsgrad abhängt. Der Glanzverlust geht mit dem Vergilbungsgrad parallel. Die durch HET-Säure, flammenwidrig eingestellte Platte ist stärker vergilbt. Bei flammenwidrigen und zusätzlich noch lichtstabilisierten Polyesterplatten wirkt sich eine ungenügende Aushärtung noch wesentlich stärker auf die im März 1963 begonnene Bewitterung aus. Die sehr schnell verlaufende Vergilbung hat nach ca. 9 Monaten noch nicht den Grenzwert erreicht.

Die Intensität ist auch deutlich größer als bei den Normalharzen. Hier wirkt sich die Unterhärtung auch auf die sogenannte Dunkelvergilbung im Laufe der 18 monatigen Lagerung aus. Eine Stabilisierung mit UV-Absorbern ist offenbar hier auch nutzlos.

Eine Ursache für die Vergilbung ist sicher der noch vorhandene Anteil von 9,1···1,0% monomeren Styrols.

Der Gehalt an nicht verbrauchtem Benzoylperoxyd liegt in der Größenordnung von 0,9···0,3%. Auch dieses trägt über seinen Sauerstoff zum Vergilben auch der inneren Schichten bei. Die zum Verbrauch der Monomeren und der Peroxyde führende Nachhärtungsreaktion bei höheren Temperaturen (= Tempern) verringert die Vergilbung.

Der von K. Demmler [25] bei Belichtungsstudien mit künstlichen Lichtquellen (siehe unten S. 402) nachgewiesene Einfluß des Aufbaus der Peroxyde und der daraus sich ergebenden Zerfallstemperaturen, sowie der Variationen der Härtungsbedingungen nach Temperatur und Zeit auf die Vergilbungstendenz wird sich auch bei der natürlichen Bewitterung wiederfinden. Die Verwendung der tert. Amine als Härtungsbeschleuniger wird man wohl infolge ihrer bekannten Vergilbungstendenz ausschalten. Quaternäre Ammoniumbasen verhalten sich am besten.

Die bei höheren Temperaturen ausgehärteten UP-Platten sind im allgemeinen stärker vernetzt. Das bedeutet eine Erhöhung der Sprödigkeit, die sich auch beim Bewittern unter mechanischer Belastung in einer Verkürzung der Lebensdauer auswirken kann, natürlich als Funktion der Höhe der Belastung.

Nach D. L. EDWARDS und Mitarb. [27] wird die Wetterbeständigkeit von UP durch Glykole — Neopentyl- bzw. Propylen- bzw. 1,3-Butylenglycol — stärker beeinflußt als durch einen Wechsel zwischen Iso- und Orthopthalsäure. Die Isophthalsäure-UP sind in der Naßfestigkeit ihrer Formstoffe verbessert.

Eine weitere Verbesserung der Wetterfestigkeit der UP-Formstoffe ist durch den Austausch des sonst recht günstigen monomeren Styrols durch andere zur Mischpolymerisation mit dem UP geeignete Lösungsmittel erreichbar.

Bei Verwendung des hier zunächst sich anbietenden Methylmethacrylats hat sich die gleichzeitige Benutzung von Styrol als vorteilhaft erwiesen, so daß auf etwa ein Verhältnis UP/MM Ester/Styrol = 60/20/20 die weit überlegene Wetterfestigkeit [28], u. a. gekennzeichnet durch das Ausbleiben der Vergilbung und Rißbildung, zurückzuführen ist.

Die mögliche Mischpolymerisation zwischen MM-Ester und Styrol trägt wohl auch zu dieser guten Festigkeit bei. Auch bei dieser bis zu 44 Monaten in Florida durchgeführten Bewitterung hat sich eine genügende Aushärtung zusammen mit einem ausreichend hohen Molgewicht des UP als notwendige Voraussetzung für die Verbesserung der Lichtechtheit, Glanzerhaltung und Lichtdurchlässigkeit erwiesen. Die Verbesserung der Wetterbeständigkeit durch das Methylmethacrylat ist auch bei Variation der Glycole um UP noch zu beobachten.

Es ist zu erwarten, daß auch der Methylester der Acrylsäure gemäß dem Vorschlag von M. C. SLONE [29] die Vergilbungstendenz beim Bewittern herabsetzt. Über die Leistungen der noch vorgeschlagenen Komponenten zur Mischpolymerisation mit dem UP-Triallylcyanurat und Diallylphthalat hinsichtlich der Wetterfestigkeit der entsprechenden UP-Platten liegen noch keine abschließenden Ergebnisse vor.

Nach B. ALT [38] liegen nach 7jähriger Bewitterung der reinen UP-Platten die Biegefestigkeiten zwischen 70···100% des Ausgangswertes. Bei flammenwidrigen Typen sind die Werte der Biegefestigkeit von der Anordnung der Prüfkörper beim Messen abhängig. Bei Druckbeanspruchung der durch Bewittern matt gewordenen Oberflächen sind keine Unterschiede zu den Normal-UP vorhanden. Anderenfalls liegt die Endfestigkeit bei 40···30%.

Der schon wiederholt gegebene Hinweis auf den gravierenden Einfluß der Herstellungsparameter für die Qualität der verstärkten Plast-Schichtstoffe gilt besonders für die glasfaserverstärkten UP-Laminate.

Die Anwendung alkalihaltiger Glasfasern wird sich unter dem Gesichtspunkt der Bewitterung auch bei dem nur zeitweisen Beanspruchen durch Regen doch weitgehend verbieten. A. WENDE und W. MÖBES [31] halten für spezielle Anwendungsgebiete des GFP-Laminats Glasfasern mit einem Alkaligehalt von 6···12% für tragbar. Aber auch bei anderen Glasfaser-Qualitäten werden nach W. BOBETH [30] die textil-physikalischen Werte durch die Feuchtigkeit beim Bewittern abgebaut. Die herstellungsbedingte Anisotropie geht ebenfalls hierbei zurück.

Es hat sich dann immer mehr die Erkenntnis durchgesetzt, daß für die Beurteilung der Eignung von A- oder E-Glas zur Herstellung wetterfester UP-Laminate die Grenzschicht-Verhältnisse Glas-UP entscheidend sein dürften. Trotz der noch vorliegenden unbeantworteten Fragen über die Auswirkung der Finish auf diese Grenzflächenschichten und den dadurch möglichen Beeinflussungen der mechanischen Eigenschaften im ungealterten Zustand des Laminats, muß eine Beeinflussung der Wetterfestigkeit durch die Grenzflächen erst recht erwartet werden. Es ist nicht ausgeschlossen, daß aus der Arbeitshypothese heraus, daß ein gut wirksamer Finish am Glas und am UP chemisch gebunden sein sollte, eine gute Wetterfestigkeit des Laminats resultieren kann. Mit dem Hauptlösungsmittel Styrol mischpolymerisationsfähige Silane könnten eine solche Lösung sein.

Damit deckt sich der Befund, daß die chromhaltigen ungesättigten Vinylverbindungen als Schlichte eine schlechtere Wasserfestigkeit ergeben als Silane.

Weiterhin ist ja bekannt, daß UP beim Polymerisieren schrumpfen; es bilden sich also kapillare Zwischenräume zwischen den Glasfasern und ihnen.

Da verständlicherweise bei porösen Formstoffen mit einer schlechteren Wetterfestigkeit zu rechnen ist, kommt der Durchführung der Herstellung, die ja in noch erheblichem Umfang manuell ist, besondere Aufmerksamkeit bei der Ermittlung der Ursachen von Bewitterungsschäden am Laminat zu.

Die Erfahrung der Alterungsfestigkeit von UP-Laminaten bei Raumlagerung, beurteilt aus den mechanischen Festigkeiten, hat P. I. Bakker [40] noch einmal für eine Versuchsdauer von 2 Jahren bestätigt. Die Volan- oder Silanfinishe haben sich hier nicht ausgewirkt.

Vom Chemismus her stellen sich die Abbauvorgänge als fotooxydative, fotohydrolytische und fotolytische Prozesse dar.

Die Lichtdurchlässigkeit der farblosen GFP-Platten ist abhängig von einer weitgehenden Anpassung der Brechungsindices der Glasfasern und des UP. Bei anteilsmäßiger Verwendung des MM-Esters im UP erhält man eine höhere Lichtdurchlässigkeit, die auch durch Variation der Dicarbonsäuren und der daraus hergestellten UP und ihre Abmischungen untereinander beeinflußt werden kann [32].

Im allgemeinen liegt die Lichtdurchlässigkeit farbloser GFP-Platten bei Wellenlängen über $\lambda = 500$ nm bei 85%. Sie wird bei ungenügender Aushärtung und mehrfachem Temperaturwechsel verringert. UV- und IR-Strahlen werden absorbiert; fotochemisch besonders aktiv ist das Strahlengebiet um $\lambda = 320$ bis 340 nm.

E. W. Laue [33] bemerkt, daß eine intensive monatelange UV-Strahlung *ohne* gleichzeitige Einwirkung der übrigen Wetterfaktoren keine Schädigung hervorruft.

I. R. Crowder [22] beobachtet demgemäß, daß GFP nach 11jähriger Bewitterung im Klima Großbritanniens und Afrikas ihrer Lichtdurchlässigkeit um 13% verlieren.

Das Eindringen von Wasser — flüssig oder dampfförmig — in die GFP-Laminate ist ein relativ langsam verlaufender, also zeitabhängiger Vorgang. Er beeinflußt die Grenzflächenerscheinungen an der Glasfaser, führt zu zusätzlichen Lichtstreuungen, Brechungen und Reflexionen. Daraus erklärt sich nicht nur die Minderung der Lichtdurchlässigkeit, sondern auch die fotolytische Verstärkung der UV-Strahlung.

Das Eindringen des Wassers ist keineswegs allein eine Diffusion. In viel stärkerem Ausmaße wirken wohl die Kapillarkräfte über Poren, Hohlräume und Risse, die aus der durch Bewitterung geschädigten Oberfläche ausgehen.

Die Wassermenge und die Geschwindigkeit des Eindringens als Funktion der als Sammelbegriff zu vertretenden „*Porosität*" bestimmt auch die synchron verlaufenden Festigkeitsänderungen während der Bewitterung. V. Zvonár [34] ist der Auffassung, daß das zwischen Glasoberfläche und UP eingedrungene Wasser durch Herabsetzung der Reibung die Belastungsübertragung vom UP auf die Glasfaser und umgekehrt begrenzt. Dies bedeutet, daß bei allen Anwendungsgebieten der UP-Laminate mit Glasfasern unter Freibewitterung darauf geachtet werden muß, daß die mechanischen Eigenschaften durch den Einfluß des Wassers herabgesetzt werden.

Nicht nur eine Behandlung der Glasfaser-Oberfläche, sondern auch eine Anpassung der Mischpolymerisation — Härtungsreaktion — bieten Aussicht auf die Minderung der Wetterschäden.

Von den visuell wahrnehmbaren Folgen der Bewitterung von *Glasfaser-UP-Laminaten* fällt wohl die Minderung des Glanzes als erstes auf. Bei Formstoffen aus einem normalen UP (1 Mol Maleinsäureanhydrid, 2 Mol Phthalsäureanhydrid, 2,2 Mol Propylenglycol und 35% Styrol-Anteil) mit 70% Gew. UP-Anteil vermindert sich der Glanz kontinuierlich im Laufe einer 5jährigen Bewitterung, so daß er am Versuchsende nur noch ca. 15% beträgt.

Als Beispiel für die Beeinflussung des Glanzverlustes durch konstitutionelle Abwandlungen des UP sei angegeben, daß 1,3-Butandiol sich in einer längeren Haltbarkeit auswirkt. Dagegen wirkt Maleinsäure-Überschuß nach einer Verringerung. Auch die Bisphenol-UP verhalten sich ähnlich [38].

Ein mit HET-Säure flammwidrig aufgebautes Laminat mit 66% UP-Anteil hat bereits nach 4jähriger Bewitterung seinen Glanz völlig verloren. Der Glanzverlust der Laminate setzt je nach Aufbau etwa nach 10···18 Monaten ein. Er wird durch das Aufbringen einer besonderen Oberflächenschicht — Gelcoat — vermieden. Andererseits sollen auch bei Normalharzen nach 5 und sogar 15 Jahren noch keine Glanzverluste des Laminats beobachtet sein.

Es ist hierbei zu beachten, daß M. Neitzel und G. W. Ehrenstein [37] Oberflächentemperaturen von ca. 30° über Lufttemperatur angeben.

Die Erosion der Laminat-Oberfläche wird an dem Abblättern der Oberfläche und dem Heraustreten der Glasfasern visuell wahrnehmbar, wobei im Falle der Wellplatten-Formstoffe auf den Wellenbergen die Glasfasern praktisch im Laufe von 3 Jahren völlig freigelegt sind.

Hier wirkt sich außerordentlich die manuelle Sorgfalt bei der Technologie der Laminat-Herstellung aus.

Als ein „*abschreckendes Beispiel*" möge die *Abb. 81* die Erosion eines Formstoffes nach 3jähriger Bewitterung im Berliner Raum demonstrieren. Hinzu kommt noch, daß auch eine ungenügende Aushärtung die Ursache für eine schnelle bzw. intensivere Erosion ist.

Nach den Beobachtungen von A. Kh. Jablokoff [54] scheinen die Winterperioden im Klima um Paris für die Oberflächen-Erosion gefährlicher zu sein in-

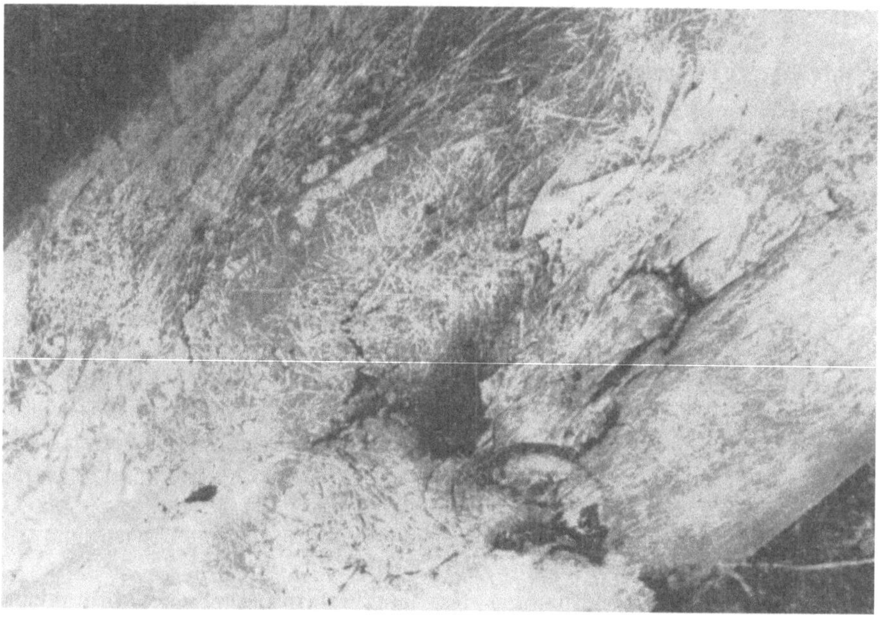

Abb. 81. Bewitterung von GFP-Laminaten, Oberflächenerosion nach 3 Jahren

folge einer verstärkten Einwirkung der Feuchtigkeit auch bei niederen Umgebungstemperaturen als die fotochemischen Einflüsse. Es gibt jedoch zu bedenken, daß die Intensität der IR-Strahlen im März zweimal intensiver sind als im Juni. Wärme und Feuchtigkeit wirken im wesentlichen auf den Grenzflächen Glas und UP; die übrigen Klimafaktoren dagegen vorwiegend auf das UP.

Diese erosive Schädigung des UP führt natürlich zu einer nicht zu übersehenden Schmutzansammlung, die ihrerseits wieder eine Ansiedlung von Schimmelpilzen u. a. Kleinlebewesen begünstigt. Daraus ergibt sich dann das Urteil von W. Laeis [36], daß GFP-Wellplatten als Schutzdach im tropischen Klima ungeeignet sind.

Bei mikroskopischer Betrachtung zeigen sich Mikrobrüche an den Grenzflächen zwischen Glasfasern und UP als Folge der unterschiedlichen thermischen Ausdehnungskoeffizienten [37].

Die sichtbar werdende Vergilbung der durchsichtigen bis durchscheinenden GFP-Laminate ist ein zeitlich nachhinkender Indikator für eine bereits eingesetzte fotooxydative Zersetzung der Oberflächenschichten bei Verwendung von normal zusammengesetztem oder auch flammwidrig eingestelltem UP.

Wesentlich erscheint die von B. PARKYN [39] getroffene Feststellung, daß das Entfernen von Substanzen mit aromatischer Struktur die Vergilbungstendenz nicht eliminiert. Daß nach dem Entfernen der vergilbten Oberflächenschicht durch „*Aufpolieren*" keine weitere Vergilbung des ursprünglichen UP eintreten soll, erscheint zumindest etwas zweifelhaft.

A. WHITEHOUSE [35] bestätigt, daß auch bei Laminaten mit einem durch HET-Säure flammwidrig eingestelltem UP (1 Mol Maleinsäureanhydrid, 1 Mol HET-Säure, 2,2 Mol Propylenglycol, 25% Styrol) die Vergilbung bereits im 1. Bewitterungsjahr etwas stärker ist als bei dem normalen UP. Im Laufe der weiteren 4 Jahre nimmt sie erheblich schneller zu als beim normalen UP (ca. 15 Gelb-Einheiten statt 5 im Loviband-Tintometer).

Die Folge dieses fotooxydativen und wohl auch fotohydrolytischen Abbaus ist ein merklicher Rückgang der Lichtdurchlässigkeit der GFP-Laminate. Unabhängig ob der Ausgangswert 75% oder 54% Lichtdurchlässigkeit beträgt, sinkt sie bei Freibewitterung im Laufe von 2 Jahren im tropischen Klima [11] auf ca. die Hälfte. Eine sich im Laufe von 5 Jahren auf der bewitterten Oberfläche ansammelnde Schmutzschicht hat diesen fotooxydativen Abbau offenbar nur geringfügig abbremsen können, so daß nach 6 Jahren Bewitterung im Industrieklima Mitteleuropas auch diese Minderung der Lichtdurchlässigkeit registriert werden mußte [38].

Nach A. WHITEHOUSE [35] hängt die Lichtdurchlässigkeit der Laminate nach der Bewitterung während 5 Jahren auch vom UP-Anteil ab. Sie beträgt am Bewitterungsende bei 65% (Gew.) noch 20% (ursprünglich ca. 70%) und bei 75% (Gew.) UP noch 58% (ursprünglich ca. 75%). Außer der Schmutzanreicherung hat die Trübung der Glasfasern zu dieser Minderung beigetragen.

Eine Verwendung eines Gemisches aus Styrol und MM-Ester 1:1 als Polymerisationskomponente während der „*Aushärtung*" zeigt eine gesteigerte Abnahme der Lichtdurchlässigkeit während der 5jährigen Bewitterung bei besserer Anfangs-Lichtdurchlässigkeit. Ein niedriger UP-Anteil im Laminat bringt auch wieder eine Trübung der Glasfasern.

Eine Bewitterung von Glasfasermatten-UP-Laminaten im Klima des Balaton (VR Ungarn) zeigt, daß die Zugfestigkeit nach einem Jahr noch praktisch unverändert ist und nach 3 Jahren bei Versuchsende noch 94% (= 612 kp/cm^2) beträgt [41].

Bei den Laminaten aus einem flammwidrigen UP ist die Zugfestigkeit auf 78,4% des Ausgangswertes abgesunken. Dies steht in Übereinstimmung mit der starken Oberflächen-Erosion solcher Laminate.

B. ALT [38] findet auch etwa 10···20% Abnahme der Zugfestigkeit nach 7 Jahren Bewitterung. Er macht nochmal nachdrücklich auf eine fehlerfreie Herstellung der Laminate aufmerksam, da anderenfalls mit stärkerem Festigkeitsabbau zu rechnen ist.

Während der 2jährigen Bewitterung im Klima der Niederlande haben sich die

Werte der Biegefestigkeit der Laminate nach P. J. Bakker [40] praktisch nicht verändert. Die Variationen Glasgewebe und Glasseidenmatte bzw. Volan- oder Silanfinish bleiben ohne Einfluß auf die Alterung.

Zu dem gleichen Ergebnis kommen A. Matting und H. Haferkamp [18], sowie G. Menges u. a. [16], wobei gleichzeitig die gleichartige Wirkung von Gebirgs-, See- und Industrieklima festgestellt wurden.

In Übereinstimmung damit steht die auch von Chr. Hildebrand [47] nochmals ermittelte Eignung der GFP-Laminate im Bauwesen für Außenfassaden, falls nicht die Verschmutzung und zurückgehende Lichtdurchlässigkeit stören.

Die Variationen beim Aufbau des UP z. B. Verwendung von Isophthalsäure bzw. bei der Härtungsreaktion durch Wechsel im Peroxyd (Benzoylperoxyd, Methyläthylketonperoxyd) wirken sich im Altrungsverlauf in dieser Maßzahl während der 3 Jahre nicht aus.

B. Alt [38] hat an Laminaten aus Normalharzen und wärmeformbeständigeren Modifikationen während einer 7jährigen Bewitterung Abfälle der Biegefestigkeit bis höchstens 30% gefunden, wobei Klima-Auswirkungen nicht erkennbar sind. Glasfasern als Gewebe und als Matte bleiben auch ohne Einfluß.

E. A. H. Algra und Mitarb. [13] haben ihre Bewitterungen bis zu 10 Jahren ausgedehnt. Der Rückgang der Biegefestigkeit liegt in Abhängigkeit von dem konstitutionellen Aufbau der UP sowie vom verwendeten Finish zwischen 20 und 40% des Ausgangswertes. Sie klassifizieren die Bisphenol-Polyester-Silanglasgewebe als die widerstandsfähigsten und ein o-Phthalat-UP mit Chromglasgewebe als am wenigsten resistent.

Die von A. Szabo [41] ermittelten Einflüsse der Glasfaserqualität auf die Veränderung der Schlagbiegefestigkeit der Laminate während einer 3jährigen Bewitterung lehren, daß bei A-Glas zwar der Absolutwert um eine Zehnerpotenz niedriger liegt ($\sim$20 kp/cm^2), die Abnahme nach $1^1/_2$ Jahren aber nur 6% und nach 3 Jahren nur 20% betrug. Die Variation der UP-Type bei Verwendung gleicher Glasfasermatte und UP-Anteil im Laminat bringt zwar beim elastischeren UP eine höhere Schlagbiegefestigkeit (ca. 200 kp/cm^2) als bei dem steiferen UP ($\sim$120 kp/cm^2), aber der Alterungsverlauf ist davon unabhängig. Nach 3 Jahren haben die Laminate noch 88% Ausgangsfestigkeit. Die Alterungsgeschwindigkeit der A-Glas-Laminate ist also gar nicht so wesentlich größer.

An Laminaten mit mittel- und sehr hochvernetztem UP haben G. Menges u. a. [16] nach einer 36monatigen Außenbewitterung keine Veränderungen der Kriechstromfestigkeit, der DEK und tan δ bei 800 Hz Meßfrequenz festgestellt (siehe auch oben Seite 340).

Aus den Untersuchungen von A. Matting und H. Haferkamp [18] über die Alterung von UP-Laminaten bei Raumtemperatur und hoher Luftfeuchtigkeit unter statischer Dauerlast von 0,1 bzw. 0,25 bzw. 0,4 der Bruchspannung während 12 Monaten ergab sich trotz des relativ großen Streubereichs doch eine deutliche Tendenz des Anstiegs der Restbiegefestigkeit und der Schlagzähigkeit.

Die bei einer Dauerbelastung von 80% der Kurzzeit-Druckfestigkeit einsetzende Verformung durch Kriechen verursacht Ablösungen an den inneren Grenzschichten; es bilden sich eine große Zahl von Mikrorissen aus. Es können also schon vor der endgültigen Zerstörung Risse vorhanden sein, die unentdeckt auch auf die mechanischen Eigenschaften ihrer Nachbargebiete sich auswirken [42].

In Würdigung dieser neueren Befunde bleibt aber doch die schon vor ca. 12 Jahren von A. DE DANI und K. J. BROOKFIELD [55] geäußerte Unsicherheit über die Zulässigkeit der Extrapolation der aus derartigen als Langzeit-Untersuchungen deklarierten Versuchsreihen — die ja eigentlich doch noch kurze Zeiträume umfassen — auf eine Gebrauchsdauer von 30 Jahren bestehen.

Aus dem Erhalten der mechanischen Festigkeitswerte auch während einer relativ langen Außenbewitterung einerseits und den visuell erkennbaren Erosionen der Oberflächen andererseits ergibt sich also, daß letztere mit einer offenbar recht kleinen Eindringtiefe auf die integralen Meßgrößen der Zugfestigkeit oder Biegefestigkeit und auch den dielektrischen Werten der Prüfkörper ohne Einfluß bleiben.

Dies bedeutet aber weiterhin, daß die ständige Belastung der Laminate mit Luftfeuchtigkeit und die temporäre Einwirkung der Niederschläge keinen allzu gravierenden Einfluß haben können, wenn man von der visuell sichtbaren Erosion in der Salzluft an den Meeresküsten absieht.

Im Gegensatz dazu stehen die unter den verschiedensten Prüfbedingungen und unter Verwendung unterschiedlichster Prüfkörper gemachten Erfahrungen der Minderung der Eigenschaften bei Lagerung der UP-Laminate in Wasser.

A. SZABO [41] hat eine Lagerung der Laminate bis zu 3 Jahren in der Donau und im Balaton mit den aus der *Tab. 85* ersichtlichen Ergebnissen durchgeführt. Hierbei ist eine Serie im Balaton nach vorherigem Kantenschutz der Prüfkörper eingelagert in Auswertung der Erfahrungen, daß an der Schneidfläche die Wasseraufnahme doch recht beachtlich ist.

Tabelle 85

Änderung der Zugfestigkeit durch Lagerung von UP-Laminaten in Wasser

Lagerdauer Monate	in der Donau	im Balaton normal	kantengeschützt
	Restbetrag der Zugfestigkeit		
0	100 (Absolutwert 652 kp/cm²)	100	100%
6	99,5	98,5	99,6
12	98,1	95,5	95,0
24	94,9	90,0	91,7
36	92,3	81,2	86,3

Sehr wesentlich ist dieser Kantenschutz allerdings hierbei nicht. Die höheren Werte der Festigkeit der in der Donau gelagerten Prüfkörper können auf das Wegspülen zerstörter Schichten zurückzuführen sein. Außerdem wird sich wohl auch der pH-Wert des Balaton-Wassers von ca. 7···7,5 in einer Förderung der Hydrolyse auswirken.

Nach den von M. HAGEDORN [11] mitgeteilten Ergebnissen haben die Laminate nach 4···5jähriger Lagerung im Meerwasser bzw. in der Nutzung als Bauteil eines U-Bootes „*noch immer den ursprünglichen Abnahmebedingungen*" hinsichtlich mechanischer Eigenschaften und Wasseraufnahme entsprochen.

In diesem Zusammenhang ist der von H. HAGEN [50] gegebene Befund von Bedeutung, daß bei mechanischer Dauerbelastung nach ca. 400 Tagen unter gleichzeitiger Wässerung ein GFP-Formstoff schon bei 35% der Kurz-Zeit-Festigkeit zerstört wird.

In diesem Zeitraum macht sich auch bei den mit Bisphenol-A hergestellten, handelsüblichen UP-Laminaten mit Glasgewebe unter Verwendung von Silanfinish noch keine Schädigung durch die Lagerung in Wasser von 20 °C bemerkbar, wobei die Biegefestigkeit als Bewertungsmaßstab dient [13]. Ein mit Isophthalsäure-UP aufgebautes Laminat aus silanisiertem Glasgewebe erleidet einen Rückgang um 10%.

Die auf 10 Jahre ausgedehnte Lagerung in Wasser bringt bei den mit o-Phthalsäure aufgebauten Laminaten eine stärkere Minderung der Biegefestigkeit; sie sinkt bei Chromfinish-Glasgewebe auf 40% das Ausgangswertes ab.

Aus den von G. MENGES u. a. [16] mitgeteilten Ergebnissen läßt sich ableiten, daß der Rückgang der Biegefestigkeit in den ersten ein bis zwei Monaten der Wässerung gemessen wird, und nach der bisherigen Zeitdauer bis zu 9 Monate dann konstant bleibt.

Aus dem bei jahrelangen Wässerungen sich einstellenden Festigkeitsniveau muß weiterhin geschlossen werden, daß auch die Möglichkeit zur Herabsetzung der Kraftübertragung als Folge des Eindringens von Wasser in die Grenzflächen zwischen Glas und UP und in die Mikroporen bzw. Vernetzungsmaschen des UP sich einem Grenzwert nähert.

Ob es aber berechtigt ist, die negative Wirkung des Wassers auf das Zug-Dehnungsverhalten von GFP-Formstoffen überwiegend auf Mikrorisse [43] und weniger auf Auswirkungen der chemischen Struktur des UP und/oder des Glases zurückzuführen, sei zumindest in Zweifel gezogen.

Die Untersuchungen von I. HANSMANN [44] über die Auswirkung von A- und E-Glasfasern in Mattenform auf die Wasserfestigkeit der 4 mm dicken Laminat-Platten mit ca. 51% Glasanteil und „*einem hochaktiven UP-Standardharz*" ergeben:

Im Laufe des 1. Monats der Lagerung in Wasser von 20 °C fällt die Zugfestigkeit des A-Glas-Laminats von 17,5 kp/mm² auf 16 kp/mm², um im Laufe des insgesamt 41 Monate dauernden Versuchs allmählich auf 14,5 kp/mm² abzufallen. Das Laminat hat also noch 83% der Ausgangszugfestigkeit. Für das E-Glas-Laminat sind die korrespondierenden Werte ca. 20 kp/mm², nach 1 Monat ca. 16,5 kp/mm² und nach 41 Monaten ca. 11 kp/mm².

Bei dieser Lagerung gehen auch die Dehnungswerte zurück, d. h. der E-Modul bleibt praktisch unverändert.

Die nur wenig unterschiedlichen Ausgangswerte der Biegefestigkeiten der A- und E-Glaslaminate werden trotz eines etwas voneinander abweichenden Verhaltens in den ersten 6 Monaten der Wassereinwirkung nach 41 Monaten auf den gleichen Endwert erniedrigt, der ca. 80% des Ausgangswertes beträgt. Nicht zu übersehen ist auch, daß die Schlagzähigkeit des A-Glas-Laminats mit 118 kp/cm² nach 41 Monaten Wasserlagerung über dem Wert von 65 kpcm/cm² für das E-Glas-Laminat liegt. Oder anders interpretiert: während der Versuchsdauer fällt die Schlagzähigkeit des E-Glas-Laminats stetig bis zur Versuchsdauer von 36 Monaten ab, um dann in ein neues Festigkeitsniveau einzupendeln.

Der $\tan\delta$ des A-Glas-Laminats steigt in den ersten 3 Monaten der Wasserlagerung steil auf den 30fachen Wert an und bleibt dann bis zum Versuchsende nach 41 Monaten konstant. Dagegen zeigt der $\tan\delta$ des E-Glas-Laminats eine stetig verlaufende Zunahme, die in den ersten 6 Monaten ca. das 20fache des Wertes und nach 41 Monaten den 70fachen Wert erreicht und nun numerisch gleich dem $\tan\delta$ des A-Glas-Laminats ist.

Diese Ergebnisse stehen in einem gewissen Widerspruch zu den allgemeinen Erfahrungen, daß aus der Interpretation der Lagerung im Wasser als einer chemischen Beanspruchung heraus die alkalischen Extrakte der Glasfasern Anquellungen und Hydrolysen der UP auslösen.

Hinsichtlich des Ausgangswertes derartiger unter Laborbedingungen durchgeführten Lagerungen der GFP-Leminate in meist destilliertem Wasser, möchte darauf aufmerksam gemacht werden, daß die an ganzen Versuchsplatten ermittelten Werte die größte Wahrscheinlichkeit für ein reales Verhalten von Formstoffen bei der Nutzung unter ständigem Kontakt mit Wasser bieten.

Die hierzu von F. Malordy und H. Scherzer [46] geführten Erprobungen eines Laminats aus alkalireichem Glasfasergewebe und normalem UP als Ventilatorflügel in einem Kühlturm, also in Wasserschwaden-Atmosphäre von 50 °C und Tropfenerosion über 5 Jahre führen zur Erkenntnis, daß die Biegefestigkeit nur um 17% abgesunken ist (Absolutwert 553 kp/cm²). Damit ist gleichzeitig auch die Eignung des A-Glases bewiesen.

Im Zusammenhang mit seinen Untersuchungen über die auf Glasfaser-Lagen bezogenen Festigkeitseigenschaften stellt K. G. Reinhardt u. a. [45] fest, daß die Einlagerung in Wasser in den ersten 3···5 Monaten bereits die hierdurch ausgelösten Veränderungen eindeutig erkennen läßt und sich dann ein neues Festigkeitsniveau einstellt (Maximale Versuchsdauer 2 Jahre).

Die von Reinhardt gemessenen Festigkeitswerte nach einer Trocknung der gewässerten Prüfkörper in dem gleichen Betrag wie der Ausgangswert sprechen dafür, daß zumindest während eines gewissen Zeitraums — hier 17 Monate — die Wässerung mehr eine Änderung der physikalischen Struktur des Laminats auslöst als eine chemische Hydrolyse. Diese wird aber sicher das Endstadium der Wässerung überwiegend charakterisieren und die Ursache dafür sein, daß die Festigkeiten dann abgefallen sind.

Nach L. Skupin [57] entstehen bei der Wasserlagerung von belasteten Glasfaser-UP-Laminaten Störungen in der Adhäsion, so daß beim anschließenden Trocknen die Ausgangswerte nicht wieder erreicht werden.

Die Dynamik des Regenfalls bei Überschallgeschwindigkeit [9] zerstört ein Polyester-Laminat in wenigen Minuten.

Die GFP-Laminate können auch als resistent gegen Einflüsse der Wässer sowie der Lebewesen [48] — Mikroorganismen und Insekten sowie Nagetiere — in den oberen Erdschichten gelten. Die mechanischen Eigenschaften ändern sich nach A. Szabo [41] etwa in gleicher Weise wie beim Einlegen in Donauwasser.

Die Wetterfestigkeit der neben der Verwendung von HET-Säure oder Tetrachlorphthalsäurepolyester durch Trichloräthylphosphat oder Chlorparaffin flammwidrig einstellbaren UP-Laminate wird durch diese WM nicht verbessert.

Sie fördern das Trübwerden und die Vergilbung.

Es sei an dieser Stelle festgehalten, daß das Urteil über den Verlust der Flammwidrigkeit während der Bewitterung nicht einheitlich ist. Während B. Parkyn [49] nach 24 Monaten Alterung die flammwidrigen Eigenschaften als verloren kennzeichnen muß, hat A. Szabo sie nach 3 Jahren noch beobachtet.

Die naheliegende Maßnahme der Verwendung von UV-Absorbern in den GFP-Formstoffen kann keineswegs als die immer erfolgreiche Methode bewertet werden. So bewirkt z. B. das 2-Hydroxy-4-methoxy-benzophenon in den flammwidrig eingestellten Laminaten nur eine Minderung, aber nicht Aufhebung der Vergilbung.

In Ausnutzung der allgemeinen Erfahrungen über die Eindringtiefe der Lichtstrahlung ist hier die Lösung in einer gesonderten Oberflächenschicht mit einem UV-Absorber, also — praktisch gesehen — in einem Schutzlack [44] z. B. aus Polyacrylat oder in einer fotooxydativen stabilen Schutzfolie zu sehen. Auch die zur Verbesserung der Oberflächen Widerstandsfähigkeit gegen Erosion übliche sogenannte Gel-coat-Technologie ist hierfür nützlich.

Offenbar aber erschöpft sich die Verwendung der UV-Absorber auf visuell wahrnehmbare Bewitterungsfolgen; die mechanischen Eigenschaften sind, soweit bisher bekannt, dadurch nicht besser erhalten.

Bei der Verwendung zusätzlicher pulverförmiger Füllstoffe oder Pigmente im UP-Laminat wird eine Verbesserung der Wetterfestigkeit nur dann zu erwarten sein, wenn weder die Michpolymerisation noch die Grenzfläche UP-Glasfaser dadurch gestört wird. Es ist anzunehmen, daß die von B. Alt [38] beobachtete Beschleunigung des Glanzverlustes füllstoffhaltiger UP-Platten auch bei der Bewitterung füllstoffhaltiger Laminate eintritt.

Nach den Befunden von Chr. Hildebrand [47] bleichen vornehmlich rot eingefärbte GFP-Bauplatten beim Bewittern völlig innerhalb 2 Jahren aus. Diese Formulierung deutet bereits darauf hin, daß z. Z. es wohl ziemlich aussichtslos sein dürfte, aus der Klassifizierung der Pigmente und Farbstoffe nach chemischen Gesichtspunkten einen Anhaltspunkt für die Wetterfestigkeit eingefärbter GFP-Laminate zu finden [53].

Wenn UP-Platten mit 29···43% Glasfasern und teilweise auch noch 20% Kreide in Meerwasser beansprucht werden, erfährt das Glas hydrolytische Angriffe. Die gleichzeitig vorhandene Karbonat-Basizität führt zu einer starken Verringerung der Festigkeit, die sich von ursprünglich 2400···2800 kp/cm^2 auf 1600···2000 kp/cm^2 als neues Niveau einstellt [51].

Bei Nutzung der Gel-coat-Technologie in der Modifikation der Füllstoff-Zusätze können die Eigenschaften der Oberfläche bezüglich ihrer Witterungsfestigkeit verändert werden. Während sich die Abriebfestigkeit verbessern läßt, wird der Glanz im Laufe der 5 Jahre Bewitterung schneller herabgesetzt als ohne diesen Zusatz.

Besonders kraß ist dies bei Verwendung von 20% Baryt oder Aluminiumoxid und bei 2% Silicaaerogel der Fall. Nach Ablauf des 1. Bewitterungsjahres setzt ein steiler Abfall des Glanzes bis zum fast völligen Verlust nach 5 Jahren ein [44]. Nur graduell besser verhalten sich hier die flammwidrigen Zusätze Antimontrioxid und Chlorparaffin, wobei ein Benzophenon-Derivat zum Sb_2O_3 noch ein wenig mehr den Glanzverlust reduziert, aber nicht aufhebt.

In dieser Technologie der flammwidrigen Gel-coat-Oberflächen hat die 5jährige Bewitterung diese Eigenschaft nicht aufheben können.

C. Gumerman u. a. [52] machen auf die Möglichkeit aufmerksam, die ausgezeichnete Wetterfestigkeit der Polyvinylfluoridfolien in der Form für die Verbesserung der Wetterfestigkeit der GFP-Oberfläche zu verwenden, daß sie anstatt einer Trennfolie aufkaschiert wird. Die gegen UV-Strahlung nicht ganz widerstandsfähige Kaschierung wird durch UV-Absorber oder durch ein grünes UV-absorbierendes Pigment im PVF noch verbessert.

Klebstoff-Verbindungen von GUP-Laminaten geben im Normalklima bewittert nach J. H. Eilers [53] einen Festigkeitsabfall von 18% und bei der Lagerung im Wasser von 44···21% nach ca. 650 Tagen.

Wenn auch alle wesentlichen Thermoplaste mit Glasfasern gefüllt schon handelsüblich sind, so bedeutet dies noch nicht eine ausreichende Nutzung der Thermoplast-Glasfaser-Schichtstoffe unter den möglichen textiltechnischen Variationen der Anordnung der Glasfasern. Eine solche Verstärkung bedeutet vielfach das Erreichen mechanischer Eigenschaften von Leicht- und Buntmetallen z. B. beim Polystyrol und seinen schlagzähen Mischpolymerisaten. Die Festigkeit einer Mg-Gußlegierung wird z. B. durch 40% Glasfaser enthaltendes Polyamid erreicht.

Da nun die Alterungsabläufe solcher Glasfaser-Thermoplast-Verbundstoffe weitgehend durch letztere bestimmt werden, lassen sich bessere Ergebnisse mit diesen Laminaten erzielen als bei den Metallen etwa gleichen Festigkeitsniveaus, vor allem wenn höchste Anforderungen an die Formstoff-Stabilität und Meßgenauigkeit im Wechsel der Beanspruchungen durch Temperatur und Feuchtigkeit erfüllt werden müssen.

Der naheliegende Versuch, die ausgezeichnete Wetterfestigkeit der Formstoffe aus Polymethylmethacrylat mit der verstärkenden Wirkung der Glasmatten zu kombinieren, um hochfeste, wetterbeständige Formstoffe z. B. als Bauplatten hoher Lichtdurchlässigkeit einzusetzen, hat im Laufe der Bewitterung zu der Erkenntnis geführt, daß der Thermoplast wohl doch nicht ausschließlich die Wetterfestigkeit bestimmt.

Nach den Beobachtungen von A. L. Smith und J. R. Lowry [11] geht die Lichtdurchlässigkeit glasfaserhaltiger PMMA-Platten nach längerer Bewitterung infolge Rißbildung und Schmutzansammlung in ihnen schnell zurück. E. Bäder [20] mißt allerdings nach $2^1/_2$ Jahren Bewitterung im gemäßigten Klima noch eine Lichtdurchlässigkeit von 85···96%. Der Glanz dieser Platten ist erhalten. Die Verfärbung ist eine Funktion der verwendeten peroxydischen Polymerisationsbeschleuniger, wobei verständlich ist, eine aliphatische Struktur zu bevorzugen und Halogene als Substituenten zu vermeiden. Auch bei diesen Schichtstoffen kann man dann UV-Absorber weitgehend entbehren.

Die visuell erkennbaren Alterungsfolgen an der Plattenoberfläche werden von der Glassorte dahin beeinflußt, daß eine E-Glasmatte nach 30 Monaten Freibewitterung, auch unter tropischem Klima, weniger erodiert als eine A-Glasmatte.

Bei einem Laminat aus 15 Lagen Glasfasergewebe mit Silanfinish und Methacrylaten ist im 1. Bewitterungsjahr eine Erosion kaum sichtbar, nur einige unmittelbar an der Oberfläche liegende Glasfasern sind freigelegt. Nach 4 Jahren ist die Erosion schon deutlich [15].

Bei geeigneter Kombination der Komponenten: Glasfasern nach Art und Menge, Zusammensetzung des Monomeren und Leitung des Polymerisationsprozesses sind die Werte der Schlagzähigkeit und Biegefestigkeit innerhalb der $2^1/_2$···4 Jahre dauernden Bewitterung im gemäßigten Klima im Rahmen des hier anzusetzenden Streubereichs unverändert geblieben.

E. S. Golovastov u. a. [10] finden eine Zunahme der Zugfestigkeit innerhalb des 1. Bewitterungsjahres infolge sich vollendeter Vernetzung, dann tritt eine Abnahme als Folge der Oberflächen-Erosion und fotooxydativer Veränderung ein, die beim Polyacrylat zu einer Festigkeitsminderung bis zu 65% des Ausgangswertes führt.

Alkalihaltige Glasfasern sind ohne Schmälerung der Wetterfestigkeit verwendbar. Im monomeren Ester finden sich vorpolymerisierte Anteile zusammen mit zweifach ungesättigten Methacrylaten zwecks Erzielung einer partiellen Vernetzung [21].

Es erscheint durchaus auf Grund der bisherigen Ergebnisse möglich, daß die Laminate aus Glasfasern und Methylmethacrylat eine Lebensdauer von 30 Jahren erreichen können [22].

Da die Biegefestigkeit der Glasmatten enthaltenden Laminate aus PMMA, Polystyrol, PVC oder ungesättigten Polyestern wenig unterschiedlich ist, wird also die Beeinflussung spezieller charakteristischer Eigenschaften während der Alterung durch die Wetterkomponenten den Einsatz solcher Laminate bestimmen. Im Klima Großbritanniens z. B. kann die Lebensdauer der PVC-Glas-Laminate etwa 10 Jahre betragen, wodurch also eine vielfältige Nutzung im Bauwesen und in den Verkehrsmitteln gegeben ist.

In den handelsüblichen Laminaten aus PVC-H und Asbestfasern wird die Witterungsbeständigkeit eindeutig durch die des Hart-PVC bestimmt. So bleibt der Erweichungspunkt der Formstoffe um 70···75°C. Das ist auch beim Einsatz von Mischpolymerisaten des Vinylchlorids zu beachten.

In weitgehender Unabhängigkeit von der Konstitution eines Plastformstoffs steigt bekanntlich die Reißfestigkeit im Temperaturintervall von Raumtemperatur bis −196°C, der Temperatur des flüssigen Stickstoffs in der Größenordnung um

70% an, um dann bis −252 °C, der Temperatur des flüssigen Wasserstoffs etwa konstant zu bleiben. Ähnliche Anstiege zeigt die Biegefestigkeit.

Dies bedeutet nach J. HERTZ [56], daß auf Grund der Untersuchungen einer Reihe von Autoren als übereinstimmendes Resultat festgehalten werden kann, daß auch Laminate aus Glasfasern und Phenoplasten, Epoxyharzen, ungesättigten Polyestern, Kombinationen aus Epoxyharzen und Polyamiden, oder Fluorpolymeren oder schließlich Polyimiden sich hinsichtlich der mechanischen Eigenschaften genau so verhalten. Damit lassen sich einige Bedingungen unter den Temperaturen der oberen Atmosphäre-Schichten und im Weltenraum erfüllen.

Literatur

[1] SMITH L.: Proc. Inst. Mech. Engng. **152** (1945), 35
[2] C. BRINKMANN: Die Technik **1** (1946), 141
[3] I. K. LONG: British Plastics (1949), 619
[4] I. G. GREEN u. a.: Rubber and Plastics Age **38** (1957), 816
[5] K. SCHWANER u. a.: Plaste u. Kautschuk **14** (1967), 166
[6] K. A. F. SCHMIDT: Kunststoffe **57** (1967), 414
[7] G. R. RUGGER: Materials Design. Eng. **59** (1964), 69
[8] C. M. HILLER u. a.: Plaste u. Kautschuk **11** (1964), 136
[9] H. HAGEN: Kunststoffe **49** (1959), 1271
[10] E. S. GOLOVASTOV: Plast. Massen (UdSSR) 1968, Nr. **2**, 38
[11] zitiert nach M. HAGEDORN: Kunststoffe **50** (1960), 442, 547
[12] K. W. PANFEROW u. a.: Plast. Massen (UdSSR) 1960, Nr. **11**, 31
[13] E. A. H. ALGRA u. a.: Kunststoffe **58** (1968), 967
[14] K. JELLINEK: Kunststoffe **55** (1965), 89
[15] H. WURTINGER: Kunststoffe **57** (1967), 56
[16] G. MENGES u. a.: Kunststoffe **58** (1968), 509, 575
[17] R. STIERLI: Kunststoffe **47** (1957), 463
[18] A. MATTING u. a.: Kunststoffe **52** (1962), 722
[19] W. KROLIKOWSKI: Internat. Tagung über GFK in Berlin 1965, Vortrag F 13
[20] E. BÄDER: Kunststoffe **52** (1962), 731
[21] H. WEISBART: Plaste u. Kautschuk **12** (1965), 378
[22] I. R. CROWDER: Plaste u. Kautschuk **12** (1965), 380
[23] J. MLEZIVA u. a.: Kunststoffe **54** (1964), 573
[24] B. ALT: Kunststoffe **53** (1963), 164; **54** (1964), 738
[25] K. DEMMLER u. a.: Kunststoffe **57** (1967), 566; **56** (1966), 872
[26] N. K. ANDERSON: S.P.E. Journal **24** (1968), 81
[27] D. L. EDWARDS u. a.: Austral. Plastics Rubber J. **21** Nr. **253**, (1966), 32
[28] A. L. SMITH u. J. R. LOWRY: Modern Plastics **35** (März 1958), 134
[29] M. C. SLONE: S.P.E. Journal **16** (1960), 1123
[30] W. BOBETH: Plaste u. Kautschuk **8** (1961), 465
[31] A. WENDE u. a.: Plaste u. Kautschuk **9** (1962), 194
[32] H. SCHULZE: Plaste u. Kautschuk **13** (1966), 137
[33] E. W. LAUE: Der Plastverarbeiter **14** (1963), 642
[34] V. ZVONAŘ: Plaste u. Kautschuk **11** (1965), 660

[35] A. A. K. WHITEHOUSE: Internat. Tagung über GFK in Berlin 1965 Vortrag E 9
[36] W. LAEIS: Plastverarbeiter **17** (1966), 779
[37] M. NEITZEL u. a.: Gummi-Asbest-Kunststoffe **20** (1967), 920
[38] B. ALT: Kunststoffe **58** (1968), 961
[39] B. PARKYN: British Plastics **29** (1956), 452
[40] P. J. BAKKER: Kunststoffe **51** (1961), 762
[41] A. SZABO: Internat. Tagung über GFK in Berlin 1965 Vortrag E 8
[42] L. J. BROUTMAN: Modern Plastics **42** (1965), 143
[43] W. KROLIKOWSKI: S.P.E. Journal **20** (1964), 1031
[44] I. HANSMANN: Internat. Tagung über GFK in Berlin 1967 Vortrag E 2
[45] K. G. REINHARDT: Plaste u. Kautschuk **10** (1963), 688
[46] F. MALORDY u. a.: Plaste u. Kautschuk **13** (1966), 167
[47] Chr. HILDEBRAND: Plaste u. Kautschuk **14** (1967), 263
[48] M. FARKAS: Müanyag és gumi (1967), 77
[49] B. PARKYN: British Plastics **32** (1959), 29
[50] H. HAGEN: Kunststoffe **47** (1957), 359
[51] G. BINOTTO u. a.: Materie plastiche **21** (1955), 81
[52] C. GUMERMAN u. a.: zitiert nach M. HAGEDORN: Kunststoffe **54** (1964), 154
[53] siehe auch E. W. LAUE: Plastverarbeiter **15** (1964), 403
[54] A. Kh. JABLOKOFF: Ind. plast. modernes **18** (1961), 25
[55] A. DE DANI u. a.: The Plastics Institute Transaction u. Journ. **27** Nr. **69**, (1969), 94
[56] J. HERTZ: S.P.E. Journal **21** (1965), 181
[57] L. SKUPIN: Plasticke hmoty a kaučuk 1966. Nr. **1**, S. 6

5 Ergebnisse der Alterung von Plastformstoffen unter Wetter- oder Wetterelemente nachahmenden Bedingungen

Wohl das wesentlichste Ziel einer unter diesen Bedingungen durchgeführten künstlichen Alterung ist es, unter stark zeitraffender Versuchsführung die Gebrauchsdauer eines Plastformstoffes bzw. der in ihm enthaltenen Polymeren und Zusatzstoffe in ihren spezifischen Auswirkungen zu ermitteln.

Es ist wohl bereits erkennbar geworden, daß die Genauigkeit und Verbindlichkeit der Aussagen über die Gebrauchsdauer unter natürlichen Bedingungen der Alterung immer noch problematisch sind, denn schließlich sind die Wetterabläufe einmalig und nicht wiederholbar.

Das Ziel, eine möglichst lange Gebrauchsdauer eines Plastformstoffes zu erreichen, kann gar nicht eine so eindeutige Erwartung haben wie es etwa technisch möglich ist, einen bestimmten Farbton eines Plastformstoffes immer wieder nachzustellen.

Die die Gebrauchsdauer begrenzenden Umweltbedingungen sind, wie dargelegt, überaus komplex und auch nur mit einer recht kleinen Wahrscheinlichkeit vorhersehbar.

Der Aussagewert der unter Laborbedingungen durchgeführten Alterungen unter wettersimulierenden Bedingungen kann also nur statistisch sein. Er wird um so größer sein, je mehr Einzelbeobachtungen unter weitgehend konstant gehaltenen Bedingungen ausgewertet werden können. Man kann also wiederum nur mit einer Wahrscheinlichkeit rechnen, daß die Aussage durch die natürlichen Wetterbedingungen bestätigt wird.

Die in der Laborprüfung des Alterungsablaufs angestrebte Beschleunigung des Gesamtprozesses ist letztlich ein monotones Einwirken des aggressiven Faktors durch Vergrößerung seiner Intensität — höhere Konzentration, höhere Strahlungsdosen, periodisch schnelleres Wechseln der einzelnen Beanspruchsarten.

Auch bei der „*Künstlichen Alterung*" hat jeder Plastwerkstoff seine spezifische Problematik.

Das Simulieren des Bewitterungsabbaus erfordert weiterhin eine sehr sorgfältige Auswahl der Beurteilungskriterien. Eine irrtümliche Interpretation oder ein Verzicht auf eine weitere „*künstliche Beanspruchung*" kann zu einem vollständig verzerrten oder falschen Urteil über die Leistungsfähigkeit eines Plastformstoffes unter natürlichen Bewitterungsbedingungen führen. Auf die gegebenenfalls sehr gravierenden Folgen eines solchen Fehlurteils sei vor allem dann hingewiesen, wenn die „*künstliche Alterung*" die Grundlage für die Projektierungsarbeiten bilden muß.

Die Ergebnisse einer Alterung unter experimentellen Bedingungen der Nachahmung von Wetterelementen oder ihren Kombinationen sollten sich bewußt beschränken auf Informationen orientierenden Charakters, zur Kontrolle der laufenden Produktion und zur Ermittlung von Produktions-Varianten für einen Plastformstoff. Auch für diese „*Kurzprüfung*" ist der Zeitraum zwischen der Herstellung des Plastes als Werkstoff und/oder Formstoff und dem Beginn der Prüfung unter nachgeahmten Klimabedingungen zu beachten. Dies gilt besonders dann, wenn die Möglichkeit der künstlichen Klimafaktoren, nämliche ihre beliebige Variabilität an Hintereinander- oder Nebeneinanderschaltung ausgenutzt werden soll. Überwiegend werden auch die Meßergebnisse bei diesen Prüfungen nur an einander ähnlichen, seltener an ein- und demselben Prüfkörper gewonnen. Die Streubreite der Meßwerte am ungealterten Formstoff ist also stets sorgfältig bei der Auswertung der „*künstlichen Alterung*" zu beachten.

5.1. Ergebnisse der Bestrahlung mit künstlichen Lichtquellen

Unter den wetternachahmenden Bedingungen lassen die Möglichkeiten der Bestrahlung mit künstlichen Lichtquellen, die die Auswirkungen des Sonnenlichts mit seinem Anteil an infraroten, sichtbaren und ultravioletten Strahlen insgesamt oder in einzelnen Energieanteilen nachahmen sollen, die Auslösung der durch Photonen hervorgerufenen künstlichen Alterungsprozesse und das Studium ihrer Reaktionsläufe zu.

Ein weiterer zeitraffender Faktor wird in der Kombination der Strahlung mit einer Temperaturerhöhung gesehen, wobei — wie bereits hier festgehalten werden kann — die Erfahrungen der Temperaturmessungen an den Prüfkörpern bei der Bewitterung meist insofern nicht beachtet werden, als zu hohe Prüftemperaturen angewendet werden. Die Beschleunigung des fotooxydativen Abbaus mit zunehmender Temperatur ist dann bei der Reduzierung auf „*Normalbedingungen*" nur sehr unsicher zu eliminieren.

H. Haldenwanger und S. Purucker-Nens [27] haben bei der Bestrahlung von verschiedenfarbig pigmentiertem PVC-Kunstleder mit einer Glühlampe von 100 W in 11 cm Abstand vom Prüfkörper Maximaltemperaturen zwischen 40 °C bei weißem Kunstleder und 64 °C bei schwarzem festgestellt. Bei Anwendung einer IR-Strahlung mit einem Maximum bei $\lambda < 3{,}6$ nm in 24 cm Entfernung des Strahlrohres liegen die korrespondierenden Temperaturen zwischen 62 °C und 68 °C.

Rückschlüsse auf die Energie der absorbierten Strahlung aus derartigen künstlichen Lichtquellen sind mit einer relativ hohen Unsicherheit belastet, da die Energieaufnahmen stark von den Versuchsanordnungen abhängig sind. Die im Plastformstoff durch die Strahlung ausgelösten chemischen Umwandlungen — Abbauvorgänge, An- und Umlagerungen auch bei den Verarbeitungszusatzstoffen — sind in ihrer Komplexizität ebenfalls noch nicht voll übersehbar, zumal auch die äußeren Einflüsse wie Sauerstoff und Feuchtigkeit oft außer Kontrolle bleiben.

Bezüglich der für jeden Plastwerkstoff kritischen Wellenlänge, bei der er am empfindlichsten gegen Schädigungen ist, sei auf Bd. 1, S. 457 verwiesen.

Die Lichtstabilität eines Plastformstoffes unter den Bedingungen wetternachahmender Beanspruchung ist also stark abhängig von der Lichtquelle, der Entfernung zwischen ihr und dem Prüfkörper und damit der Temperatur, sowie von Feuchtigkeit der umgebenden Luft oder anderer Gase und schließlich vom System aus den Polymeren und seinen Zusatzstoffen (Farbstoffe, Füllstoffe, Weichmacher, Stabilisatoren u. a.) selbst.

5.1.1. Glühbirnen- und Kohlenbogenlampenlicht

Eine Polycaprolactamfolie mit einer Reißfestigkeit von 388 kp/cm² und 292% Dehnung erfährt bei einer Bestrahlung mit einer Glühbirne von 500 W, wobei sich Temperaturen von 45···48 °C ausbilden, je nach dem Abstand von der Lichtquelle, nach 75 bzw. 145 Std. eine leichte Vergilbung. Aus dem Molekulargewicht von 1900 am Versuchsende (600 Std.) ist zu folgern, daß der von der Glühbirne ausgestrahlte sichtbare Anteil des Spektrums in Luftgegenwart einen erheblichen Abbau auslöst. Die mechanischen Eigenschaften gehen synchron zurück [28].

Bei Anwendung von Kohlenbogenlampen (siehe dazu auch S. 37), die mit geeigneten Glasfiltern z. B. Corex D kombiniert sind, geben die hierbei emittierten Strahlen mit einer kleineren Wellenlänge als im Sonnenlicht vorhanden keinen fotooxydativen Effekt, der nicht auch durch eine lang dauernde Exposition im normalen Sonnenlicht eintreten würde.

In dem von V. T. Wallder u. a. [80] benutzten Gerät zur „*künstlichen Alterung*“ von Polyäthylen-Formstoffen ist durch ein Schutzschild erreicht worden, daß keine Temperaturen von 110 °C auftreten können.

Bei der Prüfung, welche physikalische Eigenschaft am besten die Wirkung der beschleunigenden künstlichen Alterung aufzeigt, hat sich die Sprödigkeit in der Kälte als am empfindlichsten gezeigt*).

Schon nach 16 Std. „*Altern*“ ist die Bruchfestigkeit des unbelichteten PE bei −76 °C verlorengegangen. Die Reißdehnung reagiert wiederum empfindlicher als die Reißfestigkeit, jedoch ist der aufzuwendende Alterungszeitraum mindestens 32···40 Std., um Werte außerhalb des Streubereichs zu bekommen. Die dielektrischen Konstanten sind wenig durch die „*Alterung*“ beeinflußt; die DEK hat nach 150 Std. noch den Ursprungswert. Der Oberflächenwiderstand fällt nach 48 Std. künstlicher Alterung auf ca. 20% vom Ausgangswert ab (absolut noch $49 \cdot 10^8$ Megohm). Die Veränderung der mechanischen Eigenschaften ist aus *Tab. 86* ersichtlich.

Für den Vergleich der Wirksamkeit der natürlichen mit der „*künstlichen Alterung*“ standen verschiedene Polyäthylen-Typen zur Verfügung. An einem Polyäthylen-Formstoff (isolierter Draht) aus dem Jahre 1940, der 7 Jahre im Dunkeln

---

* Ausführung nach ASTM D 746

Tabelle 86

Auswirkungen der Kohlenbogenlampen-Belichtung auf die Veränderung der mechanischen Eigenschaften von PE-Formstoffen

	Belichtungsdauer in Std.						
	0	16	23	48	97	129	155
Reißfestigkeit kp/cm²	134	121	112	94	92	92	91
Reißdehnung %	715	640	565	265	125	105	110

	Kältefestigkeit von PE-Kabelmassen
unbelichtet	zwischen 0° und −76 °C kältefest
belichtet 16 Std.	zwischen 0° und −45 °C kältefest bei −60 °C noch 40% der Prüfkörper bei −76 °C keine Kältefestigkeit
belichtet 48 Std.	bei 0° kältefest bei −25 °C keine Kältefestigkeit
belichtet 97 Std.	bei 0 °C noch 20% der Prüfkörper bei −25 °C keine Kältefestigkeit

gelegen hat, ist ermittelt, daß 6,5 Jahre natürliche Alterung im gemäßigten Klima = 550 Std. künstlicher Alterung entsprechen, um einen Bruch bei −25 °C auszulösen. Dieses PE war in England hergestellt. Nach der gleichen Rezeptur ist dann ein PE aus dem Jahre 1947 aus USA Fabrikation verarbeitet. Hierbei ergab sich, daß die Probe mit dem PE aus dem Jahre 1940 (+ 2,4% Polyisobutylen + 2,4% Paraffinwachs + 0,9% Ruß) in 4,5 Jahren Außenbewitterung und die äquivalente Probe mit PE aus dem Jahre 1947 in 400 Std. Kurzbewitterung diesen Bruch bei −25 °C erreicht.

Transparente PE-Formstoffe versagen nach 30···40 Std. Belichtung unter der Kohlenbogenlampe bzw. nach 3···4 Monaten Außenbewitterung beim Kältetest bei −25 °C.

Bei diesem Gerät und den benutzten Versuchs-Formstoffen kann eine Äquivalenz von 100 Std. Belichtung in einem Jahr natürlicher Bewitterung errechnet werden.

In der Versuchsanordnung von G. O. Tatevosjan und I. B. Kuznezova [29] stellen sich Lufttemperaturen von 70° ein. Die Folien bewegen sich mit einer Geschwindigkeit von 1 Umdrehung in der Minute um die Lampen. Versuchsdauer ist 300 Std. Die Veränderung der Reißfestigkeiten von handelsüblichen unstabilisierten Hochdruck-Polyäthylenfolien, sowie von Laborfolien unter Zusatz von Stabilisatoren ist in *Tabelle 90* zusammengefaßt. Innerhalb der ersten 30···50 Stunden ist der Abfall der Reißfestigkeit und Reißdehnung bei der unstabilisierten Fabrikationsfolie am stärksten.

Während sich die Festigkeit nach etwa 100 Std. auf ein neues Festigkeitsniveau einstellt, geht die viel stärker erfolgende Abnahme der Reißdehnung bis zum

Versuchsende stetig, gegen Ende mit geringerer Geschwindigkeit weiter. Am Versuchsende sind noch 70% der Reißfestigkeit, aber nur ca. 12% der Reißdehnung noch vorhanden.

Durch die beiden Stabilisatoren, den UV-Absorber auf Benzophenon-Basis wie auch den phenolischen Thermostabilisator, erreicht man eine über 500 Std. Belichtungszeit unveränderte Reißfestigkeit. Die Reißdehnung bleibt bis zu 300 Std. zunächst gleich bzw. steigt sogar leicht an, fällt dann aber ziemlich stark ab und beträgt bei 500 Std., nur noch wenige Prozente. Bei den PE-ND-Folien wird der Charakter des Abbaus der Zugfestigkeit und des Einpendelns auf eine neues Niveau nicht grundsätzlich geändert, wenn auch — wie schon aus *Tab. 87* ersichtlich —

Tabelle 87

Auswirkung der Belichtung unter Kohlenbogenlampen auf die Reißfestigkeit von Polyäthylenfolien

Prüfkörper aus	Reißfestigkeit und Stunden (t) bei 100 bzw. 50% Dehnung ungealtert					
	σ kp/cm²	ε %	σ_{100} kp/cm²	σ_{50} kp/cm²	t_{100} Stunden	t_{50} Stunden
unstab. PE HD (Fabrikation)	188	400	138	133	180	300
dt. (Labor)	131	421	110	106	200	386
dt. + 2 Oxy-4-octyl-benzophenon	117	185	110	110	334	386
dt. + α-Phenylol-β-phenyläthan	140	455	114	116	453	490
unstab. PE ND (Labor)	278	538	272	272	75	110
dt. + 2-Oxy-4-octyl-benzophenon	283	405	254	220	372	450
dt. + α-Phenylol-β-Phenyläthan	254	412	254	266	232	288

die Absolut-Werte höher liegen. Die Werte der Reißdehnung steigen in den ersten 30···50 Std. zunächst an und fallen dann ab. Der Lichtstabilisator bremst hierbei den Abbau stärker ab als der Thermostabilisator, so daß nach 450 Std. noch immer 12% der Anfangsdehnung vorhanden sind, während die unstabilisierte Folie nach 150 Std. völlig versprödet ist.

Die Untersuchungen geben also eine recht instruktive Information über die durch Reißfestigkeiten erkennbar werdende strukturellen Veränderungen der Polyäthylen-Folien und die Beeinflußbarkeit durch Stabilisatoren, wenn man eine Kohlenbogenlampe als Lichtenergiequelle benutzt. Aus der Ähnlichkeit des Kurvenverlaufs der Abnahmen der Reißfestigkeit und Reißdehnung des Hochdruck-PE bei der natürlichen Bewitterung in Moskau bzw. in Fergana mit diesen eben diskutierten Kurven ergibt sich unter bewußter Ausschaltung jeder Aussage über evtl. am Makromolekül selbst eingetretenen Veränderungen vielleicht eine Möglichkeit, eine Relation zwischen der künstlichen und natürlichen Alterung zu errechnen.

Für den durch eine Reißdehnung von 100% charakterisierten Zustand der PE-Folien sind erforderlich an natürlichen Bewitterungsstunden in Moskau 3360 und in Fergana 1920 und an Belichtungsstunden unter der Kohlenbogenlampe 190.

Dies bedeutet eine Beschleunigung gegenüber dem Klima in Fergana um ca. das 10fache und gegenüber dem Klima in Moskau um das 17···18fache.

Bleibt diese Relation auch noch im Falle der Verwendung von Stabilisatoren bestehen?

Für die beiden PE-HD-Folien mit dem UV-Absorber 2-Oxy-4-octylbenzophenon bzw. mit dem Styrol + Phenol-Kondensationsprodukt sind die Beschleunigungsfaktoren die gleichen. Legt man den Berechnungen die Beanspruchungszeit für eine Reißdehnung von 50% zu Grunde, so ergeben sich Beschleunigungen gegenüber dem Klima von Fergana um das 8fache bzw. 9fache bei Anwesenheit der Stabilisatoren und gegenüber dem Klima von Moskau um das 13fache unter sonst gleichen Bedingungen.

Dies bedeutet, daß in dem Stadium der Bewitterung bzw. Belichtung, das durch einen schon recht hohen Dehnungsrückgang gekennzeichnet ist, keine prinzipielle Änderung der Abbaureaktion eintritt.

Im Zusammenhang mit der nichteinheitlichen Auswirkung von Weißpigmenten, insbesondere der verschiedenen Titandioxid-Marken, auf die Wetterfestigkeit der Polyäthylen-Formstoffe sind die Ergebnisse der Untersuchungen der Cyanamid-International Corp. [82] von Bedeutung, wonach die Zeit bis zum Eintreten der Versprödung als Folge der Belichtung unter einem Fadeometer durch einen 2%igen Zusatz verschiedener Rutil-Typen zwischen 94···98% TiO_2 gegenüber dem pigmentfreien unstabilisierten Prüfkörper von 550 Std. auf 250···350 Std. herabgesetzt wird. Auch durch Zusatz des im transparenten PE ausgezeichnet wirksamen UV-Absorbers 2-Oxy-4-octoxy-benzophenons (Versprödungszeit $>$ 2150 Std.) zu diesen pigmentierten Prüfkörpern läßt sich nur eine unwesentliche Verbesserung gegenüber dem Kontrollwert von 550 Std. erzielen. Damit werden also durch diese Feststellungen ein Teil der Erfahrungen am weißpigmentierten PE bei der natürlichen Bewitterung bestätigt.

Durch eine 100stündige Belichtung mit 2 Kohlenbogenlampen, wobei eine Temperatur von 70 °C sich einstellt, nimmt die Sprödigkeit von Polyäthylen-Formstoffen so stark zu, daß durch die Belastung der belichteten Seite mit der Kugel eines Härtemeßgerätes der Prüfkörper zerspringt. Besonders kraß zeigt sich hier der Oberflächeneffekt der Bestrahlung, da die unbelichtete Rückseite des Prüfkörpers sich normal verhält [85].

Da Polypropylenformstoffe unter den verschiedenen künstlichen Lichtquellen so wenig beständig sind, daß Unterschiede kaum erkennbar werden, empfiehlt sich die Heranziehung von Stabilisatoren. Das eben genannte 2-Oxy-4-octoxy-benzophenon absorbiert im Wellenlängenbereich von $\lambda = 300 \cdots 400$ nm und der Stabilisator aus 2,2′-Thio-bis-(4 tert. octylphenol) 2:1 Ni-Komplex absorbiert nur sehr wenig im UV. Die Versprödungsstunden — keine Falzung um 180° mehr möglich — beim Belichten unter den Kohlenbogenlampen sind folgende:

PP ohne techn. Antioxydantien		50 Std.
	+ Benzophenon-Derivat	600 Std.
	+ Thio-Ni-Komplex	1200 Std.
mit techn. Antioxydantien		400 Std.
	+ Benzophenon-Derivat	700 Std.
	+ Thio-Ni-Komplex	1200 Std.

Durch die Kombination beider ist eine Synergese erreichbar (Versprödungszeit jetzt 2500 Std.).

Die Versuchstemperatur betrug 55 °C. Es ist für den Vergleich der Aussage der Fadeometer-Belichtung mit der der natürlichen Bewitterung wichtig zu beachten, daß der fotooxydative Abbau temperaturabhängig ist und nicht nur durch die Lichtenergie gesteuert wird:

Versprödung bei 35 °C nach ca. 36 Std.
Versprödung bei 60 °C nach ca. 8 Std.

Nach 43 Std. Exposition im Fadeometer ist IR-spektroskopisch CO-Bildung nachweisbar. Sie wird besonders durch die Wellenlänge $\lambda = 277$ nm gefördert. Hier tritt auch die stärkste Versprödung ein; Reißfestigkeit nur noch 42% des Ausgangswertes bei noch 4% Reißdehnungsrest.

Polypropylen hat einen hohen Absorptionskoeffizienten für kurzwelliges UV-Licht, das *nicht* durch Lichtstabilisatoren gefiltert wird.

I. A. Melchore [83] faßt seine Ergebnisse dahin zusammen, daß keine Übereinstimmung zwischen der Außenbewitterung und der Belichtung im Fadeometer-Kohlenbogenlampenlicht besteht.

Beim Polystyrol tritt durch eine 340stündige Belichtung mit der Kohlenbogenlampe ein Rückgang der Kerbschlagzähigkeit um 50% ein. Gleichzeitig vermindern sich die Reißfestigkeit und das Molekulargewicht. Obwohl letzteres auch in den ersten Stunden der Belichtung sofort abfällt, ist bei der Reißfestigkeit ein geringer Anstieg gemessen und erst dann der stetige Abfall. *Abb. 82* demonstriert diese von G. O. Tatewosjan und I. B. Kuznezova [30] gefundenen Verhältnisse. Im Vergleich zu der viermonatigen Bewitterung im Frühjahr-Sommer im Klima von Moskau bedeutet dieses Ergebnis eine 8,2fache Beschleunigung des Abbaus des PS, gemessen an der Kerbschlagzähigkeit.

Auch bei der Kohlenbogenlampenbelichtung werden die dielektrischen Werte des PS verschlechtert.

Aus den Untersuchungen von Ludmilla Adamirova und B. Doležel [31] geht hervor, daß bezüglich der Vergilbung der Polystyrol-Formstoffe die Kohlenbogenlampe die geringste Wirkung auslöst. Am intensivsten wirkt das Sonnenlicht. In *Abb. 83* sind von den Autoren die Änderungen des Vergilbungsindex bei Anwendung verschiedener Lichtquellen dargestellt. Von einer Beschleunigung durch diese kann dabei nicht mehr gesprochen werden.

Die Wirkung der Kohlenbogenlampe ist auch bezüglich der Änderung der relativen Viskosität nicht mit der des Sonnenlichtes vergleichbar. Sie steigt von $\eta_{rel} = 2{,}05$ innerhalb der ersten 50···80 Std. Belichtung auf $\eta_{rel} = 2{,}25$ an, um dann bis Versuchsende bei 280 Std. auf $\eta_{rel} = 2{,}15$ abzufallen. Im Sonnenlicht zeigt die erste Messung nach etwa 10 Tagen bereits einen Abfall, der sich stetig fortsetzt bis zum Wert $\eta_{rel} = 1{,}7$ nach 80 Tagen.

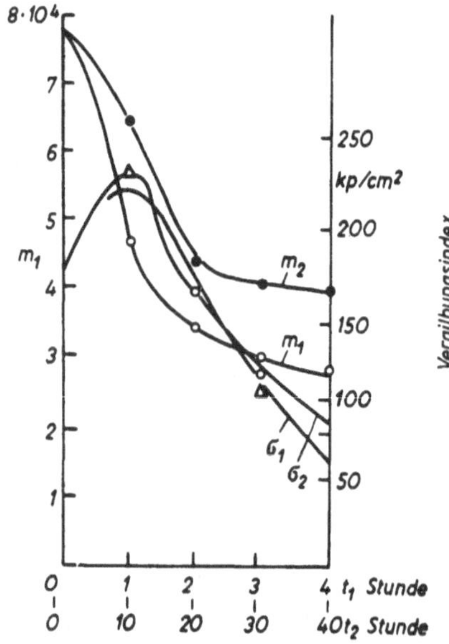

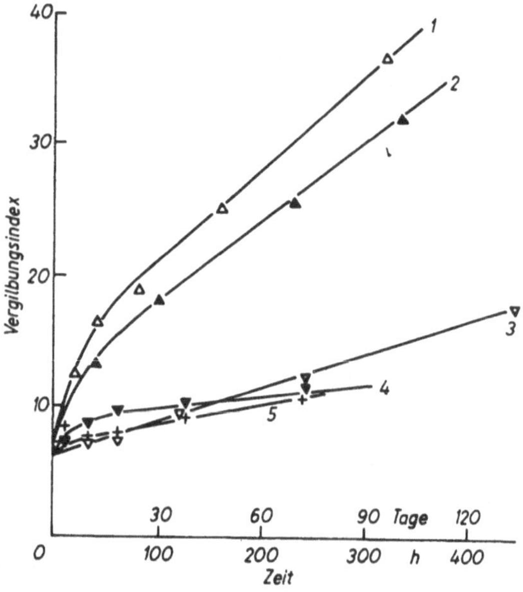

Abb. 82. Abbau des Polystyrols bei Belichtung unter Kohlenbogen- (*2*) und Hg-Lichtlampe (*1*); Abnahme der Reißfestigkeit σ und des Molgewichts (M)

Abb. 83. Änderung des Vergilbungsindex von Blockpolystyrol während der Einwirkung von UV-Strahlung verschiedenen Ursprungs

1: Sonnenstrahlung, Letnany; *2*: Sonnenstrahlung, Hurbanovo; *3*: Xenotest; *4*: Hg-Bogenlampe; *5*: Bogenlampe

Unter Vernachlässigung der Aussage der offenbar nicht vorhandenen Meßwerte der Viskosität des PS in den ersten 50···80 Std. der Sonnenbelichtung kann der Schluß gerechtfertigt sein, daß unter der Energie des Kohlenbogenlampenlichtes eine Vernetzung eintritt, die sich dem Kettenbruch überlagert.

Bei der Belichtung von schlagfestem Polystyrol [84] während 200 Std. im Fadeometer tritt bei den transparenten wie auch bunt eingefärbten Spritzformstoffen vornehmlich eine Minderung der Reißdehnungswerte ein. Die zwischen 24 und 33% liegenden Ausgangswerte werden am stärksten in den ersten 40 Belichtungsstunden erniedrigt. Der Rückgang auf eine Reißdehnung von 10% ist nach folgenden Stunden erreicht:

transparent farblos	45 Std.
grün eingefärbt	85 Std.
gelb oder blau eingefärbt	120 Std.
weiß	200 Std. (für 15% Endwert)
schwarz	200 Std. (für 18% Endwert)

Die Exposition von schlagfestem Polystyrol — offenbar durch Abmischung erhalten — im Licht der Kohlenbogenlampe und die anschließende Messung der Kerbschlagzähigkeit nach Izod bei 23 °C und bei —10 °C zeigt die Bedeutung der Meßtemperatur für die Beurteilung des Alterungsverlaufes und für Rückschlüsse auf seine Auswirkung bei der Beanspruchung bei wechselnden Temperaturen im Anwendungsfall des Formstoffes. Bei 23 °C Meßtemperatur ist die Kerbschlagzähigkeit in den ersten 100 Belichtungsstunden nur geringfügig abgefallen und bleibt dann als neues Festigkeitsniveau bis 500 Std. etwa konstant. Dieselben Prüfkörper bei —10 °C gemessen, zeigen eine ca. 50%ige Erniedrigung der Werte und dann bei den bis 500 Std. belichteten Prüfkörpern eine kontinuierliche Abnahme [102].

Innerhalb einer bis zu 1000 Std. (~ 40 Tagen) ausgedehnten Exposition unter dem Kohlenbogenlampenlicht in der Anordnung eines Fadeometers nimmt bei ABS-Polymeren — hergestellt durch Mischpolymerisation von Styrol und Acrylnitril in Gegenwart von 1,4-Polybutadien-Latex — der Polybutadien-Gehalt um mehr als 80% des Anfangswertes ab. Dies äußert sich in einem Rückgang der IR-Absorption der spezifischen Butadien-Banden. Daneben geht — erwartungsgemäß — eine kontinuierlich mit der Expositionszeit fortschreitende Vergrößerung der Absorption der OH- und CO-Gruppen [78].

Bezüglich der Wirksamkeit des Lichtes von Kohlenbogenlampen sei daran erinnert, daß PVC am empfindlichsten im Wellenlängenbereich von $\lambda = 320$ bis 325 nm ist. Die intensivste Emission des Kohlenbogens liegt bei $\lambda = 360$ und 385 nm; sie ist geringer im Bereich $\lambda = 310 \cdots 340$ nm. Die längeren Wellenlängen können die Mischpolymerisate des Vinylchlorids mit Vinylacetat noch schädigen.

Die Bestrahlung von PVC mit und ohne Stabilisatoren mit einer Kohlenbogenlampe führt nach J. Novák [40] innerhalb der ersten 20···50 Std. zu einer Farbvertiefung und einem Absinken der Thermostabilität. Beide nehmen aber im Laufe der weiteren — insgesamt 100 Std. — Belichtung nicht weiter zu. (Folientemperatur 47···50 °C). Die von Novák angegebene Ursache der Farbtonveränderung — Bildung kolloidalen Kohlenstoffs — trifft u. E. nicht zu.

Nach unseren Beobachtungen bleibt diese Farbtonänderung durch die Bestrahlung mit Kohlenbogenlampenlicht auf die äußeren Schichten beschränkt. Wir haben an üblicherweise verwendeten 0,20 mm dicken Folien nur in Ausnahmefällen Veränderungen der „*Rückseite*" beobachtet.

Die oberflächliche Fotooxydation von bis zu 1030 Std. mit der Kohlenbogenlampe bestrahltem weiß pigmentiertem PVC wird von V. E. Gray und I. R. Wright [41] durch Reaktion mit N,N'-dimethyl-p-phenylendiamin (siehe auch S. 56) an der Abnahme der Helligkeit und der Zunahme des Rot-Grün- bzw. Blau-Gelb-Anteils nachgewiesen.

Bei Belichtungen von Hart-PVC-Platten aus Em- und Sp-Polymerisat, die entweder mit Pb- oder Ba–Cd- oder mit Sn-Verbindungen stabilisiert sind, beobachten F. Baxmann und K. Kopetz [86] im Laufe der 1000 Std. Versuchsdauer überwiegend Verfärbungen nach braun in verschiedenen Nuancen bis schwarz, daneben treten intermediär Rosaverfärbungen und auch Ausbleichungen als Endzustand oder auch gar keine Verfärbungen auf.

Damit werden letzten Endes an der PVC-Qualität der 60er Jahre lediglich unsere vor ca. 25 Jahren gemachten Erfahrungen auch dahingehend bestätigt, daß es nur sehr schwer möglich ist, eine übereinstimmende Veränderung ein und desselben Prüfkörpers lediglich in seinem Farbton in mehreren Fadeometern zu erzielen.

Da damit natürlich auch eine Relation zwischen diesen visuell erkennbaren Veränderungen und den am PVC-Formstoff, seinem Makromolekül und seinen Verarbeitungshilfsstoffen, sich sonst noch abspielenden fotooxydativen Veränderungen und den Auswirkungen der natürlichen Bewitterung kaum hergestellt werden kann, erübrigen sich grundlegende Untersuchungen über die „*Vorgeschichte*“ des Plastformstoffes in ihrer Auswirkung auf das Verhalten in den verschiedenen Fadeometern.

H. H. Frey [87] vertritt, fußend auf amerikanischen Erfahrungen, die Auffassung, daß bei Temperaturen von 51,5···55 °C im Fadeometer eine „gute Relation zur Außenbewitterung“ erhalten werden kann.

Die bei unseren viele Jahre lang mit PVC-Chargen und Typen mehrerer Fabrikationsstätten geführten Untersuchungen eingehaltenen Temperaturen in unmittelbarer Nähe der auf weißem Untergrund oder frei in den Luftraum der Fadeometer hängenden belichteten PVC-Folien von 35···40 °C (maximal!) haben viel zu große Abweichungen in den Resultaten, vornehmlich der mechanischen Festigkeiten ergeben, als daß man von einer „zeitraffenden Bewitterung“ sprechen könnte. Wir halten es für unangebracht, aus derartigen Resultaten Rückschlüsse auf die Lebensdauer und auf die sich in diesen Zeiträumen abspielenden Veränderungen der Struktur des Formstoffs zu ziehen.

Der Wert der Ergebnisse der Belichtungen unter den Kohlenbogenlampen der Fadeometer kommt u. a. darin zum Ausdruck, daß sie die Qualitätsbeurteilung einer PVC-Type und ihrer Formstoffe als System mit Verarbeitungshilfsstoffen aller Art unter weitgehend reproduzierbaren Versuchsbedingungen *einer* spezifischen Beanspruchung ermöglichen. So sind Belichtungszeiten von 2000···2300 Std. von PVC-H-Folien bis zur Braunfärbung recht beachtliche Ausweise für die erreichbare Leistungsfähigkeit von Ba–Cd-Stabilisatorsystemen in PVC-Sp-Typen.

Die Bedeutung der thermischen Vorbeanspruchung z. B. Walzzeit für diese Aussagen zeigt H. H. Frey noch einmal auf. Nach 120 Min. Walzzeit sinkt z. B. die Belichtungszeit auf 300 Min. ab.

Unter der Voraussetzung gleicher thermischer Belastung bei der Herstellung der PVC-Formstoffe lehren die von C. H. Kuist und L. D. Maxim [89] bei der Belichtung mit einer Kohlenbogenlampe in einem Fadeometer — Versuchstemperatur 62 °C — nach 1000 Std. erhaltenen Ergebnisse, daß sich der Gelbindex einer transparenten Sp-Folie mit Sn-Stabilisatorensystemen von 7 auf 17 und bei Verwendung von 0,5% Benztriazol als zusätzlichem UV-Absorber auf 29 erhöht. Das bedeutet, die Nichteignung des Benztriazols, während bei der natürlichen Bewitterung in Arizona nach 27 Monaten diese gerade deutlich bewiesen ist. Das gleiche PVC-Sp mit einem Stabilisatorsystem aus Ba–Cd-Seifen, Phosphitester und epoxydiertem Öl verarbeitet erhöht durch die Belichtung seinen Gelbindex von 14 auf 59, bei der natürlichen Bewitterung dagegen nach 9 Monaten schon auf 137. Dagegen ist die Veränderung des Gelbindex bei der gleichen Folie mit 5% TiO_2 + 0,5% Benzophenonderivate nach 1000 Std. von 2 auf 15 und nach 24 Monaten Freibewitterung auf 20. Auch diese Beispiele zeigen die Berechtigung unserer Auffassung über die „*künstliche Alterung*".

An Behälterauskleidungsfolien nach 1400 Std. Belichtung unter Kohlenbogenlampen durchgeführte Untersuchungen der Oberflächenhärte zeigen, daß diese während der gesamten „*künstlichen Alterung*" unverändert bleibt. A. M. Nikolskoj und Mitarb. [85] bringen zum Ausdruck, daß die hierbei auftretenden Veränderungen des Farbtones und die Stippenbildung sich bei dieser zerstörungsfreien Prüfung nicht auswirken.

Die Schlagzähigkeit von Hart-PVC-Formstoffen bleibt innerhalb der ersten 400···450 Belichtungsstunden unter dem Fadeometer etwa konstant und sinkt dann allmählich auf einen Endwert von ca. 33% des Ausgangswertes nach etwa 1000 Std. ab [88].

Für die Einschätzung der Leistungsfähigkeit der Kohlenbogenlampen — und wie sogleich hier bemerkt sei — anderer künstlicher Lichtquellen als eine wettersimulierende Einrichtung gegenüber Weichmacher enthaltenden Plastformstoffen, insbesondere PVC, sei zunächst an die von K. Thinius [32] gegebene Beurteilung erinnert. Die Komplexität der Auswirkung der Weichmacher bei diesen Beanspruchungen mit künstlichen Lichtquellen kann sowohl zu einer Beschleunigung wie auch zu einer Verzögerung wie auch zu gar keiner Beeinflussung der Veränderung der Eigenschaften des Plastformstoffes führen (Einzelheiten siehe dort.)

G. O. Tatewosjan u. a. [33] bringen zum Ausdruck, daß die vorherige Bestrahlung der WM keinen entscheidenden Einfluß auf die Beständigkeit der PVC-W-Formstoffe gegenüber der Belichtung mit einer Kohlenbogenlampe hat.

Während der Belichtung unter der Kohlenbogenlampe, wobei eine Lufttemperatur von 70 °C sich einstellt, tritt WM — die Konstitution ist leider nicht angegeben — auf der belichteten Seite der PVC-Folie aus (Klebrigwerden). Durch Extraktion mit Diäthyläther ergeben sich für vier PVC-W-Folien innerhalb einer zwischen 679 und 1000 Std. variierten Belichtungsdauer folgende WM-Verluste:

Formstoff	Belichtungszeit Std.	WM-Gehalt in % vor	nach	Cl-Gehalt in PVC-W vor	nach
489	1000	20,6	11,8	37,2	32,9
230	876	28,8	18,2	35,4	32,0
251	679	31,9	25,3	39,p	32,4
239	1000	33,3	23,8	34,5	29,1

Es ist leider auch nicht ersichtlich, ob dieser WM-Verlust den auf der Oberfläche befindlichen „*ausgeschwitzten*" WM mit umfaßt oder nicht.

Obwohl die PVC-W-Formstoffe zwischen 9···10% irgendeines Stabilisators enthalten, finden während der Belichtung unter der Kohlenbogenlampe merkliche HCl-Abspaltungen aus dem PVC statt. Der Aussagewert dieser obigen Werte wird allerdings bezüglich der Lichtstrahlungsenergie der Kohlenbogenlampe auf den Mechanismus der künstlichen Alterung dadurch merklich eingeschränkt, daß keine Angabe darüber enthalten ist, ob und in welchem Ausmaße der Stabilisator noch Chlorionen enthält und ob er aus dem PVC vor der Chlorbestimmung entfernt wurde.

Während der Belichtung unter der Kohlenbogenlampe nehmen Reißfestigkeit und Reißdehnung stetig ab. Der Charakter der Kurven ist dem für die Freibewitterung in Moskau und Tbilissi ähnlich. Die Leistung des Kohlenbogenlampenlichts kann entweder durch die Zeit bis zum Abbau der Reißdehnung ε auf 100% oder 50% und/oder die dann noch vorliegende Reißfestigkeit oder schließlich durch das Auftreten von Rissen oder Brüchen auf der Oberfläche der Folien beim Biegen um 180° charakterisiert werden. Die Reißfestigkeit ist dann um ca. 50% abgesunken.

Die Bestrahlungsdauer für $\varepsilon = 100\%$ bzw. 50% liegt beim PVC-Formstoff 230 bei 658 Std. bzw. 876 Std. Diese werden als äquivalent betrachtet den auf der Bewitterungsstation in Moskau erreichten *Sonnen*stunden von 1996 bzw. 2704. Dies bedeutet eine Beschleunigung des Abbaus um das 3fache durch die Bogenlampen-Belichtung, wobei der Abbaumechanismus zwischen diesen beiden Werten $\varepsilon = 100\%$ und 50% offenbar nicht mehr beeinflußt wird.

Zur Beurteilung des Informationswertes derartiger Belichtungen hinsichtlich der Auswirkung von Variationen im Weichmacher und/oder Stabilisatoren-Gehalt in den PVC-W-Formstoffen dienen noch folgende Hinweise. Hierbei wird die Alterungszeit in Std. bis zur Versprödung angegeben.

Bei konstantem Gehalt an Bleisilikat als Stabilisator ist erwartungsgemäß die Alterungsfestigkeit der Folien mit Dibutyladipinat mit 40 Std. am geringsten. In der Größenordnung von 130···190 Std. liegen die Folien mit Dioctylsebacinat oder Polyestern der Sebacinsäure und den Phthalaten der üblichen aliphatischen Alkohole.

Bei konstantem Weichmacher ist Bleisilikat mit 367 Std. am schwächsten wirksam. Synergetische Wirkungen drücken sich in den Werten 700···954 Std. bei Gemischen aus Stearaten und Epoxyharzen aus.

Die Versprödungszeit von 1727 Std. des oben genannten Formstoffes 230 wird nicht oder nur unwesentlich beeinflußt durch 2,4-Dioxybenzophenon, 2-Oxy-4-methoxy-benzophenon, Dodekahydrotriphenylen. Eine Beschleunigung der Versprödung wird ausgelöst durch Phenylsalicylat und durch Resorcinester der Benzoesäure bzw. Salicylsäure. Der Befund mit dem Salol bedeutet einen Widerspruch zu den Ergebnissen der natürlichen Bewitterung (siehe hierzu Bd. 1, S. 193).

Eine Verzögerung der Versprödung erreicht man durch Bisphenole z. B. Bisphenol A, 1,1-Bis(4-oxyphenyl)cyclohexan; 2,2-Bis(3-methyl-4-oxyphenyl)propan (optimale Verzögerung auf 2715 Std.) und durch tetra-hydroxylierte aliphatisch-aromatische Mischketone (optimal 2,2'; 4,4'Tetraoxyadipophenon auf 2459 Std.)

Während der Belichtung mit der Kohlenbogenlampe ändert sich der spezifisch elektrische Volumenwiderstand von 10^{12} auf $10^{13}\ \Omega \cdot$ cm.

Anläßlich seiner Untersuchungen über die Wetterfestigkeit von pigmentierten PVC-W-Formstoffen in handelsüblicher Qualität (siehe S. 232) hat F. G. Clark [90] hinsichtlich der durch die Belichtungen unter der Kohlenbogenlampe eines Fadeometers erzielbaren Ergebnisse feststellen können, daß im Durchschnitt die Formstoffe hier eine längere Belichtungsdauer bis zum Eintritt der Verfärbung nötig haben, die auch bei Außenbewitterungen sich relativ stabil erweisen. Wenn mit dem Relationskoeffizienten $r = 1$ die vollständige Übereinstimmung in diesen Verfärbungen bei den unterschiedlichen Lichtenergien gekennzeichnet wird, so bedeutet $r = 0{,}94$ für den Vergleich Fadeometer und Freiluftbewitterung unter Glasabdeckung im tropischen Klima eine weitgehende Annäherung der Wirksamkeit der in beiden Fällen noch vorhandenen UV-Wellenlängenbereiche. Ohne diese Glasabdeckung wurden Relationskoeffizienten $r = 0{,}62 \cdots 0{,}84$ erreicht, wobei die geringsten Werte bei Auslagebeginn im April bzw. November auftraten.

Es erscheint aber für den Aussagewert solcher Fadeometer-Belichtungen bezüglich des Eintritts der Verfärbungen von Bedeutung, daß im gleichen Farbton vorliegende Prüfkörper verschiedener Hersteller nicht immer die gleiche Geschwindigkeit dieser Verfärbungen aufweisen. Ebensowenig lassen sich daraus Schlußfolgerungen über die Zeit bis zur Zersetzung, kenntlich durch das Auftreten von „*Stippen*“ oder Dunkelfärbungen, ziehen. Hier sind auch die Relationen zur Freiluftbewitterung noch unsicher und oft nur auf Jahreszeiten beschränkt.

Neben den Abweichungen in der spektralen Verteilung des Lichtes der Kohlenbogenlampe zum Sonnenlicht machen auch die verschiedenen Temperaturen der Prüfkörper all diese Vergleiche noch unsicher.

Die Rolle der Temperatur bei den „*künstlichen Alterungen*“ mittels der Fadeometer-Einrichtungen betont auch nochmal H. H. Frey [87] bei seinen Untersuchungen an schlagfesten PVC-Typen. In diesen Plastkombinationen aus PVC und chloriertem Polyäthylen sind bei Fadeometer-Temperaturen von 55 °C Lichtbeständigkeiten von 1350 Std. und bei 65° von 950 Std. erreicht (0,2% UV-Absorber im Formstoff.)

Es ist aber wiederum für den Aussagewert solcher Belichtungen unter der Kohlenbogenlampe von Bedeutung, daß eine erhöhte Menge an UV-Absorber sich differenzierter in der Sonnenbelichtung als im Kunstlicht auswirkt, wobei das schlagfeste PVC mit den thermisch wie fotochemisch recht wirksamen Stabilisatorsystemen auf Basis Ba–Cd-Seifen verarbeitet wurde. Auch für PVC-Kombinationen mit anderen Plasten ist die Vorgeschichte ihrer Herstellungen und Verarbeitungen ein wesentlicher Faktor bei all solchen zeitraffenden Belichtungen. Demgemäß werden Lichtbeständigkeiten im Fadeometer bei 55 °C „*je nach thermischer Vorbehandlung*“ auf dem Extruder von 2000 bis 3000 Std. angegeben.

Die als Orientierungswerte zu beurteilenden Untersuchungen über die Veränderungen der Schlagzugzähigkeit [91] an gekerbten Prüfkörpern durch die Belichtungen zeigen folgende Abnahmen:

Ausgangswert 60···90 cmkp/cm²
nach 250 Std. Fadeometer 60 cmkp/cm²
nach 2000 Std. Fadeometer 35 cmkp/cm²

oder für schlagfestes PVC mit anderen Stabilisator-Systemen:

Ausgangswert 85···100 cmkp/cm²
nach 1000 Std. Fadeometer 75 cmkp/cm².

Die starke Streubreite solcher Messungen erschwert den Vergleich mit den bei der natürlichen Bewitterung erhaltenen Meßwerten, die nach 2 Jahren etwa in der gleichen Größenordnung liegen.

Durch die Reaktion mit Phenylendiaminen können V. E. Gray und I. R. Wright [41] (siehe auch S. 56) den Nachweis führen, daß das als wetterfest geltende Polymethylmethacrylat durch Bestrahlung mit Kohlenbogenlampenlicht bis zu 3192 Std. einen fotochemischen Abbau bei einer Bestrahlungstemperatur von $52 \pm 3°C$ erfährt, der durch die relative Absorption bei den Wellenlängen $\lambda = 342$ nm bzw. 400 nm unter Verwendung vom m-Phenylendiamin meßbar wird. Die Reaktion ermöglicht auch einen Vergleich der Abbauintensität des Lichts der Kohlenbogenlampe und der Sonne (siehe hierzu *Tab. 88*).

Tabelle 88

Photochemischer Abbau von Polymethylmethacrylat durch Kohlenbogenlampenlicht und Sonnenlicht. Relative Absorption nach Umsatz mit m-Phenylendiamin bei $\lambda = 342$ nm und *$\lambda = 400$ nm* (nach Gray u. Wright)

Std.	342 nm	400 nm
Kohlenbogenlampe		
0	0	0
500	0,072	0,069
800	0,087	0,085
1600	0,116	0,100
3192	0,156	0,154
Sonnenlicht		
214 Tage	0,074	0,078
366 Tage	0,084	0,078

Für die Reaktion mit m-Phenylendiamin kann man aus der Übereinstimmung der relativen Absorption nach 500···800 Std. Kohlenbogenlicht und 214···366 Tagen Sonnenlicht einen Beschleunigungsfaktor der künstlichen Lichtquelle von ca. 10 errechnen.

Verwendet man o-Phenylendiamin oder Dimethyl-p-phenylendiamin, so wird dieses Verhältnis zur natürlichen ab April eingeleiteten Bewitterung auf einen Beschleunigungsfaktor von ca. 3 bzw. 4···6 reduziert.

Die Anwendung dieser Reaktion mit Dimethyl-p-Phenylendiamin auf die fotooxydative Schädigung von ungesättigten Polyestern während der Belichtung unter einer Kohlenbogenlampe führt unter Benutzung des Betrages an Diamin, das mit dem exponierten Prüfkörper reagiert hat, zur Erkenntnis, daß eine stetige Zunahme des fotochemischen Abbaus mit der Belichtungszeit vorliegt und daß darin der wesentliche Unterschied zu der mit den gleichen Polyestern durchgeführten Außenbewitterung liegt. Die relative Abbaugeschwindigkeit von 3 Polyestern untereinander ist bei der Belichtung im Kohlenbogenlampenlicht die gleiche wie im Sonnenlicht. Am empfindlichsten ist der Polyester „A", am stabilsten der Polyester „C".

Demgemäß müssen die Beschleunigungsfaktoren für den fotochemischen Abbau durch die Kohlenbogenlampe im Vergleich zur Freibewitterung auch verschieden ausfallen, wobei also die mg verbrauchtes Diamin pro Prüfkörper die Meßzahl bildet. Die Versuchsdauer von maximal 3200 Std. unter dem Kohlebogenlicht gibt außerdem nur die Möglichkeit des Vergleichs mit den ersten 200 Tagen der Freibewitterung also von April bis Oktober. Für diese Zeitspanne läßt sich für den Polyester „A" ein Beschleunigungsfaktor von 2···3,4 und für Polyester „C" von ca. 2 errechnen.

Durch Weiß- oder Grünpigmente kann der fotochemische Abbau der Polyester unter der Kohlenbogenlampe merklich verlangsamt werden, wobei das Grünpigment offenbar noch stärker abbremst. Die Bestrahlungstemperatur liegt hier bei 52 ± 3 °C.

Eine 100stündige Belichtung von Gießplatten aus UP + Styrol, die in einer Entfernung von 250 nm bei einer Temperatur von 60 °C im Fadeometer exponiert sind, verringert die bei der Wellenlänge $\lambda = 600$ nm bestimmte Klarheit von 86···99% auf 44···91% (Verlust also 5,9···50%) und steigert den Gelbgehalt von 0,017···0,1160 auf 0,073···0,60. Es wird durch diese Untersuchungen von W. C. Hunt und R. P. Baumann [81] nachgewiesen, daß das Dunklerwerden und Vergilben nicht notwendig gegenseitig abhängig sind.

Während der Fadeometerbelichtung [92] eines UP-Formstoffes geht die Lichtdurchlässigkeit bei $\lambda = 365$ nm von anfänglich 59,0% auf 0,5% nach 2400 Std. zurück. Parallel mit der Zunahme des C=O-Gehaltes von 0,10% nach 400 Std. Belichtung auf 0,55 nach 2400 Std. geht der Abfall des pH-Wertes von 5,8 auf 3,2. Die Reißfestigkeit und Biegefestigkeiten fallen in den ersten Belichtungsstunden stark ab; nach ca. 1200 Std. bildet sich bei beiden Meßkriterien ein neues Festigkeitsniveau ca. 500 kp/cm^2 Reißfestigkeit und ca. 850 kp/cm^2 Biegefestigkeit aus.

Die Belichtung eines Laminats aus Glasfasermatten und 80% UP + 20% Monomeren-Gemisch aus Styrol und Methylacrylat in verschiedenen Mischungsverhältnissen führt nach 500···1000 Std. nur zu einer geringfügig verkleinerten Lichtdurchlässigkeit. Eine Vergilbung tritt ebenfalls kaum auf [75].

Die Auswirkung der Kohlenbogenlampen auf Polyamide ist offenbar gering. Bei einer Lichtintensität von 0,442 cal/cm^2 · min wird eine Vergilbung kaum sichtbar. Das Molgewicht ist nach 50 Std. noch 12000. Der anfängliche steile Abfall der Reißfestigkeit und Reißdehnung mündet vom 20. Tag an in ein neues Festigkeitsniveau ein [28]. Nach einer Belichtung von 8 Tagen sind geringe bis zu 23% betragende Abnahmen der Intrinsic-Viskosität gemessen [22].

Die Viskositätsabnahme erfolgt vornehmlich in der ersten Periode der Bestrahlungszeit. Die statistische Aufspaltung der Molekülkette klingt allmählich aus. T. Hashimoto [79] hat die Bildung wasserlöslicher Anteile beim Polycaprolactam gefunden, in ihrer Menge proportional mit der Belichtungszeit ansteigend.

An Spritzformstoffen aus ionisch polymerisiertem Polycaprolactam haben A. M. Nikolskoj und Mitarb. [85] eine Verringerung der Biegefestigkeit und der Kerbschlagzähigkeit durch die Belichtung unter der Kohlenbogenlampe ausweislich der Angaben in *Tab. 89* festgestellt.

Tabelle 89

Auswirkung der Belichtung unter der Kohlenbogenlampe auf Biegefestigkeit und Kerbschlagzähigkeit von Polycaprolactam-Spritzformstoffen

Belichtung in Std.	0	200	500	800	1000	1700	2000
Biegefestigkeit kp/cm²	1250	1040	1315	1122	466	575	515
Kerbschlagzähigkeit kp · cm/cm²	120	6,8	19,2	2,8	8,7	10,4	5,0

Aus der Veränderung der Kerbschlagzähigkeit und der gleichzeitig erfolgenden Zunahme der Oberflächenhärte der belichteten Oberfläche der 55×4×6 mm Formstäbe resultiert eine Versprödung des Polycaprolactams.

Die Meßwerte der Biegefestigkeit innerhalb der ersten 800 Std. Belichtung — Schwankungen sind durch Wechsel der Prüfkörper für die Messungen ausgelöst — lehren, daß sich in dieser Zeit die Veränderungen im Spritzformstoff offenbar nur an oder in sehr geringer Eindringtiefe der belichteten Oberfläche abgespielt haben können. Und erst bei längerer Belichtungsdauer sind dann die Schädigungen so stark, daß auch unveränderte Zonen im Prüfkörper diese nicht mehr kompensieren können und die Biegefestigkeit eindeutig abfällt.

5.1.2. Quecksilber-Dampf-Lampenlicht

Die ersten Erfahrungen über die Eignung der Quecksilber-Dampflampen für die Aufgaben der zeitraffenden Alterung sind wohl am Celluloid und den Kunstledern auf Basis Nitrocellulose gesammelt worden.

Die Versuchsanordnung mußte dabei so gewählt werden, daß bei genügender Entfernung der Prüfkörper von der Strahlungsquelle — zweckmäßig mindestens 30 cm — durch Luftbewegung eine Temperaturerhöhung des CN über 25° vermieden wurde. Es sollte eine sekundäre zur Instabilität des CN führende Reaktion des Nebenproduktes Ozon und der sich abspaltenden Stickoxide ausgeschlossen werden.

Bei der Bestrahlung der Cellulose selbst mit UV-Licht der Wellenlänge $\lambda = 254$ nm erfolgt der Abbau der α-Cellulose in trockener Luft und in Stickstoff gleich schnell und schneller als in feuchten Gasen.

Die Photonen in diesem Wellenbereich mit ihrer Energie von 112 kcal spalten die -C-C- bzw. C=O-Bindungen auch ohne Sauerstoffgegenwart. Die Photonen des langwelligen Bereichs $\lambda = 388 \cdots 385$ nm mit ihrer nur 73 kcal betragenden Energie brauchen die Anwesenheit von Sauerstoff. Das heißt bei den fotochemischen Reaktionen im langwelligen UV-Bereich bleiben Oxydationen und Hydrolysen nicht ohne Bedeutung.

Wasserdampf übt eine von seiner Konzentration abhängige Inhibitorwirkung infolge Bildung einer H-O-H-Brücke an den OH-Gruppen des C_2 und C_3 aus. Langwelliges UV-Licht baut die α-Cellulose in Gegenwart von Sauerstoff und Wasserdampf schneller ab als ohne diese.

Eine aus Holzcellulose isolierte α-Cellulose baut unter UV-Bestrahlung schneller als die Baumwollcellulose ab [34].

Am Beispiel eines Films aus Celluloseacetobutyrat hat R. L. Tichenor [38] gezeigt, daß das ganze Strahlenspektrum einer Quarzlampe zwischen 25000 Å und < 28000 Å den Celluloseester sehr schnell zersetzt. Beispielsweise erniedrigt sich der Viskositäts-Index in 46 Min. (!) von 1,60 auf 1,04. Filtert man die Wellenlängen $\lambda < 28000$ Å aus, so verlangsamt sich der Abbau erheblich. Nach 1120 Min. ist dann der Viskositäts-Index erst 1,20. Und auch beim Wegfiltrieren der Wellenlängen < 3500 Å sinkt die Abbaugeschwindigkeit auf $^1/_3$ der des unfiltrierten Lichtes.

Das Absorptions-Spektrum des Plastformstoffes ist also für all diese zeitraffenden Teste sorgfältig zu beachten.

Bei der Beliehtung in Luftgegenwart findet also ein Kettenbruch der Cellulose statt. Bei der Bestrahlung von Filmen aus Acetylcellulose mit 38% CH_3-CO- oder aus CN mit 11,1% N in guter Stabilität alternierend in Luft und dann in Stickstoff mit Hg-Licht in einer Entfernung von 15 cm, die sich in UV-durchlässigen Röhren bei einer Temperatur von 60° ± 2°C befanden, ergaben sich in Luft folgende Abnahmen von $[\eta]$ bezogen auf die Anfangsviskosität:

Belichtungszeit	CA	CN
10 Std.	−5%	−17,5%
48 Std.	21,5%	61%
120 Std.	50%	82%
200 Std.	74%	89%

Unter sonst gleichen Bedingungen unter Stickstoff bestrahlt finden T. L. Lawton und H. K. Nason [37] nach 48 Std. jeweils 2% Abnahme und nach 216 Std. 12% bei CA und 13% bei CN.

Auch bei der alternierenden Beladung der Glasröhren mit Luft und jeweils N_2 zeigt sich der gravierende Einfluß des Sauerstoffs, so daß der in N_2 beobachtete Abbau durch Spuren von O_2 ausgelöst sein kann. Natürlich bewirken bei diesen Estern auch geringe Wassermengen eine Hydrolyse mit einer Viskositätsabnahme.

Unter Benutzung einer Hg-Quarzlampe vom Typ A 55 haben wir [35] Filme (25 × 14 cm) aus Cellulosenitrat (N = 12, 13% $K = 94$, $P_v = 171$) im Abstand von 40 cm bis zu 10 Tagen bei einer unmittelbar über den Film gemessenen Temperatur von 30 ± 5 °C künstlich fotochemisch gealtert. Bereits nach 2tägiger Bestrahlung brechen die Filme beim Biegen. Aus der Fraktionierung dieses 2 und 10 Tage gealterten CN-Films aus seiner acetonischen Lösung ergibt sich eine starke Zunahme der Anteile mit kleinerem Polymerisationsgrad. Dies drückt sich bereits in der Abnahme des viskosimetrisch an dem unfraktionierten Film bestimmten Polymerisationsgrades von $P_v = 190$ auf $P_v = 114$ nach 2 Tagen Bestrahlung und auf $P_v = 59$ nach 10 Tagen Bestrahlung aus. Die zahlenmäßige Häufigkeitsverteilung der Polymerisationsgrade in den einzelnen Kollektivgrenzen ändert sich durch die künstliche Alterung gemäß den Angaben in *Tab. 90*. Wir

Tabelle 90

Beeinflussung der zahlenmäßigen Häufigkeitsverteilung für Cellulosenitrat durch Bestrahlung mit Quecksilber-Dampflicht

Kollektivgrenzen vom PG	0···20	20···40	40···60	60···80	80···100	100···160	160···320	> 320
$\frac{m_{pi}}{P_i} \cdot 10^{-5}$								
ungealtert	500	166	120	86	72	152	215	12
2 Tage belichtet	2400	368	180	114	89	155	93	4
10 Tage belichtet	3500	733	270	136	78	54	23	3

finden also bereits nach 2 Tagen Bestrahlung eine klare und eindeutige Anhäufung der Masse bei den niedrigen Polymerisationsgraden, vorwiegend um PG = 10.

Die in diesem Stadium noch sehr deutliche breite Verteilung der Massen auf höhere PG zieht sich im Laufe der weiteren Bestrahlung nochmal zusammen und gibt eine starke Zunahme in den Kollektivgrenzen von 0···40.

Ein Vergleich mit den Häufigkeitsverteilungen aus einer 6monatigen natürlichen Alterung (siehe *Tab. 36*) zeigt die erhebliche Intensivierung des Abbaus durch die Lichtenergie. Jedoch scheint es slch wohl nicht um einen rein fotolytischen Effekt zu handeln, sondern die sich bildende Salpetersäure wirkt auch hydrolytisch-oxydativ.

Ein UV-bestrahltes CN verliert an der Intensität der für den Salpetersäureester und für die Kohlenwasserstoffbindung charakteristischen IR-Banden; die Intensität der CO- und OH-Banden nehmen zu.

Die Uneinheitlichkeit des ungealterten CN-Films betrug $U = 1{,}13$; sie wird durch die UV-Bestrahlung größer. Nach 2 Tagen ist $U = 2{,}21$ und nach 10 Tagen $U = 1{,}57$. Durch die natürliche Alterung nimmt die Uneinheitlichkeit dagegen ab.

Diese Ergebnisse sind eine Bestätigung für die aus vielen technologischen Meßwerten abgeleitete Erkenntnis, daß eine UV-Bestrahlung von Formstoffen aus Cellulosenitrat keine Relation zu den Vorgängen bei der natürlichen Bewitterung herzustellen vermag.

Für die parallel geführte Untersuchung an Benzylcellulose mit 2,2-Äthergruppen stand ein stärker abgebautes Produkt als bei dem CN mit einem maximalen PG = 200 zur Verfügung. Durch die 2tägige Bestrahlung verschieben sich die Anteile der Massenverteilung hauptsächlich auf das Polymerisationsgradkollektiv von 10···20.

Aus der in *Tab. 91* zusammengefaßten zahlenmäßigen Häufigkeitsverteilung erkennt man, daß auch nach der weiteren, bis zu 10 Tagen ausgedehnten UV-Bestrahlung die relative Anzahl der einzelnen Moleküle zugenommen hat.

Tabelle 91

Beeinflussung der zahlenmäßigen Häufigkeitsverteilung für Benzylcellulose durch Bestrahlung mit Quecksilber-Dampflicht

Kollektivgrenzen vom PG	0···10	10···20	20···30	30···60	60···100	100···150	150···200
$\frac{m_{pi}}{P_i} \cdot 10^{-5}$							
ungealtert	1100	500	320	552	386	169	31
2 Tage belichtet	1200	700	380	567	347	155	6
10 Tage belichtet	1800	768	420	525	249	92	22

Eine Parallelität zu der Veränderung der Polymerenverteilung durch natürliche Alterung besteht nicht (siehe *Tab. 37*).

Durch die UV-Bestrahlung bildet sich ein in den üblichen Lösungsmitteln für Benzylcellulose unlöslicher Rückstand, der als Benzylcellulose mit einem Verätherungsgrad von 1,3 identifiziert wurde. Chemische und fotolytische Abbaureaktionen auch unter dem Einfluß des sekundär bei der Bestrahlung gebildeten Wasserstoffperoxids führen zur Abspaltung von Benzaldehyd. Dieser ist auch beim Aufbewahren des unlöslichen geringer verätherten Rückstands stets noch geruchlich wahrnehmbar.

R. L. Tichenor [38] ging den umgekehrten Weg der Bestrahlung von 6 verschiedenen aus Cellulose-acetobutyrat (13% CH_3 CO-; 36,5% C_3H_7 CO) abgeschiedenen Fraktionen in Form eines Films mit 10% Triphenylphosphat als WM.

Aus der Verfolgung der Viskositätsabnahme mit der Belichtungszeit (bis zu 134 Std.) mit einer Hg-Hochdrucklampe ergibt sich, daß keine Fraktion besonders für den fotochemischen Abbau empfänglich ist.

Die erste Fraktion mit dem höchsten Molgewicht entsprechend dem Viskositätsindex 2,54 erleidet im Vergleich mit der 2. Fraktion (Vis.-Index 2,16) und der 5. Fraktion (Visk.-Index 1,38) den schnellsten Viskositätsabbau bei gleicher Bestrahlungsdauer. Die prozentuale Viskositätsverringerung beträgt bei diesen 3 Fraktionen

nach 35 Belichtungsstunden
8,3% bzw. 5,5% bzw. 4,4% und
nach 134 Belichtungsstunden
24,5% bzw. 15,8% bzw. 14,5%.

K. H. Reichert und E. Gulbins [36] führen den UV-Abbau von Äthylcellulose-Filmen von 30···40 μ Dicke in einer geschlossenen Apparatur durch unter Einsatz einer 500 W Hg-Hochdruck-Lampe mit dem Strahlenbereich $\lambda = 238\cdots579$ nm, ohne Lichtfilter und unter Aufrechterhaltung einer Temperatur des Prüfkörpers von 20°. Die absolute Luftfeuchtigkeit liegt bei 5···10 g/m³. Aus den Infrarot-Spektrogrammen mittels der ATR-Methode ergibt sich, daß bereits nach 8stündiger Belichtung die Bildung von OH- und Estercarbonylgruppen (2,75 μ, 2,9 μ/5,78 μ/7,7 μ/8,12 μ), sowie der C=C-Konfiguration (6,10 μ) und peroxidischer Strukturen (11,82 μ) erkennbar ist. Nach 32 Std. tritt zusätzlich bei 8,4 μ eine neue Bande auf. Die Bildung von OH-Gruppen ist noch nicht beendet. Die Untersuchungen zur Eindringtiefe der UV-Strahlung führen zu dem Ergebnis, daß eine verstärkte Bildung von CO-Gruppen an der Oberfläche der der Lichtquelle zugewandten Seite stattfindet.

Auch bei pigmentierten Filmen wird die Oberfläche stärker verändert als der chemische Aufbau des Gesamtformstoffes. Die Pigmente der verschiedensten Konstitution wirken sich nur im Vergleich mit transparent-farblosen Folien insofern aus, daß die Zunahme der Konzentration an CO- und OH-Gruppen geringer war.

Die Schädigung der Äthylcellulose tritt nur bei Einwirkung der gesamten Strahlung der Lampen oder bei kurzwelliger Strahlung ein. Wellenlängen über $\lambda = 300$ nm bilden keine CO-Banden mehr aus. Eine Stickstoff-Atmosphäre oder ein Vakuum verhindern ebenfalls den fotooxydativen Abbau.

Bezüglich des Feuchtigkeitseinflusses auf den Mechanismus der fotochemischen Zersetzung der Äthylcellulose wird aus der reduzierten Extinktion E/d von Durchsicht-Kompensations-Spektren bei der Schichtdicke d in cm erkannt, daß die Feuchtigkeit in ihrem Einfluß hinter der entscheidenden UV-Strahlung zurücktritt. Für die beiden Wellenlängen $\lambda = 2{,}84\ \mu$ und $\lambda = 8{,}13\ \mu$ ergibt sich folgender Zusammenhang zwischen E/d, Feuchtigkeit 100% relativ, und der Belichtungszeit in Std.

Std.	$\lambda = 2{,}84\ \mu$		$\lambda = 8{,}13\ \mu$	
	trocken	feucht	trocken	feucht
		E/d		
2	5,5	3,0	14,5	15,5
4	13,0	11,0	34,5	23,5
8	33,0	24,0	66,5	50,0
16	59,5	49,0	108,5	85,5
32	89,0	59,5	118,5	127,5

Im Gegensatz dazu sind T. Matsuda und F. Kurihara [39] der Auffassung, daß Feuchtigkeit als Katalysator bei der fotooxydativen Beanspruchung von PE, PVC, PVDC, PVAC, PS und Polymid 6 wirkt. Sie schließen das aus der Intensitätszunahme der CO-Gruppen Bande im IR-Spektrum.

Polyäthylen ist bei einer Wellenlänge $\lambda = 300$ nm, Polypropylen bei $\lambda = 370$ nm am empfindlichsten gegen UV-Schädigungen. Diese Empfindlichkeit wird noch gesteigert durch strukturelle Anomalien z. B. durch CO-Gruppen, die häufig der Ausgang für weitere fotooxydative Schädigungen sind. Es bildet sich schnell ein autokatalytischer Reaktionsablauf aus.

Nach den Untersuchungen von C. V. Stephenson und Mitarb. [42] an einem handelsüblichen Polyäthylen hoher Dichte mit den Strahlen von Hg-Lampen läßt sich ein Schwellenwert der Photonen-Energie ermitteln, unterhalb dessen keine Schädigung des Makromoleküls eintritt. Er ist für PE zu 3,2 ev oder ca. 74 kcal/mol bestimmt. Bei 79 kcal/mol liegt die Bindungsenergie der C–C-Bindungen.

Bei einer Temperatur der Prüfkörper von 50 ± 5 °C werden bereits nach 5 Std. UV-Licht-Bestrahlung Risse sichtbar [43]. Auch in einer Stickstoffatmosphäre versprödet das PE durch die UV-Strahlen. Die Meßwerte der Reißdehnung reagieren am empfindlichsten auf die Fotolyse, wobei verständlicherweise die kürzeren Wellenlängen sich am wirksamsten erweisen. Die Reißfestigkeit steigt anfänglich bis zu einem Maximum an und fällt dann über eine längere Bestrahlungszeit stetig ab.

In Sauerstoffatmosphore mit $\lambda = 253{,}7$ nm monochromatisch bestrahltes Polyäthylen erfährt sofort einen Abfall der Reißfestigkeit, die nach etwa 50 Std. nur noch ca. $^1/_3$ des Ausgangswertes beträgt. Der Abfall der Reißdehnung erfolgt am schnellsten im Sauerstoff, dann im Stickstoff und bleibt auch im Vakuum von 1×10^{-6} Torr im prinzipiellen Verlauf erhalten. In Sauerstoffatmosphäre wird nach etwa 50 Std. die Reißdehnung 0% erhalten, im Vakuum nach ca. 170 Std. Solange keine Veränderung der Reißdehnung meßbar wird, werden auch keine strukturellen Veränderungen im Mikroskop oder in den Röntgenogrammen beobachtet. Die Kristallinität des PE wird während der „*künstlichen Alterung*" größer.

A. W. Pross und R. M. Black [44] fanden bei der Bestrahlung einer 0,13 mm dicken Polyäthylenplatte mit der Hg-Lampe nach 89 Std., die aus *Abb. 84* ersicht-

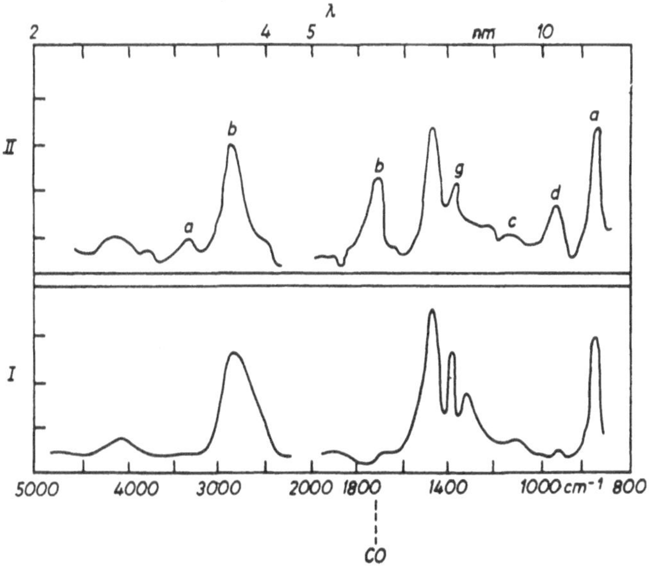

Abb. 84.
Bestrahlung von PE-Platten mit Hg-Lampe; IR-Spectrum vor (*I*) und nach 89 Std. (*II*)

a = geb. OH
b = CO
c = COOH
d = $R_1-CH=CH-R_2$
e = $(CH)_2)_n$
f = $-CH_2$
g = CH_3

liche Veränderung des IR-Spektrums. Neben CO und OH-Gruppen treten auch olefinische Doppelbindungen auf.

Nach einer Belichtung von 100 Std. mit einer Hg-Lampe, die im Abstand von 20 cm zu dem rotierenden Prüfkörper sich befand, und bei einer Bestrahlungstemperatur von 25···28 °C steigt der anfängliche CO-Gehalt in einigen Polyolefinen von 0,4···0,6 mg/dm² auf 7,8 beim PE HD bis 9,9 mg/dm² beim PP an. Diese Werte [45] liegen merklich niedriger als die bei der natürlichen Bewitterung dieser Polyolefine (siehe *Tab. 21*, S. 126).

Die von G. O. Tatewosjan und I. B. Kuznezova [29] benutzte Einrichtung zur Bestrahlung mit Hg-Lampenlicht hält eine Lufttemperatur von 70 °C für die rotierenden Prüfkörper aufrecht. Die Änderung der Reißfestigkeit bzw. die Anzahl der Belichtungsstunden für eine Reißdehnung von 100% bzw. 50% ist aus *Tab. 92* ersichtlich. Der Vergleich dieser Zahlenwerte für σ_{100} bzw. σ_{50} mit denen der Kohlenbogenlampen-Belichtung in *Tab. 87* zeigt eine weitgehende Übereinstimmung, obwohl die Belichtungszeiten unter der Hg-Lampe um 2 Zehnerpotenzen kleiner sind. Damit ist die hohe Empfindlichkeit der Reißdehnung auf alle fotochemischen Eingriffe wiederum bewiesen.

Bei graphischer Darstellung der Abnahme der mechanischen Eigenschaften zeigt sich eine weitgehende Parallelität im Verhalten der Reißdehnung beim Belichten unter der Kohlenbogenlampe und der Hg-Lampe. Jedoch ist eine eindeutige Abweichung in der Änderung der Reißfestigkeit vorhanden. Nach einem Zwischenniveau fällt sie bei der Belichtung unter der Hg-Lampe erheblich stärker kontinuierlich ab.

Tabelle 92

Auswirkung der Belichtung unter Hg-Lampen auf die Reißfestigkeit von Polyäthylenfolien

Prüfkörper aus	Reißfestigkeit (σ) u. Stunden (τ) bei 100% bzw. 50% Dehnung ungealtert					
	σ kp/cm²	ε %	σ_{100} kp/cm²	σ_{05} kp/cm²	τ_{100} Stunden	τ_{50} Stunden
unstab. PE HD (Fabrikation)	188	400	150	152	4,6	7,2
dto. (Labor)	131	421	110	100	4,2	12
dto. + 2-Oxy-4-octyl-benzophenon	117	185	102	100	7,4	18
dto. + α-Phenylol-β-Phenyläthan	140	455	105	104	9,5	14,7
unstab. PE ND (Labor)	278	538	262	246	0,8	1,6
dto. + 2-Oxy-4-octyl-benzophenon	283	405	250	230	2,2	3,9
dto. + α-Phenylol-Phenyläthan	254	412	240	220	3,8	7,7

Die bei der natürlichen Bewitterung in Moskau oder in Fergana sich einstellenden Reißfestigkeiten für 100% bzw. 50% Dehnung betragen

in Moskau $\sigma_{100} = 130$ kp/cm² in Fergana $\sigma_{100} = 115$ kp/cm²

in Moskau $\sigma_{50} = 130$ kp/cm² in Fergana $\sigma_{50} = 120$ kp/cm²

jeweils für die unstabilisierte PE-HD-Folie.

Dies bedeutet, daß die an den Folien unter dem Hg-Licht erhaltenen Werte in etwa mit den bei der Bewitterung in Moskau übereinstimmen. Aus der Belichtungszeit ergibt sich ein Beschleunigungsfaktor unter der Hg-Lampe von 670 bzw. 549.

Für Fergana ist er ca. 380 bzw. 340.

Eine entsprechende Rechnung für die das Benzophenonderivat enthaltende Folie führt zu Beschleunigungsfaktoren von 871 bei t_{100} und von 34 bei t_{50}.

Die UV-absorbierende Wirkung des Stabilisators ist zwar auch schon in den ersten 7···8 Std. Hg-Belichtung deutlich, in denen sich die Reißdehnung von 185% auf 100% erniedrigt. Sie steigert sich aber offenbar in den anschließenden Stunden, in denen der Abfall der Reißdehnung von 100% auf 50% erfolgt.

Derartige Relationen lassen einige Zweifel an die Zweckmäßigkeit der Nutzung von Hg-Lichtlampen zur Bewertung von UV-Stabilisatoren nicht unterdrücken.

Aus den Ergebnissen der „*künstlichen Alterung*“ unter einer Hg-Lampe mit den von N. E. Matveeva u. a. [45] eingehaltenen Bedingungen — Temperatur 25 bis 28 °C, Lampenabstand 20 cm — ist wohl hauptsächlich der Einfluß der Temperatur ersichtlich. Die Autoren geben erheblich längere Bestrahlungszeiten bis zum Auftreten der Sprödigkeit an.

PE HD 150···200 Std. PE ND 70···100 Std.

MP aus C_2H_4 und C_3H_6 100···150 Std. PP 50···70 Std.

Während der Bestrahlung nimmt in jedem Fall die Viskosität gemäß folgender Aufstellung ab.

Tabelle 93

Auswirkung der Belichtung unter Hg-Lampen auf die Viskosität [η] *von Polyolefinen*

Zeit	[η]			
(Std.)	PE HD	PE ND	P.P.	Mischpolym.
0	0,9	3,6	2,5	2,9
25	0,60	0,9	0,6	1,85
50	0,40	0,6	0,5	1,1
100	0,39	0,5	0,3	0,9

Der stärkste Viskositätsrückgang erfolgt bei allen innerhalb der ersten 25 Stunden, wobei das Hochdruck-Polyäthylen am widerstandsfähigsten und das Niederdruck-PE am empfindlichsten ist.

Leider ist die Berechnung eines Beschleunigungsfaktors aus dem Vergleich dieser Werte mit denen der *Tab. 26* (S. 135) wegen der abweichenden Ausgangsviskositäten nicht möglich.

Bei unseren Untersuchungen [93] über die Veränderungen eines HD-Polyäthylens unter dem Einfluß des Lichtes einer Hg-Lampe, die sich im Abstand von 50 cm senkrecht zu den 0,15 mm dicken Folien befand und deren Intensität 2,3 cal · $cm^{-2} \times h^{-1}$ betrug, — Folientemperatur 30···35 °C — haben wir in Bestätigung von älteren Untersuchungen auch anderer Autoren neben der Viskositätsabnahme auch die parallele Reaktion der Gelbildung infolge Vernetzung festgestellt. *Tab. 94* gibt ein Beispiel dafür:

Tabelle 94

Belichtung von PE-Folien mit Hg-Licht. Abfall der Viskosität und Bildung unlöslicher Anteile

Belichtungsstunden	0	11	34	58	106	202
η_{rel}	1,085	1,018	1,026	1,035	1,021	1,032
Gelwert (%)	0,0	15,0	16,8	21,0	14,5	9,8

Insbesondere fanden wir ebenfalls wie F. H. WINSLOW [94] und G. R. COTTON [95] ein Maximum im Gelanteil um 20%.

Dieses Maximum bleibt auch in den Fällen erhalten, wo wir den Einfluß von Metalloxiden in den Konzentrationen von 10^{-3}, 10^{-5}, 10^{-7} Mol/Mol PE auf die Widerstandsfähigkeit gegen UV-Belichtung ermittelten.

Das Maximum des Gelwertes ist bei allen untersuchten Metalloxiden vorhanden. Seine zeitliche Lage hängt wohl mit dem Abschirmeffekt des Oxides zusammen. Die niederen Konzentrationen wirken sich hierbei nur in dem Sinne einer Verschiebung nach längeren Zeiten aus.

Wir geben als Beispiel die Ge werte und die Viskositäten für die Konzentration 10^{-3} Mol/Mol PE in *Tab. 95.*

Je wirksamer die Oxide hinsichtlich des Abschirmeffektes sind, um so größer sollte das Gelmaximum ausgeprägt sein. Die von uns gefundene Reihenfolge $ZnO \gg FeO > CuO > Fe_2O_3 > TiO_2 > CdO$ stimmt mit den bisherigen Erfahrungen recht gut überein.

Auf Grund der Gelwerte kommt dem Co_3O_4 offenbar die Fähigkeit zu, einen großen Anteil der UV-Energie unschädlich zu machen. Die Viskosität fällt auch nur langsam ab, und ab ca. 60 Belichtungsstunden stellt sich etwa ein neues Niveau des mittleren Molgewichts ein.

Ein Vergleich der Ausgangs- und Endviskositäten bei den 3 verschiedenen Metalloxid-Konzentrationen

		Ausg.	Endvisk.
10^{-3} Mol Oxid	η_{rel}	= 1,135	1,044
10^{-5} Mol Oxid	η_{rel}	= 1,089	1,069
10^{-7} Mol Oxid	η_{rel}	= 1,063	1,088

deutet darauf hin, daß mit sinkendem Metallgehalt das Verhältnis von Kettenspaltung zur Vernetzung zugunsten der Vernetzung auch des löslichen Anteils zunimmt.

Ausgehend von der technologischen Bedeutung der Metallstearate als Gleitmittel bzw. Stabilisatoren für die Polyolefine haben wir zu ermitteln gesucht, in welchem Umfange sie in der Lage sind, den fotooxydativen Abbau des Polyäthylens zu beeinflussen. Ausweislich der Befunde in *Tab. 95* bilden sich in den Folien mit

Tabelle 95

Belichtung von PE-Folien mit Zusatz von 10^{-3} Mol Metalloxiden oder Metallstearaten pro Mol PE mit Hg-Lampenlicht. Veränderung der Viskosität und Bildung eines Gels

Belichtungsstunden	0		11		34		58		106		202	
	η_{rel}	% Gel	η_{rel}	%	η_{rel}	%	η_{rel}	%	η_{rel}	%	η_{rel}	%
						Metalloxide						
Co_3O_4	1,148	0	1,140	5,9	1,153	4,5	1,052	4,5	1,068	3,2	1,073	2,1
FeO	1,089	0	1,158	7,5	1,098	31,4	1,087	14,9	1,057	14,7	1,026	9,6
ZnO	1,146	0	1,154	25,9	1,085	41,4	1,071	15,8	1,071	16,8	1,045	11,1
CdO	1,158	0	1,179	8,0	1,113	16,4	1,072	16,5	1,032	16,2	1,037	7,8
TiO_2	1,141	0	1,179	20,0	1,113	12,6	1,050	17,0	1,056	15,8	1,031	8,8
CuO	1,144	0	1,154	32,7	1,150	14,9	1,102	16,7	1,061	15,2	1,052	9,3
Fe_2O_3	1,120	0	1,167	26,6	1,114	22,9	1,098	16,0	1,041	16,2	1,050	10,2
						Metallstearate						
Stearate des												
Co	1,089	1,1	1,032	0,0	1,032	0,0	1,033	0,0	1,040	0,0	1,033	0,1
Fe^{III}	1,136	1,1	1,057	0,3	1,076	0,2	1,068	0,0	1,077	0,1	1,033	0,1
Zn	1,101	1,7	1,037	1,3	1,089	14,0	1,083	12,2	1,070	0,0	1,033	0,2
Cu	1,091	0,7	1,093	16,0	1,075	16,0	1,064	14,2	1,099	11,1	1,070	12,5
Cd	1,129	1,4	1,089	12,8	1,097	12,8	1,074	13,0	1,088	9,8	1,057	2,9
Ni	1,130	0,5	1,059	13,2	1,064	14,1	1,075	19,4	1,087	21,8	1,058	1,6

Co- oder Fe^{III}-Stearat keine unlöslichen Anteile. Vielmehr setzt hier, wie auch bei anderen Stearaten, die Kettenspaltung, meßbar am Viskositätsabfall sofort ein. Der Viskositätsabfall im Laufe der Belichtungszeit bis zu 202 Std. zeigt gegenüber dem reinen PE-Film keine Besonderheiten. Die Differenz der relativen Viskositäten vom unbelichteten und 202 Std. belichteten Film zeigt eine Abhängigkeit vom Metallstearat:

Cu-stearat	$\Delta\eta_{rel}$	= 0,021
Co-stearat		= 0,056
Zn/Cd/Ni		= 0,070
Fe^{III}		= 0,103

Daraus kann unter gleichzeitiger Beachtung der ausbleibenden Gelbildung für das Fe^{III}-Stearat auf eine deutliche Wirksamkeit als fotooxydativer Katalysator geschlossen werden. Die geringe Differenz beim Cu-Stearat bedeutet nicht die Leistung als fotooxydativer Stabilisator, sondern ist bei Betrachtung des sehr hohen Gelanteils von 12,5% nach 202 Std. Belichtung aus der Förderung der Vernetzungsreaktion zu verstehen. Bereits nach 11 Std. ist ja hier ein Gelanteil von 16% ausgewiesen, während die relative Viskosität während der gesamten Belichtungszeit nur wenig schwankt.

Nach Beobachtungen japanischer Autoren [61] wird ZIEGLER-Polyäthylen bei der Bestrahlung mit UV-Licht zwar spröde, jedoch sollen die Abnahme des Molgewichtes und der Kristallinität nur gering sein. Eine Wiederverarbeitung solcher Prüfkörper führt zu Formstoffen mit den ursprünglichen mechanischen Eigenschaften.

P. P. DAGAJEW [46] hat eine Polyäthylenfolie in einer 0,2 Vol% Ozon enthaltenden Luft mit einer Hg-Lampe bei Raumtemperatur bestrahlt. Bei Verwendung der Reißdehnung als Maßstab des fotooxydativen Abbaus ergibt sich, daß schon nach 20 Std. nur noch 21% der Dehnung vorhanden sind. Ab 40 Std. stellt sich etwa ein neues Dehnungsniveau um 8% des Ausgangswertes ein. Die hauptsächliche Schädigung tritt durch die Strahlungsenergie ein. In Ozonatmosphäre allein beträgt in den gleichen Zeiträumen die verbleibende Dehnung 74% und 21% und erst nach 60 Std. wird ein neues Niveau um 8% erreicht. Nach 100 Std. (Versuchsende) ist der gleiche Zustand durch die Dehnungswerte ausgewiesen.

Eine Änderung der mechanischen Eigenschaften als Folge der UV-Bestrahlung von Polyäthylen-Folien bedeutet keineswegs, daß nun auch alle anderen physikalischen Eigenschaften durch diese Lichteinwirkung in Mitleidenschaft gezogen sein müssen. J. KRIAUCIUNAS und R. BALTENOS [47] haben beispielsweise nur eine unbedeutende Zunahme der Wasserdampf-Permeabilität festgestellt, wenn die Belichtung gerade zu einer Veränderung der mechanischen Eigenschaften geführt hat. Werden bei weitergeführter Fotooxydation makroskopisch Risse sichtbar, dann wächst auch die Permeabilität sehr schnell.

Unstabilisierte Folien aus Polypropylen weisen vor der Belichtung mit einer Hg-Lampe eine Dauerbiegeprüfung von 20000 Zyklen auf. Sie wird beim Belichten — ca. 70 Std. — auf 430 verringert [49].

Selbstverständlich läßt sich durch Ruß (1%), zweckmäßig zusammen mit einem phenolischen Thermostabilisator, eine Stabilitätsverbesserung gegenüber einer Belichtung mit Hg-Lampe erzielen. Bei Verwendung der Reißfestigkeit als Maßzahl bleibt das PP etwa 12 Std. unbeschädigt. Die Reißdehnung ist hierbei bereits um 22% geschädigt und nach 72 Std. Belichtung ist sie nur noch 66% des Ausgangswertes.

Über die Relation dieser „*künstlichen Alterung*" zu einer natürlichen Bewitterung unter Bedingungen einer hohen Sonnenlichteinstrahlung (Taschkent Juli—August) unterrichtet *Tab. 96*, wobei die mechanischen Eigenschaften als Kriterium dienten. Bei der Phosphit-Tinuvin enthaltenden Folie ist in der Längsrichtung nach 42 Tagen natürlicher Bewitterung keine Festigkeit mehr meßbar. Die Ergebnisse

Tabelle 96

Relation zwischen der „künstlichen Alterung" mit Hg-Lampe und natürlicher Alterung im Hochsommer

Polypropylenfolien mit Stabilisatoren
Reißfestigkeit σ und Reißdehnung ε

Prüfkörper	„künstliche Alterung"			natürliche Alterung (quer)		
	Zeit (Std.)	σ kp/cm²	ε %	Zeit (Tage)	σ kp/cm²	ε %
P.P. + 0,5% AN 6	0	230	450	0	330	600
+1,0 Ruß	4	220	400	1	300	700
	12	200	350	2	330	760
	32	215	320	15	230	750
	72	180	300	42	280	400
				60	260	550
P.P. + 0,5% Phosphit				0	350	775
0,5% Tinuvin				1	270	705
	0	350	725	2	260	780
	40	230	625	15	240	700
				42	250	650

lehren die Beschleunigung durch das Hg-Lampenlicht. Bei der Phosphit-Tinuvin-Folie ist der zeitliche Beschleunigungsfaktor etwa 24 und bei der Rußfolie etwa 32. Wahrscheinlich haben sich aber bei der Belichtung noch andere Abbauvorgänge am Makromolekül abgespielt.

Für die Einschätzung des Aussagewertes einer Belichtung durch eine Hg-Lampe als Kurzbewitterung beim stereospezifischen Polypropylen mit 93% Kristallinität ist die Beobachtung von MONTECATINI [50] von Interesse, daß nach 10 Std. Hg-Lampen-Belichtung die Reißfestigkeit 32% und nach 200 Std. Sonnenlicht 28% des Ausgangswertes beträgt. Diese Äquivalenz bleibt jedoch nicht erhalten, wenn Pb-chlorphthalo-silikat als Stabilisator im PP verarbeitet ist. Die entsprechenden Restfestigkeiten sind dann 44% und 74%. Das heißt, die Wirksamkeit des Stabilisators wird bei der größeren Energie des Hg-Lichtes erheblich stärker verringert als bei der natürlichen Bewitterung.

Bei gleichzeitiger Bestrahlung mit einer Hg-Dampflampe nimmt die Sauerstoffabsorption von PP-Folien mit der Zeit und der Temperatur im Intervall von 20···50 °C zu. Die mechanischen Eigenschaften gehen dabei stark zurück, so daß nach 2,5 Std. die Reißdehnung von 300% schon völlig verlorengegangen ist und die Reißfestigkeit noch 45% des Ausgangswertes beträgt. Diese Fotooxydation läßt sich durch 2-Oxy-alkoxybenzophenone oder substituierte Benzotriazole erheblich abstoppen, so daß nach 5 Std. Belichtung die Reißdehnung noch 50% des Ausgangswertes bei einer Reißfestigkeit von 67% beträgt. M. B. NEJMAN und Mitarb. [60] leiten daraus die Verwendbarkeit der PP-Folien in der Landwirtschaft ab (!).

Die Fotooxydation des Polypropylens in Form einer bei 220···240 °C gepreßten 0,5 mm dicken Scheibe wurde von Lubica DUŘIŠINOVA [48] u. a. bei einer Temperatur von 60 °C mit einer Hg-Lampe in Sauerstoffatmosphäre durchgeführt. Die konstant gehaltene PP-Oberfläche befand sich in einer Entfernung von 7 cm in horizontaler Lage senkrecht zur Lampe.

Zur Bewertung dieser Untersuchungen als zeitraffende Alterung muß darauf aufmerksam gemacht werden, daß auch bei wesentlich dünneren Folien der Reaktionsablauf von der Diffusion des Sauerstoffs abhängt.

Die Widerstandsfähigkeit des PP in handelsüblicher Reinheit gegen eine solche Fotooxydation ist charakterisiert durch die Zeit in Std. für einen Sauerstoffverbrauch von $5 \cdot 10^{-7}$ Mol/cm² Folienoberfläche. Sie beträgt 9 Std. Durch 2-Hydroxy-4-Octyl-oxy-benzophenon wird sie auf 23 Std. erhöht. In der gleichen Größenordnung liegen die Stabilitätszeiten der aus Hydroxybenzophenonen und aliphatischen bzw. aromatischen Dicarbonsäuren bzw. Thiodipropionsäuren von den Autoren synthetisierten polymeren UV-Absorber.

Die auch im Vakuum ($1{,}5 \cdot 10^{-8}$ torr) durch die UV-Strahlen einer Hg-Lampe eintretende Zersetzung des PP wird durch Zusatz von 0,25% 2-(2-Hydroxy-5-methyl-phenyl)-benzotriazol oder durch 0,3% 4-Hydroxy-4'-alkoxy-benzophenon merklich verzögert. Unter den Bedingungen einer Außenbewitterung beschleunigt das Benzotriazol die Zersetzung des PP. Aus der Bestimmung der Lösbarkeit in kochendem Xylol leitet sich eine verstärkte Vernetzung durch diese beiden Stabilisatoren ab [51].

Bei der Bestrahlung des Polytetrafluoräthylens mit der Wellenlänge $\lambda = 253{,}7$ nm liegt der zu Schädigungen führende Schwellenwert der Photonen-Energie auch bei 3,2 ev. Dies bedeutet, daß auch bei diesem perfluorierten Plastformstoff zuerst die C–C-Kette aufbricht.

Die Abnahme der Reißdehnung der im Vakuum von 1×10^{-6} Torr mit dieser Wellenlänge bestrahlten PTFE-Filme ist eindeutig schon in den ersten 20 Std. stärker und nimmt im Laufe der bis zu 80 Std. ausgedehnten Belichtung mehr ab als in Sauerstoff-Atmosphäre. Auch in Stickstoffatmosphäre erfolgt ein geringerer Abbau als im Vakuum oder in Sauerstoff [42].

Ausweislich der *Abb. 83* vergilbt Polystyrol unter der Hg-Lampe geringer als im Sonnenlicht.

An einer Reihe elfenbeinfarbig pigmentierten PS-Formstoffen haben wir ebenfalls erkennen können, daß die Hg-Lampe zu von der natürlichen Bewitterung abweichenden Verfärbungen führt.

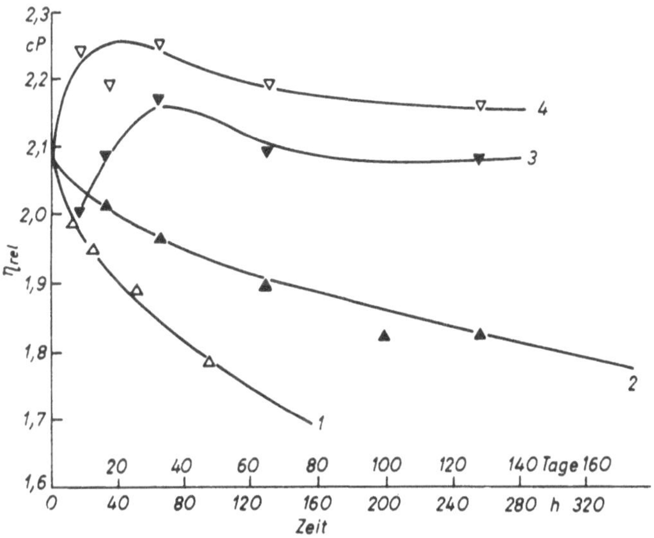

Abb. 85. Änderung der relativen Viskosität von Blockpolystyrol während der Einwirkung von UV-Strahlung verschiedenen Ursprungs

1: Sonnenstrahlung, Letnany; *2*: Xenotest; *3*: Hg-Lampe; *4*: Bogenlampe

Auch die Veränderung der Viskosität durch die Belichtung mit einer Hg-Lampe verläuft nach anderen Mechanismen als bei anderen Strahlenquellen, wie sich aus den in *Abb. 85* dargestlelten Versuchsergebnissen von Ludmilla Adamirova und B. Doležel [31] ableiten läßt.

Während einer auf 2000 Std. ausgedehnten Belichtung eines handelsüblichen Polystyrols tritt nach I. G. Hendrickson [52] eine Verbreiterung der Molekulargewichtsverteilung ein.

Nach der Belichtung (1500 Std.) eines anionisch katalysierten PS mit $M_g = 267000$ und $\frac{M_g}{M_n} = 1{,}08$ befinden sich noch 40% innerhalb der ursprünglichen, 49% haben eine „*kleinere*" und 11% eine „*höhere*" Molgewichtsverteilung. Für ein PS mit $M_g = 125000$ und etwa gleicher Uneinheitlichkeit sind die korrespondierenden Werte 64% bzw. 28% bzw. 8%.

Auch bei den Mischpolymerisaten des Styrols mit Acrylnitril [53] (28%) erfolgt der durch die Belichtung ausgelöste Viskositätsabfall bei höherem Molgewicht schneller und beträgt nach 200 Std. ca. 62%.

Nach G. O. Tatevosjan u. a. [30] ist der Charakter des Viskositätsabbaus durch die Hg-Lampe dem bei natürlicher Bewitterung erfolgenden gleich. Das Molekulargewicht fällt kontinuierlich von 77500 auf 41700 ab. Parallel dazu geht die Verringerung der Zugfestigkeiten um 56% und die der Kerbschlagzähigkeit und 50% und der Härte um 7,5%. Während dieser 30 Std. Belichtung bei 70 °C Lufttemperatur bleiben der tan δ und die dielektrische Festigkeit praktisch unverändert; der spez. elektrische Widerstand wird um eine Zehnerpotenz kleiner.

An Hand der Veränderung der Werte für die Kerbschlagzähigkeit läßt sich die Äquivalenz von 30 Std. Belichtung mit der Hg-Lampe mit 4 Monaten Bewitterung (Frühjahr-Sommer) in Moskau feststellen. Daraus errechnet sich ein Beschleunigungsfaktor von 96. Gegenüber der Intensität der Belichtung durch eine Kohlenbogenlampe bedeutet dies auch eine Steigerung um das 11fache.

Wird die Belichtung des PS in einer Sauerstoffatmosphäre bei Temperaturen um 118 °C durchgeführt, so wird es unter Verfärbung unlöslich. Die Menge des Unlöslichen nimmt mit der Strahlungsintensität zu [54].

Obwohl die 92 kcal/mol betragende Energie der Wellenlänge $\lambda = 310$ nm, bei der PVC am empfindlichsten gegen Strahleneinflüsse ist, durchaus für die Abspaltung von HCl ausreicht, kamen D. Druesedow und C. F. Gibbs [55] zu der Auffassung, daß auch bei verlängerter UV-Exposition die HCl-Abspaltung nur klein ist. Dieser UV-indizierte Abbau wird durch Wegnehmen der Lichtquelle unterbrochen.

R. Schlimper [56] hat zur kontinuierlichen Bestimmung der HCl-Abspaltung während der UV-Belichtung die in *Abb. 86* schematisch wiedergegebene Apparatur benutzt. Hiermit ist es möglich, den vom Luftstrom aus dem Belichtungsgefäß vom PVC-Gießfilm stammenden und mitgeführten Chlorwasserstoff in einem Absorptionsgefäß mit n/20000 $AgNO_3$ Lösung aufzufangen und potentiometrisch zu bestimmen.

Unter Berücksichtigung des Rückgangs der Strahlungsleistung einer Hg-Lampe haben wir die HCl-Abspaltung aus PVC-Filmen verschiedener Dicke besser über die UV-Dosis als nur über die Belichtungsdauer aufgetragen. *Abb. 87* unterrichtet über das Ergebnis. Die maximale Belichtungsdauer für die UV-Dosis 30 ist 150 min.

Neben der HCl-Abspaltung spielen sich unter dem Einfluß des UV-Lichtes im PVC-Makromolekül noch weitere Kettenspaltungen und auch Vernetzungen ab, wobei das mittlere Molgewicht nicht ohne Einfluß auf die bevorzugte Reaktion ist.

Nach Al. Ulinska und Al. Kaminska [57] führt eine achtstündige UV-Bestrahlung von Fraktionen des PVC mit verschiedenen Molmassen zu höheren Gelanteilen bei den größeren Molgewichten. Eine PVC-Fraktion mit $M = 25500$ gibt 10% Gel und 0,08% Sol und bei $M = 240000$ bilden sich 62% Gel und 1,98% Sol.

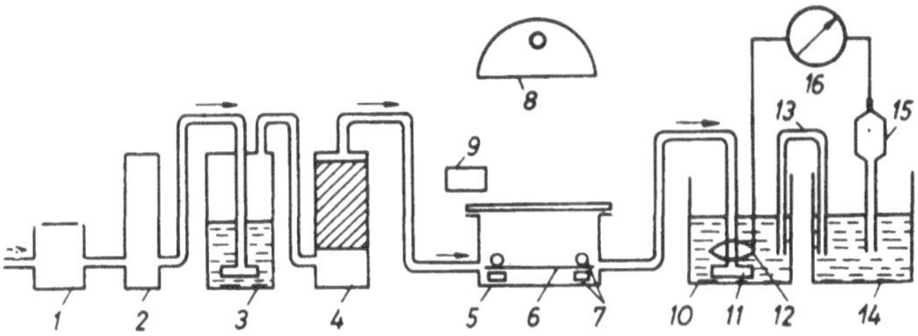

Abb. 86. Schematischer Aufbau der Belichtungsapparatur

1: Luftpumpe; *2*: Strömungsmesser (12 l Luft/h); *3*: Waschflasche (konz. Schwefelsäure); *4*: Trockenturm (Natriumhydroxyd); *5*: Belichtungsgefäß mit Ouarzplatte, das mit dem unteren Teil zu $^2/_3$ in ein Flüssigkeitsbad von 25 °C taucht; *6*: Filmprobe; *7*: Halterungsvorrichtung (Glas) für Filmprobe; *8*: UV-Strahler (Abstand von Filmprobe 60 cm); *9*: UV-Meßzelle; *10*: Absorptionsgefäß für HCl, enthält 20 ml n/20000 Silbernitratlösung und 135 mg konz. Schwefelsäure; *11*: Einleitungsrohr für Luftstrom und abgespaltene HCl; *12*: Silberelektrode; *13*: Stromschlüssel (gesättigte Kaliumnitratlösung); *14*: Gefäß mit gesättigter Kaliumnitratlösung; *15*: Kalomelbezugselektrode; *16*: Millivoltmeter

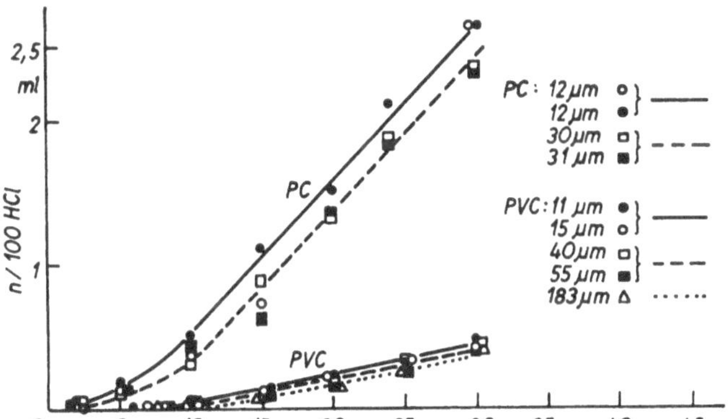

Abb. 87. HCl-Abspaltung von PVC- und PVC Cl-Filmen verschiedener Dicke während der UV-Belichtung (S 450)

Während der Belichtung von PVC-W-Formstoffen [33] unter der Hg-Lampe bei einer Lufttemperatur von 70 ± 2 °C wird nach anfänglicher Erniedrigung der Reißfestigkeit schließlich ein Anstieg registriert. Die Reißdehnung sinkt dagegen kontinuierlich ab. Demgemäß liegen die bei einer Reißdehnung von 50% (absolut) noch gemessenen Reißfestigkeiten 10···17% oberhalb der Werte der unbelichteten Folien, obwohl die Reißdehnung nur noch 17···21% des Ausgangswertes ausmacht.

C. H. Kuist und L. D. Maxim [89] stellen bei der Belichtung von Hart-PVC-Sp-Folien mit verschiedenen Stabilisatorsystemen durch eine 1200-Watt-Hg-Lampe fest, daß in keinem Fall das bei der natürlichen Bewitterung in Arizona auftretende Ausbleichen der Prüfkörper-Oberfläche eingetreten ist.

Der Vergilbungsindex ist bei einem transparenten Formstoff mit Sn-Stabilisatoren ohne UV-Stabilisator noch 40 Std. Hg-Lampenlicht kleiner als nach 9 Monaten Freibewitterung.

Ein Zusatz von Benztriazol-Derivaten kehrt den Befund um und würde zu der Ablehnung dieses UV-Absorbers führen. Bei einem TiO_2-haltigen Formstoff mit einem Benzophenon-Derivat als UV-Absorber erhält man etwa eine Übereinstimmung des Vergilbungsverlaufs innerhalb 60 Std. Hg-Licht und 15 Monate Bewitterung.

Als Folge der durch die Belichtung ausgelösten strukturellen Veränderungen im PVC-W-Formstoff tritt bekanntlich WM aus.

Durch Extraktion mit Diäthyläther ergeben sich für 4 PVC-W-Folien innerhalb der Belichtungszeiten von 25 ··· 178 Std. folgende WM-Verluste.

Formstoff	Belichtungszeit Std.	WM-Gehalt in %		Cl-Gehalt im PVC-W	
		vor	nach	vor	nach
489	63	20,6	9,6	37,2	33,3
230	40	28,8	13,7	35,4	34,1
251	25	31,9	19,0	39,0	35,6
239	178	33,3	18,5	34,5	31,5

Aus der Abnahme des Chlorgehalts ist auf eine HCl-Abspaltung während der Belichtung zu schließen, die unabhängig von der sonstigen Zusammensetzung des Formstoffs offenbar mit der Expositionszeit größer wird.

Die Folien werden mit ca. 10% irgendeines Stabilisators verarbeitet (siehe auch oben S. 367).

Beim Formstoff 230 ohne zusätzlichen organischen Stabilisator erreicht man [33] durch die $\varepsilon = 50\%$ charakterisierte Versprödung nach 90 Std. Diese Zeit wird nur unwesentlich beeinflußt durch 2,4-Dioxybenzophenon oder Dodekahydrotriphenylen. Alle sonstigen als UV-Absorber oder auch als Thermostabilisatoren bekannten Verbindungen geben wesentlich niedrigere Belichtungszeiten zwischen 11 Std. beim 2,2′,4, 4′-Tetraoxyadipophenon und 78 Std. beim Resorcindisalicylat.

Diese Belichtungen haben also keinen Informationswert über die Leistungsfähigkeit von UV-Absorbern (siehe auch oben S. 379).

M. N. Šteding und V. A. Kargin [58] prüfen die Frage nach der Beurteilung der Leistungsfähigkeit von Stabilisatoren für PVC mittels der Exposition unter einer Hg-Lampe unter Anwendung der von Kargin entwickelten thermomechanischen Methode als Kriterium*).

*) Siehe hierzu I. physik. Chemie (UdSSR) **23** (1949), 532, 563 und Chem. Ind. (UdSSR) 1955, Nr. 2, 74; Nr. 3, 137.

Aus dem Vergleich der Veränderung der Deformationskurven für PVC, das 1 bis 20 Std. unter Hg-Lampenlicht ($\lambda = 365$ nm) bei 30···35 °C im Quarzrohr bestrahlt wurde, und für PVC mit Zusätzen an Melamin oder Bleisilikat oder Phenyl-β-naphthylamin oder Phenanthren oder Dinaphthylmethan ergibt sich, daß das Amin und Melamin keine Schutzwirkung ausüben. Die Deformationskurven sind die gleichen wie beim normalen PVC. In Gegenwart von Pb-Silikat behält das PVC unter den Alterungsbedingungen seine Fließfähigkeit bei. Dies gilt auch für die Systeme aus PVC + Phenanthren oder Dinaphthylmethan. Ihre Wirksamkeit ist nach 30- bis 40stündiger Bestrahlung noch erhalten.

Wir fanden bei der thermischen Verarbeitung des PVC das Melamin als schwach wirksamen Stabilisator (siehe Bd. 1, S. 442).

Die relativ geringe Leistungsfähigkeit des Pb-Silikats als Anwendungsstabilisator im PVC-Formstoff ergibt sich auch aus den Untersuchungen von P. P. Dagajew [46]; durch eine 20 stündige Bestrahlung einer 12% Pb-Silikat enthaltenden PVC-H-Folie in einer 0,2% Vol Ozon enthaltenden Luftatmosphäre wird ihre Reißdehnung auf 45% erniedrigt. Bei bis zu 100 Std. ausgedehnter weiterer Belichtung tritt dann kein weiterer Abfall ein.

Es ist aber fraglich, ob die auf das Pb-Silikat zurückzuführen ist.

In zusammenfassender Betrachtung dieser neueren Untersuchungsergebnisse zur Eignung von Belichtungen eines PVC-Formstoffes mit einer Hg-Lampe und unserer eigenen, vornehmlich in den Jahren 1932···1940 durchgeführten Arbeiten kommen wir zu der Auffassung, daß die hier eintretende Beanspruchung eines Formstoffes keine Äquivalenz zu den bei der natürlichen Bewitterung sich abspielenden Vorgängen am Makromolekül selbst oder an den physikalischen Strukturen des über die Plastizierung erhaltenen Formstoffes ohne und mit seinen qualitätsbestimmenden Zusatzstoffen darstellt. Da auch ein diagnostischer wie prognostischer Wert dieser „*künstlichen Alterung*" für die Technologie des PVC nicht erkennbar wird, sehen wir keine Veranlassung, den seit Abschluß unserer Arbeiten geübten Verzicht auf die Benutzung der Hg-Lampen aufzugeben.

Wir haben hierbei keineswegs die von G. A. Nisbet [77] vertretene Auffassung übersehen, daß unter einer Hg-Lampe, die praktisch nur die Wellenlänge $\lambda = 253{,}7$ nm emittiert, in einer bestimmten Anordnung von 12 Stück zu den Prüfkörpern in der Zeit von höchstens 20 Belichtungsstunden ein Urteil über die Verfärbungstendenz von Hart-PVC-Formstoffen und deren Beeinflussung durch Zusatzstoffe aller Art gewonnen werden kann. Wir verkennen auch nicht, die ökonomische Bedeutung, daß ein Ergebnis in 1 Tage statt beim Weatherometer in 1 Monat vorliegen kann und damit eventuelle Korrekturen in der Produktionvorzunehmen gestattet.

Beim nachchlorierten PVC hat ausweislich der *Abb. 87* R. Schlimper die größere Empfindlichkeit gegen UV-Strahlung nachgewiesen, wenn die HCl-Abspaltung als Kriterium verwendet wird.

Die Veränderungen des Makromoleküls durch die Exposition unter der Hg-Lampe stellen sich als eine Überlagerung von Abbau und Vernetzungsreaktionen dar.

Als Folge der hierbei erfolgenden Ausbildung polyener Systeme ändert sich das Absorptionsvermögen im u. v. und sichtbaren Spektralbereich, bis mit längerer Belichtungszeit $t_0 \to t_3$ auch Gelbverfärbung eintritt, wie es aus *Abb. 88* ersichtlich ist.

Die Beeinflussung all dieser Veränderungen am Film aus nachchloriertem PVC durch als UV-Absorber bekannte Substanzen wird am deutlichsten in den ersten ca. 6 Stunden Belichtung mit der Hg-Lampe, während mit bis zu 20 Std. ausgedehnter Verlängerung die Unterschiede sich doch verwischen.

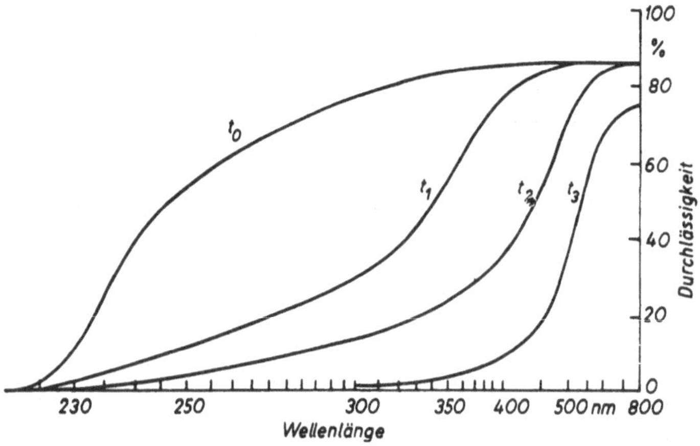

Abb. 88. Veränderung des sichtbaren und des UV-Spektrums von PVC Cl mit der UV-Belichtungsdauer

Für den Vergleich der Eignung dieser Belichtungen als zeitraffende Untersuchung zur natürlichen auf 3 Monate (Juli—Oktober) ausgedehnten Bewitterung — Zeitpunkt der eingetretenen Versprödung des normalen Films — dienen die Gelanteile als Kriterium. Die Gegenüberstellung in *Tab. 97* lehrt, daß die Hg-Lampenbelichtung mit Ausnahme des Films mit 2,2',4, 4'-Tetramethoxybenzophenon eine merkliche Beschleunigung der Vernetzungsreaktion bedingt.

Beachtet man, daß die natürlich bewitterten Filme viel spröder als die unter der Hg-Lampe belichteten sind, bei denen selbst nach 100 Std. noch keine Sprödbrüche eintraten, so ist die Schlußfolgerung gerechtfertigt, daß die Belichtung einen anderen Reaktionsmechanismus im Makromolekül auslöst. Die Errechnung eines zeitlichen Beschleunigungsfaktors durch das Hg-Lampenlicht ist nicht korrekt.

Die tetrasubstituierten Benzophenone erwiesen sich sowohl bei der „*künstlichen*" wie natürlichen Bewitterung als die wirksamsten Stabilisatoren. Insoweit hat die Hg-Lampen-Belichtung einen prognostischen Wert. Dies trifft aber schon nicht mehr für die beschleunigende Abbauwirkung des Dibenzoyläthans zu.

Es sei schließlich noch vermerkt, daß nach unseren Beobachtungen, die u. a. auch durch B. Baum [59] bestätigt sind, ein belichteter PVC-Formstoff besonders thermisch empfindlich ist.

Tabelle 97

Eignung der Belichtung mit Hg-Lampe als Kurzprüfung für die Bewitterung von Folien aus nachchloriertem PVC

Vergleich der Gelwerte in %, Einfluß verschiedener UV-Absorber

Folie mit UV-Absorber	Gelanteil % nach 20 Std. UV-Belichtung	nach 3 Monaten Bewitterung
ohne Zusatz	24	4,4
Benzophenon	16,5	3,6
4-OH-benzophenon	19	5,5
4-OCH_3-benzophenon	19,5	6,5
2,4-OH-benzophenon	15,5	5,2
2-OH -4-OCH_3-benzophenon	12	3,0
2,4-OCH_3-benzophenon	22	9,4
2,2′, 4,4′-OH-benzophenon	7	1,2
2,2′-OH-4,4’-OCH_3-benzophenon	7,5	1,5
2,2′, 4,4′-OCH_3-benzophenon	8	9,0
2,4,6-OH-benzophenon	14	1,8
2,4,6-OCH_3-benzophenon	18	4,6
Benzil	16,5	2,3
Dibenzoylmethan	16	10,8
Dibenzoyläthan	24,5	7,5
3-Benzoylbenzophenon	19	8,9
4-Benzoylbenzophenon	20	—
2,2″, 4,4″ Tetramethoxy-4′-benzoylbenzophenon	12,5	5,9

Für die Beurteilung der Leistungsfähigkeit der ihrer Lichtechtheit wegen gern zur Oberflächenveredelung von Plastformstoffen benutzten Polyacrylsäureester kann auch ihr Verhalten gegen monochromatisches UV-Licht der Wellenlänge $\lambda = 254$ nm herangezogen werden. H. Jacobs und R. Steele [62] erkannten, daß bei Bestrahlung im Vakuum oder in Stickstoffatmosphäre die Filme aus Polyäthylacrylat primär einen Kettenbruch erfahren, dem sich dann eine Vernetzung unter Ausbildung einer partiellen bis totalen Unlöslichkeit in Aceton anschließt. Nach einer Bestrahlung von $^1/_4$ Std. ist der Film noch völlig löslich, seine Viskosität ist aber schon erheblich abgefallen und nach einer $^1/_2$ Std. treten die ersten unlöslichen Anteile auf. In jeder Entfernung des Films von der Lampe gilt, daß die Ausbildung vernetzter Anteile der absorbierten Lichtenergie proportional ist. Die zu unlöslichen Anteilen führende Bestrahlungsdauer wird mit fallender Temperatur größer, so daß beispielsweise bei $-20°C$ nach $7^1/_2$ Std. noch keine unlöslichen Anteile gebildet wurden. Dagegen hängt die Geschwindigkeit der Abnahme der Viskosität nur wenig von der Bestrahlungstemperatur ab.

Bei der Belichtung von 1 cm dicken Platten aus Polymethylmethacrylat während 25 Std. unter Hg-Lampenlicht tritt keine visuell wahrnehmbare Veränderung auf. Jedoch werden die eingeleiteten Umformungen in der Textur der Platten durch eine kurze Erwärmung auf 160 °C in Form von Rissen auf der bestrahlten Oberfläche sichtbar. Ihre Tiefe ist wohl kleiner als 0,05 mm.

Aus den Ergebnissen von I. G. Hendrickson [52] folgt, daß sich während der Bestrahlung keine monomeren Fragmente, aber auch keine höher molekularen Anteile gebildet haben.

M. I. Frolowa u. a. [63] haben ermittelt, daß nach 200 Std. Belichtung mit $\lambda = 300$ nm die Durchlässigkeit des Dibutylphthalat enthaltenden PMMA für diese Wellenlänge so stark verringert wird, daß es als undurchlässig charakterisiert werden muß. Die Reißdehnungswerte gehen ebenfalls zurück.

Diese Eigenschaften sind auf den Gehalt an Dibutylphthalat zurückzuführen und werden am reinen PMMA-Formstoff nicht beobachtet.

Man wird dieses Verhalten bei der Nutzung von PMMA-Formstoffen für „*Verglasungszwecke*" beachten müssen.

Die Nutzung der Polyvinylbutyrale im Fahrzeugbau und Bauwesen, wobei sie einer wechselnden Sonnenbestrahlung ausgesetzt sind, veranlaßte uns [64] zu prüfen, inwieweit aus einer Belichtung der Formstoffe daraus unter einer Hg-Lampe auf das Verhalten unter natürlichen Bedingungen geschlossen werden kann.

Die in Form von Folien oder Strängen vorliegenden Formstoffe aus Polyvinylbutyralen verschiedener Herstellungsstätten werden infolge ihres Weichmachergehaltes bereits nach 24 Std. Belichtung leicht klebrig und nach weiterer Belichtung in der Festigkeit vermindert, und rissig oder sehr weich. Nach 264 Std. Belichtung geht der WM-Gehalt des Formstoffes von ursprünglich 23···26% auf 16···21% zurück. Der WM ist ausgeschwitzt und teilweise abgedampft, teilweise mechanisch entfernt.

Am Makromolekül tritt eine Veränderung des Molgewichts und des OH-Gehalts ein. Gemäß Angaben der *Tab. 98* erreicht der K-Wert nach Fikentscher im Laufe der

Tabelle 98

Auswirkung der Belichtung unter Hg-Lampen auf K-Wert und OH-Gehalt von Polyvinylbutyral-Formstoffen

Prüfkörper	unbelichtet		belichtet 72 Std.		264 Std.	
	$K \cdot 10^3$	OH %	$K \cdot 10^3$	OH %	$K \cdot 10^3$	OH %
1 Folie	85	17,5	62	—	34	16,0
2 Folie	81	20,5	54	19,5	44	19,0
3 Strang	81	18,5	81/65*)	20,0	76/43*)	22,0
4 Strang	77	22,0	65/58*)	20,0	63/35*)	20,5

*) Wert an 200 nm dicker oberer Schicht des Strangs, direkt vergleichbar mit Folie

72 Std. UV-Belichtung — 60 cm Abstand zwischen Lampe und Prüfkörper — etwa den gleichen Betrag wie nach mehrmonatigem Einsatz unter natürlichen Bedingungen. Bei 1 cm dicken Strängen sind die Werte nach 264 Std. UV-Belich-

tung noch völlig unverändert, während die Randzonen bis auf weniger als die Hälfte des K-Wertes abgebaut sind.

Ungeachtet dieses auf die Oberfläche konzentrierten Zerfalls hat E. W. Schuwalowa [76] die Bildung von CO-Gruppen IR-spektroskopisch über den ganzen Querschnitt des Films nachgewiesen.

Für Polyoxymethylen und sein endständig acetyliertes Derivat hat sich UV-Strahlung der Wellenlänge $\lambda = 253{,}71$ nm als besonders schädlich erwiesen. Die Effektivität liegt etwa 100mal höher als für $\lambda = 365$ nm. Nach den bisher vorliegenden Ergebnissen von N. Grassie und R. S. Roche [65] bilden sich als primäre Zersetzungsprodukte unmittelbar aus dem Polymeren H_2 und CO im Verhältnis 3,5···4,0:1. Bei der bis zu 500 Std. ausgedehnten Belichtung von POM-Prüfkörpern bei 40 °C in Wasser beobachteten V. A. Belyj u. a. [66] keine Änderung der mechanischen Eigenschaften. Sie führen dies auf die Ausbildung eines braunen „*Schutzfilms von 0,15···0,20 mm Dicke*" zurück.

Handelsübliches POM zeigt bei Belichtung mit Hg-Lampen nach 200 Std. bereits einen Abfall seines Isolationswiderstandes von 10^6 MΩ auf $10^1 \cdots 10^2$ MΩ dieser Wert bleibt bis 1000 Std. fast konstant. Durch Fotostabilisatoren gelingt die Erhaltung des ursprünglichen Wertes in den ersten 200 Std. Im gleichen Sinne wirkt sich eine Mischpolymerisation mit Dioxolanen aus. Der hier an handelsüblichen Prüfkörpern gefundene Anfangswert von 10^5 MΩ ist nach 200 Std. noch fast unverändert — nach 100 Std. noch $10^3 \cdots 10^4$ MΩ. Trotzdem sehen P. G. Kelleher und R. I. Miner [107] keine brauchbare Relation dieser Werte zu dem Verhalten der Formstoffe aus Acetalharzen bei der Außenbewitterung.

Die Belichtung von 40···50 nm starken Polycarbonatfolien unter der Hg-Lampe bei einer Umgebungstemperatur von 70 °C führt nach 25 Std. zu einem Abbau des Molgewichts von ca. 28000 auf 15000. Hier stellt sich dann ungefähr ein neues Niveau ein [67]. Neben der so ausgewiesenen Kettenspaltung bildet sich noch ein unlöslicher fester Anteil von ca. 4% Gew. Es ist noch unklar, ob es sich um Vernetzungen oder um durch Abspaltung der Estergruppe entstandene Reaktionsprodukte handelt. Die 40 Std. dauernde Belichtung führt zu einem Festigkeitsrückgang auf die Hälfte des Ausgangswertes. Durch die Belichtung wächst die Absorption des PC bei $\lambda = 250 \cdots 270$ nm.

Dieses Verhalten ähnelt dem von uns bei der natürlichen Bewitterung beobachteten.

Ebenso wie beim PE und PTFE liegt auch der Schwellenwert der fotochemischen Zersetzung des Polyäthylenterephthalats in Form eines 0,06 mm dicken Films bei 3,2 ev oder ca. 74 kcal/mol. Der Film wird durch die Strahlungsintensität der Wellenlänge $\lambda = 253{,}7$ nm bernsteingelb, ohne daß eine Versprödung zu beobachten ist. Die Reißfestigkeit zeigt, unter Stickstoffatmosphäre bestrahlt, eine ansteigende Tendenz. Bei Einstrahlung von $\lambda = 369$ nm fällt die Reißdehnung auch bei langer Energiezufuhr langsam ab; bei $\lambda = 244$ nm tritt dagegen ein starker Abfall sofort ein [42].

Eine Belichtung in Sauerstoffatmosphäre gibt einen stärkeren Abbau der Reißfestigkeit und Reißdehnung als im Vakuum bei 10^{-6} Torr. Nach 168 Std.

Vakuumbelichtung ist die Reißfestigkeit um 45% des Ausgangswertes gefallen. Die Reißdehnung ist beim Belichten in Sauerstoff von ca. 250% auf 0% nach ca. 140 Std. verringert.

Es liegen Beobachtungen japanischer Autoren [68] vor, wonach die UV-Belichtung die mechanischen Eigenschaften stärker abbaut als eine Freibewitterung. Die kürzeren UV-Strahlen lösen eine statistische Spaltung der Terephthalat-Kette aus.

Nach den Untersuchungen von C. V. Stephenson [42] ist ein Polycaprolactamfilm am empfindlichsten bei einer Bestrahlung mit einer Wellenlänge von $\lambda = 244$ nm auch in Stickstoffatmosphäre. Der Abbau erfolgt wie bei allen H-enthaltenden Filmen auch hier im Sauerstoff schneller als im Stickstoff, wobei die Gelbildung als Maßstab dient.

Blasfolien aus Polymaid 6 bzw. 6,6 bzw. 6,10 bzw. 12 in einer Dicke von 20 bis 50 μ verspröden mit einer 500-Watt-Hg-Lampe in einer Entfernung von 30 cm belichtet nach 5···6 Tagen. Der K-Wert des Polyamids in der Größenordnung von 73···90 wirkt sich dabei nicht aus. Beim Polyamid 6,10 ist nach 6 Tagen ein Rückgang von $K = 80$ auf $K = 44$ gemessen [100]. Ruß hat sich auch hier als wirksamer Stabilisator erwiesen. Versprödung ist nach 60 Tagen noch nicht eingetreten.

Die von R. Schlimper [69] an Gießfilmen aus einem Mischpolyamid aus Caprolactam und AH-Salz 1:1 durchgeführten „*künstlichen Alterungen*" unter einer Hg-Lampe im Abstand von 60 cm lassen die Unzulässigkeit erkennen, aus derartigen bis zu 100 Std. ausgedehnten Belichtungen eindeutige Rückschlüsse auf das Verhalten bei natürlicher Bewitterung zu ziehen. Dies gilt ausweislich der *Tab. 99* sowohl für das Polyamid selbst wie auch bezüglich der Leistungsfähigkeit einiger UV-Absorber.

Im Gegensatz zur natürlichen Bewitterung, wo die Grenzviskositätszahl abnimmt, wirkt sich die stärkere Vernetzung durch die UV-Belichtung auch in dieser Zahl durch einen Anstieg aus. Der Gelanteil ist in allen Fällen durch die UV-Belichtung größer geworden. Neben dem Benzotriazol-Derivat haben sich unter Benutzung des Gelanteils als Kriterium noch das 2,2',4,4'-Tetraoxybenzophenon und das 2,2',4-Trioxy-4'-methoxybenzophenon (Gelanteile 1,9 bzw. 1,4%) als besonders wirksame UV-Absorber ausgewiesen.

Benzoin und Benzil wirken bei der natürlichen Bewitterung eindeutig als Abbausensibilisatoren; bei der „*künstlichen Bewitterung*" bleibt jedoch die an Filmen mit ihnen gemessene Grenzviskosität merklich unterhalb der des unstabilisierten Polyamids.

Nach 20 Std. UV-Belichtung ist die Reißfestigkeit um 61% und die Reißdehnung des unstabilisierten Films um 76% zurückgegangen. Nach 69 Tagen Bewitterung ist der Film kaum versprödet.

E. Je. Tomaschewski u. a. [70] stellen eine Beschleunigung der Photolyse durch UV-Bestrahlung des Polycaprolactams bei gleichzeitiger Zugbeanspruchung (bis 100 kg/mm²) fest.

Nach Stephenson [42] wird die Oberfläche von 0,25 mm dicken Polyamid 6,6-

Tabelle 99

Eignung der Hg-Lampe zur künstlichen Alterung von Polyamidfilmen
Vergleich der Werte für den Gelanteil und die Grenzviskosität nach künstlicher und natürlicher Bewitterung
Einfluß von Stabilisatoren

Prüfkörper	100 Std. UV-Belichtung		natürliche Bewitterung		
	Gelanteil %	$[\eta]$ [dl/g · 10^{-2}]	Tage	Gelanteil %	$[\eta]$ [dl/g · 10^{-2}]
Polyamid 5 A unbel.	0	44,0		0	44,0
Polyamid 5 A belichtet	37	78	69	1,1	29,5
Polyamid 5 A + Tinuvin P	0,3	52	69	8,3	28,0
Polyamid 5 A + Salicylalazin	16,2	55	55	3,6	32,0
Polyamid 5 A + Salicylamid	18,0	58,0	61	11,2	29,0

Filmen beim Belichten mit einer Hg-Lampe in einer Stickstoffatmosphäre stärker gummiartig als im Vakuum. Daraus ergibt sich eine gewisse Unsicherheit in den mechanischen Werten. Die Belichtung führt zur Dunkelfärbung.

Die Verfärbung der Polyurethan-Farbstoffe, insbesondere der PUR-Schaumstoffe, unter dem Einfluß von Licht ist leider eine stoffspezifische Eigenschaft infolge der notwendig verwendeten Diisocyanate. Unter Benutzung eines Belichtungskasten mit 2 Quecksilber-Dampflampen läßt sich die relative Stabilität von Polyurethan Folien aus Polyester und Diisocyanat im Verhältnis 1 OH zu 1,1 NCO ermitteln. Die auf Glasplatten befindlichen transparenten Filme werden im Abstand von 13 cm bei 71 °C Lufttemperatur bis zu 400 Std. belichtet.

Die ursprüngliche Lichtdurchlässigkeit liegt im Wellenlängenbereich von $\lambda = 360\cdots700$ nm bei ca. 85%. Nach 100 Std. Belichtung fällt die Durchlässigkeit im Gebiet von $\lambda = 360\cdots400$ nm von ca. 85% auf 25···55% ansteigend in diesem Wellenlängenbereich ab. Nach 400 Std. maximale Belichtung wird die Durchlässigkeit noch geringer, so daß die entsprechenden Werte jetzt 18% und 47% werden. Die Verringerung der Durchlässigkeit erstreckt sich auch auf das sichtbare Spektrum, sie fällt auf 55% bei $\lambda > 400$ nm ab und erreicht bei $\lambda = 600$ nm etwa die ursprünglichen Werte der Lichtdurchlässigkeit [71].

Nach L. V. Nevskij u. a. [72] steigt der Vergilbungsgrad mit der Anzahl der Karbamidgruppen 1···6% im Polyurethan.

Die Verfärbungen lassen sich durch die bekannten UV-Absorber z. B. das 2,2′, 4, 4′-Tetraoxybenzophenon stark zurückdrängen. Die nun bereits im unbelichteten PU-Film vorliegende Absorption im UV wird durch die Belichtung nur unwesentlich verändert. Während nach 100 Std. Belichtungsdauer die relative Stabilität der normalen PU-Filme 2,37 beträgt, wird sie durch eine Reihe von Stabilisatoren auf 1,85 verbessert.

Die häufig geübte Praxis der Verwendung eines Überschusses von NCO-Gruppen beim Aufbau des PU bleibt natürlich nicht ohne Einfluß auf die Leistungsfähigkeit der UV-Absorber, die ja überwiegend OH-Gruppen enthalten.

Unter den von L. V. Nevskij u. a. [72] eingehaltenen Belichtungsbedingungen von PU-Folien aus Äthylenglycol + Toluylendiisocyanat mit einem Molgewicht von 6000···8000 – Abstand 35 cm, in Luft oder Vakuum in Quarzglasröhren – bleibt die spezifische Viskosität praktisch unverändert. Der sich bildende in heißem Dimethylformamid unlösliche Rückstand nimmt mit der Belichtungsdauer zu.

Z. Hippe und Mitarb. [73] machen auf die Beschleunigung der Fotolyse der Polyesterurethane durch feuchte Luft aufmerksam. Die Belichtungsempfindlichkeit steigt hierbei sowohl bei einem vermehrten Anteil an Ester wie auch durch ungebundene NCO-Gruppen. Nach Beobachtungen von A. A. Kachan u. a. [111] tritt eine photooxydative Zersetzung der PUR-Filme nur dann auf, wenn sie sich auf einer Unterlage aus Glas oder Metallplatten befinden. Monochromatisches Licht zersetzt jedoch die auf Zinkplatten gebildeten PUR-Filme nicht.

Eine gleichzeitige Einstrahlung von $\lambda = 365$ nm und $\lambda = 405$ nm spaltet jedoch die C=N-Bindungen im PUR.

Bekanntlich setzt die UV-Absorption der UP-Formstoffe, die mit Maleinsäure als ungesättigter Komponente hergestellt sind, im Gebiet unterhalb $\lambda = 340$ nm ein. Es ist also zu erwarten, daß bei ihrer Bestrahlung mit 500 Watt Hg-Hochdrucklampen, die im Wellenbereich $\lambda = 238\cdots579$ nm emittieren und bei denen der Strahlungsfluß zwischen 7,08···12,00 W liegt, sich OH- und CO-Gruppen ausbilden und die C=C-Bindung des ungesättigten Polyesters mit fortschreitender Belichtung verringern.

IR-spektroskopisch ist nachgewiesen, daß nach 48 Std. UV-Belichtung weder dieser Verbrauch an C=C, noch die Bildung von OH- und CO-Gruppen abgeschlossen ist. Für die stets beobachtete Vergilbung sind wohl konjugierte Systeme, die die CO-Gruppe mit einschließen, verantwortlich zu machen [74].

Bei der Belichtung von Glasfasermatten-UP-Styrol-Laminat mit einer Hg-Lampe tritt nach wenigen Stunden bereits eine starke Vergilbung ein und dann sehr bald eine so weitgehende Zerstörung der Oberfläche, daß die Glasfasern heraustreten. Eine partielle Substitution des Styrols durch Methylacrylat führt zu einer Erhöhung der Lichtstabilität unter dem Einfluß der Strahlung von 3 dreieckförmig angeordneten 275-Watt-Hg-Lampen, wobei der Prüfkörper-Abstand 11,4 cm betrug [75].

Den gleichen Abstand wählte H. D. MÜLLER [26] bei seinen Untersuchungen über die Leistungsfähigkeit von Verstärkungsmitteln für UP auf Basis Chemiefasern. Die hierbei auftretende Bestrahlungstemperatur von 114 °C läßt den Wert solcher Untersuchungen als zeitraffende „*künstliche Alterung*" doch recht zweifelhaft erscheinen.

Es ist keine Überraschung, daß nach 4 Std. Belichtung die Glasfaser an der Oberfläche sich ausscheidet. Die Verstärkung auf Basis Polyesterfasern zeigt diesen Befund nicht.

Aus den Messungen der Biegefestigkeit der Prüfkörper nach einer 96 Std. Belichtung (Temperatur also 140 °C) ist erkennbar, daß dieser Oberflächeneffekt für die Anwendung derartiger Formstoffe offenbar nicht schadet. Die Werte der Biegefestigkeit sind sowohl bei den Glasfasern wie bei den Polyesterfasern enthaltenden Formstoffen nach dieser Belichtungsdauer innerhalb der billigerweise zuzugestehenden Streubreite unverändert.

5.1.3. Xenon-Lampenlicht

Die Emission der modernen Xenon-Gasentladungslampen gilt als äquivalent dem Sonnenspektrum am Mittag eines Julitages an der Erdoberfläche.

Die Xenon-Bogenlampe zeigt eine relative konstante Ausstrahlung von $910 W/m^2$. Von den Herstellern wird der Wellenlängenbereich des Lichtes der Xenonbogenlampe zwischen $\lambda = 200\cdots800$ nm angegeben. Dies bedeutet, daß in ihm die für transparent farblose Plastformstoffe der verschiedensten chemischen Konstitutionen schädlichen Wellenlängen von $\lambda = 300\cdots400$ nm emittiert werden. Die Abweichung des Xenonlichtes bei $\lambda = 450\cdots500$ nm und $\lambda = 800\cdots1000$ nm liegen in Bereichen geringerer Strahlungsenergie und haben für die ausgelösten Schädigungen der Formstoffe nur geringe Bedeutung. V. SCHÄFER [110] macht darauf aufmerksam, daß die Minderung der Totalintensität während eines 1500-stündigen Betriebes der Xenonlichtlampe die Resultate nicht verfälscht. Durch geeignete IR-Filter wird eine Temperatur an der Oberfläche der Prüfkörper unterhalb 50° gewährleistet. Die Einstellung einer bestimmten Luftfeuchtigkeit (40 bis 50% rel) während der Exposition ist gegeben.

T. SIMIONESCU u. a. [96] haben 5 handelsübliche rumänische Polyäthylen-Typen 15 Tage im Xenontest-Gerät dem Licht ausgesetzt. Die Veränderungen der Reißfestigkeiten (σ), Reißdehnungen (ε) und der Schlagzähigkeiten, sowie des Molgewichts und des Fließindex g/10′ haben wir an 3 PE-Typen den Werten gegenübergestellt, die beim Altern nach 6 Monaten im Meeresklima und nach 3 Monaten im Landklima Rumäniens erhalten wurden (siehe *Tab. 100*).

Die Schlagzähigkeit reagiert zu unempfindlich auf die im Formstoff während der Belichtung im Xenontestgerät ausweislich der Abnahmen der Werte für die Reißfestigkeit und Reißdehnung, der Verringerung des Fließindex und der Erhöhung des Molgewichts sich abspielenden Vorgänge.

Aus dem Vergleich mit den Meßwerten an den natürlich gealterten Prüfkörpern läßt sich keine Relation der in 15 Tagen im Xenotestgerät vorgegangenen Veränderung am Makromolekül zu den bei der Bewitterung nach 6 Monaten im Meeresklima oder 3 Monaten im Landklima abgelaufenen finden. Die Reißfestigkeiten erleiden zwar bei allen 3 Typen etwa die gleichen Werte nach den angegebenen Zeiträumen, jedoch zeigt sich in den Werten der bekanntlich wesentlich empfindlicher ansprechenden Reißdehnung, daß der Zeitraum 15 Tage Xenotest-Belichtung wohl doch eine etwas zufällig gewählte Caesur darstellt. Auch die Veränderungen im Fließindex bzw. im Molgewicht lassen wohl erkennen, daß bei der Xenotest-Belichtung noch keineswegs ein Endstadium erreicht ist. Und es erscheint fraglich, ob die Vergleichswerte der natürlichen Bewitterung dies repräsentieren.

Bezüglich der Brauchbarkeit des Xenonlampenlichtes für die Beurteilung der Vergilbungstendenz des Polystyrols und die Auswirkung seiner Strahlungsenergie auf den Kettenabbau, gemessen durch die Viskositätsänderung, sei auf die *Abb. 83* und *85* verwiesen.

Bei der Belichtung von handelsüblichen Hart-PVC-Platten unter 3 verschiedenen Xenotest-Geräten stellten Fr. BAXMANN und Mitarbeiter [86] an den bleistabilisierten Formstoffen übereinstimmend die Unveränderlichkeit der mechanischen Eigenschaften bei der qualitativen Prüfung fest. Die Verfärbungen im Laufe der 1000 Std. Versuchsdauer sind jedoch in den 3 Geräten nicht einheitlich. Sie reichen von Ausbleichungen über Rosaverfärbungen bis zur Schwarzfärbung.

Auch bei den mit Ba/Cd-Seifen stabilisierten Platten sind noch keine Versprödungen zu beobachten, aber ebenfalls wiederum erhebliche Abweichungen in den Farbtönen. An ein und demselben Prüfkörper sind „*geringe Verfärbungen*“ bis „*starke Ausbleichungen*“ registriert. Da auch bei der Serie der mit Sn-Stabilisatoren hergestellten PVC-H-Platten die prinzipiell ähnlichen unterschiedlichen Veränderungen in den 3 Geräten fesgestellt wurden, kommen die Autoren zum Schluß, daß eine

Tabelle 100

Belichtung von Polyäthylen im Lichte der Xenonbogenlichtlampe, Vergleich der Eigenschaftsänderungen mit natürlichem Bewitterungsablauf

PE	Ausgangswerte					Xenonlicht					Meeresklima 6 Monate					Landklima 3 Monate				
Typ	σ kp/cm²	ε %	Z^* cmkp/cm²	I^* g/10′	$\bar{M} \cdot 10^{-3}$	σ	ε	Z	I	$\bar{M}$	σ	ε	Z	I	$\bar{M}$	σ	ε	Z	I	$\bar{M} \cdot 10^{-3}$
121 Spritzguß	506	850	4,3	0,3	36,6	379	601	4,1	0,12	41	384	308	3,6	0,08	66,9	368	648	3,7	0,05	76
322 Folie	450	820	3,3	2,1	24,5	376	751	3,2	2,14	41,4	377	447	3,9	0,43	33	363	710	3,0	0,85	42
321 Kabel	420	830	3,5	2,2	25,1	359	711	3,3	1,23	33	370	420	—	0,94	32	359	372	3,3	0,45	32

* Z = Schlagzähigkeit I = Fließindex

Relation der Belichtungsergebnisse im Xenonlampenlicht zur natürlichen Bewitterung nicht gegeben ist. Die Ergebnisse bestätigen weiterhin die auch von uns gemachte Beobachtung, daß die im Xenonlampenlicht auftretenden Farbtonänderungen keineswegs mit Veränderungen physikalischer Eigenschaften zwangsläufig verbunden sein müssen.

Jedoch stimmt der Befund von L. J. Nowacki [97] etwas nachdenklich, wonach ein hellgelbes PVC-Laminat nach 3000 Std. Xenonlampen-Belichtung nur eine sehr geringe Verfärbung, aber ein sehr starkes Kreiden aufweist.

An pigmentierten PVC-Em-Hartfolien ohne zusätzlichen Thermostabilisator haben wir in sehr vielen Fällen ein Ausbleichen beobachtet. Eine Übereinstimmung mit dem Verhalten beim Freiluft-Bewittern ist nicht immer gegeben.

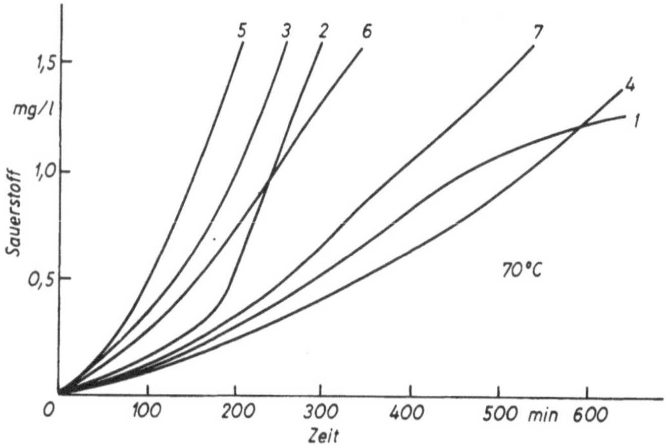

Abb. 89. Belichtung von Weichmachern unter den Xenonlampe bei 70 °C; O_2-Aufnahme als Funktion der Zeit.

1: Diäthylsebacinat; *2*: Di C_{13}-Phthalat; *3*: Di C_{10}-Phthalat; *4*: DOA; *5*: Bisoflex 1008; *6*: Dipenthaerythritester; *7*: DOP
(nach Z. Wolkober)

Im Zusammenhang mit der Leistungsfähigkeit des Xenonlampenlichts für die „*künstliche Alterung*" der PVC-W-Formstoffe interessiert die von Z. Wolkober und Mitarb. [98] bearbeitete Problematik der Photooxydationsstabilität einiger Weichmacher unter Benutzung einer Xenonlampe mit einer Lichtstärke von 100000 lx und bei Einhaltung einer Temperatur von 70 °C. Ausweislich der in *Abb. 89* dargestellten Ergebnisse zeigt der Standard-Weichmacher DOP eine mittlere Stabilität gegen die Photooxydation. Es überrascht, daß sie durch das Diäthyl-hexyl-adipinat übertroffen werden soll. Der Oxydationsstabilisator Bisphenol und der Thermostabilisator Tribase sind für die Photooxydation des DOP erwartungsgemäß unwirksam. Benzotriazol-Lichtstabilisatoren vergrößern die Stabilitätsperiode merklich.

Einen ausgeprägten Synergismus zeigt die Kombination dieser 3 Stabilisatoren, die die Sauerstoffaufnahme erheblich verlangsamt. Nach V. SCHÄFER [110] besteht bei Prüfkörpern aus PVC-W eine Proportionalität zwischen der Bestrahlungsstärke bis zu einem Betrag von 2600 W/m² und der Expositionszeit, wobei als Maßzahl die Zeit für den Abfall der Schlagzähigkeit auf 50% des Ausgangswertes dient. Eine konstante Temperatur ist hierbei Voraussetzung.

Die Ergebnisse unserer umfangreichen Vergleichsversuche über die Veränderung der mechanischen Eigenschaften von PVC+W-Folien unter dem Einfluß der Xenonlampenlichts und der Freibewitterung führen zu einem Verkürzungsfaktor des Zeitaufwandes von 1:10 lediglich bei 70/30 DOP-Folien. In anderen Systemen überwiegt der Faktor 1:4.

In mit organischen Pigmenten abgetönten PVC-DOP-66/34-Folien mit TiO_2 als Basispigment und Pb-weiß als Thermostabilisator fand A. G. BUSWELL [99] eine Übereinstimmung des Ausbleichens an Hand der Wollfarbenskala zwischen der Wirkung des Xenonlampenlichtes und dem Sonnenlicht, wenn die Folien im Freien unter Glasbedeckung bewittert wurden.

H. H. FREY [87] beurteilt die Belichtung von transparentem schlagfestem PVC unter der Xenonlampe bei einer Temperatur von 55° als eine gemäßigtere photochemische Reaktion als bei Anwendung eines Fadeometers. Demgemäß werden im Xenonlampengerät 4000 Std. als Lichtbeständigkeit derartiger Formstoffe erreicht. Eine weitgehende Annäherung an die Ergebnisse der Außenbewitterung wird beobachtet.

Nach den Untersuchungen von A. A. K. WHITEHOUSE [101] wird der Abbau der Oberfläche von GFP-Formstoffen bei der Belichtung unter der Xenonlampe bei einer Temperatur von 27 °C und 70% relativer Feuchtigkeit nicht beschleunigt, wohl aber ist die Verfärbung im Vergleich zur natürlichen Bewitterung intensiver.

Der Beschleunigungseffekt ist bei Normalharzen etwa 10:1; für die chlorierten UP mit ihrer größeren Vergilbungstendenz liegt er bei etwa 18:1.

Während der Belichtung bildet sich eine härtere Oberflächenschicht aus.

5.1.4. Kombination mehrerer Lichtquellen

In Anlehnung an die Untersuchungsmethoden zur Lichtechtheitsprüfung von Farbstoffen sind für die Zwecke der beschleunigten Alterung von Plastformstoffen auch Vorrichtungen verwendet worden, die aus einer Kombination von mehreren Lichtquellen aufgebaut sind.

In dem Mischlicht aus Glühlampen und Hg-Dampflampen, wie es in der „*Hoffmannlampe*" (siehe S. 37) ausgestrahlt wird, soll eine relativ weitgehende Übereinstimmung mit der Freibewitterung erzielt werden. H. H. FREY [87] gibt für transparentes, schlagfestes PVC in Form einer Polymer-Kombination mit Chlorpolyäthylen eine Resistenz bis zu 8000 Belichtungsstunden an.

Das von K. DEMMLER [103] verwendete offenbar auf dem gleichen Prinzip beruhende Gerät für seine Studien zur Vergilbung von UP-Formstoffen hat eine Belichtungsintensität von 150000···160000 Lux bei weitgehender Angleichung der spectralen Zusammensetzung an das Sonnenlicht.

Wenn auch die nach 18 Monaten Freibewitterung derartiger Formstoffe eingetretene Vergilbung wesentlich geringer an Intensität ist als die aus der Strahlungsintensität dieser Mischlicht-Quelle zu erwartende Vergilbung nach 36 Tagen, so lassen sich doch mit ihrer Hilfe systematische Studien zum Einfluß der chemischen Konstitution der ungesättigten Polyester, der Härterkonstitution und -dosierung und des Ablaufs des Härtungsvorganges, sowie über die Leistungsfähigkeit von UV-Stabilisatoren in den der Bewitterung ausgesetzten UP-Formstoffen in zeitraffender Versuchsführung anlegen. Vor allem ist hiermit erkennbar, daß die Verwendung eines UV-Stabilisators keineswegs eine unbeschränkte Lebensdauer des Formstoffs erwarten läßt, sondern daß je nach seiner Konstitution das einstrahlende Licht auch ihn in meßbaren Zeiträumen zerstört und somit für den UP-Formstoff unwirksam macht. Davon abhängig wird auch die Eindringtiefe der Vergilbung im Formstoff sein.

K. Demmler konnte weiterhin mittels dieser Lichtquellenkombination nachweisen, daß das Cumolhydroperoxyd oder das 2,2(-Bis(tert.-butyl-peroxyd)-butan mit zu den Katalysatoren gehören, die zu einer starken Vergilbung Anlaß geben.

Die sehr häufig benutzten Lichtquellen-Kombinationen aus ein oder mehreren Kohlenbogenlampen mit Fluoreszenz- oder Blacklight-Lampen sollen ein Spektrum ausstrahlen, das bei $\lambda < 350$ nm dem Sonnenlicht weitgehend ähnelt.

Nach den Untersuchungen von E. C. Rothstein [109] lassen sich damit auch Beurteilungen der Leistungsfähigkeit von UV-Absorbern und/oder Thermostabilisatoren in Polyäthylen-Formstoffen vornehmen.

Die Versprödung durch den Handbiegeversuch tritt bei ihnen nach 450 Std. ein. Wird der Thermostabilisator Octadecyl-3(3,5-di-tert.-butyl-4-hydroxyphenyl-propionat) allein verwendet, so bleibt dieser Wert unverändert. UV-Absorber auf Basis chlorierter Benzotriazol-Derivate erhöhen allein auf 850 Std. Und die Kombination beider zeigt die Synergese mit 1500 und mehr Stunden an.

Unter Benutzung von Polypropylen-Formstoffen, die unter den verschiedenen Lichtquellen ohne erkennbare Unterschiede deutlich verspröden, weist I. A. Melchore [83] nach, daß ein mit 2-Hydroxy-4-Octoxybenzophenon bzw. mit 2,2'-Thio-bis-(4 tert.octylphenol)-Ni-Komplex 2:1 stabilisiertes PP unter diesem Kombinationslicht bestrahlt bei Aufrechterhaltung einer Temperatur von 30 °C nach 400 bzw. 200 Std. nicht mehr um 180° geknickt werden kann. Eine Kombination dieser Stabilisatoren mit einem nicht näher bekannten Antioxydans in einer handelsüblichen PP-Type, führt zur Steigerung der Lichtbeständigkeit auf ca. 2000 Std. bzw. ca. 700 Std. Melchore konnte ferner mit diesem Kombinationsbelichtungsgerät nachweisen, daß je größer die Ausfilterung des UV ist, um so geringer ist die Zersetzung beim PP-Formstoff. Ausweislich der nachstehenden *Tab. 101.*

Dies bedeutet eine 5fache Beschleunigung gegenüber der Bewitterung im gemäßigten Klima bei Benutzung der Versprödung als Maßzahl; durch Benzophenon-Stabilisatoren wird die Versprödungszeit von ca. 60 auf ca. 1080 Std. und das Aktivitätsspektrum von $\lambda = 305$ nm auf $\lambda = 293$ nm verschoben.

Tabelle 101

Veränderung von PP-Formstoffen beim Belichten (59 Std.) unter einer Kombination von verschiedenen Lichtquellen

Wellenlänge λ in nm	% CO Bildung	Reißfestigk. % ursprüngl.	Dehnung % urspr.	Brüchigkeit
364	0,00	93	88	nein
347	0,00	88	76	nein
313	0,02	88	55	nein
303	0,07	64	33	nein
277	0,10	37	12	ja

Aus den Untersuchungen von G. C. Newland und I. W. Tamblyn [104) über die Leistungsfähigkeit von Salicylaten als UV-Absorber zusammen mit tert.-butyl-Kresol und Dilaurylthiodipropionat als Thermostabilisatoren im PP, das bei 163 °C unter N_2 mit ihnen vermischt ist, ergibt sich in jedem Fall eine Erhöhung der Lebensdauer der Formstoffe bei der Belichtung unter einer Kombination aus Kohlenbogenlampe und Fluoreszenz-Sunlampe. Während das PP ohne UV-Stabilisator nach 90 Std. versagt, ohne daß dabei einer Vergilbung eintritt, wird durch das Salol bereits eine Erhöhung auf 130 Std. allerdings mit sehr leichter Vergilbung erreicht. Die Vergilbung bleibt beim 2,6-Dimethylphenylsalicylat aus und die Lebensdauer liegt bei 500 Std. Die maximale Erhöhung ist durch p-Octylphenyl-5-octyl-salicylat mit 1660 Std. erzielt worden. Hier muß allerdings eine sehr starke Vergilbung mit in Kauf genommen werden.

Die Alkylgruppen wirken also farbvertiefend, wie sich aus dem letzten Befund ergibt, wo sich während der Belichtung die Umlagerung zum 2,2'-Hydroxy-5,5'-Dioctylbenzophenon abspielt.

Ebenso wie aus diesen Befunden die Eignung der Lichtquellen-Kombinationen für die prognostische Beurteilung von Variationen im Rezept-Aufbau von Polyolefin-Formstoffen ableitbar ist, zeigen R. D. Deanin und Mitarb. [105] die Brauchbarkeit der Kombination einer RS-4-Sunlampe mit einer 200-W-Scheinwerferlampe auf. Bei einer Emission von Licht im Bereich von $\lambda = 280 \cdots 380$ nm werden die Polypropylen-Formstoffe bei einer konstanten Temperatur von 55 °C bestrahlt. Einige charakteristische Ergebnisse dieser „*künstlichen Alterung*" im Vergleich mit der geschätzten Lebensdauer bei natürlicher Bewitterung enthält *Tab. 102.*

Hiernach erreicht man bei transparenten Formstoffen mit dem 2-Hydroxy-4-octoxy-benzophenon die besten Ergebnisse. Ferner läßt sich die hohe UV-Absorption des Zinkoxides, die die der besten organischen UV-Absorber noch übertrifft, erkennen. Daraus ergeben sich viele Möglichkeiten zum Aufbau gedeckter bunter PP-Formstoffe hoher Lebensdauer bei Außenbewitterung.

Bei der Erprobung der von R. A. Kinmonth [106] entwickelten Kombination einer Fluoreszenz-Sunlampe mit einer Fluoreszenz-Blacklampe, deren Intensität geringer ist als bei einer Hg-Lichtlampe und die eine kontinuierliche Emission im Bereich von $\lambda = 290 \cdots 400$ nm aufweist, kommen C. M. Kuist und L. D. Maxim

Tabelle 102

Eignung von Lichtquellen-Kombinationen zur Beurteilung von Stabilisatoren und Pigmenten im Polypropylen (nach R. D. DEANIN und Mitarb.)

Formstoff + Zusätze	Stunden bis zum Eintritt der Veränderungen				Aussehen am Versuchsende			geschätzte Außenbewitt. i. Jahren
	Farbton	Glanz	Oberfl. Risse	Brüchigkeit	Stund.	Farbton	Oberfl.	
PP mit Thermostab.	89	303	423	159	423	gelb	stark rissig	$^1/_2$ bis 1
PP mit Thermostab. + 2-OH-4-OC_8H_{17}-Benzophenon (1,0%)	472	keine	2184	keine	2184	fast weiß	sehr feine Risse	ca. $\geqq 3$
PP + dto. + Benzotriazol-Derivat (1%)	640	808	808	keine	2184	gelb	stark rissig	
PP + dto. + Nickel-Bis-octyl-Phenylsulfid (1%)	93 leicht grün	640	1384	keine	2184	gelb	feine Risse	
PP + dto. + Zinkoxiden 10% (0,11 μ Größe)	1384	641	2184	keine	2184	fast weiß	feine Risse	ca. $\geqq 8$
PP + dto. + TiO_2 (3%)	808	472	472	1992	1992	gelb	Risse u. Löcher	
PP + dto. + Al-Silikat (3%)	161	161	425	161 (teilw.)	425	gelb	stark rissig	
PP + dto. + Kieselsäure (3%)	273	273	457	93	457	gelb	stark rissig	
PP + dto. + Ruß (3%)	keine	1240	2184	keine	2184	schwarz	feine Risse	ca. $\geqq 13$

[89] bei PVC-H-Formstoffen zu dem Urteil, daß die Beanspruchung stärker ist als bei einer natürlichen Bewitterung. Dies gilt beispielsweise für eine transparente PVC-Sp-Folie mit Sn-Stabilisatorsystemen ohne zusätzlichen UV-Absorber, bei der der Gelbindex nach 500 Std. Belichtung den bei der 9monatigen Bewitterung in Arizona übertrifft. Durch Benzotriazol-Derivate als UV-Absorber wird umgekehrt nach 1 000 Std. Belichtung ein geringerer Gelbindex erreicht als nach 2 Jahren Exposition in Arizona. Auch bei einer Folie mit 5% TiO_2 + 0,5% Benzophenonderivat bleibt die natürliche 2jährige Bewitterung in ihrer Auswirkung auf den Gelbindex hinter der Belichtung unter der Kombination der Lichtquellen zurück.

5.2. Ergebnisse von Einlagerungen der Plastformstoffe in Wasser

Wenn aus dem Kontakt der Plastformstoffe mit Wasser und der daraus sich ergebenden Änderungen ihrer Eigenschaften ein Urteil über die Gebrauchsdauer unter natürlichen Witterungsbedingungen gefunden werden soll, so ist zu beachten, daß in relativ weitgehender Unabhängigkeit von dem konstitutionellen Bau des Makromoleküls im Plastformstoff eine langandauernde Einlagerung in Wasser die Eigenschaften viel tiefgreifender verändert als mehrmaliges durch Trockenperioden unterbrochenes Wässern.

Für die einzelnen Phasen der Wässerung, Absorption, Quellung des Systems Makromolekül und Zusatzstoffe, Wanderung innerhalb des Plastformstoffes und Desorption — gelten die allgemeinen thermodynamischen Gesetzmäßigkeiten. Der Durchgang des Wassers ist nicht unbedingt an das Vorhandensein von Poren gebunden. Die Wanderung erfolgt auch längs der Grenzflächen Zusatzstoff — vornehmlich Pigment oder Füllstoff — und Polymeres. Die Quellung vergrößert die sorbierende Oberfläche. Der gebundene Anteil des Wassers wird bei der Desorption stets größer erscheinen als bei der Absorption. Quellung und Wasserfestigkeit müssen jedoch als 2 verschiedene Phänomene betrachtet werden.

Dies erscheint von besonderer Bedeutung für die Ermittlung der Widerstandsfähigkeit gegenüber Wasser von erhöhter Temperatur im Zusammenhang mit dem Faktor der Zeitraffung.

Aus den allgemeinen Gesetzmäßigkeiten über die Beeinflussung von Reaktionsgeschwindigkeiten durch Temperaturerhöhung wird es zweifelhaft, ob überhaupt eine Folgerung aus den Ergebnissen der Wasserbeständigkeit eines Plastformstoffes bei erhöhter Temperatur während einer nach Stunden oder Tagen zählenden Beanspruchungsdauer auf ein auf Monate oder Jahre ausgedehnter Benutzung bei Normaltemperatur gezogen werden kann.

V. V. Maslov [4] gibt beispielsweise an, daß für handelsübliches Polycarbonat die Hydrolyse in 100 °C warmem Wasser oder in feuchter Luft bei dieser Temperatur bereits nach 100 Std. zu einer Zerstörung des Films geführt hat, während Wasserdämpfe bei 60° unter vermindertem Druck nur geringfügig die elektrischen und mechanischen Kennwerte verändern, also eine Hydrolyse hier noch kaum eingetreten ist.

Polycarbonat ist weiterhin ein Beispiel dafür, daß die Wasserabsorption bei Lagerung in einer feuchten Atmosphäre größer ist als in flüssigem Wasser gleicher Temperatur.

Dies bedeutet aber keineswegs immer, wie hier, eine Verringerung charakteristischer Kennwerte beispielsweise des spez. Vol.-Widerstands von $10^{17}\ \Omega \cdot$ cm auf 10^{15} bis $10^{14}\ \Omega \cdot$ cm nach 500 Std., in denen sich dann das Absorptionsgleichgewicht eingestellt hat.

G. Hoff und G. Langbein [5] machen z. B. darauf aufmerksam, daß sich eine Wasserabsorption durch Formstoffe aus Polyamiden oder Polyurethanen in einer Erhöhung der Schlagzähigkeit auswirkt. Die Kerbschlagzähigkeit feuchter Prüfkörper ist etwa 15mal größer als trockener.

Dagegen stehen der Anstieg der Zugfestigkeit und das Fallen der Schlagfestigkeit von PVC-H-Formstoffen beim Einlagern in Wasser von 50° nicht im Zusammenhang mit der Wasserabsorption [6].

F. O. Tatevosjan u. a. [7] haben eine Parallele der Veränderungen der Eigenschaften beim Einlagern in Wasser von 20 °C und in feuchter Luft bei 40 °C festgestellt. Jedoch behaupten sie, daß die Wasserlagerung tiefer greifende Veränderungen hervorruft. Letztere wird bis auf 56 Tage ausgedehnt. Es erhebt sich dann die Frage, inwieweit aus den nach dieser Zeitdauer der Wässerung ermittelten Veränderungen mechanischer und dielektrischer Kennwerte sich Rückschlüsse auf eine noch längere kontinuierliche Wässerung oder ein periodisches Naßwerden und Trocknen im Wetter in bezug auf diese Kennwerte ziehen lassen. Handelt es sich bei diesen in *Tab. 103* aufgenommenen Beispielen im Laufe dieser 56 Tage sich einstellenden Veränderungen schon um die Ausbildung eines endgültigen Festigkeitsniveaus für eine langfristige Benutzung?

Tabelle 103

Auswirkung einer 56tägigen Wässerung bei 20 °C von Plastformstoffen auf mechanische und dielektrische Kennwerte (nach Tatewosjan)

Formstoff	Schlagzähigkeit cm · kp/cm²	Biegefestigkeit kp/cm²	Brinellhärte kp/mm²	DEK	tan δ bei 50 Hz	spez. durchg. Widerst. Ω · cm
Styrol-Mischpoly-merisate						
normal	815	12,4	18	3,6	0,015	$8{,}6 \cdot 10^{15}$
gewässert	1227	10,4	19	3,7	0,018	$4{,}3 \cdot 10^{13}$
Polyamid 68	90,2	668	14,4	3,6	0,021	$1{,}2 \cdot 10^{15}$
gewässert	67,4	402	5,7	2,1	0,019	$4{,}7 \cdot 10^{11}$

Entgegen den Angaben von G. Hoff u. a. nimmt die Schlagzähigkeit beim Polyamid 68 durch die Wasseraufnahme ab. Die Wirksamkeit des Wassers als temporärer Weichmacher und seine Lokalisierung in den Oberflächenschichten wird durch den sehr starken Rückgang der Brinellhärte erkennbar.

John K. Long [8] fällt bereits nach einer nur 24stündigen Wässerung von Formstoffen aus Celluloseacetobutyrat, Äthylcellulose, GFP Glasgewebe-Phenolharze-Laminat, Glasfasergewebe-Harnstoff-Phenolharz-Laminat und Baumwollgewebe mit diesem Harz das Urteil, daß die 10···30%igen Abnahmen der Reißfestigkeit und Biegefestigkeit und die angestiegenen Schlagzähigkeiten nicht mit den Ergebnissen der Außenbewitterung übereinstimmen.

Eine bis zu 585 Tagen ausgedehnte Wässerung von Polystyrol-Spritzformstoffen — Block- und Em-Polymerisat — führt A. V. Selion [9] zu dem Ergebnis, daß die physikalisch-mechanischen und dielektrischen Eigenschaften sich nur äußerst wenig ändern.

Dies würde bedeuten, daß man Polystyrol-Formstoffe einer längeren ausschließlichen Wasserbeanspruchung unterwerfen kann. Diese ist aber keineswegs mit einer Bewitterung in dem Zusammenwirken der Wetterelemente gleichzusetzen.

Auch die von uns [10] durchgeführten hydrothermischen Alterungen von Formstoffen aus Polystyrol-Em bzw. vernetztem Polystyrol (Labormuster gemäß [11] im Temperaturgebiet von 100···140 °C unter der Zeitraffung auf $^1/_2$ bis 8 Std. zeigen auf, daß die hierbei erhaltenen Ergebnisse keineswegs auf das Verhalten bei der Wässerung bei normalen oder leicht erhöhten Temperaturen in sehr langen Zeiträumen irgendeinen Schluß zulassen. Ihr Wert liegt vielmehr darin, die Grenzen der Anwendbarkeit der PS-Formstoffe unter extremen Bedingungen festgelegt zu haben. Sie vermitteln weiter die Auswirkung konstitutioneller Einflüsse auf die Meßwerte: Gewichtsänderung, Kugeldruckhärte und E-Modul. *Abb. 90* und *91* geben das Aussehen der Prüfkörper aus Polystyrol Em bzw. vernetzt nach der hydrothermischen Alterung wider. *Abb. 92* und *93* zeigen die hierbei eintretenden Veränderungen der Kennwerte.

Die Gewichtsveränderungen des handelsüblichen Polystyrols Em durch Einwirkung der Kochprozesse sind sehr gering, jedoch mit wachsender Beanspruchung ebenfalls stetig zunehmend. Gegenüber den Behandlungen bei 120 und 140 °C ist das Material nicht mehr als beständig anzusehen. Infolge oberflächlicher und innerer Schlieren- und Wolkenbildungen treten Oberflächenformveränderungen und Trübungen auf. Es bestätigte sich, daß die Einwirkung von Wasser bei höheren Temperaturen und die dabei eintretende Runzelung der Oberfläche den Zerfall des Materials in Granulatstücke ähnlich denen des Ausgangsmaterials einleitet, wie dies auch bei Polymethylmethakrylat eintritt.

Das vernetzte Polystyrol wird offenbar durch das $^1/_2$stündige Kochen noch etwas weiter vernetzt, so daß die Härte ansteigt. Da diese bei der weiteren Beanspruchung nur unwesentlich absinkt, ist zu folgern, daß die zweifellos bei 140 °C durch Wasseraufnahme eingetretene Quellung keine bleibende Auflockerung der Oberflächenstruktur bewirkt hat. Das ist eine der wesentlichsten Eigenschaftsunterschiede des vernetzten gegenüber dem unvernetzten Polystyrol. Bestätigt wird diese Aussage durch den nahezu unverändert bleibenden Verlauf des elastischen und plastischen Verformungsanteils des Kugeleindrucks.

Für Hart-PVC-Em-Platten stellt diese erzwungene hydrothermische Alterung

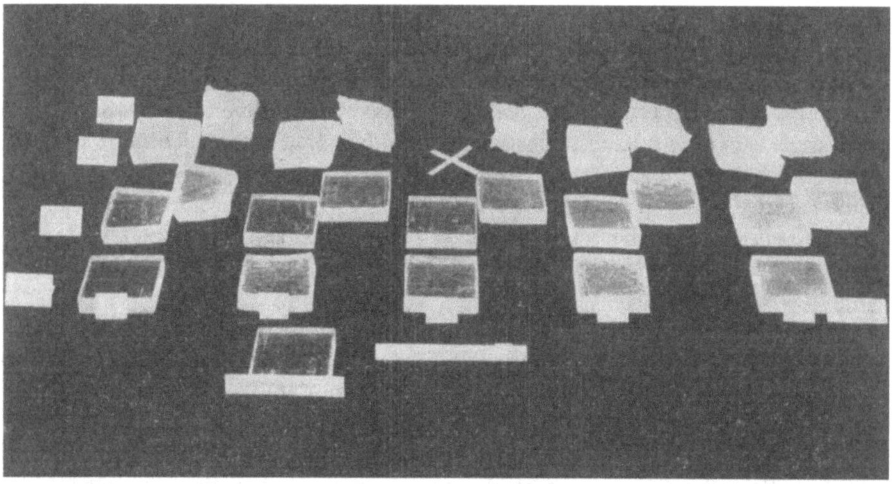

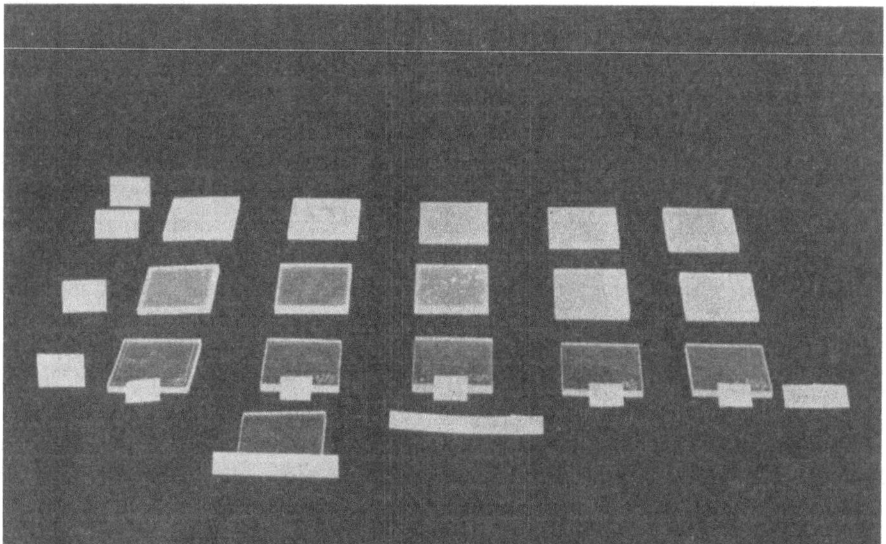

Abb. 90 und 91. Hydrothermische Alterung von Polystyrol Em bzw. vernetztem PS bei 100 ° bis 140 °C während $^1/_2$···8 Std. Aussehen der Prüfkörper

Ansicht der Prüfmuster aus Polystyrol, vernetzt *a* bei 100, *b* bei 120, *c* 140 °C; *1*: Anlieferungszustand; *2*: nach 0,5; *3*: nach 1; *4*: nach 2; *5*: nach 4; *6*: nach 8 Std.

selbstverständlich eine Überbeanspruchung dar. Parallel mit dem Eindiffundieren des Wassers in die Oberflächenschichten laufen Quellung und Auflockerung des Gefüges der auf 4 mm Dicke kaschierten Platten. Interessant ist der zunächst als

Feststellung zu wertende Befund, daß die Härte der beiden Oberflächen bei jedem Prüfkörper unterschiedlich war.

In Ergänzung der Angaben von K. THINIUS [12] über die Beeinflussung der Wasserfestigkeit von PVC-Folien durch Weichmacher und der sich daraus ergebenden Schlußfolgerungen für die Wetterfestigkeit haben unsere neueren Untersuchungen [13] zur Auswirkung der Konstitution der WM bezüglich der auf

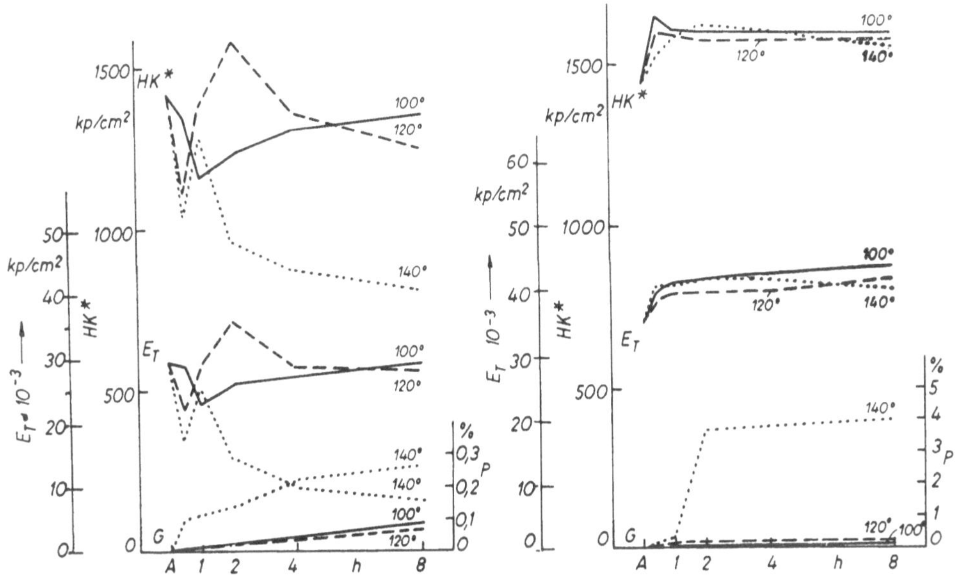

Abb. 92 und 93. Veränderung des Gewichtes, der Härte HK und des E-Moduls *E*.

300 Tage ausgedehnten Wasserlagerung von PVC-Folien ergeben, daß auch aus PVC-Em-Folien aliphatische Dicarbonsäureester mit aliphatischen Alkoholen eine bemerkenswerte geringe Auswaschbarkeit aufweisen, wenn beide oder eine der Komponenten stark verzweigt sind.

Auch die Phthalsäure- oder Isophthalsäureester gehören zu den praktisch aus PVC Sp nicht auswaschbaren Weichmachern, während beim Adipinsäure-diäthylhexylester (DOA) Auswaschverluste innerhalb der 300 Tage bis zu ca. 18% des WM eintreten.

Die Wasseraufnahme der verschiedenen Polyamid-Typen [14] ist deutlich von dem Verhältnis der CH_2-Gruppen zu den -CO—NH-Gruppen abhängig. Die bei Raumtemperatur erfolgte Sättigung fällt mit steigender CH_2-Kettenlänge von 10···11% Polyamid 6 bzw. 6,6 über 4% bei PA 6,10 auf 1,8% bei PA 11.

Eine Veränderung der mechanischen Eigenschaften der PA-Filme ist mit dieser Wasseraufnahme ebensowenig verbunden wie mit dem Extrahieren der wasserlöslichen Anteile bzw. bei einer Lagerung der PA-Filme oder Kabelisolierungen in 100% Feuchtigkeit bei 50 °C Lufttemperatur im Dunkeln während 81 Tagen [22].

Ein Polyamid 6,6 zeigt selbst bei sehr starker hydrothermischer Beanspruchung nur geringe äußere Veränderungen.

Die Härtewerte der bei 100 und 120° gekochten Muster verändern sich fast nicht, die der bei 140° gekochten Muster nehmen stetig ab. Die Werte des E-Moduls unterliegen einer gleichartigen Veränderungstendenz. Die elastischen und plastischen Verformungsanteile des Kugeleindrucks steigen erst bei der 140 °C-Kochung leicht an.

Glasfaserverstärktes Polycaprolactam — Kurzfasertyp — erfährt durch 4-stündiges Wasserkochen einen Abfall seiner Biegefestigkeit um ca. 75%. Diese ist aber praktisch vollständig reversibel, wie sich aus den Meßwerten nach einer anschließenden Trocknung bei 80° ergibt. Der E-Modul wird durch die Kochung nicht bleibend verändert.

Diese Kurzprüfung dürfte für die Beurteilung der Wetterfestigkeit dieser Polycaprolactam-Modifikation bedeutungslos sein [24].

Nach G. Pohl [15] soll Wasser auch bei den ungesättigten Polyestern und den mit ihnen hergestellten Glasfaser-Laminaten als Weichmacher wirken können. Jedoch soll sich diese Plastifizierung vornehmlich in unmittelbarer Nachbarschaft der Kapillaren auswirken, die sich im Verbundstoff ausbilden. Da jedoch der durch das eindringende Wasser verursachte Abfall der Werte für den Elastizitäts- oder Torsionsmodul durch die Trocknung wieder aufgehoben wird, kann es sich also nur um eine temporäre Wirkung des Wassers handeln. Pohl wendet für seine Untersuchungen auch den zeitraffenden Kochtest bei 2 bzw. 24 Std. Versuchsdauer an.

Es mögen bereits an dieser Stelle Bedenken angemeldet werden über die Zulässigkeit der Übertragung der Versuchsergebnisse dieser Heißwasserbehandlungen auf das Verhalten der UP und UP-Laminate bei Bewitterungen unter natürlichen Bedingungen.

Die temporäre Weichmacher-Wirkung ist sicher nur ein Glied in dem Komplex der Wirksamkeit des Wassers. Und es muß weiterhin bezweifelt werden, ob die bei erhöhten Temperaturen eingehaltenen Versuchszeiten zur Einstellung eines neuen Gleichgewichtszustandes oder zu einer Reaktionsbeendigung geführt haben und ob sich diese bei niedrigeren Temperaturen selbst bei kontinuierlicher Wassereinwirkung überhaupt abspielen können.

Auch V. Zvonař [16] kommt zur Auffassung, daß „*die Wassereinwirkung bei erhöhten Temperaturen mit der einfachen Wasseraufnahme bei Raumtemperatur kaum verglichen werden kann.*“

Zwar soll nach den Angaben von R. Holtmann [17] auf Grund der Erfahrungen in USA ein Kochtest von 2 Std. einer Kaltlagerung in Wasser von 1 Monat entsprechen, jedoch darf für die Bewertung dieser Befunde nicht übersehen werden, daß die Dimensionen des Prüfkörpers und seine Kantenbeschaffenheit nicht ohne Einfluß auf einige Meßwerte sein werden.

Es erscheint durchaus noch zweifelhaft, ob die häufig eingehaltene Versuchsdauer von 24 Std. beim Kochtest nicht doch weiter nichts ist als eine willkürliche gewählte Caesur. Nach den Messungen von R. Holtmann ist hier die Zugfestigkeit eines Glasgewebes UP-Laminats mit 60% Glas um ca. 30%, die Biegefestigkeit um ca. 57% und die Schlagzähigkeit um 40% erniedrigt. Die Befunde von J. Hansmann [18] zeigen jedoch, daß die Abnahme der Werte für die Schlag- und Biegefestigkeit beim Kochen mit Wasser bis zu ca. 175 Std. weiterhin mit etwa der gleichen Geschwindigkeit abnimmt, um dann bei Ausdehnung bis zu 700 Std. merklich steiler abzufallen. Aus dem Befund, daß durch einfaches Trocknen bei 105 °C nach 24 Std. diese Endwerte um ca. 50% höher gefunden werden, ergibt sich wiederum der komplexe Charakter der Wassereinwirkung.

Auch die an Rundstäben mit 50% Glasanteil gewonnenen Ergebnisse der Minderung der Biegefestigkeit zeigen einmal die rapide Abnahme in den ersten Versuchstagen, sodann eine Verlangsamung der Abnahme bis zum Ende der 2. Woche und bis Versuchsende ca. 4 Wochen wiederum eine geringfügige Abnahme. Ist es ein Zufall, daß bei dem gewählten Versuchsmaterial dieser Endpunkt zusammenfällt mit der Lagerungsdauer der Rundstäbe in Wasser von 20°, bei der die Abnahme der Biegefestigkeit beendet ist und sich nun ein bis zu 13 Wochen konstantes neues Festigkeitsniveau einstellt?

Die von C. H. Angelle [19] mitgeteilten Ergebnisse einer bis zu 12 Monaten ausgedehnten Kochung von GFP-Laminaten mit Normalharz haben wohl nicht mehr den Charakter einer zeitraffenden wettersimulierenden Alterung, sind vielmehr als Angaben zu den Grenzen der Einsatzfähigkeit zu bewerten. Nach 6 Monaten ist das Laminat soweit abgebaut, daß nur noch 11% der Biegefestigkeit und 40% des E-Moduls gemessen werden. Es ist hellbraun verfärbt und oberflächlich rissig und gebrochen.

In diesem Zusammenhang verdient festgehalten zu werden, daß sich die Grenzen der Einsatzfähigkeit von GFP-Formstoffen sowohl durch eine sorgfältig geübte und kontrollierte Herstellungstechnik wie auch durch Anpassungen im konstitutionellen Aufbau des UP erheblich erweitern lassen. So weisen Laminate mit Dian-Fumarsäure-Polyestern selbst nach 12 Monaten Kochung in Wasser noch 85% ihrer Anfangsbiegefestigkeit auf, wobei sich auch kaum visuelle Veränderungen erkennen lassen.

Diese Faktoren beeinflussen natürlich auch den Wert der zeitraffenden künstlichen Alterungen.

Die von C. E. Loetel [20] u. a. gemachte Erfahrung geht dahin, daß fast alle handelsüblichen UP in Form ihrer Laminate nach 90 Tagen Wässern bei 93 °C mehr als 50% der Biegefestigkeit einbüßen. Verbesserungen sind erreichbar durch Anwendung der Isophthalsäure oder des Dians, wobei auch gleichzeitig die zur Mischpolymerisaten mit Styrol benutzten peroxidischen Katalysatoren beachtet werden sollten. Vinyltoluol bringt keine wesentliche auf die Alterungseigenschaften sich auswirkenden Verbesserungen.

Die Gründe für das verschiedene Verhalten dieser technologischen Variablen bei der zeitraffenden Warmwasserbehandlung sind in der Verseifungstendenz, der Leistungsfähigkeit der Katalysatoren nach Typ und Konzentration, auch im Typ und in der Konzentration des Inhibitors im Monomeren und in der Säurezahl des UP zu suchen. Daneben bleibt die Bedeutung der Sorgfalt der Laminatherstellung bestehen.

Einige Beispiele sind aus *Tab. 104* zu ersehen.

Tabelle 104

Auswirkung einer Wässerung bei 93° auf die Biegefestigkeit von UP-Glaslaminaten als Funktion der Zusammensetzung und des Katalysators (nach LOETEL)

Laminat mit	Biegefestigkeit kp/cm² Ausgang	30 Tage	60 Tage	90 Tage
Katalysator 1% Benzoylperoxid (43% Styrol im UP)				
normalem UP	3058	2039	1758	1476
Isophthalsäure UP	3164	2461	1898	1564
Dian UP	2812	1969	1582	1554
Katalysator 1% Benzoylperoxid (43% Vinyltoluol)				
Isophthalsäure UP	2812	2109	1611	1580
Dian UP	2531	2109	1828	1510
Katalysator 0,5 % Benzoylperoxid + 0,5% Methyläthylperoxid (43% Styrol)				
Dian UP	2640	2461	2250	2180

Laminat aus Glasgewebe mit Vinyltrichlorsilan mit 31% UP; Biegefestigkeit bei 21 °C gemessen.

Einen Austausch des Verstärkungsmittels Glas gegen Gewebe aus Synthesefasern im UP-Laminat hat E. FREIER [21] vorgenommen mit dem aus *Tab. 105* ersichtlichen Ergebnis der Wasserfestigkeit bei 80 °C am 5,1···5,8 mm dicken Laminat (Versuchsdauer 8 Wochen).

Tabelle 105

Auswirkung der Wässerung bei 80 °C auf Biege- und Zugfestigkeit von UP-Laminaten mit Glasgewebe und Synthesefasern

Laminat aus	Biegefestigkeit (kp/cm²)		Zugfestigkeit (kp/cm²)	
	vor	nach	vor	nach
reinem UP	ca. 600	240	600	80
UP + Glasmatte	1860	100	1240	740
UP + Glasfasergewebe	2250	1860	2000	1360
UP + Diolen-Gewebe	1240	1900	100	600
UP + Perlon-Gewebe	860	740	1400	1000
UP + Nylon-Gewebe	980	980	1100	860
UP + Duroflox-Gewebe	1050	900	2000	120

Weitere Kombinationen aus Glasgeweben mit gleichzeitiger Anwendung von Geweben aus Synthesefasern bringen nach dieser Kurzzeitprüfung keine Verbesserung der Wasserfestigkeit.

Aus der Untersuchung des Wassers auf den Säuregehalt, der durch Benzoesäure und Phthalsäure verursacht wird, ergibt sich, daß die Abnahme der Biegefestigkeit kaum von ihm beeinflußt wird. Von Einfluß können sein der Anteil an Benzoylperoxid, die Glasqualität und die Haftmittel.

Die Untersuchungen von H. D. MÜLLER [26] zur Beständigkeit von UP-Preßmassen mit Glasfasern oder Polyesterfasern gegenüber Wasserdampf von 140 °C während 4 Tagen können wohl kaum noch den Anspruch erheben, als zeitraffende Methode für eine natürliche Alterung bewertet zu werden. Der Biegefestigkeitsverlust von 11% bzw. 5% ist jedoch bei dieser starken Beanspruchung erstaunlich gering.

Vom Phenolgießharz (Edelkunstharz E 100) ist bekannt, daß es in handelsüblicher Qualität zunächst noch nicht völlig ausgehärtet ist. Bei den von uns durchgeführten Behandlungen mit kochendem Wasser konnte die völlige Aushärtung infolge der gleichzeitigen Wassereinwirkung zumindest an der Oberfläche nicht in einem solchen Maß erreicht werden, daß sich dort eine eng vernetzte, hoch widerstandsfähige feste Struktur hätte ausbilden können. Die Quellung und Auflockerung der Oberflächenschichten hat in entsprechender Weise den Abfall der Härte und des E-Moduls zur Folge. Wegen der bei benetzten Plasten zu erwartenden verhältnismäßig hohen Temperaturbeständigkeit tritt der Prüfwerteabfall bei 100 und 120 °C nur in geringem Maß und erst bei 140 °C stärker in Erscheinung.

Für ein mit Phenolformaldehydharzen hergestelltes Glasgewebe mit Kettverstärkung geben A. WENDE und Mitarb. [23] eine Biegefestigkeit nach 2 Std. Kochen in Wasser von 68 kp/mm² an. Dieser Wert stimmt — zufällig oder nicht sei dahingestellt — mit dem der Wässerung der bei 20 °C während 30 Tagen überein und bedeutet praktisch keine Mlnderung der Festigkeit des trockenen Gewebes (70 km/mm²). Nach 158 Std. Kochen ist er auf 60 kp/mm² erniedrigt.

Die Untersuchungsergebnisse an 3 verschiedenartig gehärteten Epoxyharzen mit variiertem Epoxy-Gruppenäquivalent unter diesen Bedingungen zeigen, daß die elastischen und plastischen Verformungsanteile nur sehr geringe Veränderungen nach den Kochprozessen zeigen und damit die Widerstandsfähigkeit dieser vernetzten Materialien gegenüber den hier gewählten Beanspruchungsbedingungen unter Beweis stellen.

Eine Auswertung dieser Ergebnisse unter dem Gesichtspunkt der Zeitraffung für eine sehr langfristige Wässerung oder Bewitterung ist möglich, soweit man die Biegefestigkeit außer Betracht läßt.

Das Härtersystem ist auch für die Wasseraufnahme von Epoxyharz-Formstoffen von Bedeutung. Innerhalb einer Versuchsreihe mit 5 Jahren Dauer zeigt sich, daß nach einem Jahr die Härter auf Basis der Polyamide zu höheren Wasseraufnahmen — 7% — führen als die auf Basis der Polyamide — 1,5%, wobei erwartungsgemäß die Bipshenol-A-Typen hydrophober als die aliphatischen Epoxyharze sind [108].

Während einer bis zu 7 Tagen ausgedehnten Kochung von Metall-Verklebungen mit handelsüblichen Epoxy-Harz-Teerkombinationen beobachten I. BÄRBOCK und G. DALLACH [25] einen Abfall der Zugfestigkeit auf ca. 50% des Ausgangswertes. Der anfänglich z. B. nach eintägiger Kochung eintretende Kohäsionsbruch geht nach 7 Tagen in reine Adhäsionsbrüche durch das kapillar eingedrungene Wasser über. Gegen die Zuverlässigkeit einer Relation zweistündiger Kochung gleich einmonatige Lagerung in Wasser bei 20 °C oder 2 Tage Wasserkochung gleich 1 Jahr Wassserlagerung bei 20 °C bestehen nach diesen Ergebnissen doch einige Bedenken.

Die dielektrischen Eigenschaftswerte hängen bei jedem betrachteten Duroplast verständlicherweise im allgemeinen unmittelbar von seinen augenblicklichem Wassergehalt ab.

Alle diese zeitraffenden Untersuchungen bringen das Wasser im Ruhezustand oder höchstens in einer leichten Bewegung durch Rühren oder Fließen zur Einwirkung. Zur Beurteilung der dynamischen Wirkung des Regens benutzen G. Hoff und G. Langbein [5] eine Anlage, in der sich ein ebener Tropfenfächer von etwa 2,4 cm Breite in Höhe der Prüfkörper ausbildet, die senkrecht von den Wassertropfen getroffen werden. Bei einer Regenstärke von 4,5 cm/h haben die Tropfen einen Durchmesser von 1,2 mm und eine Geschwindigkeit von 5 m/s. Bei einer Regentemperatur von 20 °C stellt sich beim Erosionsversuch eine Temperatur des Prüfkörpers von 40 °C ein (diese ist unabhängig von der Regentemperatur).

Die Folgen der Regenerosion werden zuerst visuell bemerkbar. Bereits nach 1 Min. Laufzeit der Apparatur sind die qualitativen Unterschiede in der Beständigkeit der Plastformstoffe zu erkennen. Polystyrol, Polymethylmethacrylat haben schon erhebliche Verluste erlitten. Polycarbonat ist noch recht gut erhalten und Formstoffe aus Polyurethan sind am widerstandsfähigsten. Die durch Wägung zu ermittelnde mittlere Erosionstiefe wächst „*mit der Dauer der Beanspruchung im Regen monoton an*“. Als Erosionsbeständigkeit wird die Zeit in sec definiert, die bei einer Dicke der Prüfkörper von 0,1 mm in einer Regendichte von $2{,}5 \cdot 10^{-6}$ und der Geschwindigkeit von 410 m/s erreicht wird.

Da jeder auffallende Wassertropfen einen Teil seiner Energie an den Prüfkörper abgibt, müssen auch Zusammenhänge mit anderen zur Beurteilung der Plastformstoffe üblichen Größen bestehen. Hier hat sich die Kerbschlagzähigkeit als besonders geeignet erwiesen.

Aus den von den Autoren mitgeteilten Ergebnissen ergibt sich etwa folgende Klassifizierung der wichtigsten Plastformstoffe:

Tabelle 106

Widerstandsfähigkeit von Plastformstoffen gegen künstliche Regen-Erosion (Erosionsbeständigkeit in sec) im Vergleich zur Kerbschlagzähigkeit (kpcm/cm²)

Formstoff aus	Erosionsbeständigkeit [s]	Kerbschlagzähigkeit [kpcm/cm²]
Blockpolystyrol	1,6	2,4
ungesättigter Polyester	2,5	1,0
Polymethylmethacrylat	4,2···9,6	1,7···3,5
Polymethacrylat schlagfest	16,0	10

Tabelle 106 (Fortsetzung)

Formstoff aus	Erosionsbeständigkeit [s]	Kerbschlagzähigkeit [kpcm/cm²]
Celluloseacetobutyrat	7,3	22···29
ABS	19···18	8···25
PVC	18···32	3
Polycarbonat	28	> 20
Polyäthylen	14···86	5···110
Polypropylen	33···45	5···7,0
Polyacetal	63	10
Polyamid	47···333	4···100
Polyurethan	98···546	6···90

Über die Zulässigkeit der Rückschlüsse der Werte der Schlagversuche auf das Verhalten bei Regenerosionen und Zusammenhänge mit molekularen Eigenschaften äußert sich H. Oberst [12].

5.3. Ergebnisse der Beanspruchung durch Kälte

Die allseits bekannte Veränderung der physikalischen Eigenschaften aller bekannten Materialien mit der Temperatur bedeutet für die Plastformstoffe, die ja überwiegend ein System aus Hochpolymeren und niedrig molekularen Zusatzstoffen darstellen, bei einer Beanspruchung durch Kälte, daß sie als Folge der verschiedenen thermischen Ausdehnungskoeffizienten nicht gleichartig durch ihr ganzes Volumen sich abkühlen.

Dies führt in vielen Fällen sicher zu einem komplexen System innnerer Spannungen, denen die Plastformstoffe in wechselndem Ausmaße widerstehen können. Es kann sich also aus diesem Kontraktions-Phänomen eine wesentliche Veränderung spezifischer Eigenschaften, die für den Plastformstoff bei normaler Temperatur eigentümlich sind, ergeben.

Das durch Verlangsamung der Relaxationsvorgänge bedingte Anwachsen der inneren Spannung führt zur Ausbildung von Rissen und bei Verbundwerkstoffen aus 2 verschiedenen Plastformstoffen oder aus Plastformstoffen und anderen Werkstoffen zum Lösen des Verbundes als Folge der Schwächung der Adhäsionskräfte.

Wenn auch die Struktur und Textur des Formstoffes mit der Temperatur sich reversibel ändern können, so haben doch die Untersuchungen von F. Patat [1] über die Einfrierungsvorgänge an Polymer-Lösungen nachgewiesen, daß ein irreversibler Abbau des Molekulargewichtes in der Kälte erfolgt, der mit steigendem Polymerisationsgrad größer wird.

Es kann angenommen werden, daß zumindest in den Weichmacher enthaltenden Plastformstoffen dieser Abbau auch einsetzt.

Die Dauer der Kälteeinwirkung wird sich nur minimal auswirken. Jedoch ist der Einfluß gleichzeitig vorhandenen Wassers nicht zu unterschätzen. In Polyamid-

Formstoffen mit und ohne Weichmacher wirkt nach unseren Untersuchungen [2] Wasser als accessorischer Weichmacher.

Aus den Untersuchungen von S. V. Genel [3] u. a. ist bezüglich einer längeren Kälteeinwirkung (—40 °C, Dauer 1 Monat) auf 40···60 μ Dicke Folien aus Polyäthylen hoher sowie niederer Dichte sowie auf eine Verbundfolie aus PE und Cellulosehydrat zu entnehmen, daß die Zugfestigkeiten sich praktisch nicht ändern. Die Durchlässigkeit für Wasserdampf ist am Versuchsende nur unbedeutend erhöht, beispielsweise für PE hoher Dichte von 0,23 auf 0,31 g/dm² 24 Std. Da die Wasserdurchlässigkeit sich ebenfalls nur geringfügig verkleinert hat, bedeutet der Gesamtbefund dieser künstlichen Alterung keine Einschränkung der Folien im Verpackungssektor.

Chemische Reaktionen sind bei derartigen Kältebeanspruchungen der Plastformstoffe mangels zugeführter Energie nicht zu erwarten.

Literatur

[1] F. Patat: Kautschuk u. Gummi, Kunststoffe **20** (1967), 203
[2] K. Thinius: „*Chemie, Physik und Technologie der Weichmacher*", 2. Auflage, 1963, S. 127, VEB Deutscher Verlag für Grundstoff-Industrie, Leipzig
[3] S. V. Genel: Plast. Massen (UdSSR) 1965, Nr. *12*, 63
[4] V. V. Maslow: Elektrotechnik (UdSSR) **38/4** (1967), 44
[5] G. Hoff u. a.: Kunststoffe **56** (1966), 2
[6] Uijlenburg: Plastica (Delft) **13** (1960), 676
[7] G. O. Tatevosjan u. a.: Plast. Massen (UdSSR) 1963, Nr. *2*, S. 52
[8] J. K. Long: British Plastics (1949), 619
[9] A. V. Selion: Plast. Massen (UdSSR) 1963, Nr. *5*, 49
[10] K. Thinius u. a.: Plaste u. Kautschuk **9** (1962), 270
[11] K. Thinius u. a.: Plaste u. Kautschuk **6** (1959), 322
Monatsber. der DAdW zu Berlin **1** (1959), 559
Revista de Chimie (1959), 495
[12] siehe [2] S. 202
[13] nach Arbeiten von W. Reicherdt u. Fr. Tannert im Institut für organische Hochpolymere
[14] C. D. Weiske: Kunststoffe **54** (1964), 626
[15] G. Pohl: Plaste u. Kautschuk **13** (1966), 16
[16] V. Zvonař: Plaste u. Kautschuk **12** (1965), 660
[17] R. Holtmann: Materie plastiche **28** (1962), 525; **29** (1963), 639
Kunststoffe **53** (1963), 22
[18] J. Hansmann: 2. Internat. Tagung über GFP in Berlin, März 1967, Vortrag E 2
[19] Ch. H. Angelle: dto. Vortrag I 5
[20] C. E. Loetel u. a.: S.P.E. Journal **16** (1960), 1137
[21] E. Freier: Kunststoffe **52** (1962), 737
[22] Ch. W. Hamilton u. a.: Wire and Wire Products **31** (1956), 187
[23] A. Wende u. a.: Plaste u. Kautschuk **11** (1964), 49
[24] R. Barthel u. a.: Plaste u. Kautschuk **15** (1968), 264
[25] J. Bärbock u. a.: Plaste u. Kautschuk **15** (1968), 825

[26] H. D. Müller: Kunststoffe **58** (1968), 777
[27] H. Haldenwanger u. a.: Kunststoffe **46** (1956), 407.
[28] I. B. Kuznezowa u. a.: Plast. Massen (UdSSR) 1964, Nr. *9*, 32
[29] G. O. Tatewosjan u. a.: Plast. Massen (UdSSR) 1962, Nr. *3*, 44
[30] G. O. Tatewosjan u. a.: Plast. Massen (UdSSR) 1963, Nr. *8*, 66
[31] L. Adamirova u. a.: Plaste u. Kautschuk **15** (1968), 179
[32] K. Thinius: siehe [2] S. 235 u. a.
[33] G. O. Tatewosjan u. a.: Plast. Massen (UdSSR) 1963, Nr. *9*, 10
Plast. Massen (UdSSR) 1962, Nr. *11*, 59
Plast. Massen (UdSSR) 1962, Nr. *3*, 44
[34] F. H. Leuner u. a.: J. Amer. Chem. Soc. **71** (1949), 958
[35] K. Thinius u. a.: Plaste u. Kautschuk **6** (1959), 175, 180
[36] K. H. Reichert u. a.: VIII. Fatipec Kongress 1966, S. 406, Verlag Chemie G.m.b.H.
Farbe u. Lack **73** (1967), 512, 619
[37] T. L. Lawton u. a.: Ind. Engng. Chem. **36** (1944), 112
[38] R. L. Tichenor: J. Polymer Sci **1** (1946), 217
[39] T. Matsuda u. a.: Chem. Zentralblatt 1966-38-1082
[40] J. Novák: Kunststoffe **52** (1962), 269
[41] V. E. Gray u. a.: J. appl. Polymer Sci **8** (1964), 1505
[42] C. V. Stephenson u. a.: J. Polymer Sci **55** (1961), 451; *A* **1** (1963), 2741
[43] F. D. Zhitetskaja u. a.: Plast. Massen (UdSSR) 1968, Nr. *3*, 15
[44] A. W. Pross, u. a.: J. Soc. chem. Ind. **69** (1950), 113
[45] E. V. Matweeva u. a.: Plast. Massen (UdSSR) 1963, Nr. *4*, 7
[46] P. P. Dagajev: Plast. Massen (UdSSR) 1963, Nr. *7*, 65
[47] J. Kriauciunas u. a.: Chemical Abstracts **68** (1968), 12, 50 421 n.
[48] L. Durisinova u. a.: Plaste u. Kautschuk 14 (1967), 387
[49] G. A. Ermilova u. a.: Plast. Massen (UdSSR) 1965, Nr. *5*, 46
[50] D.A.P. 31 799 v. 23. 2. 62/5. 10. 64 Montecatini
[51] E. Sakalauskiene u. a.: Chem. Abstracts **68** (1968), 12, 504499 u.
[52] I. G. Hendrickson: J. appl. Polymer Sci **11** (1967), 1419
[53] E. I. Kirillowa u. a.: Plast. Massen (UdSSR) 1962, Nr. *11*, 3
[54] B. G. Achhammer: J. Polymer Sci **8** (1952), 555
[55] D. Druesedow u. a.: Modern Plastics **30** (1953), 123
[56] R. Schlimper: Plaste u. Kautschuk **11** (1964), 261
[57] A. Ulińska u. a.: Polimery **11** 1966, 522
[58] M. N. Šteding u. a.: Hochmolekulare Verbind. (UdSSR) **4** (1962), 720
[59] B. Baum: S.P.E. Journal (1961), 71
[60] M. B. Nejman u. a.: Plast. Massen (UdSSR) 1962, Nr. *9*, 4
[61] S. Ozawa u. a.: Makromolek. Chemie **67** (1963), 239
[62] H. Jacobs u. a.: J. appl. Polymer Sci **3** (1960), 239, 245
[63] M. I. Frolowa u. a.: Plast. Massen (UdSSR) 1964, Nr. *3*, 38
[64] nach Versuchsarbeiten von L. Dimter
[65] N. Grassie u. a.: Makromolekulare Chemie **112** (1968), 34
[66] V. A. Belyj u. a.: Plast. Massen (UdSSR) 1966, Nr. *11*, 41
[67] N. N. Pawlov: siehe [66]
[68] T. Matsuda u. a.: Chem. Zentralblatt 1966-38-1117
[69] R. Schlimper: Plaste u. Kautschuk **11** (1964), 466
[70] E. Je. Tomaschewski: Chem. Zentralblatt 1966, 47–1076

[71] H. E. HILL: Off. Digest Federat. Soc. Paint Technolog. **36** (1964), 64
[72] L. V. NEVSKIJ u. a.: Plast. Massen (UdSSR) **1965**, Nr. *7*, **43**; **1966**, Nr. *7*, 43
[73] Z. HIPPE u. a.: Polimery **12** (1967), 261
[74] J. VOIGT: Makromolekulare Chemie **27** (1958), 80
[75] M. C. SLONE: S.P.E. Journal **16** (1960), 1123
[76] E. W. SCHUWALOVA: Hochmolekulare Verbind. (UdSSR) **1** (1959), 1749
[77] G. A. NISBET u. a.: S.P.E. Techn. Papers of 19th Annual Technol. Conference 9, I, 2
[78] B. D.GESNER: J. appl. Polymer Sci **9** (1965), 3701
[79] T. HASHIMOTO: Chem. Zentralblatt **19** (1959), 10939
[80] V. T. WALLDER u. a.: Ind. Engng. Chem. **42** (1950), 2320
[81] W. C. HUNT u. a.: Modern Plastics **32** (Okt. 1954), 156
[82] Cyanamid International Corp. Zürich: Broschüre über UV-Absorber
[83] I. A. MELCHORE: Ind. Engng. Chem. Prod. Res. and Develop. **1** (1962), 232
Plastverarbeiter **15** (1964), 226
Rev. belge mat. plastiques **5** (1964), 29
[84] I. A. LAIRD: British Plastics **32** (1959), 32
[85] A. M. NIKOLSKOJ u. a.: Plast. Massen (UdSSR) 1965, Nr. *1*, S. 52
[86] Fr. BAXMANN u. a.: Kunststoffe **52** (1962), 465
[87] H. H. FREY: Kunststoffe **52** (1962), 667; **53** (1963), 103
[88] R. C. NEUMANN: Polymer Engng. Sci (1966), 124
[89] C. H. KUIST u. a.: S.P.E. Journal **24** (1968), 46
[90] F. G. CLARK: Ind. Engng. Chem. **44** (1952), 2657
[91] Zur Meßmethode siehe H. H. RACKÉ: Materialprüfung **3** (1961), Nr. *3*, 89
[92] E. W. LAUE: Plastverarbeiter **14** (1963), 642
[93] gemeinsam mit H. J. SCHNEIDER: Dissertation, Leipzig 1969
[94] F. H. WINSLOW u. a.: ACS Div. Polymer Chem **7/1** (1966), 390
[95] G. R. COTTON u. a.: J. Polymer Sci *A 1* (1963), 1345
[96] T. SIMIONESCU u. a.: Materiale Plastice **5** (1968), 307
[97] H. J. NOWACKI: Official Digest, Nov. 1965, 1371
[98] Z. WOLKOBER u. a.: Plaste u. Kautschuk **15** (1968), 560
[99] A. G. BUSWELL: Transact. Instit. Rubber Ind. London **37** (1961), 43
[100] VIEWEG/MÜLLER: „*Kunststoff-Handbuch*", Bd. VI: „*Polyamide*", S. 443, 1966, Carl Hanser Verlag
[101] A. K. K. WHITEHOUSE: Internationales Symp. über GFP Berlin 1965, Vortrag E 9
[102] C. B. BUCKNALL u. a.: J. appl. Polymer Sci **12** (1968), 1311
[103] K. DEMMLER: Kunststoffe **56** (1966), 872
[104] G. C. NEWLAND u. a.: J. appl. Polymer Sci 8 (1964), 1949
[105] R. D. DEANIN u. a.: S.P.E.'s 28th Annual Tech. Conf. 6—10 Mai 1968, New York
[106] R. A. KINMONTH: S.P.E. Transact. **4** (1964), 229
[107] P. G. KELLEHER u. a.: Modern Plastics **43** (1965), 139
[108] H. Lee: Materials Research and Standards **3** (1963), 910
[109] E. C. ROTHSTEIN: J. appl. Polymer Sci **12** (1968) 1279
[110] V. SCHÄFER: Appl. Polymer Symp. **4** (1967), 111
[111] A. A. KACHAN u. a.: Chemical Abstracts **69** (1968), Nr. 26, 107 311 d
[112] H. OBERST: Kunststoffe **59** (1969), 232

5.4. Ergebnisse einer Wärmeeinwirkung auf Plastformstoffe

Die Einwirkung von Wärme auf Plastformstoffe mit dem Ziel einer Zeitraffung des Alterungsverhaltens kann nur unter Beachtung der Dimensionsstabilität des Formstoffes sinnvoll bleiben. Der kritische Temperaturbereich, in dem die Plastformstoffe vom glasartigen in den kautschukelastischen Zustand übergehen, ist bei den einzelnen Polymeren und den mit ihnen aufgebauten technischen Plastformstoff-Systemen unterschiedlich breit. Er umfaßt sowohl Temperaturgebiete unterhalb 0 °C wie oberhalb 100 °C, wie auch in durchaus nicht untergeordnetem Umfange das dazwischenliegende Temperaturintervall.

Für diese bis zum Erweichungsintervall des Plastformstoffs durchgeführte Wärmeeinwirkung sollte die bei der natürlichen Bewitterung als Maximaltemperatur gemessene Temperatur von ca. 70···80 °C eine gewisse Grenze darstellen. Daneben verdient aber der bei der natürlichen Bewitterung fast immer vorliegende Temperaturwechsel und die sich daraus ergebende Abkühlung und Wiedererwärmung bei der Anlage von Untersuchungen über die thermische Beanspruchung eines Plastformstoffes unter Wahrung seiner Dimensionsstabilität die gebührende Beachtung. Es ist eine sehr weitgehend bei allen Polymeren beobachtete Eigenschaft, daß ein häufiges Abkühlen und Wiedererwärmen zu einer schnelleren Zerstörung führt als die Exposition bei einer gleichbleibenden Temperatur. Hierbei ist vornehmlich die Geschwindigkeit des Abkühlens von Bedeutung. Ebenso ist es keineswegs für den Gesichtspunkt „*zeitraffende künstliche Alterung*" bedeutungslos, ob die Plastformstoffe einer trockenen oder feuchten Wärme ausgesetzt sind, wobei im allgemeinen die Erfahrungen dahin gehen, daß die Alterung bei feuchter Wärme beschleunigt abläuft.

Es braucht wohl ebensowenig die Bedeutung der Zeitdauer einer Temperaturbeanspruchung betont zu werden, wie die Tatsache, daß sich die Widerstandsfähigkeit gegen erhöhte Temperatur kaum durch eine einfache Maßzahl ausdrücken läßt.

Dies gilt insbesondere dann, wenn die Wärme-Exposition eines Plastformstoffes unter dem gleichzeitigen Gesichtspunkt der Ermittlung der Temperatur-Zeit-Grenze vorgenommen wird, bis zu welcher sich der Plastformstoff unter langandauernder Wärmebeanspruchung einsetzen läßt, ohne daß die Kennwerte der mechanischen oder dielektrischen oder optischen Eigenschaften sich so grundlegend ändern, daß die Formstoff-Nutzung nicht mehr möglich ist.

Im allgemeinen werden sich derartige, überwiegend in Luft ohne weitere Zusätze durchgeführten thermischen Belastungen im Temperaturbereich >100 bis ca. 250 °C auch mit zu der Fragestellung ausnutzen lassen, welchen Einfluß eine solche Temperaturbehandlung auf eine unter anderen Bedingungen sich anschließende natürliche oder künstliche Alterung ausüben wird.

Es gehört ja zu den vielseitig gebrauchten Technologien, daß das „*Tempern*" zielstrebig zur Eigenschaftseinstellung von Plastformstoffen benutzt wird. Auch bei dieser als „*thermische Alterung*" zu bewertenden Technologie laufen nebeneinander chemische wie physikalische Vorgänge ab. Eine weiterschreitende Vernetzung — „*Härtung*" — kann nach längerer Temperaturbeanspruchung in eine Depolymerisation übergehen, die ihrerseits bei vielen Thermoplasten von Anfang an die beherrschende Reaktion darstellt. Die Ausbildung der Kristallite nach Zahl und Größe, die Nachschwindung, der Gewichtsverlust beeinflussen weitgehend die Resistenz gegen die Alterung unter weiterer Wärmebeanspruchung oder unter anderen Alterungsfaktoren. Während eine kurzfristige Erwärmung meist ohne tiefgreifende bleibende Veränderungen der Eigenschaften abläuft, kann eine länger andauernde künstliche Wärmealterung den Plastformstoff chemisch wie physikalisch so verändern, daß eine dauernde Eigenschaftsabwandlung sich abzeichnet.

Hierbei ist zu beachten, daß die Meßkriterien hier sehr verschieden ansprechen können.

Im allgemeinen werden ja die Beurteilungen über Vorgänge der thermischen Alterung an bei Raumtemperatur gewonnenen Meßwerten vorgenommen. Es bieten jedoch gerade Untersuchungen über die Veränderung der Temperaturfunktion dieser Meßwerte für das Verständnis des Mechanismus der Alterung recht aufschlußreiche Einblicke. Jedoch ist auch nicht zu übersehen, daß all diese Meßwerte nur eine relativ geringe Aussage über den praktischen Gebrauchswert von Plastformstoffen unter Last haben. Kurzzeitversuche haben hier oft nicht mehr als orientierenden Wert. Es sind viele Plastformstoffe bekannt, bei denen die Reißfestigkeit bei höheren Temperaturen über mehrere hundert Stunden unverändert bleibt; dann aber bei dieser Temperatur oder einer weiteren Erhöhung steil abfällt.

Langzeitversuche mit und ohne Last bei hohen Temperaturen bleiben natürlich nur dann sinnvoll, wie die den Plastformstoffen zugrundeliegenden Polymeren auch eine entsprechende Temperaturbeständigkeit erwarten lassen und evtl. Stützungen durch Thermostabilisatoren ausgenutzt werden konnten. Weitere Hilfs- und Zusatzstoffe im Plastformstoff ermöglichen durchaus eine Unterstützung dieser Langzeituntersuchungen.

Ihr Wert ist in erster Linie in der Aussage für die Lebensdauer solcher Plastformstoffe zu suchen, deren Anwendung eine längere Beanspruchung durch höhere Temperaturen einschließt. Es ist wohl selbstverständlich, daß mit der Zunahme der Alterungszeit ein oft recht starker Abfall der Wärmebeständigkeit verbunden sein kann.

Die Anwendung des Arrheniusschen Gesetzes zur Lebensdauer-Berechnung ist prinzipiell nur dann zulässig, wenn die thermischen Alterungsvorgänge als Ablauf einer einzelnen thermischen Reaktion aufgefaßt werden können oder zumindest überwiegend von ihr beeinflußt werden. Die Lebensdauer ist abhängig von $1/T$ (K°) und es gilt

$$\lg t_k = \lg A + x \cdot \lg B$$

(wobei A und B Konstanten sind).

Zwischen 8···14 °C Temperaturerhöhung tritt eine Halbierung, zwischen 8···14 °C Temperaturerniedrigung tritt eine Verdoppelung der Lebensdauer ein. Grundsätzlich soll das für die Untersuchungen aufgewendete Zeitintervall nicht zu klein für den Extrapolationszeitraum sein.

Eine Extrapolation der bei 110···200 °C im Kurzzeittest erhaltenen Ergebnisse der Kennwert-Veränderungen auf das Verhalten bei niedrigeren Temperaturen und längerem Zeiträumen kann keineswegs als eine allgemein zulässige Maßnahme betrachtet werden. Nach unseren Erfahrungen sind sogar bei nur relativ geringfügig geänderten Plastformstoff-Systemen bei ein und demselben Polymeren als Basisstoff die in einigen Fällen erhaltenen Ergebnisse der Extrapolation nicht mehr übertragbar.

Auch Ed. C. SEBESTA und H. F. RASE [1] betonen die Notwendigkeit der Beachtung der Zusatzstoffe, vornehmlich der Stabilisatoren und warnen vor den Irrtümern, die bei der Abschätzung der Lebensdauer aus Wärmetesten allgemein oder bei unzureichender Dosierung von Stabilisatoren leicht entstehen können.

Es ist auch durchaus P. NOWAK [4] beizupflichten, wenn er nochmal die Bedeutung einer möglichst nahe an einer Nutzungstemperatur gelegenen Prüftemperatur für derartige Extrapolationen betont. Eine solche Nutzungstemperatur kann natürlich auch zugleich eine Grenztemperatur bedeuten.

5.4.1. Wärmeeinwirkung im Temperaturgebiet von 20···100 °C

Die alte Erfahrung der Empfindlichkeit der Reißdehnungswerte von Folien bei der Warmlagerung ist nochmal in den Untersuchungen von G. R. RUGGER [2] an Celluloid-Tafeln, die bei 71 °C im Dunkeln bis zu 2 Jahren gelagert waren, bestätigt. Nach einem Jahr ist bei Erhöhung der Reißfestigkeit von 485 kp/cm² auf 625 kp/cm² die Reißdehnung von 22% auf 14% abgesunken. Da die für den Bruch aufzuwendende Arbeit noch immer 91% der für das ungealterte Celluloid beträgt, ist die Ursache des Dehnungsverlustes im Kampfer-Verlust zu sehen. Es besteht erwartungsgemäß keine Parallelität der optischen Teste auf Lichtdurchlässigkeit und Trübung, die auch nach 2 Jahren unverändert sind, mit dem aus den mechanischen Kennwerten nachgewiesenen Abbau. Innerhalb des 2. Jahres setzt eine Zersetzung des CN ein, so daß am Celluloid nur noch 161 kp/cm² Festigkeit bei 0,5% Dehnung gemessen werden. Der Bruch tritt schon bei Aufwendung von 0,5% der ursprünglichen Kraft ein. Der bei diesen Versuchen eingehaltene Lichtausschluß bedeutet eine sehr erhebliche Verlangsamung der Alterung. Bereits nach 3 Monaten Außenbewitterung ist die für den Bruch aufzuwendende Arbeit auf 5···7% der ursprünglichen reduziert, während die Zähigkeit des Celluloids nach 12 Monaten bei 71 °C gelagert noch so groß ist, daß 91% der ursprünglichen Arbeit erforderlich ist.

Das Gesamtergebnis bestätigt unsere Erfahrungen der zahlreichen Alterungsuntersuchungen an Celluloid anderer Provenienz, daß kurzzeitige Warmlagerungen bestenfalls eine diagnostische Bedeutung für die Fabrikationskontrolle haben, aber keine Rückschlüsse auf die Wetterbeständigkeit eines den technischen Anforderungen an die Stabilität des Makromoleküls Cellulosenitrat genügenden Celluloids zulassen.

Tabelle 107

Veränderung der zahlenmäßigen Häufigkeitsverteilung für Cellulosenitrat durch thermische Alterung bei 100 °C

Kollektivgrenzen vom PG	0···20	20···40	40···60	60···80	80···100	100···160	160···320	> 320
$\frac{M_{pi}}{P_i} \cdot 10^{-5}$ ungealtert	500	166	120	86	72	152	215	12
thermisch gealtert	1100	764	400	214	117	140	20	0

Tabelle 108

Veränderung der zahlenmäßigen Häufigkeitsverteilung für Benzylcellulose durch thermische Alterung bei 100 °C

Kollektivgrenzen vom PG	0···10	10···20	20···30	30···60	60···100	100···150	150···200
$\frac{M_{pi}}{P_i} \cdot 10^{-5}$ ungealtert	1100	500	320	552	386	169	31
thermisch gealtert	1100	735	420	681	380	104	6

Am Beispiel je eines Films aus CN mit 12,2% N und auch aus Benzylcellulose mit ca. 2,2 Äthergruppen haben wir [3] eine weitere Bestätigung für die wesentlich geringere Intensität einer unter Lichtabschluß ablaufenden thermischen Alterung bei 100 °C während 10 Tagen gegenüber einer nur 2tägigen oder auch 10-tägigen UV-Belichtung oder einer 3monatigen Bewitterung erhalten. Diese Aussage stützt sich auf die Veränderung der Polymerenverteilung während der thermischen Alterung.

Tab. 107 und *108* geben eine Übersicht über die zahlenmäßige Häufigkeitsverteilung für CN bzw. Benzylcellulose durch die 10tägige Warmlagerung bei 100 °C. Ein Vergleich mit den *Tab. 36* und *37* bzw. *90* und *91* lehrt, daß die bei allen Alterungsmethoden als gemeinsamer Effekt auftretende Verschiebung nach niederen Polymerisationsgraden am stärksten durch photochemische Prozesse erfolgt. Demgemäß ergeben sich für die 3 verschiedenen Alterungsmethoden folgende mittlere Polymerisationsgrade für CN und Benzylcellulose.

	ungealtert	thermisch		u.v. gealtert		bewittert	
		g	*z*	*g*	*z*	*g*	*z*
unfraktionierte Nitrocellulose	190	68	36	54	21	21	13
Benzylcellulose	96	58	29	56	22	43	17

g = gewichtsmäßig, *z* = zahlenmäßig

Dies bedeutet weiterhin, daß bei den verschiedenen Alterungsmethoden gefundene Veränderungen physikalischer Meßgrößen, insbesondere der Reißfestigkeit und Reißdehnung, bei numerisch etwa gleichen Beträgen nicht den Schluß zulassen, daß das Makromolekül im Formstoff sich in einem gleichen Zustand befindet.

Dies sollte man auch nicht bei der Interpretation der von P. Nowak [4] mitgeteilten Zeit-Temperatur-Diagrammen für den 35%igen Abfall der Reißdehnung von Folien aus Celluloseestern, vornehmlich Cellulosetriacetat und -acetobutyrat, im Vergleich mit solchen aus Polycarbonat und Polyterephthalat und auch aus PVC — wobei zweifelhaft ist, ob hart oder weich und welche Stabilisatorsysteme enthalten sind — übersehen (siehe hierzu *Abb. 94*).

Die Zulässigkeit einer thermischen Alterung unter dem Gesichtspunkt einer Zeitraffung für die natürliche Bewitterung wird noch mehr bei den Plastformstoffen mit ausgesprochener Tendenz zu einer molekularen Ordnung (Kristallit-Bildung) anfechtbar, wie sie in den Polyolefinen oder Polyamiden u. a. vorliegen. Neben den aus der chemischen Struktur oder dem Herstellungsverfahren dafür gegebenen Voraussetzungen sind noch die vielfältigen Einflußmöglichkeiten der Ausbildung von geordneten Strukturen während der plastischen Verformung zum Plastformstoff zu beachten. Es ist ohne weiteres einzusehen, daß die beispielsweise in der Abkühlungsphase eines Spritzformstoffes aus Polyolefinen sich ausbildende Kristallitstruktur sich nicht nur auf das mechanische Verhalten bei Normaltemperatur, sondern auch, und zwar in recht erheblichem Umfange, bei der thermischen Alterung auswirken wird. Letztere wird bezüglich der nutzbaren Temperatur durch den Kristallit-Schmelzpunkt begrenzt.

Polyäthylen bei 100° gealtert erhält infolge Steigerung der Kristallinität verbesserte mechanische Eigenschaften. Nach dieser Alterung lassen sich durch Umschmelzen wieder die ursprünglichen Festigkeitswerte des Ausgangsmaterials erreichen [5].

Während der in Luft bei Temperaturen bis 100° durchgeführten thermischen Alterungen der Polyolefine sind die oberflächlichen oxydativen Veränderungen der als Prüfkörper verwendeten Folien noch relativ gering. Diesen Schluß lassen auch

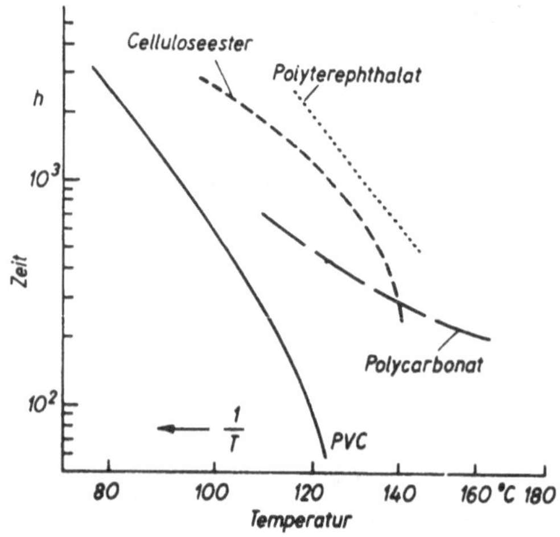

Abb. 94.
Zeit-Temperatur-Diagramm für den 35proz. Dehnungsabfall von Folien

(nach P. Nowak: Kunststoffe *51* (1961), 480)

die Befunde von P. G. Kelleher [6] zu, wonach bis zu ca. 4,2 Jahren die Sauerstoffaufnahme von Polypropylen bei 100 °C nicht über 5 cm^3/g steigt und in den letzten 2 Jahren sich praktisch nicht mehr vergrößert. Es ist nicht ausgeschlossen, daß die von F. H. Winslow u. a. [7] beobachtete stärkere Sauerstoffaufnahme bis zu 40 ml/g durch auf 100 °C erwärmte lineare Polyäthylenfolien innerhalb der ersten 200 Std. auf das sehr hohe Molekulargewicht und auch auf Verunreinigungen auch struktureller Art zurückzuführen ist, da bei weiterer Versuchsdauer bis 1,5 Jahre dann kaum noch eine weitere Aufnahme an O_2 erfolgt. Bei dieser Temperatur beginnen allerdings auch PE-Folien aus hochmolekularen Produkten mit $\overline{M}_g = 1{,}3 \cdot 10^6$ schon zu erweichen. Neben der Verringerung des Molekulargewichts bereits nach einer Sauerstoffaufnahme von 3,1 ml/g um zwei Zehnerpotenzen setzt auch eine Kristallisation der ungeordneten Regionen, kenntlich an der starken Dichte-Zunahme, ein.

Bei der Warmlagerung von Polyäthylen-Spritzformstoffen niederer Dichte bei 70 °C — sie sind durch Eintauchen in kochendes Wasser (30 min) spannungsfrei gemacht — bleibt die Flexibilität nach 1 Monat noch voll erhalten. Der dann einsetzende Werteabfall der Schlagzähigkeit erreicht nach 6 Monaten etwa 70% und nach 12 Monaten 61% des Ausgangswertes. Die Formstoffe aus PE hoher Dichte nehmen in ihren Werten für die Zugfestigkeit zu, so daß nach 12 Monaten Exposition bei 70 °C die Zunahme 42% beträgt. Bei 100 °C dagegen steigt sie nur in den ersten 3 Monaten, aber nach 6 Monaten fällt sie fast um 96% ab.

Die bei Exposition im Sonnenlicht gemessene Erniedrigung der Schlagzähigkeit um 40% steht mit diesen Befunden der thermischen Alterung des PE niederer Dichte in Übereinstimmung [8].

Die erheblich stärkere thermische Belastung der PE-Folien bei 100 °C gegenüber 70 °C ergibt sich auch aus den Verhältniszahlen der Reißdehnungen vor und nach der Alterung.

P. P. Dagaev [9] findet bei 70° nach 35 Tagen das Verhältnis 0,75. Bei 100 °C tritt innerhalb der ersten 5 Tage ein starker Abfall bis zum Verhältnis 0,5 ein, das bis zu 50 Tagen sich auf etwa 0,25 kontinuierlich erniedrigt.

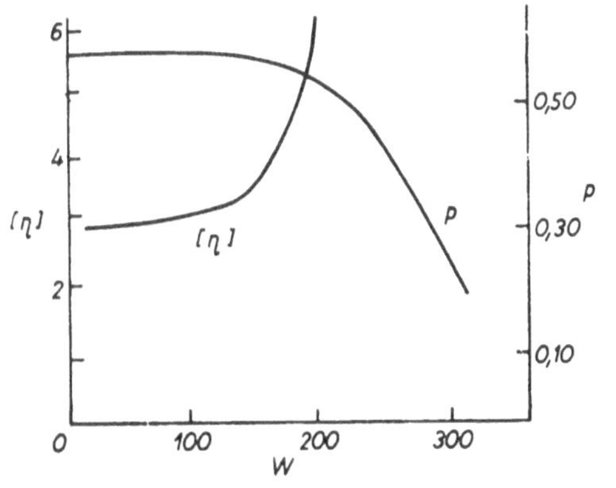

Abb. 95.
Thermische Alterung von PE-Folien bei 100 °C; Änderung von [η] und der Scherbelastung *P* der Schweißnaht

V. B. Serafimovich u. a. [10] ergänzen diesen Befund, daß PE-Filme, die 300···2000 Std. bei 70° gealtert sind, ihre Reißfestigkeit nicht verändern. Die Struktur der Filme wird offenbar aber doch hierdurch beeinflußt, denn die gealterten Filme sind etwas mehr feuchtigkeitsdurchlässig geworden.

Innerhalb der ersten ca. 120 Std. Warmlagerung von unstabilisierten PE-Folien bleibt die reduzierte Viskosität [η] ungefähr konstant, danach steigt sie infolge Vernetzung oder oxydativer Veränderungen im PE stark an. Die Scherbelastung der Schweißnaht (*P*) sinkt zu diesem Zeitpunkt stark ab (siehe *Abb. 95*). Ein Vergleich dieser Befunde mit den Veränderungen der gleichen Folie durch Sonnenlicht zeigt die wesentlich stärkere Intensität des photochemischen Abbaus. Nach 2···4 Std. treten schon die gleichen Meßwerte auf wie nach 100 Std. thermischer Alterung [12].

Für Formstoffe aus Polypropylen sieht K. T. M. Verschoore [11] keine Beschleunigung der Alterung im Temperaturgebiet unterhalb 80 °C. Bei 100 °C 800 Tage lang warmgelagerte PP-Rohre erfahren auch bei Anwendung von Thermostabilisatoren einen Abfall der Intrinsic-Viskosität um 10%. Wird die Temperaturbelastung des Polypropylens bei 75 °C in reinem Sauerstoff durchgeführt, so findet bereits nach 3,8 Std. nach einer Sauerstoffaufnahme von nur 1,1 mg/g PP ein Abfall der Reißfestigkeit und Reißdehnung statt, so daß das Produkt beider Maßzahlen nur noch 80% des Ausgangswertes beträgt. Der absorbierte Sauerstoff ist auch bei anschließender Lagerung bei Raumtemperatur sehr wirksam auf den Kettenbruch [40].

Auch bei Abdichtungsfolien aus Polyisobutylen haben wir die Erkenntnis gewonnen, daß thermische Alterungen bei 60 °C und 80 °C keineswegs zu Resultaten führen, die sich mit der natürlichen Alterung decken.

Die von A. V. Śelion [13] getroffenen Feststellungen, daß eine bis zu 300 Std. ausgedehnte Warmlagerung von Polystyrol-Formstoffen bei 60°C das Makromolekül ausweislich der Viskositätsmessungen nicht schädigt, und auch bei dieser Temperatur sich noch keine physikalisch strukturellen Veränderungen auf die Meßwerte der mechanischen Eigenschaften auswirken, decken sich mit unseren langjährigen Erfahrungen an Formstoffen aus Polystyrol-Typen der verschiedensten Fabrikationsorte. Sie bestätigen gleichzeitig, daß derartige thermische Alterungen keinen Wert als zeitraffende Methoden anstelle der Außenbewitterung bei niedrigen Temperaturen haben.

Die thermische Alterung in Luft führt erst bei 100 °C, also oberhalb des Erweichungspunktes der Formstoffe, zu Vergilbungen.

Unabhängig von den vielen Variationsmöglichkeiten bei der Herstellung schlagfester Polystyrol-Typen gilt dieses Urteil auch für daraus gefertigte Formstoffe. E. I. Kirillova und Mitarb. [14] bestimmen die Schlagzähigkeit, statische Biegefestigkeit, Reißkraft und Reißdehnung. Die besonders aufschlußreiche Bestimmung der Schlagzähigkeit zeigt bei einer Type (Deckname!) eine praktische Konstanz, während der 3000stündigen Alterung bei 60 °C. Die übrigen Typen zeigen nach anfänglichem Abfall, der offenbar von der Technologie der Herstellung der schlagfesten Typen abhängt, ein Einpendeln auf ein neues Festigkeitsniveau ab ca. 500 Std. thermischer Alterung. Das Autorenkollektiv zeigt die wesentlich intensivere Verringerung der Kennwerte durch eine Lichtalterung von nur 50 Std. unter einer Hg-Dampflampe auf. Eine Übereinstimmung dieser photochemischen mit der thermischen Alterung besteht insofern, daß sich auch ein neues Festigkeitsniveau im Laufe von 100···300 Belichtungsstunden einstellt.

Die Arbeiten japanischer Autoren [15] an solchen schlagfesten Polystyrol-Typen z. B. ABS, über thermische Alterungen bei 70···90 °C lassen die Butadien-Komponente als die eigentliche Ursache eines thermischen Abbaus erkennen. Dieser äußert sich häufig, wie am Beispiel der Kombination aus Polybutadien mit dem Mischpolymerisat aus Styrol + Acrylnitril + MM-Ester zu erkennen, auch in einer Vergilbung. Bei der Temperatur von 71 °C steigt der Vergilbungsindex innerhalb von 24 Monaten von ca. 8 auf 40 kontinuierlich an, wobei damit der Endpunkt noch nicht erreicht ist.

Die Versprödung bei 71 °C geht langsamer als die Photooxydation; sie wird mit der Zeitdauer kontinuierlich größer und erreicht nach 12 Monaten 30% und nach 24 Monaten 60%. D. I. Boyle und B. D. Gesner [16] sehen die Ursache hierfür in der Erleichterung der Sauerstoff-Diffusion bei erhöhter Temperatur.

Nach S. Wintergerst [25] ist eine Schädigung von Formstoffen aus schlagfestem Polystyrol erst bei Temperaturen $>120°$ zu erwarten. Die Werte der Zugfestigkeit und der Schlagzähigkeit streben durch Tempern „*offenbar einem unteren Grenzwert*" zu.

Im Temperaturintervall von 25 bis ca. 75 °C, dem Erweichungsgebiet der Polyvinylchlorid-H-Formstoffe, durchgeführte Warmlagerungen lassen sich nach unseren Erfahrungen nicht als Äquivalente für natürliche Bewitterungsvorgänge auswerten. P. P. Dagaev [9] hat bei 70 °C und einer Versuchsdauer bis zu 80 Tagen auch für die empfindlichen Dehnungswerte der Folien keine Veränderungen festgestellt. Da bereits um 100 °C bei verschiedenen PVC-Typen eine leichte thermische Instabilität beobachtet werden kann, überrascht es nicht, daß bei 100 °C durchgeführte Warmlagerungen zu Abnahmen mechanischer Eigenschaften führen.

Hierbei ist keineswegs übersehen, daß auch bei durchaus noch voll ausreichender chemischer Thermostabilität die Verformungstechnologie zum Formstoff Veranlassung zum Rückgang einiger Kennwerte bei dieser „*Alterung*" geben kann. Diese strukturellen Umwandlungen sind meist in den ersten Tagen der Warmlagerung abgelaufen, so daß dann die mechanischen Kennwerte — bei 20···25° bestimmt — wieder auf ein neues Niveau sich eingestellt haben. Dies hat auch P. P. Dagaev bestätigt.

Infolge des völligen Ausschlusses von Lichteinwirkungen sollten jedoch Rückschlüsse auf verbleibende Eigenschaftswerte bei der natürlichen Alterung tunlichst vermieden werden.

Für die Formstoffe aus PVC + Weichmacher-Systemen hat K. Thinius [17] das Ergebnis seiner sehr umfangreichen Untersuchungen über die thermische Alterung dahin zusammengefaßt, daß all diese Aussagen über Änderungen der mechanischen Eigenschaften nur dann eine vernünftige Beurteilungsbasis haben, wenn der WM-Gehalt am Ende der Alterung angegeben ist und gleichzeitig auch die Änderung der thermischen Stabilität des PVC betrachtet wird. Sind gleichzeitig in diesen Systemen noch Füllstoffe und/oder Pigmente vorhanden, so ist neben der Flüchtigkeit des WM auch noch die Temperaturabhängigkeit der Absorptionsfähigkeit dieser Zusatzstoffe für den WM von Bedeutung.

Es soll aber der Hinweis nicht vergessen sein, daß derartige Formstoffe oberhalb ihres Einfrierungsbereichs ihre technologische Nutzung haben.

Bezüglich der Beurteilung der Äquivalenz dieser thermischen unter Lichtabschluß durchgeführten Alterung mit anderen Alterungsmethoden seien die Ergebnisse am PVC-Trikresyl-phosphat-System 60/40 als charakteristisches Beispiel wiederholt.

Auch hier wird die Intensität des photochemischen Angriffs gegenüber der reinen Wärmeenergie erkennbar.

Es sei noch darauf aufmerksam gemacht, daß die auch bei 100 °C oft schon recht beachtliche Flüchtigkeit der Weichmacher diese Äquivalenz-Beziehungen erheblich beeinflussen kann. Beispielsweise haben wir an PVC-W-Folien mit dem Thiodiglycolsäureester eines aliphatischen cycloaliphatischen Alkohol-Gemisches nach der thermischen Alterung bei 100 °C einen Rückgang der Kältefestigkeit auf —20°C gefunden, der auch bei jahrelanger Lagerung der Folien bei Normaltemperatur nicht auftritt.

Tabelle 109

Auswertung verschiedener Alterungsarten auf die mechanischen Eigenschaften von PVC-W-Folien

Alterung	visueller Befund	Reißfestigkeit kp/mm²	Reißdehnung %	Massenänderung %
ungealtert	hellgelb	1,93	577	
thermische				
50° 6 Tage	hellgelb	1,72	513	– 0,24
75° 6 Tage	gelbbraun	1,52	478	+ 0,05
100° 3 Tage	rotbraun	1,31	621	– 0,17
Lichtalterung				
Sonnenlicht 200 Std.	gelblich trübe	1,42	334	– 0,05
Bewitterung 250 Std.	grauweiß trübe	1,40	256	–
Hg-Licht 200 Std.	dunkelrot, braun fleckig	2,04	344	– 0,6

(Meßbedingungen: Einspannlänge 30 mm, Streifenbreite 10 mm, Vorschub 20 mm/min, 20 °C, 65% F.)

Bei der Warmlagerung von PVC-Kabelmassen über 1400 Std. bei 80 °C hat N. N. Putschkowa [23] keine Änderung der mechanischen Eigenschaften festgestellt. Der bei weitergeführter Belastung eintretende Rückgang der Dehnung und Anstieg der Härte wird berechtigt auf den Verlust an Phthalat-Weichmachern (C_4 und höher) zurückgeführt.

Die bei 100 °C oft schon merkliche Flüchtigkeit der Weichmacher kann bei einigen dielektrisch nicht besonders hochwertigen Qualitäten dazu führen, daß der spez. Widerstand der PVC-W-Formstoffe während oder nach der Alterung bei 90···100 °C bis zu 90 Tagen ansteigt, solange noch keine PVC-Zersetzung ein getreten ist [37].

An Filmen aus Polyvinylacetat oder aus dem Mischpolymerisat aus Vinylacetat und Vinylbutyrat oder Methylacrylat oder aus Polymethylmethacrylat hat dagegen L. F. Korssunkski [18] gefunden, daß eine 400···500stündige Warmlagerung bei 60 °C etwa der Einwirkung eines Hochgebirgsklimas im April bis Oktober entspricht, wenn sich hier die Prüfkörper unter Glas befinden.

Bei der Bewertung der thermischen Alterung als zeitraffende Methode der natürlichen Bewitterung ist bei den Polyamid-Formstoffen zu beachten, daß sie gegenüber trockener Wärme empfindlicher sind als gegenüber feuchter.

Ein bei 65 °C im Wärmeschrank unter Luftzutritt gelagerter Film aus Polycaprolactam oder aus Mischpolyamiden von Caprolactam und Hexamethylendiaminadipinat in wechselndem Verhältnis bleibt nach 4 Monaten in seinen Festigkeitseigenschaften unverändert. P. P. Dagaev [9] hat auch bei 70° nach 180 Tagen noch keine Abnahme der Reißdehnung beobachtet.

Das gilt auch für eine 7tägige Warmlagerung bei 100 °C in Wasserdampf, während bei Ofenlagerung bei 100 °C in gleicher Zeit die Reißfestigkeit etwa um 5 bis 10% zurückgeht. Nach 60 Tagen findet P. P. DAGAEV bereits keinerlei Dehnungswerte mehr.

Die Wertung der Temperatur von 100 °C als Grenztemperatur für langandauernde Wärmebeanspruchung ist durchaus berechtigt, auch wenn man durch zwischenzeitliche Messungen als Folge von thermischen Strukturumwandlungen in den Kristalliten der Polyamide Verbesserungen der mechanischen Eigenschaften registrieren kann.

Derartige Verbesserungen werden auch bei den Formstoffen aus ungesättigten Polyestern, insbesondere in Form ihrer Glasfasern enthaltenden Laminaten, in dem Temperaturintervall bis 100 °C bei Lichtausschluß beobachtet.

Bei den Formstoffen aus Polyurethanen ist grundsätzlich die zum Teil reversible Aufspaltung der Urethangruppe bei der thermischen Belastung zu beachten. Dies bedeutet, eine Temperatur von ca. 100 °C als die einer maximalen Wärmebeständigkeit in trockener Luft unter Lichtausschluß zu bewerten. Formstoffe aus Polyurethanen des verschiedensten molekularen Aufbaus verfärben sich bei derartigen thermischen Belastungen.

Bei Schaumstoffen aus Polyestern und Toluylen-Diisocyanat (I) bzw. aus Polypropylenglycoläthern (V) ändern sich die Reißfestigkeit und Reißdehnung sowie der Druckverformungsrest bei einer solchen Warmlagerung bei 100 °C in trockener Luft gemäß den Angaben [19] der *Tab. 110*.

Tabelle 110

Veränderung der mechanischen Eigenschaften von Polyurethan-Schaumstoffen [19] *durch thermische Alterung bei 100 °C*

Polyurethan Schaumstoff	Tage	prozentuale Änderung der Reißfestigkeit	Reißdehnung	Druckverformungsrest (%)
I	15	+18	− 4	5
	30	± 0	−10	5
	60	− 5	−14	5,5
	90	−10	−25	4
V	15	+56	+74	3
	30	+40	+36	3,5
	60	+56	+45	2,5
	90	+11	+50	2,5

Die Auswirkung der festeren Polyäther-Bindungen ist in den mechanischen Eigenschaften besonders deutlich. Auch in diesem Temperaturintervall bis 100 °C kann die Heißluftalterung zu Schwierigkeiten in der Interpretation als rein thermische oder thermooxydative Oberflächenreaktion führen.

Für die Formstoffe aus den Gruppen der linearen Polykondensate und der Polyadditionsverbindungen geben die Ergebnisse der Warmlagerung im Temperaturgebiet bis 100 °C kaum einen Anhaltspunkt für ihr Verhalten bei der natürlichen Alterung.

Dies gilt auch sehr weitgehend für die Formstoffe aus den klassischen Duroplasten. Aus den von R. Nitsche und E. Salewski [20] im 3. Jahrzehnt durchgeführten Untersuchungen an Preßstoffen aus Pheno- wie Aminoplasten zur Veränderung der mechanischen Eigenschaften bei 200stündiger Warmlagerung geht hervor, daß sowohl die Biegefestigkeit wie die Schlagzähigkeit bei den Phenoplast-Typen im Temperaturgebiet bis 100 °C nicht herabgesetzt werden. Bei einigen Typen trat sogar eine leichte Erhöhung der Werte ein. Nur die Abnahme beider Kennwerte beim Formstoff aus Typ 131 (Harnstoffharz + Cellulose) gab Veranlassung, die zulässige Dauerwärmebeanspruchung mit 65 °C zu begrenzen. Auch aus der später bis zu 400 Std. ausgedehnten Lagerung bei 100 °C ergibt sich nur eine Bestätigung dieser Eigenschaften, aber keine Möglichkeit, auf die Wetterfestigkeit zurückzuschließen. Dies ist auch bei den Wärmealterungen der Hartpapiere und Hartgewebe (Typen 57 und 77) nicht möglich, da ihre mechanischen Eigenschaften innerhalb eines weiten Temperaturbereiches erhalten bleiben.

Die von A. Wende und Mitarb. [21] bis zu 40 Tagen durchgeführte Warmlagerung von mit Phenol-Formaldehyd-Kondensaten imprägnierten Glasseidengeweben bei 100 °C läßt die Biegefestigkeit in der Größenordnung von 70···79 kp pro mm^2 (Meßtemperatur 25 °C) unverändert. Beziehungen dieser thermischen Resistenz zur Wetterfestigkeit sind nicht erkennbar.

Nachdem u. a. auch W. Eichenberger [22] nachgewiesen hatte, daß für anhydrisch gehärtete Epoxyharz-Formstoffe die bei Raumtemperatur gemessene Schlagbiegefestigkeit auch nach mehreren hundert Tagen Lagerung bei 70 °C unverändert ist, hat H. Jahn [33] bereits bei einer tatsächlichen Alterungstemperatur von 86···93 °C eine hohe Instabilität der mit Triäthylentetramin vernetzten handelsüblichen Epoxyharz-Formstoffe (Epoxyd-Gehalt 0,53%) nach 3 Monaten Alterung gefunden. Weder bei diesen Formstoffen noch bei denen, die mit Diaminodiphenylmethan gehärtet und dadurch innerhalb dieser 3 Monate Lagerung etwas beständiger sind, lassen sich Rückschlüsse auf das Verhalten bei der Freibewitterung ziehen.

Die Untersuchungen können vielmehr nur zur Festlegung der Temperaturgrenze bei einer Dauerwärmebeständigkeit ausgewertet werden.

Bei Glasfaser-Laminaten mit einem normalen oder einem cycloaliphatischen Epoxyharz treten bei der zwölfmonatigen Lagerung bei 60 °C keine Veränderungen der Festigkeitswerte ein und bei 100 °C eine geringe Steigerung. Die darin zum Ausdruck kommende Nachhärtung wird sich für die natürliche Alterung nur günstig auswirken.

5.4.2. *Wärmeeinwirkung im Temperaturgebiet oberhalb 100 °C bis ca. 200 °C*

In diesem Temperaturgebiet ist das eingangs aufgestellte Postulat der Dimensionsstabilität der Formstoffe bei einer Reihe von Thermoplasten nicht mehr gewahrt.

Es sind alle diejenigen, deren Grenztemperaturbereiche nach P. Nowak [4] bis 100 °C reichen bzw. deren Dauerwärmebeanspruchung nur zwischen 50···100 °C zulässig ist. Hierzu gehören Celluloid und die Formstoffe aus den übrigen plastifizierten Celluloseestern, PVC, PS, PE, die Acrylate und Methacrylate sowie Aminoplast Typ 131.

Für Formstoffe aus Polypropylen, Polyamiden, Polyurethanen, gesättigten und ungesättigten Polyestern, den mit organischen Füllstoffen verarbeiteten Phenolharzpreßmassen und auch Epoxyharzen liegen je nach ihrem chemischen wie physikalisch-strukturellen Aufbau diese Grenztemperaturbereiche noch teilweise unterhalb 100 °C, bzw. bei 100 °C, in der Mehrzahl jedoch darüber bis zu etwa 120···130 °C.

Lassen sich die Ergebnisse dieser thermischen Alterungen an Formstoffen aus der zuletzt genannten Gruppe nun für die Vorgänge bei der natürlichen Bewitterung auswerten bzw. welchen Einfluß üben sie auf die letztere aus?

Während der thermischen Alterung von Formstoffen aus Polypropylen bei Temperaturen unterhalb des Kristallit-Schmelzpunktes, also noch unter weitgehender Wahrung der Formstabilität, ändert sich das Verhältnis zwischen der kristallinen und amorphen Phase, die Größe der Kristallite und auch der Charakter der Orientierung der kristallinen Anteile wie auch die übermolekularen Strukturen.

In der ersten Zeit der thermischen Belastung steigt stets der Kristallinitätsgrad an. Der Luftsauerstoff leitet bereits einen oxydativen Abbau ein. Während der Warmlagerung bei 135 °C kann die Intrinsic Viskosität von 5,0 auf 1,0 abnehmen. Charakteristisch ist nach K. Verschoore [24], daß sich während einer solchen thermischen Beanspruchung die Festigkeit der Formstoffe je nach dem eingearbeiteten Stabilisatorsystem nur ganz wenig ändert, um dann sehr plötzlich bei nur geringerer Verlängerung der Warmlagerung abzufallen. Für eine Lebensmittelqualität des PP liegt diese Grenze bei 30 Tagen. Die vom Autor angegebene Relation: Lebensdauer = 0,5 · Ofenzeit ohne signifikanten Abbau erscheint für eine Extrapolation auf Raumtemperatur ungeeignet.

Jedoch ist es wohl gerechtfertigt, die Dauerwärmebeanspruchung auf eine Temperatur bis 120 °C zu begrenzen.

Eine thermische Alterung von weichmacherfreiem Polymethacrylat-Platten bei 100 °C oder 130 °C bis zu 2000 Std. läßt in allen Fällen die Lichtdurchlässigkeit unverändert. Die geringen Schwankungen bei den mechanischen Eigenschaften — Reißfestigkeit und Reißdehnung, Schlagzähigkeit — sind auf die Streubreite infolge des Wechselns der Meßprüfkörper zurückzuführen [39].

Im Zusammenhang mit Untersuchungen über die thermische Alterung von Polyamiden für Drahtummantelungen stellen Ch. W. Hamilton und Mitarb. [26] eine Nachkondensation unter Molgewichtserhöhung fest, wenn die Polyamide oberhalb 120 °C ca. 8 Tage erwärmt werden. Danach setzt dann eine Depolymerisation ein. Innerhalb dieser 10 Tage bei 120 °C ist noch keine Abnahme der Reißfestigkeit der Formstoffe zu erkennen. Nach P. D. Dagaev [9] ist bei einer Warmlagerung bei 135 °C die Schlagzähigkeit nach 30 Tagen praktisch auf Null abgefallen.

Der von Hamilton bei 140 °C-Lagerung ermittelte Abfall der Reißfestigkeit im

Laufe der bis 200 Std. ausgedehnten Exposition stimmt prinzipiell mit dem während einer 18 monatigen Bewitterung im tropischen Klima des südlichen Nordamerika überein. Eine höhere thermische Belastung gibt allerdings wieder andere und nicht korrelative Daten, da bei dieser höheren Temperatur die Abbau-Geschwindigkeit erheblich angestiegen ist. Damit stimmt die Angabe von Yu. N. Kostenko u. a. [27] überein, wonach eine 100stündige Alterung von Polycaprolactam bei 150 °C die Reißfestigkeit und Biegefestigkeit um je 46%, die Schlagzähigkeit um 72% erniedrigen.

Diese thermische Alterung erfolgt in Gegenwart von Luftsauerstoff, so daß also zumindest an der Formstoff-Oberfläche auch mit thermooxydativen Veränderungen zu rechnen ist. Visuell werden sie am langsamer Dunkelwerden erkennbar. Die auch hier vorliegende beschränkte Eindringtiefe der oxydativ veränderten Zone wird die Diffusion des Sauerstoffs in die inneren Schichten verlangsamen oder verhindern, so daß auch solche thermisch vorbelasteten Polyamid-Formstoffe kaum eine andere Alterungsgeschwindigkeit bei der natürlichen Alterung aufweisen werden. Hier ist aber gebührend auf den Einfluß der Dicke des Formstoffs auf den Alterungsablauf zu achten.

Die bereits dargelegten weiteren chemischen und physikalisch-strukturellen Veränderungen unter Wärmeeinwirkung lassen es zweckmäßig erscheinen, die Grenze der Dauerbeanspruchung eines zu nutzenden Formstoffs bei 100 °C zu sehen.

In Erweiterung der Aussagen der *Tab. 110* lehrt die *Tab. 111*, daß eine thermische Belastung von Polyurethan-Schaumstoffen bei 125 °C oder 150 °C doch schon einen recht beachtlichen Eingriff in das Makromolekül darstellt. Nach den Feststellungen von V. A. Orlow und Mitarb. [28] genügen 0,5% der üblichen Antioxydantien, um die bei 125 °C eintretenden Verringerungen der mechanischen Eigenschaften abzubremsen.

Wenn auch nach den Auffassungen von H. Wallhäusser und H. Huff [29] die Extrapolation der Ergebnisse der Warmlagerung von glasfaserverstärkten ungesättigten Polyester-Formstoffen im Temperaturgebiet von 110···200 °C auf niedere Temperaturen und längere Zeitdauer fraglich erscheint, so gibt doch das verschiedenartige Verhalten der konstitutionell variierten ungesättigten Polyester im Zusammenhang mit den Variationen bei der Härtung genügend Anhaltspunkte, um nicht nur die maximale Nutzungstemperatur der Formstoffe zu ermitteln, sondern auch um die Beeinflussung des Alterungsablaufs unter natürlichen Bedingungen durch eine vorgeschaltete thermische Belastung kennen zu lernen.

An Platten aus verschiedenen technischen UP-Typen (ohne Glasfasern) beobachteten H. Scherger und F. Reinsperger [30] bei einer Warmlagerung bei 120 °C während 128 Tagen keine Verfärbung oder Rißbildung. Bei 140 °C Lagerungstemperatur bleibt nur der harte und hellfarbige Harztyp nach 128 Tagen noch unverändert. Bei 160 °C tritt auch bei diesem dann Rißbildung auf. Die bei 180 °C eintretenden Veränderungen schließen bereits jede Nutzungsmöglichkeit aus. Da sich mit einem Laminat mit 50% Seidengewebe die gleichen Ergebnisse finden, wird man die maximale Nutzungstemperatur von GFP bei ca. 160 °C ansetzen

Tabelle 111

Veränderung der mechanischen Eigenschaften von Polyurethan-Schaumstoffen [19] *durch thermische Alterung bei 125 oder 150 °C*

PU-Schaumstoff	Tage	prozentuale Änderung der Reißfestigkeit bei 125°	150°	Reißdehnung 125°	150°	Druckverformungsrest % 125°	150°
I	15	+ 5	−30	− 5	+42	3,5	4
	30	− 7	−56	−20	−65	34	
	60	− 8	−66	−25	−75	3,5	4,5
	90	−19	−73	−31	−83	4	3,5
V	15	+11	−78	+65	−55	3,5	15
	30	−33	—	+10	—	3	—
	60	−55	—	−45	—	3	—
	90	−78	—	−65	—	4,5	—

müssen. Die Biegefestigkeit der bei 160 °C 128 Tage lang gealterten GFP-Platten zeigt bei den einzelnen UP-Typen außer beim Normalharz keinen Abfall.

Soweit die thermische Belastung im Intervall von 100···160 °C noch eine Nachhärtung auslösen kann, wird man mit einer Erhöhung der Widerstandsfähigkeit der GFP-Formstoffe bei einer natürlichen Alterung rechnen können. Wechselbeanspruchungen von GFP-Formstoffen bei verschiedenen Temperaturen stellen eine sehr erhebliche Belastung dar, so daß in solchen Fällen eine merkliche Einbuße der Festigkeiten eintritt.

Aus den von R. Nitsche und E. Salewski [20] durchgeführten Untersuchungen über die Warmlagerung von Formstoffen aus Phenol-Formaldehyd-Kondensaten im Temperaturintervall von 100···200 °C geht hervor, daß oberhalb 150 °C der Abfall der Werte für die Biegefestigkeit und Schlagzähigkeit doch so erheblich ist, daß eine Dauerwärmebeanspruchung nur bis 150 °C durchgeführt werden sollte. Natürlich kommt hierbei auch der Füllstoff mit zur Auswirkung. Bei Typ 74 setzt der Abfall schon kurz oberhalb 100 °C ein. Bei Typ 31 wird die Temperaturbeanspruchung bei 150 °C nach 200 Std. Lagerung bei Beanspruchung auf Biegefestigkeit möglicherweise kritisch. Von Bedeutung für das Gesamtgebiet der Alterung solcher duroplastischer Werkstoffe überhaupt ist die Veränderung dieser Kennwerte in den ersten 25 bis 50 Std. der Warmlagerung; danach stellt sich ziemlich unabhängig vom Füllstoff ein neues kleineres Festigkeitsniveau bis 200 Std. Versuchsdauer ein.

P. P. Dagaev [9] hat an Schichtpreßstoffen auf Phenoplastbasis die Warmlagerung bei 150 °C bzw. 200 °C bis zu 240 Tagen ausgedehnt. Die Reiß- und Biegefestigkeiten nehmen ab dem 60. Tage stetig ab und erreichen bei 150 °C Warmlagerung nach 210 Tagen 37% des Ausgangswertes, bei 200 °C nur noch 8%. Die elektrische Durchschlagsfestigkeit fällt um so stärker, je höher die Lagerungstemperatur. Bei 150 °C und 200 °C stellt sich ein neues Niveau in der Größenordnung von 35% bzw. 29% des Ausgangswertes (12 kV/mm) nach 180 Tagen ein.

Auch diese Untersuchungen sind weniger zur Extrapolation auf das Verhalten unter natürlichen Alterungsbedingungen geeignet als vielmehr zur Festlegung der Dauerwärmebeanspruchung. Hierbei wird der Füllstoff nicht ohne Einfluß bleiben, so daß man für Formstoffe aus Hartpapier die Grenze bei 120 °C und für Hartgewebe bei 150 °C einhalten wird.

Da nach A. Wende und Mitarb. [21] ein Glasfaser-Laminat mit Phenol-Formaldehyd-Kondensaten nach einer 1000 Std. Lagerung bei 200 °C noch eine Biegefestigkeit von etwa 50% des Ausgangswertes hat, werden gegen eine Grenztemperatur von 190 °C keine Bedenken bestehen.

Berücksichtigt man, daß bei der natürlichen Bewitterung der Epoxyharz-Formstoffe lediglich die Biegefestigkeitswerte etwas außerhalb des relativ großen Streubereiches abgenommen haben, so besteht wenig Aussicht, die bei der thermischen Belastung im Intervall von 100···200 °C eintretenden Veränderungen von Kennwerten unter dem Gesichtspunkt einer Zeitraffung zu bewerten.

Es muß vielmehr davon ausgegangen werden, daß diese Veränderungen eindeutig eine Auswirkung der Wärmeenergie sind. Diese Wärmealterung tritt am deutlichsten bei den füllstofffreien Dian-Epoxyharz-Formstoffen bei 150 °C ein. Bei allen diesen nach Basisharz und Härtungsbedingungen variierten Systemen sind sie zu Beginn noch weichelastisch und gehen dann in den hartelastischen Zustand über. Bei 180 °C ist die Alterungsgeschwindigkeit nach P. Nowak und E. Steinbacher [32] so groß, daß nach 8 Wochen keine Messung des Schubmoduls oder des Dämpfungsmaximums mehr möglich ist. Die von H. Jahn [33] durchgeführten Untersuchungen über die Auswirkung des Härtersystems auf die Grenztemperatur der Dauerwärmebeständigkeit führen nach 6 Monaten Warmlagerung hinsichtlich der Veränderung der mechanischen und dielektrischen Kennwerte und ihrer Temperatur-Abhängigkeit zu folgenden Aussagen. Bei einem handelsüblichen Epoxybasisharz mit Epoxidäquivalentgwicht 190 und Epoxydwert 0,53 liegt beim Härter Diaminodiphenylmethan die Temperatur noch < 120 °C. Für Phthalsäureanhydrid oder Diaminodiphenylsulfon wird 120···130 °C gefunden und für Nadinsäureanhydrid + Dimethyl-aminobenzylamin oder HET-Säure jeweils 155 °C.

M. Neitzel und G. W. Ehrenstein [34] finden bei einem cycloaliphatischen Basisharz bei 150 °C Warmlagerung innerhalb 12 Monaten einen stetig verlaufenden Abfall der Festigkeit.

Die umfangreichen Untersuchungen von P. Nowak und M. Saure [32] zur Variation des Aufbaues von Epoxyharz-Formstoffen unter Betonung der ionischen Polymerisation mit BF_3-Addukten führen bezüglich der Lebensdauer bei Wärmebeanspruchung dahin, daß sich derartige Formstoffe fast so gut wie die als optimal beurteilten mit Hexahydrophthalsäureanhydrid gehärteten Formstoffe verhalten. Aminische Härter drücken eindeutig Lebensdauer und Grenztemperatur herab, wobei die Veränderung der Biegefestigkeit als Kriterium diente. Die thermische Alterung ist bis zu 6 Jahren bei 150 °C durchgeführt.

Die Variationsbreite im Aufbau von Epoxyharz-Formstoffen ist bei sinkender Temperaturbeanspruchung größer, um die gleiche Lebensdauer zu erzielen.

Über die Auswirkung einer vorgeschalteten thermischen Alterung von längerer Dauer auf das Verhalten bei anschließender natürlicher Bewitterung liegen noch keine systematischen Untersuchungen vor.

Es ist jedoch hierbei zu beachten, daß vornehmlich bei aminisch gehärteten und auch füllstoffhaltigen Epoxyharz-Formstoffen durch die thermische Alterung Veränderungen in der Mikrostruktur, teilweise als Risse, eintreten können. Plastifizierte Epoxyharz-Formstoffe, vornehmlich solche mit Polymer-Weichmachern sind hierbei sicher widerstandsfähiger. Es ist also nicht ausgeschlossen, daß ein thermisch gealterter Epoxyharz-Formstoff eine ganz andere Charakteristik bei der natürlichen Bewitterung aufweisen wird.

Dies gilt auch für Glasfaser-Laminate mit Epoxyharzen. Nach den Ergebnissen von K. Jellinek [35] liegen die für 3 Jahre „*Lebensdauer*" bestimmten Grenztemperaturen im Gebiet zwischen 150 °C und 170 °C.

5.4.3. *Kombination der Wärmeeinwirkung mit weiteren Wetterfaktoren*

Die Kombination der Wärme-Alterung mit den übrigen Wetterfaktoren kann sowohl durch eine gleichzeitige wie auch durch eine nachfolgende oder vorhergehende Beanspruchung erfolgen.

G. R. RUGGER [2] hat Celluloid zunächst 1···30 Tage im Sonnenlicht mit einer Totaleinstrahlung von 9545 cal/cm² bewittert und sodann noch 1 Woche und 1 Monat bei 71 °C im Dunkeln gelagert. Hier zeigt sich eine wesentliche stärkere Alterung als bei der Belichtung oder der Warmlagerung allein. Bereits bei den beiden Minimalbeanspruchungen von 1 Tag Sonnenlicht-Exposition und anschließender einwöchiger Warmlagerung bei 71 °C im Dunkeln ist die Zähigkeit auf 62% des Ausgangswertes reduziert. Unabhängig von der Dauer der Außenbewitterung wirkt sich die nachgeschaltete einmonatige Warmlagerung bei 71 °C dahin aus, daß die Zähigkeit auf 5% des Ausgangswertes abgebaut ist. Die Verfärbung der vorher belichteten Prüfkörper tritt schon nach 24 Std. Warmlagerung bei 71 °C ein. Über die durch die Reißfestigkeit und Reißdehnung nachweisbar beschleunigte Alterung des Celluloids bei dieser Kombination von Wetter-Elementen unterrichtet *Tab. 112.*

Tabelle 112

Künstliche Alterung von Celluloid durch kombinierte Exposition im Sonnenlicht und bei Warmlagerung bei 71°C (nach G. R. RUGGER [2])

Änderung der mechanischen Eigenschaften					
Sonnenbelichtung		nachgeschaltete Warmlagerung bei 71 °C			
Tage	cal/cm²	1 Woche		1 Monat	
		kp/cm²	%	kp/cm²	%
1	533	585	11,2	361	1,5
7	3112	591	12,2	215	0,8
14	—	446	1,9	162	0,6
30	9545	327	1,5	97	0,3
unbehandelt		541	16,1		

Für Formstoffe mit hydrolysierbaren Bindungen, z. B. in den für die Polyurethan-Schaumstoffe notwendigen Polyestern die Ester-Gruppierung und auch die Urethan-Gruppe selbst, ist die kombinierte Einwirkung von Wärme und Feuchtigkeit eine Steigerung der Beanspruchung.

Nach einer 5tägigen Lagerung bei 90 °C und entsprechender maximaler Feuchtigkeit fällt die Stauchhärte von Polyurethan-Schaumstoffen [19] bei Einbau von Polyestern um −24 bis −35%, bei Einbau von Polypropylenglycoläthern jedoch nur um −13 bis −11%. Bei letzteren setzt die hydrolytische Spaltung bei den Polyurethangruppen ein.

Phenol-Formaldehydharze in Kombination mit Polyvinylacetalen oder mit Epoxyharzen sowie Kombinationen aus Epoxyharzen mit Polycaprolactam dienen bekanntlich als Verbindungselemente im Flugzeugbau.

Die thermische Alterung solcher Klebverbindungen bei 70 °C und 95% relativer Feuchtigkeit während 200 und mehr Stunden führt zu erheblich anderen Ergebnissen als die Freibewitterung. Einem Festigkeitsverlust von 16% bei der thermischen Alterung der Klebfilme aus Phenolharz + Polyvinylformal nach 720 Std. steht kein Abfall der Klebefestigkeit nach 10 Jahren natürlicher Bewitterung gegenüber.

Für die Kombination Epoxyharz + Polyamid wird ein Festigkeitsverlust von 72% nach 200 Std. gemessen, während nach fast 5 Jahren Bewitterung nur 8,5% Rückgang eintritt.

Eine kombinierte Einwirkung von wasserdampfgesättigter Luft von 50 °C bleibt auf die Eigenschaften von Polyamid-Fäden ohne Einfluß. Eine gleichzeitige Bestrahlung mit UV-Licht gibt aber schon einen merklichen Abbau in der Viskosität und in der Reißfestigkeit. Die Effekte werden bei 80 °C noch deutlicher [26].

Die gleichzeitige Exposition von GFP-Formstoffen bei erhöhter Temperatur und in Wasserdampf (Dampfkammer von 140 °C) führt zu Abnahme der Biegefestigkeit um 11% wohl als Folge der Ester- und der Glashydrolyse. Ein mit Polyesterfaser verstärkter Formstoff aus UP ist hierbei stabiler; der Verlust beträgt nach H. D. Müller [31] nur 5%.

Bereits bei einer Wärmealterung bei 70 °C ± 2 °C und 100% Luftfeuchtigkeit von GFP-Formstoffen unter Lichtabschluß tritt innerhalb der ersten 2 Beanspruchungswochen eine Verminderung der Reißfestigkeit um 40···50% ein. Es überrascht nicht, daß diese warm-feuchte Alterung auch bei kaltgehärteten Formstoffen zerstörender verläuft. A. Kh. Jablokoff [38] sieht eine Äquivalenz zwischen 2 Wochen dieser Alterung und 6 Monaten natürlicher Alterung unter Exposition in Großstadtluft (Paris).

Bei Folien aus Polyäthylen niederer und hoher Dichte und bei einer Verbundfolie aus Polyäthylen und Cellulosehydrat führt eine Lagerung in einer Klimakammer, die eine zyklisch nacheinander durchgeführte Wärmebehandlung bei 50 °C und 98% rel. Feuchtigkeit während 8 Std. und eine 16stündige Lagerung bei 20···24 °C gestattet, dazu, daß nach 6 Monaten die Wasserdampfdurchlässigkeit annähernd auf das 2,5fache von 0,25 g/dm² auf 0,64···0,70 g/dm² gestiegen ist. Die mechanischen Festigkeitseigenschaften sind praktisch unverändert geblieben.

Bei einer PVC-Folie ist hierbei die Dampfdurchlässigkeit auf das 4fache auf 0,30 g/dm² gestiegen [36].

Literatur

[1] Ed. C. Sebesta u. a.: Ind. Engng. Chem. Product Res. and Develop. **6** (1967), 150
[2] G. R. Rugger: S.P.E. Journal Juli 1958, 29
[3] K. Thinius u. Mitarb.: Plaste u. Kautschuk **6** (1959), 175
[4] P. Nowak: Kunststoffe **51** (1961), 480

[5] S. P. Foster u. W. W. Spohn: Wire and Wire Products **30** (1955), 1487, 1532
[6] P. G. Kelleher: ACS Div. Polymer Chem. Polymer Preprints **7** (1966), 344
[7] F. H. Winslow u. a.: dto., S. 390
[8] I. A. Laird: British Plastics **32** (1959), 32
[9] P. P. Dagaev: Plast. Massen (UdSSR) 1965, Nr. *5*, 41
[10] V. R. Serafimovich: Chemical Abstracts 1968, *16*, 69822 r
[11] K. T. M. Verschoore: Plaste Inst. Transact. and Journal **32** (1964), 170
[12] N. A. Melichova u. a.: Plast. Massen (UdSSR) 1965, Nr. *4*, 36
[13] A. V. Sĕlion: Plast. Massen (UdSSR) 1963, Nr. *5*, 49
[14] E. I. Kirillova u. a.: Plast. Massen (UdSSR) 1966, Nr. *22*, 43
[15] J. Shimada u. a.: Chemical Abstracts 1968, *12*, 50411 j
[16] D. J. Boyle u. a.: J. appl. Polymer Sci **12** (1968), 1193
[17] K. Thinius: „*Chemie, Physik und Technologie der Weichmacher*", 2. Aufl. 1963, S. 355 u.a. VEB Deutscher Verlag für Grundstoffindustrie, Leipzig
[18] L. F. Korssunski: Lacke, Farben, Anwendung (UdSSR) 1960, Nr. *5*, 11
[19] zitiert nach Vieweg/Höchtlen: „*Kunststoff-Handbuch*", Band: „*Polyurethane*", S. 492 ff, C. Hanser-Verlag. München 1966
[20] R. Nitsche u. a.: Plastische Massen **6** (1936) 411; **7** (1937), 5, 37
[21] A. Wende u. a.: Plaste u. Kautschuk **11** (1964), 47
[22] W. Eichenberger: Kunststoffe-Plastics 1960, Heft *1* und *2*
[23] N. N. Putschkowa: Elektrizität (UdSSR) 1963, Nr. *2*, 69
[24] K. T. M. Verschoore: Plastic Inst. Transact and Journal **32** (1964), 170
[25] S. Wintergerst: Kunststoffe **57** (1967), 189
[26] Ch. W. Hamilton: Wire and Wire Products **31** (1956), 187, 233, 299, 338
[27] Yu. N. Kostenko u. a.: Plast. Massen (UdSSR) 1968, Nr. *3*, 26
[28] V. A. Orlow u. a.: Plast. Massen (UdSSR) 1967, Nr. *6*, 42
[29] H. Wallhäusser u. a.: Kunststoffe **51** (1961), 363
[30] H. Scherger u. a.: Plaste u. Kautschuk **14** (1967), 486
[31] H. D. Müller: Kunststoffe **58** (1968), 177
[32] P. Nowak u. a.: Kunststoffe **48** (1958), 558; **55** (1965), 701
[33] H. Jahn: Plaste u. Kautschuk **13** (1966), 269
[34] M. Neitzel u. a.: Gummi, Asbest, Kunststoffe **20** (1967), 721
[35] K. Jellinek: Kunststoffe **55** (1965), 89
[36] S. V. Genel u. a.: Plast. Massen (UdSSR) 1965, Nr. *12*, 63
[37] V. A. Roždestwenskij: Chem. Ind. (UdSSR) 1954, Nr. *6*, 30
[38] A. Kh. Jablokoff: Ind. plast. modernes **13** (1961), 25
[39] M. I. Frolova u. a.: Plast. Massen (UdSSR) 1968, Nr. *6*, 10
[40] H. I. Oswald und E. Turi: Polymer Engng. Sci **5** (1965), 152

5.5. Ergebnisse der Alterung von Plastformstoffen bei Kombination mehrerer Wetterelemente, vornehmlich in Bewitterungsgeräten

Das Ziel derartiger Untersuchungen über die gleichzeitige oder unmittelbar aufeinander folgende Einwirkung von mehreren Wetterelementen ist, den Jahresklimaablauf auf einen relativ kurzen Zeitraum zusammenzudrängen.

Notwendigerweise muß hierbei der Plastformstoff diesen Wetterelementen in einer bestimmten Reihenfolge, Dauer und auch Intensität ausgesetzt werden. Damit ist aber bereits eine grundlegende Abweichung zu den natürlichen Bewitterungsbedingungen gegeben. Es kommt noch hinzu, daß die Klimazonen der Erde und ihrer Übergangsgebiete zwar in ihren charakteristischen Merkmalen genau, aber in ihrer Auswirkung auf den Plastformstoff noch nicht genügend bekannt sind.

Inwieweit diese klimatischen Unterschiede, die in den Zeiten der modernen Verkehrsmittel relativ kurzfristig auf einen Plastformstoff einwirken können, sich überhaupt einigermaßen real und unter Wahrung des Ziels der Zeitraffung noch zulässig intensiviert in einem Bewitterungsgerät nachahmen lassen, kann noch nicht voll übersehen werden. Ebensowenig werden sich sohl die gar nicht so seltenen ungünstigen Wetterbedingungen nachstellen lassen, die in ihrer gesteigerten photochemischen, photohydrolytischen oder hydrodynamischen oder nur hydrolytischen Aktivität den Plastformstoff stärker schädigen als ein „normales" Wetter. Offenbar ist auch erst in letzter Zeit die Bedeutung der kombinierten Einwirkung von Kältetemperaturen und Feuchtigkeit* beim Bau von Bewitterungsgeräten beachtet worden [2].

Die doch überwiegend als ein System von Makromolekülen und niedermolekularen Zusatzstoffen zur Exposition kommenden Plastformstoffe sind demgemäß auch durch unterschiedliche Wärmekoeffizienten ausgezeichnet. Dies bringt nicht nur ein unterschiedliches Verhalten beim Aufheizen oder Abkühlen durch den gesamten Volumen-Querschnitt des Plastformstoffes mit sich, sondern es muß auch damit gerechnet werden, daß die Temperatur-Gradienten von Eigenschaftswerten des Plastformstoffes als solchen oder seiner Bestandteile von einander abweichen.

Letztere entwickeln durchaus nicht bei allen Temperaturen oder Feuchtigkeitsgehalten ihre optimalen Eigenschaften. Es läßt sich nicht übersehen, daß ein — wohl nicht erwünschtes — Resultat derartiger Wetterbeanspruchungen unter beschleunigten, besser intensivierten, Bedingungen, die Ausbildung eines etwas komplizierten Systems von Spannungszuständen innerhalb eines Plastformstoffes ist, das dann mehr oder weniger schnell zum Versagen führt. Es muß weiterhin beachtet werden, daß solche intensivierten Kurzzeitteste mit einem relativ schnell aufeinanderfolgenden Zyklus sich ergänzen sollender Beanspruchungsarten gar nicht oder in einem ganz anderen Zeitrhythmus als bei der natürlichen Bewitterung es zulassen, daß eine Verflüchtigung, ein Ausschwitzen oder Auswandern oder Auslaugen von qualitätsbestimmenden Zusatzstoffen im Plastformstoff eintritt.

Ferner sei nochmal auf die bei all solchen Kombinationen von Wetterelementen gern benutzte Temperaturerhöhung — oft sogar völlig abwegig bis über das Erweichungsgebiet des Plastformstoffes — eingegangen, als deren Folge durchaus nicht nur Veränderungen in physikalischen Eigenschaften eintreten, sondern auch chemische Reaktionen das Alterungsverhalten beeinflussen.

---

* siehe hierzu die von THINIUS [1] schon früher betonte Notwendigkeit in der Weichmacher-Technologie zwischen „*trockener und nasser Kälte*" zu unterscheiden.

Es können dies sowohl Beendigungen von Polymerisationen oder Polykondensationen wie auch Kettenbrüche, Sauerstoff-Korrosionen oder Hydrolysen sein.

Eine solche oft in bestimmten Zeitabständen durchgeführte Temperaturänderung kann durchaus viel stärker zu Eigenschaftsänderungen führen als eine statische Erwärmung.

Die gleichzeitige oder nachgeschaltete Einwirkung zwei oder mehr dieser intensivierten Wetterelemente wirken sich durchaus nicht gleichartig aus. Wir müssen vielmehr auch hier synergetische Steigerungen in Betracht ziehen.

Natürlich gibt es auch Grenzen für die Intensität der Wetterelemente bei diesen „*künstlichen*" Alterungen. Jedoch wird man wohl stets berücksichtigen müssen, daß diese gleichzeitige oder in bestimmten zeitlichen Zyklen durchgeführte kombinierte Anwendung der Wetterelemente stets eindeutig aggressiver ist als die einfache Anwendung einer Bedingung.

5.5.1. Ergebnisse der Beanspruchung der Plastformstoffe im Weatherometer

Es handelt sich also hier um die Aussagen systematischer Untersuchungen in solchen Bewitterungsgeräten, die das Licht der Kohlenbogenlampen evtl. zusammen mit dem anderer Lichtquellen mit dem Einfluß der Feuchtigkeit oder der Bewässerung sowie der Temperatur der Prüfkörper kombinieren (siehe Kap. 2, S. 39).

Die vielfältigen Varianten im Bau derartiger Geräte haben u. a. auch zu dem Urteil geführt, daß dieser Typ wohl am besten eine Programmierung von Klimabedingungen mit periodischem Ablauf unter den Möglichkeiten einer Laboratoriums-Untersuchung ermöglicht. Dies bedeutet aber durchaus nicht, daß keine Veränderung im Mechanismus der Alterung des Plastformstoffes gegenüber der natürlichen Bewitterung eintritt.

An Platten aus Äthylcellulose ist nach einer solchen künstlichen Alterung eine Zunahme der Reißfestigkeit um 21% gegenüber dem Ausgangswert festgestellt. Damit steht einigermaßen in Übereinstimmung die bei der natürlichen Bewitterung gefundene Zunahme von 10%. Für die im Bewitterungsgerät unverändert gebliebene Biegefestigkeit besteht keine Relation zwischen der künstlichen und natürlichen Alterung.

Die Kerbschlagzähigkeit dieser so gealterten Platten zeigt einen Rückgang von 70%, während die natürlich gealterten Platten nach diesem Kriterium beurteilt, keine Veränderung erkennen lassen [3].

Bei der künstlichen Alterung von Hochdruck-Polyäthylen aus der amerikanischen Produktion der Jahre 1940···1950 im Weatherometer mit einer kombinierten Einwirkung von Licht einer offenen Kohlenbogenlampe und Wasserberieselung fanden V. T. Wallder u. a. [4], daß es nach 30···40 Std. soweit verändert ist, daß die Kältebrüchigkeit bei −25 °C eintritt. Dies entspricht einer Beständigkeit von 3···4 Monaten im gemäßigten Klima.

Die Maßnahme, die Alterung durch Pigmentzusatz, vornehmlich Ruß, abzubremsen, führt hierbei zu dem Ergebnis, daß jetzt die Brüchigkeit bei −25 °C des 2% Ruß enthaltenden Prüfkörpers nach 550 Std. im Weatherometer eintritt. Ihr ist etwa eine $6^1/_2$ Jahre lange natürliche Bewitterung äquivalent.

Werden rußhaltige PE-Formstoffe, die außerdem noch ca. 2,4% Polyisobutylen-Zusätze enthalten, im Weatherometer gealtert, so wird eine Beständigkeit von 400 Std. bei diesem Kältetest erreicht. Der Vergleichswert für die Außenbewitterung ist 4,5 Jahre.

Für das transparente HD PE bedeutet dies einen Beschleunigungsfaktor der Alterung von 60 und für die rußhaltigen Formstoffe entspricht ein Weatherometer-Tag etwa 100 Tage Freibewitterung.

Das von P. Simionescu und Mitarb. [5] für die Alterung von 3 verschiedenen Hochdruck-Polyäthylen-Typen verwendete Weatherometer hat eine stark im UV und IR ausstrahlende Kohlenbogenlampe und erlaubt einen Bewitterungs-Zyklus von 48 Std. Belichtung + 24 Std. feuchter Wärme bei einer Temperatur von 60···65 °C. Die Prüfkörper bewegen sich mit 1···3 U/min. Ausweislich der *Tab. 113* tritt neben dem Abfall der mechanischen Eigenschaften auch eine Veränderung in dem Makromolekül selbst auf. Das Molgewicht steigt an; bei der Spritzguß-Type bis zu nicht mehr meßbaren Werten (Vernetzung?)

In *Tab. 113* sind die korrespondierenden Werte nach Freibewitterung im Land- und Meeresklima Rumäniens mit aufgenommen. Sie lassen wiederum die erhebliche Intensivierung der Alterung im Weatherometer nach maximal 720 Std. (~1 Monat) erkennen. Allein der Vergleich der Werte für das mittlere Molgewicht und den Fließindex macht bereits deutlich, daß der natürlichen Alterung wohl doch ein andersartiger molekularer Mechanismus zu Grunde liegen muß als bei der Beanspruchung im Weatherometer.

F. Baxmann und K. Kopetz [6] kommen bei der „*Alterung*" von PVC-H-Platten mit verschiedenen Stabilisatorsystemen zu dem Urteil, daß innerhalb der 1000 Std. Exposition im Weatherometer unter der zyklisch-kombinierten Einwirkung von Kohlenbogenlampenlicht und Wasser bei 55 °C Lufttemperatur sich die zusätzliche Wasserberieselung kaum verschärfend auf den Alterungsablauf auswirkt.

Es werden praktisch die gleichen Befunde wie bei der „*trockenen*" Belichtung erhalten.

H. H. Frey [7] gibt für die Beständigkeit von PVC-H-Platten, bleistabilisiert oder ausreichend mit Sn-organischen Verbindungen stabilisiert, in einem solchen Weatherometer — Temperatur 55 °C, Belichtung 108′ und Belichtung mit Wasserberieselung 18 Min — bis 1500 Std. an.

Die mit Chlorpolyäthylen schlagfest eingestellten PVC-Platten (transparent, farblos) erreichen bei Benutzung von Ba-Cd-Stabilisatoren 2500···3500 Std.

Bei der Alterung von pigmentierten PVC-W-Formstoffen handelsüblicher Produktion im Weatherometer mit zusätzlicher Berieselung durch Wasser hat F. G. Clark [8] eine vom Farbton abhängige Temperatur der Prüfkörper zwischen 36 °C (weiß) und 48 °C (schwarz) gemessen. Sie liegen also in demselben Bereich wie bei der Freibewitterung im Süden Nordamerikas.

Durch die Exposition im Weatherometer bleichen die Prüfkörper aus. Die Zeit

Tabelle 113

Künstliche Alterung von Polyäthylen-Formstoffen durch Kombination von Wetterelementen im Bewitterungsgerät (nach SIMIONESCU [5])

PE-Typ	σ Ausgangswerte kp/cm²	ε %	Zähigkeit cmkp/cm²	Fließ-Index g/10′	M10⁻³	Weatherometer nach 5 und 10 Zyklen*) σ	ε	Z	I	M	Meeresklima 6 Monate σ	ε	Z	I	M	Landklima 3 Monate σ	ε	Z	I	M
121 Spritzguß	506	850	4,3	0,3	36,6	385 321	524 315	3,8 3,7	0,003 0,003	nicht meßbar	384	380	3,6	0,08	66,9	368	648	3,7	0,05	76
322 Folie	450	820	3,3	2,1	24,5	349 343	618 410	3,0 3,3	0,41 0,04	54,1 —	377	447	3,7	0,43	33	363	710	3,0	0,85	42
K 321 Kabel	420	830	3,5	2,2	25,1	357 —	735 —	3,1 3,1	0,94 —	36,4 36,5	370	420	—	0,91	32	359	372	3,3	0,45	32

* Werte in erster Zeile nach 5, in zweiter Zeile nach 10 Zyklen.

ist natürlich vom Farbton abhängig und offenbar auch von der im einzelnen nicht bekannten Zusammensetzung dieser Handelsware (*A*, *B*, *D*). In *Tab. 114* sind die Weatherometer-Stunden den maximal bei der Außenbewitterung erreichten Alterungsstunden gegenübergestellt.

Tabelle 114
Künstliche Alterung im Weatherometer
Ausbleichstunden für PVC-W-Formstoffe pigmentiert

Farbton	Weatherometer-Std.			Bewitterungsstunden		
	A	*B*	*D*	*A*	*B*	*D*
farblos						
transparent	160	320	—	320	500	—
grün	240	500	80	320	625*	410
blau	40	320	40	120	410	240
rosa	410	320	40	240	625*	80
gelb	100	—	80	240	—	240
pfirsichfarben	200	160	60	320	320	410
weiß	—	240	—	—	625*	—
rot	—	—	120	—	—	160

* geschätzt

Die von F. G. Clark festgestellte gute Relation des Ausbleichens der Filme unter diesen extremen Bedingungen ist nur dahin zu verstehen, daß im Durchschnitt ein Film, der unter künstlichen — beschleunigten — Bedingungen langsam ausbleicht, auch eine lange Zeitdauer im Freien beständig ist.

W. A. Roždestwenskij [9] findet bei der Alterung von Weich-PVC in einer Wetterkammer mit Kohlenbogenlampen bei 70 °C Versuchsdauer, daß die Reißfestigkeiten der 4 Versuchsmuster (ohne Angabe der Zusammensetzung) innerhalb der ersten 10···20 Tage etwas abnehmen, dann stellt sich ein neues Festigkeitsniveau ein und in einigen Fällen tritt nach 50···60 Tagen nochmal ein Abfall ein.

Wesentlich stärker ist bei den meisten Prüfkörpern der stetig erfolgende Abfall der Werte für die Reißdehnung, die nach 50···60 Tagen eine völlige Versprödung des PVC-W-Formstoffes anzeigen. Roždestwenskij gibt eine Relation 100 Std. Weatherometer entsprechen einem Jahr Freibewitterung im Klima von Moskau. Demgemäß werden die nach 400···1000 Std. Weatherometer-Exposition ausfallenden licht- und wärmebeständigen Einstellungen in ihrer Lebensdauer auf 4···10 Jahre geschätzt.

Nach den Angaben von I. R. Darby und P. R. Graham [10] muß angenommen werden, daß der Wasserzyklus im Weatherometer bei PVC/DOP 50/50-Folien bzw. bei Verwendung von DOP im Gemisch mit 2-Äthylhexyl-di-phenylphosphat (40/10) zu einer Beschleunigung der Alterung beiträgt. Derartige Formstoffe versagen nach 750 Std. gegenüber 3500···3750 Std. bei alleiniger Belichtung im Kohlenbogenlicht. Die hierbei auftretende Klebrigkeit ist im Weatherometer nicht zu beobachten. Die Folien enthielten ein Stabilisatorsystem aus epoxydiertem Sojaöl und Ba–Cd-Octylphenolat + Zn-Octoat + Triphenylphosphit.

In weiteren Untersuchungen haben die Autoren dann die Steigerung der Beständigkeit gegenüber den Beanspruchungen im Weatherometer bei 63 °C und einer 18 Min. dauernden Berieselung während eines 2stündigen Rotationszyklusses durch Benzophenonderivate festgestellt.

Da bekanntlich häufig die Beständigkeit im Weatherometer zur Beurteilung von Stabilisatoren aller Art benutzt wird, ist die Frage von Bedeutung, inwieweit ein Zusammenhang zwischen dem UV-Absorptionsspektrum und der Weatherometer-Stabilität besteht. Eine Folie aus PVC/WM 66/33 + 6% Epoxy-Cd-Stabilisator und 1% UV-Absorber diente zur Ermittlung der prozentualen Absorption. Unter Berücksichtigung eines willkürlich gewählten Grenzwertes von mindestens 85% UV-Absorption ergab sich, daß alle die Benzophenonderivate, die im Wellenlängenbereich von $\lambda = 350 \cdots 375$ nm diese Absorption zeigen auch eine gute Stabilität den PVC-W-Folien bei der Weatherometer-Beanspruchung erteilen. Es sind hier vornehmlich zu nennen:

2,2′-Dihydroxy-benzophenon
2,4-Dihydroxy-benzophenon
2-Hydroxy-4-methoxy-benzophenon
2,4-Dihydroxy-4′-methoxy-benzophenon
2,4,4′-Trihydroxy-benzophenon

Als Beispiele für ungeeignete UV-Absorber — also solche mit schlechter Weatherometer-Stabilität — seien die p-substituierten Derivate:

4-Hydroxy-benzophenon
4,4′-Dihydroxy-benzophenon
4,4′-Dimethoxy-benzophenon
α-Phenyl-benzophenon

genannt.

Die Leistungsfähigkeit des obengenannten UV-Absorbers 2-Hydroxy-4-methoxy-benzophenon (HMB) ist in PVC-W-Folien mit dem Thermostabilisatorsystem aus Epoxy–Cd-Verbindungen sowohl in dem optischen Befund des Reflexionsvermögens, wie auch in den Werten der Reißfestigkeit und vornehmlich Reißdehnung durch eine Erhöhung der Weatherometer-Stabilität um das 3···4fache charakterisiert. Die Exposition kann hier bis auf 4000···6000 Std. (= 250 Tage) ausgedehnt werden. Von den Bleistabilisatoren gibt nur die Kombination des dibasischen Pb-phosphits mit HMB eine Weatherometer-Stabilität von 5000 Std.

Aus der Reihe der Organo–Sn-Stabilisatoren lassen sich am besten die Systeme aus Dibutyl–Sn-dilaurat und Dibutyl–Sn-maleinat mit dem HMB kombinieren. Jedoch wird hier die Verminderung der Dehnungswerte auf den gleichen Endwert bereits in weniger als 200 Std. erreicht.

Für Formstoffe aus Polymethacrylat bzw. aus Mischpolymerisaten des Methylmethacrylats mit α-Methylstyrol soll das Weatherometer nach den Angaben von J. M. Jordan und Mitarb. [11] ähnliche Veränderungen in den optischen und mechanischen Eigenschaften hervorbringen wie die Freibewitterung unter den tropischen Bedingungen im Süden Nordamerikas. Die Ergebnisse im Weatherometer haben korrekt vorausgesagt, daß keine sichtbare Veränderung dieser Formstoffe bei der Freibewitterung Durchlässigkeitsverluste und das Ausbleichen für rote und gelbe Einfärbungen im MP und die relative Versprödung während der Freibewitterung im gemäßigten Klima eintreten werden.

Die absoluten Beträge der Veränderungen während der Freibewitterung lassen sich nicht durch die Exposition im Weatherometer voraussagen.

Für Polyvinylbutyral-Formstoffe erkennen MEYER I. LANDSBERG u. a. [12] eine Parallelität der Exposition in einem Weatherometer in ihren Ergebnissen des Rückgangs der mechanischen Eigenschaften mit der Freibewitterung in Florida (USA). Der Verlust an Dibutyl-glycol-sebacinat ist hierfür die Hauptursache für den Dehnungsrückgang.

Im Zusammenhang mit seinen Studien über die Austauschmöglichkeit von Styrol durch Acrylsäuremethylester in der GFP-Formstoff-Technologie hat M. C. SLONE [13] bei der Exposition der mit Styrol + Methylacrylat in wechselnden Verhältnissen zu einander imprägnierten Glasfaser-Matten im Weatherometer gefunden, daß nach 1800 Std. keine Vergilbung und kein Heraustreten von Fasern aus der Oberfläche des Laminats eintritt. Auch nach 2500 Std. ist ein Methylacrylat-Laminat gegenüber dem Styrol-Laminat nur sehr wenig vergilbt.

Bei der Exposition eines mit Baumwollgewebe und Mischkondensaten aus Harnstoff- und Phenol mit Formaldehyd hergestellten Laminats im Weatherometer tritt nach LONG [3] eine Abnahme der Reißfestigkeit und der Biegefestigkeit um 11% bzw. 27% ein. Auch aus der Abnahme der Kerbschlagzähigkeit nach Izod um −2% geht die weitgehende Übereinstimmung dieser Beanspruchung mit der natürlichen Bewitterung hervor. Demgemäß kann für derartige Laminate das Weatherometer zu prognostischen Entwicklungen für wetterfeste Formstoffe herangezogen werden.

Dagegen betont I. WINKLER [14], daß bei den Epoxyharz-Formstoffen die bei der Alterung im Weatherometer — Temperatur $< 60\,°C$, nach 30 Min. Wassereinwirkung für 5 Min. UV-Licht, vollautomatisches Gerät — eine Korrektur zur Freiluftalterung notwendig ist.

In der ersten Alterungsperiode von 500 Std. fällt der Oberflächenwiderstand schnell ab, dann stellt sich bis zu maximal 3000 Std. ein neues Niveau ein.

5.5.2. Ergebnisse der Beanspruchung von Plastformstoffen im Xenontestgerät

Es handelt sich also hier um die Kombination des Lichtes der Xenonbogenlampe mit anderen Wetterelementen.

Bei einer Lufttemperatur von 25···30 °C stellt sich eine Temperatur der Prüfkörper von 40···45 °C ein. Die relative Luftfeuchtigkeit ist bei den Geräten etwa der bei der Freiluftbewitterung (~ 20% rel. F.). Wir haben in unserem Gerät eine Luftfeuchtigkeit von 60% gehabt. Die Prüfkörper sind im Abstand von je 30 Min. 5 Min. lang mit Wasser berieselt.

Die Lichtintensität im Xenontest-Gerät wird von R. SATTELMEYER und K. H. REICHERT [15] für den $\lambda = 450$-nm-Bereich mit $11{,}1 \cdot 10^{-7}$ Molquanten/Min. und für $\lambda = 310$ nm mit $1{,}2 \cdot 10^{-7}$ angegeben; sie liegt also etwas unter der des Sonnenspektrums.

R. KAMAL und R. SAXON [16] haben auf Grund der Ermittlung von 13 Eigenschaften an 10 verschiedenen Plastwerkstoffen gefunden, daß die Eigenschaftsänderungen (P) in einem Xenon-Weatherometer etwa nach der Gleichung

$$\ln P = b_0 + b_1 (t - 250)$$

errechnet werden können.

Hierin sind „t" die Expositionszeit in Stunden und b_0 und b_1 Versuchsparameter, die Variable aus der Zusammensetzung der Kinetik und der Umgebung umfassen. Sie zeigen die gute Übereinstimmung an der Farbänderung des PS und an der Abnahme der Reißfestigkeit graphisch auf, wobei die Zeitachse in Langleys umgerechnet ist. Unter Benutzung der Lichtdurchlässigkeit als Maßzahl hat V. SCHÄFER [19] eine Übereinstimmung einer zweimonatigen Exposition von Polystyrolfilmen im Xenotestgerät mit einer nach je 60 Min Trockenperiode nachgeschalteten Regendauer von 20 Min mit einer natürlichen Alterung unbekannter Dauer erreicht.

Bei unseren Untersuchungen [17] über die Vergilbung von pigmentierten Polystyrol-Formstoffen — Pigmente Lithopone, und zum Abtönen Cd-gelb und Cd-rot — im Xenontestgerät ergab sich, daß hier keine Bedingungen geschaffen werden konnten, die zu den bei der natürlichen Bewitterung auftretenden Verfärbungen führen. Die Versuchsdauer war 147 Std.; die Prüfkörper sind in der ersten Stunde alle 10 Min., dann jede Stunde und schließlich jeden Tag auf Verfärbung untersucht.

In dem von H. LUTHER und Mitarb- [18] benutzten Xenontestgerät erfahren die Prüfkörper aus PVC + Trikresylphosphat 59/40 + 1 Gleitmittel eine Bestrahlungsstärke von 258000 Lux in einer relativen Luftfeuchtigkeit von 90% und bei einer Oberflächentemperatur von 60 °C.

Der Hell-Dunkel-Wechsel erfolgte im Rhythmus von 10 Sek. Aus dem Befund der Bildungen wesentlich größerer Mengen an Reaktionsprodukten aus dem TKP schließen die Autoren, daß das in diesem Gerät gebildete Ozon und Stickoxid die oberflächliche Oxydation der Prüfkörper stark beeinflussen. Der Gehalt an Stickoxiden ist etwa 10mal so hoch wie in der Luft an sonnigen Sommertagen. Im Gegensatz zur Freibewitterung bewirkt die Alterung im Xenontestgerät eine merklich geringere C–C-Vernetzung. Der Stabilisator — Tribase — verhindert die Oxydation des Prüfkörpers auf seiner Rückseite, wogegen im unstabilisierten Prüfkörper dort eine doppelt so hohe Oxydation wie im Freien stattfindet.

Literatur

[1] K. THINIUS: „*Chemie, Physik und Technologie der Weichmacher*", 2. Aufl., S. 126. VEB Deutscher Verlag für Grundstoff-Industrie Leipzig, 1963

[2] W. HENNIGER u. a.: Farbe u. Lack **71** (1965), 562

[3] J. K. LONG: British Plastics (1949), 619
[4] V. T. WALLDER u. a.: Ind. Engng. Chem. **42** (1950), 2320
[5] T. SIMIONESCU u. a.: Materiale Plastice **5** (1968), 307
[6] F. BAXMANN u. a.: Kunststoffe **52** (1962), 465
[7] H. H. FREY: Kunststoffe **53** (1963), 103
[8] F. G. CLARK: Ind. Engng. Chem. **44** (1952), 2697
[9] W. A. ROŽDESTWENSKIJ: Chem. Ind. (UdSSR) 1954, Nr. **6**, 30
[10] I. R. DARBY u. a.: Modern. Plastics **39** (1962), 148
J. Chem. Engng. Data **4**, (1959), 372
[11] I. M. JORDAN u. a.: Modern Plastics **44** (April 1967), 156
Chemical Abstracts **68** (1968), 8, 30515 t
[12] MEYER I. LANDSBERG, u. a.: Proc. Amer. Soc. Testing Mater. **51** (1951), 1262
[13] M. C. SLONE: S.P.E. Journal **16** (1960), 1123
[14] J. WINKLER: Internationale Tagung über G.F.P., Berlin 1965, Vortrag I 9
[15] R. SATTELMEYER u. a.: Deutsche Farben-Zeitschrift **22** (1968), 137
[16] R. KAMAL u. a.: Modern Plastics **44** (April 67), 150
[17] gemeinsam mit R. SCHLIMPER im Jahre 1962
[18] H. LUTHER u. a.: Korrosion *20*, „*Alterung und Korrosion von Kunststoffen*". Verlag Chemie GmbH, Weinheim 1967, S. 95
[19] V. SCHÄFER: Appl. Polymer Symp. **4** (1967), 111

6 Relation der Ergebnisse aus den Alterungen unter natürlichen und experimentellen Bedingungen

Die bisherigen Ausführungen über das Verhalten der derzeitigen in technischer Produktion befindlichen Plastformstoffe haben wohl klar erkennen lassen, daß für die Einschätzung der Gebrauchsdauer derartiger Formstoffe das Ergebnis einer unter natürlichen Bedingungen durchgeführten Belastung die primäre Bedeutung hat und daß die unter den verschiedensten experimentellen Bedingungen durchgeführten *„beschleunigten oder künstlichen Alterungen"* nur ein Mittel darstellen können, um bestimmte Umwelt- oder Beeinflussungsfaktoren speziell zu studieren.

Die Erfahrungen sowohl in den Studien der Alterungsvorgänge der Plastformstoffe wie auch, in wohl bedeutenderem Umfange, der Materialien der Anstrichmittelindustrie hat wohl eindeutig gelehrt, daß keine *„künstliche Alterung"* in ihren experimentellem Ablauf so gestaltet werden kann, daß eine vollständige Relation für alle Materialien mit irgendeiner spezifischen Außenbewitterung entsteht.

Wenn es auch üblich geworden ist, und die Erfahrung hierfür auch eine gewisse Berechtigung aufgezeigt hat, einen nach speziellem Aufbau und nach der Verarbeitungstechnologie als typisch geltenden Plastformstoff als Prototyp für eine Stoffklasse als Bezugsgröße einzusetzen, so bedeutet dies bei der sehr großen Variabilität der Alterung unter natürlichen Bedingungen doch wohl nur ein Vermeiden der gröbsten Irrtümer bei der Interpretation der Alterungsergebnisse.

Ausgehend von der Erkenntnis des vorwiegend photochemischen Reaktionsmechanismus der Alterung unter natürlichen Bedingungen sei noch mal daran erinnert, daß eine Sonnenstunde im Sommer nicht gleichgesetzt werden kann mit einer im Winter. Aber auch wenn man ausschließlich die photochemische Wirksamkeit in Beziehung zu den Langleys (= cal/cm^2) setzt, so ist in der Sonneneinstrahlungszeit ihre Zahl regional verschieden [2]. In den Regionen der Erde, wo die Luft und der Himmel am klarsten sein können, liegt das tägliche Maximum der Langleys bei 1,15 cal/cm^2 in den Stunden zwischen 12 und 14 Uhr. Dieses Maximum ist in den 3 Monaten Mai, Juni und Juli als äquivalent anzusehen. Das tägliche Sonnenstunden-Mittel ist am höchsten im Mai, dann folgen April, Juni—März, Juli, August, September, Oktober, November—Februar, Dezember, Januar. Daraus erklären sich die bekannten jährlich immer wieder beobachteten starken Alterungsvorgänge der Plastformstoffe und Anstrichstoffe seit März—April. Ihre Ursache liegt nicht in einer verlängerten, wohl aber intensivierten mittleren Strahlung.

Bezüglich der Anzahl der Langleys sollte man den Juli als am stärksten wirksam betrachten. Dann folgen Juni, August, Mai, April, September, März, Oktober, Februar, November, Januar, Dezember.

Berücksichtigt man weiter, daß einer Sonnenlichtbeanspruchung ein gewisses Abklingen der Alterungsreaktionen in der Nachtzeit und bei Niederschlägen folgt und daß auch autokatalytische Phänomene nicht auszuschließen sind, so birgt das Übersehen all dieser Tatsachen doch eine erhebliche Gefahr, zu einer irrtümlichen Auffassung über die Bedeutung der künstlichen Alterung und ihrer Relation zur Freibewitterung zu kommen.

Die Relationen zwischen den Beständigkeiten der Plastformstoffe unter experimentellen Bedingungen, wie sie beispielsweise in den Schnellbewitterungsgeräten oder ihnen „*äquivalenten Maßnahmen*" eingestellt werden können, und denen unter dem natürlichen Wettereinfluß können also überwiegend doch nur recht grob sein. Sie sind nicht nur stark abhängig von der chemischen Konstitution des Makromoleküls und dem Aufbau des Systems Plastformstoff nach Art und Menge der Hilfsstoffe, sondern sind auch häufig noch von Gerät zu Gerät auch gleicher Type recht verschieden.

Die von F. G. Clark [1] im Jahre 1952 gegebene Empfehlung, die Ergebnisse einer beschleunigten Alterung solange nur als vorläufige Urteilsbasis zu benutzen, bis das Ergebnis einer Außenbewitterung vorliegt, ist auch heute durchaus noch beachtenswert. Sie kann dahin ergänzt werden, daß anstelle einer Außenbewitterung auch das typische praktische Anwendungsgebiet treten kann.

Diese Relation „*natürliche und künstliche Alterung*" schließt selbstverständlich auch die Relationen der einzelnen Klimazonen untereinander ein.

Eine gewisse Erschwernis bei der Beurteilung solcher Relationen liegt darin, daß man die unter experimentellen Bedingungen abgelaufene Alterung unter einer sehr bevorzugten Beurteilung der visuell erkennbaren Oberflächenveränderungen und hierbei oft auch nur der Verfärbung bewertet hat. Nur selten sind die Veränderungen der mechanischen oder dielektrischen Eigenschaften gemessen und fast nichts ist über die Veränderungen in der physikalischen Textur oder gar in der chemische Konstitution durch exakte Untersuchungen bekannt. Es ist nicht ohne Interesse, daß selbst Herstellerfirmen von Schnellbewitterungsgeräten eindeutig die Problematik dieser Relationen aufzeigen, andererseits aber glauben, trotzdem die Berechtigung zum Vertrieb solcher Geräte nicht aufzugeben [24].

Trotz all dieser Vorbehalte soll versucht werden, einige Gegenüberstellungen der „*Lebensdauer*", d. h. also des Versagens eines Plastformstoffes bei irgendeiner Meßgröße auf Grund der Anwendung einer beschleunigenden intensivierenden Alterungsmethode und der Beanspruchung unter natürlichen Bedingungen zu geben.

Daraus eine „*Güteklassifizierung*" der Plastformstoffe oder der ihnen zugrunde liegenden Hochpolymeren abzuleiten, ist keineswegs frei von Bedenken.

Ohne in Wiederholungen zu verfallen, sei lediglich nochmal auf den gravierenden Einfluß der „*Vorgeschichte*" eines jeden Plastformstoffes nach Synthese des Makromoleküls, Qualität der Verarbeitung und der dazu benötigten Hilfsstoffe hingewiesen. Auch die Leitung des Alterungsvorganges selbst bietet noch viele oft unbewußt übersehene Imponderabilien, die eine solche Güteklassifizierung beeinflussen würden.

Wenn beispielsweise I. CHOTTINER und E. B. BOWDEN [3] an 29 handelsüblichen Plastformstoffen eine Äquivalenz zwischen „*300 Std. in dem Bewitterungsgerät und 1 Jahr Außenbewitterung im zentralen Teil der nördlichen gemäßigten Zone*" feststellen, so ist doch auch ihre Einschränkung nicht zu übersehen, daß auch beim Weatherometer-Gerät keine allgemein gültige Relation besteht.

Für ihre Aufstellung fehlt auch jede Angabe über die Zusammensetzung der Formstoffe, so daß bestenfalls die Feststellung der Brauchbarkeit des von der Firma Westinghouse hergestellten Weatherometers getroffen werden kann, wann bei den einzelnen Plastformstoffen Risse, Verkreidungen oder Opakwerden oder Verfärbungen auftreten.

Danach tritt bei Formstoffen aus Celluloseacetat nach 600 Std. WOM-Stunden und bei Formstoffen aus Celluloseacetobutyrat nach 2500 Std. ein Mattwerden oder eine Erosion der Oberfläche ein. Die hierin zum Ausdruck kommende — an sich durchaus bekannte — bessere Alterungsfestigkeit des CAB findet sich auch in der Abnahme der dielektrischen Werte. Für CA ist nach 1580 Std. eine Abnahme von −13% und von −7% beim CAB nach 3893 Std. gemessen.

Die bei der natürlichen Alterung von Celluloseester-Formstoffen stets beobachtete Abgabe von Weichmachern [4] macht die hier gegebenen Relationen unsicher.

Ein Vergleich der von uns erhobenen Befunde bezüglich des Auftretens von Rissen beim Bewittern von Polyäthylen-Formstoffen im Klima der DDR und der Angaben von I. CHOTTINER und E. B. BOWDEN über das Verhalten im Weatherometer zeigt eine Übereinstimmung insofern, daß das höher kristalline PE am anfälligsten bei beiden Beanspruchungen ist. Hier würde eine Relation: 900 Weatherometer-Stunden sind äquivalent 2,5⋯3 Jahre DDR-Klimabeanspruchung. gelten. Jedoch scheint das von B. DOLEŽEL (siehe Seite 92) beobachtete schnellere Auftreten von Rissen im intensiven Sonnenlicht diese Relation nicht zu bestätigen.

Bei Benutzung der Reißfestigkeit als Alterungskriterium für PE-Formstoffe kommen R. I. MARTINOVICH und G. R. HILL [5] zu folgender Relation zwischen der Freibewitterung in Monaten und den Weatherometer-Stunden:

Weatherometer Stunden	Monate im Klima von Arizona	Oklahoma	Ohio
1000⋯2000	12⋯24	24⋯42	42
3000⋯4000	24⋯36	42	42
5000	42	42	42

Tatsächlich sind die rot bzw. grün eingefärbten PE-Formstoffe in Oklahoma mehr als 6 Jahre in Benutzung mit den mechanischen Eigenschaften

rot 352 kp/cm² bei 14% Reißdehnung
grün 337 kp/cm² bei 13% Reißdehnung

Bei der Weatherometer-Exposition ist der rote Formstoff noch nach 2000 Std. brauchbar, der grüne jedoch schon nach 525 Std. unbrauchbar ($^1/_3$ Anfangsreißfestigkeit).

Eingefärbte Rohre aus Polyäthylen hoher Dichte versagen nach 800···1500 Std. bei der WOM-Exposition. Diese Zeit ist einer Bewitterung von 3···3,5 Jahren in dem Klima von Ohio äquivalent. Die Absolut-Beträge der Festigkeiten der dort exponierten Rohre sind abhängig vom Pigment gemäß nachstehender *Tab. 115*.

Tabelle 115

Bewitterung von PE-Rohren, Einfluß der Pigmente auf Änderung der mechanischen Eigenschaften, Bewitterungsdauer 3···3,5 Jahre

	schwarz	rot	blau	grün	weiß
Reißfestigkeit kp/cm²	281	243	281	243	246
Reißdehnung %	44	47	32	27	43
Schlagfestigkeit kpcm/cm²	8,8	6,7	4,4	4,4	3,3

Die oben auf Grund von phänomenologischen Veränderungen der Oberfläche aufgestellte Relation 300 WOM-Stunden = 1 Jahr Freibewitterung stimmt also für die mechanischen Eigenschaften nicht.

In dem Zusammenhang interessiert noch die Feststellung von Martinovich und Hill, daß PE-Platten (d = 0,960, Schmelzindex 0,2) in Kühltürmen noch nach 9 Jahren ohne Schäden im Einsatz sind.

Auch aus den von G. Simon [6] durchgeführten Alterungen von verschiedenen eingefärbten PE-Formstoffen im Klima des Sauerlandes (BRD) bzw. von Singapore bzw. in einem WOM ergibt sich, daß die Charaktere der Alterungen, beurteilt nach Reißfestigkeit und Reißdehnung, nur im Prinzip übereinstimmen. Bezüglich der Alterungsgeschwindigkeiten ergeben sich signifikante Unterschiede.

Erwartungsgemäß nimmt die Reißdehnung stark ab. Einem monotonen Abfall im Klima von Singapore steht ein Abfall mit geänderter Geschwindigkeit bis zum Erreichen völliger Versprödung im WOM und im Klima des Sauerlandes gegenüber. Der anfängliche Anstieg der Reißfestigkeitswerte ist ebenfalls unter den 3 Bedingungen deutlich verschieden und auch der später einsetzende Abfall beginnt zu abweichenden Zeitpunkten und verläuft nicht gleichartig.

Aus der von G. Simon gegebenen vergleichenden Aufstellung seien einige markante Werte entnommen (*Tab. 116*).

Demgemäß müssen die Relationen der künstlichen Alterung im WOM zu der natürlichen Alterung klimaabhängig sein. Für die Relation WOM zu Sauerland errechnet Simon eine Beschleunigung von 6,0 für das WOM.

In Singapore verläuft die Alterung etwa 2,3mal so schnell wie im Sauerland.

Tabelle 116

Bewitterung von Polyäthylen-Platten unter 2 Klimabedingungen und im Weatherometer (Veränderung der Reißfestigkeit und -dehnung in % der Ausgangswerte nach Tagen.)

Reißfestigkeit %	WOM	Sauerland	Singapore	Reißdehnung %	WOM	Sauerland	Singapore
120	3,7	–	16	60	–	–	14
140	8,7	50	32	50	5,6	31	17
150	12	–	–	20	9,5	50	28
120	25	126	65	6	16	110	56
100	28	305	80				
80	33	355	113				
60	57	–	152				

In diesen Relationen hält sich auch die Viskositätsänderung. Es ist zwar nicht ersichtlich, ob zur Bestimmung der reduzierten spez. Viskosität die pigmentierten Prüfkörper oder gesondert bewitterte transparente Platten benutzt sind. Die anfängliche Vernetzung des PE erfolgt im WOM schneller als im Klima von Singapore und dort wiederum schneller als im Klima des Sauerlandes. Die vorherrschende Vernetzung geht dann in Abbau über, wobei leider keine Angaben über den in dieser Alterungsperiode vorliegenden Gelanteil gemacht sind. Für den Viskositätsabbau auf 94% des Ausgangswertes braucht man im WOM 46 Tage, in Singapore 113 und im Sauerland 234 Tage (vergleiche hierzu S. 106 u. 454).

Unter Benutzung von 1 mm starken Preßplatten aus ND-Polyäthylen als Prüfkörper kommen O. Hahmann und P. Potthoff [7] zu einer Beschleunigung der Alterung im WOM von 10···12 gegenüber einem Industrieklima.

Während diese Autoren vorsichtigerweise die gesonderte Erprobung der Wetterfestigkeit von Gebrauchsgegenständen empfehlen, findet P. H. Massey [8] eine Übertragbarkeit der Ergebnisse der Bewitterung von Folien auf der Prüfstation und bei ihrer Anwendung als Gewächshaus.

Wir haben bei unseren vergleichenden Untersuchungen über die Alterungsgeschwindigkeit gleichartiger PE-(HD)-Spritzformstoffe an Hand der mechanischen Festigkeiten eine fünffache Beschleunigung in dem Tropenklima gegenüber dem Ostseeklima in der DDR festgestellt.

Aus den Untersuchungen von E. C. Rothstein [23] zur Leistungsfähigkeit einiger konstitutionell verschiedener Antioxydantien für sich bzw. in Kombination mit UV-Absorbern auf Basis der Benzotriazole oder mit 2'Hydroxy-4-octoxybenzophenon in PE-Formstoffen hoher Dichte (0,955–0,960) ergibt sich, daß 500 Std. Exposition im Weatherometer etwa 125000 Langleys äquivalent sind. Die Beurteilung stützt sich auf die einsetzende Versprödung durch einen Handbiegeversuch. Das genannte Benzophenon-Derivat erwies sich bei dieser Kunstlicht-Exposition als am unwirksamsten gegen vernetzenden Abbau.

Das Antioxydans Octadecyl-3-(3,5-di-tert. butyl-4-hydroxyl-phenyl-propionat) gibt eine sehr gute Farbstabilität und in Kombination mit 2(3',5'-Di-tert. butyl-2'-

hydroxyphenyl)-benzotriazol bzw. den in 5-Stellung chlorierten Derivaten bleibt der Schmelzindex weitgehend unverändert.

In den Arbeiten der Universal Oil-Products Co [9] dient die Zunahme des Gehalts an i.r. spektroskopisch ermittelten CO-Gruppen im gealterten Polypropylen (ND) zur Charakterisierung der Relation WOM und Außenbewitterung und es gilt:

ungeschütztes PP	CO-Gehalt	> 900	48 Std.	WOM
	CO-Gehalt	> 1000	28 Tage	Freibewitterung
stabilisiertes PP	CO-Gehalt	221	288 Std.	WOM
	CO-Gehalt	206	28 Tage	Freibewitterung

Einer Beschleunigung der oxydativen Alterung des PP von 14 im WOM gegenüber der Freibewitterung steht für das hier durch Cu-bis-(salicylal-phenylhydrazon) stabilisierte PP die Beschleunigung von 2,3 gegenüber.

Dies noch einmal als Beispiel dafür, daß es keine feststehende Relation auch bei ein und demselben Polymerisat gibt, sondern daß die Vorgeschichte des Plastformstoffs gravierend darauf einwirkt. In diesem Zusammenhang sei noch erwähnt, daß eine Extrapolation der bei einer thermooxydativen Belastung von PP bei 75 °C erhaltenen Meßwerte mechanischer Eigenschaften eine Lebensdauer von mehr als 6 Jahren bei 25° ergeben würde. Jedoch zeigt sich beim Aufbewahren des PP, daß bereits nach 16 Monaten ein ganz steiler Abfall der Viscositätswerte des PP eingetreten ist [25].

I. E. Clark und C. W. Harrison [10] legen ihren vergleichenden Untersuchungen der Xenonbogenlampe zur Freibewitterung der Polyolefine die Strahlungsintensität pro cm^2 Prüfkörperfläche zugrunde.

Bei einer 100stündigen Einwirkung einer Intensität des 61fachen terrestischen Sonnenlichtes bleiben die Eigenschaften unverändert. Innerhalb 69 Std. Einwirkung der 81fachen Intensität sind bereits Änderungen im UV- und IR-Spektrum der PO zu erkennen. Und bei der 379fachen Intensität bleibt PE höchstens 12 Std. unverändert; das PP ist völlig versprödet.

Es steht in Übereinstimmung mit den Befunden bei einer mehrjährigen natürlichen Bewitterung der fluorhaltigen Plastformstoffe, daß diese auch nach 2500 Std. WOM-Alterung [3] unverändert in ihrer Beschaffenheit der Oberfläche sind.

Beim Polystyrol-Spritzformstoff zeigt sich für die visuell wahrnehmbaren Veränderungen der Oberfläche (Vergilbung, Rißbildung), die nach Chottiner und Bowden [3] nach ca. 600 WOM-Stunden – also nach 2 Jahren Freibewitterung – auftreten, keine Übereinstimmung mit dem Befund von Ludmilla Adamirova und B. Doležel, die nach 1 Jahr im Klima der ČSSR die ersten Risse beobachten (siehe S. 92). Im tropischen Klima treten sie schon nach 3 Monaten auf (!). In einem WOM mit einem Wassersumpf bringt die so herrschende Feuchtigkeit zwar häufig eine Übereinstimmung mit der Wirkung des tropischen Klimas, aber die Farbtonänderungen stimmen nicht mehr überein.

Unter Benutzung des Biegewinkels als Maß für die Biegefestigkeit finden P. G.

Kelleher und Mitarb. [22] bei der Alterung von ABS-Formstoffen folgende Relationen:

	naturfarben	pigmentiert
Außenbewitterung 4 Jahre	56°	75°
Weatherometer 2000 Std.	78°	76°
Fadeometer 2000 Std.	56°	54°

F. Baxmann und K. Kopetz [11] fassen ihre Untersuchungen an PVC-H-Platten dahin zusammen, daß weder beim Fadeometer noch beim Xenontestgerät noch beim WOM mit Wasserberieselung ein Vergleich der so erhaltenen Alterungsergebnisse mit denen der Freibewitterung möglich ist.

Sie machen auch noch einmal nachdrücklich auf die nicht unbeträchtlichen Abweichungen bei den einzelnen Exemplaren ein und desselben Gerätetyps aufmerksam.

Auch C. H. Kuist und L. D. Maxim [12] sind der Auffassung, daß bei PVC-H-Formstoffen „*keine der beschleunigenden Alterungsgeräte die Außenbewitterungswerte vorhersagen*". Lediglich vom ökonomischen Standpunkt ist das Gerät mit dem größten Beschleunigungsfaktor am nützlichsten.

T. Kimura [13] findet die bei der natürlichen Bewitterung erkennbare Verbesserung der Lichtechtheit von PVC-Formstoffen bei der künstlichen Bewitterung nicht wieder.

G. Simon [6] formuliert dies so, daß im Klima des Sauerlandes und von Singapore die pigmentierten Hart-PVC-Formstoffe aufhellen, im Weatherometer dagegen dunkler werden. Trotzdem ist aus diesen Veränderungen zusammen mit den Werten der Schlagzugzähigkeit eine Relation der Alterung unter den verschiedenen Bedingungen zu errechnen versucht.

Und für die gleichen Meßwerte der Schlagzugzähigkeit äquivalenten Alterungstage sind nach Angaben von Simon in *Tab. 117* aufgenommen.

Tabelle 117

Bewitterung von pigmentierten PVC-H-Platten an 2 Bewitterungsorten und im Weatherometer

(Veränderung der Schlagzugzähigkeit in % des Ausgangswertes nach Tagen)

%	WOM	Sauerland	Singapore
95	11	150	26
85	14	260	93
80	16	295	99
70	19	380	111
60	24	—	125
30	55	—	—

Legt man die Abnahme der Schlagzugzähigkeit auf 70% des Ausgangswertes zugrunde, so ist die Beschleunigung der Alterung im Weatherometer 20fach gegenüber dem Sauerland und 5,8fach gegenüber Singapore.

H. H. Frey [14] macht bei seinen Bemühungen um die Aufstellung einer solchen Relation auf die durch den bekannten weißlichen Belag ausgelösten starken Streuungen der Werte der Meßkriterien aufmerksam. Bei Wahl der Bewitterungseinheit „*Jahr*" ist der Beginn der Auslage außerdem zu beachten. Schließlich sind auch die Schwankungen der jährlichen Sonnenscheinstunden um den Mittelwert stark von den Klimazonen abhängig.

Frey kommt bei einer weitgehenden Berücksichtigung all dieser Gesichtspunkte für einen Formstoff aus PVC/DOP 70/30 oder für ein schlagfestes PVC mit unterschiedlichen Stabilisierungen zu folgender Relation, wobei er leider das wasserberieselte WOM ausklammert.

Bewitterung (gemäßigtes Klima)	Kohlenbogen-lampenlicht	Xenon-lampenlicht
1 Jahr	400 Std.	800 Std.
2 Jahre	800 Std.	1700 Std.
3 Jahre	1200 Std.	2400 Std.

Die bekannte Beschleunigung der Abnahme der Lichtstabilität bei der PVC-Alterung im tropischen Klima führt dazu, daß je nach Ausgangslichtstabilitäten sich die ersten Verfärbungen der Prüfkörper aus schlagfestem PVC nach folgenden Zeiten einstellen. Hierbei ist zu beachten, daß die Temperatur unter dem Kohlenbogenlampenlicht ca. 55 °C betrug, für die Belichtung in Arizona ist sie von Frey nicht angegeben (*Tab. 118*).

Tabelle 118

Bewitterung von schlagfestem PVC-Vergleich der Freibewitterung mit Belichtung im Kohlenbogenlampenlicht. Eintritt der ersten Verfärbung

Freibewitterung (Arizona) Monate	Kohlenbogenlampe Stunden
3	900
6	1300
10	1400
12	1500
15	1800

Dies bedeutet, daß die Belichtung unter der Kohlenbogenlampe für die am schlechtesten lichtstabilisierte Einstellung eine 2,4fache Beschleunigung bringt, für sehr gut lichtstabilisierte Einstellung aber die 6fache Beschleunigung.

Oder anders ausgedrückt: 300 Std. Kohlenbogenlampenlicht kann man im 1. Fall 1 Monat und im 2. Fall 2,5 Monate Bewitterung als äquivalent betrachten.

Man vergleiche dazu das von Chottiner und Bowden [3] benutzte Verhältnis: 300 Std. Kohlenbogenlampenlicht = 1 Jahr gemäßigtes Klima.

Damit decken sich unsere Ergebnisse und die auch anderer Autoren an PVC-H-Formstoffen, daß bei derartigen Vergleichen die Vergilbungsrate bei der Exposition im Freien oder im Kunstlampenlicht eine Funktion der Zusammensetzung ist. Es ist sinnvoll den Vergleich der Vergilbungseffekte auf die eingestrahlten Langleys und die Expositionszeit aufzubauen, da auch viele nichtphotochemischen Faktoren die Polymeren-Alterung bestimmen.

Es ist wohl bereits klar geworden, daß die Relation der Alterung nicht nur eine Funktion der Basispolymeren ist, sondern auch von der Art und Menge an UV-und/oder Thermostabilisatoren abhängt.

In diesem Zusammenhang interessiert auch die Beurteilung der Beschleunigungswirkung der Verstärkung der Sonneneinstrahlung durch Spiegelreflektoren (z. B. im EMMA-Gerät) mit der üblicherweise vorgenommenen 45° S-Exposition.

R. L. Garner und P. I. Papillo [15] ermitteln die benötigten Kilo-Langleys, um den gleichen Weißheitsgrad (siehe hierzu S. 68) von $W = 72$ für PVC-H-stabilisiert mit Sn-mercaptiden unter diesen beiden Expositionsbedingungen zu erhalten. Sie erhalten bei Formstoffen ohne UV-Absorber eine Wirksamkeitssteigerung von 15% und bei Zusatz von 0,35% Benzotriazol-Derivaten von 39%. Es wird hierdurch zwar möglich, den relativen Wert von Lichtstabilisatoren vorherzusagen; jedoch ist man für quantitative Bestimmungen auf Langzeitprüfungen unter natürlichen Bedingungen angewiesen.

Für pigmentierte PVC-W-Folien geben I. B. de Coste und W. T. Wallder [16] an, daß der Kurvenverlauf Restdehnung zu % Vol. Pigment bei der natürlichen Bewitterung und der „*künstlichen Alterung*“ ähnlich ist. Es gilt etwa, daß eine 1800stündige beschleunigte Alterung etwas stärker als eine 3jährige Außenbewitterung ist. Dies würde also bedeuten 600 Std. Kunstlicht = 1 Jahr, also die doppelte Zeit als beim PVC nach Chottinger und Bowden. Die spezifischen Relationen für die einzelnen Pigmente seien wenigstens dadurch erwähnt, daß Zinkweiß sich besser in der Außenbewitterung als beim beschleunigten Test verhält (siehe hierzu auch Teil 1, S. 137).

F. G. Clark [1] macht bereits im Jahre 1952 auf die Abhängigkeit der Relation vom Auslegedatum für die Freibewitterung aufmerksam. Er findet für die beiden Außenbewitterungsstationen in Florida und New Jersey die nachstehenden Relationen, wobei also eine perfekte Übereinstimmung mit dem Faktor 1,0 und die fehlende durch 0 ausgedrückt ist.

Außenbewitterung in Florida Monat	Weatherometer	Fadeometer	New Jersey Monat	Weatherometer	Fadeometer
Februar	0,81	0,84	März	0,69	0,78
April	0,69	0,66	Mai	0,67	0,84
Oktober	0,58	0,75	August	0,70	0,80
November	0,62	0,73	November	0,59	0,62

Man sollte die hinsichtlich des Ausbleichens des Farbtones von CLARK gemachte Bemerkung über diese Relation „*for the series studied*" nicht übersehen. Sie deckt sich völlig mit unseren Erfahrungen in einem ganz anderen Klima und an vielen Plastformstoffen der verschiedensten Systeme aus Makromolekülen und Hilfsstoffen.

Die Geschwindigkeit des Ausbleichens ist deutlich nach den Geräten differenziert. Das hier verwendete Weatherometer gibt die größere Beschleunigung.

Für die durch Stippenbildung und Dunkelfärbung sich anzeigende Zersetzung des PVC ist im Klima von New Jersey keine Relation gefunden. Und im Klima von Florida stimmt das Weatherometer mit 3 Jahreszyklen überein, das Fadeometer mit 2.

Das Fadeometer bringt eine hohe Relation im Effekt des Ausbleichens mit der im Klima von Florida unter Glas vorgenommenen Exposition (Fehlen des Befeuchtens mit Wasser und des kurzwelligen UV-Lichts).

Bei ihren Untersuchungen über die Wetterbeständigkeit von Epoxy-WM in PVC-Formstoffen kommen M. KOIKE und S. TAKAGI [17] zur Folgerung, daß 100 Std. Belichtung durch 2 Kohlenbogenlampen einer 3monatigen Sonnenbelichtung bei Amagasaki (Japan) äquivalent ist.

G. MINEMATSU und Mitarb. [18] haben PVC-W-Formstoffe bei 60° in einem Weatherometer exponiert und an Hand der Veränderung der mechanischen Eigenschaften, der Veränderung des WM-Anteils und der Löslichkeit in Nitrobenzol gefunden, daß 100 Std. dieser Exposition einer Freibewitterung von 4 Monaten bis zu 12 Monaten entsprechen.

Auch dieser Befund unterstreicht die von uns stets betonte Abhängigkeit der Alterung von der Vorgeschichte. Ferner wird immer wieder erkennbar, daß die Geschwindigkeit der Zerstörung der Plastformstoffe auch in den einzelnen Geräten ungleichartig verläuft, so daß auch dadurch die Aufstellung der Relationen erschwert wird.

Weiterhin konnte F. BARGELLINI [19] an Hand seiner Studien über die Beständigkeit organischer Pigmente in PVC-W-Formstoffen auch nochmal auf den zum Teil recht merklichen Einfluß der relativ kleinen Schwankungen im Klima auf diese Relation hinweisen. Die im Winter geringeren, im Frühjahr und Sommer stärkeren klimatischen Belastungen haben auch sehr beständige Pigmente, die unter dem Weatherometer gute Ergebnisse zeigten, fast bis zum Maximum beansprucht. Interessanterweise zeigt jedoch die Relation keinerlei Abhängigkeit von der Pigmentkonzentration. Der Relationskoeffizient liegt demgemäß zwischen 0,75 und 0,95.

Für Kombinationen aus PVC und Keton-Kautschuk finden W. C. CARNER und Mitarb. keine Relation in der Lichtresistenz zwischen den Kohlenbogenlampen und der tropischen Sonne. Der Grund liegt in der bekannten spektralen Abweichung, es fehlen im Kunstlicht die Strahlengebiete $\lambda < 360$ nm.

Beim Vergleich des Verlaufs der Alterung von PVC-TKP-Folien im Freien und im Xenontest durch IR-Spektroskopie kommen H. LUTHER und Mitarb. [21] zu dem Urteil, daß diese beiden Beanspruchungen physikalisch und chemisch nicht zu gleichen Ergebnissen führen und demgemäß auch „*schlechte Korrelationen*" sich ergeben.

Nach den Untersuchungen von P. G. KELLEHER und Mitarb. [22] über die Veränderung der Biegefestigkeit — gemessen am Biegewinkel — von Formstoffen aus Polyacetalen ist bei der niedrigviskosen Type eine 3jährige Bewitterung eine stärkere Beanspruchung als eine 2500stündige Exposition im Weatherometer. Im Fadeometer geht die Biegefestigkeit noch schneller zurück. Die Unterschiede werden merklich verwischt durch eine Photostabilisierung des Homopolymerisats. Die oft gemachte Erfahrung der etwas besseren Wetterfestigkeit der höhermolekularen Einstellungen bestätigt sich auch hier bei diesen Untersuchungen.

Für Formstoffe aus Polycaprolactam in Gestalt von Schrauben haben F. K. GERICKE und B. MAMNITZSCH [20] die natürliche Bewitterung auf dem Prüfstand (15 Monate) und im Gebrauch z. B. bei Balkonverkleidungen (12 Monate) mit einer Schnellalterung durch einen 3tägigen Frost-Tau-Zyklus und durch einen 3wöchigen Feuchtigkeits-Austrocknungs-Zyklus verglichen mit dem Ergebnis, daß alle 3 genannten Beanspruchungen auf die Zugfestigkeit oder Scherfestigkeit sich nicht ausgewirkt haben.

Zu den von CHOTTINER und BOWDEN [3] geprüften Plastformstoffen gehören auch Duroplaste auf der Basis von Phenol-, bzw. Melamin-, bzw. Harnstoff-Formaldehyd-Kondensaten, sowie Polyester-Laminate und Epoxy-Gießformstoffe. Die Angaben lassen ein Urteil über die Berechtigung der oben erwähnten Relation leider nicht zu.

Literatur

[1] F. G. CLARK: Ind. Engng. Ind. **44** (1952), 2697
[2] J. DELORME: L'Officiell Matières plastiques **11** (1964), 25
[3] I. CHOTTINER u. a.: Materials Design Engng. **62** (1965), Nr. *4*, 97
[4] K. THINIUS: „*Chemie, Physik und Technologie der Weichmacher*", 2. Aufl., S. 244, VEB Deutscher Verlag für Grundstoff-Industrie Leipzig, 1963
[5] R. I. MARTINOVICH u. a.: Modern Plastics **44** (April 1967), 155
Appl. Polymer Symp. **4** (1967), 141
[6] G. SIMON: Kunststoffe **55** (1965), 470
[7] O. HAHMANN u. a.: Kunststoffe **55** (1965), 465
[8] H. MASSEY: Materie plast. ed Elastomeri **32** (1966), 317
[9] A.P. 3208968 v. 23. 10. 61/28. 9. 65 Universal Oil Prod.
[10] I. E. CLARK u. a.: Appl. Polymer Symp. **4** (1967), 97
[11] F. BAXMANN u. a.: Kunststoffe **52** (1962), 465
[12] H. KUIST u. a.: Chemical Abstracts **68** (1968), Nr. *8*, 30570 g
[13] T. KIMURA: Chem. Zentralblatt 1964—50—862
[14] H. H. FREY: Kunststoffe **53** (1963), 103
[15] B. L. GARNER u. a.: Ind. Engng. Chem. Product Res. and Development **1** (1962), 249
[16] I. B. DE COSTE u. a.: Ind. Engng. Chem. **47** (1955), 319

[17] M. Koike u. a.: PVC and Polymers, Japan **5** (1965), Nr. *9*, 15
18] Y. Minematsu u. a.: J. Soc. Rubber Ind. Japan **31** (1958), 173
[19] F. Bargellini: Materie plast ed Elastomeri **31** (1965), 846, 927
[20] F. K. Gericke u. a.: Plaste u. Kautschuk **16** (1969), 284
[21] H. Luther u. a.: Korrosion *20*, *„Alterung und Korrosion von Kunststoffen"*, Verlag Chemie GmbH, 1967, 95
[22] P. G. Kelleher u. a.: S.P.E. Journal **24** (1968), Nr. *4*, 34
[23] E. C. Rothstein: J. appl. Polymer Sci. **12** (1968), 1279
[24] V. Schäfer: Appl. Polymer Sci. **4** (1967), 111
[25] H. I. Oswald und E. Turi: Polymer Engng. Sci. **5** (1965), 152

7 Experimentelle Aussagen und theoretische Vorstellungen zum Mechanismus der Alterungsvorgänge

Wie dargelegt, lassen sich die an Plastformstoffen eintretenden Alterungsvorgänge letztlich als ein Ergebnis der weitgehend gleichzeitigen Einwirkung von Lichtenergie, Sauerstoff, Wasser sowie der Temperatur verstehen.

Bekanntlich liegt das Energiemaximum des Sonnenlichtes im UV-Bereich, der mit nur 5% der gesamten Strahlungsmenge die Erdoberfläche erreicht.

Das qualitative Gesetz von Grotthus-Draper sagt aus, daß die organischen Verbindungen nur durch den von ihnen absorbierten Anteil des Lichtes angegriffen werden. Die im UV-Bereich vorhandenen Energien von 50···100 kcal reichen aber für den Bruch vieler molekularer Bindungen aus.

Mit fallender Wellenlänge wächst die Energie des Lichtphotons. Der allgemein beobachtete Zerstörungseffekt des UV-Lichtes ist ein Gleichgewicht der getrennten Effekte der Intensität und der Photonenergie. Auf der Erdoberfläche sind — wie schon dargelegt — am stärksten wirksam die Wellenlängenbereiche zwischen $\lambda = 290 \cdots 330$ nm.

Die starke Wirkung auf die Plastformstoffe ist also darauf zurückzuführen, daß sie Gruppen oder Verunreinigungen haben, die in diesem Gebiet absorbieren.

Bei jeder photochemischen Reaktion ist der primäre Effekt der absorbierten Strahlung, entweder energiereichere Moleküle oder Bruchstücke von ihnen als Atome oder freie Radikale zu bilden.

I. L. Bolland und Mitarb. [1] haben bereits im Jahre 1946 die Vorstellung entwickelt, daß durch die auf der Oberfläche der Plastformstoffe auftreffende UV-Strahlung an „*schwachen*" Bindungen im Makromolekül sich Radikale bilden, die durch Sauerstoffatome in Peroxid-Radikale übergeführt werden. Aus ihnen entstehen mit dem Wasserstoff der CH-Bindungen aus den gleichen oder einem benachbarten Makromolekül Hydroperoxide und erneut Kohlenstoffradikale, die oxydationsempfindlich sind oder durch Rekombination inaktiviert werden. Die Hydroperoxide zerfallen und leiten damit den Abbau der Hauptvalenzkette und den Einbau von C–O-Gruppierungen als Aldehyd, Keton, Säure, Alkohol oder auch Epoxy-Glied in das Makromolekül ein. Die Rekombinationen führen zu Vernetzungen, die von der Oberfläche ausgehend sich auch auf die inneren Zonen eines Plastformstoffes mit erstrecken.

Ein bestimmtes Strahlengebiet führt zum Kettenbruch oder zur Depolymerisation, während durch ein anderes hauptsächlich eine Vernetzung ausgelöst wird.

Es sei noch einmal zusammenfassend festgehalten, daß innerhalb des UV-Wellenlängenbereiches für jeden Plast eine maximale Aktivierungsenergie existiert, die R. C. Hirt und N. Z. Searle [2] durch die Wellenlänge wie folgt charakterisieren:

Celluloseacetobutyrat	295···298 nm
Polyäthylen	300 nm
Polypropylen	370 nm
Polystyrol	318,5 nm
Styrol+Acrylnitril-Mischpolymerisate	290 und 325 nm
Polyvinylchlorid	320 nm
Vinylchlorid-Vinylacetat-Mischpolymerisat	327 und 364 nm
Polyvinylacetat	280 nm
Polycarbonat	285···305, 330···360 nm
Polyester	325 nm

(siehe hierzu auch Bd. 1, S. 455)

Der Energiegehalt von 1 Mol Lichtquant in „*Einstein*" ergibt sich dann wie folgt:

λ(nm)	$\varepsilon_{(\mathrm{kcal})}$
800	35,7
700	40,8
600	47,6
500	57,1
400	71,5
300	95,3
200	142,9

Diese prinzipielle Folge der Reaktionskette ist praktisch für alle Plastformstoffe in der Folgezeit diskutiert und in vielen Einzelheiten, auf die noch einzugehen sein wird, experimentell unter Einsatz relativ einfach, oder besser billig auszuführender chemischer Reaktionen wie auch mit modernen, recht teuren, physikalischen Meßgeräten auch nachgewiesen.

Kettenspaltungen und Vernetzungen können bei einer bevorzugt chemischen Betrachtungsweise des Alterungsmechanismus vielleicht etwas an Bedeutung zurücktreten. Jedoch für die in den Plastformstoff doch wohl immer zu nutzenden mechanischen Eigenschaften haben sie eine große Bedeutung, da schon eine relativ kleine Anzahl zerstörter Hauptvalenzketten diese Eigenschaften stark verändern [3].

Die Messung des Last-Dehnungsverhaltens läßt sich, wie von uns aufgezeigt, vornehmlich zur Demonstration der Summe der chemischen und physikalischen Aktivität verwenden, die sich in einem Plastformstoff während einer Exposition abspielt.

Kettenbruch und Vernetzung laufen hierbei wohl stets nebeneinander, wobei die Erniedrigung der Temperatur die Vernetzung etwas unterdrückt.

Der statistische Kettenbruch hat einen scharfen Abfall des Polymerisationsgrades zur Folge mit vernachlässigbarem Anteil an kurzen Ketten oder gar Monomeren. Unabhängig von der Ursache ist dieser Bruch stets

$$\frac{1}{P_t} - \frac{1}{P_0} = K \cdot t.$$

Hierin ist P_0 = Polymerisationsgrad zu Beginn der Alterung und P_t = die Kettenlänge zur Alterungszeit t und K die Geschwindigkeits-Konstante.

Für das mittlere Molekulargewicht ist es von geringer Bedeutung, wie die Gesamtzahl der Kettenbrüche durch die Dicke eines Plastformstoffes verteilt ist. Bei der statistischen Kettenreaktion bleibt das Verhältnis von Gewichts- zum Zahlenmittel der Kettenlänge für eine längere Dauer des Abbauvorganges

$$P_g/P_n = 2.$$

Von Interesse ist noch der Abbaugrad α_x in der Entfernung x von der der Bewitterung ausgesetzten Oberfläche des Plastformstoffes. H. H. G. Jellinek [3] gibt hierfür an:

$$\alpha_x = \alpha_0 \cdot e^{-\alpha \cdot x},$$

worin α_0 = Abbau an der Oberfläche ist, der gekennzeichnet wird durch

$$\alpha_0 = \frac{k \cdot t\, I_t \cdot \alpha}{m_1},$$

hierin ist m_1 = Anzahl Monomerer für jeden cm^3 Plastformstoff, t = Bewitterungszeit und α = durchschnittlicher Abbaugrad. Daraus ergibt sich, wenn s/P_0 = Abbau-Grad,

$$\alpha = \frac{s}{P_0} = \frac{1}{P_t} - \frac{1}{P_0} = \frac{K \cdot t \cdot I_0}{m_1 \cdot x_1} (1 - e^{-\alpha \cdot x})$$

worin I_0 = Intensität des eingestrahlten Lichtes.

Es wird angenommen, daß bei Belichtung von Polymeren der reine Kettenbruch der absorbierten Energie proportional ist, d. h., in einer bestimmten Tiefe (x) des Plastformstoffes ist dann die Anzahl der Makromoleküle gleich der ursprünglichen vermehrt um die durch Kettenbrüche entstandenen. Die durch Gel-Permeationschromatographie beispielsweise zu ermittelnde Molgewichts-Verteilung eines solchen bewitterten Formstoffes ermöglicht auch eine Charakterisierung der resultierenden physikalischen Eigenschaften.

Die Veränderung der Eigenschaften eines Plastformstoffes während und nach der Alterung ist aber nicht nur vom Molgewicht des Makromoleküls abhängig, sondern auch von den entstehenden und entstandenen Reaktionsprodukten, die vornehmlich in den ersten Monaten der Bewitterung gebildet werden und infrarotspektroskopisch nachgewiesen werden können. Ihr Ursprung wird oft in Angriffen auch hydrolytischer Art auf die Seitenketten zu suchen sein. Sie katalysieren oder inhibieren nicht selten den weiteren Ablauf der Alterung.

Und eine Reihe spezifischer Eigenschaften der Plastformstoffe sind bekanntlich mehr auf Faktoren der sterischen Struktur als auf die chemische Bindung zurückzuführen, zumal der stereospezifische Aufbau durch spezielle katalytische Prozesse eingestellt werden kann.

Die Resistenz gegen Alterungen wird durch eine hohe Regelmäßigkeit im Bau der Hauptvalenzkette gefördert. Da nur stereoreguläre Abschnitte kristallisieren, ist also die „*sterische Reinheit*" eines Plastformstoffes für die Kristallinität und für den von ihr bestimmten Ablauf der Alterung entscheidend.

Bekanntlich läßt sich aus thermodynamischen und kinetischen Gründen beim Polyäthylen eine Kristallinität von 90···94%, beim isotaktischen Polypropylen nur von 75% erreichen.

Für die Probleme der Alterung sind aber höhere Kristallinitätsgrade oft uninteressant, da beispielsweise ein 97%ig kristallines PE im Mörser zerkleinert werden kann.

Die sich aus diesen Kristallinitätsgraden ergebende Existenz mehrerer Phasen in einem Plastformstoffe — hierbei ist die meist notwendige Verwendung der Plasthilfsstoffe unberücksichtigt geblieben — muß bei der Analyse des Alterungsmechanismus' berücksichtigt werden. Die Segmentbewegung der amorphen Bereiche steht unter dem Einfluß der benachbarten kristallinen Bereiche. Eine Einführung von Ungleichmäßigkeiten in die Hauptvalenzkette eines Polyäthylens beispielsweise vermindert die Kristallinität und das daraus resultierende Verhalten bei der Alterung, die im Extremfall nach den Gesetzmäßigkeiten für amorphe Plastformstoffe verläuft.

Die Makromoleküle, die als Plastformstoffe in ihrer Anwendung der Alterung unterworfen werden, haben stets eine thermoplastische, in bestimmten Fällen gekuppelt mit einer thermoreaktiven, Behandlung erfahren. Das im thermoplastischen Zustand, in der „*Schmelze*", vorhandene Verhältnis der Konformationen wird beim Abkühlen eingefroren.

In diesem mehr oder weniger vom thermodynamischen Gleichgewicht entfernten Zustand wird der Plastformstoff in Auswirkung seiner Verarbeitungstechnologie mit einer großen Variationsbreite an morphologischen Strukturen der Alterung unter natürlichen Bedingungen ausgesetzt.

Und es entsteht nun die Frage; setzen die durch physikalische Messungen, insbesondere des „*Lastdehnungsverhaltens*", erkennbaren Veränderungen stets eine vorhergegangene chemische Reaktion, speziell photochemisch ausgelöst, voraus? Nach unseren Erfahrungen ist dies nicht ausschließlich der Fall.

Wir [4] haben bei Langzeitlagerungen im Zimmer, teilweise unter völligem Lichtabschluß, stets prinzipiell gleiche Festigkeits- und Dehnungsänderungen wie bei der Freibewitterung festgestellt. Mit einer merklich geringeren Geschwindigkeit bilden sich hierbei Endfestigkeits- und vereinzelt auch Enddehnungsniveaus aus. Es waren keine Beweise für chemische Veränderungen des Makromoleküls im Plastformstoff speziell durch Kettenbrüche zu erbringen. Im Fall der PVC-W-Formstoffe sind bei dem diffusen Tageslicht gelegentlich ausgesetzten Prüfkörpern vereinzelt Stippen- und auch Rißbildungen beobachtet.

Wir sehen vielmehr in der Hauptsache diese Veränderungen der mechanischen Eigenschaften in einer Unregelmäßigkeit im inneren Strukturaufbau begründet, die sich durch Platzwechselvorgänge ausgleichen. Hinzu kommt noch, daß fast alle Plastformstoffe aus der Verarbeitungstechnologie her einen festigkeitsanisotropen Aufbau aufweisen. Bei der bevorzugten Verwendung von Folien nach der Kalander- oder Extrudertechnologie als Untersuchungsobjekte werden sich die Orientierungen der Kettenmoleküle und der durch Parallellagerung von „*Molekülpaketen*" entstandenen Strukturen in die Kalanderrichtung einordnen. Diese „*Zwangslage*" führt zu einer Abhängigkeit der Strukturunregelmäßigkeit von den Richtungen in der Folienfläche.

Anisotropiezwangslagen mit ihren labilen Situationen werden sich bei der Alterung, auch unter den sehr milden Bedingungen der langjährigen Zimmerlagerung, als Strukturentspannungsprozeß vorwiegend in einem Ausgleich der Dehnungsanisotropie äußern.

Für den Ausgleich der Festigkeitsanisotropie sind wohl doch viel stärkere Temperaturanstiege während der Bewitterung, als sie allgemein gemessen wurden, und für die Zimmerlagerung noch über 5···10 Jahre hinausgehende Lagerungszeiten notwendig.

Wir stimmen mit H. H. Frey [5] darin überein, daß eine solche auf Veränderungen der physikalischen Struktur im Plastformstoff zurückzuführende Alterung unabhängig von der Alterung durch chemische Reaktionen am Makromolekül bzw. an den Plastformstoff bildenden System aus Makromolekül und Hilfsstoff erfolgt.

Für Formstoffe aus Polyäthylen geben O. Hahmann und P. Potthoff [24] an, daß ein starker Abfall der Reißdehnung und eine Erhöhung der Reißfestigkeit noch mit keinem Rückgang des Molekulargewichtes verbunden ist.

Dieser Zustand ist bei den Formstoffen mit PE-Molgewichten von 50000 nach ca. 10 Tagen und bei Molgewicht 100000 nach ca. 30 Tagen Exposition im Weatherometer erreicht.

Unter den Bedingungen einer hohen photochemischen Aktivität und den weiteren Einflüssen der Wetterelemente werden beide Effekte sich gegenseitig beeinflussen und es wird außer von der chemischen Resistenz des Makromoleküls und seiner Konformation nicht zuletzt von den Bedingungen der Verarbeitungstechnologie zum Formstoff abhängen — thermische Beanspruchung der Stabilität des Makromoleküls, Abkühlungsleitung und damit Ausbildung der Oberflächenstruktur und des inneren Gefüges des Formstoffes und anderen Variablen — welcher Effekt beschleunigt wird.

Auch bei der Freibewitterung in zeitlich kurzem Abstand nach dem Auslagetermin durchgeführte Untersuchungen gaben uns Hinweise für die strukturellen Veränderungen im Gefüge des Plastformstoffes, ohne daß die bisher üblichen chemisch-analytischen sowie physikalisch-chemischen Untersuchungsmethoden irgendeine Folge des photochemischen Molekülabbaus erkennen ließen.

Bezüglich des von Bolland und Mitarb. formulierten Mechanismus der Alterung über intermediär entstehende Peroxide ist die Beobachtung von T. Konončik und Mitarb. [6] von Bedeutung, daß hierfür Voraussetzung die Anwesenheit des

Luftsauerstoffs und von H-Atomen im Polymeren ist. In Kohlendioxidatmosphäre und bei der Alterung von Polytetrafluoräthylen entstehen die Peroxide nicht.

Bei der natürlichen Alterung der Plastformstoffe auf Basis der Cellulosederivate sind jedoch Peroxide, zum Teil in Form des flüchtigen Wasserstoffperoxids, für den oxydativen Abbau verantwortlich.

Die visuell als Verfärbung schnell erkennbare photochemische Zersetzung des Celluloids führt außerdem laut infrarotspektroskopischer Untersuchung zu Stickoxiden (NO, NO_2, N_2O_4), ferner zu CO und CO_2. Die sich außerdem bildende Salpetersäure kann als am stärksten wirksam für den photooxydativen, hydrolytischen Abbau des Cellulosenitrats beurteilt werden.

Diese zum Teil flüchtigen Alterungsprodukte führen dann also zu der praktischen Schlußfolgerung, daß es unzweckmäßig ist, ein schon gealtertes, d. h. also z. B. im Sonnenlicht gelagertes Celluloid mit neuem Material in einem Raum aufzubewahren.

Im übrigen ist das Celluloid ein Beispiel auch dafür, daß die von W. A. J. BRYCE und C. T. GREENWOOD [7] geäußerte Meinung zutrifft, daß sich beim Bewitterungsabbau kein unterer Grenzwert des Polymerisationsgrades einstellt. Wir haben durch vorsichtige Extraktion mit sehr verdünnten Alkoholen aus sonnenbelichtetem Celluloid oder CN-Photofilm Dextrinderivate isoliert.

Die oxydative Veränderung der aus dem gealterten Celluloid oder Celluloseacetat isolierten Cellulose wird auch durch die Erhöhung der Cu-Zahl erkennbar.

Für die Plastformstoffe aus Celluloseacetat ist nach J. JORTNER [8] die Lichtenergie des nahen UV-Bereiches nicht für eine direkte Spaltung der Bindungen ausreichend. Demgemäß ist der beobachtete Abbau also nur ein Sekundärprozeß, eine exotherme Oxydation, der unbedingt Sauerstoff benötigt und durch Wasserdampf beschleunigt wird. Der Betrag des photooxydativen Abbaus ist vom Ausgangspolymerisationsgrad abhängig.

Für den Wellenlängenbereich $\lambda = 254 \cdots 434$ nm gilt beim Ausgangs-PG von 186 die oben gegebene Gleichung. Die Quantenausbeute für die Kettenspaltung ist $2{,}5 \cdot 10^{-3}$.

Auch für den durch das UV-Licht einer Hg-Dampflampe bei einer Versuchstemperatur von 55 °C ausgelösten Abbau von Filmen aus Celluloseacetobutyrat mit 10% Triphenylphosphat als Weichmacher hat nach Angaben von G. C. DE CROES und J. W. TAMBLYN [9] diese Gleichung volle Gültigkeit. Versuchsdauer 500 Std. Der photooxydative Abbau in Gegenwart von oxydationsempfindlichen Weichmachern wird in erster Linie durch die Bestrahlung mit dem UV-Licht ausgelöst. Der Kettenbruch ist ein zufälliger Prozeß. Es besteht kein Anhaltspunkt dafür, daß die sorgfältig hergestellten Cellulose-Ester speziell schwache Bindungen aufweisen.

Am Beispiel eines mit Weichmachern verarbeiteten Plastformstoffes aus Aethylcellulose weisen M. CHAMBERLAIN und Mitarb. [10] nach, daß 1···5% der Kettenbrüche von einer Hydrolyse und wahrscheinlich höchstens 2% photolytisch bedingt sind. Die Photooxydation überwiegt.

Der formal reine Kohlenwasserstoff Polyäthylen sollte keine Absorption im UV-Spektrum aufweisen. Die technologisch „*unvermeidlichen Verunreinigungen*" auch im strukturellen Aufbau in Form der CO-Gruppe als Folge des bei der HD-Synthese verwendeten Sauerstoffes und der leichten oxydativen Veränderung bei der thermoplastischen Verformung führen dann zu der maximalen Empfindlichkeit der Polyäthylen-Formstoffe bei der Wellenlänge $\lambda = 300$ nm mit einer Energie von 95,3 kcal.

Experimentell gesichert ist schließlich die zwar geringprozentige Anwesenheit von $-C{=}C$-Gruppen, die als $-HC{=}CH_2$ endständig, als $-CH{=}CH-$ in der Kette und $C{=}CH_2$ in der Seitenkette sich befinden können. Ihre leichte Oxydierbarkeit auch unter Lichtausschluß ist bekannt.

Es erscheint also einleuchtend, daß die natürliche Bewitterung der unstabilisierten PE-Formstoffe durch die Lichtenergie eingeleitet und durch die Reaktion zwischen den hierbei entstehenden freien Radikalen und dem Sauerstoff der Luft fortgesetzt werden kann. Nach P. Maltese [11] verläuft die Ausbildung aktiver Zentren im PE-Makromolekül durch die UV-Strahlung um so schneller, je größer die Strahlungsintensität ist. Die Autokatalyse der sich bildenden CO-Gruppen sollte nicht übersehen werden.

Schließlich ist das Vorhandensein — wenn auch nur spurenweise — von stark oxydierenden Verunreinigungen in der Luft wie Ozon, Wasserstoffperoxid, Stickoxiden eine weitere Möglichkeit für den Reaktionsmechanismus der PE-Alterung.

Infolge einer primären Addition von NO_2 an aktivierte Zentren im PE unter Bildung von $-O-NO$-Gruppen und auch $-NO_2$-Gruppen sind von T. Ogihara [12] auch die Zunahme der CO-Gruppen und die Bildung von OH-Gruppen nachgewiesen.

Bei diesen Oxydationen des PE und der Mischpolymerisate mit Äthylen sind die durch intramolekularen Angriff von Radikalen entstandenen Oxydationsprodukte Essigsäure und Aceton von E. M. Bevilacqua und anderen [13] nachgewiesen.

Die Photonenergie für $\lambda = 300$ nm reicht durchaus aus, um ein Wasserstoffatom aus der PE-Kette auszubrechen und so ein Makroradiakl zu bilden.

V. K. Milinčuk [14] bringt jedoch den Nachweis, daß beim PE — und auch bei verschiedenen anderen Polymeren — beim Bestrahlen mit UV mit $\lambda = 300$ nm in Gegenwart von Sauerstoff bei 77 °K dieser in einen angeregten Zustand übergeführt wird und nun der aktivierte Sauerstoff aus dem Makromolekül das Wasserstoffatom ausspaltet gemäß

$$RH + O \rightarrow R^* + OH \quad \text{und}$$
$$RH + OH \rightarrow R^* + H_2O.$$

Die so gebildeten Alkylradikale sind durch paramagnetische Elektronenresonanz nachgewiesen. PE bildet im Vakuum unter gleichen Bedingungen keine Radikale.

H. Fischer [23] erzeugt dagegen im PE mit Röntgenstrahlen oder 1 MV-Elektronen unter Vakuum freie Radikale (nachgewiesen durch ESR-Messungen) und oxydiert sie unter praxisnahen Bedingungen. Der Einbau sauerstoffenthaltender Gruppen in das Makromolekül ist somit nachgewiesen.

Nach C. V. STEPHENSON und W. S. WILCOX [15] verursachen die bis zu 5 Tagen im kristallinen Anteil des PE beständigen Radikale dann die Vernetzung.

Nach einer 24stündigen Belichtung mit monochromatischem Hg-Licht ($\lambda = 253{,}7$ nm) führt die sofort durchgeführte Bestimmung des Gelanteils zu 40%, nach 5 Tagen jedoch zu 58%; danach tritt keine Erhöhung mehr ein. Da die Autoren beim Bestrahlen von PE im Vakuum bei $5 \cdot 10^{-2}$ mm ein Verhältnis der Kettenspaltung zur Vernetzung $\beta/\alpha = 0{,}93$ innerhalb der ersten 50 Belichtungsstunden als konstanten Wert finden, muß wohl doch eine Radikalbildung eingetreten sein.

Kettenständige Radikale bilden solche Vernetzungsstellen. Sie entstehen aber auch durch Anlagerung der Radikale an eine C=C-Bindung, wobei im Falle der aus dem Zerfall von Hydroperoxiden entstandenen Radikale die Brückenbildung durch Sauerstoffatome geschieht [19].

Neben Vernetzungen sind von M. DOLE u. a. [16] auch Cyclisierungen bei der Bestrahlung des PE hoher Dichte IR-spektroskopisch durch die Abnahme der Intensität der Linien $\lambda = 10{,}0$ und 10,98 nm nachgewiesen.

Die Vernetzung des Hochdruck PE steigt mit fortschreitender Belichtungszeit unter dem Weatherometer mit einer UV-Strahlung von $\lambda = 254$ bzw. 316 bzw. 380 nm, wie sich aus dem stetigen Fallen des Schmelzindex, der Zunahme der Konzentration an CO-Gruppen und der steigenden Kristallinität ergibt [17]. Aus dem Ansteigen des Schmelzindex bei Formstoffen aus Mitteldruck PE folgt das Überwiegen der Kettenspaltung. Die im PE vorhandenen C=C-Bindungen werden durch die kleineren, aktiveren Wellenlängen angegriffen, während die Verzweigung durch die größeren abgebaut wird.

Das Niederdruck PE (Ziegler PE) versprödet unter dem Einfluß der UV-Strahlung. Sie baut nach Auffassung von S. OZAWA und Mitarb. [18] große Kristallaggregate mit inneren Spannungen ab.

Der Photooxydation sind die amorphen Anteile am leichtesten zugänglich. In fehlstellenfreien Kristallitbereichen läuft sie nicht ab. Die längsten Kettensegmente sind besonders für Sauerstoff empfänglich und werden also zuerst abgebaut.

Zum Mechanismus dieses oxydativen Lichtabbaus vertreten A. M. TROZZOLO und F. H. WINSLOW [20] neuerdings die Auffassung, daß nach Absorption des UV-Lichtes durch die CO-Gruppe die Spaltung nach dem Schema aliphatischer Ketone und Bildung angeregter Sauerstoffatome erfolgt. Die angeregten Sauerstoffatome sollen dann mit Vinylgruppen unter Bildung von Hydroperoxiden reagieren.

Bezüglich der Veränderung der physikalischen Eigenschaften der PE-Formstoffe, speziell ihrer mechanischen Festigkeiten, während der Bewitterung haben wir [21] beobachtet, daß die Sphärolithstruktur durch die Bewitterung sich verbessern kann. H. A. STUART [22] macht darauf aufmerksam, daß ein solcher sphärolithhaltiger Plastformstoff spröder ist als ein feinkristalliner. Die zwischen den Sphärolithen vorhandenen molekularen und kapillaren Risse werden wahrscheinlich zur Beschleunigung der Alterung in dem Sinne beitragen, daß sie Eintrittsstellen für den Sauerstoff und das Wasser sind, so die Eindringtiefe der Alterung vergrößern und die integralen Meßwerte der mechanischen Eigenschaften reduzieren.

Auch O. Hahmann und P. Potthoff [24] haben bei der Exposition im Weatherometer beobachtet, daß die Formstoffe aus PE geringerer Dichte sich merklich besser verhalten als die höherer Dichte aber sonst gleichen Molekulargewichts (Dichtebereich 0,940···0,965 g/cm³).

Im übrigen ist ein PE höheren Molekulargewichts stets gegen Lichteinwirkung resistenter. Eine Versprödung während der Bewitterung der PE-Formstoffe im gemäßigten Klima tritt bei den linear-strukturen Polyäthylentypen viel abrupter ein als bei den verzweigten Typen [25].

Für die oft nicht als befriedigend gefundene Wirksamkeit von Antioxydantien und UV-Absorbern bei der Freibewitterung, der Licht-Luftsauerstoff-Alterung also, möchte doch nicht übersehen werden, daß in den teilkristallinen Plastformstoffen die Verteilung des Stabilisators nicht absolut gleichmäßig erfolgt sein kann. Es ist weitgehend unwahrscheinlich, daß der Stabilisator *in* die Kristallite eindringt; er wird sich wahrscheinlich an ihren Grenzen und in den amorphen Teilen anreichern [26].

Beim PE-Plattenformstoff beschleunigen interne wie externe Zugkräfte das Wachsen von Rissen und damit den Alterungsabbau.

Beim Polypropylen, dessen Aktivierungsenergie bereits bei einer Wellenlänge von $\lambda = 370$ nm liegt, erfolgt unter der Einwirkung der Lichtstrahlen die Initiierung der Kettenreaktion am tertiären Kohlenstoffatom unter Bildung von Makroradikalen und Hydroperoxid-radikalen. Während der Alterungsreaktion bilden sich progressiv Alkohol-Aldehyd-Ketogruppen; sie können bei genügender Dauer mit der Bildung von COOH-Gruppen enden.

Als Abbauprodukte sind Formaldehyd, Aceton, Essigsäure und Wasser identifiziert [28]. Es ist nicht ausgeschlossen, daß die sauren Oxydationsprodukte die Zersetzung der Hydroperoxide katalysieren, wie dies für Laurinsäure im Modell nachgewiesen ist [29].

H. Fischer, K.-H. Hellwege u. a. [27] haben nachgewiesen, daß der Kreisprozeß der Bildung von Peroxidradikalen und ihrer Absättigung zu Hydroperoxiden bis zur Rekombination eines Radikals 5mal durchlaufen wird und vom PP etwa 5 Sauerstoffmoleküle aufgenommen werden. Es gehen einer Vernetzung 10 Kettenbrüche voraus.

Dieser Sauerstoffmolekelzahl entspricht die kinetische Länge des Kreisprozesses. Es konnte dann noch dargelegt werden, daß „*der Kreisprozeß erst ab einem mittleren Radikalabstand von 62 Å E wirksam ist.*"

Unter Beachtung der maximalen Kristallinität von 75% beim PP ist zu erwarten, daß die Oxydation mit folgendem Kettenbruch in der amorphen Phase oder in den am wenigsten geordneten Segmenten beginnt oder abläuft.

Die Geschwindigkeit der photochemischen Abbaureaktion in ihrem Gesamtablauf ist erwartungsgemäß abhängig von der Umgebungstemperatur des Formstoffes. Eine Steigerung der Temperatur um 10° verdoppelt auch hier die Geschwindigkeit der Zersetzung des Makromoleküls.

Von den höheren Homologen des Polypropylens sei noch die geringe Alterungsfestigkeit des Poly-(4-methyl-penten-1) erwähnt. F. H. WINSLOW und W. L. HAWKINS [30] stellen fest, daß hier die amorphen und kristallinen Anteile die gleiche niedrige Dichte haben und demgemäß auch gleichmäßig photooxydativ angreifbar sind.

Die außerordentlich hohe Wetterbeständigkeit von fluorhaltigen Plastformstoffen — sie wird für Polytetrafluoräthylen mit 25 Jahren angegeben — wird im allgemeinen auf die hohe Bindungsenergie der C—F-Bindung von 107 kcal/mol zurückgeführt. Daneben ist wohl zu beachten, daß die Fluorplaste sehr weitgehend UV-durchlässig sind [30].

Die dem gegenüber überraschend geringe Widerstandsfähigkeit des PTFE gegenüber γ-Strahlen wird auf die Ausspaltung benachbarter F-Atome unter Bildung einer C=C-Bindung zurückgeführt (ESR-Spektrum bei 77 °K nach 8 Megarad-Dosis) [31].

W. KERN [19] macht darauf aufmerksam, daß aus dieser hohen Wetterfestigkeit der Formstoffe aus dem Fluorpolymeren auch der Schluß gezogen werden kann, daß *nicht* die —C—C-Bindung in der Hauptvalenzkette der „*aliphatischen*" Makromoleküle die Ursache für die an sich doch geringe Wetterfestigkeit der gesättigten Polyolefine ist.

Dies bedeutet aber zugleich, daß nicht nur die Beurteilung der einzelnen Bindungen nach ihrem Energiegehalt vorgenommen werden sollte, sondern auch ihre Einordnung in die Nachbarschaft beachtet wird. Für die C—C-Bindung ist die Bindungsenergie ca. 59 kcal/mol und für die CH-Bindung 87 kcal/mol.

Zur Einschätzung der bei der Bewitterung von Formstoffen aus Polystyrol ablaufenden Reaktionen sei nochmal an den auch von A. V. KARJAKIN und A. I. FUNTIKOVA [32] bestätigten Befund erinnert, daß dünne transparente PS-Filme im UV-Spektralbereich von $\lambda = 220\cdots300$ nm absorbieren. Wie oben gezeigt, liegt das Maximum der Empfindlichkeit bei 318 nm. Es bestätigt sich hierbei auch die schon von L. A. MATHESON und R. F. BOYER [33] gemachte Beobachtung, daß in den ersten 10 Stunden der Exposition am Makromolekül keine Veränderungen nachzuweisen sind. Die danach einsetzende Vergilbung, deren Intensität schnell mit steigender Expositionszeit zunimmt, wird als eine Photooxydation interpretiert. Sie soll nach KARJAKIN durch restliches monomeres Styrol beschleunigt werden. G. S. WHITBY [34] sieht den Angriffspunkt in den endständigen ungesättigten Gruppen. Die Strahlungsresistenz nimmt mit steigendem Molekulargewicht also zu.

G. ZAITOUN u. a. [35] haben bei der monochromatischen Bestrahlung mit Licht von 5 Wellenlängen zwischen 302,3 nm und 577,0 nm in Gegenwart von Luftsauerstoff aus der Verbrennungsanalyse ermittelt, daß die größte Sauerstoffaufnahme bei $\lambda = 366{,}2$ nm und 404,7 nm erfolgt.

Das Reaktionsprodukt hat eine Säurezahl von 33···34, wobei anzunehmen ist, daß die aus dem IR-Spektrum bei $\lambda = 5{,}92$ nm sich ableitenden COOH-Gruppen am Kettenende sich befinden. Aus der Elementaranalyse der Reaktionsprodukte ergibt sich ein Einbau von 4,60···4,74% O. Jodometrisch ist die Bildung von Hydroperoxyden bei der Photooxydation des PS nicht nachweisbar.

Außer der COOH-Gruppe sind Aldehyd und Keton-Gruppen nachgewiesen. Als flüchtige Reaktionsprodukte sind CO, CO_2 und Styrol nachgewiesen.

Während seitens Zaitoun das Auftreten von OH-Gruppen nicht gefunden werden konnte, haben G. P. Fratkina und Mitarb. [36] sie durch die Absorptionsbande bei 3400 cm^{-1} erkannt. Die CO-Gruppe soll in Form von aromatischen Aldehyden mit nicht am Benzolkern gebundener CO-Gruppe oder als aromatischer Ester vorliegen.

Wird ein Polystyrol-Formstoff mit monochromatischem Licht von $\lambda = 253{,}7$ nm bestrahlt, so tritt ein Bruch in der Polymeren-Kette ein. Der Formstoff wird gelb und brüchig. Eine Vernetzung ist nur geringfügig zu beobachten. Für das Verhältnis der gebildeten freien Radikale (R) zur Intensität der Strahlung (I) zur Zeit (t) gilt $\frac{dR}{dt} = k_t \cdot I$ (k_t = konst).

Die Quantenausbeute als Verhältnis der bis zum Schluß abgebauten Moleküle zur Zahl der adsorbierten Quanten wird mit $\sim 1/15000$ ermittelt.

Die Gelbfärbung des PS-Formstoffes ist nicht auf eine chinoide Struktur des Ringes, sondern wahrscheinlich auf konjugierte Doppelbindungen zurückzuführen. Die Starrheit des gesamten Makromoleküls verhindert jedoch die Ausbildung längerer C=C-Sequenzen, so daß auch keine Rotverschiebungen auftreten [37].

Von den Formstoffen auf Basis der ABS-Polymeren ist bekannt, daß sie bei der Bewitterung sich stark verfärben, aber nur relativ geringfügig erodieren. Die Ursache für diese Vergilbung der multipolymeren Kombinationen ist eindeutig die Butadien-Kautschuk-Komponente.

Die mit der Oberflächenvergilbung verbundene Versprüdung verursacht einen schnellen Verlust der Schlagzähigkeit des gesamten Formstoffes.

Da nun eine Erhöhung des Pfropfungsgrades der Styrol-Acrylnitril-Mischpolymerisate auf Polybutadien-Rückgratketten die Schlagzähigkeit ebenfalls reduziert, muß ein Ausgleich zwischen dem gepfropften und beigemischten Polybutadien-Kautschuk nicht nur die erwünschten mechanischen Anfangswerte bringen, sondern gleichzeitig den Alterungsablauf so steuern, daß der Abfall der Schlagzähigkeit innerhalb einer 12monatigen Bewitterung klein bleibt. Hierbei ist zu beachten, daß die Thermostabilisatoren für die Verarbeitung als praktisch wirkungslos bei der Bewitterung sich erwiesen haben. B. D. Gesner [38] sieht den einzigen Ausweg zur Unterdrückung der Photooxydation in der Einarbeitung von mindestens 1% Ruß.

Gemessen an den zahlreichen recht gut belegten Ergebnissen über die am PVC-Formstoff sichtbaren und mit einigen analytischen wie physikalischen Methoden meßbaren Veränderungen der Eigenschaften, die die Nutzung und Gebrauchsdauer dieser Formstoffe bestimmen, sind die Resultate über Untersuchungen zum Mechanismus der Alterungsreaktionen doch noch nicht frei von Widersprüchen.

Ausgehend von der relativ kleinen Bindungsenergie von 66,5 kcal/mol für eine —C—Cl-Gruppe und der photochemischen maximalen Aktivierungsenergie bei $\lambda = 320$ nm wird bei der Freibewitterung die Abspaltung von HCl als Primärreaktion betrachtet. Hierbei ist u. a. auch berücksichtigt, daß die Aktivierungsenergie für eine HCl-Abspaltung aus der Struktureinheit

$$\mathrm{CH{=}CH{-}CH_2{-}\underset{\displaystyle Cl}{\underset{|}{CH}}}$$

nur 23···28 kcal/mol beträgt [39].

Die Dissociationsenergie einer CH-Bindung liegt bei 89 kcal/mol; sie wird aber nach A. CITTADINI [40] erniedrigt auf 75···80 kcal/mol, wenn sich bereits —C=C—C=C-Bindungen haben bilden können.

Die Aktivierungsenergie ist zwar unabhängig vom Molekulargewicht, jedoch verläuft nach G. TALAMINI und G. PEZZIN [41] die HCl-Abspaltung im PVC-Formstoff umgekehrt proportional dem PG. W. I. BENGOUGH u. a. [42] haben ermittelt, daß hochmolekulare PVC-Fraktionen mehr tert.-Chloridstrukturen enthalten, während in den niedrigmolekularen Fraktionen die Allylgruppen überwiegen.

Nachdem KENYON [3] festgestellt hatte, daß sich auch bei Bestrahlung von PVC-Pulver mit UV-Licht in den Wellenlängenbereichen um $\lambda = 300$ nm in Stickstoffatmosphäre Chlorwasserstoff abspaltet, war bezüglich des ersten Schrittes noch das Verhalten bei Bestrahlung im Vakuum von Bedeutung.

Nach ACHHAMMER [3] entwickelt sich hierbei bei Einhaltung einer Temperatur von 45° CO, CO_2 und H_2, aber kein HCl; erst nach mehr als 100 Std. wird dieses gebildet.

Aus den kinetischen Studien des photochemischen Abbaus von PVC-Gießfilmen im Vakuum von R. F. REINISCH [43] ergibt sich, daß Chlorwasserstoff und seine Zersetzungsprodukte als einzige Abspaltungsprodukte massenspektrometrisch und mit Restgasanalysator identifiziert sind. CO, CO_2 und H_2O sind nicht gefunden.

H. FISCHER und K. H. HELLWEGE u. a. [27] geben bei ihren Versuchen der Bestrahlung von PVC im Vakuum die Bildung von Kohlenstoffradikalen und ihren Übergang in Peroxidradikale bei Sauerstoffzutritt an. Es bleibt unausgesprochen, ob H oder HCl ausgespalten ist.

Es besteht weitgehende Übereinstimmung darüber, daß bei der Bewitterung von PVC-Formstoffen der photochemische Abbau zuerst in einer relativ dünnen Oberflächenschicht eintritt. Unmittelbar mit der Bestrahlung beginnt die Photoelemination des HCl; sie hört bei ihrer Unterbrechung auf.

Nach R. F. REINISCH ist die Reaktionsgeschwindigkeit gegeben durch

$$\frac{d[\mathrm{HCl}]}{dt} = \varnothing_t \cdot I_a^n \cdot [P],$$

worin $\varnothing_t$ = die augenblickliche Quantenausbeute und I_a = der Anzahl absorbierter Photonen, n = Intensitätsexponent und $[P]$ die Konzentration der photochemisch aktiven Stellen ist.

Danach werden die absorbierten Photonen nur zur HCl-Elimination verbraucht.

Es ist zu beachten, daß diese anfangs schwache HCl-Abspaltung zu einer autokatalytischen Zersetzungsreaktion führt, für die auch die Lichtenergie beschleunigend wirkt. Die sich im weiteren Verlauf der Alterung ausbildenden Polyenstrukturen sind die Ursachen für oxydativen Spaltungen wie auch für Vernetzungen.

Nach H. Fischer und K. H. Hellwege u. a. kann der Eingriff des Sauerstoffes über Peroxid-Radikal verlaufen, wobei ca. 5···7 Sauerstoffmolekel in das PVC eingebaut werden.

Die Untersuchungen von J. Petit und G. Zaitoun [44], [35] zur Reaktion des monochromatisch bestrahlten PVC-Gießfilmes mit Licht der Wellenlängen $\lambda = 302{,}3 \cdots 434{,}8$ nm führen zu dem Ergebnis, daß je kurzwelliger die Bestrahlung erfolgt, desto stärker ist die HCl-Abspaltung und desto größer ist der Sauerstoffgehalt im PVC.

Ein PVC-Film, dessen Elementaranalyse vor der Bestrahlung mit im Sonnenlicht vorhandenen Wellenlängen zu 38,22% C, 4,70% H und 57,8% Cl gefunden wurde, verändert sich bei der Bestrahlung bis zur Absorption von $2 \cdot 10^{21}$ Photonen für 100 mg Substanz gemäß den Angaben von *Tab. 119*.

Tabelle 119

Photooxydative Umwandlung des PVC bei der Sonnenlichtbestrahlung
(nach G. Zaïtoun [35])

monochromatische Bestrahlung mit	Elementaranalyse % C	% H	% Cl	% O
302,3 nm	45,42	5,99	42,12	6,47
366,2 nm	44,34	5,83	46,01	3,82
404,7 nm	42,11	5,05	49,34	3,50
434,8 nm	40,97	5,01	53,13	0,89

Der maximale Grenzwert des Sauerstoffgehalts stellt sich nach einer Bestrahlung mit Photonen der Wellenlänge $\lambda = 302{,}3$ nm mit $8{,}01 \cdot 10^{23}$ auf 13,48% O ein, so daß also die Elementaranalyse des Reaktionsproduktes ausweist: 39,97% C; 5,30% H; 41,25% Cl und 13,48% O.

Das UV-Licht wirkt ebenfalls katalytisch. G. Zaitoun gibt an, daß der gaschromatographische Nachweis mit ausmeßbaren HCl-Bergen nicht gelungen ist.

Nach Feststellungen von R. F. Reinisch ist der photochemische Abbau polychromatischer Strahlung wesentlich größer als der bei der sehr aktiven Wellenlänge $\lambda = 253{,}7$ nm beobachtete.

G. Zaitoun bestätigt unseren aus einigen Bewitterungsergebnissen ableitbaren Befund der Ausbildung von unlöslichen Anteilen. Er findet in seinen Reaktionsprodukten ca. 25% unlösliche Anteile (Lösungsmittel Chlorbenzol + Methylisobutylketon-Gemisch), deren Elementaranalyse einen Gehalt von 38,57% O, d. h. etwa gleich viel Sauerstoffatome wie Kohlenstoffatome ausweist. Der Sauerstoff liegt IR-spektrographisch erkennbar, als sekundärer Alkohol und als Carbonylgruppe vor.

Die Bildung von Hydroperoxiden ist sicher nur ein Zwischenstadium bei der photooxydativen Bewitterung.

In diesen unlöslichen Anteilen ist der Chlorgehalt bis auf 29,4% erniedrigt.

Für die Beantwortung der Frage, inwieweit diese von G. ZAITOUN mitgeteilten „*Modell*"-Versuche zur Alterung des PVC sich für Rückschlüsse auf den tatsächlichen Alterungsablauf verwenden lassen, sei zunächst noch einmal auf unsere Befunde zur Analyse des sich beim PVC-Formstoff bei der Bewitterung leicht bildenden weißlichen Belags hingewiesen.

Wir fanden hier in Abhängigkeit von der Inklination der exponierten Prüfkörper den niedrigsten Chlorgehalt bei 26,3···22,2% Cl (vergleiche S. 123). Wir haben ferner IR-spektrographisch in diesem Belag OH- und CO-Gruppen nachgewiesen (vergleiche S. 130).

Es besteht also eine recht gute Übereinstimmung der Aussage der Befunde von G. ZAITOUN mit unseren Ergebnissen auf Grund einer 5jährigen Bewitterung im Klimagebiet der DDR. Leider fehlen Vergleichsmöglichkeiten zu den Veränderungen der physikalischen Eigenschaften.

Die Bestrahlung mit der Wellenlänge $\lambda = 253{,}7$ nm führt zur Gelbildung, die erwartungsgemäß mit der Expositionszeit ansteigt. Bei gleicher Dauer verringert sie sich entsprechend dem Oberflächeneffekt der Bewitterung mit steigender Filmdicke [3].

Noch ungeklärt bleibt auch bei diesen Untersuchungen, ob in den Reaktionsprodukten eine dreidimensionale Vernetzung sich ausgebildet hat. Innerhalb einer 9jährigen Bewitterung haben wir an PVC-H-Formstoffen auch in der obersten Schicht keine Vernetzung, sondern nur einen starken Abbau der Molekulargewichte bis zu 15000 beobachtet (siehe S. 140, Tab. 31).

Die bisher vorliegenden Analysenwerte sind für eine Aussage, daß auch C=C-Bindungen in den Reaktionsprodukten vorliegen, noch etwas unzuverlässig.

Wir haben in dem grauweißen Belag der PVC-Bewitterung ebenfalls keine C=C-Bindungen IR-spektrographisch finden können (vergleiche S. 130).

Jedoch sprechen unsere visuellen Befunde der Verfärbungen und die Veränderungen dieser Farbtöne durch Behandlungen mit Ammoniak u. a. Reagenzien für das Vorliegen der Polyenstrukturen. Die Bildung längerer Polyensequenzen erfolgt auch bei photochemischer Belastung des PVC sehr schnell, nachdem erst einmal an labiler Stelle die erste HCl-Abspaltung eingetreten ist.

In diesem Zusammenhang sei auch noch der Befund von A. A. BERLIN und Mitarb. [45] erwähnt, daß die Oxydation der alkalisch erhaltenen Dehydrochlorierungsprodukte des PVC bei 20° bei Lichteinwirkung stark beschleunigt wird. Die ursprünglich schwarzen Produkte werden hellgelb.

Der Sauerstoffgehalt beträgt nach Reaktionsende 32,5% O.

Die photochemische Zersetzung des PVC wird durch einen Sauerstoffgehalt im Polymerisat begünstigt. Ch. F. BERSCH und Mitarb. [46] fanden in einem Handels-PVC 0,90% O. Daneben katalysieren auch Katalysatorreste und sonstige Verunreinigungen sowie C=C-Bindungen diesen photooxydativen Abbau.

Eine Bestrahlung von Mischpolymerisaten aus Vinylchlorid mit Vinylisobutyläther führt sowohl in Luft wie in Stickstoff hauptsächlich zur Abspaltung der Ätherseitenkette. Die $\sim CH_2-CH-Cl\sim$Einheit ist relativ stabil. Durch Verringerung des Cl-Gehaltes bilden sich relativ leicht Vernetzungen neben dem Kettenbruch aus [47].

Nach Br. Doležel und J. Stepek [48] ist die Abbaugeschwindigkeit der Mischpolymerisate aus Vinylchlorid und as. Dichloräthylen 18mal größer als die von PVC. Die photochemische Widerstandsfähigkeit des Mischpolymerisats aus Vinylchlorid+Vinylacetat ist bei kleinem Acetat-Anteil etwa gleich der des PVC.

Bei der Bestrahlung eines hauptsächlich aus Vinylidenchlorid bestehenden handelsüblichen Mischpolymerisats mit $\lambda = 253{,}7$ nm Strahlung fand I. E. Wilson [49], daß sich $0{,}7 \cdot 10^{-2}$ mol HCl abspalten. Aber bereits wenn sich ein HCl-Molekül auf ein Polymermolekül bildet, soll sich eine sichtbare Verfärbung abzeichnen. Die Quantenausbeute ist so klein, daß die HCl-Abspaltung als alleinige Ursache für die Verfärbung unwahrscheinlich wird.

Nach G. Oster [50] ist das erste Anzeichen einer solchen photochemisch ausgelösten HCl-Abspaltung in diesen Mischpolymerisaten die starke UV-Absorption mit Maximum bei $\lambda = 285$ nm. Durch ESR ist der Nachweis der Bildung freier Radikale bei der Anfangsbestrahlung geführt. Die sich auch hier ausbildenden Polyenstrukturen sind durch eine Blaufärbung mit $SbCl_3$ in Tetrachlorkohlenstoff nachgewiesen.

Bezüglich der Wirksamkeit von UV-Absorbern leitet G. Zaitoun [35] aus der Tatsache, daß die Sauerstoff-Aufnahme in den PVC-Reaktionsprodukten zum gleichen Sättigungsbetrag führt, ab, daß sie nur einen nichtaufhaltbaren Prozeß verzögern können. Hierbei sei nochmal daran erinnert, daß nach Angaben von A. K. Paneva [51] Folien aus PVC-Em und Weichmacher keine Durchlässigkeit für UV-Strahlen zeigen und 20···40% der sichtbaren und 40···70% der IR-Strahlung durchlassen.

Auch bei der Belichtung von PVC-W-Formstoffen bilden sich nach H. Luther und Mitarb. [52] auf Grund von ESR-Messungen Radikale. Sie machen darauf aufmerksam, daß diese in den kurzen Dunkelperioden der Geräte für „*künstliche Alterungen*" kaum rekombinieren können.

Bei der Freibewitterung sollen sich aber derartige „*Rekombinationen*" vor allem auch bei der Strahlungsminderung und in den „*Dunkelpausen*" abspielen.

Aus der Annahme heraus, daß sich solche Radikale ja auch in den Weichmachermolekülen (DOP) bilden können, haben wir [53] für die bereits auf S. 212 festgehaltene Reaktion zwischen PVC und Weichmacher während der Bewitterung sowohl die Ausbildung einer C—C-Bindung zwischen PVC und WM durch Rekombination zweier C-Radikale

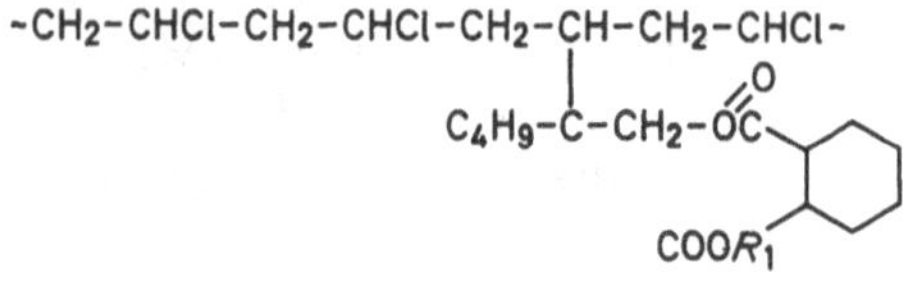

wie auch die Ausbildung einer —C—O—C-Bindung zwischen PVC und WM durch Kettenübertragung eines Alkoxyweichmacher-Radikals gemäß

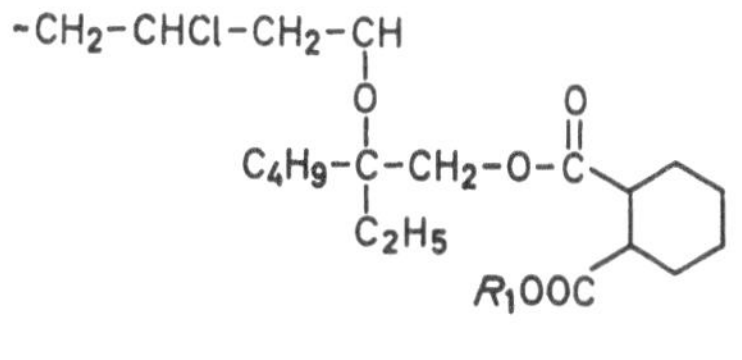

diskutiert.

Die typischen Kennzeichen einer bewitterten PVC-W-Folie, gleichzeitiger Abfall von Dehnung und Festigkeit bis zur Versprödung, sind nur durch PVC-Abbau und Veränderungen am WM-Molekül verständlich. Neben dem WM-Verlust waren dünnschicht-chromatographisch wie ebullioskopisch Anzeichen für oligomere Bestandteile vorhanden. Es kann sich um oligomeres PVC, oligomerisierten WM auf Grund der Äthylhexylalkoholbestimmung sowie um oligomere Verknüpfungen von PVC + WM handeln.

Diese Abbauvorgänge in ihrer Gesamtheit dürften für die während einer genügend langen Bewitterung auftretenden Totalschädigungen der Folien verantwortlich sein.

Bei den wegen ihres tertiären C-Atoms etwas alterungsempfindlicheren Polyacrylsäureester-Formstoffen ist das Ausmaß der Vernetzung dem absorbierten Licht ($\lambda = 253{,}7$ nm) proportional. Bei jeder Entfernung der Lichtquelle zum Film tritt ein in der Viscositätsabnahme meßbar werdender Kettenbruch ein. Das Verhältnis des Kettenbruchs zur Vernetzung wird zwischen 35···50 °C nicht beeinflußt. Aus der Bildung der Radikale gemäß

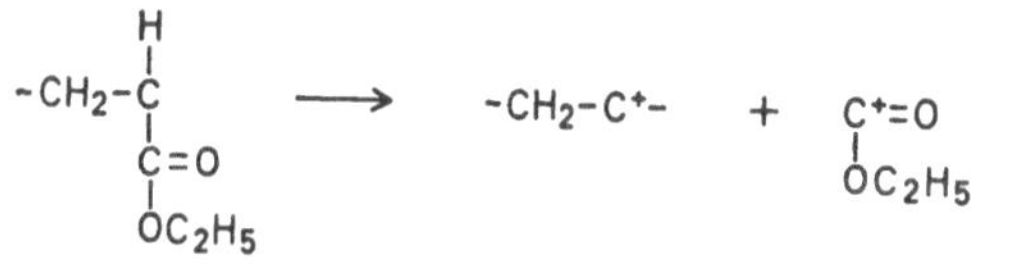

läßt sich die Vernetzung durch Rekombination zweier Polymerradikale ableiten, während aus dem Äthoxy-Carbonyl-Radikal das massenspektroskopisch nachgewiesene CO und CO_2 entsteht [54].

Bei dem als sehr bewitterungsfest geltenden Polymethylmethacrylat gibt eine UV-Strahlung eine Kettenanregung, die bei ZT in eine über Radikale verlaufende Kettenspaltung und erst bei erhöhter Temperatur in eine Depolymerisation übergeht.

Nach A. Charlesby und D. K. Thomas ist die Quantenausbeute $< 1\%$ pro Kettenbruchstück. R. B. Fox u. a. haben bei der UV-Bestrahlung Methylformiat, Methanol neben flüssigem Monomeren erhalten.

An Hand des in verschiedenen Stellungen ^{14}C markiertem PMMA weisen M. I. Frolowa u. a. nach, daß bei photochemischer Belastung hauptsächlich die seitlichen Estergruppen abgespalten werden. In Gegenwart von Sauerstoff bilden sich Abbauprodukte aus dem quartären C-Atom und dem C-Atom der α-CH_2-Gruppe [55].

Ein isotaktisches PMMA ist gegenüber UV-Strahlung und Elektroneneinwirkung beständiger als syndiotaktisches.

Für das Verständnis des Bewitterungsmechanismus an Formstoffen aus ungesättigten Polyestern mit und ohne Verstärkungsstoffe (Glasfasern etc.) ist zu beachten, daß die aus Maleinsäure und Phthalsäure mit Polyolen hergestellten Basispolyester am stärksten durch Licht der Wellenlänge $\lambda = 325$ nm geschädigt werden.

Unter Luftausschluß einwirkendes UV-Licht gibt bei diesen UP eine Absorptionsbande zwischen 300···335 nm; sie kann sich bis in das sichtbare Gebiet erstrecken und bringt so die bekannte Vergilbung dieser Formstoffe. Nach J. Voigt [56] führt der photochemische Primärschritt über die Anregung des Chromophorsystems in der Maleinsäure zu 2 Radikalen. Das unter Beteiligung der C=C-Bindung entstehende bildet schließlich vernetzte Makromoleküle und trägt so zur Alterungsstabilität bei.

Das 2. Radikal gemäß

$$\sim CH_2\text{-}O\text{-}C{=}\underline{O}CH{=}CH\text{-}C^{\bullet}{=}O \quad + \quad O^{\bullet}CH_3$$

bildet ein neues Kettenende mit —COOH-Gruppe. Es kann die Hydrophilie vergrößern.

Aus der Tatsache, daß die Farbtonänderungen der UP-Formstoffe stets über den gleichen Farbton laufen, gleichgültig, ob sie durch Temperatur- oder nur Licht- oder Wettereinwirkung ausgelöst sind, schließt K. Demmler [57] ohne weitere Beweisführung auf eine „*ähnliche chemische Reaktion*". Er muß aber zugeben, daß eine 18monatige Wettereinwirkung eine geringere Vergilbung bringt als die Temperatureinwirkung bei 180 °C (!) oder eine 36tägige Intensivbestrahlung in einem Lichtechtheitsprüfgerät.

Der starke Abbau der mechanischen Eigenschaften ist ohne Einwirkung von Sauerstoff, der wohl über angeregte Zustände oder auch als O_3 an das Makromolekül herantritt, nicht möglich. Es kommt hierbei sowohl zu Brüchen im Kettenmolekül des Polyesters wie auch zum Lösen von „*Vernetzungsstellen*" der Mischpolymerisationsreaktion. Auch in diesen Formstoffen ist der Charakter der Bewitterung als photooxydative Reaktion durch den mit der Belichtungszeit ansteigenden Gehalt an CO-Gruppen erkennbar. Der Austausch der aliphatischen Bauelemente in den Polyestern durch aromatische Ringe bringt eine Erhöhung der Wetterfestigkeit.

Das gilt auch für die Plastformstoffe aus Polyamiden.

Bei dem photochemischen Abbau des Polyamids 6,6 bildet sich durch Absorption eines Photons durch H-Abspaltung ein freies Radikal von α-C-Atom neben der NH-Gruppe. In Gegenwart von Luftsauerstoff entsteht ein Peroxydradikal und schließlich Hydroperoxyde. Das Peroxydradikal ist nach R. A. Ford [58] offenbar im festen Zustand relativ langlebig, wie aus der Intensität einer bei Belichtung neu auftretenden Bande bei $\lambda = 290$ nm geschlossen wird.

Den Hydroperoxydgehalt hat A. ANTON [59] quantitativ in einer Lösung des PA 6,6 in Tetrafluorpropanol in der Größenordnung von 1 μ-mol/g PA ermittelt.

Die weitere Umwandlung führt dann zu Aldehyd- und Carbonyl-Funktionen, die wieder IR-spektroskopisch nachgewiesen sind.

Nach Angaben von N. I. ANTROPOVA und Mitarb. [60] geht der Abbau entsprechend der Bindungsenergie der C—N-Bindung von 48,6 kcal/mol dort zuerst vor sich und dann an den CH- und CO-Bindungen. Bei Bestrahlung mit Licht bis zu $\lambda = 300$ nm geht der Abbau nur an der C—N-Bindung vor sich. Durch ESR sind als freie Radikale $-CH_2-\overset{+}{C}H_2$ und $CH_2-CH_2-\overset{+}{C}=O$ nachgewiesen.

Es konnte schließlich durch diese Methode auch neuerdings erkannt werden, daß im belichteten Polycaprolactam die Anzahl der entstandenen freien Radikale exponentiell mit einer angelegten Zugspannung ansteigt [61]. Und es erscheint klar, daß eine mechanische Belastung während der Alterung auch die Spaltung der Valenzbindungen begünstigt.

Neben dem Sauerstoff müssen auch die übrigen in der Atmosphäre befindlichen Oxydantien wie Ozon und Stickoxyde für den photooxydativen Ablauf der Bewitterung der Polyamide in Betracht gezogen werden.

Polyamide mit dem Aufbauprinzip

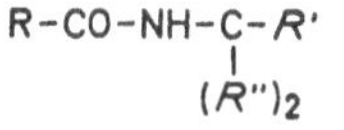

sind oxydationsfest.

Die Rolle des Wassers (= „Feuchtigkeit") beim weiteren Verlauf des photochemisch induzierten Bewitterungsabbaus ist noch etwas unklar. Die Wirkung als temporärer WM kann sich überlagern.

Die als Polykondensationsregler verwendeten Substanzen beeinflussen den photochemischen Bewitterungsabbau. Vielleicht sind sie sogar die Initiatoren für den Abbauprozeß; sie wirken sicher als Photosensibilisatoren. Das gilt auch für die TiO_2-Partikel.

Als Spaltprodukte einer 4tägigen Quarzlampenbestrahlung findet R. F. MOORE [62] beim

Polycaprolactam:	Essigsäure, Oxalsäure, Bernsteinsäure
PA 6,6:	Essigsäure, Pentansäure, etwas Buttersäure und Propionsäure, Adipinsäure, Pentylamin und Hexandiamin (1,6).
PA 6,10:	Essigsäure, Nonansäure, Sebacinsäure, Adipinsäure und weitere Gemische zweibasischer Säuren, Hexandiamin.

Die auch im diffusen Sonnenlicht vorherrschende Reaktion ist eine Verringerung des Molekulargewichtes, so daß bei einer Temperatur der Prüfkörper von 48 °C nach 82 Tagen ein Abbau von 25000 auf ca. 17500 eingetreten ist. Bei einer Lagerung im Schatten soll nach I. B. KUSNEZOVA [63] eine Weiterkondensation bis zum Molgewicht 40000 eingetreten sein.

Niedrigmolekulare Polyamide sind empfänglicher für den Witterungsabbau, kürzere Ketten gehen nach M. M. Epstein [65] zuerst entzwei.

Die durch die Alterung der teilkristallinen Polyamid-Formstoffe bewirkte Veränderung der mechanischen Eigenschaften ist neben dem hauptsächlich in der amorphen Phase zu lokalisierenden chemischen Abbau wohl stärker durch im Formstoff sich abspielende physikalische Vorgänge ausgelöst. Hier sind die Änderungen der Kristallite nach Zahl und Größe die hauptsächlichen Ursachen.

A. M. Nikolskoj und Mitarb. [64] geben an, daß bei bis zu 700···800 Std. ausgedehnter Bestrahlung sich übermolekulare Strukturen ausbilden, die eine Erhöhung der Härte und der Starrheit auslösen. Die Kerbschlagzähigkeit geht gleichzeitig dann zurück.

Bei den nur leicht kristallinen Polyamiden, z. B. einem Mischpolyamid aus 65% Hexandiaminadipinat, 10% Hexandiaminsebacinat und 25% Caprolactam, bleiben Reißfestigkeit und Reißdehnung noch lange unverändert, während sie sich im stärker kristallinen Mischpolyamid mit 25% Piperazin-Adipinat statt Caprolactam in der gleichen Zeit um $^1/_3$ verringern. Dieser auf den Kristallinitätsgrad des Formstoffs zurückführende Witterungsabbau kann *nicht* durch Stabilisatoren beeinflußt werden [65],

Die Bewitterung von Formstoffen aus Polyurethanen erfolgt offenbar auch über Radikale. L. V. Nevskij und Mitarb. [66] haben bei der Bestrahlung solcher Folien aus Glykol und Homologen + Toluylendiisocyanat mit einem Molgewicht von 6000···8000 diese Radikale durch ESR-Signale festgestellt. Das absorbierte Lichtquant sprengt die C—N-Bindung in der Urethangruppe, so daß sich die beiden Radikale

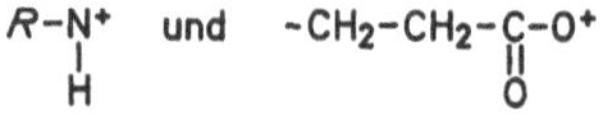

bilden. Wird das Polymere an der —C—O-Bindung gespalten, so bilden sich die Radikale

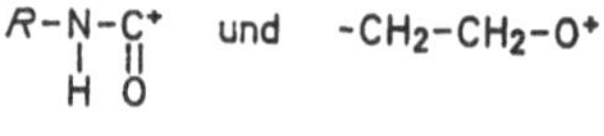

Der weitere Zerfall der Radikale führt dann zu CO, H, CH_2O, Radikalen

Für das einfache Polyurethan aus Glycol und dem Toluylendiisocyanat lassen sich bei Vakuum-Bestrahlung mit UV-Licht massenspektrometrisch CO_2; H·CHO; CO; HCN; H_2; CH_4 nachweisen.

Während der Bestrahlung in Luft findet eine Sauerstoffabsorption statt, deren Betrag primär von dem Kristallinitätsgrad der Polyurethane abhängt.

Es ist den Auffassungen von G. M. Bartenew und I. W. Rasumowskaja [67] zuzustimmen, daß die Erarbeitung von Methoden zur Voraussage der Lebensdauer von Plastformstoffen immer größere Bedeutung gewinnt. So erfreulich der Nachweis der Anwendbarkeit des von I. Bailey [68] aufgestellten Integral-Kriteriums ist, wenn die Lebensdauer als Funktion *konstanter* Prüfbedingungen betrachtet werden kann, so ist doch gerade die Lebensdauer der Plastformstoffe unter den Bedingungen der Freibewitterung eine Funktion sehr stark wechselnder Beanspruchungen.

Es dürfte wohl zutreffend sein, daß sich bei „*komplizierten Zerstörungsmechanismen keine (mathematisch-)analytischen Lösungen*" vorerst finden lassen.

Die photochemischen, chemischen, mechanischen, thermischen und auch elektrischen Einflüsse spielen jeweils ihre eigene spezifische Rolle, aber von weitaus größerer Bedeutung ist, daß sie im Komplex zusammenwirken.

Aus dem gemeinsamen Interesse der Hersteller von Polymeren und der Anwender der daraus gefertigten Formstoffe mit möglichst hoher Wetterfestigkeit ergibt sich die Notwendigkeit, jede einzelne Phase genau zu überprüfen. Die den Verarbeitungstechnologen gegebene sehr hohe Variationsmöglichkeit in ihren stoffspezifischen Technologien mit ihren vielen Abwandlungsmöglichkeiten der Rezeptur wie auch der Prozeßführung durch Auswahl und Anwendung der Verarbeitungsvorrichtungen speziell in ihrer Auswirkung auf die Ausbildung der physikalischen Strukturen macht diese Aufgabe sehr, sehr umfangreich und kompliziert.

Lassen wir uns hierbei aber auch von dem alten Erfahrungssatz ein wenig leiten: „*Was für ein Polymeres gut ist, kann völlig wirkungslos für ein anderes sein*".

Ein Erfolg wird sich aber bei einer vertrauensvollen Kooperation der Synthetiker, Verarbeitungstechnologen, Prüftechnologen und Letztverbraucher mit dem Ziel erreichen lassen, eine Erweiterung der sachgemäßen, d. h. werkstoffgerechten, Anwendung der Plastformstoffe in allen Zweigen unserer Volkswirtschaft herbeizuführen.

Literatur

[1] I. L. Bolland u. a.: Trans Faraday Soc. **42** (1946), 236
[2] R. C. Hirt u. a.: Modern Plastics **44** (April 1967), 156
[3] so auch H. H. G. Jellinek: Modern Plastics **44** (April 1967), 162
Pure and Applied Chemistry **4** (1962), 419
Internat. Symp. über Makromolekulare Chemie in Montreal 27. 7.—1. 8. 1961
[4] J. Schreiber: Plaste u. Kautschuk **8** (1961), 454; **12** (1965), 20
[5] H. H. Frey: Kunststoffe **53** (1963), 103
[6] T. Konončik u. a.: Plast. Massen (UdSSR) 1966, Nr. *8*, 72
[7] W. A. J. Bryce u. a.: Polymer Sci. **25** (1957), 480
[8] J. Jortner: J. Polymer Sci **37** (1959), 199
[9] G. C. de Croes: u. a. Modern Plastics (April 1952), 127
[10] M. Chamberlain u. a.: Ind. Engng. Chem. **48** (1956), 1209
[11] P. Maltese: Materie Plastiche (1957), 107
[12] T. Ogihara: Bull. chem. Soc. Japan **36** (1963), 58
[13] E. M. Bevilacqua u. a.: J. appl. Polymer Sci **8** (1964), 1691
[14] V. K. Milinčuk: Hochmolekulare Verbind. (UdSSR) **7** (1965), 1293
[15] C. V. Stephenson u. a.: J. Polymer Sci. *A 1* (1963), 2741
[16] M. Dole u. a.: J. Amer. chem. Soc. **79** (1957), 4809

[17] T. MATSUDA u. a.: Chemisches Zentralblatt 1967—11—1175
[18] S. OZAWA u. a.: Makromolekulare Chemie **67** (1963), 239
[19] W. KERN: Chemiker Ztg. Chemische Apparatur **91** (1967), 255
[20] A. M. TROZZOLO u. a.: Macromolecules **1** (1968), 98
[21] nach Arbeiten von D. OCHAINSKI im Institut für organische Hochpolymere im Jahre 1967
[22] H. A. STUART: Angew. Chemie **79** (1967), 877
[23] H. FISCHER: Kunststoffe **55** (1965), 344
[24] O. HAHMANN u. a.: Kunststoffe **55** (1965), 465
[25] F. H. WINSLOW u. a.: A.C.S. Div. Polymer Chem., Polymer Preprints **7** (1966), 390
[26] H. GYSLING u. a.: Techn. Rdsch. **55** (1963), Nr. *17*, 1
[27] H. FISCHER u. a.: Kolloid Zeitschrift, Zeitschrift für Polymere **195** (1964), 129
J. Polymer Science *A 1* (1963), 2109
[28] V. S. PUDOW u. a.: Alterung, Stabilisierung, Polymerisation (UdSSR) 1966, 5
[29] D. RYSAVY u. a.: Chem. Prum. (Prag) **17** (*12*), (1967), 652
[30] F. H. WINSLOW u. a.: Modern Plastics **44** (April 1967), 141
[31] N. A. SLOVOKKOTOVA u. a.: Ber. Akad. Wiss. UdSSR **178** (1968), 138
[32] A. V. KARJAKIN u. a.: Hochmolekulare Verbind. (UdSSR) **7** (1965), 1171
[33] L. A. MATHESON u. a.: Ind. Engng. Chem. **44** (1952), 867
[34] G. S. WHITBY: Trans. Faraday Soc. **32** (1956), 315
[35] G. ZAITOUN: Peintures, Pigments, Vernis **42** (1966), 510
[36] G. P. FRATKINA u. a.: Plast. Massen (UdSSR) 1965, Nr. *9*, 55
[37] E. B. MURPHY: S.P.E. Journal **22** (1966), 53
N. GRASSIE u. a.: J. appl. Polymer Sci. **9** (1965), 963, 975, 987, 999
SHI-WEI-CHEN: J. Phys. Coll. chem. **53** (1949), 486
[38) B. D. GESNER: S.P.E. Journal **25** (Januar 1969), 73
[39] N. GRASSIE: Chem. und Ind. (1954), 161
B. BAUM: J. Polymer Sci. **28** (1958), 537
[40] A. CITTADINI: Materie Plastiche **26** (1960), 314
[41] G. TALAMINI u. a.: Makromolekulare Chemie **39** (1960), 26
[42] W. I. BENGOUGH u. a.: Polymer (London) **6** (1965), 625
[43] R. F. REINISCH u. a.: A. C. S. Div. Polymer Chem. Polymer Preprints **7** (1966), 372
[44] J. PETIT u. a.: C. R. hebd. Séances Acad. Sci. **256** (1963), 2610
[45] A. A. BERLIN u. a.: Ber. Akad. Wiss. UdSSR **144** (1962), 1042
[46] Ch. F. BERSCH: J. Res. nat. Bur. Standards **60** (1958), 481
[47] Z. S. HIPPE u. a.: J. Oil Colour Chemists Assoc. **48** (1965), 447
[48] Br. DOLEŽEL u. a.: Chem. Prumysl **10** (*35*), (1960), 381
[49] I. E. WILSON: J. Americ. Chem. Soc. **72** (1950), 2905
[50] G. OSTER: J. Polymer Sci. *C 12* (1966), 63
[51] A. K. PANEVA: Khim. Ind. (Sofia) **38** (1966), 151
[52] H. LUTHER u. a.: Korrosion *20*, „*Alterung und Korrosion von Kunststoffen*", S. 95, Verlag Chemie G.m.b.H. 1967
[53] nach Arbeiten von Elisabeth SCHRÖDER und D. WEICHERT im Institut für organische Hochpolymere 1966/1967
[54] H. JACOBS u. a.: J. appl. Polymer **3** (1960), 245
[55] A. CHARLESBY u. a.: Proc. Roy. Soc. (London) *A 269* (1962), 104
Rob. B. FOX u. a.: J. Polymer Sci. *A 1* (1963), 1079
M. I. FROLOWA u. a.: Hochmolekulare Verbind. (UdSSR) **1** (1959), 1453; **3** (1961), 877
G. A. HENRY: Chemical Abstracts **68** (1968), 18 — 78732 p

[56] J. Voigt: Makromol. Chemie **27** (1958), 80
[57] K. Demmler: Kunststoffe **56** (1966), 872
[58] R. A. Ford: Nature (London) **176** (1955), 1023
[59] A. Anton: J. appl. Polymer Sci. **9** (1965), 1631
[60] N. I. Antropova u. a.: Plast. Massen (UdSSR) 1963, Nr. *8*, 16
[61] G. G. Samoilov u. a.: Physik des festen Körpers (UdSSR) **10** (1968), 1094
[62] R. F. Moore: Polymer **4** (1963), 493
[63] I. B. Kusnezova: Plast. Massen (UdSSR) 1964, Nr. *9*, 32
[64] A. M. Nikolskoj: Plast. Massen (UdSSR) 1965, Nr. *1*, 52
[65] M. M. Epstein: Modern Plastics **37**, Nr. *11* (1960), 142
[66] L. V. Nevskij u. a.: Plast. Massen (UdSSR) 1966, Nr. *7*, 43
J. Polymer Sci, *C*, 1966, Nr. *23*, 193
[67] I. W. Rasumowskaja u. a.: Plaste u. Kautschuk **19** (1968), 360
[68] I. Bailey: Glass-Ind. **20** (1939), 21

8 Register

8.1. Autorenregister

Achhammer, C. H. 417, 471
Adamirova, Ludmila 24, 36, 46, 92, 104, 137, 175, 176, 208, 219, 237, 249, 363, 385, 417, 453
Adams, C. H. 92, 116, 150, 152, 193, 206, 208, 237, 249
Albert, W. 315, 333
Alexander, R. 299, 303
Algra, E. A. H. 338, 339, 348, 355
Allachvewdiev, G. A. 281
Alt, B. 60, 71, 342, 343, 347, 348, 352, 355, 356
Althof, W. 321, 333
American Cyanamid Co. 249, 250
Anderson, N. K. 342, 355
Aneli, D. N. 303
Angelle, C. H. 411, 416
Ankundinova, R. K. 249
Anton, A. 477, 481
Antrapova, N. I. 477, 481
Ashton, H. E. 151, 209

Bachmann, H. J. 46
Bäder, E. 353, 355
Bärbock, I. 413, 416
Bailey, I. 478, 481
Bakker, P. I. 344, 348, 356
Baltenos, R. 382
Bawgellini, F. 457, 459
Barschtein, R. S. 273, 281
Bartenew, G. N. 478
Barthel, R. 250, 416
Bartlett, D. V. 61, 71
Bartoe, W. F. 93, 208
Basemann, A. L. 264, 280
Bauer, P. 41, 47
Bauer, W. 17
Baum, B. 417, 480
Baum, G. A. 226, 249
Baumann, R. P. 54, 69, 371
Baumann, W. 304, 332
Baxmann, Fr. 95, 208, 366, 398, 418, 441, 447, 454, 458
Beck, S. 269, 273, 280
Becker, G. 44, 47, 261, 280
Beine, H. 303
Belyi, V. A. 189, 210, 249, 393, 417
Benninghoff, H. 47
Bengough, W. I. 471, 480
Berger, W. 69
Berlin, A. A. 473, 480
Bersch, Ch. F. 473, 480
Betdorf, I. B. 218, 249
Bettanini, E. 307, 332
Bevilacqua, E. M. 466, 479
Biggs, B. S. 74, 82
Bilek, I. G. 281
Billk, I. G. 249
Binder, G. 66, 70
Binotto, G. 356
Birnthaler, W. 95, 101, 118, 184, 202, 208, 213, 214, 248
Bjorksten, I. 150, 209
Black, R. M. 302, 377
Blank, E. 17
Blank, F. 59, 69
Blomquist, E. F. 327, 331, 333
Blumberg, M. 217, 249
Bobeth, W. 343, 355
Bolland, I. L. 460, 464, 479
Bomar, M. 267, 280, 281
Bopp, C. D. 289, 302
Bordes-Pages, H. 332, 333
Booth, G. H. 275, 276, 281

BOSONI, A. 235, 249
BOST, M. I. 105, 208
BOWDEN, E. B. 450, 455, 456, 458
BOYER, R. F. 469
BOYLE, D. I. 312, 333, 426, 438
BRIJN, I. 280
BRINKMANN, C. 355
BROCKFIELD, K. I. 349
BROUTMAN, L. I. 356
BRYCE, W. A. I. 465, 479
BUCHHOLZ, E. 70
BUCHMANN, W. 80, 82
BUCHNALL, G. B. 310, 333, 418
BUCKMAN, St. I. 11, 17, 263, 269, 280
BÜHLER, K. 144, 146, 209
BULLINGER, H. 71
BULTMAN, I. D. 281
BURGESS, R. 44, 48, 275, 276, 281
BUSER, K. 47, 327, 333
BUSWELL, A. G. 401, 418
BUXBAUM, Jeanne K. 304, 332
BYRNE, I. 289, 292, 302

CARNER, W. C. 457
CARYL, C. R. 46
CERMATROVA, D. 17
CHAMBERLAIN, M. 87, 131, 209, 465, 479
CHARLESBY, A. 293, 302, 475, 480
CHAUDET, I. H. 249
CHOTTINER, I. 450, 453, 455, 456, 458
CIAUCIARULO, A. N. 157
CITTADINI, A. 471, 480
CLARK, F. G. 34, 35, 46, 76, 82, 83, 87, 208, 232, 242, 250, 418, 441, 443, 447, 449, 456, 458
CLARK, I. E. 453, 458
CLAUDEMANS, C. P. I. 302
CLINTOCK, Rh. 327, 333
COLICHMAN, E. L. 302
CONNOLLY, R. A. 258, 261, 275, 280
COOPER, B. S. 38, 46
COTTON, G. R. 380, 418
CROOK, M. A. 302
CROWDER, I. R. 344, 355
CSERWINSKA, Elž. 47, 254, 272, 280
Cyanamid International Corp. 418

DAGAJEW, P. P. 382, 389, 417, 425, 427, 428, 431, 434, 438
DALLACH, G. 413
DARBY, A. E. 48, 275, 276
DARBY, I. R. 29, 44, 46, 97, 208, 213, 223, 248, 281, 443, 447
DASCH, I. 52, 69
DE COSTE, I. B. 96, 208, 219, 229, 247, 249, 456, 458, 465
DE CROES, G. C. 479
DE DANI, A. 349, 356
DEANIN, R. D. 250, 403, 404, 418
DELOLLIS, H. J. 331, 333
DELORME, I. 82, 83, 163...176, 183, 208, 283, 302, 458
DEMMER, F. 44, 48, 266...278, 281
DEMMLER, K. 68, 71, 342, 355, 401, 402, 418, 476, 481
DESAHNE, R. 68, 70
DIEDRICH, G. 70, 80, 82
DIMTER, L. 321, 333, 417
DOLE, M. 467 479
DOLEŽEL, Br. 11, 17, 24, 36, 44, 46, 47, 48, 60, 69, 70, 92, 99, 104, 137, 170, 175, 176, 189, 201, 208, 209, 213, 217, 219, 237, 248, 249, 265...272, 280, 363, 385, 450, 453, 474, 480
DRECHSEL, D. 46, 48
DRUESEDOW, D. 386, 417
DUBOIS, P. 28, 47, 48, 88, 100, 150, 208
DURISINOWA, Lubica 384, 417
DUTZER, M. I. 47, 235, 249
Dynamit AG. 309, 332

EDELMANN, K. 67, 71
EDEN, H. A. K. 333
EDWARDS, C. R. 54, 69
EDWARDS, D. L. 343, 355
EHRENSTEIN, G. W. 345, 435
EICHENBERGER, W. 438
EICHHORN, F. 333
EILERS, I. H. 322, 333, 353
EISENMANN, K. H. 332
ELLINGER, Marianne L. 35, 46, 47
ELSER, W. 47
EPSTEIN, M. 17, 286, 291, 300, 302, 303, 478, 481
ERMILOVA, G. A. 417
EVANS 209, 280
EXNER, K. 328, 333
EZRAN, M. 64, 70

Falk, G. 95, 111, 118, 184, 202, 208, 213, 248
Farkas, Maria I. 281, 356
Ferse, A. 285, 303
Fischer, E. 69, 208, 466
Fischer, H. 283, 288, 302, 468, 471, 480
Fitzgerald, E. B. 17
Fomenko, A. 303
Ford, R. A. 476, 481
Forshee, B. W. 41, 47
Forsman, I. P. 14, 17, 38, 47
Foster, S. P. 438
Fox, R. B. 475, 480
Fratkina, G. P. 470, 480
Freier, E. 412, 416
Frejdin, A. S. 333
Freire, P. 116, 208
Frey, H. H. 47, 314, 333, 366, 369, 401, 418, 441, 447, 455, 458, 464, 479
Frolowa, M. I. 156, 188, 195, 210, 392, 417, 438, 475, 480
Funke, W. 47, 50, 59, 69, 70
Funtikova, A. I. 469

Gantz, G. M. 218, 249
Gambogi, P. 45, 48
Gardner, G. 300, 303
Garner, B. L. 34, 47, 68, 70, 456, 458
Gaube, E. 294, 302, 303
Gay, P. I. 39, 47, 260, 280
Gedemer, Th. J. 62, 70
Gemmer, H. 281
Genel, S. V. 416, 438
Gerbet, D. 321, 333
Gericke, F. K. 458, 459
Gerrens, H. 309, 332
Gesner, B. D. 312, 333, 334, 418, 426, 470, 480
Gibbs, C. F. 386
Giesen, M. 53, 69
Gilch, H. 56, 69
Gilman, L. 309, 332
Girard, T. A. 273, 281
Gisolf, J. H. 214, 248
Golden, I. H. 302
Golovastow, E. S. 354, 355
Golub, M. A. 302
Gordon, D. A. 219, 250
Gosswald, K. 280
Gottfried, G. 47, 235, 249
Gouza, J. J. 93, 208
Göransson, B. 280
Grace & Co. 249
Graham, P. R. 29, 46, 97, 208, 213, 223, 248, 249, 250, 443
Grassie, N. 393, 417, 480
Gray, V. E. 56, 69, 105, 210, 365, 370, 417
Green, I. G. 355
Greenwood, C. T. 465.
Grethouse, G. A. 265, 280
Grimm, G. O. 157, 196…207, 209, 210
Grosse, G. 321, 333
Grube, W. L. 54, 69
Gruber, E. E. 46, 65, 70, 313
Gulbins, E. 376
Gumerman, G. 353, 356
Guminski, R. D. 17
Gwinner, E. 79, 82
Gysling, H. 480

Haferkamp, H. 339, 341, 348
Hagan, R. S. 17
Hagedorn, M. 350, 355
Hagen, H. 350, 355, 356
Hagen, K. 333
Hahmann, O. 46, 249, 452, 458, 464, 468, 480
Haldenwanger, H. 35, 47, 84, 210, 232, 249, 358, 417
Halls, E. E. 79, 82
Hamann, K. 69, 208
Hamilton, Ch. W. 189, 206, 210, 416, 431, 438
Hansmann, I. 350, 356, 411, 418
Harrington, R. 302
Harrison, C. W. 453
Hartley, I. C. 56, 69
Hashimoto, T. 372, 418
Haslam, I. 69
Hawkins, F. S. 38, 47
Hawkins, W. L. 74, 82, 216, 248, 469
Hazeu, W. 44, 48
Heap, W. M. 265, 268, 280
Heaps, I. M. 311, 332
Hefty, R. W. 67, 70, 80, 82

HELMSTEDT, M. 35, 46, 54, 59, 61, 69, 90, 95, 111, 112, 119, 125, 126, 208, 209
HELLWEGE, K. H. 63, 70, 286, 303, 468, 471
HEMPEL, D. 334
HENDRICKS, I. G. 230, 231, 246, 250
HENDRICKSON, I. G. 58, 71, 385, 392, 417
HENNIGE, W. 47
HENNINGER, W. 446
HENRY, G. A. 480
HERRMANN, E. 237, 240, 241, 249
HERTZ, J. 70, 355, 356
HESSELT, F. 339
HILD, W. 74, 82
HILL, H. Earl 418
HILL, G. R. 450
HILDEBRAND, Chr. 348, 352, 356
HILLER, C. M. 355
HILLIARD, D. A. 70
HINES, F. I. 231, 249
HINTZE 232, 249
HINTZENSTERN, G. v. 51, 69, 71, 74, 82, 108, 111, 129, 136, 208, 209, 237, 248, 249, 323
HIPPE, Z. 396, 418, 480
HIRT, R. C. 46, 48, 297, 302, 461, 479
HÖGBERG, H. 332
HÖRMANN, Ruth 47
HOFF, G. 42, 47, 406, 414, 416
HOFFMANN, K. 28, 36, 37, 46
HOFFMANN, W. 60, 71
HOFMEIER, H. 69
HOLTMANN, R. 71, 410, 416
HORMANN, H. H. 298, 302
HORUN, S. 216, 249
HOŠEK, I. 254, 281
HOWARD, J. 70
HUECK, H. J. 259, 269, 280
HUFF, H. 432
HUMMEL, D. 69, 70
HUNT, W. C. 54, 69, 371, 418
HUSLIK, L. 47

Ipolyi, K. 170, 204, 209, 210, 214, 217, 225, 231, 247, 248
ISRAEL, Eva 209

JABLOKOFF, A. Kh. 346, 356, 437, 438
JACOBS, H. 391, 417, 480
JAHN, H. 430, 434, 438
JAKUBOVIČ, S. V. 234, 249
JAKUTOWITSCH, M. V. 92, 208
JANGY, G. 47
JELLINEK, H. H. G. 462, 479
JELLINEK, K. 338, 355, 435, 438
JOBST, K. 70
JOHNSON, W. T. M. 70
JORDAN, I. M. 444, 447
JORTNER, I. 465, 479
JUNGNICKEL, H. 237, 250, 279, 289, 302

KACHAN, A. A. 396, 418
KALISKE, G. 328, 334
KALWEIT, H. J. 330, 333
KAMAL, R. 446, 447
ĶAMINSKA, Al. 387
KANAVEL, G. A. 280
KANAWETZ, I. F. 157, 196, 201, 209
KAPPELMEIER, C. F. A. 69
KARGIN, V. A. 388
KARJAKIN, A. V. 469, 480
KARJAKINA, M. J. 42, 47
KAUFMANN jr., F. S. 235, 249
KAUFMAN, K. A. 70
KELLEHER, P. G. 21, 46, 68, 70, 195, 202, 210, 311, 333, 393, 418, 424, 438, 454, 458, 459
KENYON 471
KERBER, M. L. 302
KERN, W. 469, 480
KERNER-GANG, W. 280
KIESSLING, D. 291, 302
KIMURA, T. 148, 209, 454, 458
KINMONTH, R. A. 403, 418
KINNA, M. A. 67, 70
KIROLLOWA, E. I. 112, 208, 417, 426, 438
KISS, Angela 207, 210
KLAUSMEIER, R. E. 269, 281
KLEINERT, H. 325, 333
KLENS, P. F. 263, 280
KLINE, G. M. 69
KODA, C. F. 273, 281
KOIKE, M. 213, 248, 457, 459
KOLAR, L. 217, 248
KONONČIK, T. 464, 479
KOPETZ, K. 95, 208, 366, 441, 454
KORSSUNSKI, L. F. 428, 438
KOSITZKE, G. G. 249

KOSTENKO, Yu. N. 432, 438
KOTORENKO, L. A. 303
KOWARSKAJA, B. M. 125, 209
KÔYAMA, H. 252, 280
KRALIČEK, I. 15, 17
KRATOCHVIL, P. 62, 70
KRAUS, A. 82, 208, 215, 248
KRAUSE, Anneliese 69
KRIAUCIUNAS, I. 382, 417
KRIMMLING, W. 325
KROKEN, P. 244
KROLIKOWSKI, W. 355, 356
KÜHLWEIN, H. 44, 47
KUIST, C. H. 366, 388, 403, 418, 454, 458
KUNZE, K. S. 152, 209
KURIHARA, F. 376
KUSNEZOVA, I. B. 35, 46, 105, 168, 208, 360, 363, 378, 417, 477, 481
KUWSCHINSKI, I. W. 93, 208

LACOMBE, I. 47
LAEIS, W. 209, 346, 356
LAIRD, I. A. 418, 438
LAMPRECHT, W. 47
LANDSBERG, M. J. 280, 445, 447
LANGBEIN, G. 42, 47, 406, 414
LANGE, P. de 60, 70
LAUE, E. W. 344, 355, 356, 418
LAURITZEN, C. W. 258, 280
LAWTON, E. I. 302
LAWTON, T. L. 82, 294, 417
LEBEDEW, G. A. 93, 208
LEBEK, F. 17
LEE, H. 418
LEGHISSA, S. 70
LEONARD, J. 281
LEUNER, H. 417
LEWIN, G. 89, 208
LINDEMANN, H. 306, 332
LINOWITZKI, V. 60, 71
LÖBNER, H. 280
LOETEL, C. E. 411, 412, 416
LONG, I. K. 192, 210, 335, 355, 407, 416, 445, 447
LORENZ, Gisela 210
LORENZ, I. 325, 333
LOSEW, I. P. 302
LOWRY, I. B. 353, 355
LUONGO, I. P. 126
LUMPE, Friedel 281
LUTHER, H. 214, 250, 446, 447, 457, 459, 474, 480

Mc BURNEY 131, 209
Mc CLINTOCK, H. M. 327, 333
Mc CREE, K. I. 155, 209
Mc TIGUE, F. H. 217, 219, 236, 249
MACSKASY, R. 32
MACH, F. 264
MACHLIS, F. A. 282, 302
MAGAT, M. 289, 302
MALORDY, F. 351, 356
MALTESE, P. 466, 479
MAMMITZSCH, B. 458
MARTINOWICH, R. I. 450, 458
MASLOW, V. V. 405, 416
MASSEY, P. H. 88, 208, 452, 458
MATHESON, L. A. 469, 480
MATSUDA, T. 376, 417, 480
MATTING, A. 29, 48, 325, 333, 339, 341, 348, 355
MATVEEVA, E. N. 126, 134, 169, 203, 209, 379, 417
MAXIM, L. D. 231, 249, 367, 388, 403, 454
MELCHORE, I. A. 34, 46, 170, 175, 209, 218, 222, 249, 363, 418
MELICHOVA, N. A. 73, 82, 135, 209, 302, 438
MENDRZYK, Hildegard 45, 47
MENGES, G. 41, 47, 81, 82, 339, 340, 348, 350, 355
MENZEL, G. 208
MERZ, A. 44, 47, 266, 271, 280
MEYER-LANDSBERG, I. 333
MILINČUK, V. K. 466, 479
MINEMATSU, G. 457, 459
MINER, R. I. 21, 46, 68, 70, 393
Ministry of Aviation 280
MLEZIVA, I. 341, 355
MÖBES, W. 343
MOLAU, G. E. 309, 332
MONTECATINI, 384, 417
MOORE, R. F. 37, 47, 477, 481
MORIKAWA, T. 69
MORELL, S. H. 265, 280
MOTSCHKINA, G. F. 236, 249
MOŽIŠEK, M. 294, 302

MÜLLER, Adelheid 274, 281
MÜLLER, F. Horst 17, 81, 82
MÜLLER, H. D. 397, 413, 417, 437, 438
MURPHY, E. B. 480
MYLERS, C. S. 202, 210

NASON, H. K. 82
NAUMANN, R. 61, 70
NEITZEL, M. 345, 356, 435, 438
NEJMAN. M. B. 384, 417
NEUHÄUSL, E. 17
NEUMAN, R. C. 65, 70, 195, 199, 210, 418
NEVSKIJ, L. V. 396, 418, 478, 481
NEWLAND, G. C. 29, 48, 215, 248, 249, 403, 418
NEWMAN, S. B. 81, 82
NIKOLSKOJ, A. M. 63, 70, 367, 372, 418, 478, 481
NISBET, G. A. 48, 389, 418
NITSCHE, R. 152, 196···205, 209, 430, 434, 438
NOVÁK, I. 365, 417
NOWACKI, L. J. 400, 418
NOWÁK, V. 341
NOWAK, P. 69, 421, 423, 424, 430, 435, 437, 438
NYE, I. D. 150, 209

OBERBACH, H. D. 67, 72
OBERST, H. 418
OCHAINSKI, D. 480
OGIHARA, V. A. 466, 479
ORLOW, V. A. 432, 438
OSTER, G. 474, 480
OSWALD, H. I. 82, 438, 459
OTTO, H. D. 28, 46
OZAWA, S. 417, 467, 480

PALEIJ, M. I. 278, 281
PANEVA, A. K. 474, 480
PANFEROW, K. W. 338, 355
PAPILLO, P. J. 34, 47, 68, 70, 456
PÂRLIGRAS, E. 79, 82, 150, 152, 206, 209
PARKYN, B. 347, 352, 356
PASCALE, I. W. 289, 303
PATAT, F. 415, 416
PAULI, C. 281
PAULI, O. 278, 281
PAULIK, F. 70
PAWLOW, N. N. 250, 417
PAWLOW, W. A. 92, 208
PELAGETTI, M. 70
PERRY, N. L. 225, 226, 249, 313, 315, 333
PETERKA, I. 326, 333
PETIT, J. 472, 480
PEUKERT, H. 322, 333
PEZZIN, G. 471
PHILLIPS, I. 61, 71
PLATO, G. 312, 333
PLYPLINA, A. I. 216, 234, 248, 249
PÖGE, W. 267, 281
POHL, G. 410, 416
POHRT, I. 70
POTTHOFF, P. 46, 452, 464, 468
PROSEN, St. P. 67
PROSS, A. W. 377, 417
PSCHORR, F. E. 157, 210
PUDOV, V. S. 480
PURUCKER-NENS, S. 35, 84, 232, 358
PUTSCHKOWA, N. N. 428, 438

QUACKENBOS, H. M. 214, 218, 236, 248, 249

RACKÉ, H. H. 418
RASE, H. F. 421
RASUMOWSKAJA, I. W. 69, 478, 481
RATNER, S. B. 64, 70
RAUSCHERT, M. 320, 333
REGEL, W. R. 189, 210
REICHERDT, W. 213, 280, 416
REICHERT, K. H. 35, 376, 417, 446
REINHARDT, K. G. 351, 356
REINISCH, R. F. 471, 472, 480
REINSPERGER, F. 432
REITER, R. 273, 280
REITER, R. W. 138, 209
REUMUTH, H. 259, 280
REXER, E. 291
RICHARD, K. 80, 82
RICHTER, K. 203···207, 210
RIECHE, A. 17
RIEDEL, G. 39, 47
RIESE, W. A. 288, 302
RINGWOOD, A. F. 284, 293, 302

Robb, I. A. 275, 276, 281
Roche, R. S. 393
Rogovin, S. A. 234, 248, 249
Rosen, B. 59, 70
Rothstein, E. C. 219, 246, 250, 402, 418, 452, 459
Rouze, S. R. 54, 69
Roždestenskij, V. A. 75, 82, 186, 209, 438, 443, 447
Rugger, G. R. 72, 82, 155, 165, 188, 209, 210, 250, 355, 421, 436, 437
Russell, E. W. 105, 150, 208, 210, 261, 280
Rybnikář, F. 293, 302
Rysavy, D. 480

Saeman, I. F. 209
Sakalauskiene, E. 417
Salewski, E. 152, 196…205, 209, 430, 434
Salvatore, Os. 70
Samoilov, G. G. 481
Sattelmeyer, R. 35, 46, 446, 447
Saure, R. S. 116, 208, 435
Saxon, R. 446
Scullin, I. P. 269, 273, 280
Searle, N. Z. 461
Sears, W. C. 283, 302
Sease, S. 68, 71
Sebenda, I. 15
Sebesta, Ed. C. 421, 437
Šelion, A. V. 75, 82, 129, 139, 209, 407, 416, 426, 438
Serafimovich, V. R. 425, 438
Shi-Wei-Chen 480
Shimada, I. 438
Simionescu, T. 35, 48, 135, 210, 251, 252, 280, 398, 418, 441, 447
Simon, G. 106, 209, 451, 454, 458
Simril, V. L. 280
Sittenfeld, K. 22, 48
Skupin, L. 41, 48, 65, 71, 351, 356
Slone, M. C. 343, 355, 418, 447
Slovokkotova, N. A. 480
Smith, L. 334, 353, 355
Späth, W. 66, 70
Spindler, H. 262, 319, 327, 333
Spohn, W. 260, 280, 438
Spund, W. 47
Ssansharowski, A. T. 82

Sun Oil Co. 219, 249
Syberg, A. 258, 280

Schäfer, V. 398, 401, 418, 446, 447, 459
Scherger, H. 432, 438
Scherzer, H. 351
Scheuermann, E. A. 281
Schienbein, S. 46
Schlag, I. 342
Schlegel, H. 327
Schlimper, R. 219, 220, 249, 386, 389, 394, 417, 447
Schmidt, H. 41
Schmidt, K. A. F. 336, 355
Schmidt-Lorenz, W. 285, 287, 293, 303
Schmitt, R. G. 46, 48, 297, 302
Schneider, H. J. 418
Schneider, P. 333
Schnitzer, H. S. 332
Schramm, Ch. H. 208
Schreiber, J. 46, 47, 51, 66, 69, 70, 71, 73, 74, 82, 136, 176, 188, 191, 195, 208, 209, 249, 251, 280, 332, 479
Schröder, Elisabeth 61, 70, 149, 208, 248, 480
Schulze, H. 355
Schurr, G. G. 210
Schuwalowa, E. W. 393, 418
Schwaner, K. 336, 355
Schwartz, Adelheid 42, 47, 265…275, 280
Schwartz, E. 56, 69
Schwartz, W. 274, 281
Schwarz, H. 262, 281, 319, 327, 333
Schwarz, W. 210
Schweitzer, D. 281

Stabel, W. H. 270, 281
Stäger, H. 40, 47, 101, 197, 208
Stamm, H. 250
Stanescu, E. 79, 82
Stannett, V. 265, 280
Šteding, M. M. 388, 417
Steele, R. 391
Stehle, P. P. 17
Steinbacher, E. 435
Steinberg, Priscilla L. 274, 281
Stepek, I. 69, 474
Stephenson, C. V. 377, 394, 417, 467, 479

Stieg, F. B. 28, 46
Stierli, R. 340, 355
Stitt, W. D. 11, 17, 263, 280
Streib 261, 280
Streller, Helga 247, 250, 320, 333
Stuart, H. A. 467, 480
Suhr, H. 70
Sweitser, D. 44, 48
Szabo, A. 32, 169, 180, 209, 248, 250, 348, 349, 352, 356

Takagi, S. 457
Talamini, G. 471, 480
Tamblyn, I. W. 215, 249, 403, 465
Taprogge, R. 81, 82
Tarbouriech, M. 47
Taresenko, Ju. G. 234, 249
Tatewosjan, G. O. 47, 111, 168, 208, 209, 360, 363, 367, 378, 386, 406, 416, 417
Taylor, I. R. 116, 150, 152, 193, 206, 208, 237, 249
Thater, R. 53, 63, 69, 70, 100, 157, 203 bis 207, 208, 210
Theden, Gerda 44, 47
Theile, K. 29, 47
Thinius, K. 46, 54, 58, 69, 70, 181, 191, 202, 204, 208, 209, 211, 248, 251, 279, 308, 312, 332, 333, 367, 409, 416, 417, 427, 437, 438, 439, 446, 458
Thomas, I. R. 17
Thomas, D. K. 475
Thompson, H. W. 209, 237, 249
Thoresen, F. 244, 250
Tichenor, R. L. 373, 375, 417
Timmermann, R. 289, 302
Toeldte, W. 69
Tomaschewski, E. Je. 394, 417
Tomikawa, Mc 188, 210
Toms, D. I. 299
Trozzolo, A. M. 467, 480
Trussowa, K. J. 138, 209
Turner, D. T. 299, 303
Turi, E. 82, 438
Twiss, S. B. 114, 208

Uijlenburg 416
Ulbricht, K. 196…207, 210
Ulińska, A. 387, 417
Union Carbide Australia Ltd.
Universal Oil Products Co. 453, 458

van de Voorde 295, 297, 302
Vercholancev, V. V. 234, 249
Verona, O. 45, 48
Verschoore, K. T. M. 425, 431, 438
Veršinina, M. P. 209
Veselý, R. 210
Voigt, J. 214, 248, 418, 476, 481
Voronovskij, N. E. 254, 280
Vymazal, E. 69

Wagener, K. 29
Wahl, N. E. 338
Wallder, V. T. 96, 208, 217, 229, 247, 248, 359, 418, 440, 447, 456
Wallhäuser, H. 432, 438
Warner, W. C. 34, 46, 65, 70, 313, 333
Weichert, D. 136, 144, 146, 208, 209, 248, 480
Weisbart, H. 355
Weinmann, K. 39, 45, 47, 60, 70
Weisfeld, L. B. 104, 208, 220, 223, 249
Weiske, C. D. 416
Wende, A. 343, 355, 413, 416, 430, 434, 438
Wendisch, P. 84, 208
Wesser, D. 330
Wetherly, A. H. 260, 280
Whitby, G. S. 469, 480
White, E. L. 230, 231, 246
Whitehouse, A. 347, 356, 401, 418
Wichterle, O. 17
Widmann, A. 36, 47
Wick, G. 307, 332
Wijbrans, F. W. R. 261, 280
Wilcox, W. S. 467
Wild, H. 333
Wilski, H. 293…303
Wilson, I. E. 474, 480
Wilson, W. K. 41, 47
Winkler, I. 245, 250, 445, 447
Winslow, F. H. 216, 248, 380, 418, 424, 438, 467, 469, 480
Wintergerst, S. 426, 438

WIPPLER, C. 303
WIRIK, G. 265, 280
WITT, R. K. 262, 280
WOLCOTT, G. N. 260
WOLKOBER, Z. 418
WOLOCK, I. 81, 82
WOOD, D. L. 126, 209
WRIGHT, I. R. 56, 69, 105, 365, 370
WUCKEL, L. 46, 48, 291, 302
WÜNDRICH, K. 299…303
WÜRSTLIN, F. 204, 210
WURTINGER, H. 339, 340, 355
WYDEN, H. 67

YEAGER, C. C. 274, 281
YUSTIN, S. E. 105, 106, 155, 156, 192, 195…207, 208

ZAALBERG, A. 89, 208
ZAITOUN, G. 469, 472, 473, 474, 480
ZENKER, Ruth 17
ZEPPENFELD, Gisela 291, 302
ZHITETSKAJA, F. D. 417
ZIESCHANK, G. 79, 82
ŽINAY, K. 265, 280
ZVONAŘ, V. 345, 355, 410, 416
ZORIL, U. 56, 69

8.2. Sachregister

Abbau 14, 16, 57, 86, 91, 96, 120, 219, 227, 284, 289, 299, 308, 344, 362, 368, 371, 415, 452, 461, 462, 467
—, biologischer 258…279
Abkreiden 54, 102, 400
Abrasion 58
Abrieb 63
Abspaltung von
— Chlorwasserstoff 76, 77, 103, 122…125, 291, 323, 324, 368, 388, 470, 474
— Stickoxiden 73, 116, 372, 465
ABS-Polymere 56, 260, 262, 264, 288, 309, 314, 365, 415, 426, 454, 470
Acetylcellulose siehe Celluloseacetat
AXS-Polymere 311, 312
Actinometer 35
Actinomyceten 263
Adhäsion 16, 56, 252, 318, 319, 328, 337 (siehe auch Haftfestigkeit)
Adipinsäureester 212, 269, 276, 368, 400, 409
Äquivalenz der Alterungsmethoden (siehe auch Relation) 360…370, 374…389, 397…401, 405…415, 420…434, 440 bis 446, 449…456
Äthylcellulose siehe Celluloseäther
Aktivierungsenergie 121, 461, 471
Algen 262
Allyl-Polymere 105, 156, 193
Alkohole 269, 270
Alterung
—, Abhängigkeit vom Herstellungsverfahren 91, 114, 116, 121, 173, 193, 198, 199, 236, 253, 267, 275, 282, 286, 289, 299, 303, 307…320, 321…330, 338…346, 372, 396, 402, 456, 470, 476
Alterung
—, Analyse 11, 244, 282, 312, 337, 357, 462
—, Auslegetermin 35, 83, 119, 165, 181, 194, 358, 455, 456
—, Definition 10
—, Ergebnisse, allgemein gültige 82
—, Intensität 34, 295, 357, 419
—, künstliche 12, 212, 321, 357…416, 419 bis 437, 438…446
—, Mechanismus 13, 14, 16, 18, 141, 173, 321, 368, 376, 440, 448, 460…479
—, Methoden zur 18, 83, 102, 112, 147, 192, 220, 233
—, natürliche 21, 82, 449
—, Nullpunkt 50
—, spezielle Beanspruchungen 40, 131, 281 bis 301, 303, 307, 321, 406, 418, 436
— unter Last 80, 93, 337, 339, 348, 349, 394, 420, 477
—, Untersuchungsarten 52, 88, 105, 112, 147, 156, 420
—, Untersuchungsmaterial 19, 82, 89, 151, 160, 181, 303, 307, 321, 334
—, Ursachen 13
Aminoplast siehe Duroplaste
Anisotropie 51, 65, 75, 76, 163, 244, 303, 464
Antioxydantien 218, 222, 236, 246, 432, 452, 468

Antiradianten 295···301
Asbest 335, 354
Atmosphäre
—, Verunreinigungen 11, 88, 156, 188, 244, 254
Ausbleichen siehe Farbtonänderungen
Ausschwitzen 54, 367

Bakterien 12, 42, 259, 263, 274···279, 304
Balaniden 261
Baumwolle 335
Beanspruchung
—, biochemisch 12
—, dynamisch 17
—, statisch 17
Belagsbildung 106, 140, 151, 237, 241, 263, 272, 455, 473
Benzophenon-Derivate 218···248, 298, 315, 320, 361···368, 378, 384, 391···396, 402, 444, 452
Benzotriazol-Derivate 219···248, 298, 384, 388, 394, 402, 452, 456
Benzylcellulose siehe Celluloseäther
Berstfestigkeit (siehe auch Festigkeiten, mechanische) **190···192, 253**
Beschleunigungsfaktor der künstlichen Alterung 370, 448···458 (siehe auch Äquivalenz und Relation)
Bestrahlungs-Nacheffekte 301
Bewertung der Kennzahlen 20
Bewitterung 10, 18, 21···28, **83···207**, 210 bis 258, 283, 294, 311, 357···415, 419, 474
Bewitterungsapparatur 38, 312, 437, 438 bis 446, 449, 454
Biegefestigkeit (siehe auch Festigkeiten, mechanische) **192···198**, 237, 241, 245, 284, 295, 301, 306, 309, 338···355, 372, 382, 397, 411, 412, 426···437, 440···445, 453, 458
Bindungsenergie 11, 282, 377, 469, 471, 477
Biocide **277**···279
Blaupigmente 241
Bleisalze, anorganische 229···248, 272, 368, 384, 389, 401, 441, 444, 446
Brechungsindex 211
Bronzefarbstoffe 243
Bryozoen 261

Carbonylgruppen 58, 63, 126, 218, 236, 285, 301, 310, 376, 377, 393, 403, 453, 460, 466, 470
Celluloid 72, 75, 83, 90, 163, 198, 234, 264, 259, 322, 372, 421, 431, 436, 465
Cellulose-äther 87, 106, 120, 131, 132, 146, 168, 190, 192, 218, 264, 259, 265, 299, 336, 375, 407, 423, 440, 465
Cellulose-acetat **14**, 41, 51, 73, 84, 104, 156, 167, 190, 192, 214, 259, 260—278, 288, 289, 373, 423, 431, 450, 465
Cellulose-acetobutyrat 57, 168, 192, 216, 218, 259, 260, 264, 373, 375, 407, 415, 423, 431, 450, 461, 465
Cellulosenitrat 72, 75, 86, 119, **131**, 146, 152, 165, 190, 216, 234, 259, 264, 288, 320, 322, 373, 374, 421, 465
Cellulosepropionat 265
chemisch-analytische Methoden und Befunde 53, **56, 116**
Chlorgehalt 103, 122
Chlorparaffine 213, 276
Cyclisierung 467

Dämpfungsdekrement 191
Dampfdruck 214
Dauerbeanspruchung 14, 16, 80, 382
Dauerhaftigkeit 9, 56
Dauerschwingversuch 67
Dehnungswerte siehe Festigkeiten, mechanische
Depolymerisation 460, 475
Derivatogramm 125
Dichte 52, **58**, 81, **119**, 126, 218, 261, 424
Dicke 81, 88, **111**, **134**, 139, 177, 216, 218, 220, 259, 261, 316, 432
dielektrische Kennwerte siehe Festigkeiten, dielektrische
Differentialthermoanalyse 61, 125
Diffusion 59, 60, 345
Diisocyanate 304, 396
Diketone 220
Dimensionsstabilität 419, 430
Druckfestigkeit 306
Dünnschnitte 112
Dunkelreaktionen 76
Duroplaste 15, 53, 59, 79, 100, 106, 112, 116, 151, 156, 196, 201, 206, 217, 245, 260,

264, 268, 274, 284, 287, 288, 304, 316, 318, 325, 328, 334, 338, 413, 430, 434, 445, 458

Eigenschaften
—, mechanische 51, 64 (siehe auch Festigkeiten)
Eindringtiefe 54, 63, 92, **111···145**, 161, 223, 237, 282, 316, 323, 349, 352, 372, 376, 462, 467
Eingrabungstest 44, 250, 263···275, 322, 352
Einstein 29, 461
Eisen 29, 110
—, Oxidpigmente 241
—, Verbindungen 14, 151
E-Modul 65, 214, 247, 338, 350, 407, 410
Elektronenmikroskop 54, 114, 150
Elementaranalyse 472
Energiebeträge 282, 377
Entmischung 309 (siehe auch Verträglichkeit)
Enzymasen 263, 267
Epoxydharze 67, 80, 101, 106, 112, 118, 126, 151, 157, 197, 207, 245, 264···274, 284, 287, 288, 295, 305, 326, 331, 332, 336, 338···355, 413, 430, 434, 435, 445, 458
Epoxydverbindungen 213, 223, 273, 275, 276, 457
Ermüdung 17
Erosion 54, 58, 92, 96, 117, 335, 339, 345, 354, 414, 450
Erweichungsintervall 419
ESR-Messung 63, 301, 474, 477
Expositionsbedingungen 102, 183, 184, 199, 241, 254, 263, 313, 456, 457, 473
Extrapolation 421

Fadeometer 39, 365···370, 454, 457
Farbreaktionen 58, 305, 365
— mit Bromphenolblau 305
— mit N,N'Dimethyl-p-Phenylendiamin 56, 105, 365, 370
— mit Nitrophenylhydrazin 58
Farbstoffe 60, 155, 233
Farbton, Veränderung des 38, 51, 53, 68, 75, 89, 102, 104, 111, 232, 233, 234, 237, 273, 277, 286···291, 295, **304**, 315, 320, 322, 342, 346, 363, 365, 369···372, 388 bis 397, 405, 426···432, 441, 449, 453, 457, 470, 476
Ferrocene 298
Festigkeiten
—, dielektrische 66, 80, 150, 152, 202···207, 215···248, 251···258, 262···266, 283 bis 301, 340, 351, 359···369, 393, 406, 414, 428, 435, 445, 450
—, mechanische 64···67, 73···81, 89, 102, 135, 157···202, 216···248, 251···258, 266···277, 283···301, 306, 310···320, 322···332, 335···355, 359···397, 398 bis 416, 420···437, 440, 450, 461···476
—, Temperatureinfluß 66, 191, 310, 321, 354, 365, 439
Fettsäuren (Ester, Salze usw.) 223···248, 269···278, 300, 366, 368, 369, 381, 398
Feuchtigkeit 12, 59, 72, 79, 116, 150, 212, 234, 250, 331, 337, 340, 346, 376, 396, 405, 439, 440, 445, 453
Finalprodukte 20, 32, 66, 75···80, 95, 105, 108, 122, 141, 191, 192, 236, 240···248, 251, 260, 273, 292, 303···306, 307···320, 321···332, 334···354, 367, 411, 425, 428, 451, 458
Flammenspritzen 319
Fluorpolymere 13, 106, 186, 202, 262, 264, 266, 284···289, 355, 385, 453, 465, 469
Fluß, kalter 80
Folien aus
— Cellulosenitrat 73, 75, 130, 152, 155, 165, 190, 373
— Cellulosetriacetat 51, 167, 190
— Polyäthylen 14, 88, 122, 132···134, 152, 170, 251···258, 259, 360, 425, 437, 452
— Polycaprolactam 51, 77, 103, 126, 188
— Polycarbonat 77, 105, 112, 126, 188, 192, 393
— Polyvinylbutyral 77
— PVC-H 15, 51, 76, 95, 103, 111, 124, 140, 146, 152, 181, 191, 324, 427, 471
— PVC-W, 11, 32, 42, 51, 77, 95, 103, 111, 117, 125, 141, 181, 211, 232, 251···258, 388, 409
Freiluftbewitterung siehe Alterung, natürliche

Fügeteil 321
Füllstoffe 14, 67, 100, 112, 216, 233, 237, 240···248, 251, 284···287, 316, 327, 353, 427
Fungicide 266···279

G-Wert 291
γ-Strahlen 284, 301
Gasdurchlässigkeit 61
Gebrauchsdauer 261, 294, 304, 328, 349, 357, 411, 448
Gel-Bildung 134, 236, 292, 380, 387, 391, 395, 452, 473
Gelbindex (siehe Farbtonänderung) 405
Gelb-Pigmente 240
Gelpermeationschromatographie 58
Gerüststoffe 14
Gewichtsveränderung 52, 58, 116, 420
Gitterschnittmethode 66
Glättungstiefe 90
Glanzveränderung 53, 89, 101, 345
Glasampullen 34
Glasfaserfüllstoff 245, 334, 336···355, 410, 430
GFP-Formstoffe (siehe auch UP-Formstoffe) 79, 84, 407, 410, 411, 432, 437, 445
Glasfilter 34···38
Gleitmittel 268, 271, 272, 381
Glimmer 245
Globalstrahlung 22
Glühlampe 359, 401
Grenzflächen 335···345
Grenzviscosität siehe Viscosität
Grünpigmente 242, 353, 371
Gütereihenfolge 449

Halbwertszeit 16
Halbzeug 16, 19, 316
Härte 56, 63, 156, 260, 287, 362, 367, 372, 407, 410
Härtung 420
Haftfestigkeit (siehe auch Adhäsion) 318
Haftschicht 316, 338···344
Harnstoff-Formaldehyd-Kondensate siehe Duroplaste
Heliostat 32
HET-Säure 342···352
Hilfsstoffe (siehe auch Plasthilfsstoffe, Verarbeitungshilfsstoffe, Zusatzstoffe)
Himmelsrichtung (siehe auch Expositionsbedingungen) 29, 102···108, 155, 156, 180, 241, 313, 317
Holzverleimung 328
Hydroperoxide 301, 460, 467, 468, 469, 476
Hydroxylgruppenbildung 466, 470, 472

Industrieatmosphäre 99, 105, 244, 347
IR-Absorption 232, 282, 284, 346, 358, 365
IR-Spectren 52, 62, **126**, 212, 214, 285, 310, 323, 376···378, 393, 397, 453, 457, 465, 467, 472
Inhomogenität 15, 52, 65, 168, 177
Inklination (siehe auch Expositionsbedingungen) 102···108, 123, 139
Insekten 45, 259···262, 352
Insektizide 259···262, 278
Intensität 34, 357, 438
Isoliermittel 304, 307

K-Wert-Änderungen siehe Viscosität
Kältebeanspruchung 21, 39, 42, 66, 202, 216, 225, 254, 315, 327, 359, **415**, **427**, 439, 440
Kampfer 421
Katalysatoren 222, 382, 402
— für Bewitterungsabbau 92, 233, 243, 282, 469, 471, 472
Kerbschlagzähigkeit **199**, 309, 314, 365, 372, 386, 414, 440, 445 (siehe Festigkeiten, mechanische)
Kettenbruch 440, 460···462, 465, 469, 474, 475
Klebstoffe (Klebfilm, Klebfolie, Kleblacke) 252, 284, 319, 321···332, 353, 437
Klima-Zonen 10, 22, 214, 229, 232, 237, 439
—, Auswirkung 77, 88, 117···193, 217 bis 245, 264, 272, 305, 309, 319, 326, 327, 335···354, 399, 441, 451···454
—, Charakterisierung 27···29
Kochteste 59, 405···414
Kohlenbogenlampen 37, 359···372, 378, 440, 455, 457
Kombinationen aus Plasten siehe Verbunde
Korpuscularstrahlung 284
Korrosion 10, 41, 63, 150, 329, 440

Korrosion, mikrobielle 42···45, 258···279, 319, 352
Korrosionsschutz 10, 252, 341
Kraftdehnungsdiagramm (siehe Festigkeiten, mechanische) 170···181, **463**
Kristallinität 13, 15, 52, 64, 89, 148, 235, 236, 265, 377, 382, 384, 424, 450, 463, 467
Kristallite 12, 420, 423, 431
Krustaceen 261
Kugeldruckhärte siehe Härte
Kunstleder 320, 372
Kupferchelate 215, 219

Laminate 334···355, 371, 397, 407, 410, 411, 429, 430, 434, 445, 458
Langley 24, 104, 225···248, 371, 436, 446, 448, 452, 456
Lebensdauer 9, 12, 16, 72, 88, 214, 218, 219, 233, 257, 263, 283, 288, 294, 325, 343, 354, 366, 402, 420, 435, 449, 478
Lebewesen, marine 261, 274
Leistungsdauer 72, 77, 231
Licht
—, Ausschluß 250···258
—, Durchlässigkeit 21, 34, 38, 53, 68, 142, 152, 242, 315, 343···354, 392, 396, 421, 431, 474
—-echtheit 13, 247, 305, 310, 320, 343, 454
—-energie 10, 282, 284, 313, 358, 445, 461
—, Misch- 37, 401···405
—-quellen, künstliche 358···405, 440, 445
—-spektrum 36, 38
—-streuung 233
—, u. v. 10, 21, 24 (siehe Ultraviolett)
Lösbarkeit 52, 57, 121, 124, 293, 301
Löslichkeit 52, 121, 131, 168, 293, 375, 380, 391, 372
Luft
—-feuchtigkeit 27, 331 (siehe auch Feuchtigkeit)
—-salzgehalt 35 (siehe auch Atmosphäre)
—-temperatur 24 (siehe auch Temperatur)
Lux 28, 35, 446

Maleinsäure (Ester, Salze usw.) 270, 341, 397
Makromolekül 211, 216, 233, 389, 392
—, Konstitution 88, 92, 168, 449, 462, 463, 466, 468, 469, 476, 477, 478
Makroradikal 466
Meerwasser 35
Melamin-Formaldehyd-Kondensate siehe Duroplaste
Meßklima 50, 67
Metall 16, 319, 332
Meteorologische Daten 22···28
Mikrobiocide 45
Mikroorganismen 42···45, 251, 259, 352
Mischpolymerisate
— aus Styrol + Acrylnitril 195, 308, 312, 365, 386, 461, 470
— aus Vinylchlorid 16, 155, 186, 195, 223, 242, 267, 277, 316, 354, 461, 474
— aus Vinylidenchlorid 259, 267, 317, 474
Molekulargewicht 13, 81, 123, 126, 135, 138, 186, 233, 235, 286, 359, 371, 382, 387, 399, 424, 431, 441, 458, 462, 464, 471, 473
—, Verteilung 15, 148, 173, 223, 253, 374, 375, 386, 423, 462
Mollusken 261

Nachtbewitterung 283, 449
Nagetiere 259···262, 304, 352
Neutronen 282···301
Ni-Komplexe 222
Nitrocellulose siehe Cellulosenitrat
Normalklima 50, 68
Normmethoden 44···46, 49···52, 58, 61, 80
NVT Einheit 289
Nullwerte 50

Oberflächen
—-spannung 61
—, Untersuchungen und Befunde 12···16, 38, **53**, 56, 61, 81, 89···102, 135, 150, 156, 216···248, 263, 275, 277, 284, 287, 322, 345, 352, 354, 362, 391, 397, 401, 407 424, 429, 446, 449, 451, 453, 464, 471
—-widerstand siehe Festigkeiten, dielektrische
Opazität 104
Optische Methoden 68
Osmose 61
Osmocene 299
Oxide der Metalle 380
Oxydation 119, 122, 126, 283, 311, 322, 374, 446, 465, 473

Oxydation, thermische 12, 17, 423
Ozon 382, 389
Ölfarben 317

Paraffinsulfonsäureester 213, 251, 260…277
Permeationskoeffizienten 152, 382, 416, 437
Peroxide (Peroxid-Radikale) 461, 465, 471
Phänomenologische Befunde 53, 89…116, 339, 345, 354, 428, 449, 464
Phenole 222, 299, 312, 361
Phenol-Formaldehyd-Kondensate siehe Duroplaste
Pholaden 262
Phosphite 223
Phosphorsäureester 213…248, 260…277, 301, 320, 336, 375, 427, 446, 457, 465
Photolyse (Photooxydation) 76, 112, 120, 132, 143, 148, 167, 211, 215, 219, 234, 309, 311, 344, 373, 384, 394, 400, 426, 427, 439, 460
Photon 358, 373, 460, 471
Photosensibilisierung 235, 477
Phthalsäureester 211…248, 253, 260…277, 301, 343, 368, 392, 400, 409
Physikalisch-chemische Befunde 53, 58, 116…152, 331, 351, 478
Physikalisch-technologische Befunde 53, 63, 152, 364, 428
Pigmente 14, 39, 76, 87, 112, 123, 217, 231 bis 247, 310, 316, 365, 369, 376, 385, 400, 404, 427, 440, 443, 446, 451, 456, 457
Pilze 12, 29, 42, 262…274, 304
Plastanalytik 56, 211, 312, 331, 340, 370, 462, 464, 469, 477
Plastformstoffe, faserverstärkt 67, 81, 316, 328
Plasthilfsstoffe (siehe auch Verarbeitungshilfsstoffe und Zusatzstoffe) 210, 215, 231, 246, 268, 278
Plastkombinationen (siehe auch Verbunde) 307…332, 334, 355, 369, 401, 437, 441, 457, 470
Platzwechselvorgänge 464
Polyacrylat 313, 354, 391, 431, 475
Polyacrylnitril 336
Polyäther 268
—, chloriert 188
Polyäthylen 14, 73, 84, 88, 90, 114…203, 215…246, 251, 259…274, 284…301, 319, 322, 359…362, 376…382, 398, 402, 415, 416, 423, 431, 440, 450, 461, 463
—, chloriert 312, 314, 369, 401, 441
Polyäthylenterephthalat 189, 201, 261, 274, 282, 286, 288, 336, 393, 423, 431, 461
Polyamide 12, 15, 51, 62, 77, 85, 98, 105 bis 206, 220…245, 254…258, 260…274, 284, 287, 319, 320, 355, 359…372, 376…396, 406…415, 423…437, 458, 476
Polycaprolactam siehe Polyamide
Polycarbonat 62, 77, 92, 125, 143, 148, 188, 260, 264, 286, 393, 406, 414, 415, 423, 461
Polyen-Struktur 472…474
Polyester, ungesättigte, siehe UP-Formstoffe
Polyimide 355
Polyisobutylen 231, 250, 288, 289, 311, 426, 441
Polymerenverteilung 13, 58, 61, 81, 144 bis 149, 173, 291, 374, 375
Polymerisationsgrad (siehe Molekulargewicht) 186, 465
Polymethacrylat 13, 16, 57, 81, 85, 92, 105, 117…200, 254, 264, 267, 274, 284…300, 311, 312, 317, 353, 370, 391, 407, 414, 431, 444, 475
Polyoxymethylen 12, 21, 68, 92, 105, 188, 196, 264, 282, 393, 415, 458
Polypropylen 14, 81, 119, 126, 135, 168, 203, 217, 222, 236, 261, 284, 285, 293, 322, 362, 376, 382, 383, 402, 415, 425, 431, 453, 461, 463, 468
Polystyrol 57, 74, 81, 84, 92, 104, 112 bis 203, 217…246, 261…274, 283…295, 305, 308…320, 321, 322, 353, 354, 363, 385, 398, 407, 414, 426, 431, 446, 453, 461, 469
Polyurethan 13, 255, 260, 264, 268, 287, 288, 304, 305, 309, 325, 396, 406, 414, 415, 429, 431, 478
Polyvinylacetale 329, 458
Polyvinylacetat 11, 138, 263, 264, 267, 274, 428, 461
Polyvinylbutyral 77, 267, 282, 288, 320, 392, 445
Polyvinylcarbazol 288

Polyvinylchlorid 13, 51, 62, 73, 85, 93, 104 bis 206, 211···246, 251···258, 260···278, 284···301, 305, 312···320, 322···324, 354, 358···370, 376···391, 398···401, 405, 407 bis 415, 427···437, 441···446, 454···457, 461···475
PVC, nachchloriert 312, 314, 316, 323, 389
Polyvinylfluorid (siehe auch Fluorpolymere) 12, 186, 266, 291, 340, 353
Polyvinylidenchlorid 105, 150, 260, 261, 266, 289, 293, 376, 474
Porosität 60, 345
Profil-Analysator 90
Prüfmethoden 19, **49···69**, 80, 311, 349, 358, 388
Prüfstand 11, 22, 28, 29, 42, 88, 98, 102, 106, 137, 140, 167, 243, 244, 247, 253
Prüftechnik 19, 28···29, 42, 80, 360
Pyranometer 35
Pyren 300
Pyrheliometer 35

Quarzglasbehälter 37
Quecksilberlampen 36, 38, 40, 46, 54, 58, 372, 401, 465, 477
Quellungen 42, 59, 150, 405, 408

Radikale 282, 283, 286, 295, 299, 342, 460, 466···478
Rauch 11
Rauhigkeit (Rauhtiefe, Rauhwert) 56, 90 bis 94, 263
Regen 22, 39, 42, 103, 118, 150, 151, 212, 243, 227, 338, 352
Reißdehnung siehe Festigkeiten, mechanische
Reißfestigkeit siehe Festigkeiten, mechanische
Rekombinationen 286, 461
Relation künstl./natürl. Alterung (siehe auch Äquivalenz) 359···405, 421···446, 448···458
Remissionsmessung 105, 153, 241
Ricinusöl 235
Rißbildung 53···56, 81, 90, 173, 215, 301, 335, 339, 343, 349, 350, 353, 368, 382, 415, 432, 450, 453
Rodenticide 262
Rohre siehe Finalprodukte
Rost 252, 254
Rotpigmente 241, 352
Ruß 216, 235, 237, 240, 301, 310, 336, 440, 470
Ruthenocene 298

Salicylate 218, 368, 403
Salzsprühtest 39, 45
Sauerstoff 151, 373, 384, 424, 426, 431, 432, 465, 466
—, Druck 39
—, Durchlässigkeit 61
—, Gehalt 122, 472, 473
Sebacinsäureester 231, 269, 273···276, 320, 368, 445
Seitenketten siehe Verzweigungen
Siliconkautschuk 264
Sonneneinstrahlung (Sonnenlicht) 22···28, 105, 364, 368, 370, 397, 425, 448, 453
Spannungsbeanspruchungen 80
Spannungsrisse 56, 63, 322
Spannungszustand 439
Sphärolithe (siehe auch Kristallite) 467
Spritzguß siehe Verarbeitungstechnologien
Sprödbruch (siehe auch Versprödung) 102, 122, 140, 390
Synergese 363, 368, 400, 402

Schaumstoff 303···307
— aus Harnstoffharz 261, 304
— aus Phenolharz 86, 304
— aus Polystyrol 261, 264, 266
— aus PVC 261, 305···307
— aus Polyurethan 268, 304, 396, 429, 432, 436
Schellack 73
Scherkräfte 15
Schichtenpakete 160
Schichtpreßstoffe 54, 152, 254, 260, 274, 316, 318, 327, 335, 430, 434
Schimmelpilze 11, 54, 263···274, 346
Schlagbiegefestigkeit 335
Schlagfestigkeit (siehe auch Festigkeiten, mechanische) 192, 198···201, 241, 301, 308···315, 335, 340, 354, 367, 398 399, 406, 411, 424, 426, 430, 431, 434, 470
Schlagzugzähigkeit 391, 454
Schmelzindex 135, 235, 246, 310, 399, 442, 453

Schmelzpunkt 294
Schrumpfung 54, 321, 344, 420
Schwarzpigmente 235, 240
Schweißnaht 135

Stabilisatoren 77, 88, 92, 96, 106, 123, 124, 146, 202, 215···231, 235, 246, 268, 270, 297···301, 311, 360, 361, 366, 369, 383, 388, 400, 404, 420, 421, 425, 470
—, Kombinationen 225, 226, 227, 231, 246 bis 248, 311, 361, 362, 368, 378, 382, 388, 402, 431, 444, 452, 456
—, zinnorganische 123, 146, 226, 270, 275, 312, 366, 441, 443, 444, 456
Stabilität
—, chemische 13, 104, 176, 324, 421, 464, 471
—, photochemische 58, 104, 396
—, thermische 13, 58, 77, 125, 252, 390, 426
Standard siehe Normmethoden
Steifigkeit 202
Stippenbildung 95, 112, 213, 220, 223, 231, 242, 247, 457
Strahlung 11
—, energiereiche 46, 83, 281···301, 324, 328, 332, 336
—, kurzwellige 285···301, 460, 469
— s-Dichte 37
— s-Dosis 282, 285···301
— s-Durchlässigkeit 11
— s-Energie 83
— s-Resistenz 282...301, 468
Strahlenschutzfaktor 300
Struktur, chemische 330, 377, 402, 409, 424, 432, 435, 449, 461, 471, 477 (siehe auch Alterung/Herstellungsbedingungen)
—, physikalische 15, 173, 182, 361, 425, 427 bis 430, 449, 463, 478
—, stereospezifische 463

Taktizität 13, 233, 476
tan δ siehe Festigkeiten, dielektrische
Tau 39, 150
Technoklima 40
Temperatur
— bei Alterungen 21, 28···42, 66, 84, 100, 232, 235, 311, 325, 365, 369, 380, 397, 441, 445, 468
Temperatur
— der Luft 24, 28···42, 66, 84, 325, 396, 400, 419, 441
—, Zeit Überlagerung 66, 419
Tempern 419
Termitenfestigkeit 260
Terphenyl(-p-) 300
Textilien 334···336
Thermooxydation siehe Oxydation
Titanweiß 234···243, 273, 362, 388, 401
Torsionsmodul (siehe auch Festigkeiten, mechanische) 190, 227, 241, 410
Toxizität 278
Transparenz 89, 105
Tropenbehandlung 45, 331, 332
Trübungstitration 61, 146···150

Ultramarinblau 234, 235, 241
Ultrarot 36 (siehe auch Infrarot-IR)
Ultraschall 69
Ultraviolett Abbau 62
Ultraviolett
—, Absorber 58, 218···222, 246, 248, 258, 297···301, 311, 320, 340···352, 371, 384, 388, 391, 394, 397, 402···405, 444, 452, 456, 474
—, Licht 10, 12, 20···39, 86, 105, 111, 218, 232, 236, 338, 344, 372···405, 465, 474
—, Spectrum 52, 130, 212, 218···222, 390, 453
Uneinheitlichkeit 145
UP-Formstoffe 56, 73, 106, 150, 258, 260, 262, 264, 267, 274, 341···352, 371, 397, 401, 402, 410, 414, 429, 432, 476

Verarbeitungshilfsstoffe (siehe auch Plasthilfsstoffe) 58, 117, 210···248, 263, 268, 276, 283, 318, 366
Verarbeitungstechnologien 19, 41, 64, 73, 75, 81, 88, 90, 102, 135, 137, 151, 167, 173, 175, 188, 193, 196, 233, 245, 274, 286, 308, 313, 315, 316, 319, 341, 343, 364, 367, 407, 424, 426, 463, 464
Verbunde (siehe auch Plastkombinationen) 81, 253, 287, 307, 316, 318, 334···355, 416, 437
Verdampfungsverluste 298
Verfärbung siehe Farbton

Verformung 16, 102
Vergilbung siehe Farbton
Vergilbungsindex 312
Verklebungen 103
Vernetzungen 76, 91, 219, 252, 282, 291, 343, 354, 364, 380, 386, 420, 446, 452, 460, 467, 473
Verrottungsfestigkeit 304, 319
Verschweißbarkeit 73, 236
Versprödung (siehe auch Sprödbruch) 56, 74, 89, 111, 165, 190, 195, 202, 214, 241, 284, 313, 324, 335, 343, 362, 368, 379, 426, 443, 451, 452, 467, 470
Verstärkungsmittel (siehe auch Plastformstoffe, faserverstärkt) 67, 82, 245, 316, 334, 336···355, 397, 410, 412
Verträglichkeit 215, 308
Verzweigung 13, 92, 462, 466, 474
Vinylpolymere 88, 117, 331
Viscosität (Grenzv., Intrinsic V. usw.) 57, 61, 74, 76, 103, 130···144, 165, 217, 220, 227, 252, 253, 301, 320, 364, 373, 375, 379, 385, 391, 398, 425, 436, 452
Vorgeschichte 11, 14, 15, 18, 73, 216, 237, 242, 364, 366, 369, 435, 449, 453
Vorratsschädlinge 260
Vorschubgeschwindigkeit 74

Wärme
—-alterung 12, 21, 235, 313, 321, 358, 386, 397, 407, 419···437
—-energie 231
—-stau 85, 109
Wässerung (Wasserabsorption, Wasserdurchlässigkeit) 35, 39, 40, 59, 79, 150, 203, 232, 251, 256, 304, 326, 335, 338, 339, 345, 349, 405···415, 440···458
Wanderungstendenz 216
Wasserdampfdurchlässigkeit 60, 152, 233, 254
Weatherometer 39, 57, 183, 440···445, 449 bis 458, 464, 467
Weichheit 56, 190
Weichmacher 77, 95···206, 211···215, 229, 247, 252, 257, 260···277, 284, 367, 388, 392, 400, 409, 416, 427, 443, 450, 465, 474
Weichmacher, polymere 312, 435
Weißheitsgrad 456
Weißpigmente 233, 235, 240, 362, 371
Wellenlänge, kritische 121, 365, 461···473
Wellenlängen 11, 155, 242, 248, 282, 313, 344, 365, 371, 373, 397, 457
—, Energiebeträge 282, 313, 373, 386, 446, 461, 466
Weltenraum 281···301, 336, 338
Wetter, Wetterfestigkeit usw. 10, 16, 18, 83, 200, 210···248, 306, 311, 314, 318, 319, 328, 352, 357, 369
Windgeschwindigkeit 28, 116, 150
Wirbelsintern 319
Wirbeltiere 45
Wölbhöhe 190

Xenonlampen 39, 397, 445
Xenontest-Gerät 397···401, 445···447

Zeitstandverhalten 80, 81
Zimmerlagerung 11, 15, 20, 72···82, 163, 215, 313, 317, 324, 327, 335, 338, 344, 348, 463
Zinkverträglichkeit 13
Zinkweiß (Zinkoxid) 234, 236, 240, 278, 317, 403, 456
Zugdehnung siehe Festigkeiten, mechanische
Zug-Dehnungsdiagramm (siehe auch Festigkeiten, mechanische) 159, 160
Zugfestigkeit siehe Festigkeiten, mechanische
Zugscherfestigkeit 326···330
Zusatzstoffe (siehe auch Plasthilfsstoffe und Verarbeitungshilfsstoffe) 210···248, 259 bis 279, 297, 300, 359, 420, 421.

Kolibri 360 GmbH
Ferdinand-Jühlke-Straße 7
99095 Erfurt, Deutschland
produktsicherheit@kolibri360.de